CAX工程应用丛书

ABAQUS 2018有限元分析从入门到精通

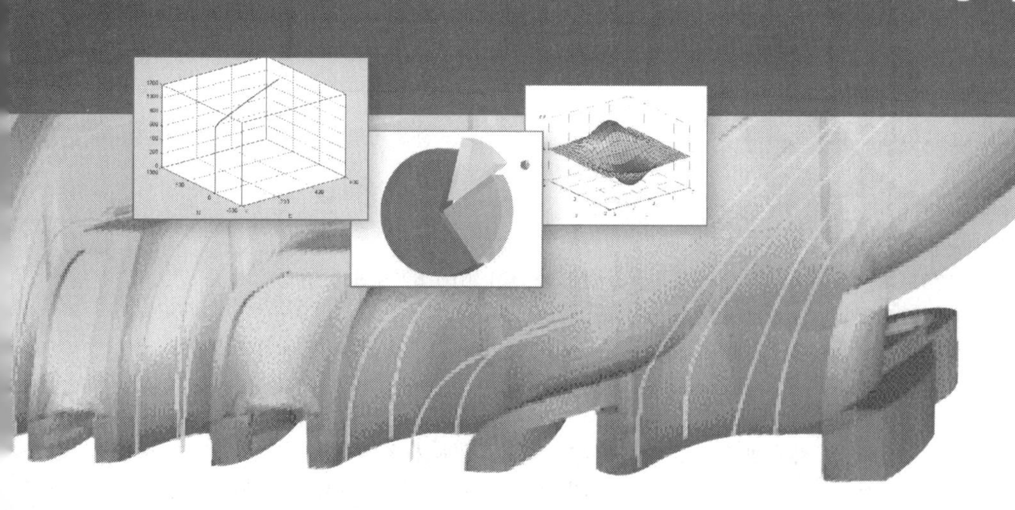

丁 源 编著

清华大学出版社
北京

内容简介

本书系统地介绍了ABAQUS 2018的使用，包括ABAQUS线性静力分析、接触分析、材料非线性分析、热应力分析、多体分析、频率提取分析、模态动态分析、显示动力学分析、用户子程序分析和后处理技巧等内容。

本书内容从实际应用出发，侧重于ABAQUS的实际操作和工程问题的解决，针对每个知识点进行详细讲解，并辅以相应的实例，使读者能够快速、熟练、深入地掌握ABAQUS的相应功能。每个实例都以图文并茂的形式详细介绍ABAQUS/CAE的操作流程，并对INP文件进行细致的解释。此外，书中还讨论了用户常犯的错误和经常遇到的疑难问题，以及常见的错误信息和警告信息，并给出了相应的解决方法。

本书结构严谨、重点突出、条理清晰，非常适合ABAQUS初级和中级用户使用，也可作为高职院校、大中专院校以及社会相关培训班的教材。

图书在版编目（CIP）数据

ABAQUS 2018有限元分析从入门到精通/丁源编著. —北京：清华大学出版社，2019（2020.9重印）
（CAX工程应用丛书）
ISBN 978-7-302-52491-5

Ⅰ. ①A… Ⅱ. ①丁… Ⅲ. ①有限元分析－应用软件 Ⅳ. ①O241.82-39

中国版本图书馆CIP数据核字(2019)第043141号

责任编辑： 王金柱
封面设计： 王　翔
责任校对： 闫秀华
责任印制： 杨　艳

出版发行： 清华大学出版社
网　　址： http://www.tup.com.cn，http://www.wqbook.com
地　　址： 北京清华大学学研大厦A座　　**邮　　编：** 100084
社 总 机： 010-62770175　　**邮　　购：** 010-62786544
投稿与读者服务： 010-62776969，c-service@tup.tsinghua.edu.cn
质量反馈： 010-62772015，zhiliang@tup.tsinghua.edu.cn
印 装 者： 三河市宏图印务有限公司
经　　销： 全国新华书店
开　　本： 203mm×260mm　　**印　　张：** 29　　**字　　数：** 806千字
版　　次： 2019年7月第1版　　**印　　次：** 2020年9月第3次印刷
定　　价： 99.00元

产品编号：082156-01

前言 Preface

ABAQUS 被誉为国际上功能最强大的有限元分析软件之一，特别是在非线性分析领域，它可以解决复杂的工程力学问题，融结构、传热学、流体、声学、电学以及热固耦合、流固耦合、热电耦合、声固耦合于一体，具有驾驭庞大求解规模的能力。

ABAQUS 在很多国家得到了广泛的应用，用户涉及机械、航空航天、船舶、电器、土木、水利、汽车等各个工程领域。ABAQUS 不仅可以做单一部件的力学和复杂物理场的分析，还可以处理多系统的分析，这一特点相对于其他软件是独一无二的。广大 ABAQUS 用户，特别是初学者都面临一个普遍的问题，即如何快速有效地理解和掌握 ABAQUS 丰富的分析功能和操作方法。因此，一本系统的 ABAQUS 教材是每个 ABAQUS 用户的必备参考书。

一、本书特点

本书是由从事多年ABAQUS工作和实践的一线从业人员编写的，在编写的过程中，不只注重绘图技巧的介绍，还重点讲解了ABAQUS和工程实际的关系。本书主要有以下几个特色。

- 基础和实例详解并重，既是 ABAQUS 初学者的学习教材，也可以作为对 ABAQUS 有一定基础的用户制定工程问题分析方案、精通高级前后处理与求解技术的参考书。
- 除详细讲解基本知识外，还介绍了 ABAQUS 在各个行业中的应用。案例部分设置了轴对称容器的结构分析、桁架结构、弹塑性结构分析、风扇结构的转动等，几乎包含了机械分析的所有门类，让读者在掌握基本操作技巧的同时，也对机械设计行业有一个大致的了解，这是我们要达到的目标。
- 本书详细介绍了 ABAQUS 各个功能模块的常用设置和使用技巧，不仅能使读者快速入门，还能全面了解 ABAQUS 有限元软件，提高工作效率。
- 内容编排上注意难易结合，每一章先给出一个简单的实例，使读者一目了然地了解该类问题的特点和分析方法，然后列举一个或多个复杂实例，帮助读者掌握相关的高级技巧。
- 详细介绍了每个工程实例的操作步骤，读者可以很轻松地按照书中的指示，一步步地完成软件操作。

二、本书内容

本书主要分为两大部分：ABAQUS 基础和案例讲解，其中基础知识部分为第 1～3 章，案例讲解部分为第 4～14 章。

第 1 章　ABAQUS 2018 中文版概述　　第 2 章　基本模块和操作方法

第 3 章　INP 文件和单元介绍　　第 4 章　结构静力学分析及实例详解

第 5 章　轴对称结构静力学分析　　第 6 章　接触问题分析

第 7 章　材料非线性问题分析　　第 8 章　结构模态分析详解
第 9 章　结构谐响应分析详解　　第 10 章　结构热分析详解
第 11 章　结构多体系统分析详解　　第 12 章　ABAQUS/Explicit 显式分析
第 13 章　ABAQUS 屈曲分析详解　　第 14 章　ABAQUS 用户子程序分析详解

三、素材文件

随书提供了本书重要案例的素材文件，供读者在阅读本书时进行操作练习和参考，可扫描下方的二维码获取：

如果下载有问题，请电子邮件联系booksaga@126.com，邮件主题为“ABAQUS 2018 中文版有限元分析从入门到精通”。

四、技术支持

读者在学习过程中遇到难以解答的问题，可以直接发邮件到编者邮箱（comshu@126.com），编者会尽快给予解答。

五、读者服务

虽然在本书的编写过程中力求叙述准确、完善，但是由于水平有限，书中欠妥之处在所难免，希望读者和同仁能够及时指出，共同促进本书质量的提高。

为了方便解决本书疑难问题，如果读者朋友在学习过程中遇到与本书有关的技术问题，请发送邮件到邮箱comshu@126.com，我们会尽快给予解答，竭诚为您服务。

编　者

2019 年 5 月

目录 Contents

第1章 ABAQUS 2018 中文版概述

导言

ABAQUS 是一套基于有限元方法的工程分析软件，既可以完成简单的有限元分析，也可以用来模拟非常庞大、复杂的模型，解决工程实际中大型模型的高度非线性问题。

本章将简要介绍 ABAQUS 的使用环境、软件发展历程、文件系统以及 ABAQUS 2018 中文版的新功能。通过对本章的学习，使读者了解利用 ABAQUS 软件进行有限元分析的一般步骤和其特有的模块化处理方式。

教学目标

- 了解 ABAQUS
- 掌握 ABAQUS 2018 的主要模块及新功能

1.1 ABAQUS概述

ABAQUS 是由世界知名的有限元分析软件公司 ABAQUS 公司（原为 HKS 公司，即 Hibbitt, Karlsson & Sorensen, INC.，2005 年被法国达索公司收购，2007 年公司更名为 SIMULIA）于 1978 年推出，ABAQUS 根据用户反馈的信息不断解决新的技术难题并进行软件更新，使其逐步完善。

ABAQUS 不仅能进行有效的静态和准静态分析、模态分析、瞬态分析、弹塑性分析、接触分析、碰撞和冲击分析、爆炸分析、断裂分析、屈服分析、疲劳和耐久性分析等结构和热分析，还可以进行流固耦合分析、压电和热电耦合分析、声场和声固耦合分析、热固耦合分析、质量扩散分析等。

ABAQUS 在很多国家已得到了广泛的应用，涉及机械、土木、水利、航空航天、船舶、电器、汽车等各个工程领域。近年来，我国的 ABAQUS 用户也迅速增长，使得 ABAQUS 在大量的高科技产品的研发过程中发挥着巨大的作用。

ABAQUS 基于其丰富的单元库，可以用于模拟各种复杂的几何形状，并且拥有丰富的材料模型库，可用于模拟绝大多数的常见工程材料，如金属、聚合物、复合材料、橡胶、可压缩的弹性泡沫、钢筋混凝土及各种地质材料等。

此外，ABAQUS 使用非常简便，很容易建立复杂问题的模型。对于大多数数值模拟，用户只需要提供结构的几何形状、边界条件、材料性质、载荷等工程数据即可。对于非线性问题的分析，ABAQUS 能自动选择合适的载荷增量和收敛准则，在分析过程中对这些参数进行调整，保证结果的精确性。

ABAQUS 2018新增功能

如今，产品仿真通常由工程团队使用不同供应商提供的利基仿真工具执行，以模拟各种设计属性。多个供应商软件产品的使用造成了低效率且高成本。SIMULIA 提供统一分析产品的可扩展套件，此套件适用于仿真专业技术或领域焦点的用户，且允许所有用户协作并无缝分享仿真数据和经验证的方法同时不会失去信息保真度。

Abaqus Unified FEA 产品套件为涵盖大范围工业应用程序的常规和复杂工程问题提供强大且完整的解决方案。例如，在自动化行业中，工程工作团队能够通过常见模型数据结构和集成式解决技术考虑车辆满载、动态振动、多体系统、影响/碰撞、非线性静态、热耦合和声振耦合。一流公司正利用 Abaqus Unified FEA 整合期流程和工具，以此降低成本和低效率并获得竞争优势。

优势

- 增强测试和分析结果之间的相关性
- 提高模型生成的效率
- 改善仿真之间的数据传输
- 减少公司 FEA 工具箱并降低培训费用
- 更灵活的劳动力

特征

Abaqus Unified FEA 是全球技术领先的软件套件，用于结构化有限元建模、解算和可视化。

- 线性和非线性分析。
- 金属、复合材料、人体组织、橡胶、热塑性塑料等的材料模型。
- 材料断裂与失效。
- 强大的接触功能。
- 高性能计算。

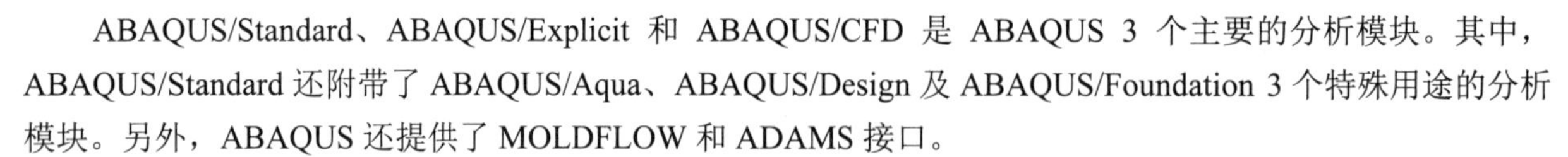

1.2 ABAQUS的主要模块

ABAQUS/Standard、ABAQUS/Explicit 和 ABAQUS/CFD 是 ABAQUS 3 个主要的分析模块。其中，ABAQUS/Standard 还附带了 ABAQUS/Aqua、ABAQUS/Design 及 ABAQUS/Foundation 3 个特殊用途的分析模块。另外，ABAQUS 还提供了 MOLDFLOW 和 ADAMS 接口。

ABAQUS/CAE 是 ABAQUS 的集成工作环境，包括了 ABAQUS 的模型建立、交互式提交作业、监控运算过程及结果评估等能力，如图 1-1 所示。

本书主要介绍 ABAQUS/Standard 和 ABAQUS/Explicit 的基本应用，特殊需求的用户可参阅《ABAQUS/CAE User's Manual》等帮助文档。

1. ABAQUS/CAE

ABAQUS/CAE（Complete ABAQUS Environment）是 ABAQUS 的交互式图形环境，可以便捷地生成或输入分析模型的几何形状，为部件定义材料特性、载荷、边界条件等参数。

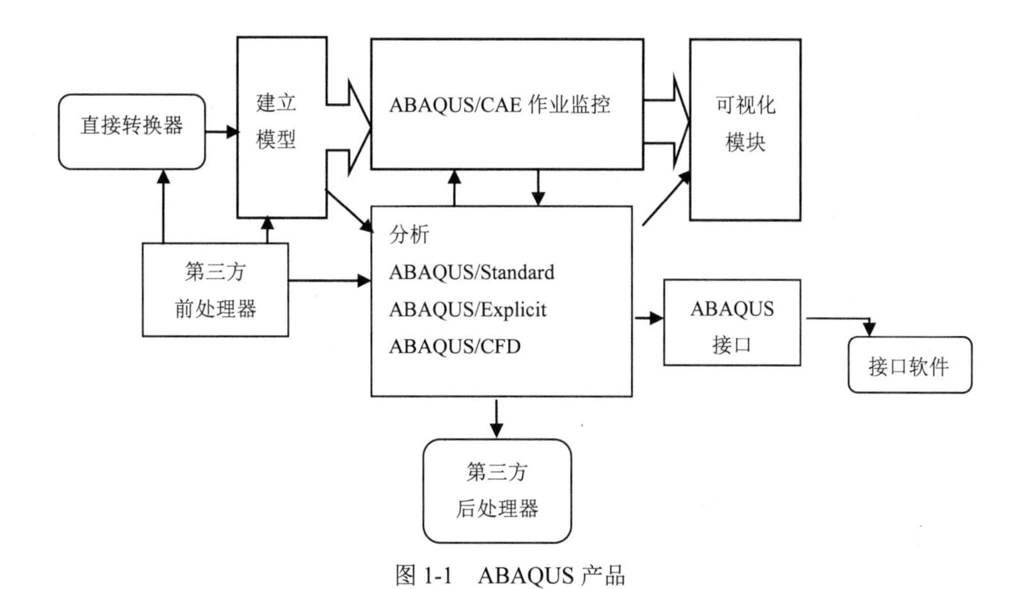

图 1-1　ABAQUS 产品

ABAQUS/CAE 具有强大的几何体划分网格的功能，可以检测所形成的分析模型，并在模型生成后提交、监视和控制分析作业。最后通过 Visualization 可视化模块显示得到的结果。

ABAQUS/CAE 是目前为止唯一采用“特征”（feature-based）参数化建模方法的有限元前处理程序。用户可通过拉伸、旋转、放样等方法来创建参数化几何体，也可以导入各种通用 CAD 系统建立的几何体，并运用参数化建模方法对模型进行编辑。

用户在 ABAQUS/CAE 中能够根据个人的需求方便地设置 ABAQUS/Standard（或 ABAQUS/Explicit）的材料模型和单元类型，并进行网格划分。对部件间的接触、耦合、绑定等相互作用，ABAQUS 也能够方便地定义。

2．ABAQUS/Standard

ABAQUS/Standard 是一个通用的分析模块。它能够求解广泛领域的线性和非线性问题，包括静态分析、动力学分析、结构的热响应分析以及其他复杂非线性耦合物理场的分析。

ABAQUS/Standard 为用户提供了动态载荷平衡的并行稀疏矩阵求解器、基于域分解并行迭代求解器和并行的 Lanczos 特征值求解器，可以对包含各种大规模计算的问题进行非常可靠的求解，并进行一般过程分析和线性摄动过程分析。

3．ABAQUS/Explicit

ABAQUS/Explicit 为显式分析求解器，适用于模拟短暂、瞬时的动态事件，以及求解冲击和其他高度不连续问题。同时，它对处理改变接触条件的高度非线性问题也非常有效，能够自动找出模型中各部件之间的接触，高效模拟部件之间的复杂接触。例如，模拟成型问题，它的求解方法是，在短时间域内以很小的时间增量步向前推出结果，且无须在每个增量步求解耦合的方程系统和生成总刚。

ABAQUS/Explicit 拥有广泛的单元类型和材料模型，其单元库是 ABAQUS/Standard 单元库的子集。它提供的基于域分解的并行计算仅可进行一般过程分析。需要注意的是，ABAQUS/ Explicit 不但支持应力/位移分析，并且支持耦合的瞬态温度/位移分析、声固耦合的分析。

ABAQUS/Explicit 和 ABAQUS/Standard 具有各自的适用范围，它们互相配合使得 ABAQUS 功能更加灵活和强大。有些工程问题需要二者的结合使用，以一种求解器开始分析，分析结束后将结果作为初始条件与另一种求解器继续进行分析，从而结合显式和隐式求解技术的优点。

4．ABAQUS/CFD

ABAQUS/CFD 是 ABAQUS 2018 新增加的流体仿真模块，新模块的增加使得 ABAQUS 能够模拟层流、湍流等流体问题，以及自然对流、热传导等流体传热问题。该模块的增加使得流体材料特性、流体边界、载荷及流体网格等流体相关的前处理定义等都可以在 ABAQUS/ CAE 中完成，同时还可以 ABAQUS 输出等值面、流速矢量图等多种流体相关后处理结果。

ABAQUS/CFD 使得 ABAQUS 在处理流固耦合问题时表现更为优秀，配合使用 ABAQUS/Explicit 和 ABAQUS/Standard，使得 ABAQUS 更加灵活和强大。

5．ABAQUS/Design

ABAQUS/Design 扩展了 ABAQUS 设计敏感度分析（DSA）中的应用。设计敏感度分析可用于预测设计参数变化对结构响应的影响。它是一套可选择模块，可以附加到 ABAQUS/Standard 模块。

6．ABAQUS/View

ABAQUS/View 是 ABAQUS/CAE 的子模块，后处理功能中的可视化模块(Visualization)就包含在其中。

7．ABAQUS/Aqua

ABAQUS/Aqua 也是 ABAQUS/Standard 的附加模块，主要用于海洋工程，可以模拟近海结构，也可以进行海上石油平台导管和立架的分析、基座弯曲的计算和漂浮结构的研究，以及管道的受拉模拟。ABAQUS/Aqua 的其他功能包括模拟稳定水流和波浪，对受浮力和自由水面上受风载的结构进行分析。

8．ABAQUS/Foundation

ABAQUS/Foundation 是 ABAQUS/Standard 的一部分，可以更经济地使用 ABAQUS/ Standard 的线性静态和动态分析。

9．MOLDFLOW接口

ABAQUS 的 MOLDFLOW 接口是 ABAQUS/Explicit 和 ABAQUS/Standard 的交互产品，使用户将注塑成型软件 MOLDFLOW 与 ABAQUS 配合使用，将 MOLDFLOW 分析软件中的有限元模型信息转换写成 INP 文件的组成部分。

10．MSC.ADAMS接口

ABAQUS 的 MSC.ADAMS 接口是基于 ADAMS/Flex 的子模态综合格式，是 ABAQUS/ Standard 的交互产品，使用户能够将 ABAQUS 同机械系统动力学仿真软件 MSC.ADAMS 一起配合使用，可将 ABAQUS 中的有限元模型作为柔性部分输入到 MSC.ADAMS 系列产品中。

1.3 ABAQUS 使用环境

ABAQUS/CAE 是完整的 ABAQUS 运行环境，为生成 ABAQUS 模型、交互式的提交作业、监控和评估 ABAQUS 运行结果提供了一个风格简单的界面。

ABAQUS 分成若干个功能模块，每个模块都定义了模拟过程中的一个逻辑步骤，如生成部件、定义材料属性、定义载荷和边界条件、网格划分等。完成一个功能模块的操作后，可以进入下一个功能模块，逐步建立分析模型。ABAQUS/Standard（或 ABAQUS/Explicit）读入由 ABAQUS/CAE 生成的输入文件进行分析，将信息反馈给 ABAQUS/CAE 以让用户对作业进程进行监控，并生成输出数据库。

最后，用户可通过 ABAQUS/CAE 的可视化模块读入输出的数据库，进一步观察分析的结果。下面将简要介绍 ABAQUS 的使用环境。

1.3.1 启动 ABAQUS/CAE

在操作系统的命令提示符中输入如下命令：

```
abaqus cae
```

这里 abaqus 是运行 ABAQUS 的命令。不同的系统可能会有所不同。

当 ABAQUS/CAE 启动以后，会出现“开始任务”对话框，如图 1-2 所示。

图 1-2 “开始任务”对话框

- 创建模型数据库：开始一个新的分析过程。用户可根据自己的问题建立 Standard/ Explicit 模型或 CFD 模型。
- 打开数据库：打开一个以前存储的模型或输入/输出数据库文件。
- 运行脚本：运行一个包含 ABAQUS/CAE 命令的文件。
- 打开入门指南：单击后将打开 ABAQUS 2018 的辅导教程在线文档。

1.3.2 ABAQUS 的主窗口

图 1-3 显示了主窗口的各个组成部分，用户可以通过主窗口与 ABAQUS/CAE 进行交互。

1. 标题栏

标题栏显示了当前运行的 ABAQUS/CAE 的版本和模型数据库的名字。

2. 工具栏

工具栏为用户提供了菜单功能的快捷方式，这些功能也可以通过菜单进行访问。

3. 菜单栏

菜单栏显示了所有可用的菜单，用户可以通过对菜单的操作调用ABAQUS/CAE的各种功能。在环境栏中选择不同的模块时，菜单栏中显示的菜单也会不尽相同。

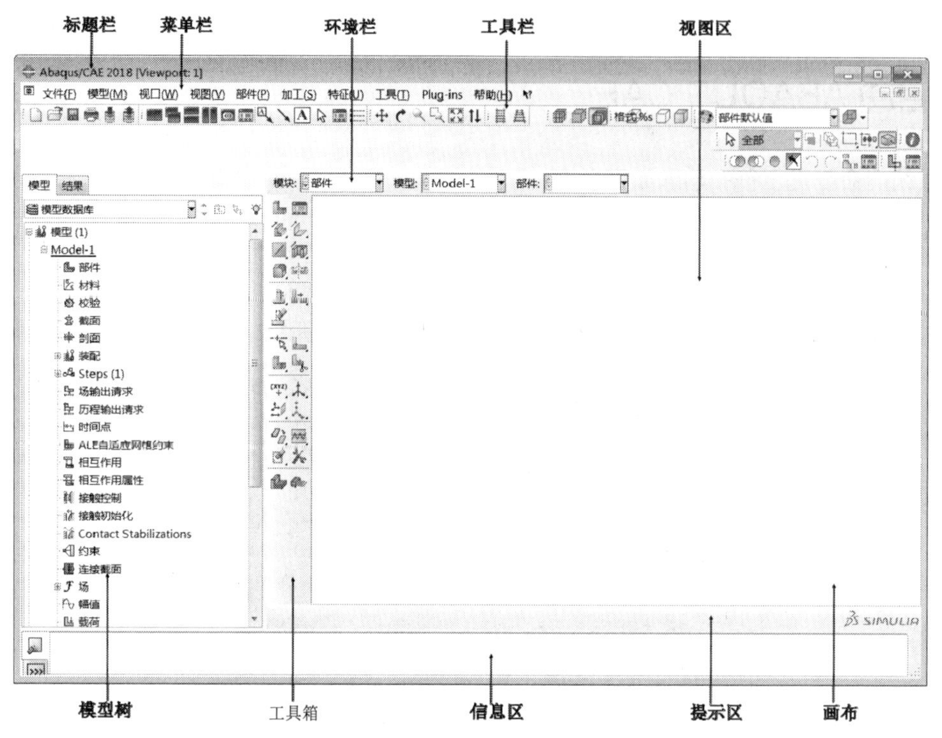

图 1-3 主窗口的各个组成部分

4. 环境栏

ABAQUS/CAE 是由一组功能模块组成的，每一个模块针对模型的某一方面。用户可以在环境栏的 Module（模块）列表中的各个模块之间进行切换。环境栏中的其他项是当前操作模块的相关功能。如用户在创建模型的几何形状时，可以通过环境栏提取出一个已经存在的部件（Part）。

5. 模型树/结果树

模型树/结果树直观地显示出了各个组成部分，如部件、材料、载荷、结果输出要求等。使用模型树可以很方便地在各个功能模块之间进行切换，实现主菜单和工具栏所提供的大部分功能。

6. 画布

可以把画布比作一个无限大的屏幕，用户在其上摆放视图区域（Viewport）。

7. 提示区

用户在 ABAQUS/CAE 中进行的各种操作都会在提示区得到相应的提示，如当在绘图区绘制一个圆弧时，提示区会提示用户输入相应的点信息。

8．视图区

ABAQUS/CAE 通过在画布上的视图区显示用户的模型。

9．工具箱

当用户进入某一功能模块时，工具箱会显示该功能模块相应的工具。工具箱的存在使得用户可以方便调用该模块的许多功能。

10．命令行接口

利用 ABAQUS/CAE 内置的 Python 编译器，可在命令行接口输入 Python 命令和数学表达式。接口中包含了主要（>>>）和次要（…）提示符，随时提示用户安装 Python 的语法输入命令行。

11．信息区

ABAQUS/CAE 在信息区显示状态信息和警告。通过拖动其顶边可以改变信息区的大小写，利用滚动条可以查阅已经“滚”出信息区的信息。信息区在默认状态下是显示的，这里同时也是命令行接口的位置。用户可以通过其左侧的“信息区”按钮和“命令行接口”按钮进行切换。

1.3.3 ABAQUS/CAE 功能模块

如前所述，ABAQUS/CAE 划分为一系列的功能单元，称为功能模块。每一个功能模块都只包含与模拟作业的某一指令部分相关的一些工具。例如，部件（Part）模块只包含生成几何模型的部件，而网格（Mesh）模块只包含生成有限元网格的工具。

在环境栏中的模块（Module）列表中选择相应选项可以进入各个模块。如图 1-4 所示，列表中的模块次序与创建一个分析模型应遵循的逻辑次序是一致的。例如，在生成装配件（Assembly）前必须先生成部件（Part）。

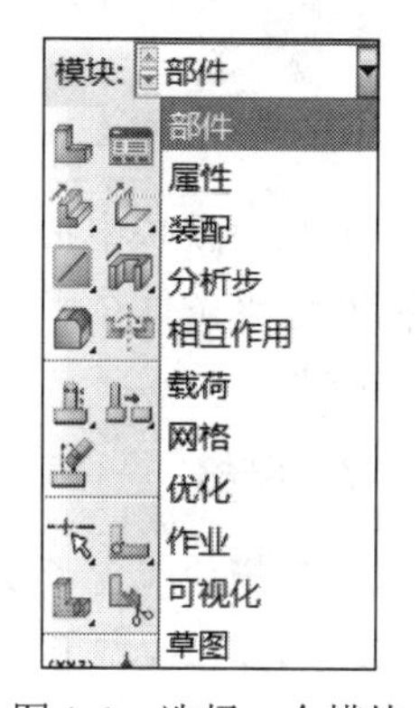

图 1-4　选择一个模块

当然，ABAQUA/CAE 也允许用户在任何时刻选择任一个模块进行工作，而无须关注模型的当前状态。然而，这种操作会受到明显的限制。例如，像悬臂梁横截面尺寸一类的截面性质就不能指定到一个未生成的几何体上。

下面列出 ABAQUA/CAE 的各个模块，并简要介绍建立一个模型所需要在各个模块中可能进行的任务。

1．部件

部件模块用于创建各个单独的部件，用户可以在 ABAQUA/CAE 环境中利用图形工具直接生成，也可以从第三方图形软件导入部件的几何形状。

2．属性

整个部件中的任一个部分的特征，如与该部分有关的材料性质定义和截面几何形状，包含在截面（section）定义中。

3．装配

创建一个部件时，部件存在于自己的局部坐标系中，独立于模型的其他部分。用户可以应用该模块建立部件的实例，并且将这些实例相对于其他部件定位于总体坐标系之中，从而构成一个装配件。一个ABAQUS/CAE 模型只能包含一个装配件。

4．分析步

用户可以应用分析步模块生成和构建分析步骤，并与输出需求联系起来。分析步序列给模拟过程的变化提供了方便的途径（如变边界问题）。

可以根据需要，在分析步之间更改输出变量。

5．相互作用

在该模块中，可指定模型各区域之间或模型的一个区域，与周围环境之间的热力学或力学方面的相互作用，如两个传热的接触表面。其他可以定义的相互作用包括约束，如刚体（rigid body）约束、绑定（tie）等。

ABAQUS/CAE 不会自动识别部件实体之间或一个装配件的各个实体之间的力学（或热学）的相互作用，要实现该需求，必须在相互作用模块指定接触关系。

相互作用与分析步有关，这就意味着用户必须指定相互作用是在哪个分析步起作用。

6．载荷

在载荷模块中指定载荷、边界条件和场变量。边界条件和载荷与分析步有关，这就说明用户必须指定载荷和边界条件在哪些分析步骤中起作用。某些场变量仅仅作用于分析的初始阶段，而其他的场变量与分析步有关。

7．网格

网格模块包含了以ABAQUS/CAE为装配件生成网格所需要的网格划分工具。利用所提供的各个层次上的自动划分和控制工具，用户可以生成满足自己需要的网格。

8．作业

一旦完成了所有定义模型的任务，用户就可以利用作业模块分析计算模型。该模块允许用户交互提交分析作业并进行监控。可以同时提交多个模型和运算并对其进行监控。

9．可视化

可视化模块提供了有限元模型和分析结果的图像显示。它从数据库中获得模型和结果信息，通过分析步修改输出要求，从而可以控制写入数据库中的信息。

10．草图

草图是二维轮廓图，用来帮助形成几何形状，定义 ABQUS/CAE 可以识别的部件。应用草图模块创建草图，定义二维平面部件、梁、剖面，或者创建一个草图，然后通过拉伸、扫掠或者旋转的方式将其形成三维部件。

在功能模块进行切换时，主窗口中的环境栏、工具栏和菜单栏的内容也会发生相应的改变。用户在环境栏的“模型”列表中选择一个模块，将会使环境栏、工具栏和菜单栏产生变化。

1.4 ABAQUS 2018 新功能

ABAQUS 从推出以来，已经发布了很多版本。最新推出的 ABAQUS 2018 是一个非常重要的版本，拥有很多新的功能，同时也改进了以前版本的很多功能，归结为以下几个方面。

（1）XFEM 支持 C3D4、C3D8 等单元类型，支持隐式动力学，更多失效准则，并支持基于 MPI 的并行计算方式。

（2）改进了 Geostatic 分析步的算法，可以更精确地获得土体的初始应力及初始孔压。

（3）增加了用户指定隐式通用接触间隙和过盈量功能，在算法上增加了隐式通用接触的接触控制参数等众多隐式通用接触功能。

（4）CEL 域同时支持多种材料，支持移动的 CEL 网格。

（5）内置了 SPH 和 DEM 两种方法的用户自定义单元等多种 ABAQUS/Explicit 方面的新功能。

（6）增加了和 NX 的协同导入、抽取几何模型中面对中面的修补及材料标定等 ABAQUS/CAE 的新功能。

（7）改进了 3D Sweep 生成三维模型、布置网格种子及网格划分等多 ABAQUS/CAE 功能。

（8）优化了计算流体动力学求解器（ABAQUS /CFD）。作为 ABAQUS 的第三个求解器，可以解决包括层流和湍流及流体传热等方面的问题，同时可以结合 ABAQUS/Standard 和 ABAQUS/Explicit 进行流固耦合（FSI）分析。

对于新的流体仿真模块，具有如下优点：

（1）采用间断 Galerkin 有限体积/有限元计算方法。该方法是一个二阶精度的计算方法，比现在通行的一阶精度计算方法先进。

（2）可以模拟层流、湍流等流体问题，以及热传导、自然对流等流体传热问题。

（3）采用了快速的代数多重网格（AMG）迭代方法，并行效率高。

（4）采用任意的拉格朗日－欧拉（ALE）方法模拟流体网格变形，即使流体变形很大，也能保证网格的质量，提高计算精度。

（5）包括流体材料特性、流体边界、载荷及流体网格等流体相关的前处理定义等都可以在 ABAQUS/CAE 中完成，同时还可以在 ABAQUS 输出等值面、流速矢量图等多种流体相关后处理结果。

（6）具有流固耦合（FSI）功能，可以很方便地结合 ABAQUS/Standard 和 ABAQUS/Explicit 解决流固耦合问题，更重要的是可以在 ABAQUS/CAE 中像处理传统的 ABAQUS 固体力学问题一样方便实现流固耦合问题。

流固耦合是很多企业面临的急需解决的关键问题之一，大家尝试过多种方法解决流固耦合问题，但都存在计算速度跟不上、多种软件实现耦合功能前处理复杂等一些技术问题，同时也会增加企业人力、物力的投入。

对 ABAQUS 的传统客户，只需要结合 ABAQUS/CFD 和 ABAQUS/Standard、ABAQUS /Explicit 就可以方便实现流固耦合功能，可以大大提高企业的研发能力，进一步降低研发成本，缩短研发周期。

虽然很多企业的大部分工作是进行固体力学分析，但偶尔也要进行流体力学分析，有了 ABAQUS/CFD 模块，就可以在不增加成本的情况下解决这些流体问题。

1.5 实例快速入门

本节将通过一个四根桁架结构的求解过程来介绍使用 ABAQUS 进行桁架结构的静力学分析过程。通过分析读者可以看出 ABAQUS 在基本分析过程中的优越性。

1.5.1 问题描述

桁架结构中各个杆的长度和约束如图 1-5 所示，材料为钢，弹性模量为 2.96E3GPa，横截面积为 100，求该结构的结点位移、单元位移和支反力。

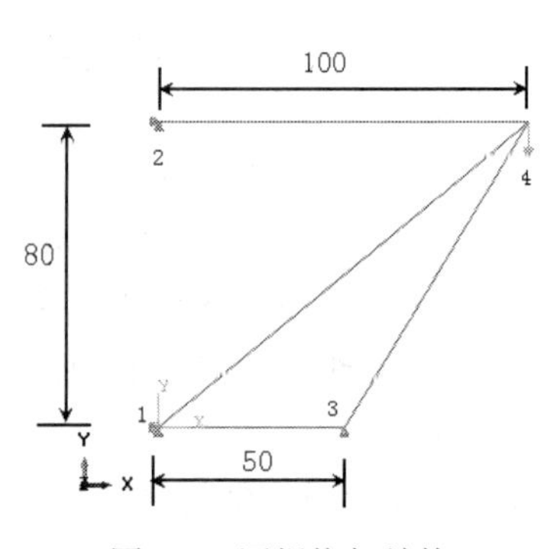

图 1-5　四根桁架结构

1.5.2 问题分析

1. 创建部件

步骤 01 启动 ABAQUS/CAE，创建一个新的模型并重命名为 Truss，保存模型为 Truss.cae。

步骤 02 单击工具箱中的（创建部件）按钮，弹出“创建部件”对话框（如图 1-6 所示），在“名称”文本框中输入 link，设置“模型空间”为“二维平面”、“类型”为“可变形”、“基本特征”为“线”，在“大约尺寸”文本框中输入 300，单击“继续”按钮，进入草图环境。

步骤 03 单击工具箱中的（创建线：首尾相连）按钮，利用鼠标选取或者输入坐标值，通过点（0,0）、（50,0）、（100,80）、（0,80）绘制直线，单击按钮，连接（0,0）和（100,80）两点。单击提示区中的“完成”按钮，形成四桁架结构，如图 1-7 所示。

在 ABAQUS 中，单击鼠标中键（滚轮鼠标中的滚轮）和单击提示区中的“完成”按钮作用相同。

图 1-6 “创建部件”对话框

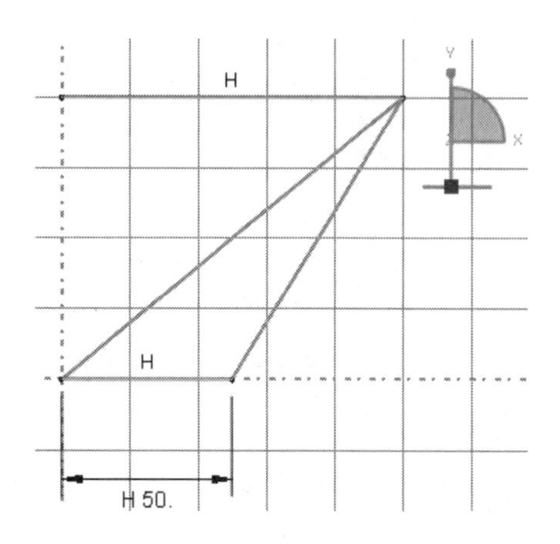

图 1-7 草图中的四根桁架结构

2. 创建材料和截面属性

（1）创建材料

进入属性模块，单击工具箱中的 （创建材料）按钮，弹出“编辑材料”对话框，默认材料“名称”为 Material-1，选择“力学”→“弹性”→“弹性”命令，输入弹性模量值为 2.96e3；单击“确定”按钮，完成材料属性的定义，如图 1-8 所示。

可以先在环境栏中选择属性，进入材料属性模块，再执行“材料”→“创建”命令，也可以单击工具箱中的 （创建材料）按钮。在 ABAQUS 中同一个命令可以有多种操作方法，执行菜单中的命令、模型树中的命令、工具栏中的命令、工具箱中的命令作用是相同的，以后涉及这样的问题，一般情况下本书只给出一种。

（2）创建截面属性

单击工具箱中的 （创建截面）按钮，在“创建截面”对话框（如图 1-9 所示）中选择“类别”为“梁”、“类型”为“桁架”，单击“继续”按钮，进入“编辑截面”对话框，“材料”选择 Material-1，单击“确定”按钮，完成截面的定义。

（3）赋予截面属性

单击工具箱中的 （指派截面属性）按钮，选择部件 link，单击提示区中的“完成”按钮，在弹出的“编辑截面指派”对话框（如图 1-10 所示）中选择“截面”为 Section-1，单击“确定”按钮，把截面属性赋予部件 link。

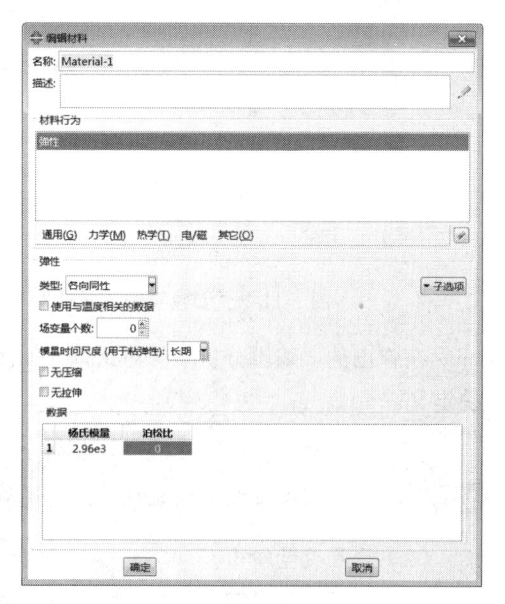

图 1-8 定义材料属性

ABAQUS 的材料属性不能直接赋予几何模型和有限元模型，必须通过创建截面属性把材料属性赋予截面属性，然后把截面属性赋予几何模型，间接地把材料属性赋予几何模型。

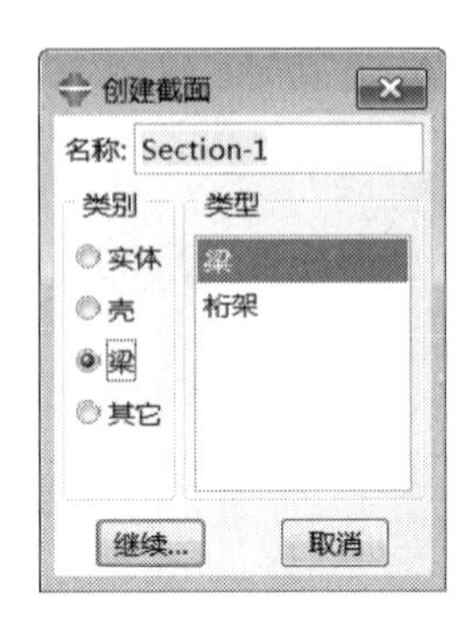

图 1-9 “创建截面”对话框

图 1-10 “编辑截面指派”对话框

3. 定义装配件

进入装配模块，单击工具箱中的（将部件实例化）按钮，在弹出的“创建实例”对话框（如图 1-11 所示）中选择 link，单击“确定”按钮，创建部件的实例。

4. 设置分析步和输出变量

（1）定义分析步

在环境栏模块后面选择“分析步”，进入分析步模块，单击工具箱中的（创建分析步）按钮，在弹出的“创建分析步”对话框（如图 1-12 所示）中，选择分析步类型为“静力, 通用”，单击“继续”按钮。

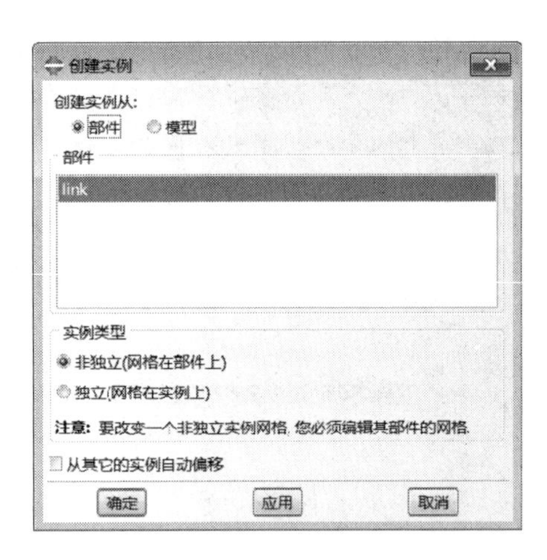

图 1-11 “创建实例”对话框

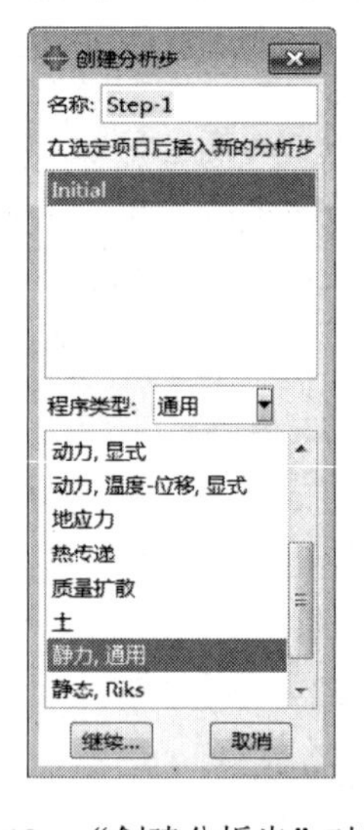

图 1-12 “创建分析步”对话框

在弹出的“编辑分析步”对话框（如图 1-13 所示）中接受默认设置，单击“确定”按钮，完成分析步的定义。

在静态分析中，分析步时间（时间长度）一般没有实际意义，可以接受默认值，对于初学者，时间增量步的设置相对比较困难，可以先使用默认值进行分析，如果结果不收敛再进行调整。

（2）设置变量输出

单击工具箱中的（场输出管理器）按钮，在弹出的“场输出请求管理器”对话框（如图 1-14 所示）中可以看到 ABAQUS/CAE 已经自动生成了一个名称为 F-Output-1 的场输出变量。

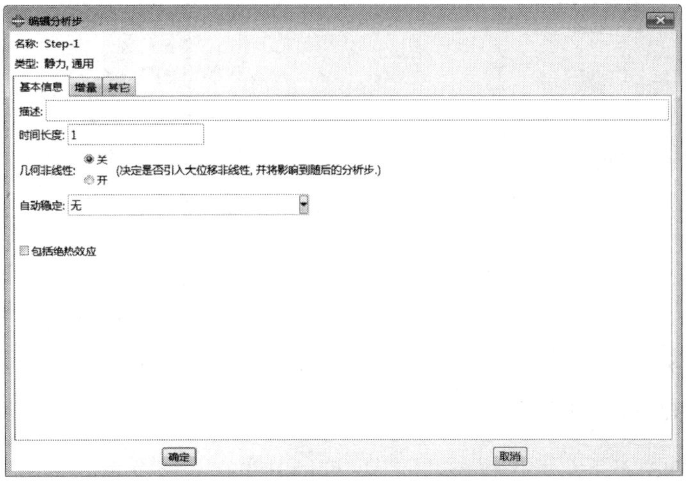

图 1-13 “编辑分析步”对话框

单击“编辑”按钮，在弹出的“编辑场输出请求”对话框（如图 1-15 所示）中，可以增加或减少某些量的输出；返回“场输出请求管理器”对话框，然后单击“确定”按钮，完成输出变量的定义。利用同样的方法，也可以对历史变量进行设置。

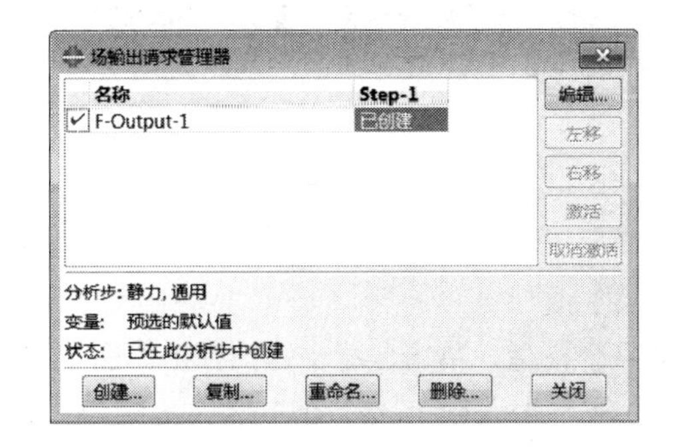

图 1-14 “场输出请求管理器”对话框

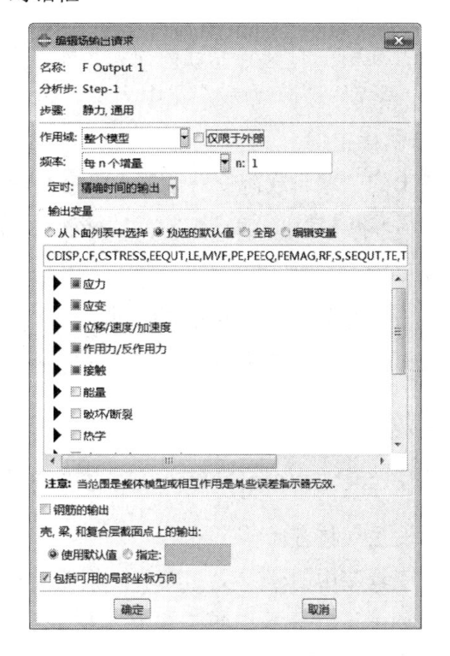

图 1-15 “编辑场输出请求”对话框

5. 定义载荷和边界条件

本例不涉及接触问题，所以可以直接跳过相互作用模块。

（1）定义边界条件

在环境栏模块后面选择载荷，进入载荷功能模块，单击工具箱中的 （创建边界条件）按钮（或者单击“边界条件管理器”对话框中的“创建”按钮），弹出如图 1-16 所示的“创建边界条件”对话框，在该对话框选择“分析步”为 Step-1、“类别”为“力学：位移/转角”，单击“继续”按钮。

在图形区中选择模型中的点 1 和点 2（选择多个对象时按下 Shift 键），单击鼠标中键，弹出如图 1-17 所示的“编辑边界条件”对话框，选择 U1 和 U2（表示约束这两个自由度，而 UR3 不约束），完成点 1 和点 2 边界条件的施加。

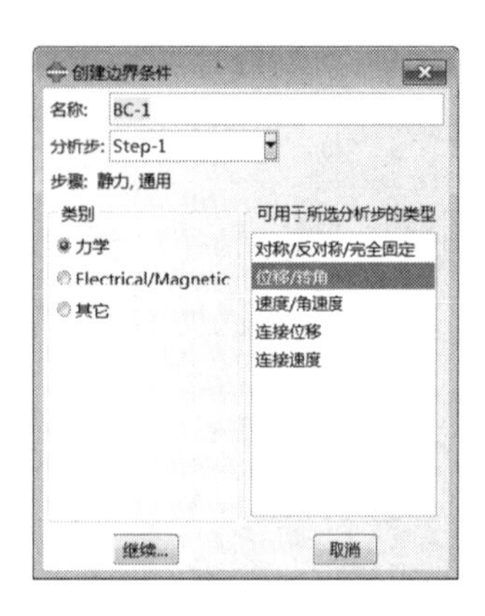

图 1-16 “创建边界条件”对话框

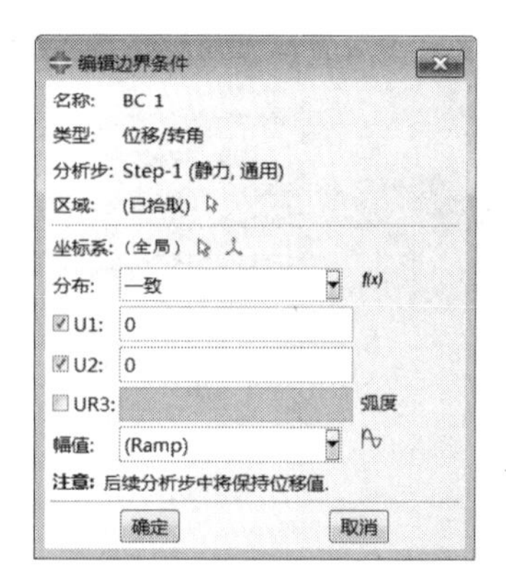

图 1-17 “编辑边界条件”对话框

利用同样的方法，约束右下角点（点 3）U2 方向的自由度。

（2）施加载荷

单击工具箱中的（创建载荷）按钮，在弹出的“创建载荷”对话框中定义载荷“名称”为 Load-1，选择载荷“类别”为“力学：集中力”，如图 1-18 所示，单击“继续”按钮，在图形区中选择右上角点（点 4），单击鼠标中键。

在弹出的“编辑载荷”对话框（如图 1-19 所示）中，设置 CF1 为 0、CF2 为−150（力的方向竖直向下，与轴 2 的正方向相反），单击“确定”按钮，完成载荷的施加，在点 4 上施加了一个方向向下、大小为 150N 的集中力。

技巧提示

该集中力的大小和方向在分析过程中保持不变，如果选择跟随结点转动选项，则力的方向在分析过程中随着结点的旋转而变化；使用幅值曲线可以改变力的变化规律。

6. 划分网格

在环境栏模块后面选择网格，进入网格功能模块，将窗口顶部的环境栏“对象”选项设为“部件”选项。

（1）设置网格密度

单击工具箱中的（为边布种）按钮，在图形区中框选整个模型，单击鼠标中键，弹出如图 1-20 所示的“局部种子”对话框，单击“基本信息”选项卡，在“方法”中选中“按个数”单选按钮，在“单元数”中输入 1，然后单击“确定”按钮。

图 1-18 “创建载荷”对话框

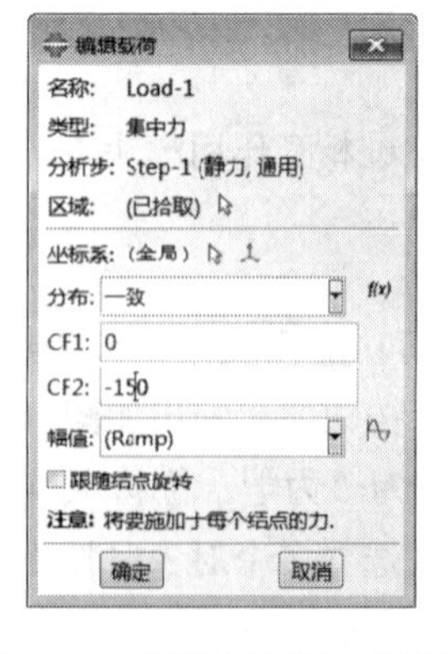

图 1-19 “编辑载荷”对话框

图 1-20 “局部种子”对话框

（2）选择单元类型

单击工具箱中的S4R（指派单元类型）按钮，在视图区中选择模型，单击“完成”按钮，弹出“单元类型”对话框（如图1-21所示），选择默认的单元B21，单击“确定”按钮，完成单元类型的选择。

图1-21 “单元类型”对话框

（3）划分网格

单击工具箱中的（为部件实例划分网格）按钮，再单击提示区中的“完成”按钮，完成网格的划分。

7. 提交作业

在环境栏模块后面选择作业，进入作业模块。

执行“作业”→“管理器”命令，在弹出的“作业管理器”对话框（如图1-22所示）中，单击“创建”按钮，定义作业“名称”为link，单击“继续”按钮，再单击“确定”按钮，完成作业的定义。在“作业管理器”对话框中单击“提交”按钮，提交作业。

单击“监控”按钮，弹出“link监控器”对话框（如图1-23所示），可以查看到分析过程中出现的警告信息。

图1-22 “作业管理器”对话框

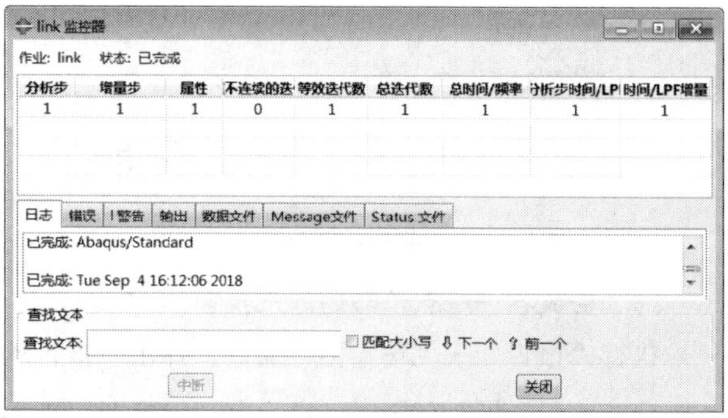

图1-23 “link监控器”对话框

待分析结束后，单击“结果”按钮，进入可视化模块。

8. 后处理

下面介绍可视化模块中的一些操作。

（1）打开结果输出文件 link.odb，有以下几种方法：

- 在“作业管理器”对话框中单击“结果”按钮。
- 单击可视化模块中的（打开）按钮，弹出“打开数据库”对话框（如图 1-24 所示），选择 link.odb 文件，单击“确定”按钮。
- 在模型树中把模型切换到结果选项，双击“打开数据库”按钮，弹出“打开数据库“对话框，选择 link.odb 文件，单击“确定”按钮。

图 1-24　“打开数据库”对话框

在后两种打开数据库的方法中，默认的打开方式是只读方式，不能对数据库进行操作或定义结果坐标系等或需要对结果数据库进行操作，必须在“打开数据库”对话框中取消只读选项。

（2）显示结点和单元编号

执行“选项”→“通用”命令，弹出“通用绘图选项”对话框（如图 1-25 所示），切换到“标签”选项卡，勾选“显示单元编号”和“显示结点编号”复选框，并选择字体颜色，单击“确定”按钮，显示出结点和单元编号，如图 1-26 所示。

图 1-25　“通用绘图选项”对话框

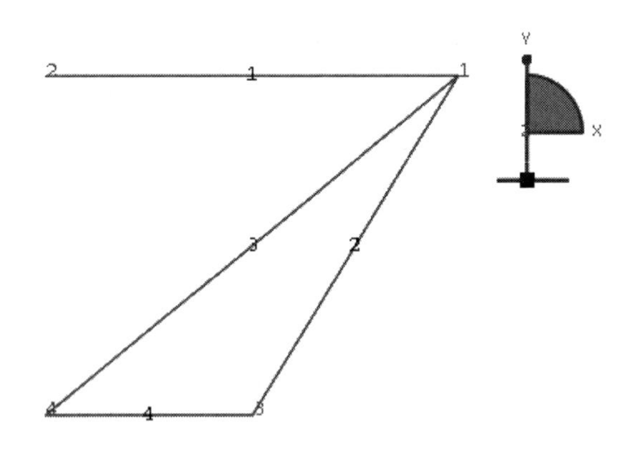

图 1-26　结点编号图

（3）生成各个结点位移的结果报告

执行“报告”→“场输出”命令，弹出“报告场变量输出”对话框（如图 1-27 所示），在“输出变量”下的“位置”下拉列表框中选择“唯一结点的”选项，输出选项中取消默认的“S：应力分量”复选框，勾选“U：空间位移”下面的 U1 和 U2（输出 1、2 方向的位移值）复选框；切换到“设置”选项卡（如图 1-28 所示），设置输出文件的“名称”为 link，单击“确定”按钮。

图 1-27 “报告场变量输出”对话框

图 1-28 “设置”选项卡

在 ABAQUS 工作目录下生成报告文件 link.rpt，内容如下：

```
********************************************************************************
Field Output Report, written Mon Sep 17 12:23:21 2018

Source 1
---------

   ODB: C:/SIMULIA/AbaqusWork/link.odb
   Step: Step-1
   Frame: Increment      1: Step Time =    1.000

Loc 1 : 来自源 1 的结点值

Output sorted by column "结点编号".

Field Output reported 在结点处 for part: PART-1-1

      结点编号          U.U1           U.U2
                       @Loc 1         @Loc 1
-------------------------------------------------
           1    3.86308E-03   -8.42609E-03
           2    113.961E-36             0.
           3   -1.24643E-03   -117.663E-36
           4   -113.961E-36   -32.3374E-36


        最小   -1.24643E-03   -8.42609E-03
      在结点              3              1
```

```
         最大    3.86308E-03             0.
       在结点              1             2

           总    2.61666E-03    -8.42609E-03
```

类似于上述生成单元应力的数据报告，在输出位置后面选择积分点，输出选项选择“S：应力分量”中的 S11，报告文件为 link-element-S，得到的各单元应力值如下：

```
            Field Output Report, written Mon Sep 17 12:24:13 2018

Source 1
---------

   ODB: C:/SIMULIA/AbaqusWork/link.odb
   Step: Step-1
   Frame: Increment      1: Step Time =    1.000

Loc 1 : 来自源 1 的结点值

Output sorted by column "结点编号".

Field Output reported 在结点处 for part: PART-1-1
   Computation algorithm: EXTRAPOLATE_COMPUTE_AVERAGE
   Averaged at nodes
   Averaging regions: ODB_REGIONS

      结点编号          S.S11
                       @Loc 1
---------------------------------
             1       -2.55192
             2        11.3961
             3       -10.6146
             4       -6.26521


         最小       -10.6146
       在结点              3

         最大        11.3961
       在结点              2

           总       -8.03566
```

同样可以生成各个结点支反作用力的数据报告，在输出位置后面选择 Unique Nodal，输出选项选择“RF：反作用力”中的 RF1、RF2，报告文件为 link-nodal-RF，得到各结点的支反作用力如下：

```
            Field Output Report, written Mon Sep 17 12:25:18 2018

Source 1
---------

   ODB: C:/SIMULIA/AbaqusWork/link.odb
```

```
   Step: Step-1
   Frame: Increment      1: Step Time =    1.000

  Loc 1 : 来自源 1 的结点值

  Output sorted by column "结点编号".

  Field Output reported 在结点处 for part: PART-1-1

      结点编号          RF.RF1       RF.RF2
                        @Loc 1       @Loc 1
  -------------------------------------------------
           1              0.           0.
           2          -113.961        -0.
           3              0.        117.663
           4           113.961      32.3374

        最小          -113.961        -0.
       在结点              2           2

        最大           113.961      117.663
       在结点              4           3

          总              0.        150.000
```

利用这些结果与理论计算的结果进行对比，可以发现 ABAQUS 的计算结果和理论结果完全相符。对于复杂模型，使用 ABAQUS 有限元软件进行模拟计算有着不可比拟的优势。

（4）变形前和变形后的结果

执行“绘图”→“云图”→“同时在两个图上”命令，即可显示变形前和变形后的结果云图，如图 1-29 所示。

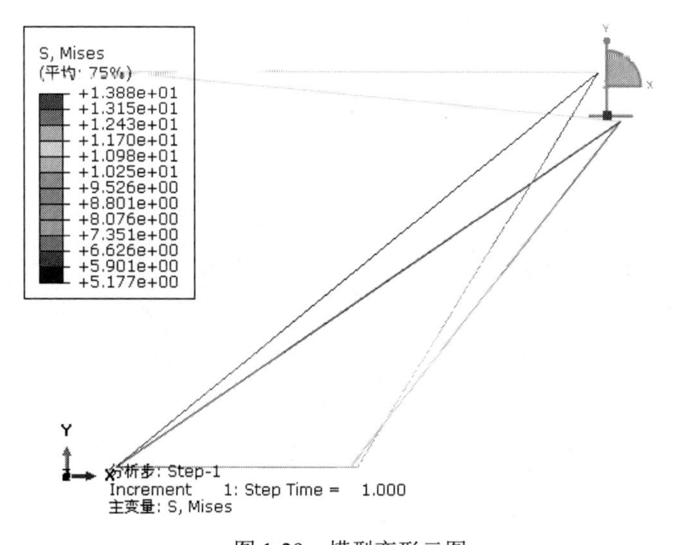

图 1-29　模型变形云图

退出 ABAQUS/CAE，有以下 3 种方法：

- 执行“文件”→“退出”命令；
- 按下 Ctrl+Q 组合键；
- 单击图形窗口右上角的“关闭”按钮。

1.6 本章小结

本章主要介绍了 ABAQUS 的使用环境和主要文件，并通过一个简单实例介绍了利用 ABAQUS 处理问题的流程。需要注意的是：

（1）ABAQUS 可以完成多种类型的分析，如静态分析、动态分析、非线性分析、热传导分析、流体运动分析、流固耦合分析、多场耦合分析、疲劳分析、海洋工程结构分析、冲击动力学分析、设计灵敏度分析等。

（2）ABAQUS 由多个模块组成，包括前处理模块（ABAQUS/CAE）、主求解器模块（ABAQUS/Standard、ABAQUS/Explicit 和 ABAQUS/CFD），以及 ABAQUS/Aqua、ABAQUS/Design、MOLDFLOW 接口等专用模块。

（3）ABAQUS/CAE 是 ABAQUS 的交互式图形环境，可以方便、快捷地构建模型，提交作业和显示分析结果。

（4）ABAQUS/Standard 是一个通用分析模块，它使用的是隐式算法，能够求解广泛领域的非线性和线性问题，如静态问题、动力模态分析、复杂多场的耦合分析等。ABAQUS/Explicit 可以进行显示动力分析，它使用的是显式求解方法，非常适用于求解复杂非线性动力学问题和准静态问题，如冲击和爆炸等短暂、瞬时的动态事件。

第2章 基本模块和操作方法

导言

本章将详细介绍ABAQUS进行有限元分析的步骤及ABAQUS/CAE的各功能模块，帮助读者掌握 ABAQUS/CAE 强大的建模和网格划分功能，并对划分网格和单元类型的选择进行详细的讲解。

教学目标

- 掌握ABAQUS进行有限元分析的步骤
- 了解ABAQUS/CAE各功能模块的应用
- 掌握ABAQUS/CAE强大的建模和网格划分功能

2.1 ABAQUS分析步骤

前处理、分析计算和后处理是有限元分析的三个步骤。

2.1.1 前处理（ABAQUS/CAE）

前处理阶段的中心任务是定义物理问题的模型，并生成相应的 ABAQUS 输入文件。ABAQUS/CAE 是完整的ABAQUS运行环境，可以生成ABAQUS的模型、使用交互式的界面提交和监控分析作业，最后显示分析结果。ABAQUS/CAE 分为若干个功能模块，每个模块都用于完成模拟过程中一个方面的工作，例如定义几何形状、材料性质、载荷和边界条件等。建模完成之后，ABAQUS/CAE 可以生成 ABAQUS 输入文件，提交给ABAQUS/Standard或ABAQUS。

读者也可以使用其他的前处理器（如MSC.PATRAN、Hypermesh等）来创建模型，但是ABAQUS的很多功能（如定义面、接触对、连接器等）只有ABAQUS/CAE才支持，可以建议读者使用ABAQUS/CAE作为前处理器。

2.1.2 分析计算（ABAQUS/Standard或ABAQUS/Explicit）

在分析计算阶段中，使用ABAQUS/Standard或ABAQUS/Explicit求解输入文件中所定义的数值模型，计算过程通常在后台运行，分析结果以二进制的形式保存起来，以利于后处理过程。完成一个求解过程所

花费的时间由问题的复杂程度和计算机的计算能力等因素决定。

2.1.3 后处理（ABAQUS/CAE 或 ABAQUS/Viewer）

ABAQUS/CAE 的后处理部分又叫作 ABAQUS/Viewer，可以用来读入分析结果数据，以多种方法显示分析结果，包括动画、彩色云纹图、变形图、XY 曲线图等。

2.2 ABAQUS/CAE的功能模块

一般来说，首先在部件(Part)模块中创建部件(有时需要与装配模块配合使用)，然后在装配(Assembly)模块中进行部件的装配。

ABAQUS 可以在装配件和分析步的基础上，在相互作用（Interaction）模块中定义相互作用、约束或连接器以及在载荷（Load）模块中定义载荷、边界条件、预定义场等，这两个模块通常没有先后顺序的要求。

在进入相互作用（Interaction）模块和载荷模块之前，在分析步模块中定义分析步和变量输出要求。在部件创建后（部件模块）和作业（Job）模块之前，都可以进入属性（Property）模块进行材料和截面属性的设置。

如果在装配模块中创建的是非独立实体，就可以在创建部件后（部件模块）和作业模块之前在网格模块中对部件进行网格划分；如果在装配模块中创建的是独立实体，就可以在创建装配件后（装配模块）和作业模块之前在网格模块中对装配件进行网格划分。

图 2-1 列出了非独立实体和独立实体两种情况下的功能模块使用顺序。

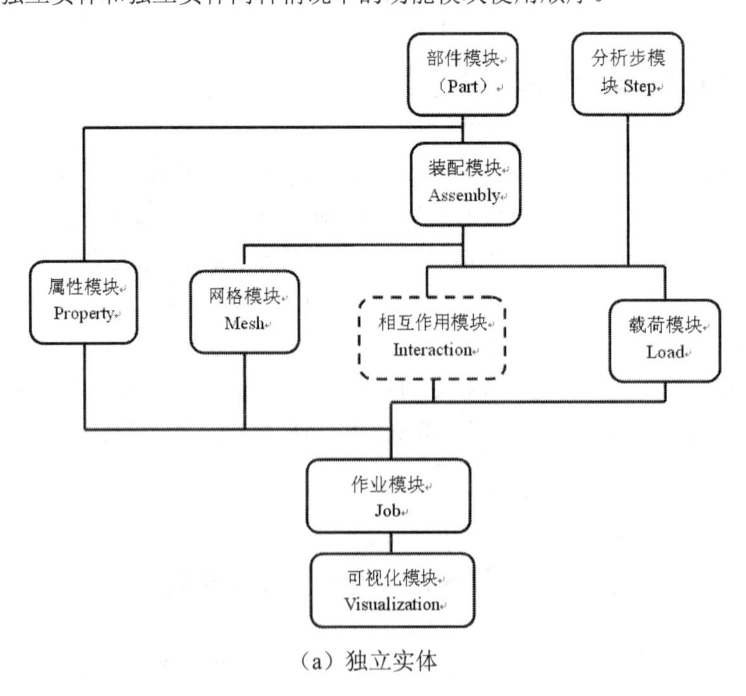

（a）独立实体

图 2-1　功能模块的使用顺序

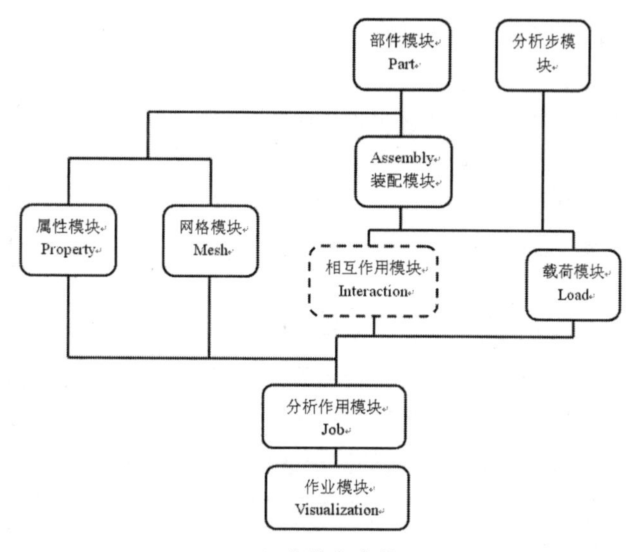

（b）非独立实体

图 2-1 功能模块的使用顺序（续）

2.3 部件模块和草图模块

启动ABAQUS后，界面中会出现ABAQUS的第一个功能模块 —— 部件模块，部件模块提供了强大的建模功能，支持两种建模方式：在ABAQUS/CAE中直接建模和从其他软件中导入模型。

2.3.1 部件的创建

执行“部件”→“创建”命令，或者单击工具箱中的（创建部件）按钮（如图2-2所示），弹出“创建部件”对话框，如图2-3所示。

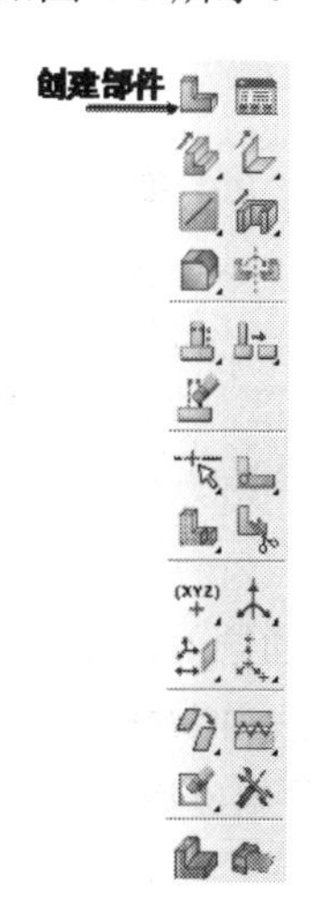

图 2-2 工具箱

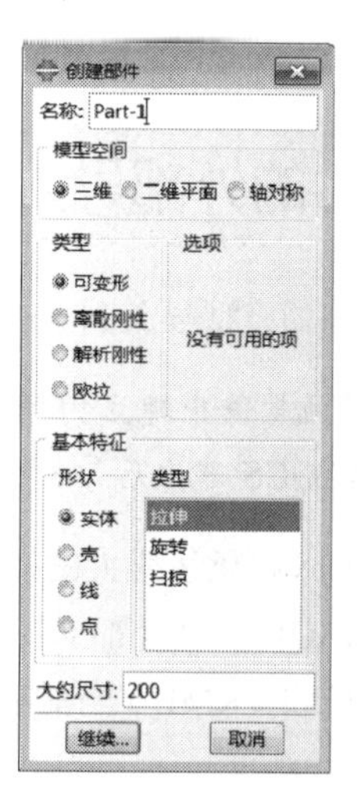

图 2-3 “创建部件”对话框

在弹出的“创建部件”对话框中，可以选择调整的名称和大约尺寸（其单位与模型的单位一致）选项，其默认值分别为Part-n（n表示创建的第n个部件）和200，其他选项均为单选项。

单击工具箱中的 （部件管理器）按钮，弹出“部件管理器”对话框（如图2-4所示），其中列出模型中的所有部件，可以创建、复制、重命名、删除、锁定、解锁、更新有效性、忽略无效性等。

图2-4　“部件管理器”对话框

设置完如图2-3所示对话框中的选项之后，单击“继续”按钮，进入绘制平面草图的界面，如图2-5所示。使用界面左侧工具箱中的工具，可以绘制出点、线、面作为构成部件的要素（此处不再详细介绍，具体操作读者可通过相关的例子掌握）。

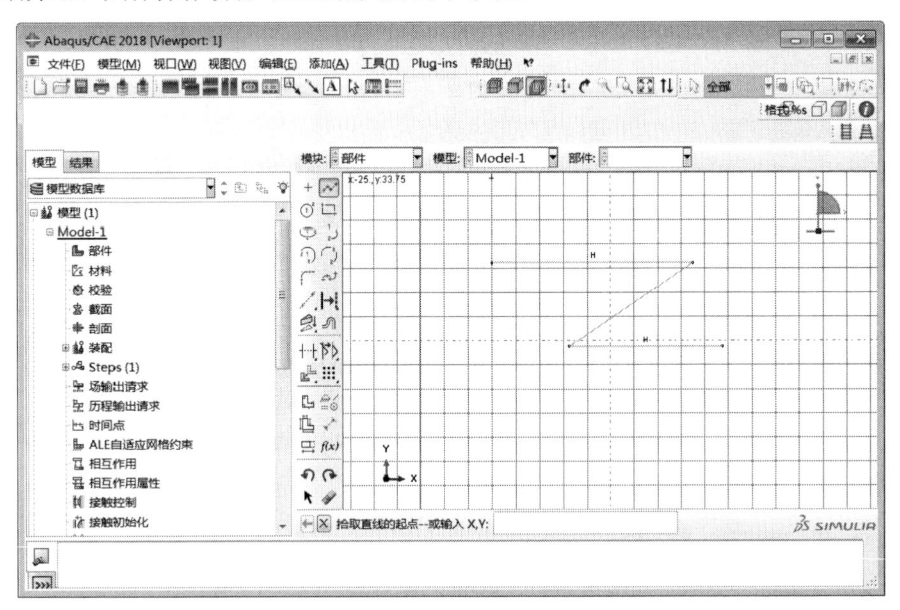

图2-5　绘制草图的界面

2.3.2　部件的外部导入

可以把建立好的模型导入到ABAQUS中。导入分为以下两种情况：

- 导入在其他软件中建立的模型；
- 导入ABAQUS建立后导出的模型。

ABAQUS 2018提供了强大的接口，支持草图、部件、装配件和模型的导入，如图2-6所示。对于每种类型的导入，ABAQUS 2018都支持多种不同后缀名的文件，但导入的方法和步骤是类似的。另外，还支持草图、部件、装配和VRML（当前视窗的模型导出成VRML文件）等的导出，如图2-7所示。

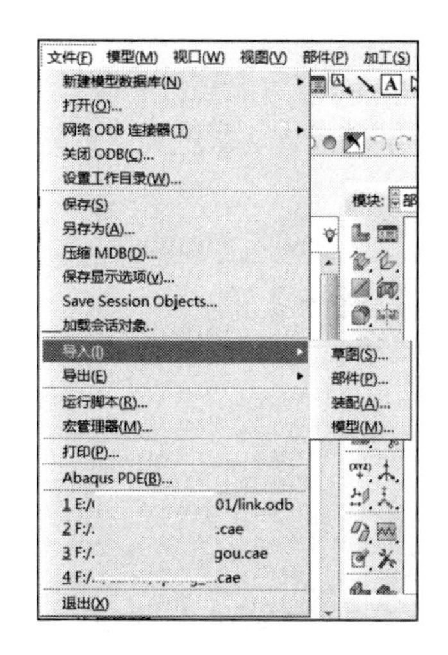

图 2-6　模型的导入菜单

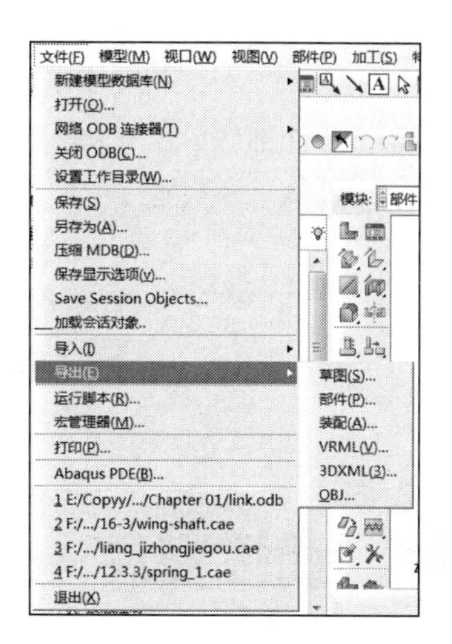

图 2-7　导出菜单

2.3.3　问题模型的修复与修改

1. 修复

有些模型在之后的操作中可能会遇到问题，这时就需要仔细阅读警告提示的内容，然后单击“取消”按钮。

如果出现了警告，就需要对导入的模型进行修复。执行“工具”→“几何编辑”命令，弹出“几何编辑”对话框，如图 2-8 所示，在“类别”选项中选择需要修复的区域，系统中有 3 个选项可以选择，分别是边、表面和部件。

几何修复结束后，可以查看模型。具体操作为：单击工具箱中的“询问信息”按钮，弹出“查询”对话框，如图 2-9 所示。

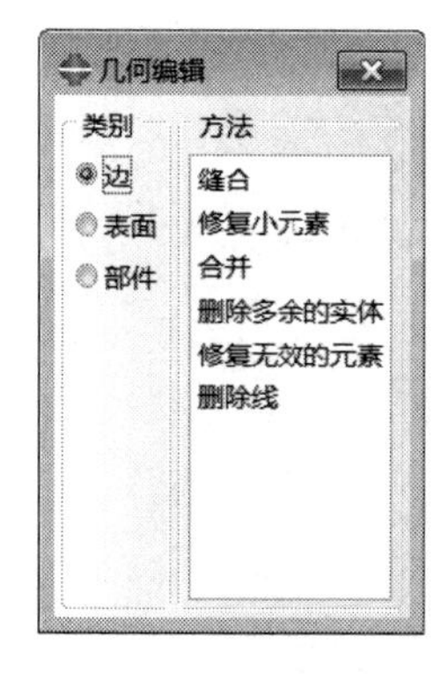

图 2-8　“几何编辑”对话框

图 2-9　“查询”对话框

2. 修改

在创建或导入一个部件后，可以使用如图 2-10 所示的工具对该部件进行一定的修改，实现添加或切除模型的一部分，以及倒角等功能。

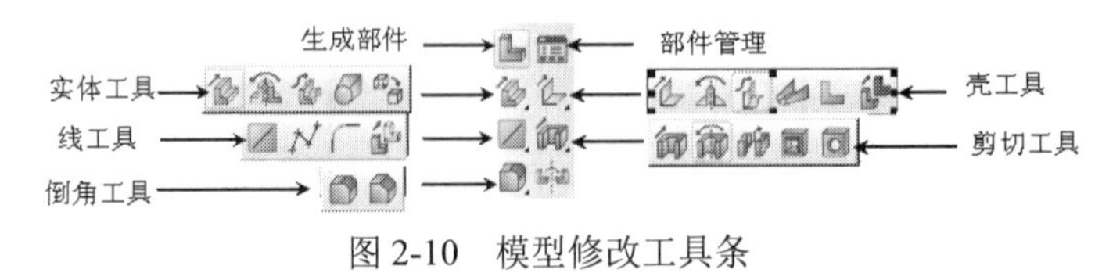

图 2-10　模型修改工具条

2.4 属性模块

在模块列表中选择属性，即可进入属性功能模块，在该模块中可以进行材料和截面特性的设置，以及弹簧、阻尼器、实体表面壳的定义等。可以发现主菜单有所变化，如图 2-11 所示；同时工具箱转变成与设置材料和截面特性相对应的工具，如图 2-12 所示。

文件(F)　模型(M)　视口(W)　视图(V)　材料(E)　截面(S)　剖面(P)　复合(C)　指派(A)　特殊设置(L)　特征(U)　工具(T)　Plug-ins　帮助(H)

图 2-11　属性模块的菜单

2.4.1 材料属性

执行“材料”→“创建”命令，或者单击工具箱中的（创建材料）按钮，弹出“编辑材料”对话框，如图 2-13 所示。

图 2-12　特性模块的工具箱

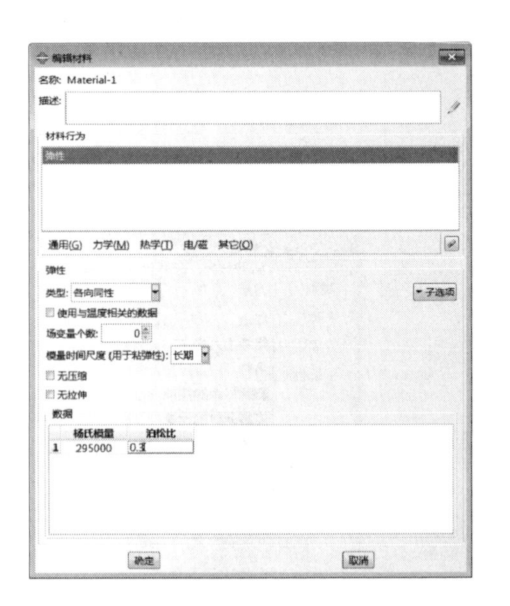

图 2-13　“编辑材料”对话框

该对话框包括以下 3 个部分。

- 名称：用于为材料参数命名。
- 数据：出现在材料行为的下方，在该区域内设置相应的材料属性值。
- 材料行为：用于选择材料类型。

2.4.2 截面特性

ABAQUS/CAE 不能直接把材料属性赋予模型，而是先创建包含材料属性的截面特性，再将截面特性分配给模型的各区域。

1. 创建截面特性

单击工具箱中的（创建截面）按钮，弹出“创建截面”对话框，如图 2-14 所示，该对话框包括以下两部分。

- 名称：定义截面的名称。
- 类别和类型：配合起来指定截面的类型。

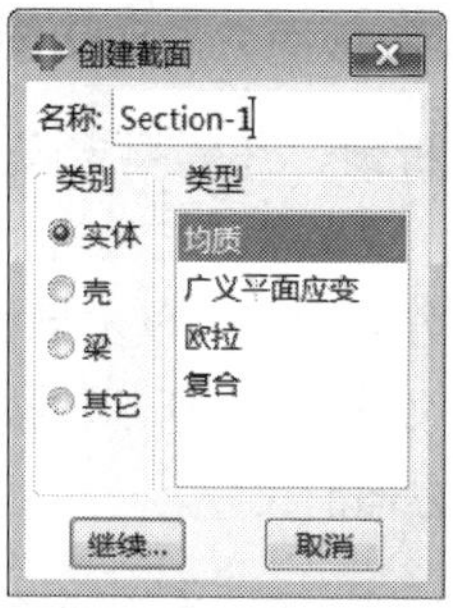

图 2-14 “创建截面”对话框

2. 分配截面特性

创建了截面特性后，就要将其分配给模型。

首先，在环境栏的部件列表中选择要赋予截面特性的部件，如图 2-15 所示，然后单击工具箱中的（指派截面）按钮，或者执行“指派”→“截面”命令，按提示在视图区中选择要赋予此截面特性的部分，单击提示区中的“完成”按钮，弹出“编辑截面指派”对话框，如图 2-16 所示。

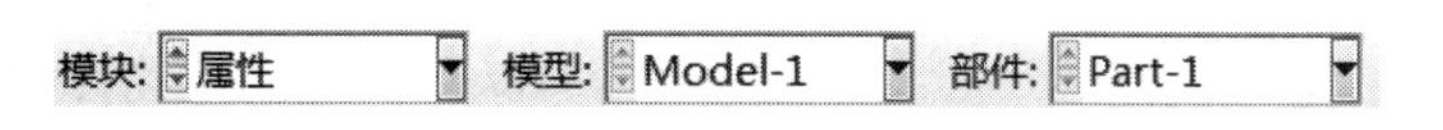

图 2-15 在环境栏的部件列表中选择部件

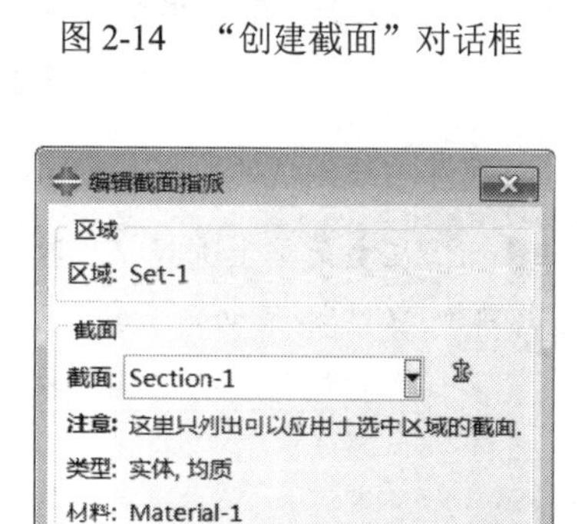

图 2-16 “编辑截面指派”对话框

如果在准备分配截面特性时，发现需要单独分配截面特性的部分没有被分离出来，可以选用工具箱中适当的分割工具进行部件的分割，如图 2-17 所示。

单击工具箱中的（截面指派管理器）按钮，在弹出的“截面指派管理器”对话框中显示已分配的截面列表，如图 2-18 所示。

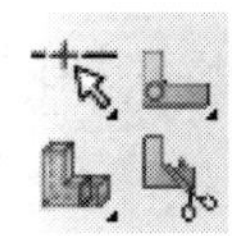

图 2-17 工具箱中的分割工具箱

图 2-18 “截面指派管理器”对话框

2.4.3 梁的截面特性

ABAQUS 还可以在属性模块中定义梁的截面特性、截面方向和切向方向。

1. 梁的截面特性

梁的截面特性的设置方法与其他截面类型有所差异，这主要体现在：

- 在创建梁的截面特性前，首先需要定义梁的横截面的形状和尺寸。
- 当选择在分析前提供截面特性时，材料属性在“编辑梁方向”对话框（如图 2-19 所示）中定义，不需要通过创建材料工具创建材料。

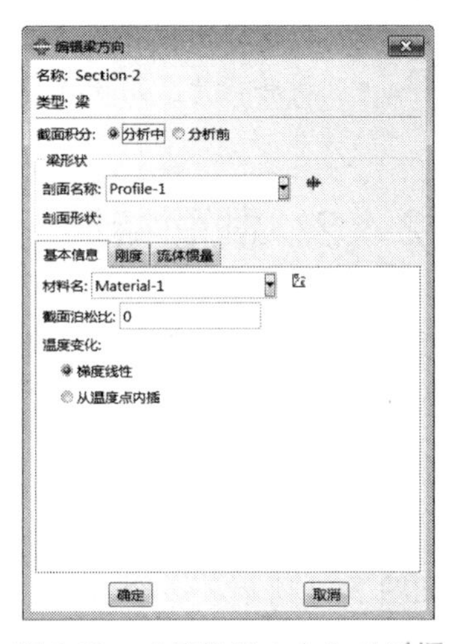

图 2-19 “编辑梁方向”对话框

2. 梁的截面方向和切向方向

在分析前，还需要定义梁的截面方向，执行“指派”→“梁截面方向”命令，或者单击工具箱中的（指派梁方向）按钮，在视图区中选择要定义截面方向的梁，单击鼠标中键，在提示区中输入梁截面的局部坐标的 n1 方向，如图 2-20 所示，按回车键，再单击提示区中的“确定”按钮，完成梁截面方向的设置。

请输入一个近似的 n1 方向(切向量已显示) 0.0,0.0,-1.0

图 2-20 提示输入梁截面的局部坐标的 1 方向

当部件由线组成时，ABAQUS 会默认其切向方向，但可以改变此默认的切向方向。

在主菜单上选择“指派”→“单元切向”，或者单击并按住工具，在展开的工具条中选择指派梁/桁架切向工具，在视图区中选择要改变切向方向的梁，单击提示区中的“完成”按钮，梁的切向方向即变为反方向。此时，梁截面的局部坐标的 2 方向也变为反方向。

2.4.4 特殊设置

1. 惯性

用户可以定义各种惯量，执行“特殊设置”→“惯性”→“创建”命令，弹出“创建惯量”对话框，如图 2-21 所示，在“名称”中输入名称为 Inertia-1，在“类型”选项组中可以选择点质量/惯性、热容、非结构质量，单击“继续”按钮，在视图区中选择对象进行相应惯量的设置。

2. 蒙皮

在属性功能模块中，用户可以在实体模型的面或轴对称模型的边附上一层皮肤，适用于几何部件和网格部件。

蒙皮的材料可以不同于其下部件的材料。蒙皮的截面类型可以是均匀壳截面、膜、复合壳截面、表面和垫圈。

执行“特殊设置”→“蒙皮”→“创建”命令，创建蒙皮，详见系统帮助文件《ABAQUS/CAE User's Manual》。

一般情况下，用户不方便直接从模型中选取蒙皮，这时可以使用集合工具。执行“工具”→“集”→“创建”命令，在弹出的“创建集”对话框（如图 2-22 所示）中，输入名称后单击“继续”按钮，在视图区中选择蒙皮作为构成集合的元素，单击提示区中的“完成”按钮，完成集合的定义。

图 2-21 “创建惯量”对话框

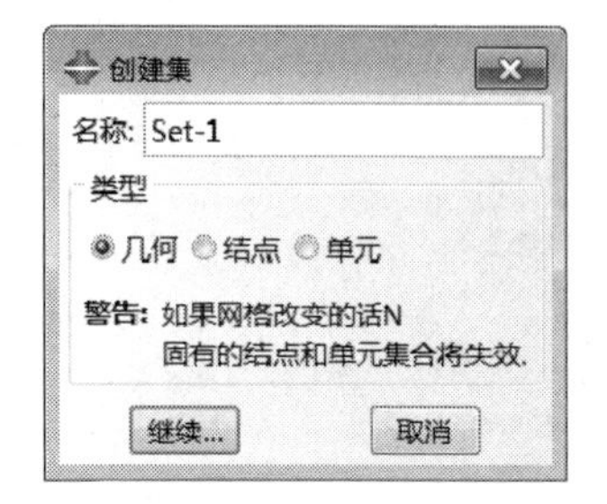

图 2-22 “创建集”对话框

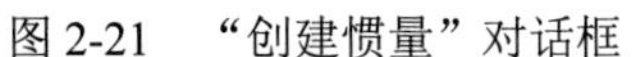

单击工具箱中的（创建显示组）按钮，弹出“创建显示组”对话框，在“项”选项组中选择集，在其右侧的区域内选择包含蒙皮的集合，如图 2-23 所示，单击对话框中的“相交”按钮，视图区即显示用户定义的蒙皮。

对于实体和轴对称部件，在网格功能模块中对部件进行网格划分时，ABAQUS 会自动对位于表面的蒙皮划分对应的网格，而不用单独对蒙皮进行网格划分。

3. 弹簧 / 阻尼器

ABAQUS 可以定义各种惯量，执行“特殊设置”→“弹簧/阻尼器”→“创建”命令，弹出“创建弹簧 / 阻尼器”对话框（如图 2-24 所示），在“名称”中输入 Springs/Dashpots-1，在“连接类型”中可以选择“连接两点”或“将点连地（Standard）”，后者仅适用于 ABAQUS/Standard，单击“继续”按钮，在视图区中选择对象并进行相应的设置，单击提示区中的“完成”按钮。

图 2-23 “创建显示组”对话框

图 2-24 “创建弹簧 / 阻尼器”对话框

用户可以在弹出的“编辑弹簧 / 阻尼器”对话框（如图 2-25 所示）中同时设置弹簧的刚度和阻尼器系数。

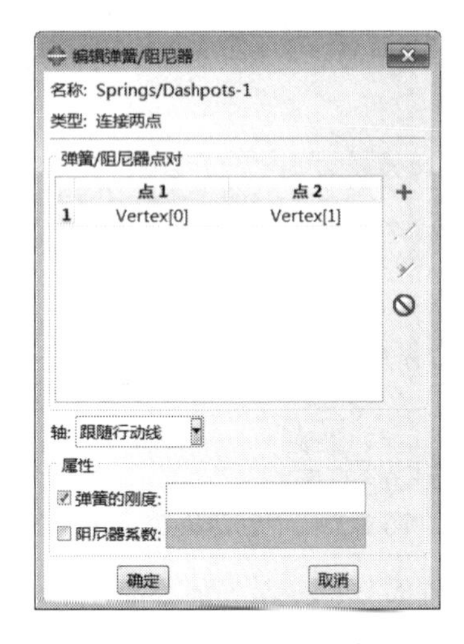

（a）连接两点

（b）将点连地

图 2-25 “编辑弹簧 / 阻尼器”对话框

2.5 装配模块

在模块列表中选择装配，即进入装配功能模块。在部件功能模块中创建或导入部件时，整个过程都是在局部坐标系下进行的。对于由多个部件构成的物体，必须将其在统一的整体坐标系中进行装配，使其成为一个整体，这部分工作需要在装配功能模块中进行。

一个模型只能包含一个装配件，一个装配件可以包含多个部件，一个部件也可以被多次调用来组装成装配件。即使装配件中只包含一个部件，也必须进行装配，定义载荷、边界条件、相互作用等操作都必须在装配件的基础上进行。

2.5.1 部件实体的创建

装配的第一步是选择装配的部件，创建部件实体。

执行“实例”→“创建”命令，或者单击工具箱中的（将部件实例化）按钮，弹出“创建实例”对话框。

该对话框包括 3 部分。其中，“部件”选项组内列出了所有存在的部件，单击鼠标进行部件的选取，可以单选，也可以多选，多选时要借助 Shift 键或 Ctrl 键。“实体类型”选项组用于选择创建实体的类型，包含以下两个选项：

- 非独立（网格在部件上）：用于创建非独立的部件实体，为默认选项。划分网格时，相同的网格被添加到调用该部件的所有实体中，特别适用于线性阵列和辐射阵列构建部件实体。
- 独立（网格在实例上）：该选项用于创建独立的部件实体，这种实体是对原始部件的复制。

此时，用户需要对装配件中的每个实体划分网格，而不是原始部件。此外，“从其他的实例自动偏移”选项用于使实体间产生偏移而不重叠。最后单击“确定”按钮，完成实体的创建。

工具箱和主菜单中都没有删除实体等工具，一旦创建部件实体后，可以在模型树中进行这些操作。在模型树中单击该模型装配前的⊞；展开该列表，再单击实例前的⊞，鼠标指向需要操作的实体并单击鼠标右键。在弹出的快捷菜单中，“删除”选项用于删除该实体（如图 2-26 所示），“禁用”和“继续”选项分别用于抑制和恢复该实体的选择。

部件实体创建完成后，其实体类型可以修改。在模型树中选择该部件实体，单击鼠标右键，在弹出的快捷菜单（如图 2-26 所示）中选择“设为独立”或“设为非独立”选项，即可改变实体的类型。

ABAQUS/CAE 还提供以阵列方式复制部件实体，包括线性阵列和环形阵列两种模式。

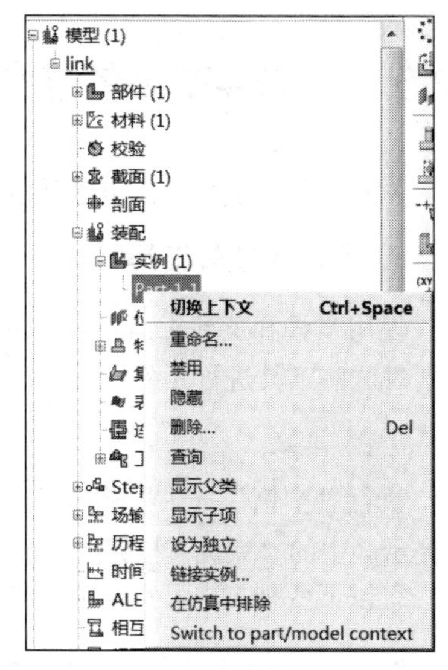

图 2-26　单击鼠标右键并弹出快捷菜单

1 .线性阵列模式

执行“实例”→“线性阵列”命令，或者单击工具箱中的⠿（线性阵列）按钮，在视图区中选择实体，单击提示区中的“完成”按钮，弹出“线性阵列”对话框，如图 2-27 所示。该对话框包括：

- 方向 1：用于设置线性阵列的第一个方向，默认为 X 轴。
- 方向 2：用于设置线性阵列的第二个方向，默认为 Y 轴，其选项与方向 1 完全相同，不再赘述。
- 预览：用于预览线性阵列的实体，默认为选择预览方式。

完成设置后，单击“确定”按钮，完成线性阵列的实体创建操作。

2. 环形阵列模式

执行“实例”→“环形阵列”命令，或者单击工具区中的⁙（环形阵列模式）按钮，在视图区中选择实体，单击提示区中的“完成”按钮，弹出“环形阵列”对话框，如图 2-28 所示，其设置与线性阵列模式类似，这里不再赘述。

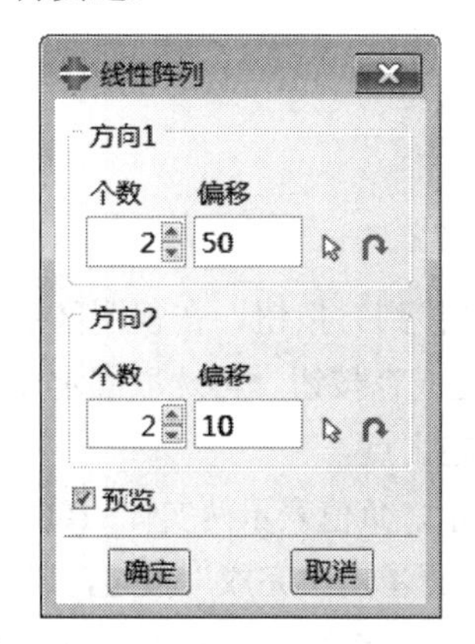

图 2-27　“线性阵列”对话框

图 2-28　“环形阵列”对话框

2.5.2 部件实体的定位

创建了部件实体后，可以采用多种工具对实体进行定位，下面分别进行介绍。

1. 平移和旋转工具

使用平移和旋转工具可以完成部件实体在任何情况下的定位，常用工具有平移、旋转、平移到。下面分别对这些工具进行介绍。

（1）平移

执行“实例”→“平移”命令，或者单击工具箱中的（平移实例）按钮，在视图区中选择实体，单击提示区中的“完成”按钮。

有以下两种方法可实现部件实体的平移：

- 按提示输入平移向量起点的坐标，如图 2-29 所示，按回车键，继续在提示区输入平移向量终点的坐标，如图 2-30 所示，再次按回车键。

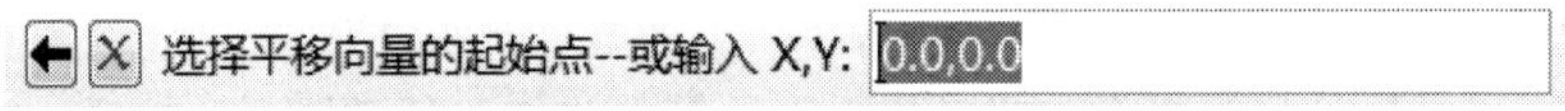

选择平移向量的起始点--或输入 X,Y: 0.0,0.0

图 2-29　提示平移向量起始点的坐标

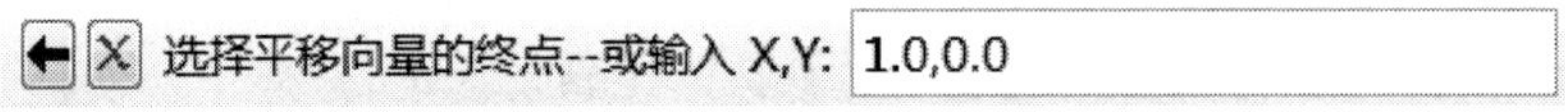

选择平移向量的终点--或输入 X,Y: 1.0,0.0

图 2-30　提示输入平移向量终点的坐标

- 在视图区中选择部件实体上的一点，接着在视图区中选择部件实体上的另一点。此时，视图区显示出实体移动后的位置，单击“确定”按钮，完成部件实体的移动。

（2）旋转

执行“实例”→“旋转”命令，或者单击工具箱中的（旋转实例）按钮，在视图区中选择实体，单击提示区中的“完成”按钮。类似于平移工具，有两种方法确定部件实体的旋转轴。

然后在提示区输入旋转的角度，如图 2-31 所示，范围为 -360°～360°，正值表示逆时针方向的旋转，默认为 90°。

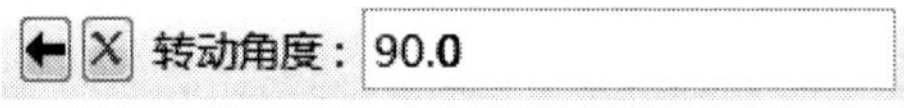

转动角度：90.0

图 2-31　提示输入旋转的角度

输入角度后按回车键，视图区显示出实体旋转后的位置，单击“确定”按钮，完成部件实体的旋转。

（3）平移到

执行“实例”→“平移到”命令，或者单击工具区中的（平移到）按钮，在视图区中选取移动实体的边（二维或轴对称实体）或面（三维实体），单击提示区中的“完成”按钮，再选取固定实体的面或边，单击提示区中的“完成”按钮。类似于平移工具，选取平移向量的起止点。

然后需要在提示区输入移动后两实体的间隙距离，如图 2-32 所示，负值表示两实体的重叠距离，默认为 0.0，即选取的两实体的面或边接触在一起，单击“预览”按钮预览，再单击“完成”按钮，确认本次操作。

如果沿平移向量的方向，选取的两实体的面或边不能接触在一起，该平移操作将无法进行，并弹出错误信息，如图 2-33 所示。

图 2-32 提示输入两实体的过盈量

图 2-33 错误提示信息

2. 约束定位工具

ABAQUS/CAE 提供了一系列约束定位工具，包括在约束菜单(如图 2-34 所示)和展开工具条中。

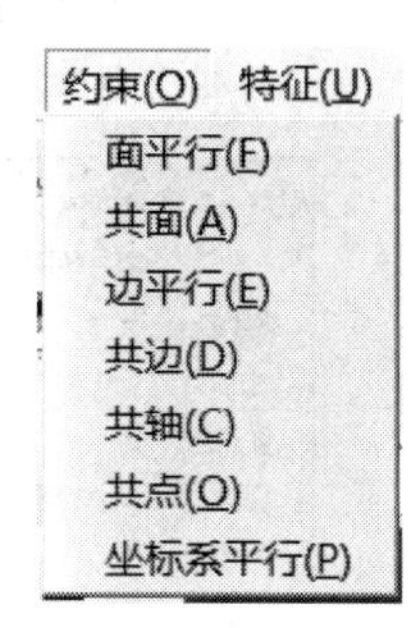

图 2-34 约束菜单列表

这组工具与平移工具类似，都是通过指定两个部件实体间的位置关系来移动其中一个实体；不同的是约束定位操作可以撤消和修改。

在模型树中选择“装配”→“位置约束”命令，选择已经定义好的位移约束类型后并单击鼠标右键，在弹出的快捷菜单中的选择“删除”选项（如图 2-35 所示），删除该约束定位操作。

双击已经定义好的位置约束类型，弹出如图 2-36 所示的“编辑特征”对话框，对已经定义好的约束类型进行确认和修改。

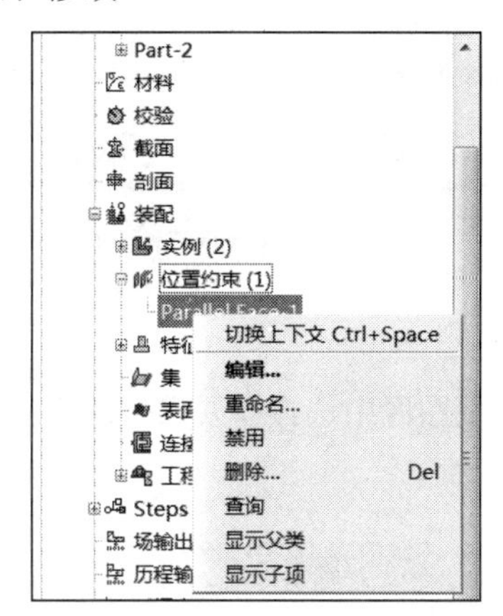

图 2-35 命令菜单

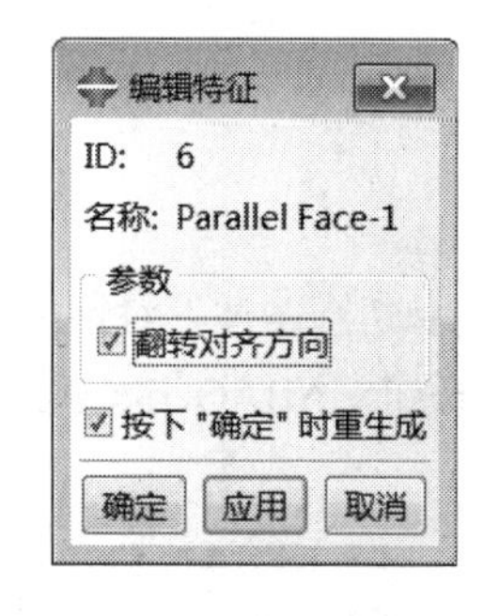

图 2-36 “编辑特征”对话框

单独的约束定位操作很难对部件实体进行精确定位，往往需要几个约束定位操作的配合才能精确定位部件实体。

2.5.3 合并/切割部件实体

当装配件包含两个或两个以上的部件实体时，ABAQUS/CAE 提供部件实体的合并和剪切功能。对选择的实体进行合并或剪切操作后，将产生一个新的实体和一个新的部件。

执行“实例”→“合并/切削”命令，或者单击工具箱中的（合并/切割实例）按钮，弹出“合并/切割实体”对话框（如图 2-37 所示）。对话框中各选项的含义如下。

- 部件名：用于输入新生成的部件的名称。

- 运算：该选项组用于选择操作的类型。
- 合并：用于部件实体的合并。
- 切割几何：用于部件实体的剪切，仅适用于几何部件实体。
- 选项：用于设置操作的选项。
- 合并结点：用于选择结点的合并方式，适用于带有网格的实体，如图 2-37（b）所示。
- 容差：用于输入合并结点间的最大距离，默认值为 1×10^{-6}，即间距在 1×10^{-6} 内的结点被合并，适用于带有网格的实体，如图 2-37（b）所示。

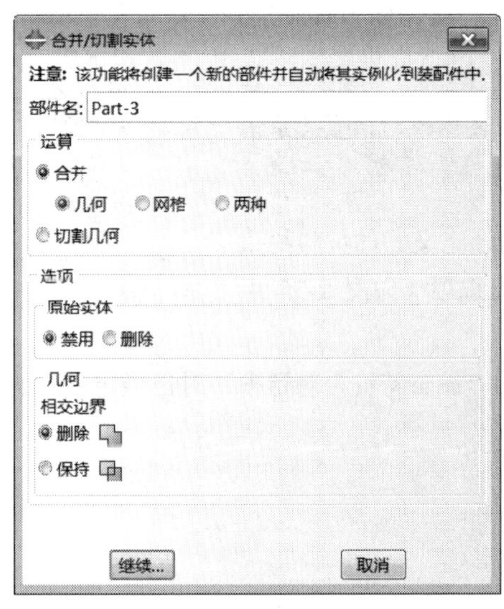
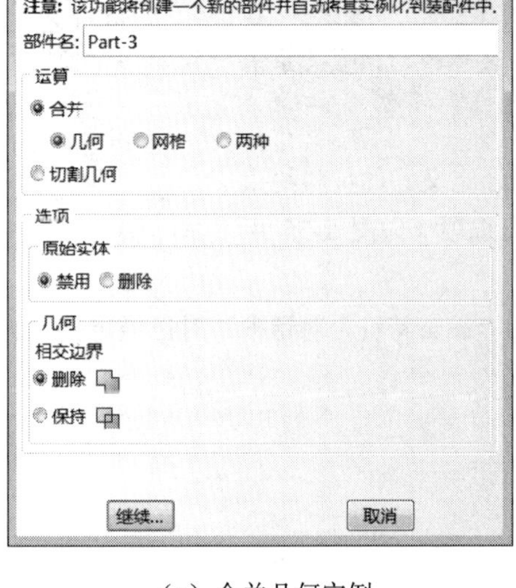

（a）合并几何实例

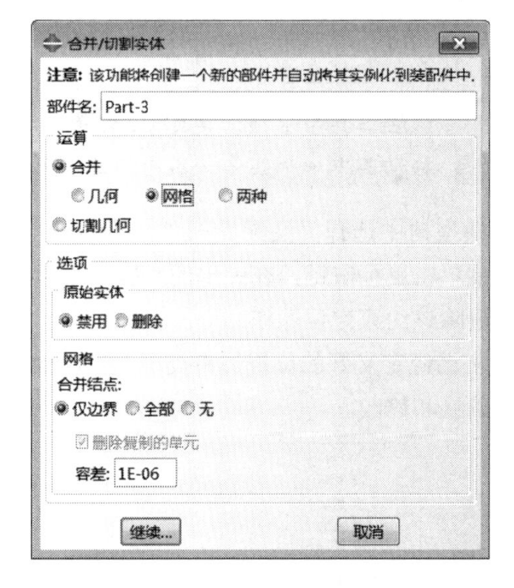

（b）合并网格实例

图 2-37 “合并/切割实体”对话框

设置完“合并/切割实体”对话框后，单击“继续”按钮，在视图区中选择需要操作的实体，单击提示区中的“完成”按钮，ABAQUS/CAE 进行合并或剪切运算。

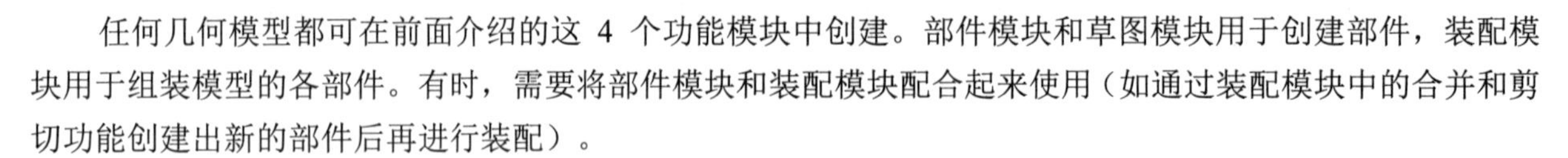

2.6 分析步模块

任何几何模型都可在前面介绍的这 4 个功能模块中创建。部件模块和草图模块用于创建部件，装配模块用于组装模型的各部件。有时，需要将部件模块和装配模块配合起来使用（如通过装配模块中的合并和剪切功能创建出新的部件后再进行装配）。

对装配件中所包含的部件的所有操作都完成后，就可以进入分析步模块，进行分析步和输出的定义。

2.6.1 设置分析步

进入分析步功能模块后，利用“分析步”菜单及工具箱中的 （创建分析步）和 （分析步管理器）对分析步进行创建和管理。

创建一个模型数据库后，ABAQUS/CAE 默认创建初始步（Initial），位于所有分析步之前。用户可以在初始步中设置边界条件和相互作用，使之在整个分析中起作用，但不能编辑、替换、重命名和删除初始步。

ABAQUS 可以在初始步后创建一个或多个分析步，执行“分析步”→“创建”命令，如图 2-38 所示，或者单击工具箱中的（创建分析步）按钮，弹出“创建分析步”对话框，如图 2-39 所示。

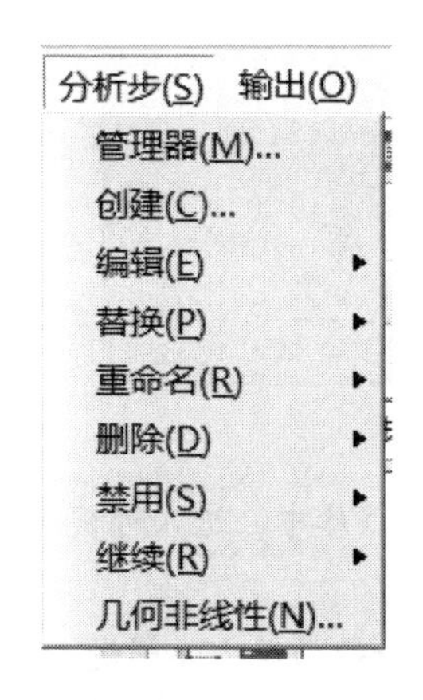

图 2-38　选择“创建”命令

图 2-39　“创建分析步”对话框

该对话框中包括以下 3 部分。

- 在“名称”中输入分析步的名称，默认为 Step-n（n 表示第 n 个创建的分析步）。
- 在选定项目后插入新的分析步：用于设置创建的分析步的位置，每个新建立的分析步都可以设置在 Initial（初始步）后的任何位置。
- 程序类型：用于选择分析步的类型。首先需要选择通用分析步或线性摄动分析步，其下拉列表框中显示出所有可供选择的分析步类型，默认为通用分析步中的“静力，通用”选项。
  - 通用分析步：用于设置一个通用分析步，可用于线性分析和非线性分析。该分析步定义了一个连续的事件，即前一个通用分析步的结束是后一个通用分析步的开始。ABAQUS 包括 12 种通用分析步。
  - 线性摄动分析步：用于设置一个线性摄动分析步，仅适用于 ABAQUS/Standard 中的线性分析。ABAQUS 包括 11 种线性摄动分析步。

选择程序类型后，单击“继续”按钮，弹出“编辑分析步”对话框。对于不同类型的分析步，该对话框的选项有所差异。下面就几种常用的分析步进行介绍。

1. “静力，通用”分析步

该分析步用于分析线性或非线性静力学问题。其“编辑分析步”对话框包括“基本信息”“增量”和“其他”3 个选项卡。

（1）“基本信息”选项卡

该选项卡主要用于设置分析步的时间、几何非线性等，如图 2-40 所示。

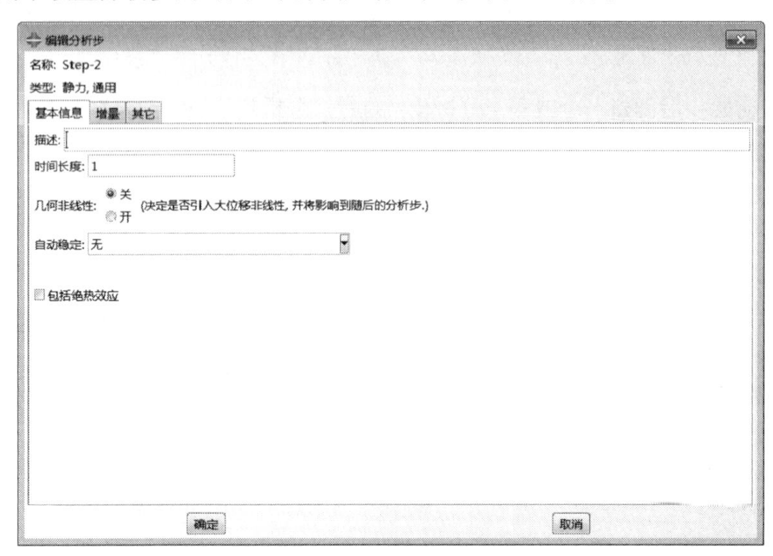

图 2-40 “基本信息”选项卡

- 描述：用于输入对该分析步的简单描述，该描述保存在结果数据库中，进入可视化模块后显示在状态区。
- 时间长度：用于输入该分析步的时间，系统默认值为 1。对于一般的静力学问题，可以采用默认值。
- 几何非线性：用于选择该分析步是否考虑几何非线性。对于 ABAQUS/Standard，该选项默认为“关”。
- 自动稳定：该选项用于局部不稳定的问题（如表面褶皱、局部屈曲），ABAQUS/Standard 会施加阻尼来使该问题变得稳定。
- 包括绝热效应：用于绝热的应力分析，如高速加工过程。

（2）“增量”选项卡

该选项卡用于设置增量步，如图 2-41 所示。

图 2-41 “增量”选项卡

- 类型：用于选择时间增量的控制方法。
- 最大增量步数：用于设置该分析步的增量步数目的上限，默认值为 100。即使没有完成分析，当增量步的数目达到该值时，分析停止。
- 增量步大小：用于设置时间增量的大小。

（3）“其他”选项卡

该选项卡用于选择求解器、求解技巧、载荷随时间的变化等，如图 2-42 所示。

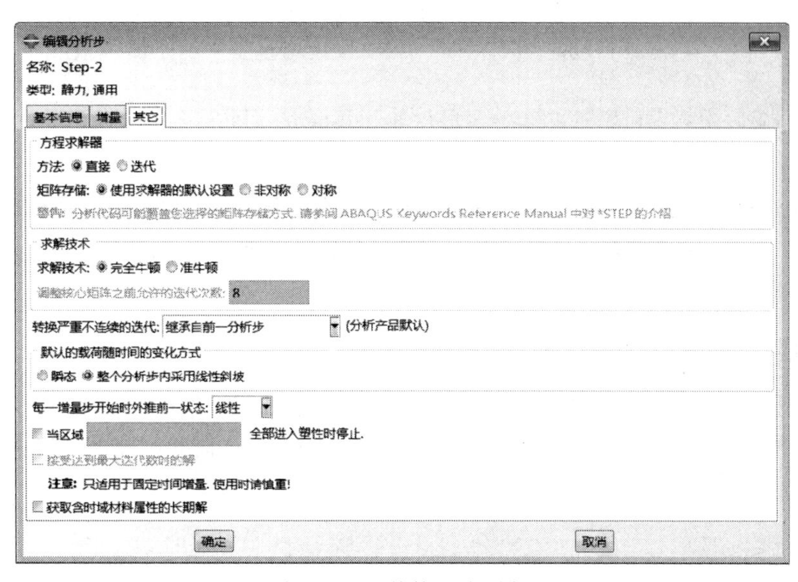

图 2-42 “其他”选项卡

“其他”选项卡页面的参数说明如下。

- “求解技术”中不包括接触迭代方法。
- “默认的载荷随时间的变化方式”的默认选项为瞬间加载。
- “每一增量步开始时外推前一状态”适用于分析步开始时载荷不突然变化的情况，ABAQUS/Standard 在分析步开始时不计算初始加速度。

2. “动力，隐式”分析步

该分析步用于分析线性或非线性隐式动力学分析问题，其“编辑分析步”对话框（如图 2-43 所示）也包括“基本信息”“增量”和“其他”3 个选项卡，其中很多选项与静力学分析时相同，此处仅介绍不同的选项。

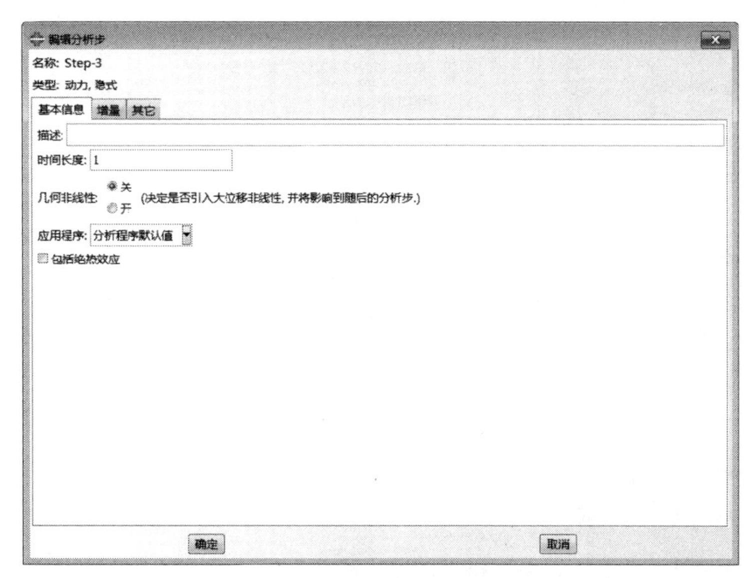

图 2-43 “动力，隐式”分析步

在“增量”选项卡中，当选择自动时间增量时，可以设置增量步中的平衡残余误差的容差。

当选择固定时间增量时，可以选择禁用计算 half-step residual 来加快收敛。

若前一个分析步也是动力学分析步，则采用前一个分析步结束时的加速度作为新的分析步的加速度。若当前分析步是第一个动力学分析步，则加速度为 0；在默认情况下，ABAQUS/Standard 计算初始加速度。

3. “动力，显式”分析步

该分析步用于显式动力学分析，除“基本信息”“增量”和“其他”3 个选项卡外，“编辑分析步”对话框中还包括一个“质量缩放”选项卡。“基本信息”选项卡中的几何非线性选项默认为“开”。“质量缩放”选项卡用于质量缩放的定义。

当模型的某些区域包含控制稳定极限的很小的单元时，ABAQUS/Explicit 采用质量缩放功能来增加稳定极限，提高分析效率。

- 使用前一分析步的缩放质量和“整个分析步”定义：默认选项，程序采用前一个分析步对质量缩放的定义。
- 使用下面的缩放定义：用于创建一个或多个质量缩放定义。

单击该对话框中的“创建”按钮，弹出“编辑质量缩放”对话框，如图 2-44 所示，在该对话框中选择质量缩放的类型并进行相应的设置。

设置完成后，“编辑分析步”对话框的数据列表内将显示出该质量缩放的设置，用户可以单击该对话框中的“编辑”或“删除”按钮进行质量缩放定义的编辑或删除，如图 2-45 所示。

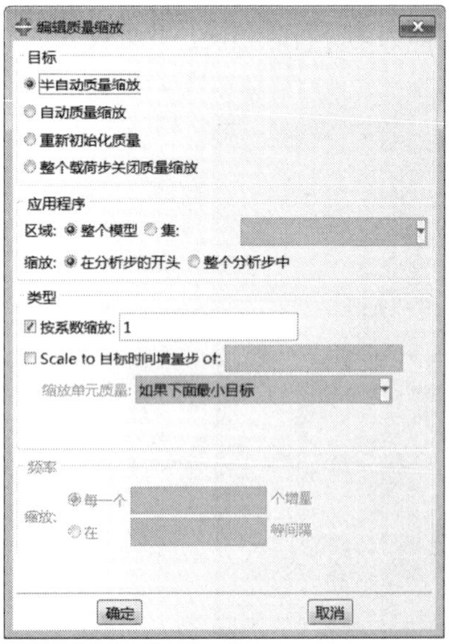

图 2-44 “编辑质量缩放”对话框

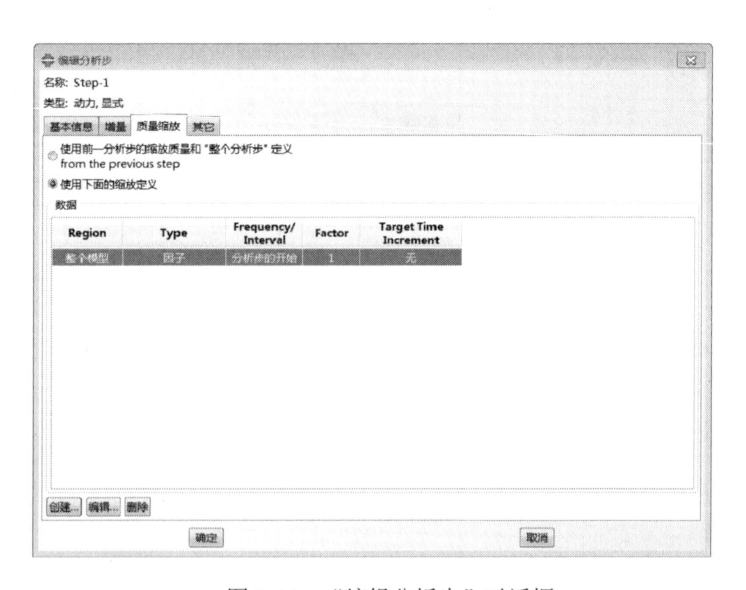

图 2-45 “编辑分析步”对话框

“其他”选项卡不同于“静力，通用”和“动力，隐式”的情况，该选项卡仅包括“线性体积粘性参数”和“二次体积粘性系数”两个选项，如图 2-46 所示。

- 线性体积粘性参数：用于输入线性体积粘度参数，默认值为 0.06，ABAQUS/Explicit 默认使用该类参数。
- 二次体积粘性系数：用于输入二次体积粘度参数，默认值为 1.2，仅适用于连续实体单元和压容积应变率时。

4．线性摄动静力学分析步

该分析步用于线性静力学分析，其编辑分析步对话框仅包含“基本信息”和“其他”两个选项卡，如图 2-47、图 2-48 所示，且选项为“静力，通用”的子集。

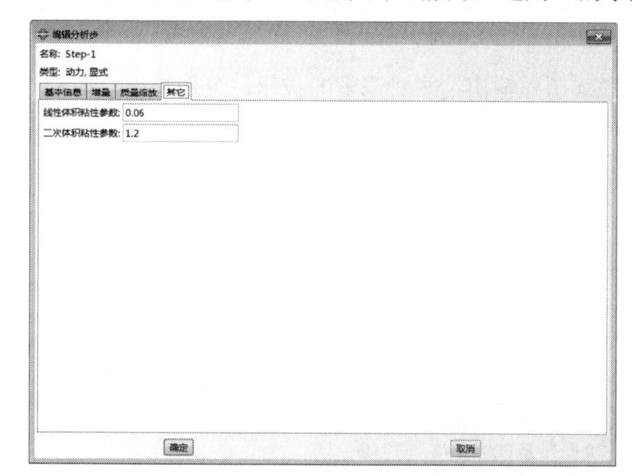

图 2-46 “其他”选项卡

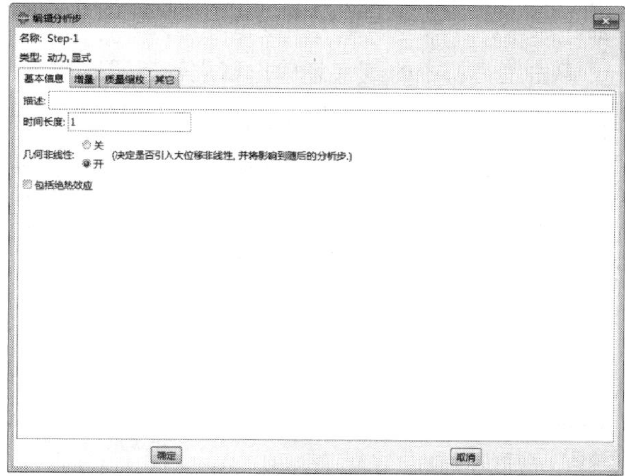

图 2-47 “基本信息”选项卡

- “基本信息”选项卡：包含“描述”选项。“几何非线性”为关，即不涉及几何非线性问题。
- “其他”选项卡：仅包含“方程求解器”选项组。

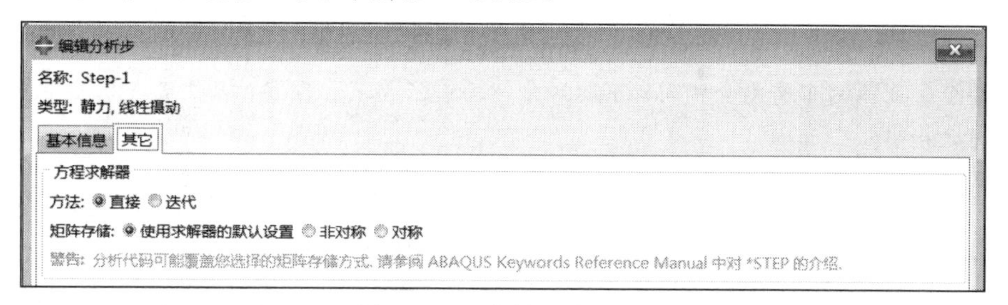

图 2-48 “其他”选项卡

设置完“编辑分析步”对话框后，单击“确定”按钮，完成分析步的创建。

此时单击工具箱中的▦（步骤管理器）按钮，可见对话框中列出了初始步和已创建的分析步，可以对列出的分析步进行编辑、替换、重命名、删除操作和几何非线性的选择，如图 2-49 所示。

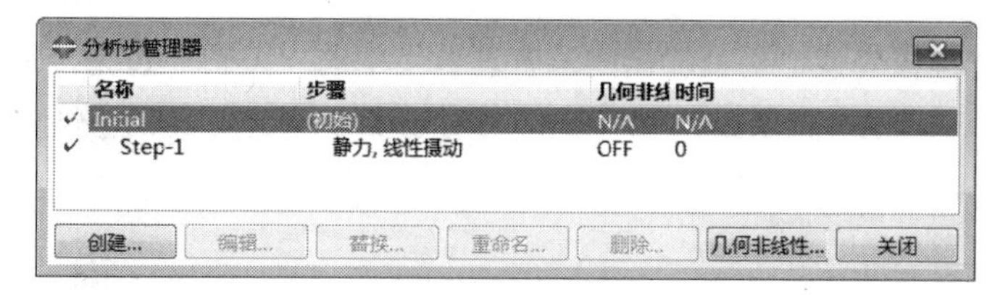

图 2-49 “分析步管理器”对话框

2.6.2 定义场输出

用户可以设置写入输出数据库的变量，包括场变量（以较低的频率将整个模型或模型的大部分区域的结果写入输出数据库）和历史变量（以较高的频率将模型的小部分区域的结果写入输出数据库）。

1. 场变量输出请求管理器

创建了分析步后，ABAQUS/CAE 会自动创建默认的场输出请求和历程输出请求（线性摄动分析步中的屈曲、频率、复数频率无历史变量输出）。

单击工具箱中的 （场输出请求管理器）按钮和 （历程输出请求管理器）按钮，分别弹出“场输出请求管理器”和“历程输出请求管理器”对话框，如图 2-50 所示。

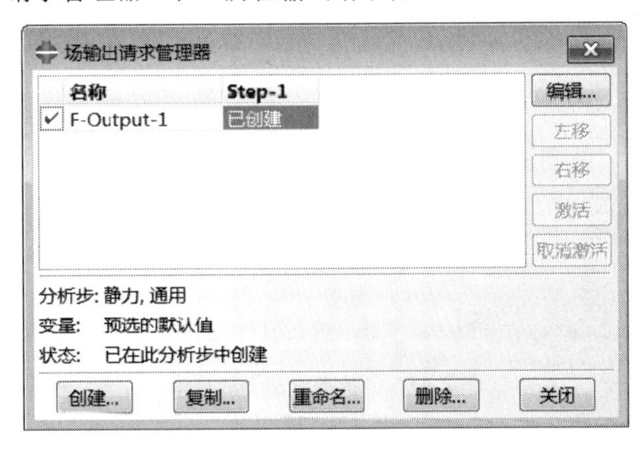

（a）“场输出请求管理器”对话框

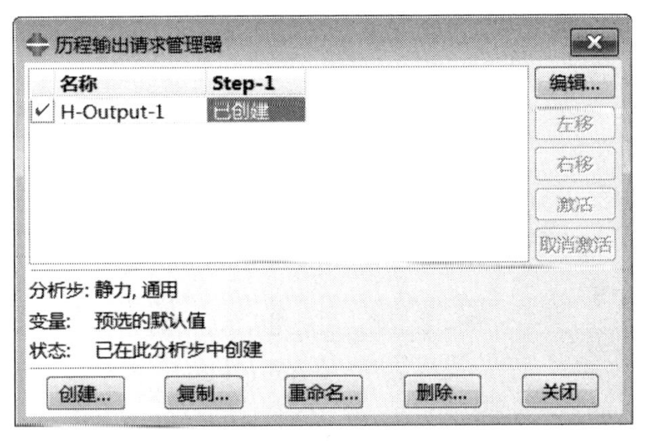

（b）“历程输出请求管理器”对话框

图 2-50 “输出请求管理器”对话框

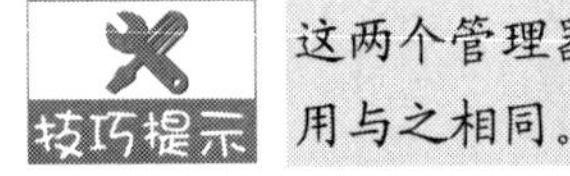

这两个管理器的布局完全相同，下面只介绍场输出要求管理器，历史变量输出要求管理器的使用与之相同。

ABAQUS 可以在“场输出请求管理器”中进行场变量输出要求的创建、重命名、复制、删除、编辑。此外，列表最左侧的✔表示该场变量输出要求被激活，单击此图标则变为✕，表示该场变量输出要求被抑制。

已创建的通用分析步的场变量输出要求，在之后所有的通用分析步中继续起作用，在管理器中显示为传递。

该功能同样适用于线性摄动分析步，但必须是同一种线性摄动分析步的场变量输出要求。

2. 场输出的编辑

单击“场输出请求管理器”或“历程输出请求管理器”中的“编辑”按钮，弹出“编辑场输出请求”或“编辑历程输出请求”对话框，如图 2-51 所示，即可对场变量输出要求/历程变量输出要求进行修改。

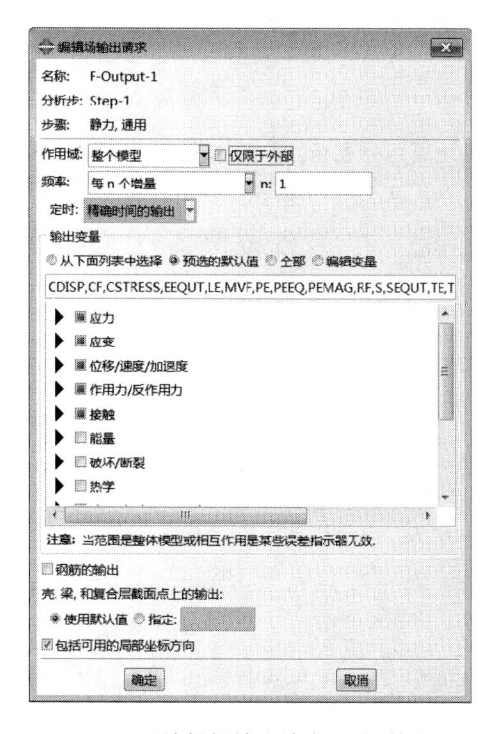

（a）“编辑场输出请求”对话框

（b）“编辑历程输出请求”对话框

图 2-51 “编辑场输出请求”对话框和“编辑历程输出请求”对话框

2.7 载荷模块

2.7.1 载荷的定义

进入载荷功能模块后，主菜单中的载荷菜单及工具箱中的创建载荷工具和载荷管理器工具用于载荷的创建和管理。

定义载荷时，执行“载荷”→“创建”命令，或者单击工具箱中的（创建载荷）按钮，或者双击左侧模型树中的载荷，弹出“创建载荷”对话框，如图 2-52 所示。该对话框包括以下选项。

- 名称：在文本框中输入载荷的名称，默认为 Load-n（n 为第 n 个创建的载荷）。
- 分析步：用于选择用于创建载荷的分析步。
- 类别：用于选择适用于所选分析步的加载种类，包括力学、流体、热学、声学、电学、质量扩散。对于不同的分析步，可以施加不同的载荷种类。
- 可用于所选分析步的类型：用于选择载荷的类型，是类别的下一级选项。
  - 力学：包括集中力、弯矩、压强、表面载荷、壳的边载荷、管道压力、线载荷、体力、重力，输入指定方向的加速度、广义平面应变、旋转体力、螺栓或扣件的预紧力、科氏力、施加在连接器上的集中力、惯性释放载荷、施加在连接器上的力矩等，如图 2-52（a）所示。

- 热学：包括表面热流、体热通量、集中热通量，如图 2-52（b）所示。
- 声学：可设置向内体积加速度，如图 2-52（c）所示。
- 流体：包括流体参考压力，如图 2-52（d）所示。
- 电学：包括“静力，通用”分析中的集中电荷、表面电荷、体电荷，如图 2-52（e）所示；以及“热—电耦合”分析中的表面电流、集中电流、体电流，如图 2-52（f）所示。

（a）力学

（b）热学

（c）声学

（d）流体

（e）静力，通用：电学

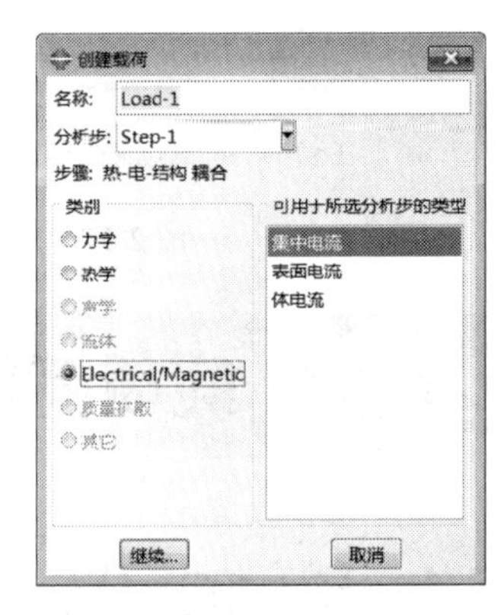

（f）热—电耦合：电学

图 2-52 “创建载荷”对话框

其他的加载方式请读者参阅系统帮助文件《ABAQUS/CAE User's Manual》。

2.7.2 边界条件的定义

主菜单中的边界条件菜单及工具箱中创建边界条件工具和边界条件管理器工具用于边界条件的创建和管理。

定义边界条件时，执行“边界条件”→“创建”命令，或者单击工具箱中的（创建边界条件）按钮，或者双击左侧模型树中的边界条件，弹出“创建边界条件”对话框，如图 2-53 所示。该对话框与“创建载荷”对话框类似，包括以下几个选项。

- 名称：在文本框中输入边界条件的名称，默认为 BC-n（n 为第 n 个创建的边界条件）。
- 分析步：用于创建边界条件的步骤，包括初始步和分析步。
- 类别：用于选择适用于所选步骤的边界条件种类，包括力学和其他。
  - 力学：包括对称/反对称/完全固定、位移/转角、速度/角速度、连接位移、连接速度、连接加速度，如图 2-53（a）所示。
  - 其他：包括温度、孔隙压力、流体气蚀区压力、质量浓度、连接物质流动和声学压强，如图 2-53（b）所示。
- 可用于所选分析步的类型：用于选择边界条件的类型，是类别的下一级选项。对于不同的分析步，可以施加不同的边界条件类型。

（a）类别：力学

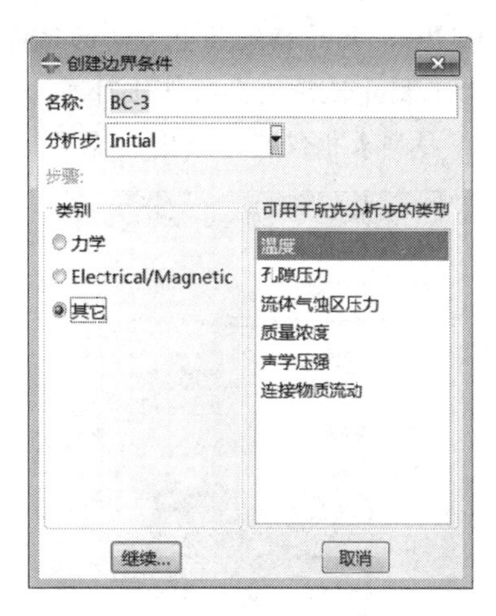

（b）类别：其他

图 2-53 “创建边界条件”对话框

下面对较常用的“对称/反对称/完全固定”和“位移/转角”边界条件的定义做简单介绍，其他选项的请读者参阅系统帮助文件《ABAQUS/CAE User's Manual》。

1. 定义“对称/反对称/完全固定”边界条件

如图 2-53(a)所示，选择“对称/反对称/完全固定”后，单击“继续”按钮，选择施加该边界条件的点、线、面、cells，单击提示区中的“完成”按钮，弹出“编辑边界条件”对话框，如 2-54 所示。

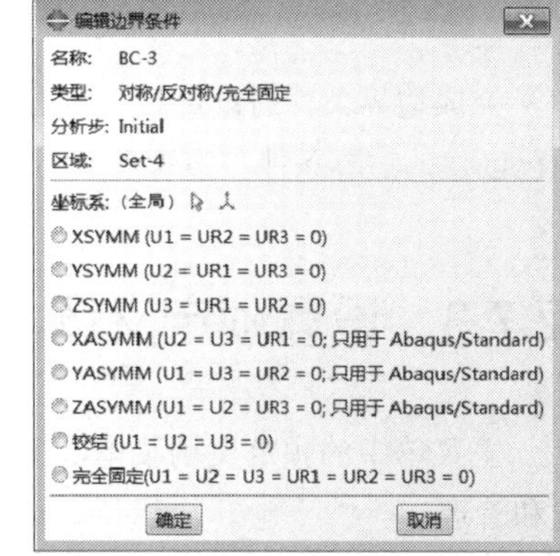

图 2-54 “编辑边界条件”对话框

该对话框中包括以下 8 种单选的边界条件。

- XSYMM：关于与 X 轴（坐标轴 1）垂直的平面对称（Ul=UR2=UR3=0）。
- YSYMM：关于与 Y 轴（坐标轴 2）垂直的平面对称（U2=URl=UR3=0）。
- ZSYMM：关于与 Z 轴（坐标轴 3）垂直的平面对称（U3=URl=UR2=0）。
- XASYMM：关于与 X 轴（坐标轴 1）垂直的平面反对称（U2=U3=UR1=0），仅适用于 ABAQUS/Standard。
- YASYMM：关于与 Y 轴（坐标轴 2）垂直的平面反对称（Ul=U3=UR2=0），仅适用于 ABAQUS/Standard。

- ZASYMM：关于与Z轴（坐标轴3）垂直的平面反对称（Ul=U2=UR3=0），仅适用于ABAQUS/Standard。
- 铰结：约束3个平移自由度，即铰支约束（Ul=U2=U3=0）。
- 完全固定：约束6个自由度，即固支约束（Ul=U2=U3=UR1=UR2=UR3=0）。

2. 定义“位移/转角”边界条件

在“创建边界条件”对话框中选择“位移/转角”后，单击“继续”按钮，选择施加该边界条件的点、线、面，单击提示区中的“完成”按钮，弹出“编辑边界条件”对话框，如图2-55所示。该对话框中包括如下选项：

- 坐标系：用于选择坐标系，默认为整体坐标系。单击“编辑”按钮，可以选择局部坐标系。
- 分布：用于选择边界条件的分布方式。
- Ul~UR3：用于指定各个方向的位移边界条件。
- 幅值：用于选择边界条件随时间/频率变化的规律，与施加集中力时的设置方法相同，这里不再赘述。该下拉列表框仅在方法中选择“指定约束”并在分布中选择“一致”时被激活，如图2-55（a）所示。

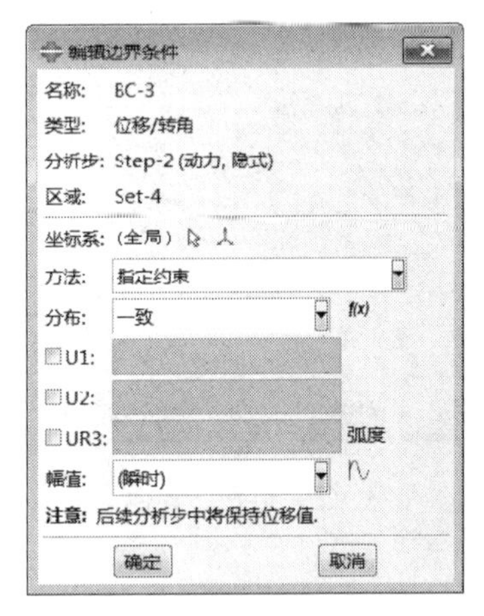

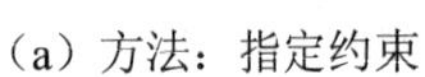
（a）方法：指定约束

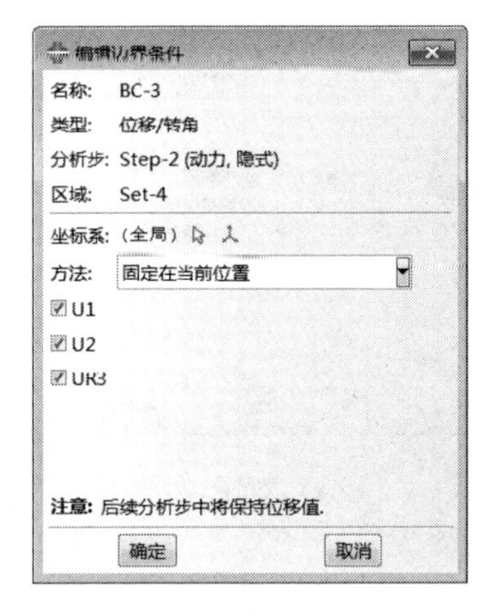

（b）固定在当前位置

图2-55 “编辑边界条件”对话框

完成边界条件的设置后，单击工具箱中的（边界条件管理器）按钮，可见“边界条件管理器”中列出了已创建的边界条件。该管理器的用法与“载荷管理器”相同，这里不再赘述。

2.7.3 设置预定义场

主菜单中的预定义场菜单、工具箱的创建预定义场工具和预定义场管理器工具用于预定义场的创建和管理。

定义预定义场时，执行“预定义场”→“创建”命令，或者单击工具箱中的，或者双击左侧模型树中的预定义场，弹出创建“预定义场”对话框，如图2-56所示。该对话框与“创建载荷”对话框类似，包括如下选项。

- 名称：在文本框中输入预定义场的名称，默认为Predefined Field-n（n表示第n个创建的预定义场）。
- 分析步：在该下拉列表框中选择用于创建预定义场的步骤，包括初始步和分析步。

- 类别：用于选择适用于所选步骤的预定义场的种类，包括力学的和其他。
  - 力学：在初始步中设置速度，如图 2-56（a）所示。单击“继续”按钮，选择施加该边界条件的点、线、面、cells，单击提示区中的“完成”按钮，弹出“编辑预定义场”对话框，如图 2-57 所示。
  - 其他：包括温度和初始状态、材料指派、饱和、孔隙比、孔隙压力等，如图 2-56（b）所示。其中，初始状态仅适用于初始步，输入以前的分析得到的已发生变形的网格和相关的材料状态作为初始状态场。

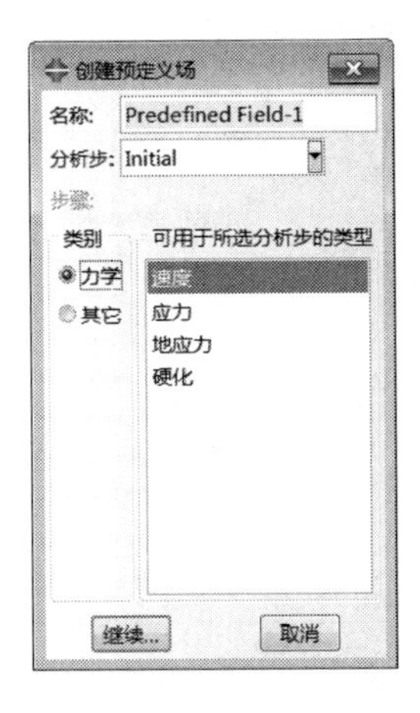

（a）力学类别

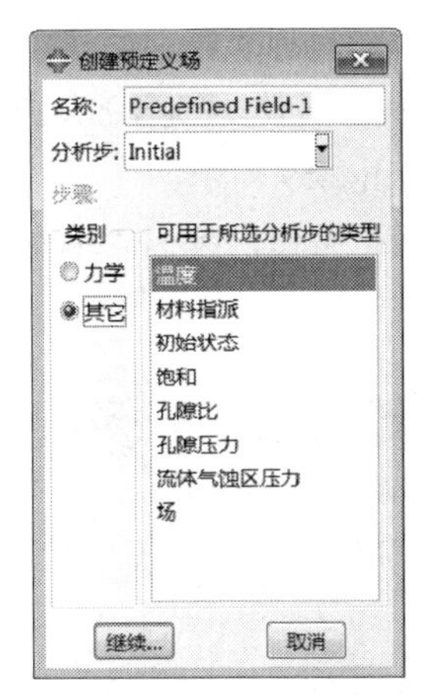

（b）其他类别

图 2-56 “创建预定义场”对话框

- 可用于所选分析步的类型：该列表用于选择预定义场的类型，是类别的下一级选项。

完成预定义场的设置后，单击工具箱中的（预定义场管理器）按钮，可见“预定义场管理器”对话框（如图 2-58 所示）中列出了已创建的预定义场。

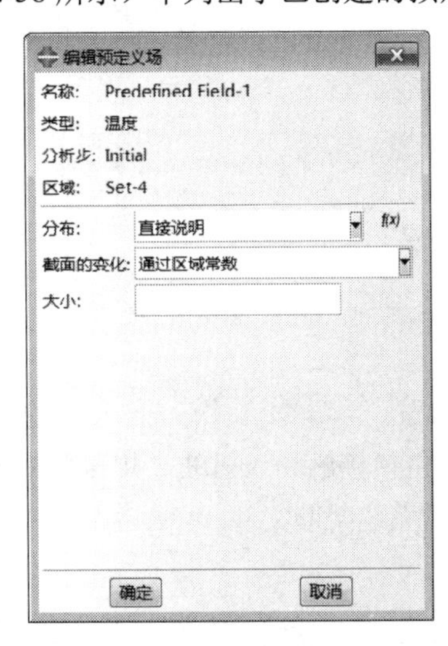

图 2-57 “编辑预定义场”对话框

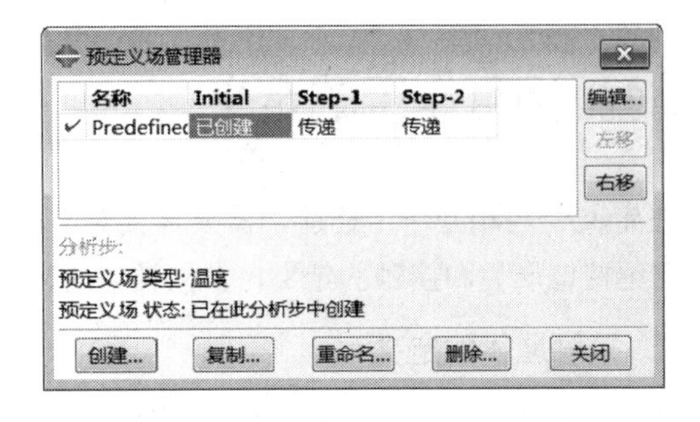

图 2-58 “预定义场管理器”对话框

该管理器的用法与载荷管理器、边界条件管理器类似。

2.7.4 定义载荷工况

主菜单中的载荷工况菜单、工具箱中第 4 行的创建载荷工况工具和载荷工况管理器工具均可用于工况的创建和管理。

工况是一系列组合在一起的载荷和边界条件（可以指定非零的比例系数对载荷和边界条件进行缩放），线性叠加结构对它们的响应仅适用于直接求解的稳态动力学线性摄动分析步和静态线性摄动分析步。

定义工况时，执行“载荷工况”→“创建”命令，或者单击工具箱中的（创建载荷工况）按钮，弹出“创建载荷工况”对话框，如图 2-59 所示。

单击“继续”按钮，弹出“编辑载荷工况”对话框，如图 2-60 所示。

图 2-59 “创建载荷工况”对话框

图 2-60 “编辑载荷工况”对话框

该对话框包括如下两个选项卡。

- “载荷”选项卡：用于选择该工况下的载荷。
- “边界条件”选项卡：用于选择该工况下的边界条件。

完成工况的设置后，单击工具箱中的（载荷工况管理器）按钮，可见工况管理器中列出了该分析步内已创建的工况。

2.8 相互作用模块

2.8.1 相互作用的定义

在定义一些相互作用之前，需要定义对应的相互作用属性，包括接触、入射波、热传导、声阻。本节主要介绍接触属性和接触的定义，其他类型的相互作用请读者参见系统帮助文件。

1. 接触属性的定义

执行“相互作用”→“属性”→“创建”命令，或者单击工具箱中的（创建相互作用属性）按钮，弹出“创建相互作用属性”对话框，如图 2-61 所示。该对话框中包括以下两个选项。

- 名称：在文本框中输入相互作用属性的名称，默认为 IntProp-n（n 表示第 n 个创建的相互作用属性）。

- 类型：选择相互作用属性的类型，包括接触、膜条件、声学阻抗、入射波、激励器/传感器等。

在“类型”下拉列表框中选择“接触”选项，单击“继续”按钮，弹出“编辑接触属性”对话框，如图 2-62 所示。该对话框包括接触属性选项列表和各种接触参数的设置区域，下面分别进行介绍。

图 2-61 “创建相互作用属性”对话框

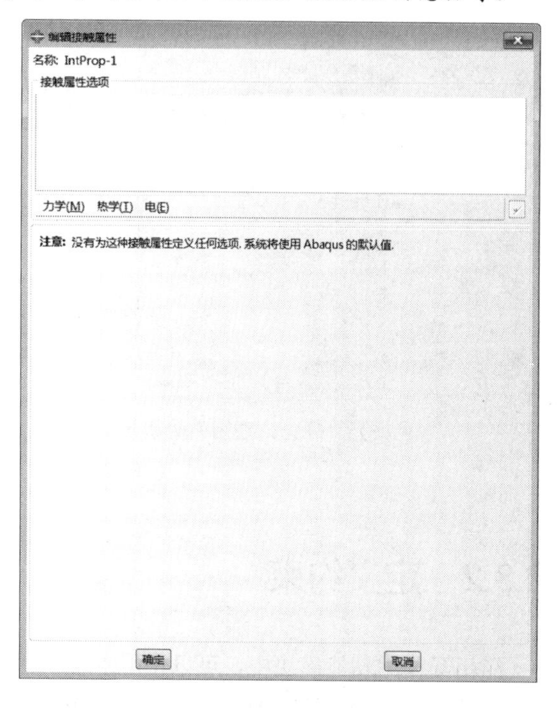

图 2-62 “编辑接触属性”对话框

- 接触属性选项：用于选择接触属性的类型，选择的接触属性会依次出现在列表中。
- 数据区：出现在接触属性选项的下方，在该区域内设置相应的接触属性值。

设置完成后，单击“确定”按钮。

读者可以修改接触属性，单击工具箱中的（相互作用属性管理器）按钮，弹出如图 2-63 所示的对话框，选择需要编辑的接触属性，单击“编辑”按钮；或者执行“相互作用”→“属性”→“编辑”命令后，在下级菜单中选择需要编辑的接触属性。

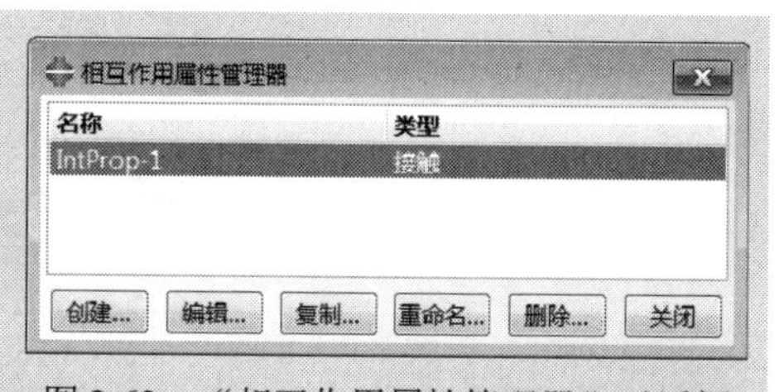

图 2-63 “相互作用属性管理器”对话框

2. 接触的定义

在 ABAQUS/Standard 中，可以定义表面与表面接触和自接触、压力穿透等类型。在 ABAQUS/Explicit 中，可以定义表面与表面接触、自接触、声学阻抗等类型。

执行“相互作用”→“创建”命令，或者单击工具箱中的（创建相互作用）按钮，弹出“创建相互作用”对话框，如图 2-64 所示。

用户可以通过执行“相互作用”→“接触控制”→“创建”命令定义接触控制，适用于 ABAQUS/Standard 和 ABAQUS/Explicit 中的表面与表面接触和自接触。

（a）“静力，通用”分析步

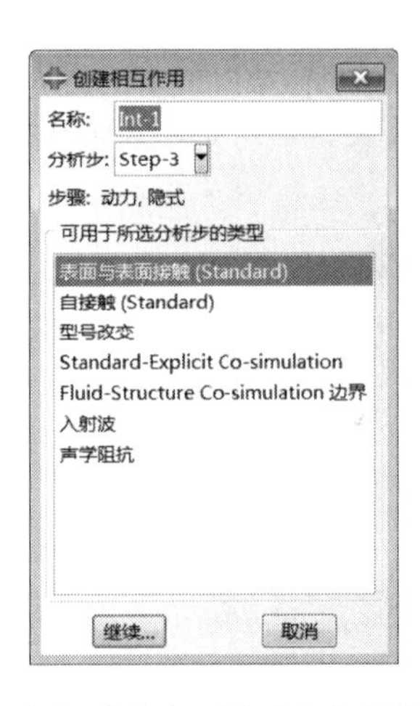

（b）“动力，隐式”分析步

图 2-64　“创建相互作用”对话框

2.8.2　定义约束

在相互作用功能模块中，可以使用主菜单中的约束菜单及工具箱中的创建约束工具和约束管理器工具进行约束的定义和编辑。

该模块中的约束是约束模型中各部分间的自由度，而装配功能模块中的约束仅仅是限定装配件中各部件的相对位置。

执行“约束”→“创建”命令，或者单击工具箱中的（创建约束）按钮，弹出“创建约束”对话框，如图 2-65 所示。

图 2-65　“创建约束”对话框

2.8.3　定义连接器

在相互作用功能模块中，还可以使用主菜单中的连接菜单及工具箱中的相应工具进行连接器的定义和编辑。

连接器通常用于连接模型装配件中位于两个不同的部件实体上的两个点，或连接模型装配件中的一个点和地面，来建立它们之间的运动约束关系，也可以选择输出变量并在可视化功能模块中进行分析。

1. 定义连接器的截面特性

ABAQUS 中的连接器分为已装配连接器、基本信息和 MPC 连接器，其中基础连接器又分为平移连接器和旋转连接器。

组合连接器和 MPC 是一个平移连接器和一个旋转连接器的组合。平移连接器影响连接器两个端点的平移自由度，还可能影响第一个端点的旋转自由度；旋转连接器仅影响连接器两个端点的旋转自由度。

执行“连接器”→“截面”→“创建”命令，或者单击工具箱中的（创建连接器截面）按钮，弹出“创建连接截面”对话框，如图 2-66 所示。

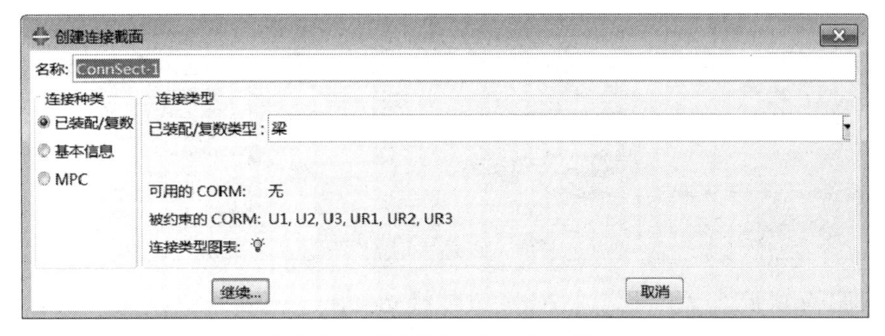

图 2-66 “创建连接截面”对话框

选择连接器类型后，单击“继续”按钮，弹出“编辑连接截面”对话框，如图 2-67 所示。与“编辑接触属性”对话框类似，可以根据需要在该对话框中指定连接器属性。单击“添加”按钮添加连接属性，单击“删除”按钮可删除已添加的连接器属性。

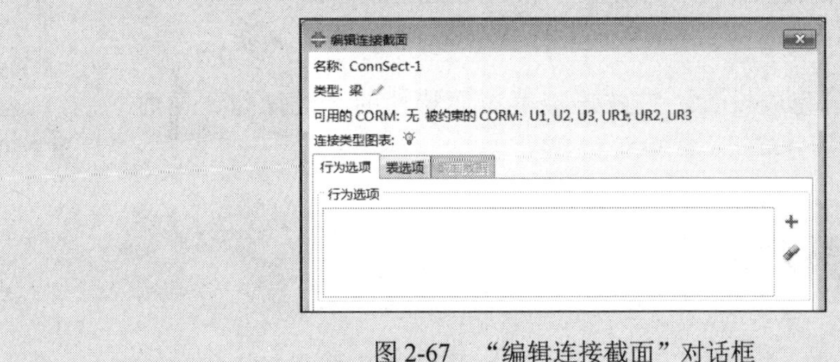

图 2-67 “编辑连接截面”对话框

单击“确定”按钮，完成设置。

2. 创建连接器的特征线

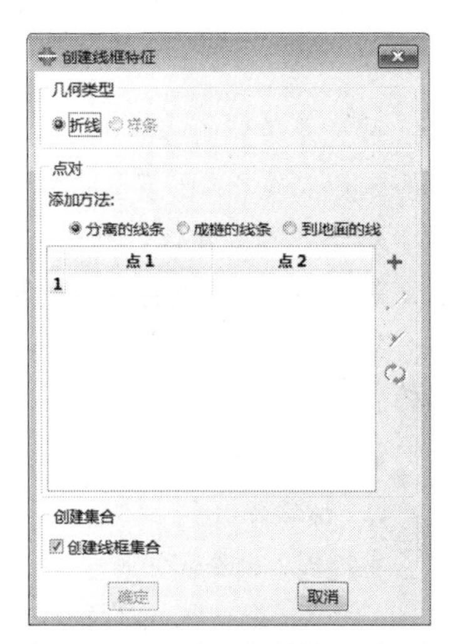

图 2-68 “创建线框特性”对话框

连接器的特征线可以是装配件中两个点的连线，也可以是装配件中的一个点和地面的连线。执行“连接”→“几何”→“连接线条特性”命令，或者单击工具箱中的（创建线条特性）按钮，弹出“创建线框特性”对话框，如图 2-68 所示。

单击“确定”按钮，完成设置，完成该组特征线的创建。当特征线创建完成后，可以单击修改线条特性按钮对其进行修改，也可以删除该特征线；执行“连接”→“几何”→“修改线条特性”命令，再重新创建特征线。

连接器截面特性的设置和特征线的创建没有先后顺序，但在定义连接单元之前必须完成这两部分的操作。

3. 定义连接单元

完成连接器截面特性的设置和特征线的创建后，可以将已定义的连接器的截面特性分配给指定的连接器（特征线），同时对该连接器划分相应的连接单元。

执行“连接”→“指派”→“创建”命令，或者单击工具箱中的（指派连接属性）按钮，根据提示选择特征线，弹出“编辑连接截面指派”对话框，如图 2-69 所示。该对话框中包括“截面”“方向 1”“方向 2”3 个选项卡。

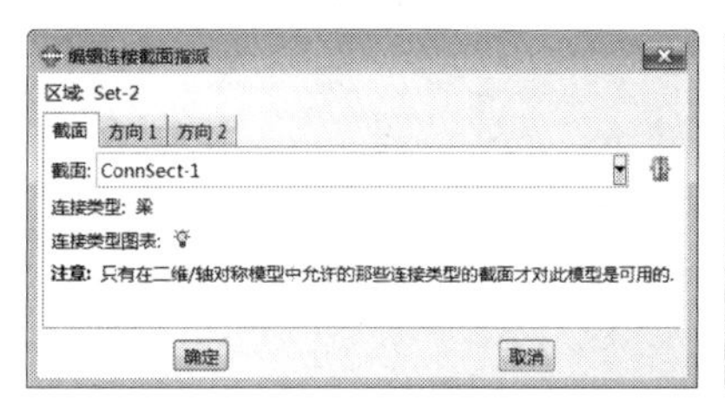

(a)“截面”选项卡

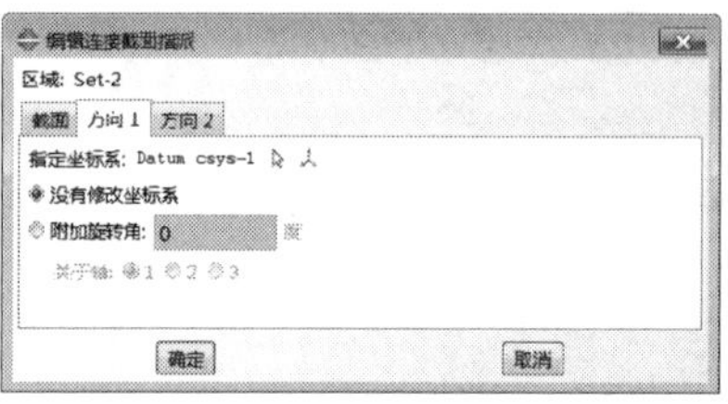

(b)“方向 1”选项卡

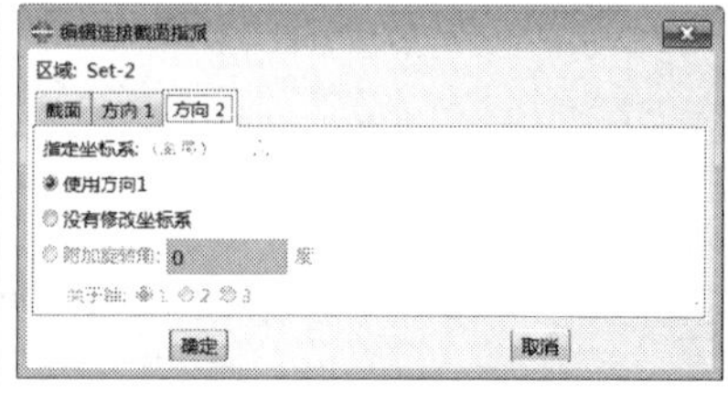

(c)“方向 2”选项卡

图 2-69 “编辑连接截面指派”对话框

- 截面：用于选择连接器的截面特性，如图 2-69（a）所示。单击“连接类型图表”按钮时，显示如图 2-70 所示的图例。
- 方向 1：用于指定连接器第一个端点的坐标系，如图 2-69（b）所示。
- 方向 2：用于指定连接器第二个端点的坐标系，如图 2-69（c）所示。

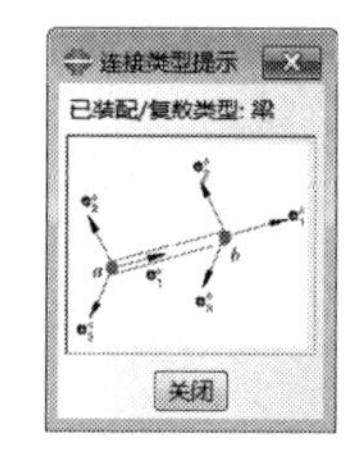

图 2-70 显示图例

单击“确定”按钮，完成设置，完成连接器截面特性的分配操作。同时 ABAQUS 自动对该连接器划分单元。

2.9 网格模块

2.9.1 定义网格密度

种子是单元的边结点在区域边界上的标记，决定了网格的密度。主菜单中的布种菜单及工具箱中第一行的展开工具条用于模型的撒种子操作。

对于非独立实体，在创建了部件后就可以在网格功能模块中对该部件进行网格划分。进入网格模块后，首先将环境栏的对象选择为部件，并在部件列表中选择要操作的部件。

单击并按住工具箱中的（种子部件）按钮，在展开的工具条中选择设置种子的工具。展开工具条从左至右分别如下。

- （种子部件）：对整个部件撒种子，显示为白色。用户也可以执行“布种”→“部件”命令实现该操作。
- （删除部件种子）：删除使用种子部件工具设置的种子，而不会删除使用为边布种工具设置的种子。用户也可以执行“种子”→“删除部件种子”命令实现该操作。

ABAQUS 中也可以通过设置边上的种子对部件进行设置，单击并按住工具箱中的(种子部件)按钮，在展开的工具条中选择设置种子的工具，或者在主菜单的“布种”菜单中进行选择。展开工具条从左至右分别如下。

（1）（为边布种）：对整个部件撒种子，显示为白色。用户也可以执行“布种”→“边”命令实现该操作。

（2）（删除边上的种子）：删除使用为边布种工具设置的种子，而不会删除使用种子部件工具设置的种子。用户也可以执行“布种”→“删除边上的种子”命令实现该操作。

2.9.2 设置网格控制

对于二维或三维结构，ABAQUS 可以进行网格控制，而梁、桁架等一维结构则无法进行网格控制。

执行“网格”→“控制属性”命令，或者单击工具箱中的（指派网格控制属性）按钮，弹出“网格控制属性”对话框，如图 2-71 所示。该对话框用于选择技术、单元形状和对应的算法。

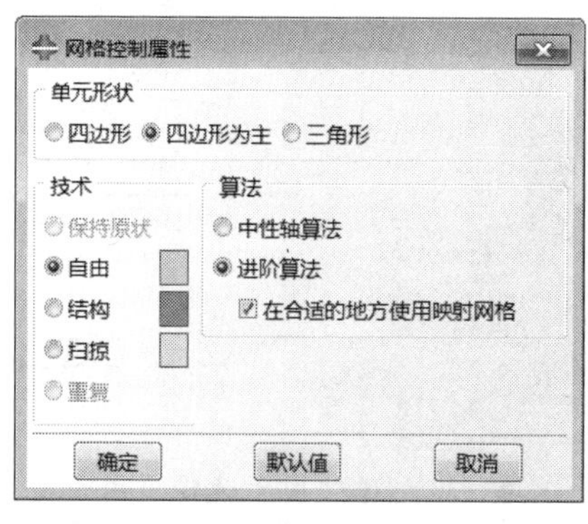

图 2-71 “网格控制属性”对话框

1. 选择单元形状

对于二维模型，可以选择四边形、四边形为主和三角形 3 种单元形状，如图 2-71 所示；对于三维模型，可以选择六面体、六面体为主、四面体、楔形 4 种单元形状，如图 2-72 所示。

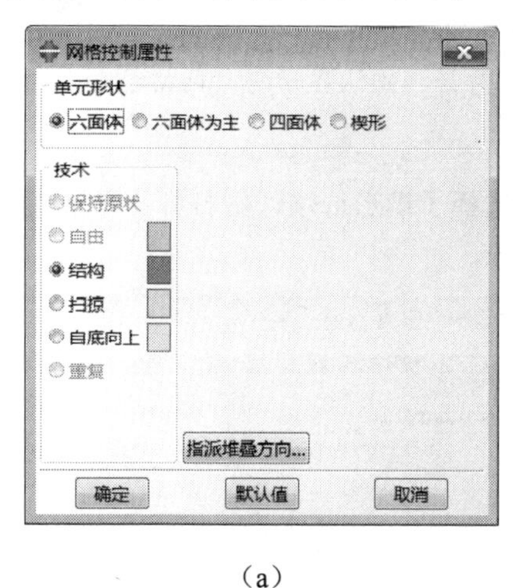

（a）

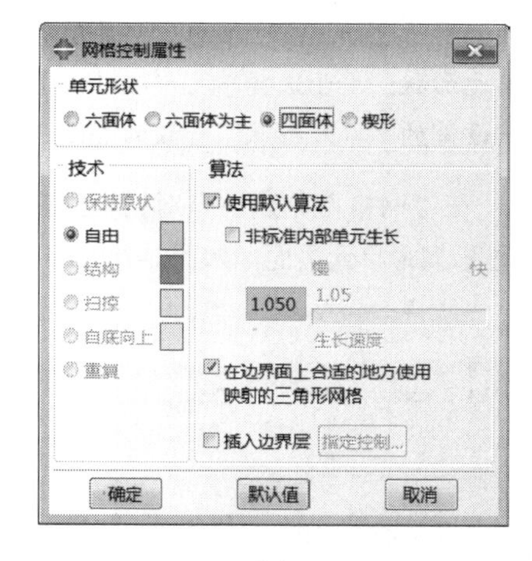

（b）

图 2-72 三维模型的网格控制

2. 选择网格划分技术设置

在“网格控制属性”对话框中，可选择的基本网格划分技术有 3 种：结构、扫掠和自由。

对于二维或三维结构，这 3 种网格划分技术拥有各自的网格划分算法。另外 3 个选项“自底向上”“保持原状”和“重复”不是网格划分技术，而是对应于某些复杂结构的网格划分方案。

2.9.3 设置单元类型

ABAQUS 的单元库非常丰富，读者可以根据模型的情况和分析需要选择合适的单元类型。在设置了网格控制（网格控制属性）后，执行“网格”→“单元类型”命令，或者单击工具箱中的（指派单元类型）按钮，在视图区中选择要设置单元类型的模型区域，弹出“单元类型”对话框，如图 2-73 所示。

图 2-73 “单元类型”对话框

- 单元库：用于选择适用于隐式或显式分析的单元库。
- 几何阶次：用于选择线性单元或二次单元。
- 族：用于选择适用于当前分析类型的单元。
- 单元形状：用于选择单元形状并设置单元控制属性。该对话框默认显示与“网格控制属性”对话框中设置的“单元形状”一致的页面。

例如，在“网格控制属性”对话框的单元形状选项组中选择了楔形选项，则打开“单元类型”对话框，默认显示楔形单元页面，如图 2-74（a）和图 2-74（b）所示。

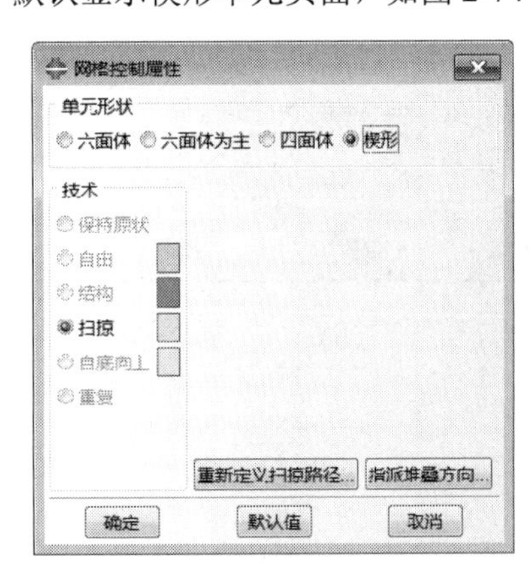

（a）网格控制属性

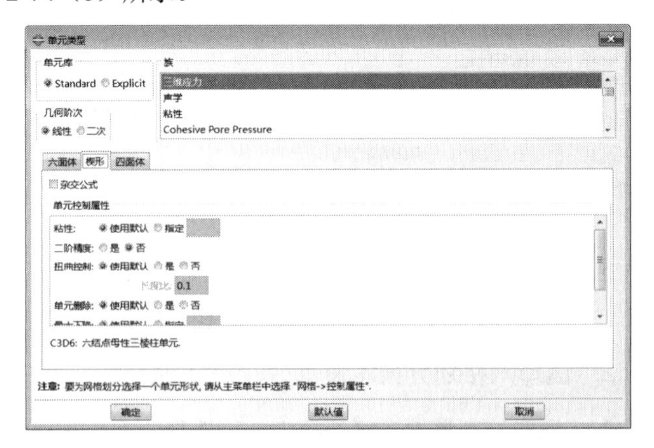

（b）单元类型

图 2-74 “单元类型”对话框沿用“网格控制属性”对话框中的单元形状

设置完成后，“单元控制属性”下端显示出设置的单元名称和简单描述，单击“确定”按钮。

2.9.4 划分网格

完成设置种子、网格控制和单元类型的选择后，接下来就可以对模型进行网格划分了。如同种子的设置一样，网格划分仍然有非独立实体和独立实体的区别，下面主要介绍非独立实体的网格划分。

技巧提示 独立实体只需要将环境栏的对象选择为装配，就可以进行类似的操作。

单击并按住工具箱中的（为部件划分网格）按钮，在展开的工具条中选择网格划分的工具，或者在主菜单的“网格”菜单中进行选择。展开工具条从左至右分别如下。

- （为部件划分网格）：对整个部件划分网格，单击提示区的“确定”按钮开始划分，如图 2-75 所示。
- （为区域划分网格）：对选取的模型区域划分网格。若模型包含多个模型区域，单击该工具，在视图区选择要划分网格的模型区域，单击鼠标中键，完成该模型区域的网格划分。
- （删除部件网格）：删除整个部件的网格，单击提示区的“确定”按钮进行部件网格的删除。
- （删除区域网格）：删除模型区域的网格，其操作类似于为区域划分网格工具。

图 2-75 提示区是否对模型部件划分网格

技巧提示 若删除或重新设置种子以及重新设置网格控制参数（包括网格划分技术、单元形状网格划分算法、重新定义扫略路径或角点、最小化网格过渡等），ABAQUS/CAE 会弹出对话框，如图 2-76 所示，单击“删除网格”按钮删除已划分的网格，然后才能继续操作。勾选“自动删除因网格控制属性改变而无效的网格”复选框，再单击“删除网格”按钮，以后遇到同样的问题，不再弹出对话框询问，而是直接删除网格。另外，单元类型的重新设置不需要重新划分网格。

下面通过一个例子说明复杂模型网格划分的两种方式。

本例将介绍一个三维模型的网格划分方法，该模型仅包含一个模型区域，如图 2-77 所示。在“网格控制属性”对话框中选择“六面体”“六面体为主”或“楔形”，“技术栏”选项组中显示无法对该模型划分网格，如图 2-78（a）所示，若单击“确定”按钮，视图区显示模型为橙色。如前所述，可以采用四面体单元进行划分，或者将模型进行分割并用六面体单元进行划分。

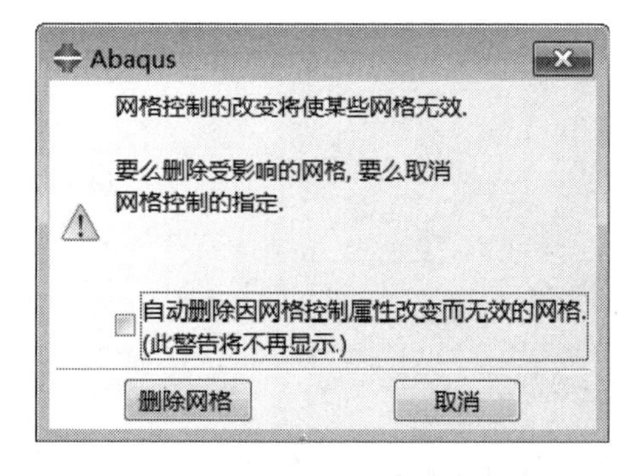

图 2-76 询问是否删除网格

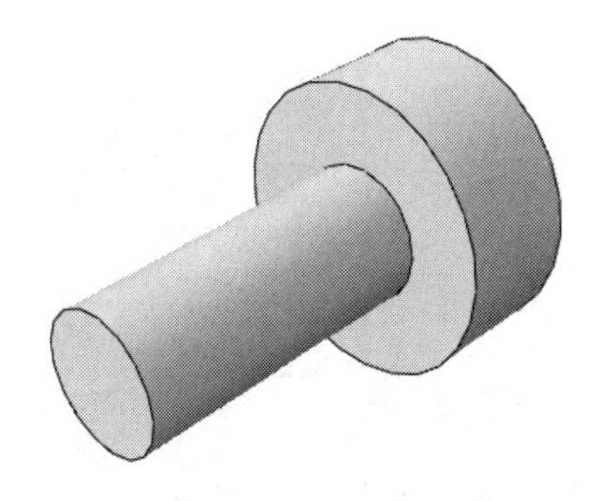

图 2-77 实体模型图

1. 采用四面体单元进行网格划分

单击工具箱中的（指派网格控制属性）按钮，弹出“网格控制属性”对话框，在“单元形状”选项组中选择“四面体”，如图 2-78（b）所示，单击“确定”按钮，视图区的模型显示为粉红色。

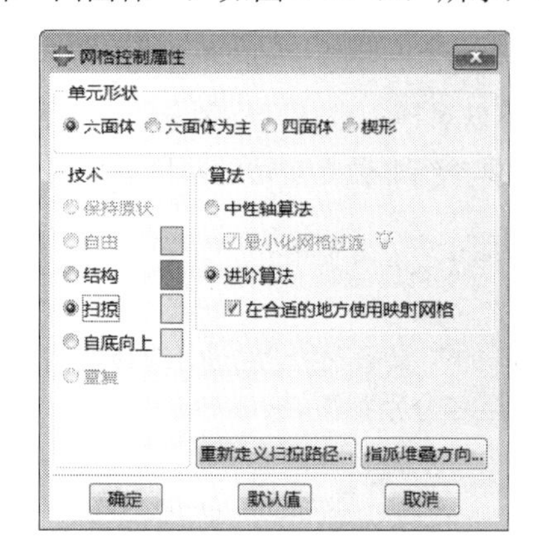

（a）单元形状：六面体

（b）单元形状：四面体

图 2-78　设置该模型的网格控制参数

单击工具箱中的（为部件划分网格）按钮，弹出“全局种子”对话框，如图 2-79 所示，在“近似全局尺寸”文本框中输入 1，单击“确定”按钮。

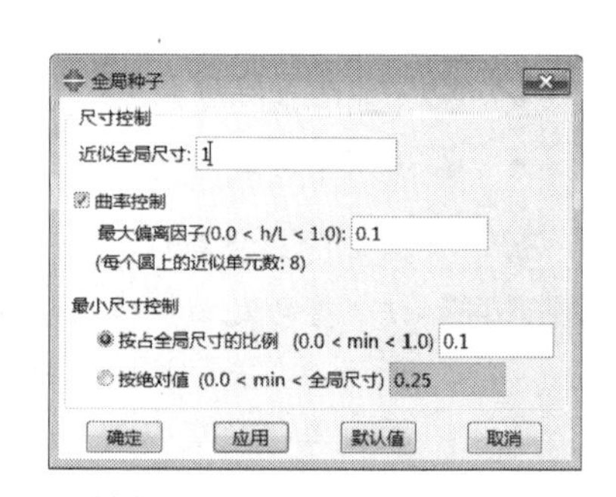

图 2-79　“全局种子”对话框

单击工具箱中的（指派单元类型）按钮，弹出“单元类型”对话框，如图 2-80 所示，在“几何阶次”中选择“二次”，单击“确定”按钮。单击工具箱中的（为部件划分网格）按钮，再单击提示区中的“确定”按钮完成网格的划分，如图 2-81 所示。

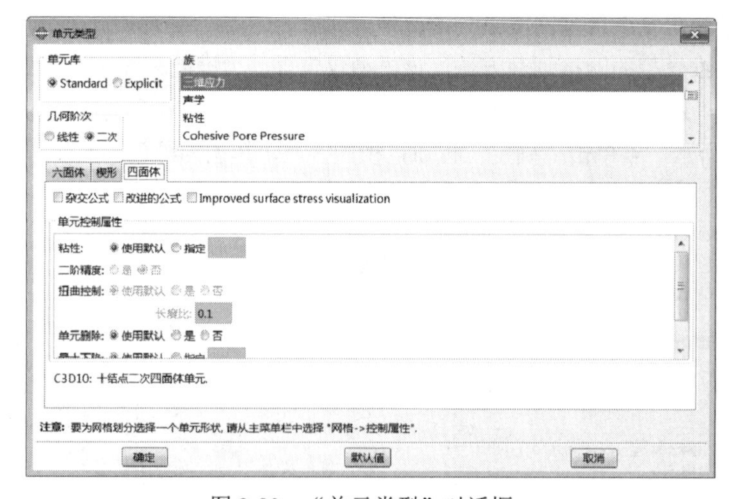

图 2-80　“单元类型”对话框

模型外表面的网格分布不是很规则，可以考虑在“网格控制属性”对话框中勾选“在边界上合适的地方使用映射的三角形网格”复选框，如图 2-78（b）所示，在可以采用映射网格的边界区域运用“映射网格划分”代替“自由网格划分”，如图 2-82 所示。可见，选用该选项进行网格划分，模型的长方体的底面、侧面和圆柱面的网格分布都比较规则。

（a）俯视图

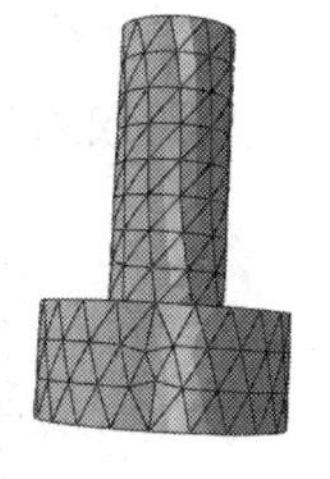

（b）侧视图

图 2-81　采用默认的网格控制参数划分的四面体网格

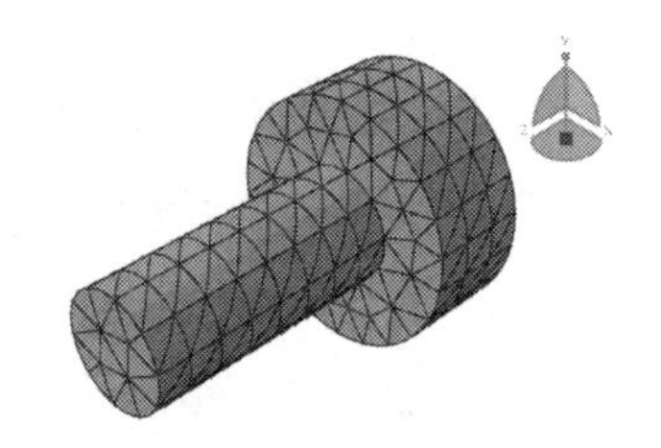

（a）俯视图

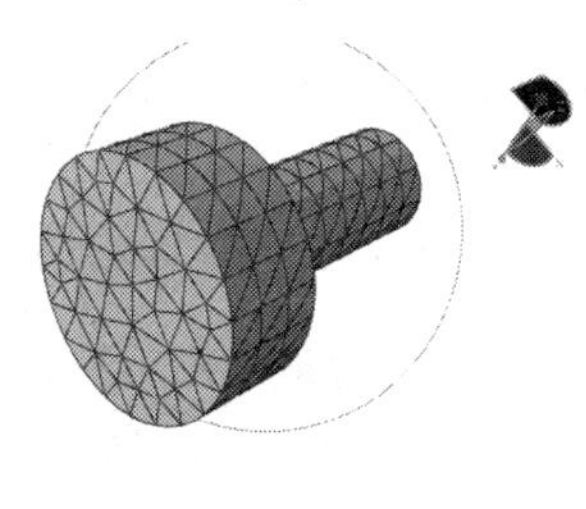

（b）侧视图

图 2-82　采用映射的网格控制划分的四面体网格

2．采用六面体单元进行网格划分

二次六面体单元具有较高的计算精度和效率，因此对于不是特别复杂的模型可以考虑先分割，再选用二次六面体单元进行结构化或扫略网格划分。

单击工具箱中的（分割模型区域）按钮，单击提示区中的 3 个点按钮，在视图区中选择长方体上表面的 3 个点，单击鼠标中键，将该部件分割为 4 个模型区域。此时 4 个模型区域仍然继承分割前的种子和网格控制的设置，需要重新设置网格控制和单元类型。

（1）单击工具箱中的（指派网格控制属性）按钮，在视图区中选取分割后的两个模型区域，单击鼠标中键，弹出“网格控制属性”对话框，在“单元形状”中选择“六面体”，只能选择扫略网格划分，采用默认的“中轴算法”和“最小化网格过渡”，如图 2-83（a）所示，单击“确定”按钮，视图区的模型显示为黄色。

（2）单击工具箱中的（指派单元类型）按钮，在视图区中选取分割后的两个模型区域，单击鼠标中键，弹出“单元类型”对话框，在“几何次数”中选择“二次”，“单元控制”下端显示 C3D20R（二次减缩积分六面体单元），单击“确定”按钮。

（3）单击工具箱中的（为部件划分网格）按钮，再单击提示区中的“确定”按钮完成网格划分，生成 248 个单元，如图 2-83 所示。

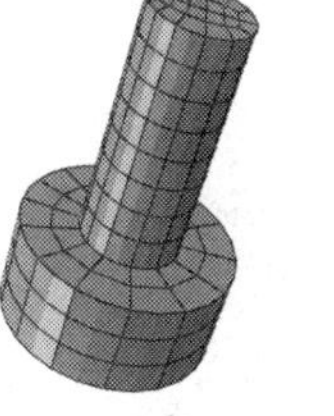

（a）俯视图　　（b）仰视图

图 2-83　中轴算法划分的六面体网格

可以在“网格控制属性”对话框中选择“进阶算法”和“在合适的地方使用映射网格”，最终生成如图 2-84 所示的体单元。在网格划分完成之前，往往无法预测哪种算法更为合适。

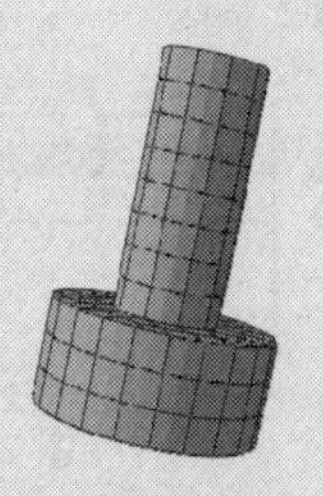

（a）俯视图

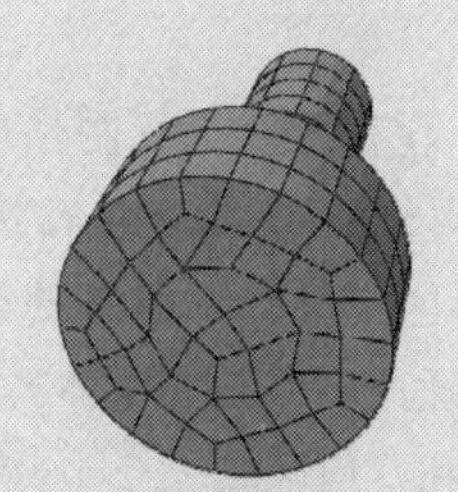

（b）仰视图

图 2-84　进阶算法划分的六面体网格

3．协调性

当对三维模型进行网格划分时，ABAQUS 首先判断使用设置的网格划分和单元形状方法是否会在整个模型中生成一个协调的网格。如果能生成一个协调的网格，ABAQUS 就继续进行网格划分。如果不能生成，视图区高亮度显示不协调的界面，并弹出一个对话框询问用户是否继续划分网格，若继续，单击“确定”按钮，ABAQUS 自动在不协调的界面上产生绑定约束。

（1）对于分割后的模型，单击工具箱中的（指派网格控制属性）按钮，在视图区中选取圆柱，单击鼠标中键，弹出“网格控制属性”对话框，在“单元形状”中选择“四面体”，并勾选“在边界上合适的地方使用映射的三角形网格”复选框，单击“确定”按钮。

继续在视图区选取圆柱底座，单击鼠标中键，弹出“网格控制属性”对话框，在“单元形状”中选择“六面体”，单击“确定”按钮。

（2）单击工具箱中的（指派单元类型）按钮，在视图区选取圆柱，单击鼠标中键，弹出“网格类型”对话框，在“几何次数”中选择“二次”，在“单元控制属性”下端显示 C3D10M（修正的二次四面体单元），单击“确定”按钮。

继续在视图区选取长方体，单击鼠标中键，弹出“单元类型”对话框，在“几何次数”中选择“二次”，在“单元控制”下端显示 C3D20R（二次减缩积分六面体单元），单击“确定”按钮。

（3）单击工具箱中的（为部件划分网格）按钮，视图区高亮度显示圆柱的交界面，如图 2-85 所示，表明此处为不协调的界面，并弹出警告对话框，单击“确定”按钮继续进行网格划分，最终生成 581 个单元，如图 2-86 所示，ABAQUS 自动在四面体单元和六面体单元的分界面设置绑定约束。

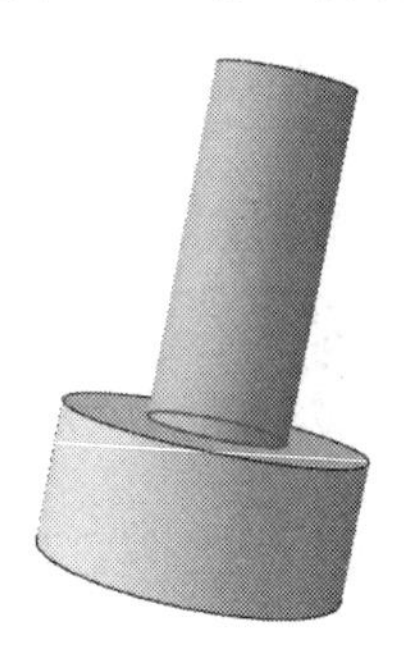

图 2-85　高亮度显示不协调的界面

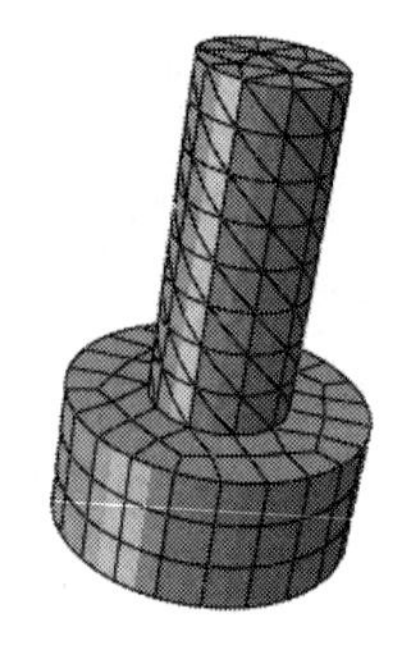

图 2-86　存在不协调界面的网格

2.9.5　检查网格

网格划分完成后，读者可以进行网格质量的检查。单击工具箱中的“检查网格”按钮，或者执行“网格”→“检查”命令，在图形区中选择要检查的模型区域，如图 2-87 所示，包括部件（适用于非独立实体）或部件实例（适用于独立实体）及单元和几何区域。

图 2-87　选择网格检查的区域

选择部件、部件实例或几何区域，选取对应的部件实体、部件或模型区域，单击鼠标中键，弹出“检查网格”对话框，如图 2-88 所示。

（a）形状检查

（b）尺寸检查

（c）分析检查

图 2-88 “检查网格”对话框

- 形状检查：用于逐项检查单元的形状。单元形状栏列出了选择的模型区域内的所有单元形状。单击“高亮”按钮，开始网格检查。

  检查完毕，视图区高亮度显示不符合标准的单元，信息区显示单元总数、不符合标准的单元数量和百分比、该标准量的平均值和最危险值。

  单击“重新选择”按钮，重新选择网格检查的区域；单击“默认值”按钮，使各统计检查项恢复到默认值。
- 尺寸检查：“单元检查标准”选项组中包括“几何偏心因子大于”“边短于”“边长于”“稳定时间增量步小于”和“最大允许频率小于”（用于声学单元）。
- 分析检查：用于检查分析过程中会导致错误或警告信息的单元，错误单元用紫红色高亮度显示，警告单元以黄色高亮度显示。单击“高亮”按钮，开始网格检查。

检查完毕，视图区高亮度显示错误和警告单元，信息区显示单元总数、错误和警告单元的数量和百分比。梁单元、垫圈单元和粘合层单元不能使用分析检查。

2.9.6 提高网格质量

网格质量是决定计算效率和计算精度的重要因素，可是却没有判断网格质量好坏的统一标准。为了提高网格质量，有时需要对网格和几何模型等进行调整。本节将介绍提高三维实体模型网格质量的常用方法。

1．划分网格前的参数设置

如前所述，在划分网格前需要设置种子、网格控制参数和单元类型，这些参数的选择直接决定三维实体模型的网格质量。

2．编辑几何模型

有时需要修改或调整几何模型来获得高质量的网格。

（1）分割模型

若不能直接用六面体单元对模型划分网格，也可以运用分割工具将其分割成形状较为简单的区域，并对分割后的区域划分六面体单元。分割工具可以通过工具箱或主菜单的“工具”→“分区”命令进行调用，如图 2-89 所示，包括 4 个分割线的工具、7 个分割面的工具和 6 个分割体（cell）的工具，具体用法不再赘述。

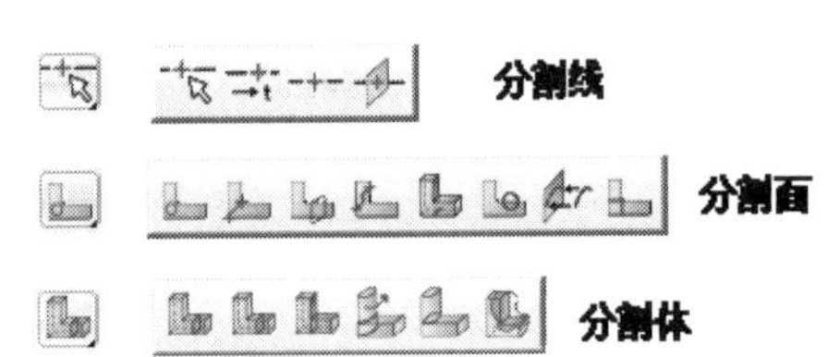

（a）按钮工具

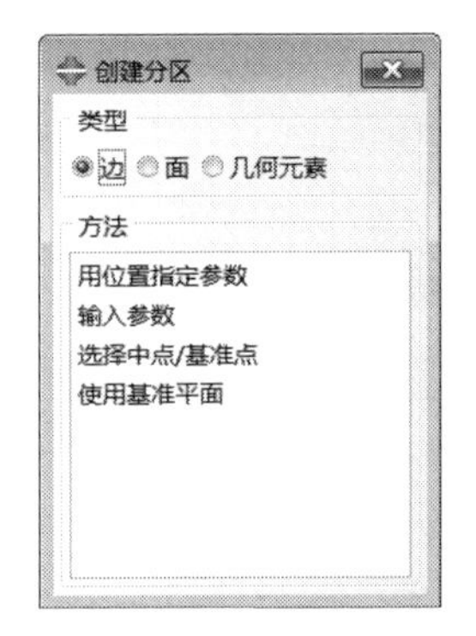

（b）“创建分区”对话框

图 2-89　分割工具

（2）编辑问题模型

网格的质量不高或网格划分的失败，有时是由几何模型的问题（如不精确区域、无效区域、小面、短边等）引起的。为了获得高质量的网格，需要对有问题的模型进行处理，常用工具包括几何诊断和几何修复工具。下面将介绍这两种工具。

- 几何诊断。首先需要对模型进行几何诊断。单击工具箱中的 i（询问信息）按钮，或者执行“工具”→“查询”命令，在弹出的“查询”对话框中选择“几何诊断”选项，如图 2-90 所示，单击“确定”按钮，弹出“几何诊断”对话框，如图 2-91 所示。该对话框可用于诊断模型的无效区域、不精确区域、小尺寸区域等。

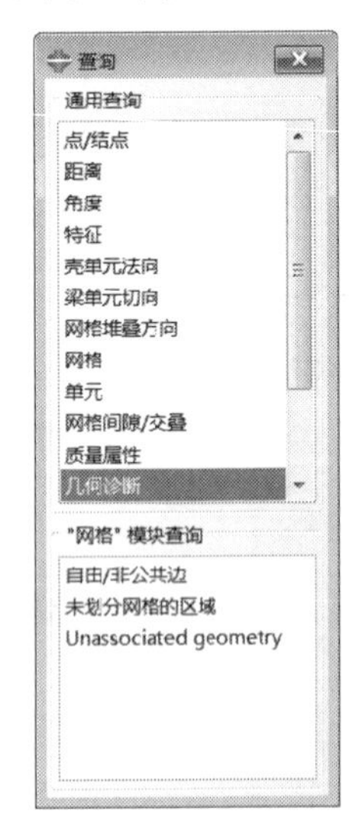

图 2-90　“查询”对话框

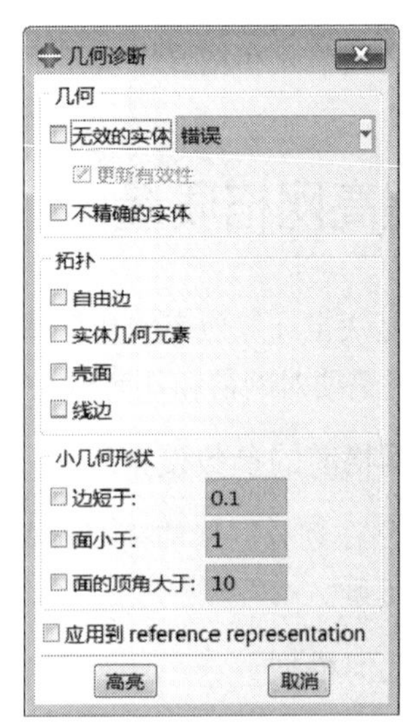

图 2-91　“几何诊断”对话框

- 模型的修复。通过几何诊断确定模型中的无效区域、小尺寸区域或不精确区域后，读者可以在部件功能模块中选用合适的几何修复工具对模型进行编辑，最终在编辑后的模型上生成高质量的网格。

几何修复工具可以通过工具箱或主菜单的“工具”→“几何编辑”命令进行调用，如图 2-92 所示。

部件修复工具

（a）按钮工具

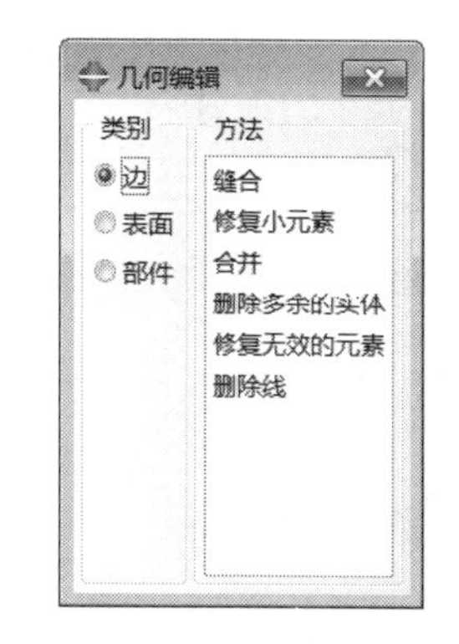

（b）“几何编辑”对话框

图 2-92　几何修复工具

2.10 分析作业模块

在工具箱的模块列表中的选择作业，进入分析作业功能模块。该模块主要用于分析作业和网格自适应过程的创建和管理。

2.10.1 分析作业的创建和管理

进入作业功能模块后，可以利用主菜单中的“作业”菜单及工具箱中的（创建分析作业）和（分析作业管理器）对分析作业进行创建和管理。

1. 分析作业的创建

执行“作业”→“创建”命令，或者单击工具箱中的（创建分析作业）按钮，弹出“创建作业”对话框，如图 2-93 所示。该对话框包括以下两个选项：

- 名称：在文本框中输入分析作业的名称，默认为 Job-n。
- 来源：用于选择分析作业的来源，包括模型和输入文件。默认选择为 Model，其下部列出该 CAE 文件中包含的模型，如图 2-93（a）所示，需要从该下拉列表框中选择用于创建分析作业的模型。若选择输入文件，则可以单击按钮，选择创建分析作业的 inp 文件，如图 2-93（b）所示。

（a）来源：模型

（b）来源：输入文件

图 2-93　“创建作业”对话框

完成设置后，单击“继续”按钮，将会弹出“编辑作业”对话框，如图 2-94 所示，可以在该对话框中进行分析作业的编辑。

2. 作业管理器

单击（分析作业管理器）按钮，已创建的分析作业出现在作业管理器中，如图 2-95 所示。该管理器中下部的工具与其他管理器类似，这里不再赘述，下面介绍其右侧的工具。

图 2-94 “编辑作业”对话框

图 2-95 “作业管理器”对话框

- “写入输入文件”按钮：在工作目录中生成该模型的 inp 文件，等同于执行“作业”→“写入输入文件”命令。
- “提交”按钮：用于提交分析作业，等同于执行“作业”→“提交”命令。读者提交分析作业后，管理器中的状态栏会相应改变。
- “监控”按钮：用于打开分析作业监控器，如图 2-96 所示，等同于执行“作业”→“监控”命令。该对话框中的上部表格显示分析过程的信息，这部分信息也可以通过状态文件（job_name.sta）进行查阅。
- “结果”按钮：用于运行完成的分析作业的后处理，单击该按钮进入可视化功能模块。等同于执行“作业”→“结果”命令。

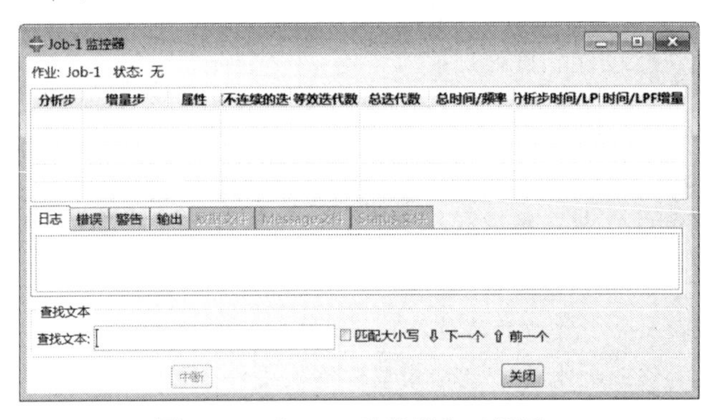

图 2-96 “Job-1 监控器”对话框

- “中断”按钮：用于终止正在运行的分析作业，等同于执行“作业”→“中断”命令，或者单击分析作业监控器中的“中断”按钮。

2.10.2 网格自适应

若读者在网格功能模块定义了自适应网格重划分规则，则可以对该模型运行网格自适应过程。ABAQUS/CAE 根据自适应网格重划分规则对模型重新划分网格，进而完成一系列连续的分析作业，直到结果满足自适应网格重划分规则，或已完成指定的最大迭代数，亦或分析中遇到错误。

单击工具箱中的（创建网格自适应过程）按钮，或者执行“自适应”→“创建”命令，弹出“创建自适应过程”对话框，如图 2-97 所示。该对话框与编辑作业对话框类似，这里不再赘述。设置完成后单击“确定”按钮。

单击工具箱中的按钮，已创建的自适应过程出现在管理器中，如图 2-98 所示。读者可以单击该对话框右侧的“提交”按钮提交该自适应过程。但是，读者需要在分析作业管理器中进行自适应过程的监控、终止和每个迭代的结果后处理操作。

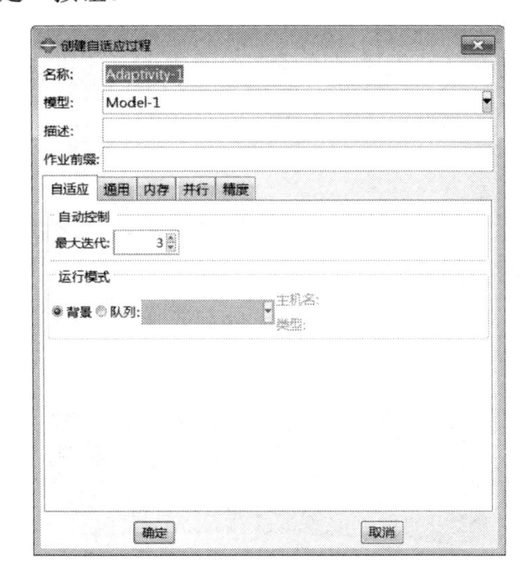

图 2-97 “创建自适应过程”对话框

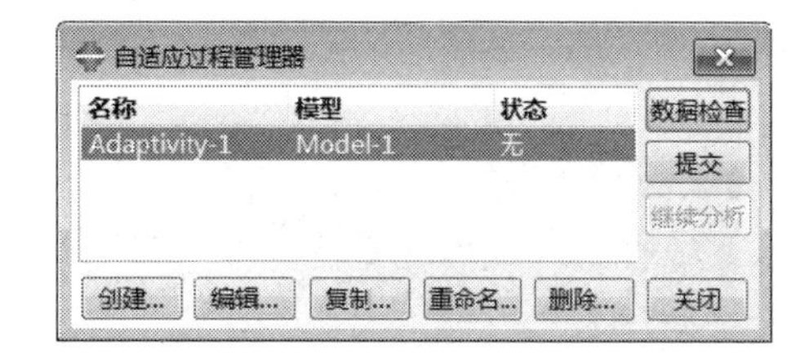

图 2-98 “自适应过程管理器”对话框

2.11 可视化模块

读者可以通过以下两种方式进入可视化模块并打开结果数据库文件：

- 分析完成后，作业功能模块的分析作业管理器的状态栏显示 Completed，读者在管理器中选择要进行后处理的分析作业，单击“结果”按钮，或在主菜单中执行“作业”→“结果”命令，即而进入可视化功能模块，视图区显示该模型的无变形图。
- 选择模块列表中的可视化，进入可视化功能模块，再单击工具箱中的打开或执行“文件”→“打开”命令，也可以双击结果树中的输出数据库，在打开的“数据库”对话框中选择要打开的 odb 文件，单击“确定”按钮，视图区将显示该模型的无变形图。

ABAQUS 的可视化模块用于模型的结果后处理，可以显示 odb 文件中的计算分析结果，包括变形前/后的模型图、矢量/张量符号图、材料方向图、各种变量的分布云图、变量的 X-Y 图表、动画等，以及以文本形式选择性输出的各种变量的具体数值。

这些功能及其控制选项都包含在结果、绘制、动画、报告、选项和工具菜单中，其中大部分功能还可以通过工具箱中的工具进行调用，如图 2-99 所示。

下面以一个 odb 文件为例，对可视化模块中的常用功能进行介绍。

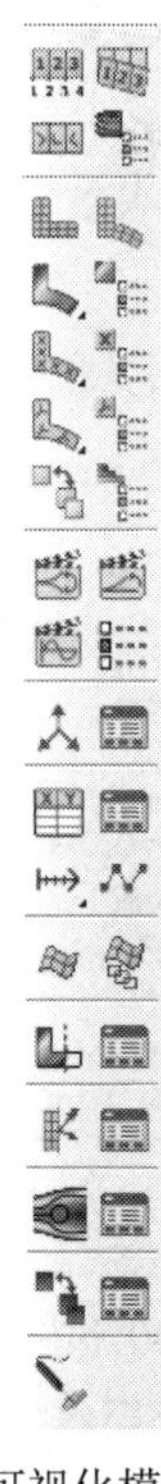

图 2-99 可视化模块的工具箱

2.11.1 显示无变形图和变形图

打开 odb 文件，视图区随即显示该模型的无变形图。读者可以选择显示模型的变形图，还可以同时显示无变形图和变形图。

1. 分别显示无变形图和变形图

在可视化功能模块中打开结果数据库文件后，工具箱中的显示无变形图工具被激活，视图区显示出变形前的网格模型，如图 2-100 所示，与网格功能模块中的网格图相同。

单击工具箱中的（绘制变形图）按钮，或者执行“绘制”→“变形图”命令，视图区中显示出变形后的网格模型，如图 2-101 所示。此时，状态区显示出变形放大系数为 1.0。

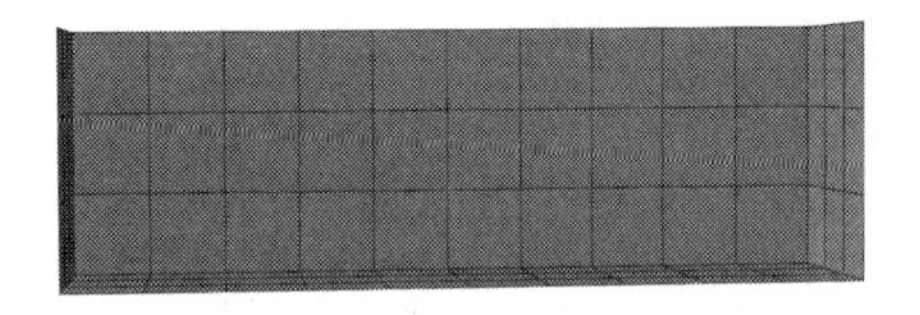

图 2-100 变形前的网格图

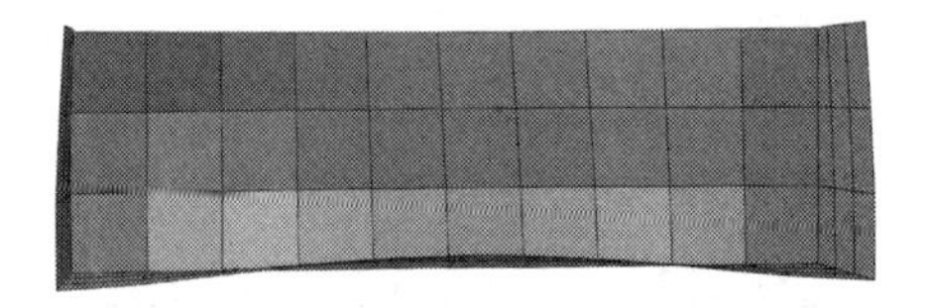

图 2-101 变形后的网格图

如果用户直接对模型显示进行截图，则图的背景为黑色。用户可以通过修改背景颜色和打印输出两种方式得到白色背景。

（1）修改背景颜色。执行“视图”→“图形选项”命令，弹出“图形选项”对话框，如图 2-102 所示，单击“视口背景”中“实体”后的色标，在弹出的“选择颜色”对话框（如图 2-103 所示）中选择白色，单击“确定”按钮，返回“图形选项”对话框，单击“应用”按钮，视图区中的背景变为白色。用户也可选择渐变，编辑渐变的背景。

（2）打印输出。执行“文件”→“打印”命令，弹出“打印”对话框，如图 2-104 所示。

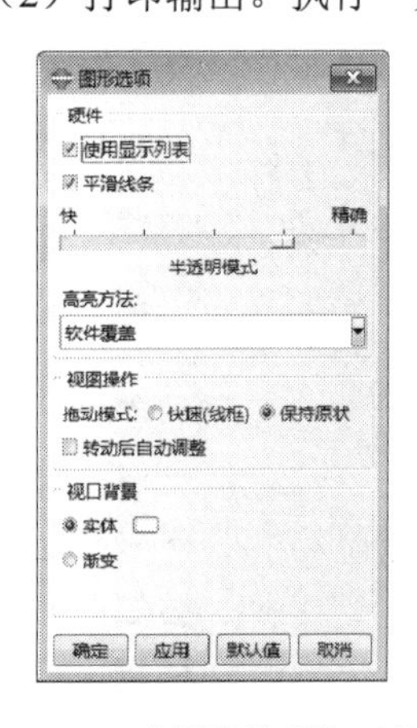

图 2-102 “图形选项”对话框

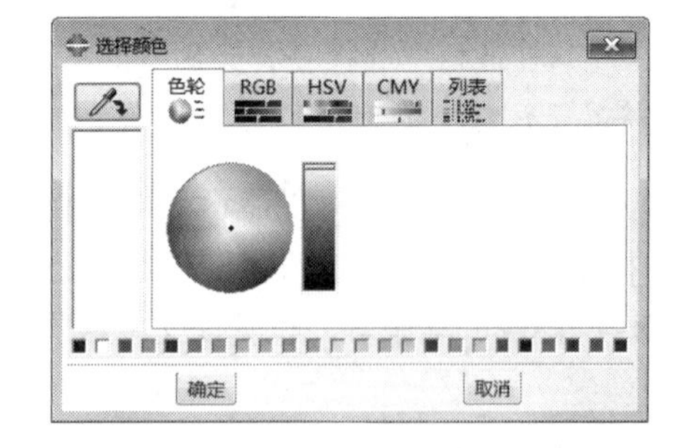

图 2-103 “选择颜色”对话框

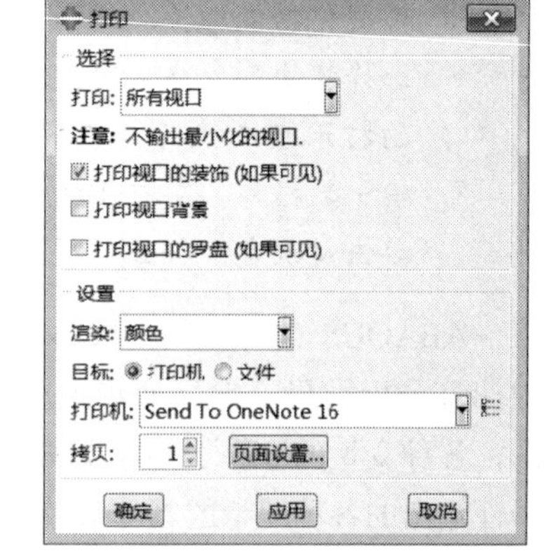

图 2-104 “打印”对话框

图 2-100 和图 2-101 显示的是默认选项下的模型，读者可以根据需要进行模型显示的设置。单击工具箱中的（通用绘制选择）按钮，或者执行“选择”→“通用”命令，弹出“通用绘图选项”对话框，如图 2-105 所示。

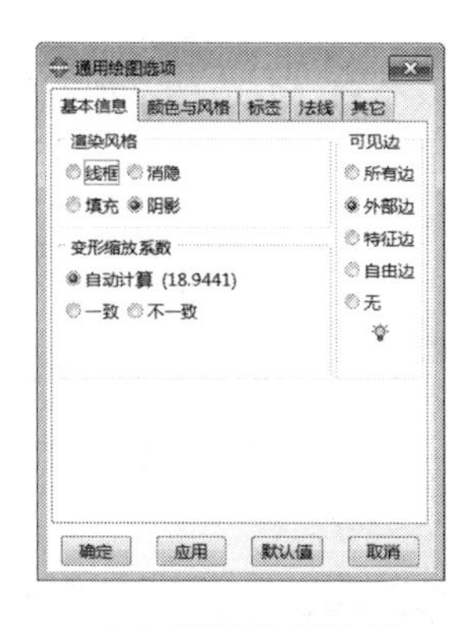

（a）通用绘制选项

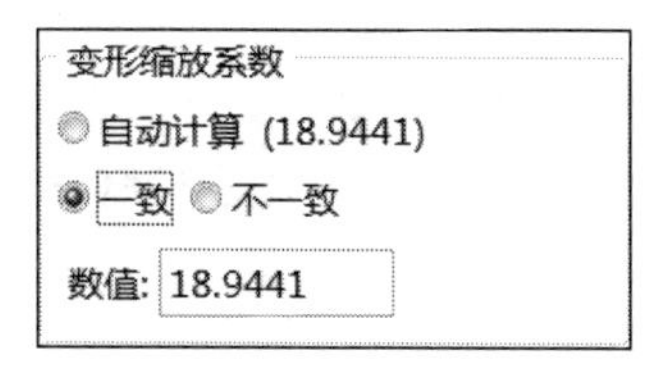

（b）变形缩放系数：一致

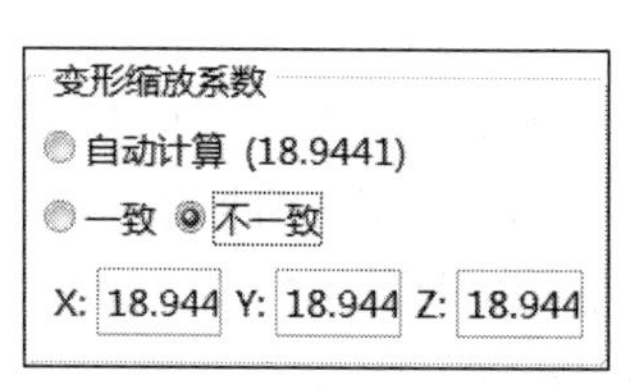

（c）变形缩放系数：不一致

图 2-105 “通用绘图选项”对话框

2. 同时显示无变形图和变形图

ABAQUS/CAE 还支持同时显示变形前、后的网格模型。单击工具箱中的（允许多绘图状态）按钮，用户可以同时单击和按钮，视图区显示变形前后的网格模型，变形后的模型默认为绿色，如图 2-106 所示。

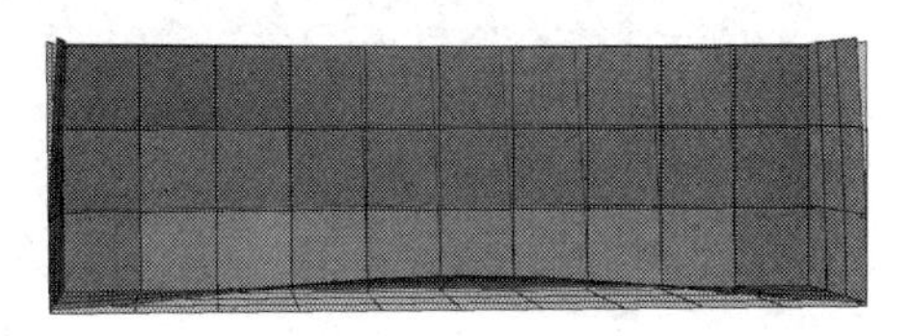

图 2-106 同时显示变形前后的网格图

当视图区单独显示变形前或变形后的模型时，工具箱中的（通用选项）用于设置模型显示；当视图区同时显示变形前、后的模型时，工具箱中的（通用选项）用于设置变形后的模型显示，（重叠选项）用于设置变形前的模型显示。

执行“选项”→“重叠”命令，或者单击工具箱中的（重叠选项）按钮，弹出“叠加绘图选项”对话框，如图 2-107 所示，该对话框用于设置变形前的模型显示。

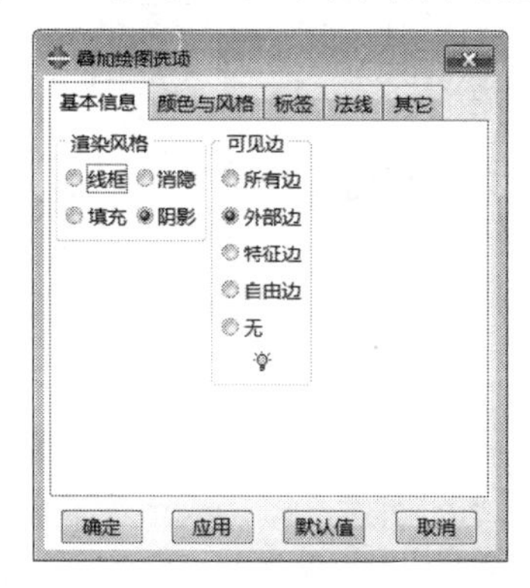

（a）基本信息

（b）其他

图 2-107 “叠加绘图选项”对话框

2.11.2 绘制云图

云图用于在模型上用颜色显示分析变量。执行“绘制”→“云图”→“在变形图上”命令，或者单击工具箱中的（绘制云图在变形图上）按钮，视图区中显示模型变形后的 Mises 应力云图，如图 2-108 所示。

单击并按住工具箱中的，在展开的工具条中可以选择云图的显示方式，后两项分别为显示在变形前模型上的云图和显示在变形前后模型上的云图。

也可以在“绘制”→“云图”菜单命令中选择。

用户可以执行“视口”→“视口注释选项”命令，在弹出的“视口注释选项”对话框中进行坐标轴、图例、标题、状态信息等选项的设置，“通用”选项卡用于控制它们在视图区的显示，其他4个选项卡分别用于它们的设置，如图2-109所示。

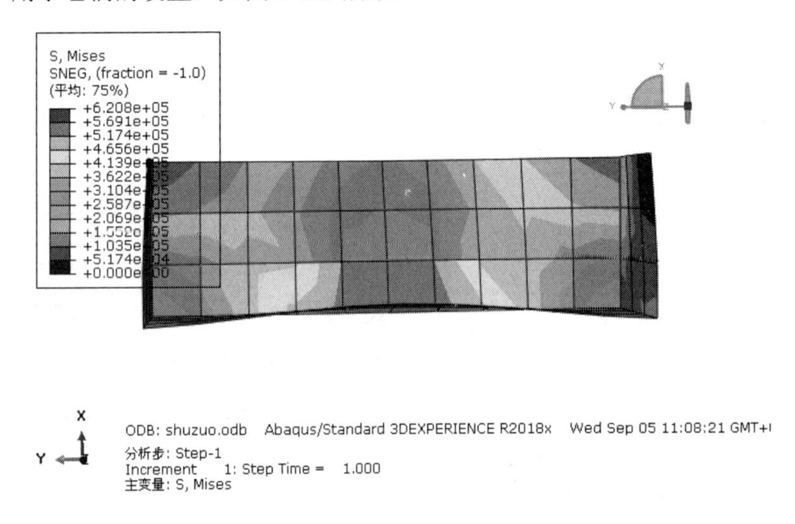

图2-108　模型变形后的Mises应力云图

图2-109　“视口注释选项”对话框

2.12 本章小结

本章详细介绍了各个模块的功能，读者可以多加练习，并进一步从后面章节的学习中加以巩固。

第 3 章 INP 文件和单元介绍

导读

本章将介绍ABAQUS的主要文件类型，通过本章的学习，读者将进一步熟悉前面章节介绍的各模块功能和相应的文件生成，了解 ABAQUS 输入文件的组成和规则，以及 ABAQUS 所提供单元特性的介绍。

教学目标

- 了解 INP 简介
- 输入文件的组成和结构
- 从外存储器中引入模型或历史数据
- 文件的执行
- 文件的类型介绍和常用指令
- 单元介绍

3.1 输入文件的组成和结构

输入文件是 ABAQUS 文件系统中最为关键的一个文件，在 ABAQUS/CAE 出现之前，ABAQUS 的分析模型都是由输入文件定义的。目前有些高级功能在 ABAQUS/CAE 中是无法实现的，必须应用关键字文件进行分析，所以掌握 INP 文件的书写方法，对于提高 ABAQUS 软件的使用水平有着很重要的意义。

下面将详细介绍输入文件的结构以及常用的关键字用法。

1. 一个输入文件由模型数据和历史数据两部分组成

模型数据的作用是定义一个有限元模型，包括单元、结点、单元性质、材料等有关说明模型自身的数据。模型数据可被组织到部件中（部件可以被组装成一个有意义的模型）。

历史数据定义的是模型发生了什么 —— 事情的进展，模型响应的荷载，历史被分成一系列的时间步。每一步就是一个响应（静态加载、动态响应等），时间步的定义包括过程类型（如静态应力分析、瞬时传热分析等），对于时间积分的控制参数或非线性解过程、加载和输出要求。

一个最小的有限元模型至少由几何模型、单元特性、材料数据、载荷、边界条件、分析类型以及输出要求几个信息组成。一个典型的输入文件的结构如图 3-1 所示。

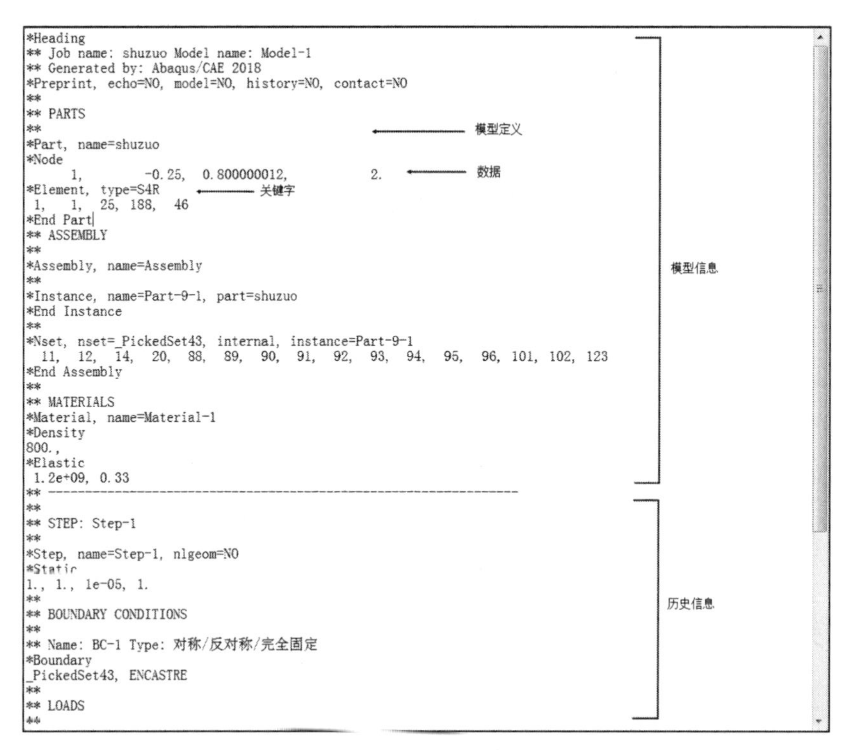

```
*Heading
** Job name: shuzuo Model name: Model-1
** Generated by: Abaqus/CAE 2018
*Preprint, echo=NO, model=NO, history=NO, contact=NO
**
** PARTS
**
*Part, name=shuzuo
*Node
      1,         -0.25,  0.800000012,           2.
*Element, type=S4R
 1,   1,  25, 188,  46
*End Part
** ASSEMBLY
**
*Assembly, name=Assembly
**
*Instance, name=Part-9-1, part=shuzuo
*End Instance
**
*Nset, nset=_PickedSet43, internal, instance=Part-9-1
  11,  12,  14,  20,  88,  89,  90,  91,  92,  93,  94,  95,  96, 101, 102, 123
*End Assembly
**
** MATERIALS
*Material, name=Material-1
*Density
800.,
*Elastic
 1.2e+09, 0.33
** ----------------------------------------------------------------
**
** STEP: Step-1
**
*Step, name=Step-1, nlgeom=NO
*Static
1., 1., 1e-05, 1.
**
** BOUNDARY CONDITIONS
**
** Name: BC-1 Type: 对称/反对称/完全固定
*Boundary
_PickedSet43, ENCASTRE
**
** LOADS
**
```


图 3-1　输入文件结构

2. ABAQUS输入文件的结构形式

（1）必须由一个*HEADING 开头。

（2）接下来就是模型数据部分，定义结点、单元、材料、初始条件等。模型数据的层次为部件、组装、模型。

（3）必需的模型数据如下。

- 几何数据：模型的几何形状是用单元和结点来定义的，结构性单元的截面是必须定义的，如梁单元。特殊的特征也可以用特殊的单元来定义，如弹簧单元、阻尼器、点式群体等。
- 材料的定义：材料必须定义，如使用的是钢、岩石、土等材料。

（4）可选的模型数据包括以下几项。

- 部件和组合：一个模型可以用几个部件来定义，即把几个零件组合成一个集来定义。
- 初始条件：如初始应力、温度或速度等。
- 边界条件。
- 运动约束。
- 相互作用。
- 振幅定义。
- 输出控制。
- 环境特性。
- 用户子程序。
- 分析附属部分。

（5）历史数据：定义分析的类型、荷载、输出要求等。分析的目的就是预测模型对某些外部荷载或某些初始条件的反映。一个 ABAQUS 分析是建立在分析步的概念上的（在历史数据中描述），在分析中可以定义多个分析步。每个分析步用*STEP 开始，用*END STEP 结束。*STEP 是历史数据和模型数据的分界点，第一次出现*STEP 前面的是模型数据，后面的就是历史数据。

- 必需的历史数据如下。
  - 响应类型：必须立刻出现在*STEP 选项后面。
  - ABAQUS 中有两种响应步：一种是总体分析响应步，可以是线形和非线形的；另一种是线形扰动步。
- 可选历史数据如下。
  - 荷载：通常定义荷载类型和大小。荷载可以被描述成时间的函数。
  - 边界条件输出控制。
  - 辅助控制。
  - 再生单元和曲面。

3.2 INPUT文件的书写规则和外部导入

INP 文件的书写要满足一定的语法和规范，而且可以从外部存储器中导入。本节将进一步解释 INP 文件的性质。

3.2.1 书写 INPUT 文件的语法和规则

1. 关键词行

（1）必须以*开始，后面接的是选项的名字，然后定义选项的内容。例如：

```
* MATERIAL   NAME=STEEL
```

注释行是以**开始的。

（2）如果有参数，那么参数和关键词之间必须用“，”隔开。

（3）在参数之间必须用“，”隔开。

（4）关键词行中的空格可以忽略。

（5）每行的长度不能超过 266 个字符。

（6）关键词和参数对大小写是不区分的。

（7）参数值通常对大小写也是不区分的，但是唯一的例外是文件名区分大小写。

（8）关键词和参数，以及大多数情况下的参数值是不需要全拼写出来的，只要他们之间可以相互区分就可以了。

（9）假如参数有相应的值，则赋值号是“=”。

(10)关键词行可以延续，比如参数的名字很长，要在下一行继续这个关键词行的话就可以用“，”来连接。比如：

```
*ELASTIC, TYPE=ISOTROPIC,
DEPENDENCIES=1
```

(11)有些选项允许 INPUT 和 FILE 的参数作为一个输入文件名，这样的文件名必须包括一个完整的路径名或是一个相对路径名。

2. 数据行（数据行如果和关键词相联系就必须紧跟关键词行）

(1) 一个数据行包括空格在内不能超过 266 个字符。

(2) 所有的数据条目之间必须用“，”隔开。

(3) 一行中必须包括指定说明的数据条目的数字。

(4) 每行结尾的空数据域可以省略。

(5) 浮点数最多可以占用 20 个字符。

(6) 整数可以是 10 个。

(7) 字符串可以是 80 个。

(8) 延续行可以被用到特定的情况。

3. 标签

所谓标签，如曲面名、集名，是区分大小写的，长度可以有 80 个字符长。标签中的空格是可以省略的，除非用引号来标示，那就不能省略了。没有用引号来标示的标签必须用字母来开头。如果一个标签用引号来定义那么引号也是标签的一部分。标签的开始和结束不能用双重“__”。

下面是一个使用了引号和没有使用引号的例子：

```
*ELEMENT, TYPE=SPRINGA, ELSET="One element"
1,1,2
*SPRING, ELSET="One element"
1.0E-6,
*NSET, ELSET="One element", NSET=NODESET
*BOUNDARY
nodeset,1,2
```

4. 数据行重复

数据行可以重复，即每行数据可以有一行响应的变量，也可以有几行。同样也可以有多行数据行，对应各自的变量行。例如：

```
*ELASTIC, TYPE=ISOTROPIC
 200.E3, 0.3, 20.
 160.E3, 0.36, 400.
 80.E3, 0.42, 700.
```

定义了一个部件的材料性质、均质、线弹性，在不同应力下的杨氏模量和泊松比。

3.2.2 从外存储器中引入模型或历史数据

关键字*INCLUDE 可以用来导入外部 ABAQUS 输入文件（完整的输入文件或输入文件的某一段），这个文件可以包含模型数据、历史数据、其他的*INCLUDE 信息以及注释行等。*INCLUDE 可以嵌套使用，最大嵌套层为 6 层。

ABAQUS 运行中，若遇到*INCLUDE 命令，则会立即执行该命令，导入该命令所指向输入文件中的数据。执行完毕后，继续执行原来的文件。用法如下：

```
*INCLUDE, INPUT=file_name
```

3.2.3 文件的执行

1. 数据的检查

（1）abaqus job=tutorial datacheck interactive

（2）abaqus datacheck job=frame interactive

2. 运行

（1）abaqus job=tutorial interactive

（2）abaqus job=tutorial continue interactive

（3）abaqus continue job=tutorial interactive

3.3 简单INP文件实例详解

本节将以两个简单实例为主，讲解具体实例的 INP 文件，使读者进一步熟悉 INP 文件的结构等信息，并且理解其中语句的含义。

3.3.1 悬臂梁

输入文件的开始就是文件头，以 HEADING 开始，随后是模型的名字，如下所示：

```
*HEADING
CANTILEVER BEAM
```

然后是网格定义，模型数据的网格包括单元和结点。假如悬臂梁有 5 个单元、6 个结点，下面首先详细说明结点：

```
*NODE, NSET=ENDS
 1, 0.
 6, 100.
```

```
*NGEN
 1, 6
```

结点组集，NSET 其值（名字）为 ENDS。下面的就是这样理解的，第 1 个结点是从 0 开始的，第 6 个结点是在 100 处结束。

同样的方法来定义单元：

```
*ELEMENT, TYPE=B21（单元类型）
 1, 1, 2 （单元类型的参数）
*ELGEN, ELSET=BEAM （产生单元集及其名称）
 1, 6 （一个单元集，包括 6 个单元）
```

现在定义单元的性质：

```
*BEAM SECTION, SECTION=RECTANGULAR, ELSET=BEAM, MATERIAL=STEEL
 1., 2.
```

上述梁截面的形状是矩形，单元集的名称是梁单元，材料是钢。截面的尺寸是 1×2。

下面定义材料的性质：

```
*MATERIAL, NAME=STEEL
*ELASTIC
 2.E9,
```

材料是钢，弹性模量是 2E9。

下面定义边界：

```
*BOUNDARY
 6, ENCASTRE
```

边界是在 6 结点，通过 ENCASTRE 来描述。

边界也可以用下面的形式来定义：

```
*BOUNDARY
 6, 1, 6
```

ABAQUS 对结构单元中的结点的自由度使用常规的编号方式。1，2，3 代表的是位移分量；4，6，6 代表的是旋转分量。

以上是模型数据的定义，下面开始历史数据的定义（加载的次序，事件的发生，还有变量的响应）。

时间步（步骤）的定义如下：

```
*STEP, PERTURBATION（步骤的开始，摄动是其名称）
*STATIC（静态分析）
*CLOAD（集中荷载）
 1, 2, -20000.（在结点 1、y 方向施加荷载，荷载的大小是-20000，也就是向下施加荷载。）
*END STEP（步骤的结束）
```

下面来解释输出要求：

```
*EL PRINT, POSITION=AVERAGED AT NODES,（结点的平均值）SUMMARY=YES（在表的下部求和）
 S11（积分点的应力分量在 X 方向）, E11（积分点的应变分量在 X 方向）
```

```
 SF（在积分点的截面力）
*NODE FILE, NSET=ENDS
 U（结点的空间位移）, CF,（结点的点荷载）, RF(结点的反作用力)
*OUTPUT, FIELD, VARIABLE=PRESELECT
*ELEMENT OUTPUT
 SF,
*OUTPUT, HISTORY
*NODE OUTPUT, NSET=ENDS
 U, CF, RF
```

3.3.2 孔平板分析

一个材料是 10cm×10cm 的钢板，在中心处有一个半径为 1cm 的圆孔。假设材料是理想的弹塑性硬化本构模型，弹性模量是 210GPa，泊松比是 0.3，如图 3-2 所示。它的单轴应力-应变曲线理想化为一系列直线段，如图 3-3 所示。

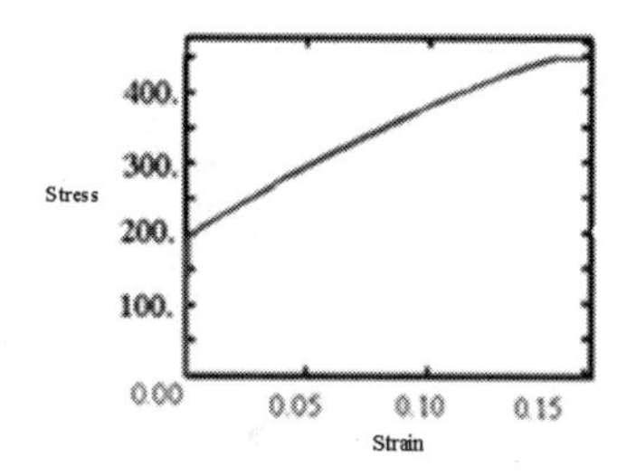

图 3-2 材料应力-应变曲线

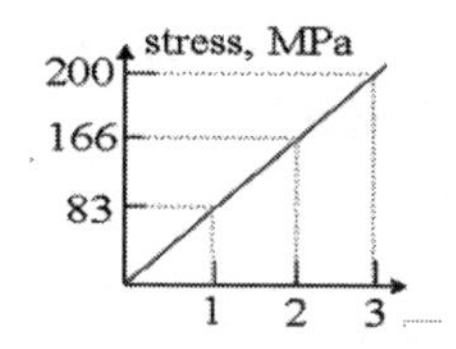

图 3-3 载荷变化曲线

由于板内圆孔的应力集中因子大约为 3，因此在时间 $t=1$ 时 A 点将达到屈服（板的初始屈服应力为 200MPa）；在时间 $t=3$ 时，平板都将达到屈服。

下面利用 ABAQUS 分析并输出时间 $t=1$、$t=2$ 和 $t=3$ 时板的塑性变化情况。

板及载荷具有对称性，只需要考虑板的 1/4，并在底部和边缘施加对称边界条件，采用 4 结点二次平面应力单元。对称边界条件的施加及载荷的分布如图 3-4 所示。特征结点的编号如图 3-5 所示。

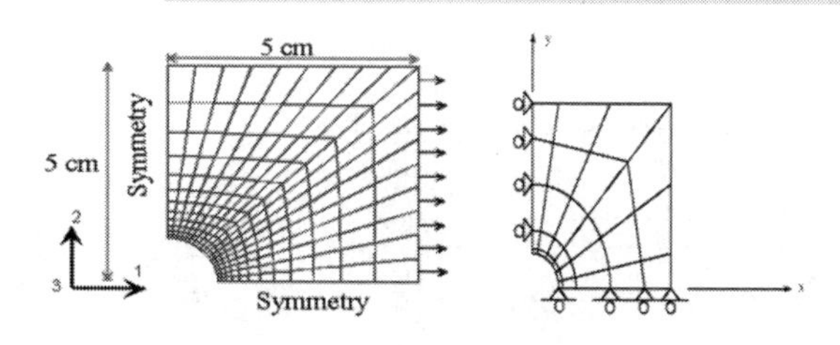

图 3-4 对称边界条件的施加和载荷分布

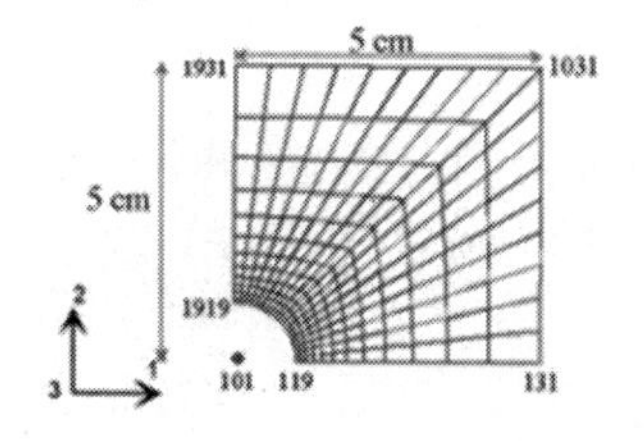

图 3-5 特征结点编号示意图

INP 文件详解：

```
*HEADING
STRESS ANALYSIS FOR A PLATE WITH A HOLE  **文件名
*PREPRINT, ECHO=YES, HISTORY=YES, MODEL=YES **指定什么输出到*.dat 文件中
```

```
*RESTART, WRITE, FREQ=1 **每一个载荷步的结果都输出到.res 文件中，提供给后处理
*FILE FORMAT, ZERO INCREMENT ** 将数据输出到.fil 文件中，后处理用，这里要求输出分析前的数据（即载荷施加前）
**下面产生网格（结点、单元）
**结点的产生
*NODE
101, 0.0, 0.0
119, 1.0E-02, 0.0
1919, 0.0, 1.E-02
131, 6.E-02, 0.0
1031, 6.E-02, 6.E-02
1931, 0.0, 6.E-02
**
*NGEN, LINE=C, NSET=HOLE
119, 1919, 100, 101
**
*NGEN, NSET=OUTER
131, 1031, 100
**
** 将结点加到结点集 outer 中
*NGEN, NSET=OUTER
1031, 1931, 100
**
** 沿着径向线填充
*NFILL, NSET=PLATE
HOLE, OUTER, 12, 1
**
**
** 单元的产生
*ELEMENT, TYPE=CPS4
19, 119, 120, 220, 219
**
*ELGEN, ELSET=PLATE
19, 12, 1, 1, 18, 100, 100
**
** 给单元赋予属性（即单元由什么材料组成），将名为 steel 的材料赋给单元集 plate
*SOLID SECTION, MATERIAL=STEEL, ELSET=PLATE
**
**定义材料性质
**
*MATERIAL, NAME=STEEL
*ELASTIC
210.E09, 0.31
*PLASTIC
200.2E06, 0.0
246.0E06, 0.0236
```

```
294.0E06, 0.0474
374.0E06, 0.0936
437.0E06, 0.1377
480.0E06, 0.18
**
**指定与时间无关的边界条件（任何与时间无关的边界条件都必须在分析步前指定）
*NSET, NSET=BOTTOM, GENERATE
119, 131, 1
*NSET, NSET=LEFT, GENERATE
1919, 1931, 1
**
*BOUNDARY
BOTTOM, YSYMM
LEFT, XSYMM
**
**定义载荷施加的位置和随时间的变化
**defining loads
*ELSET, ELSET=EDGE, GENERATE
30, 830, 100
**
*AMPLITUDE, NAME=HIST, TIME=TOTAL TIME
0.0,0.0, 1.0,1.0, 2.0,2.0, 3.0,3.0
**这里的关键词 AMPLITUDE 为整个分析中的加载历史
** 定义载荷步
**
**Load Step Definition
**First Load Step
*STEP,AMPLITUDE=RAMP
**关键词 step 表示开始分析，这里的关键词 AMPLITUDE 表示在这步中如何施加载荷，AMPLITUDE=RAMP 为平滑加载，AMPLITUDE=STEP 为立即加载
*STATIC  **表示为准静态分析
1.0,1.0  **前面的数表示估计在这步中计算变形的初始时间增量，由于可以预计在这步变形为弹性变形，ABAQUS 可以在这步结束时直接得到结果，不必更小的时间增量步，所以设定时间增量等于步长。后面的数指定这个载荷步的时间间隔，这里分析开始时 t=0，结束时 t=1，故间隔为 1 。
*DLOAD, AMPLITUDE=HIST  ** 关键词 DLOAD 表示压力，其值为正，当为拉力时为负
EDGE, P2, -82.E06  **施加 82MPA 的拉力在单元集 EDGE 的面 2 上
** 为后处理输出过程数据文件
*EL FILE, POSITION=AVERAGED AT NODES **其中 POSITION=AVERAGED AT NODES 的目的是光滑曲线
S,E
*END STEP
**
**Second Load Step
 *STEP,AMPLITUDE=RAMP
*STATIC
1.0,1.0
*DLOAD, AMPLITUDE=HIST
```

```
EDGE, P2, -82.E06
*EL FILE, POSITION=AVERAGED AT NODES
S,E
*END STEP
**
**Third load step
*STEP,AMPLITUDE=RAMP
*STATIC
1.0,1.0
*DLOAD, AMPLITUDE=HIST
EDGE, P2, -82.E06
*EL FILE, POSITION=AVERAGED AT NODES
S,E
*END STEP
```

3.4 文件的类型介绍和常用指令

ABAQUS产生两类文件：有些是在ABAQUS运行时产生，运行后自动删除；有些用于分析、重启、后处理、结果转换或其他软件的文件则被保留。文件类型如表3-1所述。

表3-1 文件格式含义

文件类型	说　明
model_database_name.cae	模型信息、分析任务等
model_database_name.jnl	日志文件包含用于复制已存储模型数据库的ABAQUS/CAE命令。*.cae和*.jnl构成支持CAE的两个重要文件，要保证在CAE下打开一个项目，这两个文件必须同时存在
job_name.inp	输入文件。由abaqus Command支持计算起始文件，它也可由CAE打开
job_name.dat	数据文件包含文本输出信息，以及记录分析、数据检查、参数检查等信息。ABAQUS/Explicit的分析结果不会写入这个文件
job_name.sta	状态文件包含分析过程信息
job_name.msg	计算过程的详细记录，分析计算中的平衡迭代次数、计算时间、警告信息等可由此文件获得，用STEP模块定义
job_name.res	重启动文件，用STEP模块定义
job_name.odb	输出数据库文件，即结果文件，需要由可视化模块打开
job_name.fil	同为结果文件，可被其他应用程序读入的分析结果表示格式。ABAQUS/Standard记录分析结果。ABAQUS/Explicit的分析结果要写入此文件中则需要转换，即convert=select或convert=all
abaqus.rpy	记录一次操作中几乎所有的ABAQUS/CAE命令
job_name.lck	阻止并写入输出数据库，关闭输出数据库则自行删除
model_database_name.rec	包含用于恢复内存中模型数据库的ABAQUS/CAE命令
job_name.ods	场输出变量的临时操作运算结果，自动删除
job_name.ipm	内部过程信息文件：启动ABAQUS/CAE分析时开始写入，记录了从ABAQUS/ Standard或ABAQUS/Explicit到ABAQUS/CAE的过程日志

（续表）

文件类型	说　明
job_name.log	日志文件包含了 ABAQUS 执行过程的起止时间等
job_name.abq	ABAQUS/Explicit 模块才有的状态文件，记录分析、继续和恢复命令，为 restart 所需的文件
job_name.mdl	模型文件：在 ABAQUS/Standard 和 ABAQUS/Explicit 中运行数据检查后产生的文件，在 analysis 和 continue 指令下被读入并重写，为 restart 所需的文件
job_name.pac	打包文件包含了模型信息，仅用于 ABAQUS/Explicit，该文件在执行 analysis、datacheck 命令时写入，执行 analysis、continue、recover 指令时读入，restart 时需要的文件
job_name.prt	零件信息文件包含了零件与装配信息。restart 时需要的文件
job_name.sel	结果选择文件：用于 ABAQUS/Explicit，执行 analysis、continue、recover 指令时写入、convert=select 指令时读入，为 restart 所需的文件
job_name.stt	状态外文件：数据检查时写入的文件，在 ABAQUS/Standard 中可在 analysis、continue 指令下读入并写入，在 ABAQUS/Explicit 中可在 analysis 、continue 指令下读入。为 restart 所需的文件
job_name.psf	脚本文件：用户定义 parametric study 时需要创建的文件
job_name.psr	参数化分析要求的输出结果，为文本格式
job_name.par	参数更改后重写的参数形式表示的 inp 文件
job_name.pes	参数更改后重写的 inp 文件

在 ABAQUS/CAE 出现之前，ABAQUS 分析模型都是通过输入文件定义的，凡是 ABAQUS/CAE 可以实现的任务，使用 INP 文件同样可以完成。有些 ABAQUS/CAE 中不能完成的高级操作，则必须使用输入文件来完成。与用户交互界面相比，使用关键字定义分析模型直观，而且有些高级操作具有不可替代的作用。

ABAQUS 中的关键字包括几何模型的创建、模型的装配、分析步的定义、边界条件和载荷的施加、单元类型的选择等几乎所有的操作，表 3-2 和表 3-3 中列出了一些经常使用的关键词和用途。

表 3-2　ABAQUS 输入文件指令介绍

指　令	说　明
一般	
*HEADING	定义分析的标题
结点定义	
*NCOPY	使用平移、旋转、镜射的方法来产生新的结点集
*NFILL	两组结点集中产生完整的结点。结点距离可以是相等或成等比级数
*NGEN	在一条直线或曲线中产生结点集
*NSET	将某些结点集聚一起并给予命名，之后在应用时便可直接使用结点集来定义其性质
单元定义	
*ELCOPY	产生新的单元
*ELEMENT	定义单元
*ELGEN	当以*ELEMENT 定义完一个单元时，便可依此来产生新的单元
*ELSET	给予一个单元或一个单元集名称

（续表）

指　令	说　明
元素性质定义	
*RIGID SURFACE	在接触问题中定义刚性面
*BEAM SECTION	定义梁断面元素
*SHELL SECTION	定义壳元素断面
*SOLID SECTION	定义固体元素
接触问题	
*CONTACT PAIR	定义可能互相接触的一对面
*FRICTION	定义摩擦模型
材料性质	
*MATERIAL	定义材料性质
*DAMPING	在动态问题中，用来定义阻尼系数
*DENSITY	在模态分析或瞬时分析时，定义材料比重
*ELASTIC	定义线性弹性性质，对于等向性材料与非等向性材料均可
*PLASTIC	使用 Miaes 或 Hill 降服曲面来定义弹塑性材料，要先定义*ELASTIC
*EXPANSION	定义热膨胀系数，可以是等向性与非等向性
约束条件	
*BOUNDARY	用来描述某些结点固定位移（不能移动）与固定角度（不能转动）
*EQUATION	用来约束多个点线性的关系（移动或转动）
*MPC	定义多点的约束
历程输入	
*STEP	定义一分析步骤的起始
*END STEP	定义一分析步骤的结束
*INITIAL CONDITION	用来定义分析的初始条件，可以是初始应力、应变、速度等
*RESTART	用来控制分析结果（restart file *.res）的存取
*USER SUBROUTINE	使用子程序
过程定义	
*DYNAMIC	使用直接积分法来做动态应力应变分析
*FREQENCY	计算自然频率及模态形状
*MODAL DYNAMIC	使用模态叠加来做时间历时的动态分析
*STATIC	静态分析
*STEADY STATE DYNAMICS	动态反应的稳态解
加载定义	
力控制	
*CLOAD	施加集中力或集中力矩 OP=NEW；去除原本施力状态 OP=MOD；在原本施力状态下多加上其他的力或是修正原有的力（要加在结点上）
*DLOAD	施加分布力（加在面上，各面定义依不同元素形态而异）
位移控制	
*BOUNDARY	施加位移、角度等
*MODAL DAMPING	在模态分析中定义阻尼系数

（续表）

指　令	说　明
输出 *.dat	
*EL PRINT	定义哪些单元的应力、应变等变量要输出
*ENERGY PRINT	输出弹性应变能、动能或塑性能等
*MODAL PRINT	输出模态分析中的大小
*MONITOR	观察某点某一自由度，可用于初步判断分析正确与否，输出至 *.sta
*NODE PRINT	输出结点位移反力等
*PRINT	输出 CONTACT：用于复杂接触问题中，可用来观察接触或分离
FREQUENCY：输出的频率	
输出*.fil	
*EL FILE	输出至.FIL 中，可以在 post 中观看
*ENERGY FILE	似*ENERGY PRINT
*NODE FILE	似*NODE PRINT

表 3-3　ABAQUS 后处理指令整理

指　令	说　明
*ANIMATE	用来产生动画
*SET,BC DISPLAY= ON	在执行*DRAW 时，显示边界条件
*SET,HARD COPY=ON	将屏幕所见输出成其他格式
*CONTOUR	定义一个轮廓线形式的输出，面上以不同颜色表示；“*SET,FILL”表示以不同颜色显示；“*SET,CLABEL”表示以曲线显示
*DETAIL	将模型仅就某部分输出，例如某些结点或单元
*DRAW	将变形前后的图形输出；“*DR,DI”表示同时显示变形前后图
*ELSET	在后处理中，将某些单元加入或搬移特定单元集
*END	结束后处理
*HELP	在线说明，使用(?)来辅助
*HISTORY	输出变量（例如某点应力）对时间曲线
*SET LOAD DISPLAY= ON	在执行*DRAW 时，显示施力
*NSET	在后处理中，将某些结点加入或搬移特定结点集
*RESTART	指定所要观察的.RES 档、步骤或 INC 等
*SET	设定某些值的开启与关闭
*SHOW	显示某些值
*VIEW	设定观看角度，亦可直接用鼠标单击选择
*WINDOW	增加、移除或修改窗口
*ZOOM	放大或缩小窗口

3.5 单元介绍

ABAQUS 提供了广泛的单元，其庞大的单元库为用户提供了一套强有力的工具，以解决多种不同类型的问题。

在ABAQUS/Explicit中的单元是在ABAQUS/Standard中的单元的一个子集。本节将介绍影响每个单元特性的五个方面问题。每一个单元表征如下：

- 单元族;
- 自由度（与单元族直接相关）;
- 结点数目;
- 数学描述;
- 积分。

ABAQUS中每一个单元都有唯一的名字，如T2D2、S4R或C3D8I。单元的名字标识了一个单元的五个方面问题的每一个特征。

3.5.1 单元族

图3-6给出了应力分析中最常用的单元族。各单元族之间的一个主要区别就是每一个单元族所假定的几何类型不同。

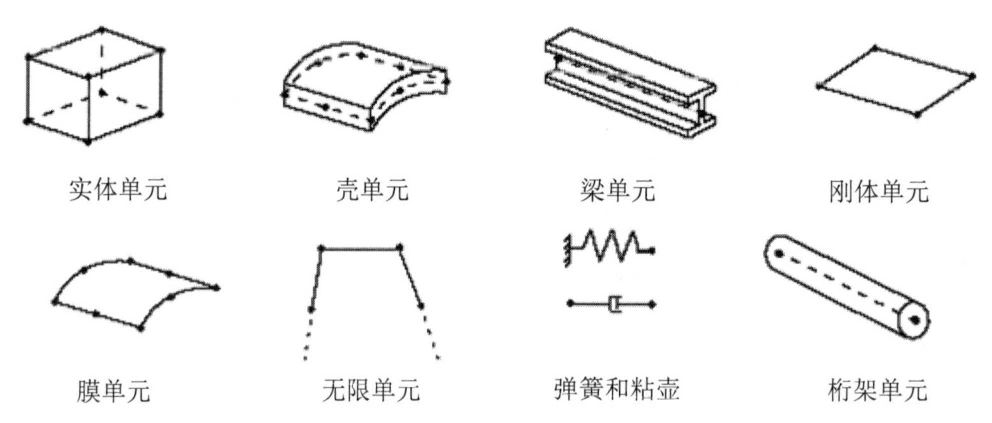

图3-6 常用单元族

本书中将用到的单元族有实体单元、壳单元、梁单元、桁架和刚体单元，这些单元将在其他章节里详细讨论。对于本书没有涉及的其他单元族，读者若在模型中对它们感兴趣，请查阅ABAQUS分析用户手册。

一个单元名字的第一个字母或字母串表示该单元属于哪一个单元族。例如，S4R中的S表示它是壳（shell）单元，而C3D8I中的C表示它是实体单元。

3.5.2 自由度

自由度（dof）是在分析中计算的基本变量。对于应力/位移模拟，自由度是在每一结点处的平动。某些单元族，诸如梁和壳单元族，还包括转动的自由度。对于热传导模拟，自由度是在每一结点处的温度；因此，热传导分析要求使用与应力分析不同的单元，因为它们的自由度不同。

在ABAQUS中使用的关于自由度的顺序约定如下：

（1）1 方向的平动；
（2）2 方向的平动；
（3）3 方向的平动；
（4）绕 1 轴的转动；
（5）绕 2 轴的转动；
（6）绕 3 轴的转动；
（7）开口截面梁单元的翘曲；
（8）声压、孔隙压力或静水压力；
（9）电势；
（10）对于实体单元的温度（或质量扩散分析中的归一化浓度），或者在梁和壳的厚度上第一点的温度；
（11）在梁和壳厚度上其他点的温度（继续增加自由度）。

除非在结点处已经定义了局部坐标系，方向 1、2 和 3 分别对应于整体坐标的 1-、2- 和 3-方向。
轴对称单元是一个例外，其位移和旋转的自由度规定如下：

- 1　*r*-方向的平动；
- 2　*z*-方向的平动；
- 6　*r*-*z* 平面内的转动。

除非在结点处已经定义了局部坐标系，方向 *r*（径向）和 *z*（轴向）分别对应于整体坐标的 1-和 2-方向。

3.5.3 结点数目——插值的阶数

ABAQUS 仅在单元的结点处计算前面提到的位移、转动、温度和其他自由度。在单元内的任何其他点处的位移是由结点位移插值获得的。通常插值的阶数由单元采用的结点数目决定。

仅在角点处布置结点的单元，如图 3-7（a）所示的 8 结点实体单元，在每一方向上采用线性插值，常常称它们为线性单元或一阶单元。

在每条边上有中间结点的单元，如图 3-7（b）所示的 20 结点实体单元，采用二次插值，通常称它们为二次单元或二阶单元。

在每条边上有中间结点的修正三角形或四面体单元，如图 3-7（c）所示的 10 结点四面体单元，采用修正的二阶插值，通常称它们为修正的单元或修正的二阶单元。

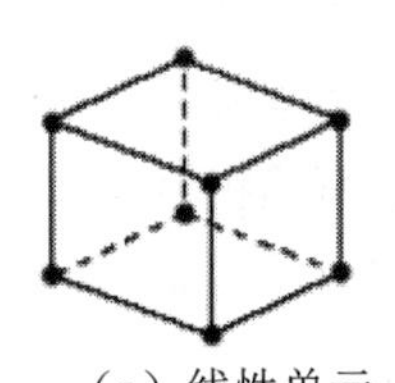

（a）线性单元
（8节点实体单元，C3D8）

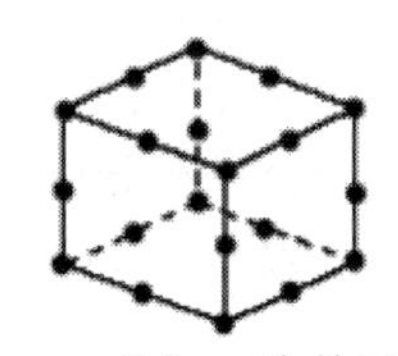

（b）二次单元
（20节点实体单元，C3D20）

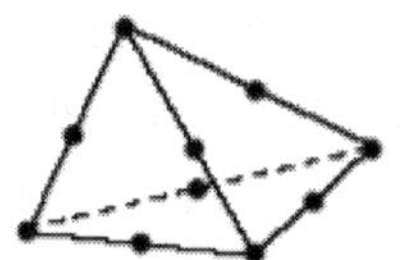

（c）修正的二次单元
（10节点四面体单元，C3D10M）

图 3-7　线性实体、二次实体和修正的四面体单元

ABAQUS/Standard 提供了对于线性和二次单元的广泛选择。除了二次梁单元和修正的四面体和三角形

单元之外，ABAQUS/Explicit 仅提供线性单元。

一般情况下，一个单元的结点数目清楚地标识在其名字中。8 结点实体单元，如前面所见，称为 C3D8；8 结点一般壳单元称为 S8R。梁单元族采用了稍有不同的约定：在单元的名字中标识了插值的阶数。这样，一阶三维梁单元称为 B31，而二阶三维梁单元称为 B32。对于轴对称壳单元和膜单元采用了类似的约定。

3.5.4 数学描述

单元的数学描述（Formulation）是指用来定义单元行为的数学理论。在不考虑自适应网格（adaptive meshing）的情况下，在 ABAQUS 中所有的应力/位移单元的行为都是基于拉格朗日（Lagrangian）或材料（material）描述。

在分析中，与单元关联的材料保持与单元关联，并且材料不能从单元中流出和越过单元的边界。

与此相反，欧拉（Eulerian）或空间（Spatial）描述则是单元在空间固定，材料在它们之间流动。欧拉方法通常用于流体力学模拟。ABAQUS/Standard 应用欧拉单元模拟对流换热。在 ABAQUS/Explicit 中的自适应网格技术，与纯拉格朗日和欧拉分析的特点组合，它允许单元的运动独立于材料。在本书中不讨论欧拉单元和自适应网格技术。

为了适用于不同类型的行为，在 ABAQUS 中的某些单元族包含了几种采用不同数学描述的单元。例如，壳单元族具有 3 种类型：一种适用于一般性目的的壳体分析；另一种适用于薄壳；剩余的一种适用于厚壳。

ABAQUS/Standard 的某些单元族除了具有标准的数学公式描述外，还有一些其他可供选择的公式描述。具有其他可供选择的公式描述的单元由在单元名字末尾的附加字母来识别。

例如，实体、梁和桁架单元族包括了采用杂交公式的单元，它们将静水压力（实体单元）或轴力（梁和桁架单元）处理为一个附加的未知量；这些杂交单元由其名字末尾的“H”字母标识（C3D8H 或 B31H）。

有些单元的数学公式允许耦合场问题求解。例如，以字母 C 开头和字母 T 结尾的单元（如 C3D8T）具有力学和热学的自由度，可用于模拟热一力耦合问题。

3.5.5 积分

ABAQUS 应用数值方法对各种变量在整个单元体内进行积分。对于大部分单元，ABAQUS 运用高斯积分方法来计算每一单元内每一个积分点处的材料响应。对于 ABAQUS 中的一些实体单元，可以选择应用完全积分或者减缩积分，对于一个给定的问题，这种选择对于单元的精度有着明显的影响。

ABAQUS 在单元名字末尾采用字母“R”来标识减缩积分单元（如果一个减缩积分单元同时又是杂交单元，末尾字母为 RH）。例如，CAX4 是 4 结点、完全积分、线性、轴对称实体单元；而 CAX4R 是同类单元的减缩积分形式。

ABAQUS/Standard 提供了完全积分和减缩积分单元；除了修正的四面体和三角形单元外，ABAQUS/Explicit 只提供了减缩积分单元。

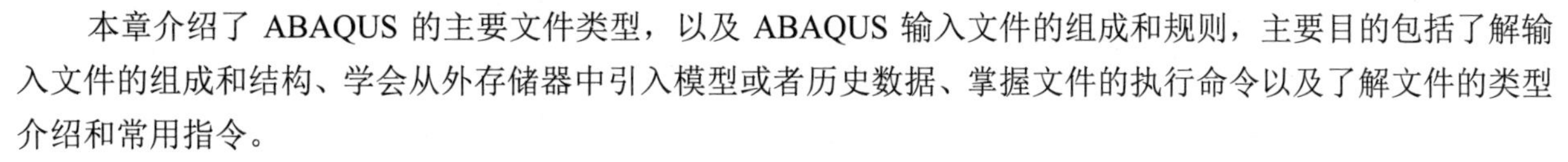

3.6 本章小结

本章介绍了 ABAQUS 的主要文件类型，以及 ABAQUS 输入文件的组成和规则，主要目的包括了解输入文件的组成和结构、学会从外存储器中引入模型或者历史数据、掌握文件的执行命令以及了解文件的类型介绍和常用指令。

ABAQUS 拥有庞大的单元库，提供了一套强有力的工具，以解决多种不同类型的问题。在 ABAQUS/Explicit 中的单元是在 ABAQUS/Standard 中的单元的一个子集，本章最后一节介绍了影响每个单元特性的五个方面问题。

第4章 结构静力学分析及实例详解

导读

结构分析是有限元分析方法中最常用的一个应用领域。本章将介绍ABAQUS用于静力学结构分析的方法和步骤，因为静力学结构建模简单，很多科研和工程问题都可以简化成静力学结构进行处理。通过本章的学习，读者可进一步熟悉各模块的功能，熟练使用 ABAQUS 软件。

教学目标

- 了解结构静力学分析简介
- 熟悉 ABAQUS 进行书架结构静力分析
- 掌握 ABAQUS 进行夹杂平板结构的模拟
- 了解弹性体的基本假设

4.1 线性静态结构分析概述

线形静态结构分析是计算在固定不变的载荷作用下结构的效应，它不考虑惯性和阻尼的影响，如结构受随时间变化载荷的情况等。

静力分析可以计算那些固定不变的惯性载荷对结构的影响（如重力和离心力），以及那些可以近似为等价静力作用的随时间变化载荷（如通常在许多建筑规范中所定义的等价静力风载和地震载荷）。

在经典力学理论中，物体的动力学通用方程为：

$$[M](x)+[C](x)+[K]\{x\}=\{F(t)\}$$

其中，$[M]$为质量矩阵，$[C]$为阻尼矩阵，$[K]$为刚度系数矩阵，$\{X\}$为位移矢量，$\{F\}$为力矢量。在线形静态结构分析中与时间无关，因此位移$\{x\}$可以由下面的矩阵方程解出：

$$[K]\{x\}=\{F\}$$

在线性静态结构分析中假设$[K]$为一个常量矩阵且必须是连续的，材料必须满足线弹性、小变形理论，边界条件允许包含非线性的边界条件，$\{F\}$为静态加载到模型上的力，该力不随时间变化、不包括惯性影响因素（质量、阻尼等）。

静力分析用于计算由那些不包括惯性和阻尼效应的载荷作用于结构或部件上引起的位移、应力、应变和力等。假定载荷和响应是固定不变的，即假定载荷和结构的响应随时间的变化非常缓慢。静力分析所施加的载荷包括：

- 外部施加的作用力和压力。
- 稳态的惯性力（如中力和离心力）。
- 位移载荷。
- 温度载荷。

4.2 结构静力学分析步骤

结构线性静力分析计算是结构在不变的静载荷作用下的受力分析。它不考虑惯性和阻尼的影响。静力分析的载荷可以是不变的惯性载荷（如离心力和重力），以及通常在许多建筑规范值所定义的等价静力风载和地震载荷等（可近似等价于静力作用的随时间变化的载荷）的作用。

4.2.1 静力学分析的步骤

静力学分析的基本步骤为：

（1）建立几何模型。
（2）定义材料属性。
（3）进行模型装配。
（4）定义分析步。
（5）施加边界条件和载荷。
（6）定义作业，求解。
（7）结果分析。

静力学分析的要求主要有：

（1）采用线性结构单元。
（2）对于网格密度，以下几个方面需要注意。

- 应力和应变急剧变化的区域，通常也是读者感兴趣的区域，需要有比较密的网格。
- 考虑非线性效应的时候，要用足够的网格来得到非线性效应。
- 在静力学分析中，分析步必须为一般静力学分析步，即“通用，静力”。

（3）材料可以是线性或者非线性的，各向异性或者正交各向异性的，常数或者跟温度相关的。

定义材料时，必须按某种形式定义刚度；对于温度载荷，必须定义热膨胀系数；对于惯性载荷，必须定义质量计算所需的密度等数据。

4.2.2 静力学分析特点

静力分析的结果包括位移、应力、应变、力等。静力分析所施加的载荷包括：

- 外部施加的作用力和压力；
- 稳态的惯性力（如重力和离心力）；
- 温度载荷（对于温度应变）；
- 强制位移；
- 能流（对于核能膨胀）。

静力分析既可以是线性的也可以是非线性的。非线性静力分析包括所有类型的非线性，如大变形、塑性、蠕变、应力刚化、接触单元、超单元等。

本章主要讨论线性静力分析，对于非线性分析详见后续相关章节。

4.3 书架结构静力分析

本节将通过一个书架结构的求解过程来介绍使用 ABAQUS 进行书架结构的静力学分析过程，通过分析读者可以看出 ABAQUS 在基本分析过程中的优越性。

4.3.1 问题描述

如图 4-1 所示的书架结构，材料的性质为：弹性模量为 1.2GPa，泊松比为 0.3，求结构的应力和位移变化。

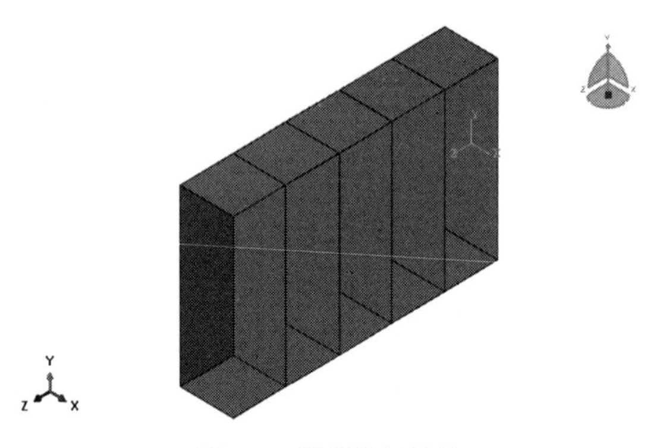

图 4-1　四根桁架结构

4.3.2 创建部件

步骤 01 启动 ABAQUS/CAE，创建一个新的模型，名称为 shujia，保存模型为 shujia.cae。

步骤 02 单击工具箱中的（创建部件）按钮，弹出如图 4-2 所示的“创建部件”对话框，在“名称”中输入 Part-1，设置“模型空间”为“三维”、“类型”为“可变形”、“基本特征”的“形状”为“壳”，在“大约尺寸”中输入 200，单击“继续”按钮，进入草图环境。

步骤 03 单击工具箱中的（创建线：矩形，四条线）按钮，选取或输入坐标值，选择第一个角点（－0.25,0.8）、第二个角点（0.25,－0.8）。单击提示区中的“完成”按钮，形成如图 4-3 所示的矩形结构。

图 4-2　“创建部件”对话框

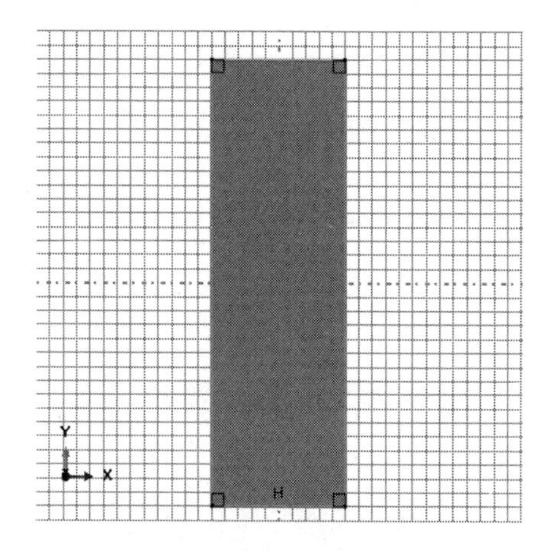

图 4-3　草图中的四根桁架结构

在 ABAQUS 中，单击鼠标中键（滚轮鼠标中的滚轮）和单击提示区 “完成”按钮的作用相同。

步骤 04 在模型树的部件列表中选择刚刚定义好的“Part-1”，单击鼠标右键，选择“复制”选项，在弹出的“部件复制”对话框（如图 4-4 所示）中，把名称改写为“Part-2”，单击“确定”按钮，完成部件的复制。利用同样的方法，把 Part-1 复制成 Part-3、Part-4 和 Part-5。

步骤 05 单击工具箱中的（创建部件）按钮，弹出“创建部件”对话框，在“名称”中输入 Part-6，设置“模型空间”为“三维”、“类型”为“可变形”、再设置“基本特征”的“形状”为“壳”、“类型”为“拉伸”，在“大约尺寸”中输入 1，单击“继续”按钮，进入草图环境。

步骤 06 单击工具箱中的（创建线：首尾相连）按钮，绘制一条水平的线段。单击提示区中的“完成”按钮。然后单击工具箱中的（添加尺寸）按钮，选择线段的两端，在提示区中输入线段的长度“0.5”，按回车键，单击鼠标中键。在弹出的“编辑基本拉伸”对话框（如图 4-5 所示）中，输入“深度”为 1.6，单击“确定”按钮，完成部件 Part-6 的定义。利用同样的方法，把 Part-6 复制成 Part-7。

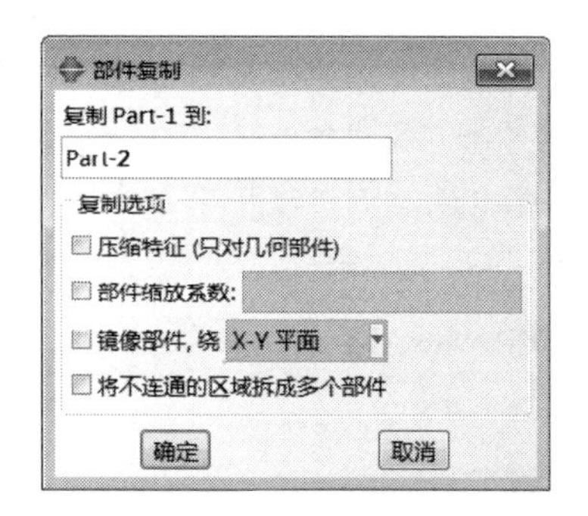

图 4-4　“部件复制”对话框

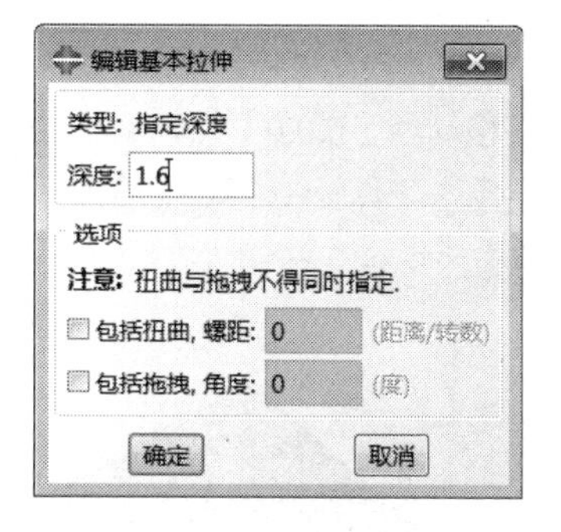

图 4-5　“编辑基本拉伸”对话框

步骤 07 再次单击工具箱中的（创建部件）按钮，弹出“创建部件”对话框，在“名称”中输入 Part-8，设置“模型空间”为“三维”、“类型”为“可变形”，再设置“基本特征”的“形状”为“壳”、“类型”为“拉伸”，在“大约尺寸”中输入 1，单击“继续”按钮，进入草图环境。

步骤 08 单击工具箱中的（创建线：首尾相连）按钮，绘制一条垂直的线段。然后单击工具箱中的（添加尺寸）按钮，选择线段的两端，在提示区中输入线段的长度“1.6”，按回车键，单击鼠标中键。在弹出的“编辑基本拉伸”对话框中，输入“深度”为 2.5，单击“确定”按钮，完成部件 Part-8 的定义。

4.3.3 组装部件

步骤 01 进入装配模块，单击工具箱中的（将部件实例化）按钮，弹出如图 4-6 所示的“创建实例”对话框，按住 Shift 键的同时选择 Part1~Part-8，勾选“从其他的实例自动偏移”复选框，单击“确定”按钮，创建部件的实例，如图 4-7 所示。

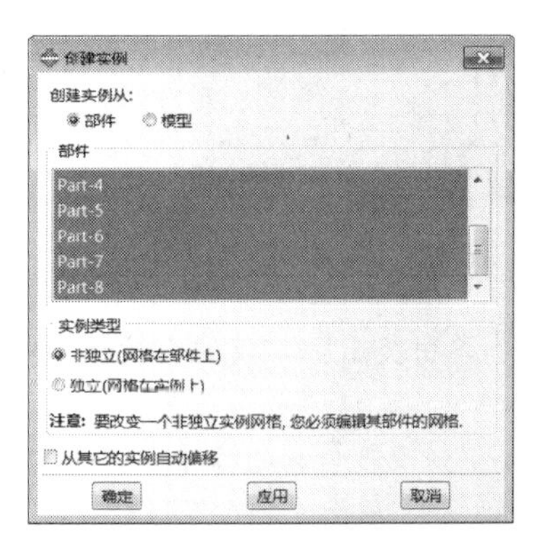

图 4-6 “创建实例”对话框

图 4-7 创建的部件实例

步骤 02 单击工具箱中的（平移实例）按钮，选中 Part-1-1 实例，单击鼠标中键，选中实例的左下角点作为平移的起点，选中（0,0,0）点作为终点，视图中 Part-1-1 将移动到（0,0,0）的位置，单击提示区中的“确定”按钮，即可完成位置的定位。利用同样的方法，将部件 Part-2-1 移动到（0,0,0.5）点，单击提示区中的“确定”按钮，完成 Part-2-1 的定位。利用同样的方法，使得 Part-1-1~Part-5-1 5 个实例平行排列，间隔为 0.5。

步骤 03 单击工具箱中的（平移实例）按钮，选择 Part-6-1 实例，单击鼠标中键，选中实例中的左边点，然后选中（0,0,0）点作为终点，单击提示区中的“确定”按钮，即可完成位置的定位。利用同样的方法，把 Part-7-1 移动到（0,1.6,0）点。

步骤 04 再次单击工具箱中的（平移实例）按钮，选择 Part-8-1 实例，单击鼠标中键，选中实例中靠里的下边点，移动到（0,0,0）点，完成位置的定位。定义好的结构如图 4-8 所示。

步骤 05 单击工具箱中的（合并/切割实例）按钮，弹出如图 4-9 所示的“合并/切割实体”对话框，修改部件名后单击“继续”按钮，在视图区中框选定位好的部件实例，单击鼠标中键，就形成了新的部件。

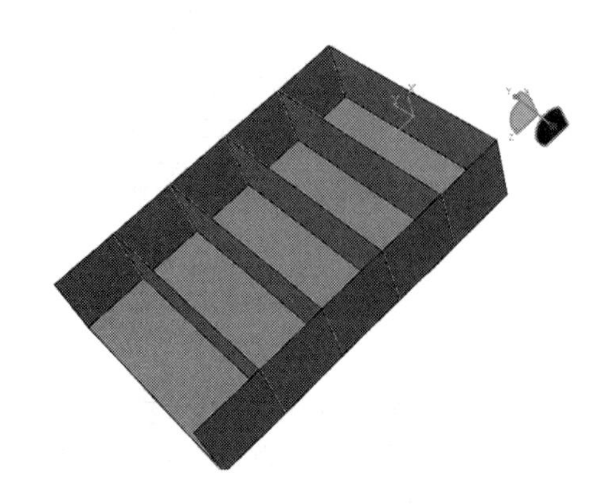

图 4-8 定义好的结构

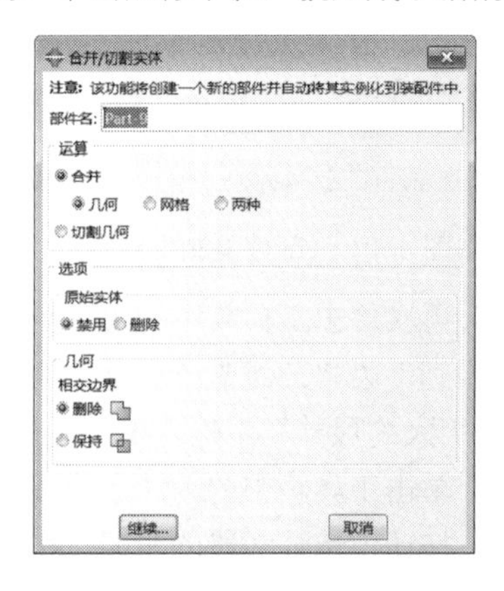

图 4-9 “合并/切割实体”对话框

4.3.4 创建材料和截面属性

1. 创建材料

进入属性模块，单击工具箱中的（创建材料）按钮，弹出“编辑材料”对话框，默认材料“名称”为 Material-1，执行“力学”→“弹性”→“弹性”命令，输入弹性模量值为 1.2e9、泊松比为 0.3；执行“通用”→“密度”命令，设置“质量密度”为 800，单击“确定”按钮，完成材料属性定义，如图 4-10 所示。

可以先在环境栏中选择属性，进入材料属性模块，再执行“材料”→“创建”命令，也可以单击工具箱中的（创建材料）按钮。

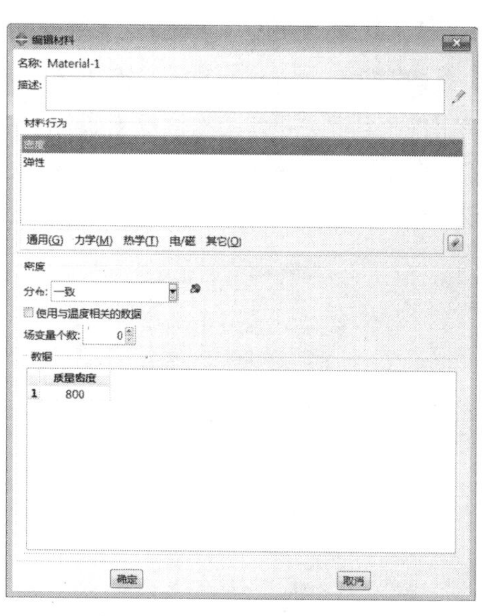

图 4-10 “编辑材料”对话框

2. 创建截面属性

单击工具箱中的（创建截面）按钮，在“创建截面”对话框（如图 4-11 所示）的“类别”中选择“壳”、“类型”中选择“均质”，单击“继续”按钮，进入“编辑截面”对话框。“材料”选择 Material-1，单击“确定”按钮，完成截面的定义。

3. 赋予截面属性

单击工具箱中的（指派截面属性）按钮，选择部件 shuzuo，单击提示区中的“完成”按钮，在弹出的“编辑截面指派”对话框（如图 4-12 所示）中选择“截面”为 Section-1，单击“确定”按钮，把截面属性赋予部件。

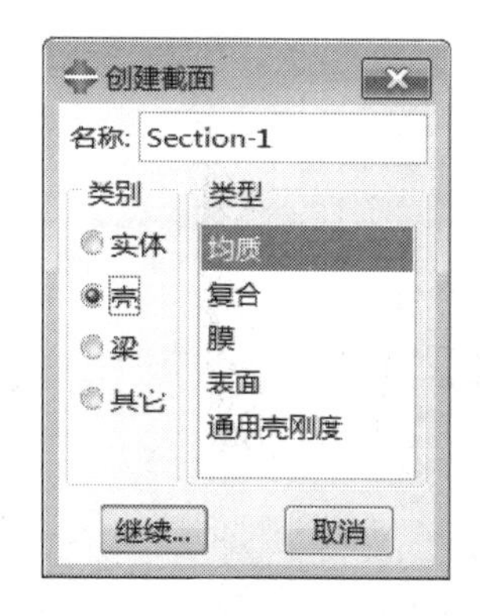

图 4-11 “创建截面”对话框

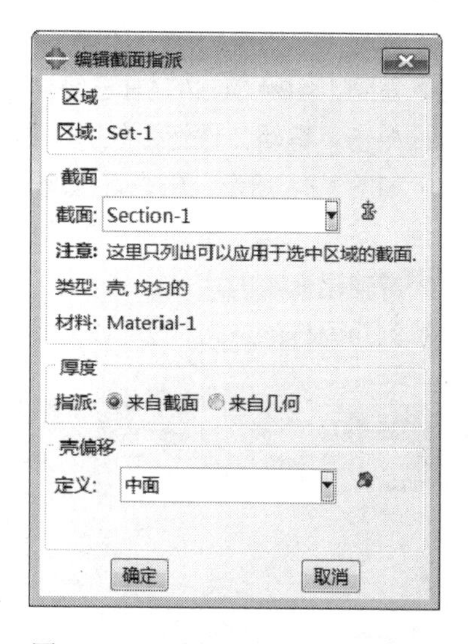

图 4-12 “编辑截面指派”对话框

ABAQUS 的材料属性不能直接赋予几何模型和有限元模型，必须通过创建截面属性把材料属性赋予截面属性，然后把截面属性赋予几何模型，间接地把材料属性赋予几何模型。

4.3.5 设置分析步和输出变量

1. 定义分析步

步骤 01 在环境栏模块后面选择分析步，进入分析步模块。单击工具箱中的 （创建分析步）按钮，在弹出的“创建分析步”对话框（如图 4-13 所示）中选择分析步类型为“静力，通用”，单击“继续”按钮。

步骤 02 在弹出的“编辑分析步”对话框（如图 4-14 所示）中接受默认设置，单击“确定”按钮，完成分析步的定义。

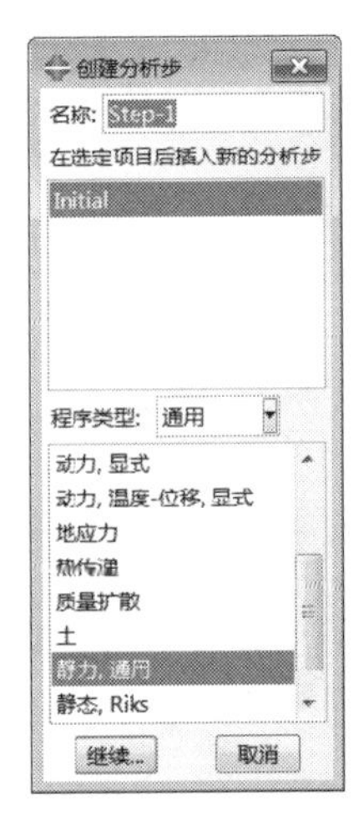

图 4-13 “创建分析步”对话框

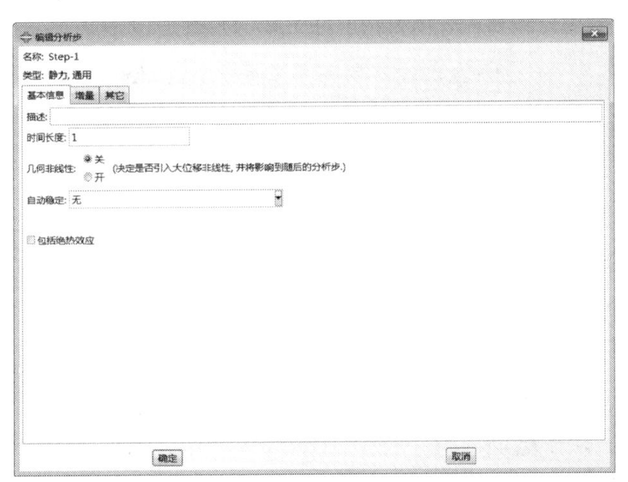

图 4-14 “编辑分析步”对话框

2. 设置变量输出

步骤 01 单击工具箱中的 （场输出管理器）按钮，在弹出的“场输出请求管理器”对话框（如图 4-15 所示）中可以看到，ABAQUS/CAE 已经自动生成了一个名为 F-Output-1 的场输出变量。

步骤 02 单击“编辑”按钮，在弹出的“编辑场输出请求”对话框（如图 4-16 所示）中，可以增加或减少某些量的输出，返回到“场输出请求管理器”对话框，然后单击“确定”按钮，完成输出变量的定义。

步骤 03 利用同样的方法，也可以对历史变量进行设置。

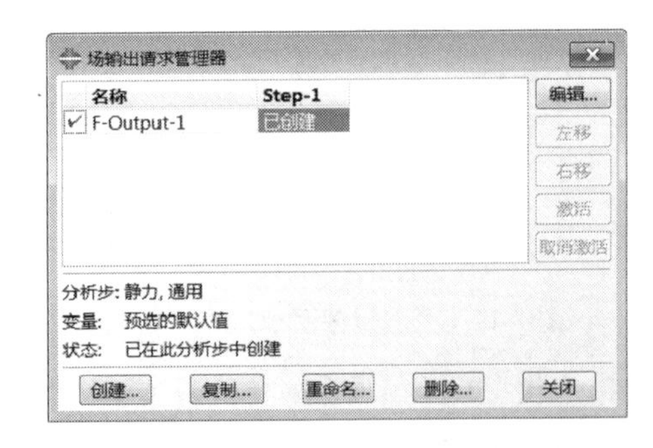

图 4-15 “场输出请求管理器”对话框

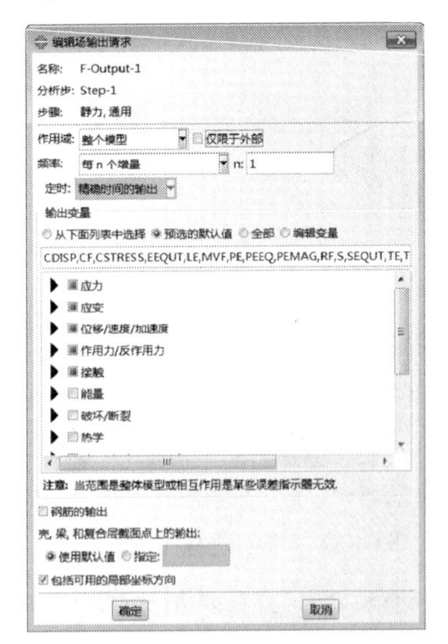

图 4-16 “编辑场输出请求”对话框

4.3.6 定义载荷和边界条件

本例不涉及接触问题，可以直接跳过相互作用模块。

1. 定义边界条件

步骤 01 在环境栏模块后面选择载荷，进入载荷功能模块。单击工具箱中的（创建边界条件）按钮（或者单击“边界条件管理器”对话框中的“创建”按钮），弹出如图 4-17 所示的“创建边界条件”对话框。

步骤 02 在弹出的对话框中，将“分析步”设为系统定义的分析步 Step-1、“类别”设为“力学：对称/反对称/完全固定”，单击“继续”按钮。

步骤 03 在图形区中选择模型的底面，单击鼠标中键，弹出如图 4-18 所示的“编辑边界条件”对话框，选中“完全固定”单选按钮，完成边界条件的施加。

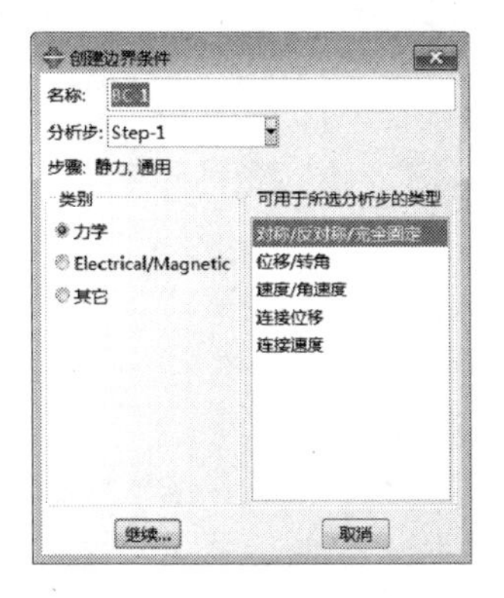

图 4-17 “创建边界条件”对话框

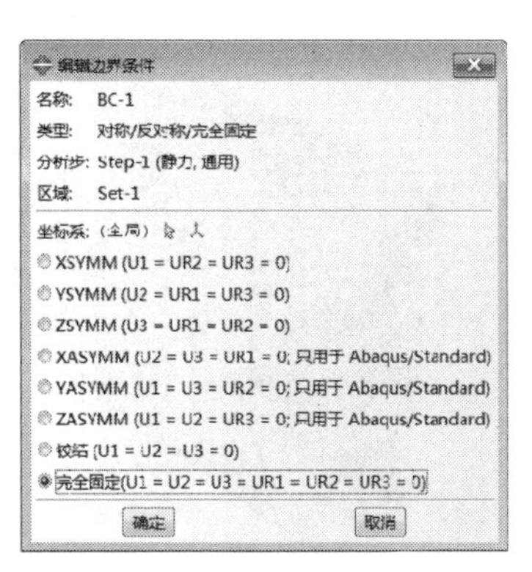

图 4-18 “编辑边界条件”对话框

2. 施加载荷

步骤 01 单击工具箱中的（创建载荷）按钮，在弹出的“创建载荷”对话框中定义载荷“名称”为 Load-1，选择载荷“类别”为“力学：压强”，如图 4-19 所示，单击“继续”按钮，在图形区中选择书架上的 4 个隔板（按住 Shift 键），单击鼠标中键。

步骤 02 在弹出的“编辑载荷”对话框中（如图 4-20 所示），设置“大小”为 200，单击“确定”按钮，完成载荷的施加，在 4 个隔板上施加了一个方向向下、大小为 200Pa 的压强。

图 4-19 “创建载荷”对话框

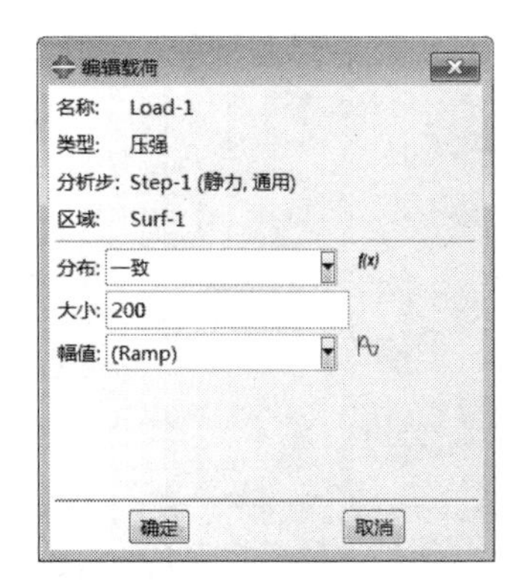

图 4-20 “编辑载荷”对话框

4.3.7 划分网格

在环境栏模块后面选择网格，进入网格功能模块，在窗口顶部的环境栏中将“对象”选项设为“部件：shuzuo”。

1. 设置网格密度

单击工具箱中的（为边布种）按钮，在图形区中选中模型的竖直边（如图 4-21 所示），单击鼠标中键，在弹出的如图 4-22 所示的“局部种子”对话框中打开“基本信息”选项卡，在“方法”选项组中选中“按个数”单选按钮，在“尺寸控制”选项组中的“单元数”后面输入 10，然后单击“确定”按钮。

利用同样的方法，选择其他边，进行局部种子的设置。

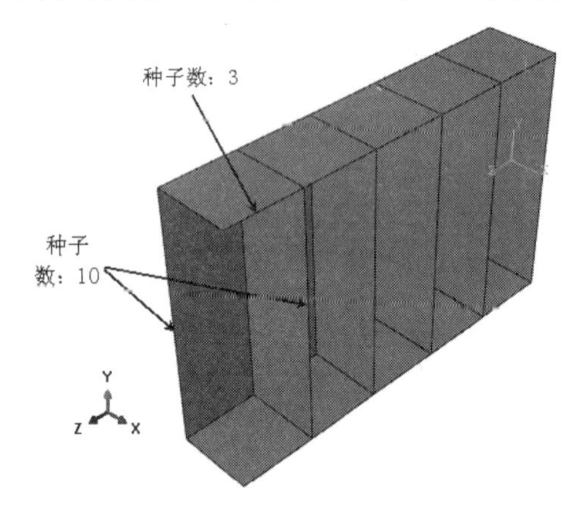

图 4-21　在图形区框选模型的边

图 4-22　“局部种子”对话框

2. 选择单元类型

单击工具箱中的（指派单元类型）按钮，在视图区中选择模型，单击“完成”按钮，弹出“单元类型”对话框（如图 4-23 所示），选择默认的单元为 S4R，单击“确定”按钮，完成单元类型的选择。

图 4-23　“单元类型”对话框

3. 划分网格

单击工具箱中的 （为部件实例划分网格）按钮，单击提示区中的“完成”按钮，完成网格的划分。

4.3.8 提交作业

在环境栏模块后面选择作业，进入作业模块。

步骤01 执行“作业”→“管理器”命令，在弹出的“作业管理器”对话框（如图 4-24 所示）中单击“创建”按钮，定义作业“名称”为 shuzuo，单击“继续”按钮，再单击“确定”按钮完成作业定义。在“作业管理器”对话框中单击“提交”按钮，提交作业。

步骤02 单击“监控”按钮，弹出“shuzuo 监控器”对话框（如图 4-25 所示），可以查看到分析过程中出现的警告信息。

图 4-24 “作业管理器”对话框

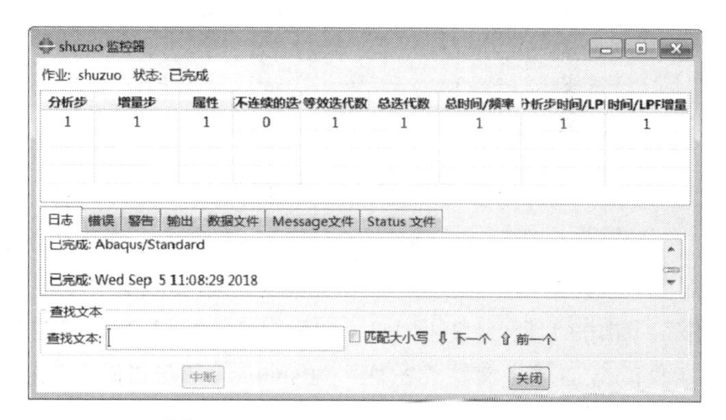

图 4-25 “shuzuo 监控器”对话框

步骤03 等分析结束后，单击结果进入可视化模块。

4.3.9 后处理

下面介绍可视化模块中的一些操作。

1. 打开文件

打开结果输出文件 shuzuo.odb，有以下几种方法：

- 在“作业管理器”对话框中单击“结果”按钮。
- 单击可视化模块中的 （打开）按钮，弹出“打开数据库”对话框（如图 4-26 所示），选择 shuzuo.odb 文件，单击“确定”按钮。
- 在模型树中把模型切换到“结果”选项，双击“打开数据库”按钮，弹出“打开数据库”对话框，选择 shuzuo.odb 文件，单击“确定”按钮。

技巧提示

在后两种打开数据库的方法中，默认的打开方式是只读方式，不能对数据库进行操作，如果定义结果坐标系等，需要对结果数据库进行操作，必须在打开数据库对话框中取消只读选项。

2．显示结点和单元编号

执行“选项”→“通用”命令，弹出“通用绘图选项”对话框（如图 4-27 所示），切换到“标签”选项卡，选中“显示单元编号”和“显示结点编号”复选框，并选择字体颜色，单击“确定”按钮，显示出结点和单元编号，如图 4-28 所示。

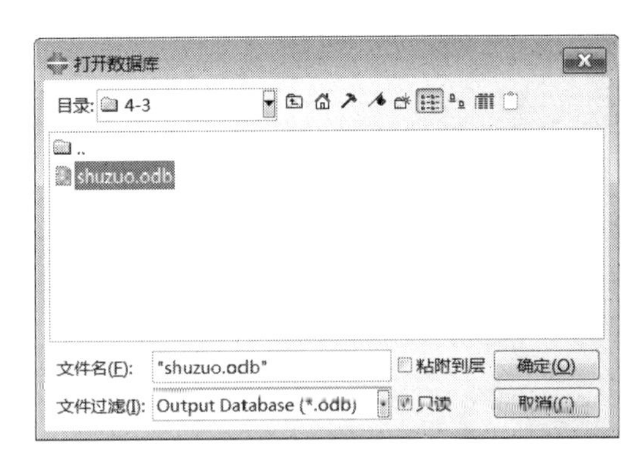

图 4-26　“打开数据库”对话框

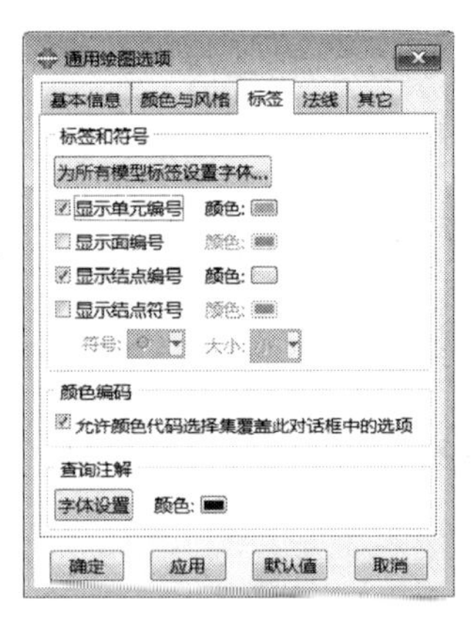

图 4-27　“通用绘图选项”对话框

3．生成各个结点位移的结果报告

步骤 01 执行“报告”→“场输出”命令，弹出“报告场变量输出”对话框（如图 4-29 所示），在“位置”下拉列表框中选择“唯一结点的”，输出选项中取消默认的“S：应力分量”复选框，选中“U：空间位移”下面的 U1、U2 和 U3（即输出 1、2、3 方向的位移值）复选框；切换到“设置”选项卡（如图 4-30 所示），设置输出文件“名称”为 shujia，单击“确定”按钮。

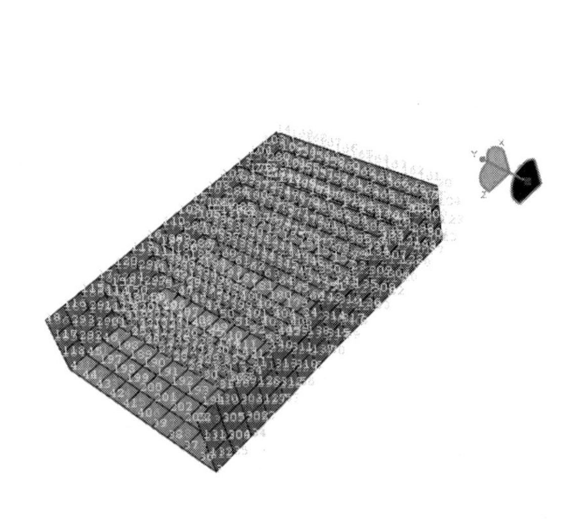

图 4-28　结点编号图

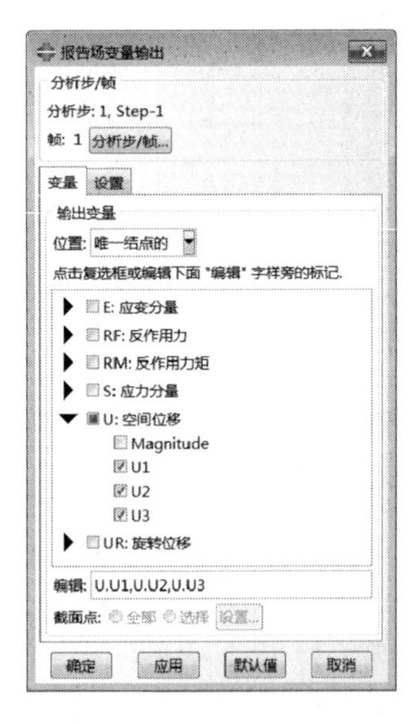

图 4-29　“报告场变量输出”对话框

在 ABAQUS 工作目录下生成报告文件 shujia.rpt，内容如下：

```
************************************************************************
Field Output Report, written Wed Sep  5 12:56:42 2018
```

```
Source 1
---------
   ODB: E://ABAQUS_2018 中文版有限元分析从入门到精通素材/Chapter 04/4-3/shuzuo.odb
   Step: Step-1
   Frame: Increment     1: Step Time =    1.000
Loc 1 : 来自源 1 的结点值
Output sorted by column "结点编号".
Field Output reported 在结点处 for part: PART-9-1
      结点编号        U.U1          U.U2          U.U3
                   @Loc 1        @Loc 1        @Loc 1
-----------------------------------------------------------------
           1     265.748E-06   -3.07928E-06   -1.94320E-06
           2     265.748E-06    3.07928E-06   -1.94320E-06
           3     363.278E-06    5.25143E-06   -4.47827E-06
           4     363.278E-06   -5.25143E-06   -4.47827E-06
          ......
         407     165.439E-06   -441.622E-09   -491.783E-06
        最小    -540.924E-06   -1.13104E-03   -13.1967E-03
       在结点          264            116            147
        最大     3.38374E-03    1.13104E-03    574.996E-09
       在结点           40            130             10
          总     84.7077E-03    45.1784E-18   -521.808E-03
```

步骤02 类似于上述生成单元应力的数据报告，在"输出位置"中选择"积分点"，"输出选项"选择"S：应力分量"中的 S11，报告文件为 shujia-element-S，得到的各单元应力值如下：

```
       单元标签          Int          S.S11          S.S11
                         Pt          @Loc 1         @Loc 2
-----------------------------------------------------------------
           1              1     10.8206E+03    -15.1423E+03
           2              1     73.9008E+03    -73.4299E+03
           3              1     127.507E+03    -121.984E+03
           4              1     163.836E+03    -156.616E+03
          .....
         360              1    -84.5970E+03     89.4765E+03

         最小                  -665.982E+03    -22.6311E+03
        在单元                       348             349
        Int Pt                         1               1

         最大                   21.7386E+03     668.757E+03
        在单元                       349             348
        Int Pt                         1               1

          总                   -5.15479E+06     5.22206E+06
```

步骤03 同样可以生成各个结点支反力的数据报告，在“输出位置”中选择“唯一结点的”，“输出选项”选择“RF：反作用用力”中的RF1、RF2，报告文件名为shujia-nodal-RF，得到各结点的反作用用力如下：

```
        结点编号          RF.RF1          RF.RF2
                         @Loc 1          @Loc 1
-----------------------------------------------------
            1               0.              0.
            2               0.              0.
            3               0.              0.
.......
          406               0.              0.
          407               0.              0.

          最小         -12.7436        -8.67059
        在结点               20              88

          最大          5.00817         8.67059
        在结点              123              96

            总     193.715E-09     252.243E-15
```

步骤04 执行“绘图”→“云图”→“同时在两个图上”命令，即可显示变形前和变形后的结果云图，如图4-31所示。

图4-30　“设置”选项卡

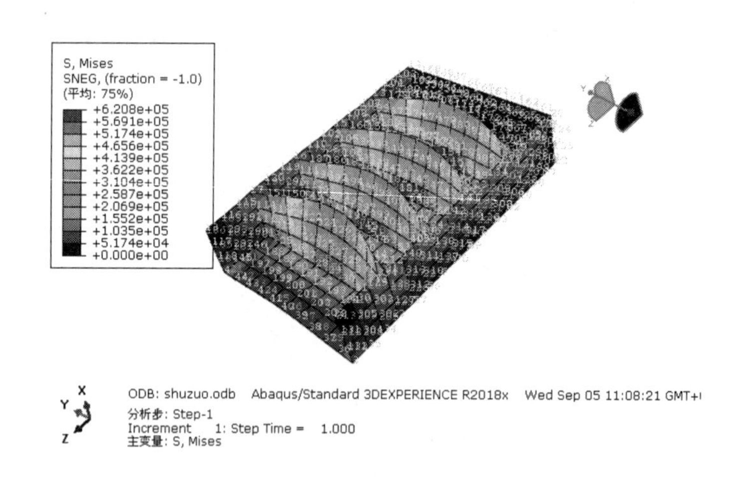

图4-31　模型变形云图

4．退出ABAQUS/CAE

有以下3种方法：

- 执行“文件”→“退出”命令；
- 按下Ctrl+Q组合键；
- 单击图形窗口右上角的关闭按钮。

4.4 椭圆夹杂平板二维静力分析

本节将通过一个椭圆夹杂平板的求解过程来介绍使用 ABAQUS 进行平板结构的静力学分析过程。通过分析，读者将进一步了解 ABAQUS/CAE 进行静力学分析的方法。

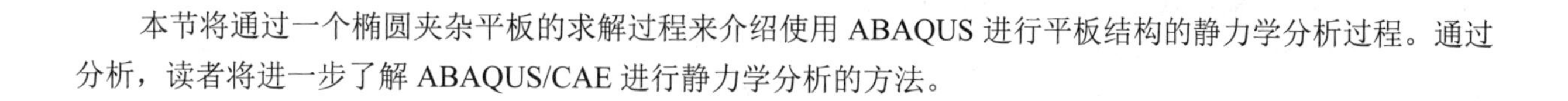

4.4.1 问题描述

如图 4-32 所示的夹杂平板结构，夹杂的弹性模量为 430000GPa、泊松比为 0.3，平板的弹性模量为 200000GPa、泊松比为 0.3，求该结构的应力、单元位移。

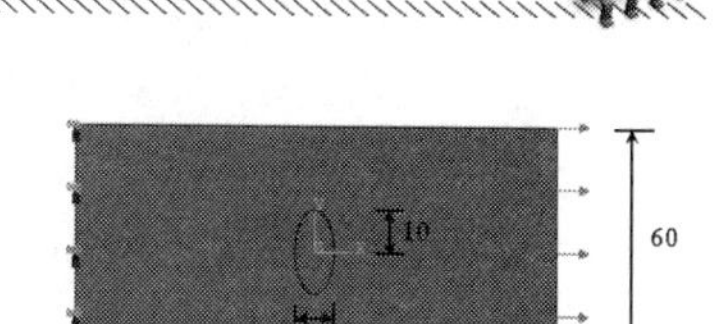

图 4-32 夹杂平板结构

4.4.2 创建部件

启动 ABAQUS/CAE，创建一个新的模型，重命名为 jiaza，保存模型为 jiaza.cae。

1. 创建夹杂

步骤 01 单击工具箱中的 （创建部件）按钮，弹出“创建部件”对话框（如图 4-33 所示），在“名称”文本框中输入 inclusion，设置“模型空间”为“二维平面”、“类型”为“可变形”、“基本特征”为“壳”，在“大约尺寸”文本框中输入 50，单击“继续”按钮，进入草图环境。

步骤 02 单击工具箱中的 （创建椭圆：圆心和圆周）按钮，选择（0,0）点作为圆心、（0,10）点作为长轴上的一点。单击提示区中的“完成”按钮，形成椭圆夹杂的形状，如图 4-34 所示。

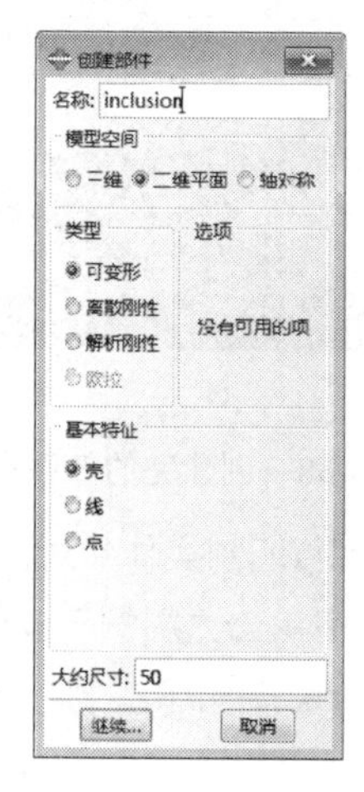

图 4-33 “创建部件”对话框

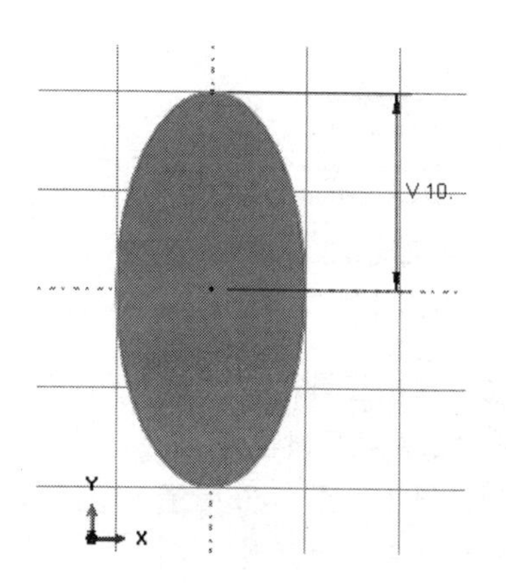

图 4-34 夹杂草图

2. 创建基体

步骤01 再次单击（创建部件）按钮，弹出“创建部件”对话框（如图 4-35 所示），在“名称”文本框中输入 matrix，设置“模型空间”为“二维平面”、“类型”为“可变形”、“基本特征”为“壳”，在“大约尺寸”文本框中输入 200，单击“继续”按钮，进入草图环境。

步骤02 单击（创建矩形：四条线）按钮，输入两顶角的坐标（-60,30）和（60,-30），创建矩形。再次单击工具箱中的（创建椭圆：圆心和圆周），选择（0,0）点作为圆心、（0,10）点作为长轴上的一点。单击提示区中的“完成”按钮，完成部件 matrix 的定义，如图 4-36 所示。

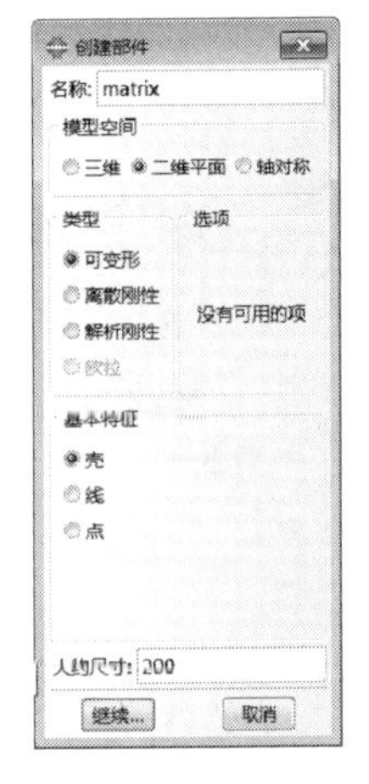

图 4-35 “创建部件”对话框

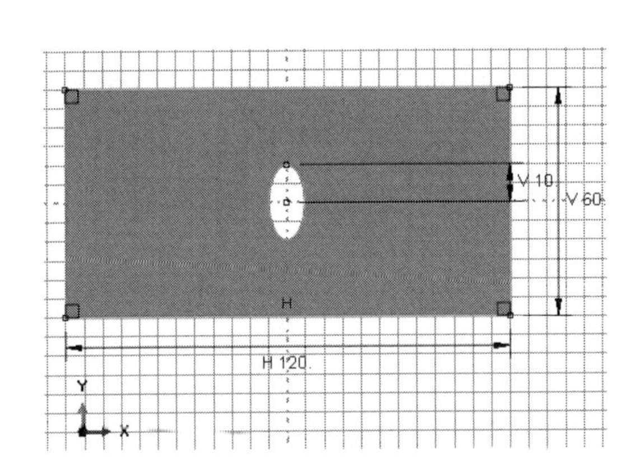

图 4-36 部件 matrix 草图

3. 合并为merge部件

步骤01 进入装配模块。单击工具箱中的（为部件实例化）按钮，在弹出的如图 4-37 所示的“创建实例”对话框中选择 inclusion 和 matrix，单击“确定”按钮，视图区中出现创建的部件实例，如图 4-38 所示。

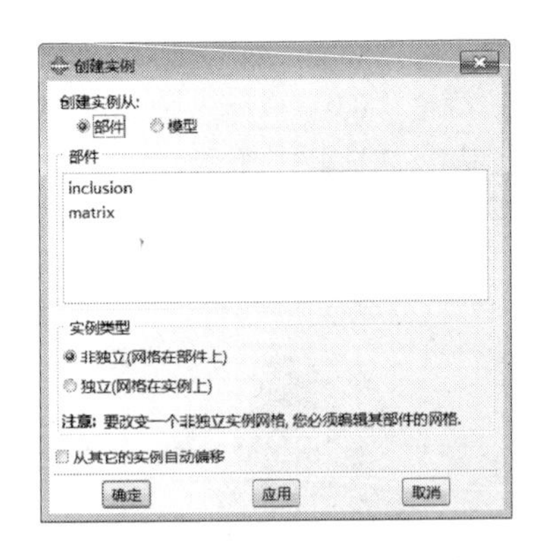

图 4-37 “创建实例”对话框

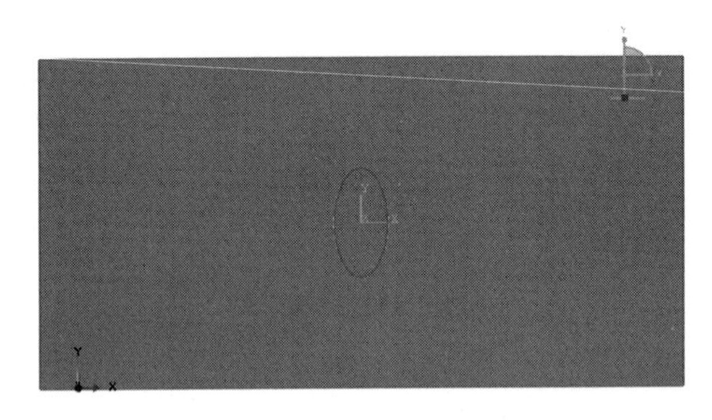

图 4-38 创建完的部件实例

步骤02 单击工具箱中的（合并/切割实体）按钮，在弹出的“合并/切割实体”对话框（如图 4-39 所示）中，将“部件名”设置为 merge，单击“继续”按钮。然后在提示区中单击“实例”按钮，在弹出的“实例选择”对话框（如图 4-40 所示）中，按住 Ctrl 键选择 inclusion 和 matrix 的两个实例，单击“确定”按钮后，单击提示区中的“完成”按钮。

步骤03 操作完成后，可以看到模型树的部件列表中出现了 merge 部件，如图 4-41 所示。

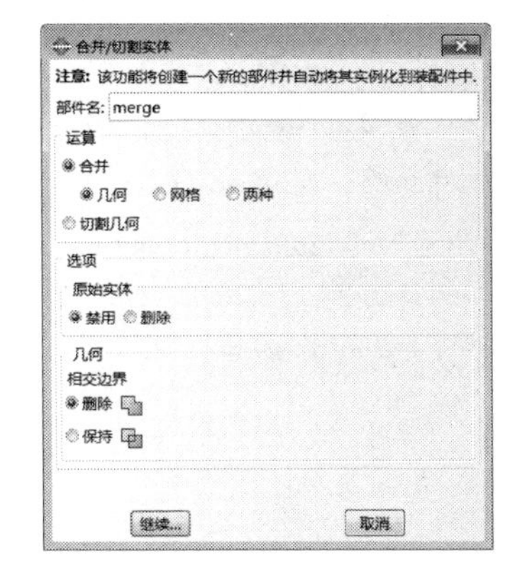

图4-39 “合并/切割实体”对话框

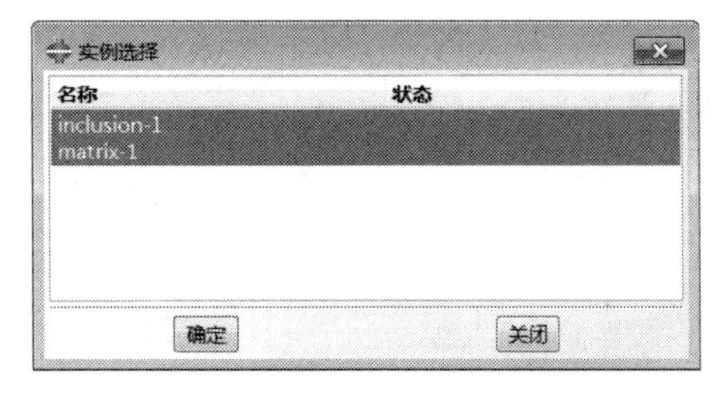

图4-40 “实例选择”对话框

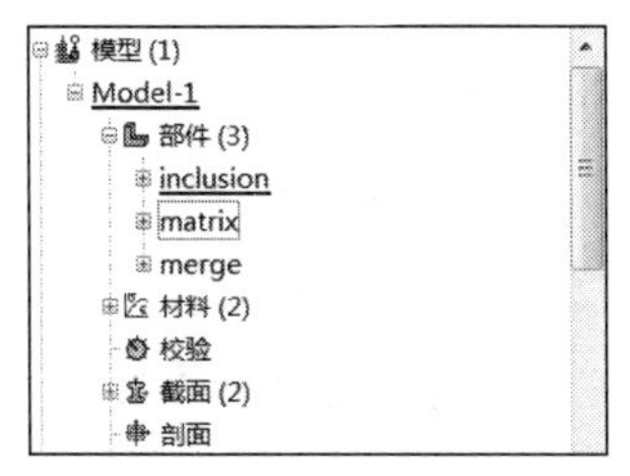

图4-41 部件列表

4.4.3 创建材料和截面属性

1. 创建材料

步骤01 进入属性模块，单击工具箱中的 (创建材料) 按钮，弹出“编辑材料”对话框（如图4-42所示），修改材料“名称”为Material-inclusion，执行“力学”→“弹性”→“弹性”命令，输入“杨氏模量”为430000、“泊松比”为0.3，单击“确定”按钮，完成材料属性Material-inclusion的定义。

可以先在环境栏中选择属性，进入材料属性模块，再执行“材料”→“创建”命令；也可以单击工具箱中的 (创建材料) 按钮。在ABAQUS中，同一个命令可以有多种操作方法，执行菜单中的命令、模型树中的命令、工具箱中的命令，其作用是相同的。

步骤02 再次单击工具箱中的 (创建材料) 按钮，弹出“编辑材料”对话框（如图4-43所示），执行相同的操作，完成材料属性Material-matrix的定义。

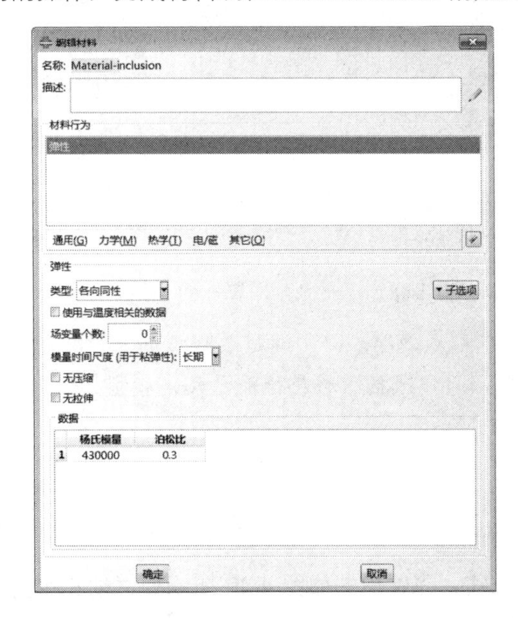

图4-42 “编辑材料”对话框：Material-inclusion

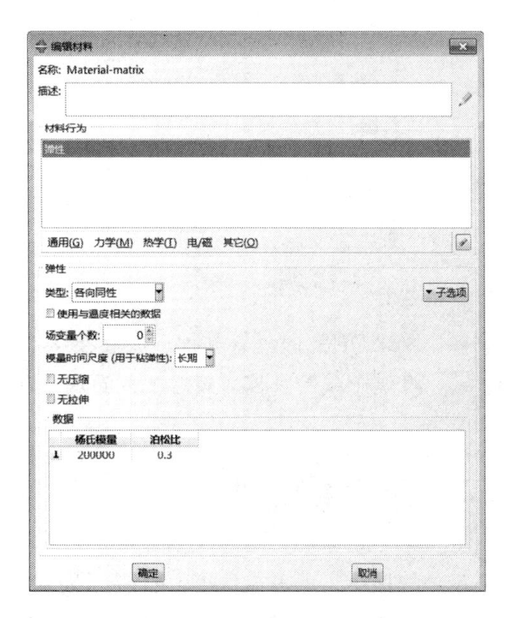

图4-43 “编辑材料”对话框：Material-matrix

2. 创建截面属性

步骤01 单击工具箱中的（创建截面）按钮，在“创建截面”对话框（如图4-44所示）中，设置“类别”为“实体”、“类型”为“均质”，单击“继续”按钮，进入“编辑截面”对话框，如图4-45所示。

步骤02 在“编辑截面”对话框中，将“名称”更改为inclusion，“材料”选择Material-inclusion，单击“确定”按钮，完成截面inclusion的定义。

步骤03 利用同样的方法，定义matrix截面。完成截面属性的定义后，可以在“截面管理器”对话框（如图4-46所示）中进行查看。

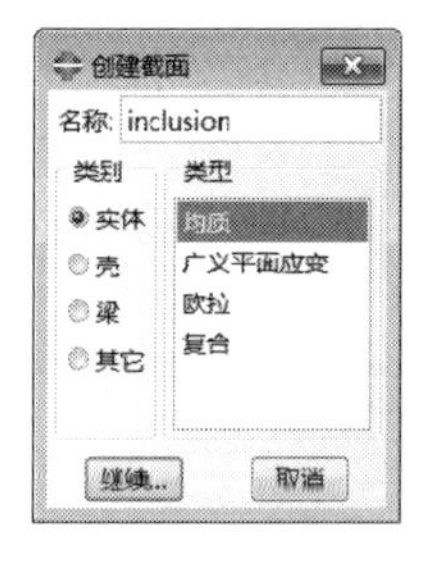

图4-44 “创建截面”对话框

图4-45 “编辑截面”对话框

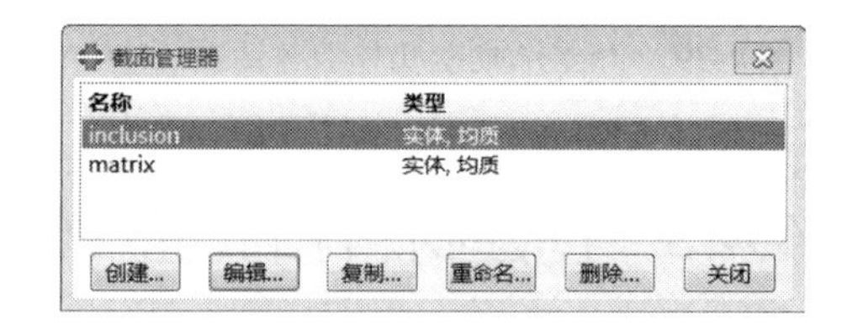

图4-46 “截面管理器”对话框

3. 赋予截面属性

步骤01 单击工具箱中的（指派截面属性）按钮，选择部件merge中的椭圆夹杂部分，单击提示区中的“完成”按钮，在弹出的“编辑截面指派”对话框（如图4-47所示）中选择“截面”为inclusion，单击“确定”按钮，把截面属性赋予夹杂。

步骤02 利用同样的方法，把matrix的截面属性赋予周围平板。定义完截面属性的merge部件如图4-48所示。

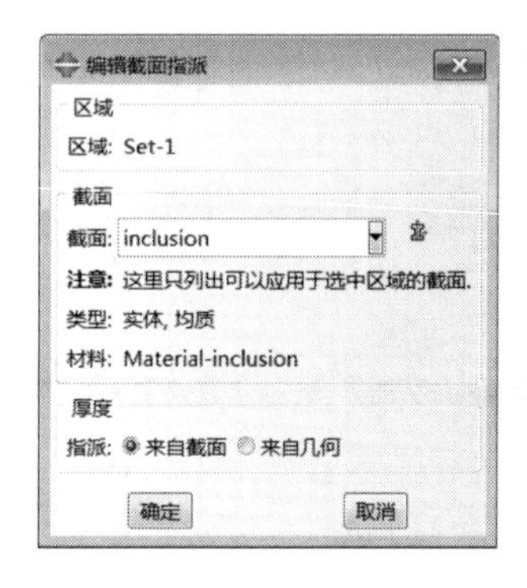

图4-47 “编辑截面指派”对话框

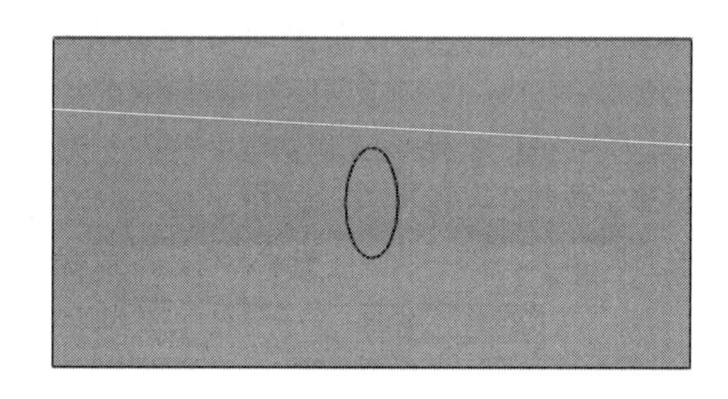

图4-48 定义完截面属性的merge部件

ABAQUS的材料属性不能直接赋予几何模型和有限元模型，必须通过创建截面属性把材料属性赋予截面属性，然后把截面属性赋予几何模型，间接地把材料属性赋予几何模型。

4.4.4 定义装配件

进入装配模块。单击工具箱中的（为部件实例化）按钮，在弹出的如图4-49所示的“创建实例”对话框中选择“部件merge”，单击“确定”按钮，创建部件的实例。

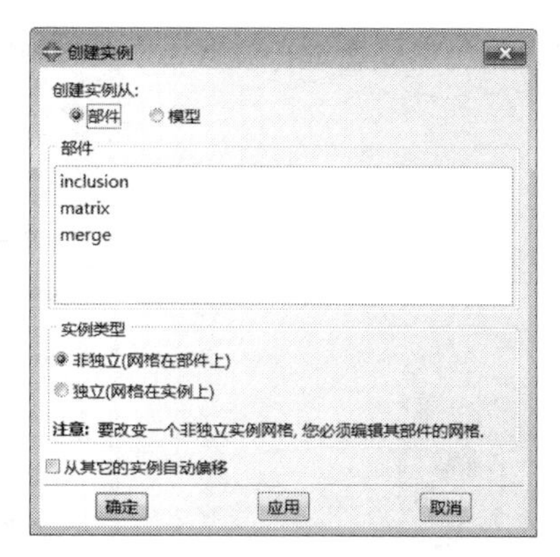

图 4-49 “创建实例”对话框

4.4.5 设置分析步和输出变量

1. 定义分析步

步骤 01 在环境栏模块后面选择“分析步”，进入分析步模块。单击工具箱中的 (创建分析步)按钮，在弹出的“创建分析步”对话框(见图 4-50)中选择“分析步类型”为“静力，通用”，单击“继续”按钮。

步骤 02 在弹出的“编辑分析步”对话框(如图 4-51 所示)中接受默认设置，单击“确定”按钮，完成分析步的定义。

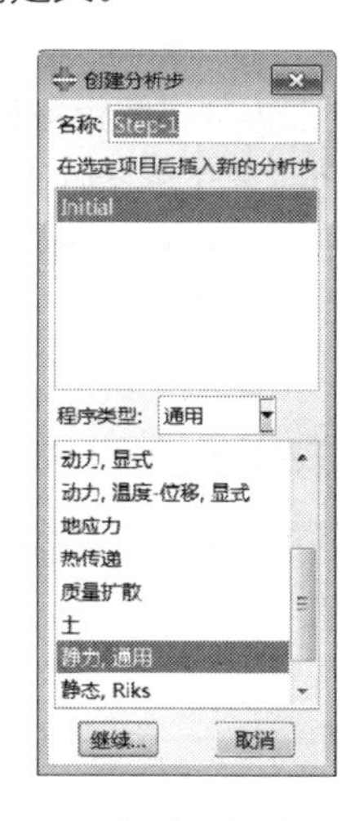

图 4-50 “创建分析步”对话框

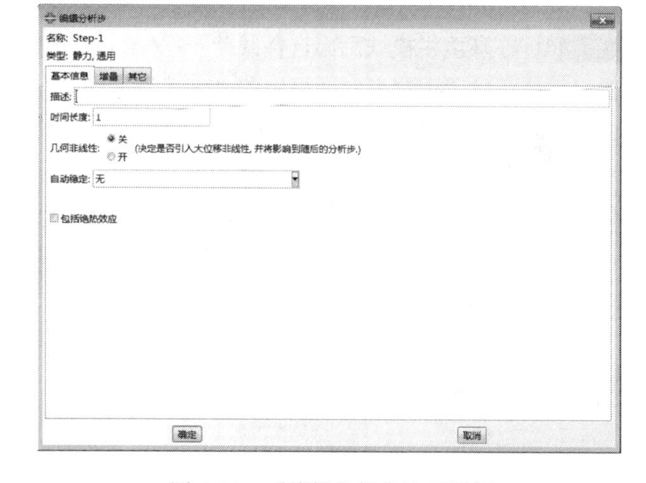

图 4-51 “编辑分析步”对话框

在静态分析中，分析步时间一般没有实际意义，可以接受默认值。对于初学者，时间增量步的设置相对比较困难，可以先使用默认值进行分析，如果结果不收敛就再进行调整。

2. 设置变量输出

步骤 01 单击工具箱中的 (场输出管理器)按钮，在弹出的“场输出请求管理器”对话框(如图 4-52 所示)中可以看到 ABAQUS/CAE 已经自动生成了一个名称为 F-Output-1 的历史输出变量。

步骤 02 单击“编辑”按钮，在弹出的“编辑场输出请求”对话框(如图 4-53 所示)中，可以增加或减少某些量的输出，返回“场输出请求管理器”对话框，单击“关闭”按钮，完成输出变量的定义。

步骤03 利用同样的方法，也可以对历史变量进行设置。

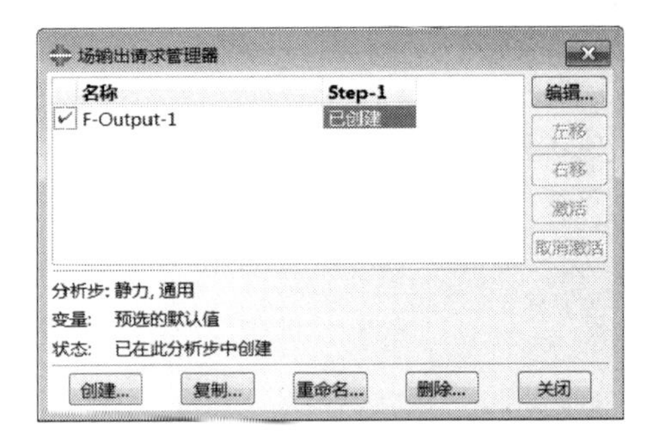

图 4-52 “场输出请求管理器”对话框

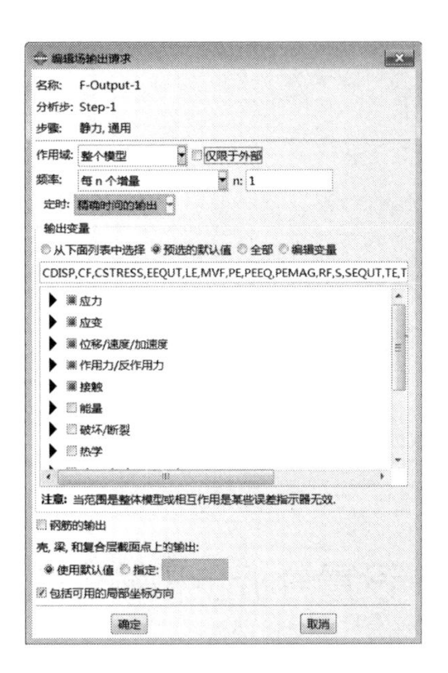

图 4-53 “编辑场输出请求”对话框

4.4.6 定义载荷和边界条件

1. 定义边界条件

步骤01 在环境栏模块后面选择载荷，进入载荷功能模块。单击工具箱中的 （创建编辑条件）按钮（或者单击“编辑条件管理器”对话框中的“创建”按钮），弹出如图 4-54 所示的“创建边界条件”对话框，在弹出的对话框中修改“名称”为 left-fixed，“分析步”选择系统定义的初始分析步 Step-1，“类别”选择“力学：对称/反对称/完全固定”，单击“继续”按钮。

步骤02 在图形区中选择模型最左边的边，单击鼠标中键，弹出如图 4-55 所示的“编辑边界条件”对话框，选中 YASUMM（表示约束 U1、U3 和 UR2 3 个自由度）单选按钮，完成左边边界条件的施加。

图 4-54 “创建边界条件”对话框

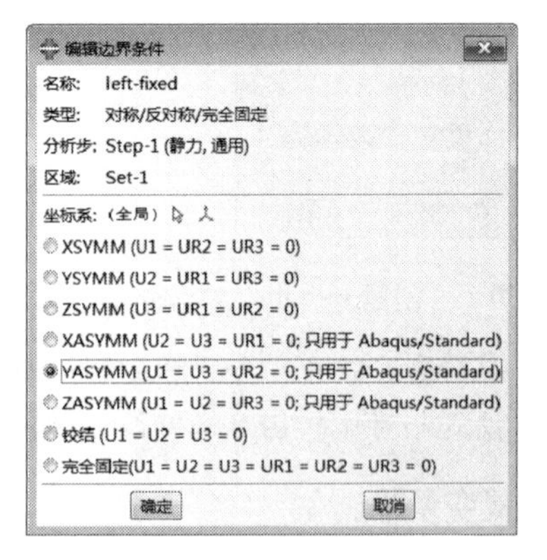

图 4-55 “编辑边界条件”对话框

2. 施加载荷

步骤01 单击工具箱中的 （创建载荷）按钮，在弹出的“创建载荷”对话框（如图 4-56 所示）中定义载荷“名称”为 right-handed，选择“类别”为“力学：压强”，单击“继续”按钮，在图形区中选择最右竖直边界，单击鼠标中键。

步骤 02 在弹出的“编辑载荷”对话框中（如图 4-57 所示）设置“大小”为-100（力的方向竖直向右，与压强定义的正方向相反），单击“确定”按钮，完成载荷的施加，在右边上施加了一个方向向右、大小为 100MPa 的压强。

步骤 03 定义完载荷和边界条件的部件如图 4-58 所示。

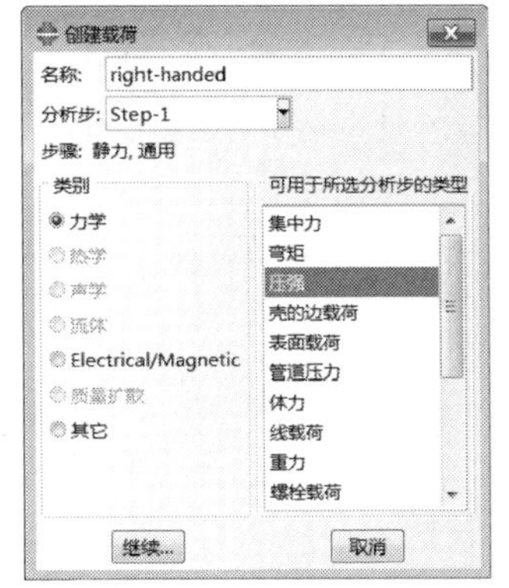

图 4-56 “创建载荷”对话框

图 4-57 “编辑载荷”对话框

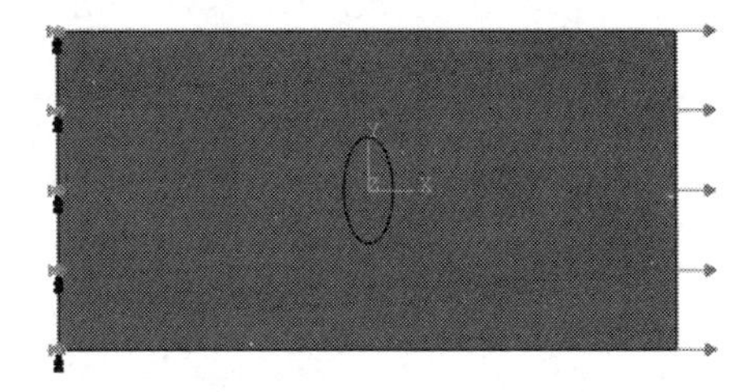

图 4-58 定义完载荷和边界条件的部件

4.4.7 划分网格

在环境栏模块后面选择网格，进入网格功能模块，将窗口顶部的环境栏“对象”选项设为“部件”选项。

1. 设置网格密度

单击工具箱中的（为边布种）按钮，按住 Shift 键在图形区中选中最左边和最右边，单击鼠标中键，在弹出的如图 4-59 所示的“局部种子”对话框中打开“基本信息”选项卡，在“方法”选项组中选中“按尺寸”单选按钮，在“近似单元尺寸”文本框中输入 2，然后单击“确定”按钮。利用同样的方法，定义夹杂和剩余两边的种子数，种子设置如图 4-60 所示。

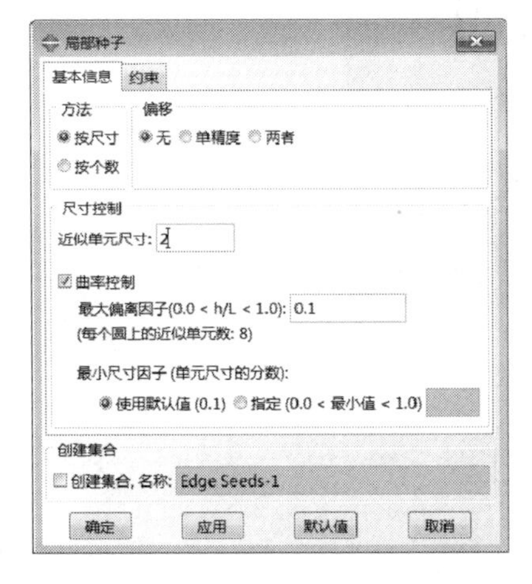

图 4-59 “局部种子”对话框

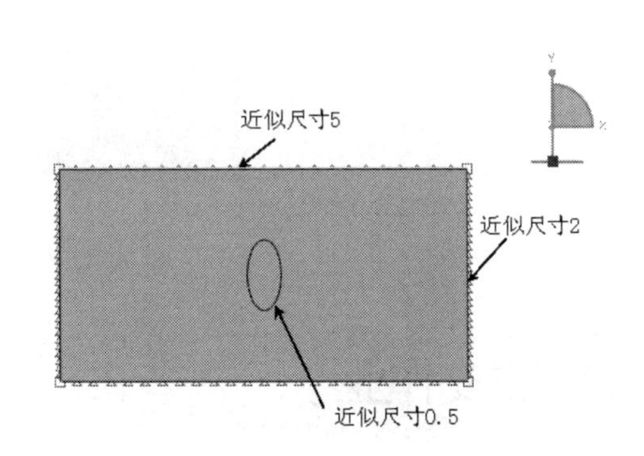

图 4-60 种子设置

2. 指派网格控制属性

单击工具箱中的 (指派网格控制属性)按钮，在视图区中选择模型，单击提示区中的“完成”按钮，在弹出的“网格控制属性”对话框(如图 4-61 所示)中，设置“单元形状”为“四边形为主”、“算法”为“进阶算法”，单击“确定”按钮，完成网格控制属性的设置。

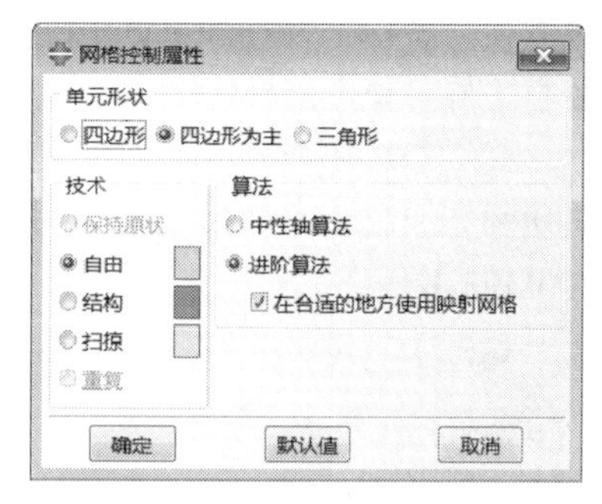

图 4-61 “网格控制属性”对话框

3. 选择单元类型

单击工具箱中的 (指派单元类型)按钮，在视图区中选择模型，单击提示区中的“完成”按钮，弹出“单元类型”对话框(如图 4-62 所示)，选择默认的单元为 CPS4R，单击“确定”按钮，完成单元类型的选择。

图 4-62 “单元类型”对话框

4. 划分网格

单击工具箱中的 (为部件实例划分网格)按钮，单击提示区中的“完成”按钮，完成网格划分，划分网格后的部件如图 4-63 所示。

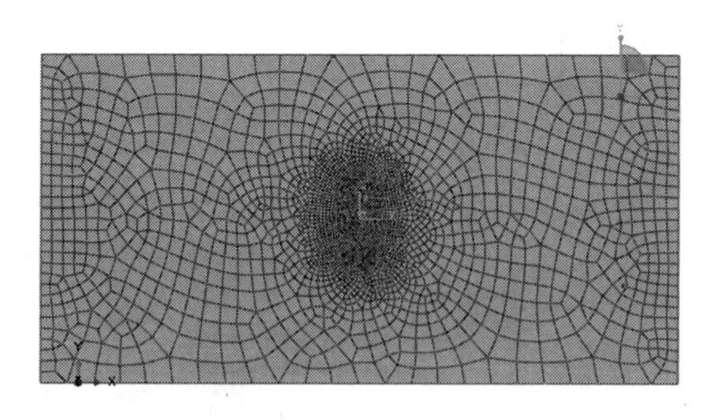

图 4-63 划分网格后的部件

4.4.8 提交作业

在环境栏模块后面选择作业，进入作业模块。

步骤 01 执行“作业”→“管理器”命令，单击“作业管理器”对话框（如图 4-64 所示）中的“创建”按钮，定义作业“名称”为 jiaza，单击“继续”按钮，再单击“确定”按钮，完成作业定义。

步骤 02 单击“提交”按钮，提交作业。单击“监控”按钮，弹出“jiaza 监控器”对话框，可以查看分析过程中出现的警告信息，如图 4-65 所示。

步骤 03 待分析结束后，单击“结果”按钮，进入可视化模块。

图 4-64 “作业管理器”对话框

图 4-65 “jiaza 监控器”对话框

4.4.9 后处理

步骤 01 绘制应力和位移云图。单击工具箱中的（在变形图上绘制云图）按钮，视图区中就会绘制出部件受载后的 Mises 应力云图的分布，如图 4-66 所示。执行“结果”→“场输出”命令，在弹出的“场输出”对话框（如图 4-67 所示）中，设置“输出变量”为“S：应力分量 在积分点处”，在“不变量”中分别选择“S，Max In-plane-Principal; S, Min In-plane-Principal; S, Out-of-plane Principal; S, Max. Principal; S, Mid Principal; S, Min Principal; U, U1; U, U2”，显示结果如图 4-68（a）~（h）所示。

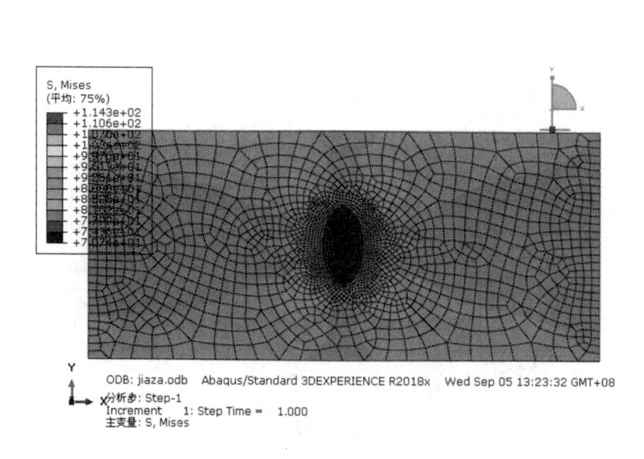

图 4-66 Mises 应力云图的分布

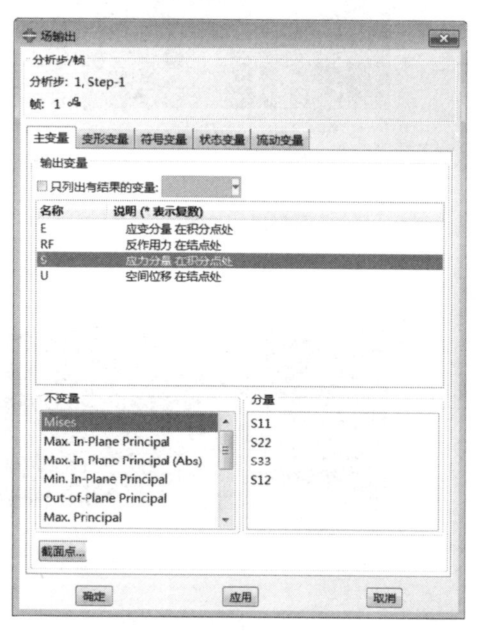

图 4-67 “场输出”对话框

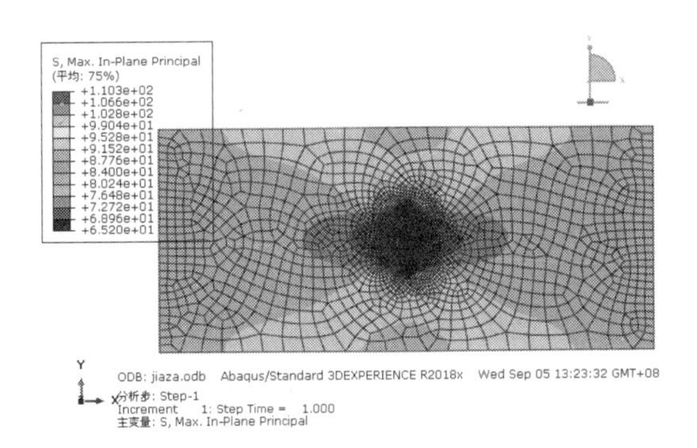

（a）S，Max In-plane-Principal 分布

（b）S, Min In-plane-Principal 分布

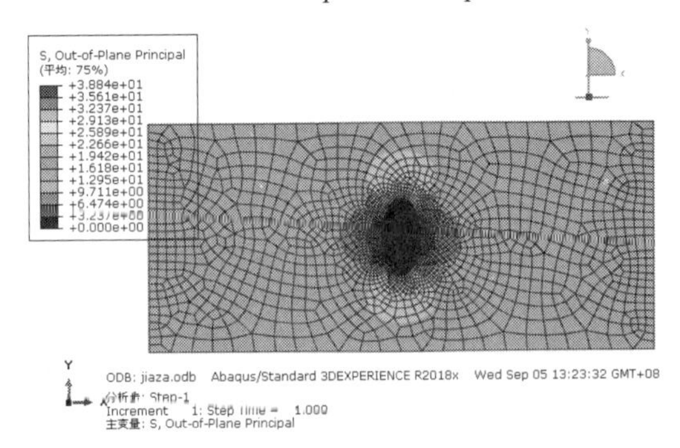

（c）S, Out-of-plane Principal 分布

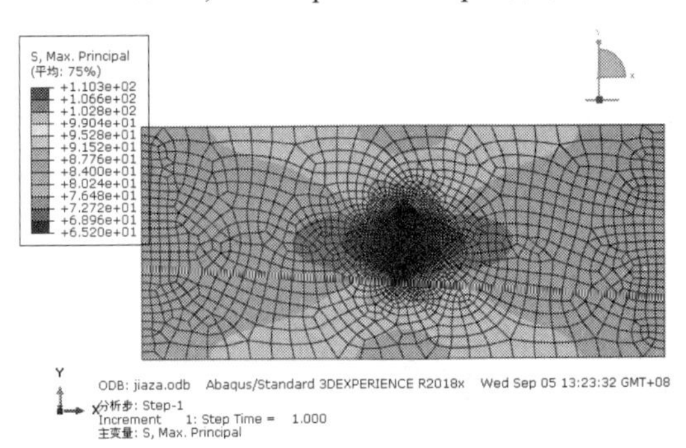

（d）S, Max Principal 分布

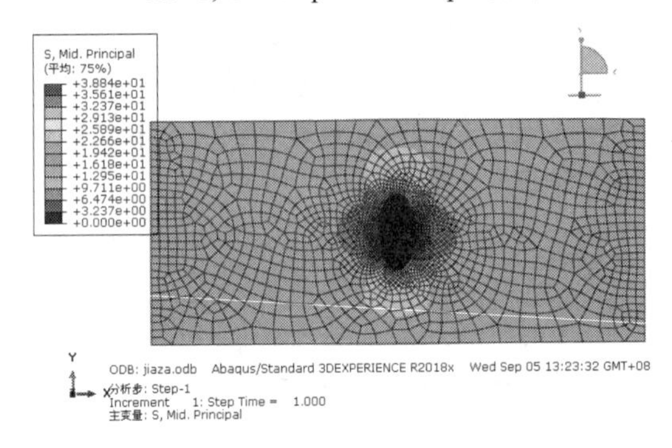

（e）S, Mid Principal 分布

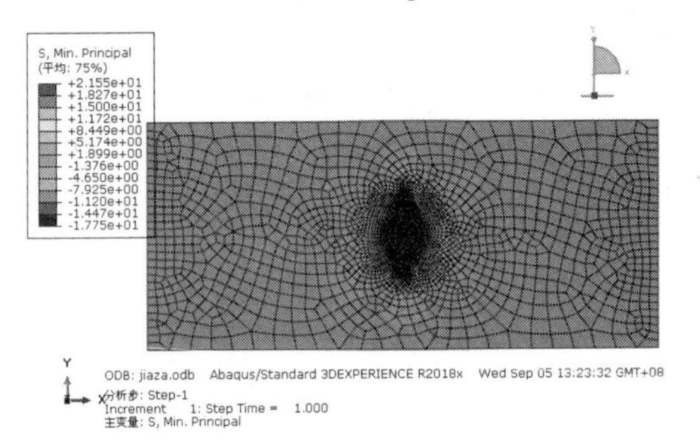

（f）S, Min Principal 分布

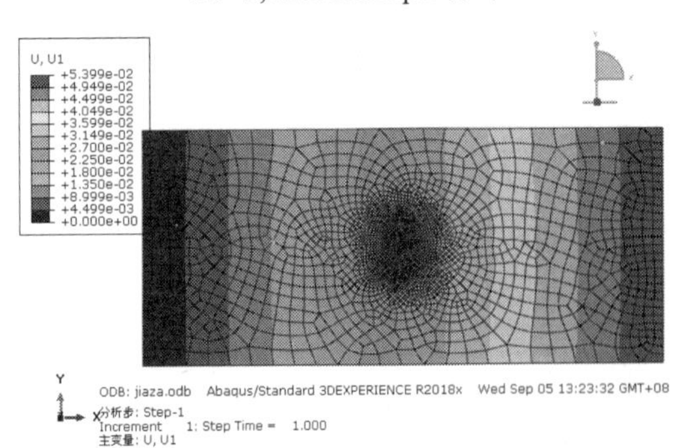

（g）U, U1 分布

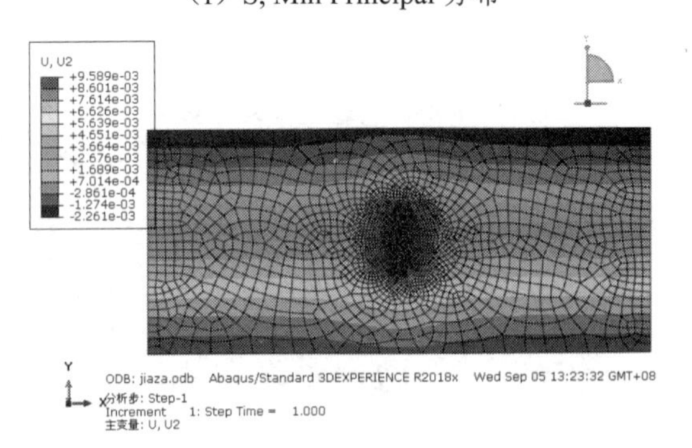

（h）U, U2 分布

图 4-68　场变量云图分布

步骤 02 生成各个结点位移的结果报告。执行“报告”→“场输出”命令，弹出“报告场变量输出”对话框（如图 4-69 所示），在“输出变量”的“位置”下拉列表框中选择“唯一结点的”，选中“U：空间位移”下面的 U1 和 U2（输出 1、2 方向的位移值）复选框；切换到“设置”选项卡，设置输出文件的“名称”为 jiaza（如图 4-70 所示），单击“确定”按钮。在 ABAQUS 工作目录下生成报告文件，内容如下：

```
***********************************************************************************
Field Output Report, written Wed Sep  5 13:29:57 2018

Source 1
---------

   ODB: E://ABAQUS_2018 中文版有限元分析从入门到精通素材/Chapter 04/4-4/jiaza.odb
   Step: Step-1
   Frame: Increment      1: Step Time =    1.000

Loc 1 : 来自源 1 的结点值

Output sorted by column "结点编号".

Field Output reported 在结点处 for part: MERGE-1

        结点编号            U.U1          U.U2
                         @Loc 1        @Loc 1
--------------------------------------------------
             1    26.9668E-03    2.63329E-03
             2    53.9911E-03   -2.26108E-03
             3    99.5831E-36   -2.22734E-03
            ..
          2747    27.0410E-03    3.83484E-03


            最小    99.5736E-36   -2.26108E-03
          在结点              4             2

            最大    53.9911E-03    9.58899E-03
          在结点              2             5

             总        73.9233       10.1110
***********************************************************************************
```

步骤 03 执行“绘制”→“云图”→“同时在两个图上”命令，再执行“结果”→“场输出”命令，在弹出的“场输出”对话框中，“输出变量”选择“S：应力分量 在积分点处”，分布选择“分量：S11、S33 和 S12”（如图 4-71 所示），即可显示变形前和变形后的结果云图，如图 4-72（a）~（c）所示。

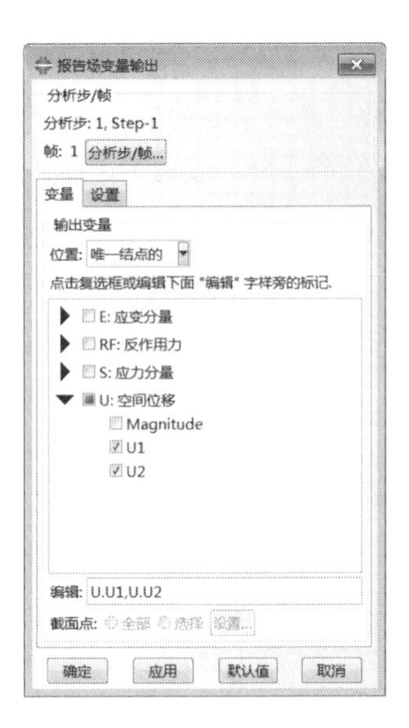

图 4-69 “报告场变量输出”对话框

图 4-70 设定输出文件

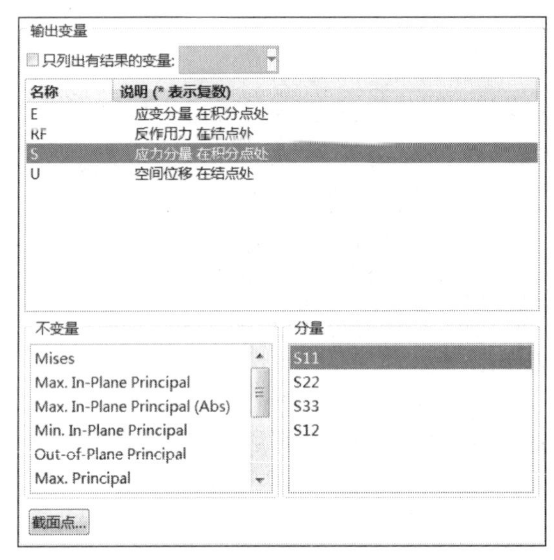

图 4-71 “输出变量”选择

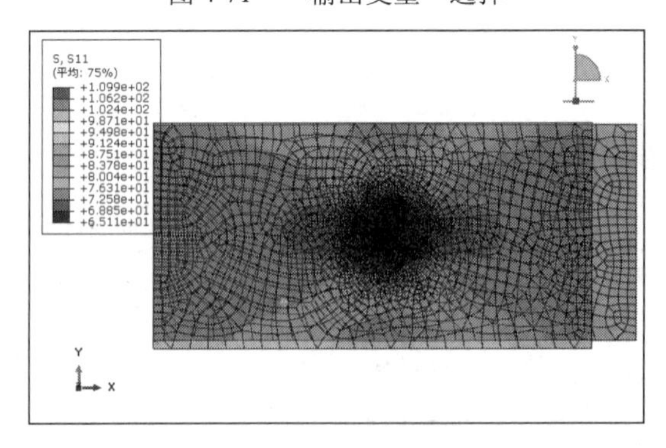

（a）S11 分布

图 4-72 显示变形前和变形后的结果云图

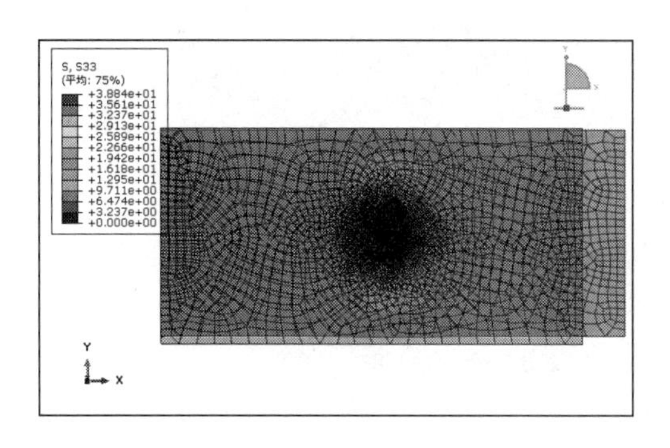

（b）S33 分布

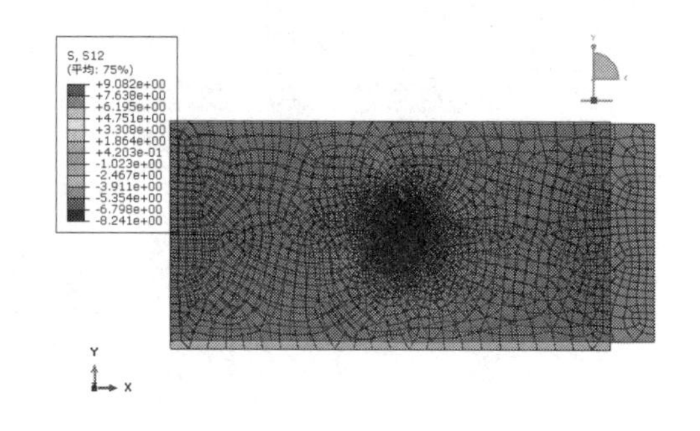

（c）S12 分布

图 4-72 显示变形前和变形后的结果云图（续）

步骤 04 保存模型。执行“文件”→“退出”命令，完成该模型的模拟。

4.5 弹性体的基本假设

实际问题中的物体，在力的作用下会发生很复杂的变形，其中包括弹性变形、塑性变形、弹塑性变形等多种情况。其中，很大一部分问题基本上属于弹性变形为主的情况，为了突出问题的实质，并使问题简单化和抽象化，在弹性力学中，提出了以下 5 个基本假设：

- 物体内的物质连续性假定：即认为物质中没有空隙，因此可以采用连接函数来描述对象。
- 物体内的物质均匀性假定：即认为物体内各个位置的物质具有相同的特性，因此，各个位置材料的描述是相同的。
- 物体内的物质（力学）特性各项同性假定：即认为物体内同一位置的物质在各个方向上具有相同的特性。因此，同一位置材料在各个方向上的描述是相同的。
- 线弹性假定：即物体变形与外力作用的关系是线性的，外力去除后，物体可以恢复原状。因此，描述材料性质的方程是线性方程。
- 小变形假定：即物体变形远小于物体的几何尺寸。因此，在建立方程时，可以忽略高阶小量（二阶以上）。

虽然以上基本假定和真实情况有一定的差别，但是从宏观角度来看，特别是对于工程问题，大多数情况下还是比较接近实际的。

以上 5 个基本假定的最大作用就是可以对复杂的对象进行简化处理，以抓住问题的实质。

4.6 本章小结

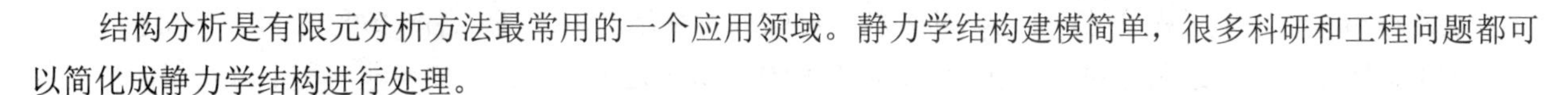

结构分析是有限元分析方法最常用的一个应用领域。静力学结构建模简单，很多科研和工程问题都可以简化成静力学结构进行处理。

本章介绍了 ABAQUS 用于二维结构静力学分析的方法和步骤，通过本章的学习，读者可以进一步熟悉前面章节介绍的各模块功能，理解弹性体的基本假设，了解 ABAQUS 的强大功能。进行的模拟实例包括书架结构静力分析、夹杂平板结构静力分析。

第5章 轴对称结构静力学分析

导读

轴对称结构分析是有限元分析方法最常用的分析类型之一。很多土木工程结构（如建筑物）航空结构（如飞机机身）；汽车结构（如车身骨架）；海洋结构（如船舶结构等）以及各种机械零部件（如活塞、传动轴等）都可以当成轴对称问题处理。本章将介绍ABAQUS用于轴对称结构静力学分析的方法和步骤．通过本章的学习，读者可进一步熟悉前面章节介绍的各模块功能，了解ABAQUS的强大功能。

教学目标：

- 了解轴对称结构静力学分析简介
- 熟悉ABAQUS进行薄壁圆筒在切削力下的应力分析
- 掌握ABAQUS进行长柱形天然气罐在内压作用下的静力分析

5.1 轴对称结构静力分析

工程结构中经常遇到边界约束条件、几何形状以及作用载荷都对称于同一固定轴（即对称轴）的问题，在载荷作用下结构产生的位移、应力和应变也对称于此轴，这样的问题称为轴对称问题。

5.1.1 轴对称结构的特点

轴对称问题的主要特点如下：

- 几何形状必须轴对称;
- 边界约束条件必须轴对称;
- 载荷必须轴对称。

要在分析中使用轴对称单元，进行分析的模型必须同时满足上述3个条件，缺一不可。然而在实际工程应用中，完全满足上述条件的模型很少，大部分只是近似满足上述条件。如果非对称部分对于所研究的问题影响不大，也可以近似按照轴对称模型处理。

严格来说，不能使用轴对称模型进行分析，但是问题研究中对结果的影响非常小，可以忽略不计，故可以使用轴对称模型进行分析。在保证分析精度的情况下，大大简化了分析模型，减小了计算量。

对于近似轴对称模型能否使用轴对称模型进行分析的问题，重点考虑的是非对称性对分析结果的影响程度能否忽略。

5.1.2　对称结构分析要素

对于轴对称分析，除了注意所分析问题必须满足上述的 3 点外，在分析过程中还需要注意以下几点：

（1）轴对称模型的简化原则：三维轴对称模型简化为平面模型；二维轴对称平面模型简化为线模型；二维轴对称线模型简化为点模型。

（2）建模时，模型必须位于对称轴的右侧（默认为 Y 轴右侧），否则无法创建轴对称模型。

（3）在轴对称问题中应尽量施加分布载荷，不应施加集中载荷，否则会引起结果的不对称。

（4）单元需要选择轴对称边界条件。

（5）在对称轴处的分割边界上施加对称边界条件 / 反对称边界条件。

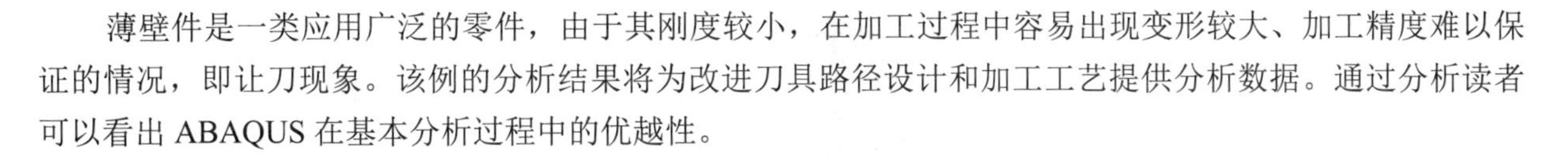

5.2　薄壁圆筒在切削力下的应力分析

薄壁件是一类应用广泛的零件，由于其刚度较小，在加工过程中容易出现变形较大、加工精度难以保证的情况，即让刀现象。该例的分析结果将为改进刀具路径设计和加工工艺提供分析数据。通过分析读者可以看出 ABAQUS 在基本分析过程中的优越性。

5.2.1　问题描述

如图 5-1 所示的薄壁圆筒结构，其壁厚均匀，为 0.01m，其截面尺寸如图 5-2 所示，材料为钢，弹性模量为 2E11Pa，泊松比为 0.3，设刀具在某个切削位置时，假定切削力沿径向分量为 8000N、轴向分量为 4000N、切向分量为 1000N，要求对该结构在切削过程中的应力进行分析。

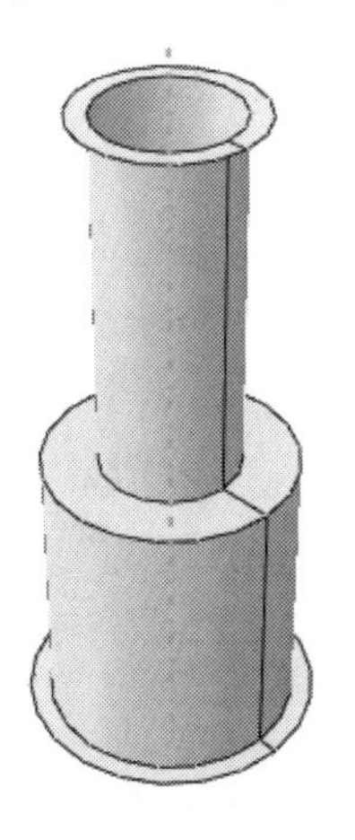

图 5-1　薄壁圆筒形工件

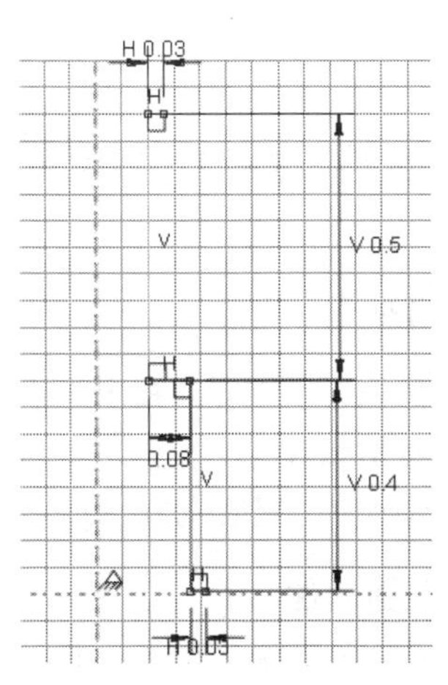

图 5-2　工件截面尺寸

5.2.2 创建部件

启动 ABAQUS/CAE，创建一个新的模型，重命名为 Canister，保存模型为 Canister.cae。

步骤 01 单击工具箱中的（创建部件）按钮，弹出“创建部件”对话框，在“名称”中输入 Canister，先设置“模型空间”为“三维”、“类型”为“可变形”，再设置“基本特征”的“形状”为“壳”，“类型”为旋转，在“大约尺寸”文本框中输入 2，如图 5-3 所示，单击“继续”按钮，进入草图环境。

步骤 02 单击工具箱中的（创建线：首尾相连）按钮，利用鼠标选取或输入坐标值，通过点（0.21,0.005）、（0.18,0.005）、（0.18, 0.400）、（0.100,0.400）、（0.100,0.900）、（0.130, 0.900）绘制直线（如图 5-4 所示），单击提示区中的“完成”按钮，弹出“编辑特征”对话框（如图 5-5 所示），设置旋转“角度”为 360，单击“确定”按钮，完成部件的创建。

图 5-3 “创建部件”对话框

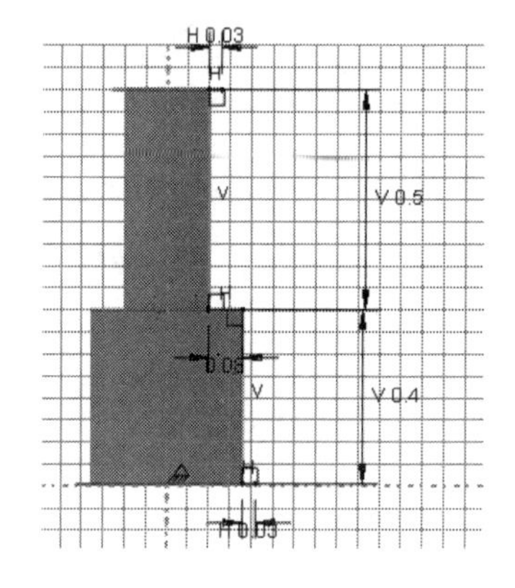

图 5-4 形成的折线结构

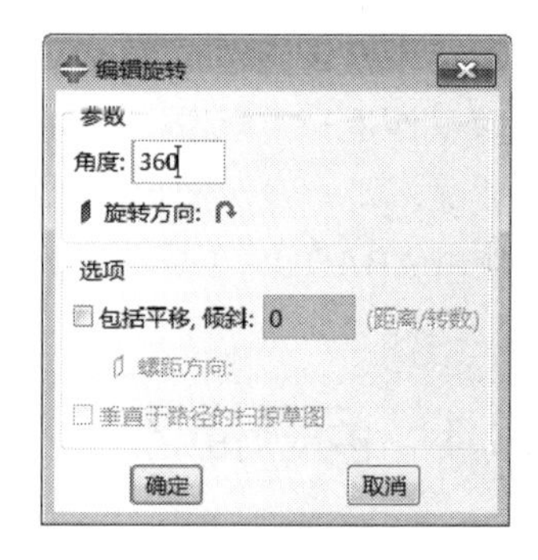

图 5-5 “编辑特征”对话框

在 ABAQUS 中，单击鼠标中键和单击提示区中的“完成”按钮作用相同。

5.2.3 创建材料和截面属性

1. 创建材料

进入属性模块。单击工具箱中的（创建材料）按钮，弹出“编辑材料”对话框，如图 5-6 所示，默认材料“名称”为 Material-1，选择“力学”→“弹性”→“弹性”，设置“杨氏模量”为 2E11、“泊松比”为 0.3，单击“确定”按钮，完成材料属性定义。

2. 创建截面属性

步骤 01 单击工具箱中的（创建截面）按钮，在“创建截面”对话框（如图 5-7 所示）中，设置“类别”为“壳”、“类型”为“均质”，单击“继续”按钮，进入“编辑截面”对话框。

步骤 02 在“编辑截面”对话框（如图 5-8 所示）中，将“材料”设置为 Material-1、“壳的厚度”设置为 0.01、“厚度积分点”设置为 5，单击“确定”按钮，完成截面的定义。

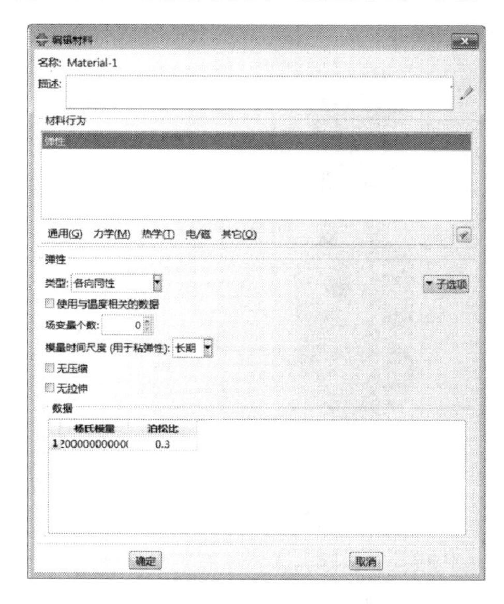

图 5-6 “编辑材料”对话框

图 5-7 “创建截面”对话框

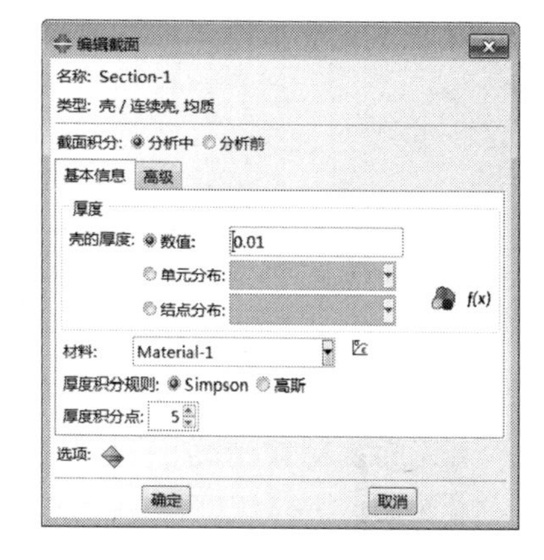

图 5-8 “编辑截面”对话框

3．赋予截面属性

单击工具箱中的 （指派截面）按钮，选择视图区中的部件，单击提示区中的“完成”按钮，在弹出的“编辑截面指派”对话框（如图 5-9 所示）中选择“截面：Section-1”，单击“确定”按钮，把截面属性赋予部件。

5.2.4 定义装配件

步骤 01 进入装配模块。单击工具箱中的 （将部件实例化）按钮，在弹出的如图 5-10 所示的“创建实例”对话框中选择 Canister，单击“确定”按钮，创建部件的实例。

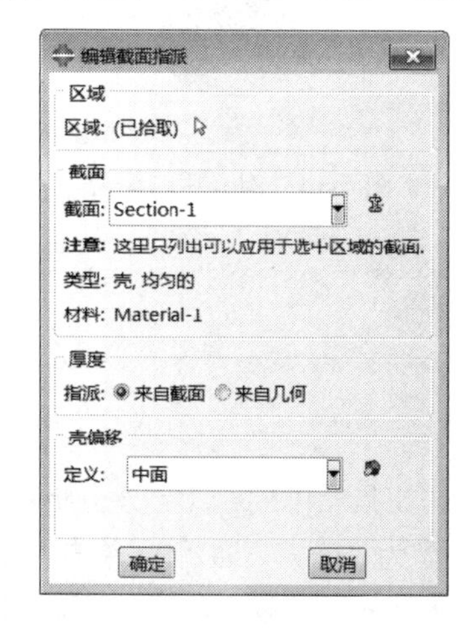

图 5-9 “编辑截面指派”对话框

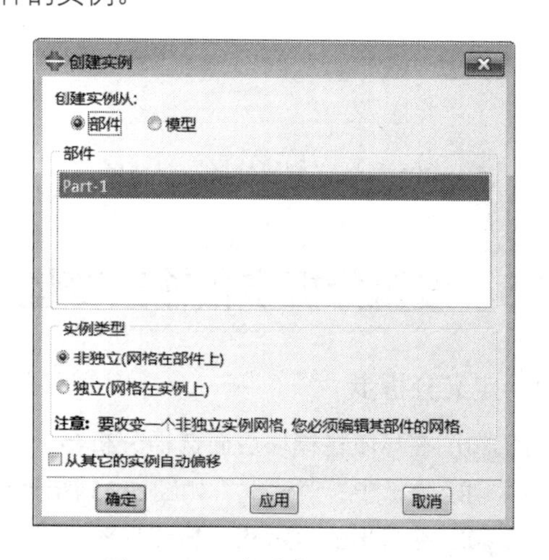

图 5-10 “创建实例”对话框

步骤02 执行“工具”→“基准”命令，在弹出的“创建基准”对话框（如图 5-11 所示）中，设置“类型”为“平面”、“方法”为“一点和法线”，然后在视图区中选择如图 5-12 所示的 P1 点，再选择圆柱的母线作为法线的方向，这样在 P1 处就创建了一个坐标平面。

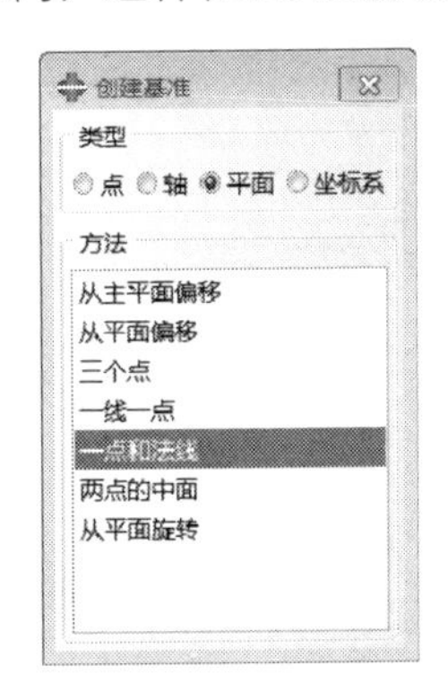

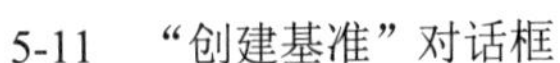
5-11 “创建基准”对话框

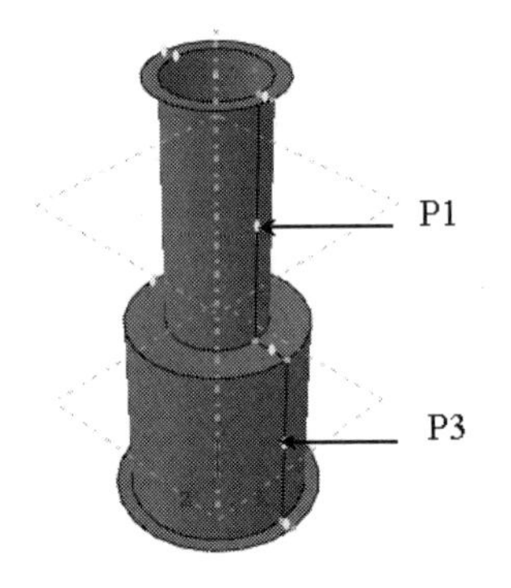

图 5-12 创建通过两个点的基准平面

步骤03 利用同样的方法，在 P3 处创建一个坐标平面。

步骤04 执行“工具”→“分区”命令，在弹出的“创建分区”对话框（如图 5-13 所示）中，设置“类型”为“面”、“方法”为“使用基准平面”，然后在视图区中选择如图 5-14 所示的 P1 点所在的半径较小的圆柱面，单击提示区中的“完成”按钮。

步骤05 选择上一步创建的通过 P1 点的坐标平面，单击提示区中的“完成”按钮，把半径较小的圆柱面剖分成两个部分。

步骤06 利用同样的方法，把直径较大的圆柱面用通过 P3 的坐标平面剖分成两个部分。

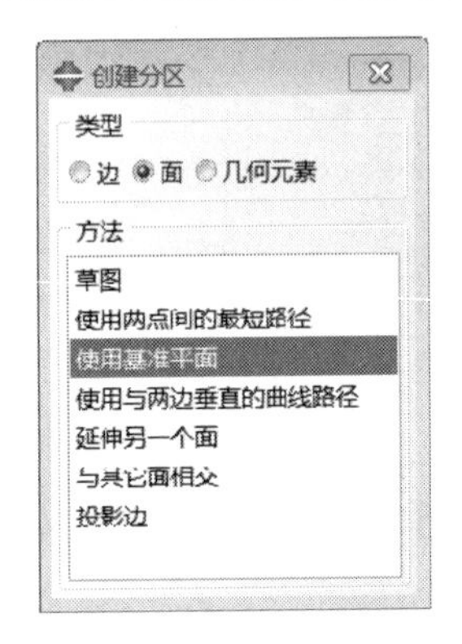

图 5-13 “创建分区”对话框

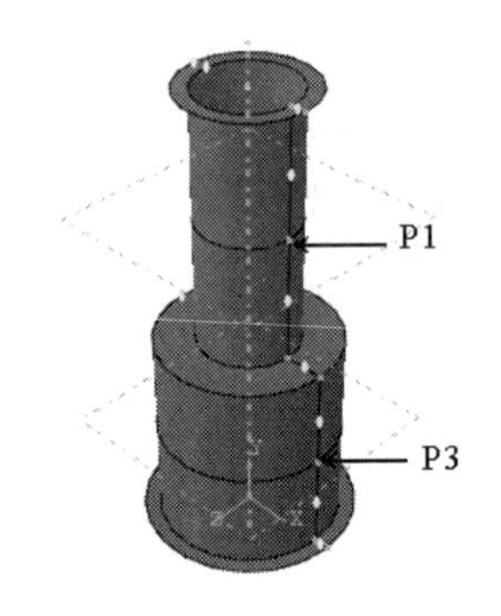

图 5-14 剖分后的模型

5.2.5 设置分析步和输出变量

1. 定义分析步

步骤01 在环境栏模块后面选择分析步，进入分析步模块。单击工具箱中的（创建分析步）按钮，在弹出的“创建分析步”对话框（如图 5-15 所示）中，选择分析步类型为“静力，通用”，单击“继续”按钮。

步骤02 在弹出的“编辑分析步”对话框（如图 5-16 所示）中接受默认设置，单击“确定”按钮，完成分析步的定义。

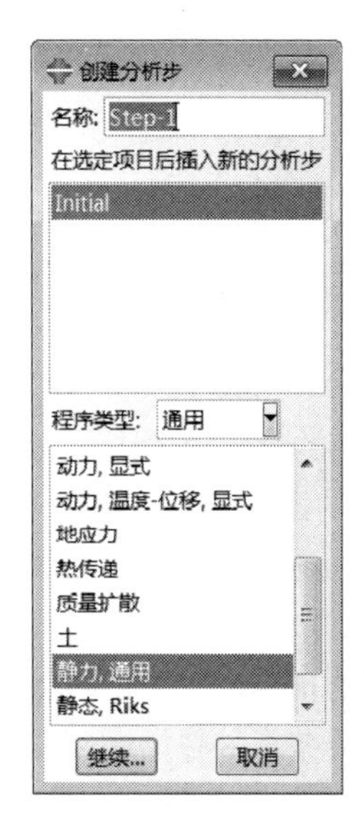

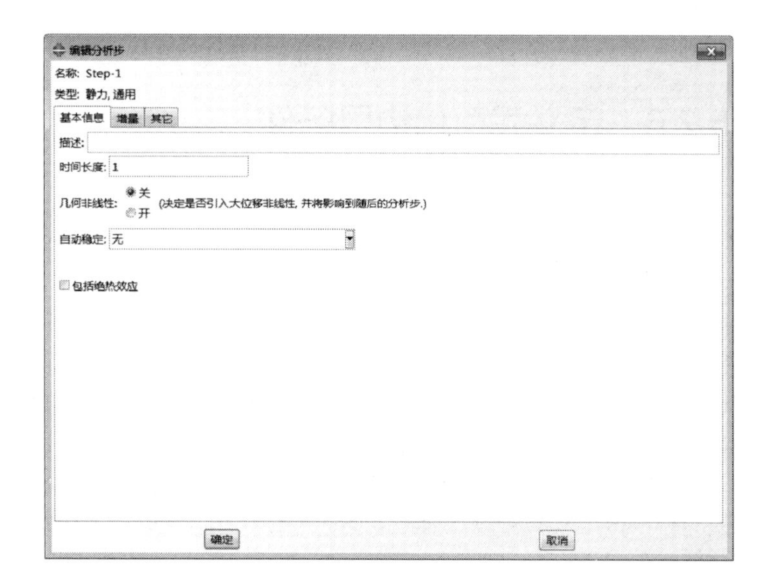

图 5-15 “创建分析步”对话框

图 5-16 “编辑分析步”对话框

步骤03 利用同样的方法，定义另外两个通用静力分析步 Step-2 和 Step-3，单击工具箱中的（分析步管理器）按钮，查看生成的分析步，如图 5-17 所示。

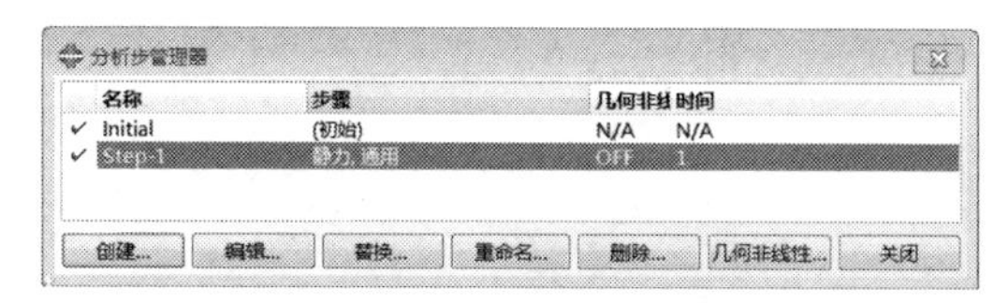

图 5-17 查看生成的分析步

2. 设置变量输出

步骤01 单击工具箱中的（场输出请求管理器）按钮，在弹出的“编辑场输出请求”对话框（如图 5-18 所示）中可以看到 ABAQUS/CAE 已经自动生成了一个名称为 F-Output-1 的历史输出变量。

步骤02 单击“编辑”按钮，在弹出的“场输出请求管理器”对话框（如图 5-19 所示）中，可以增加或减少某些量的输出，返回“场输出请求管理器”对话框，单击“关闭”按钮，完成输出变量的定义。

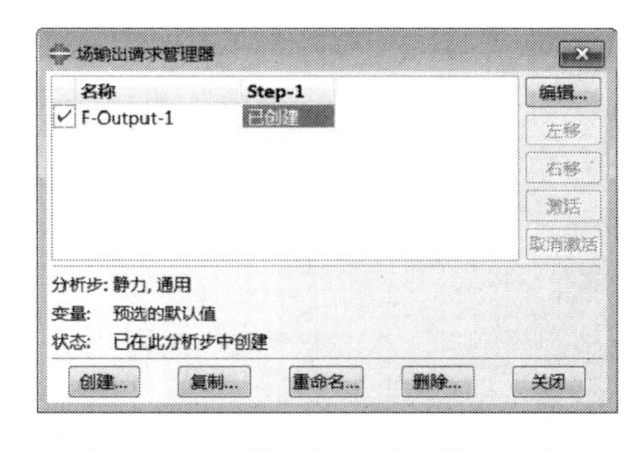

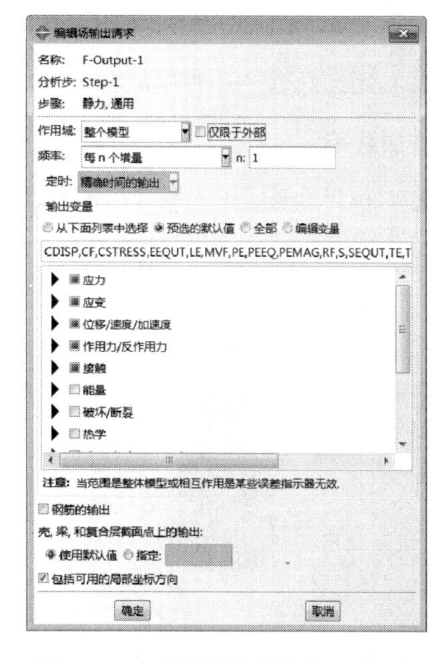

图 5-18 “场输出请求管理器”对话框

图 5-19 “编辑场输出请求”对话框

步骤03 利用同样的方法，也可以对历史变量进行设置。

5.2.6 定义载荷和边界条件

本例不涉及接触问题，可以直接跳过相互作用模块。

1. 定义边界条件

步骤01 在环境栏模块后面选择载荷，进入载荷功能模块。单击工具箱中的（创建边界条件）按钮（或者单击“边界条件管理器”对话框中的“创建”按钮），弹出如图5-20所示的“创建边界条件”对话框，设置边界条件的“名称”为BC-Fixed，“分析步”选择系统定义的初始分析步Step-1，“类别”选择“力学：位移/转角”，单击“继续”按钮。

步骤02 在图形区中选择模型中的上、下两个端面（选择多个对象时按下Shift键），单击鼠标中键，弹出如图5-21所示的“编辑边界条件”对话框，选中“U1~UR3”的复选框，完成边界条件的施加。

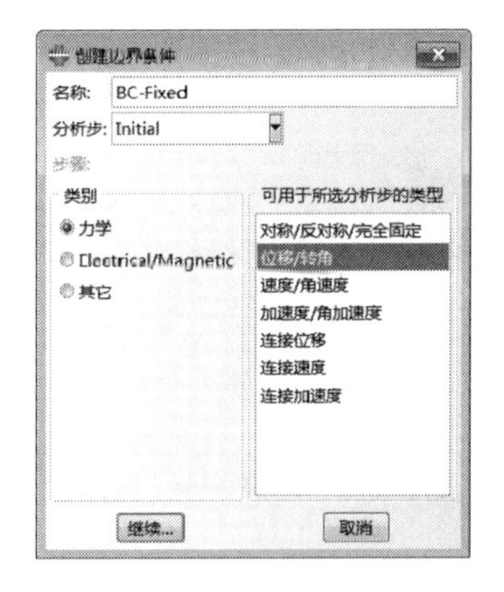

图5-20 “创建边界条件”对话框

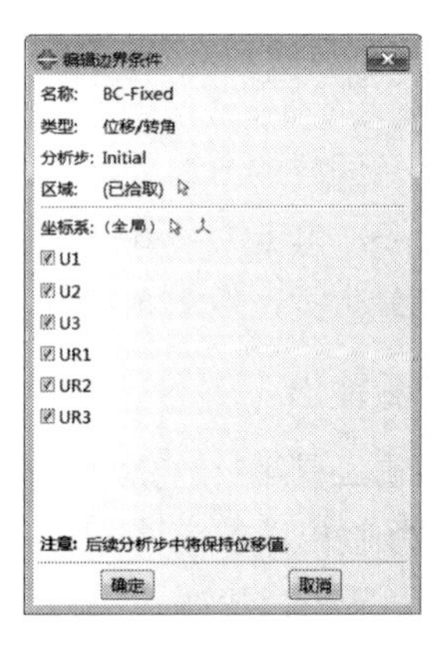

图5-21 “编辑边界条件”对话框

步骤03 定义好边界条件的模型如图5-22所示。

2. 施加载荷

步骤01 单击工具箱中的（创建载荷）按钮，在弹出的“创建载荷”对话框中定义载荷“名称”为Load-1，选择载荷类别为“力学：集中力”，如图5-23所示，单击“继续”按钮。

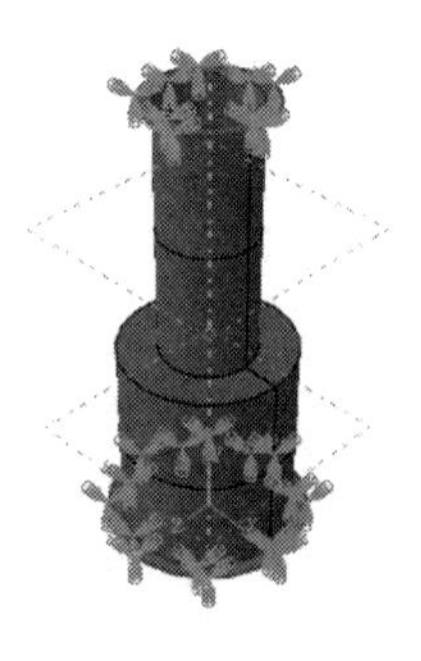

图5-22 定义好边界条件的模型

图5-23 “创建载荷”对话框

步骤02 选择如图5-24所示的点，单击提示区中的“完成”按钮，在弹出的“编辑载荷”对话框中（如

图 5-25 所示），设置“CF1：-8000，CF2：4000，CF3：1000”，单击“确定”按钮，完成载荷的施加，完成了 Step-1 中载荷的定义。

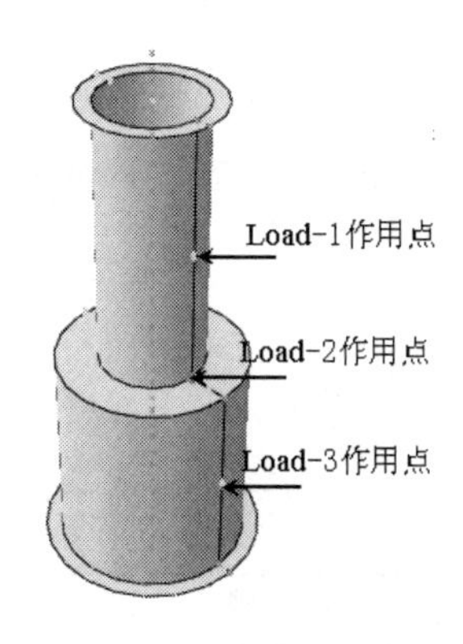

图 5-24 切削力作用点

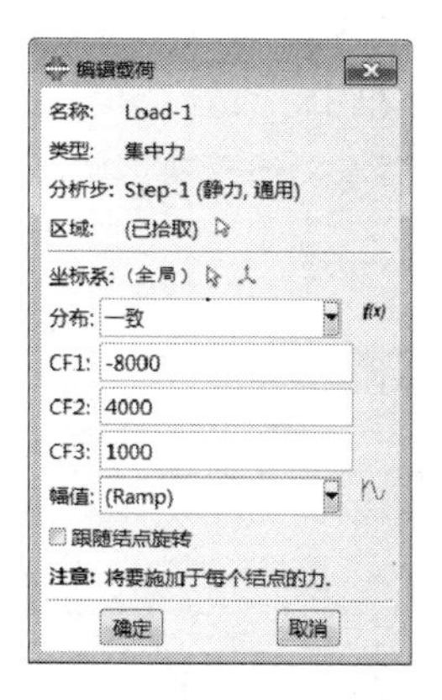

图 5-25 “编辑载荷”对话框

该集中力的大小和方向在分析过程中保持不变，如果选中“跟随结点旋转”复选框，则力的方向在分析过程中随着结点的旋转而变化；使用幅值曲线可以改变力的变化规律。

步骤 03 在分析步 Step-2 中，在如图 5-24 所示的 Load-2 作用点上施加作用力 Load-2，3 个分量的值为“CF1：-8000，CF2：4000，CF3：1000”；在分析步 Step-3 中，在如图 5-24 所示的 Load-3 作用点上施加切削力 Load-3，3 个参数分量与 Load-1 和 Load-2 相同。完成施加载荷后的“载荷管理器”对话框如图 5-26 所示。

步骤 04 单击 Load-1 在 Step-2 中的传递，单击对话框右侧的“取消激活”按钮，即把原来的继承属性取消，载荷 Load-1 在 Step-2 中不再起作用，利用同样的方法取消 Load-2 在 Step-3 中的继承属性，完成后的“载荷管理器”对话框如图 5-27 所示。

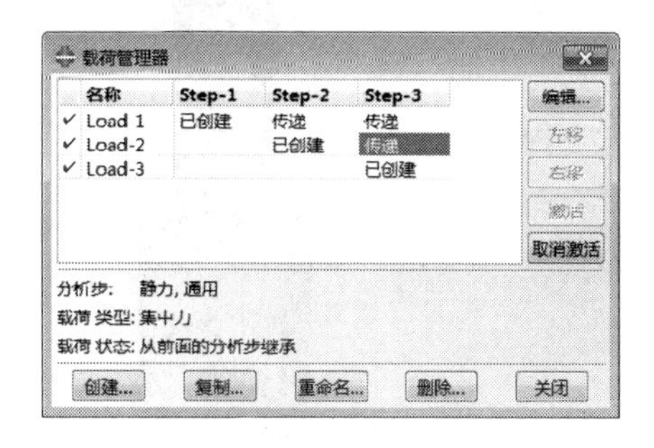

图 5-26 “载荷管理器”对话框

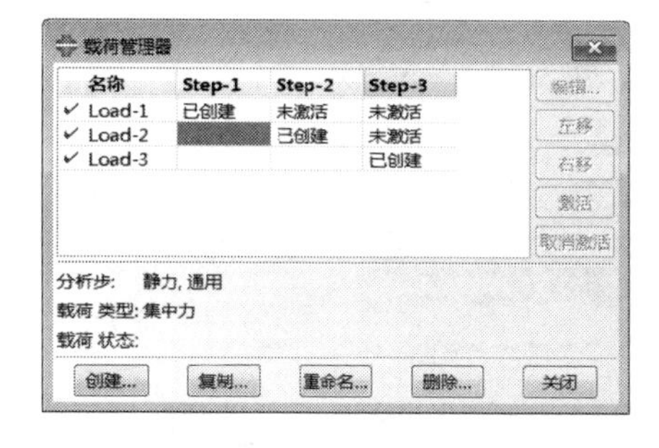

图 5-27 取消激活后的“载荷管理器”对话框

5.2.7 划分网格

在环境栏模块后面选择网格，进入网格功能模块。将窗口顶部“环境”中的“目标”选项设为“部件”选项。

1. 设置网格密度

单击（种子部件）按钮，在图形区中框选整个模型，单击鼠标中键，在弹出的如图 5-28 所示的“全局种子”对话框中，在“近似全局尺寸”文本框中输入 0.01，然后单击“确定”按钮。

2. 控制网格属性

单击（指派网格控制）按钮，在图形区中框选整个模型，单击鼠标中键，在弹出的如图 5-29 所示的“网格控制属性”对话框中，设置“单元形状”为“四边形为主”、“技术”为“扫掠”，然后单击“确定”按钮。

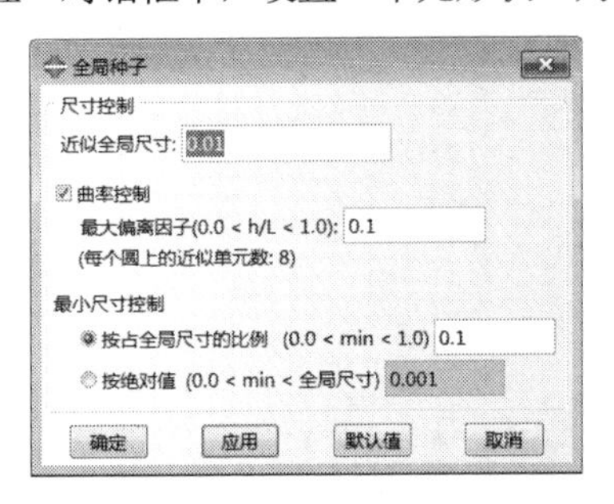

图 5-28 “全局种子”对话框

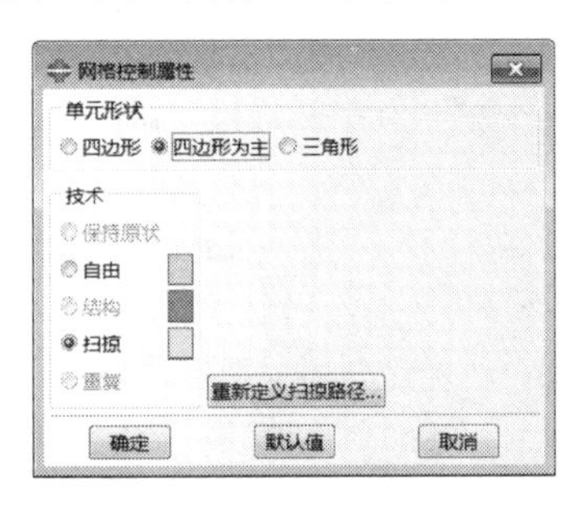

图 5-29 “网格控制属性”对话框

3. 选择单元类型

单击工具箱中的（指派单元类型）按钮，在视图区中选择模型，单击“完成”按钮，弹出“单元类型”对话框（如图 5-30 所示），选择默认的单元为 S4R，单击“确定”按钮，完成单元类型的选择。

4. 划分网格

单击工具箱中的（为部件划分网格）按钮，单击提示区中的“完成”按钮，完成网格的划分。划分好网格的模型如图 5-31 所示。

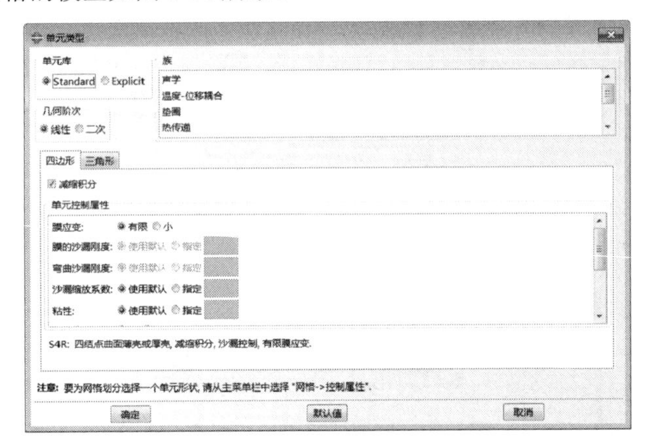

图 5-30 “单元类型”对话框

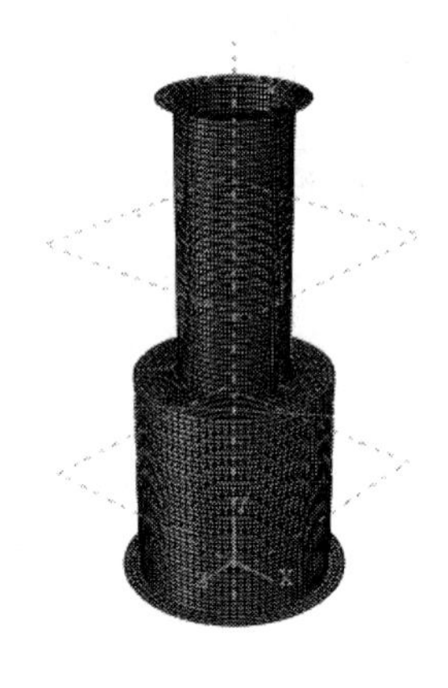

图 5-31 有限元网格模型

5.2.8 提交作业

步骤 01 在环境栏模块后面选择作业，进入作业模块。执行“作业”→“管理器”命令，单击“作业管理器”对话框（如图 5-32 所示）中的“创建”按钮，定义作业“名称”为 canister，单击“继续”按钮，单击“确定”按钮，完成作业定义。

步骤 02 单击“提交”按钮，提交作业。单击“监控”按钮，弹出“canister 监控器”对话框，可以查看分析过程中出现的警告信息，如图 5-33 所示。

图 5-32 “作业管理器”对话框

图 5-33 “canister 监控器”对话框

步骤03 等分析结束后，单击“结果”按钮进入可视化模块。

5.2.9 后处理

1. 输出canister.odb文件

打开结果输出文件 canister.odb，有以下 3 种方法：

- 在“作业管理器”对话框中单击“结果”按钮。
- 单击可视化模块中的（打开）按钮，弹出“打开数据库”对话框，选择 canister.odb 文件，单击“确定”按钮。
- 在模型树中把模型切换到“结果”选项，双击打开数据库，弹出“打开数据库”对话框，选择 canister.odb 文件，单击“确定”按钮。

在后两种打开数据库的方法中，默认的打开方式是只读方式，不能对数据库进行操作。如果需要对结果数据库进行操作，就必须在“打开数据库”对话框中取消只读方式选项。

2. 显示Mises应力分布

步骤01 单击工具箱中的（在变形图上绘制云图）按钮，视图区中就会显示模型变形后的 Mises 云图，如图 5-34 所示。

步骤02 执行“结果”→“分析步/帧”命令，弹出“分析步/帧”对话框，如图 5-35 所示，在“分析步名称”中选择 Step-2 和 Step-3，在“帧”中选择 1，单击“确定”按钮，视图区内就会显示 Step-2 和 Step-3 分析步中的 Mises 应力云图，如图 5-36 和图 5-37 所示。

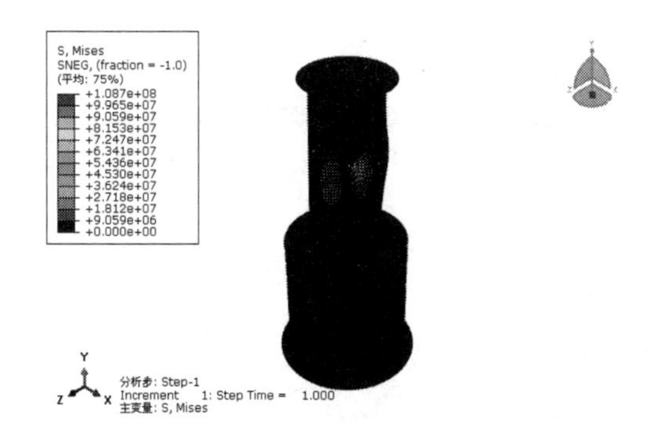

图 5-34 Step-1 分析步中的应力云图

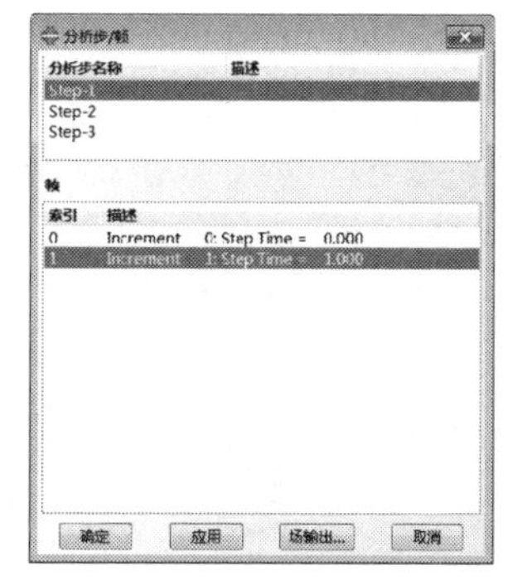

图 5-35 “分析步/帧”对话框

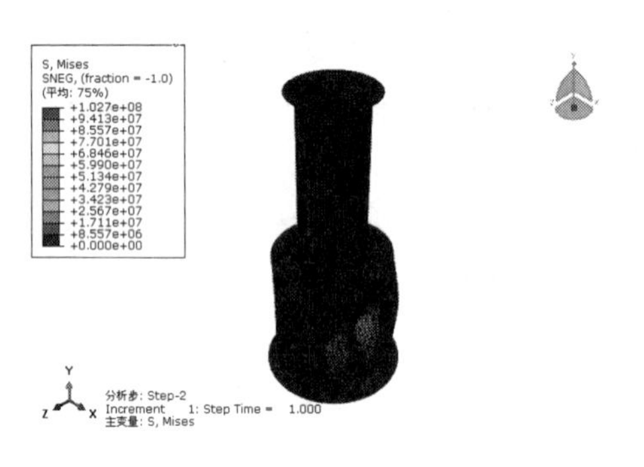

图 5-36　Step-2 分析步中的应力云图

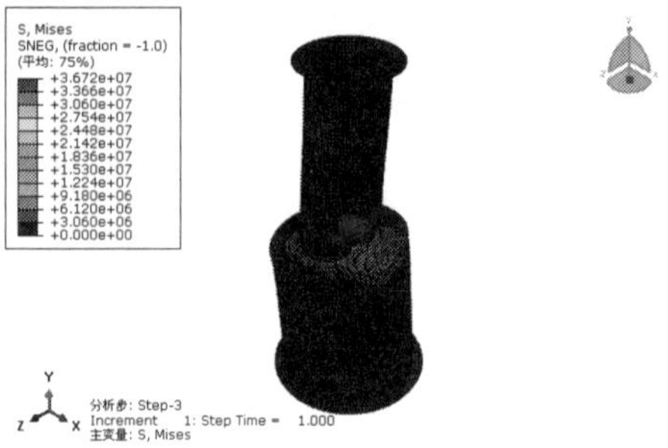

图 5-37　Step-3 分析步中的应力云图

3. 创建母线路径上的应力分布曲线

步骤 01 执行“工具”→“路径”→“创建”命令，弹出“创建路径”对话框（如图 5-38 所示），单击“继续”按钮，弹出“编辑结点列表路径”对话框，如图 5-39 所示，单击“添加于后”按钮，在图形窗口中选择位于模型母线上的若干结点，单击提示区中的“完成”按钮，单击“确定”按钮，定义一条路径 Path-1。

步骤 02 执行“工具”→“XY 数据”→“创建”命令，弹出“创建 XY 数据”对话框（如图 5-40 所示），“源”选择“路径”，单击“继续”按钮，弹出“来自路径的 XY 数据”对话框，如图 5-41 所示，“X 值”选择“真实距离”，在“Y 值”中单击“分析步/帧”按钮，弹出“分析步/帧”对话框（如图 5-42 所示），选择“分析步名称：Step-1”和“索引：1”，单击“确定”按钮。

图 5-38　“创建路径”对话框

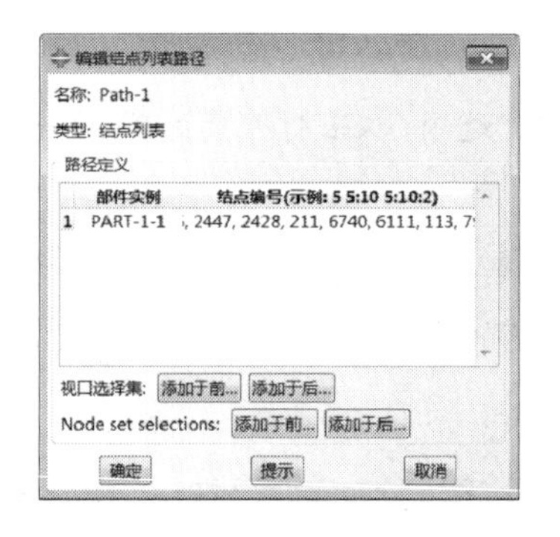

图 5-39　“编辑结点列表路径”对话框

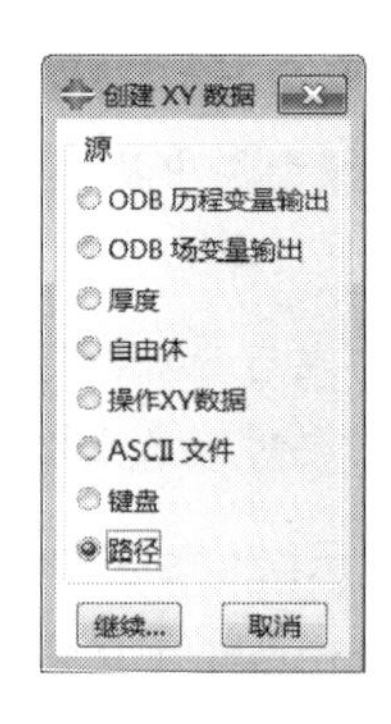

图 5-40　“创建 XY 数据”对话框

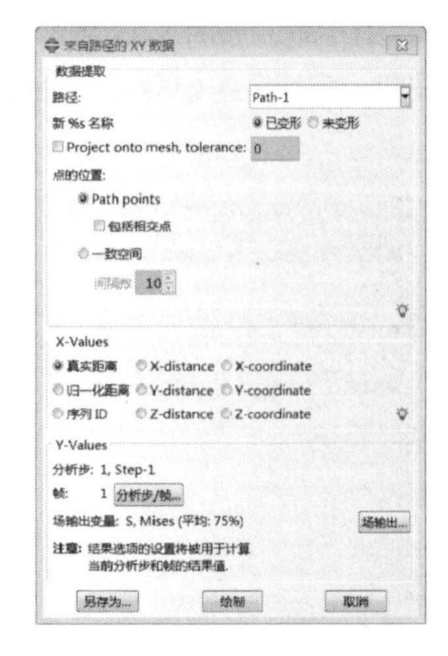

图 5-41　“来自路径的 XY 数据”对话框

图 5-42　“分析步/帧”对话框

步骤03 返回“来自路径的XY数据”对话框，“场输出变量”选择S-Mises，即输出Mises应力，单击“绘制”按钮，绘制Step-1的Mises应力曲线，如图5-43（a）所示。

步骤04 利用同样的方法，绘制分析步Step-2和Step-3中的Mises应力曲线，如图5-43（b）和图5-43（c）所示。

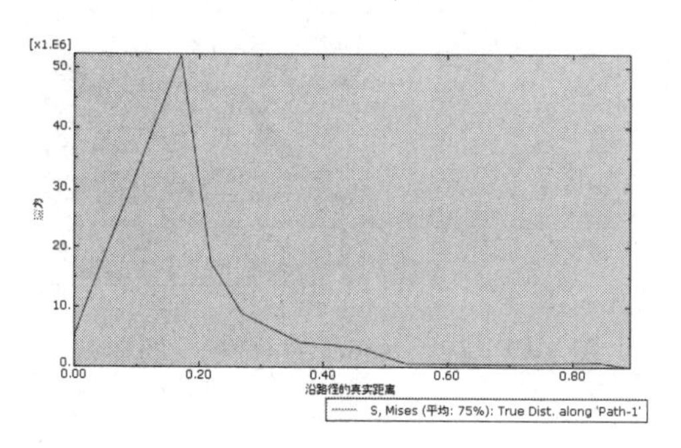

（a）Step-1的Mises应力曲线

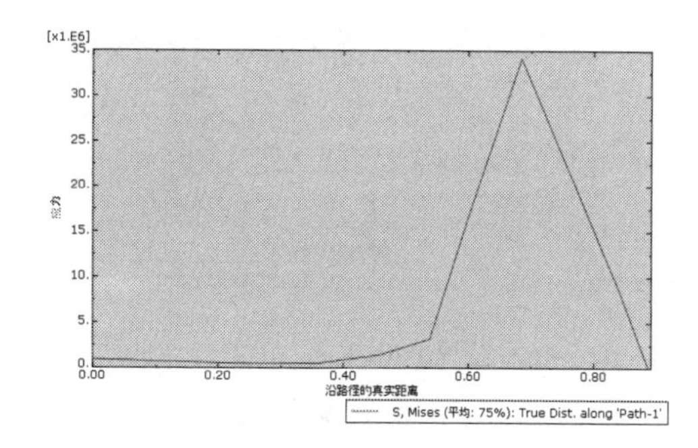

（b）Step-2的Mises应力曲线

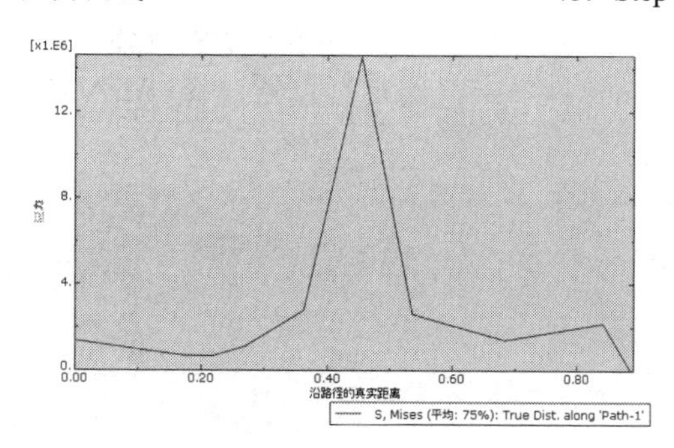

（c）Step-3的Mises应力曲线

图5-43　路径Path-1上的应力分布曲线

步骤05 返回“来自路径的XY数据”对话框，单击“场输出”按钮，弹出“场输出”对话框，如图5-44所示，“输出变量”选择U、“分量”选择U2，单击“绘制”按钮，视图区中显示沿Path-1的U2分布曲线，如图5-45所示。

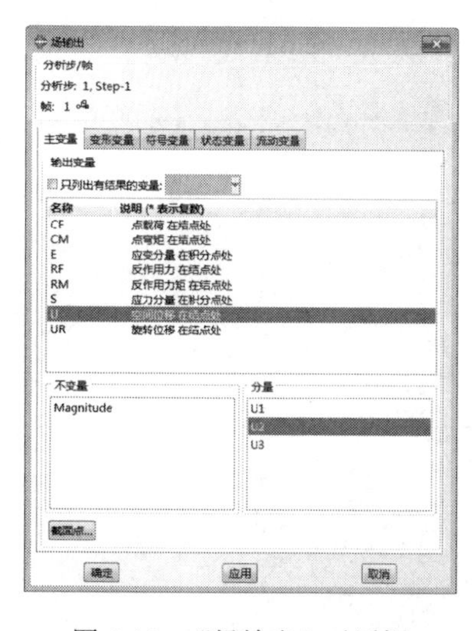

图5-44　“场输出”对话框

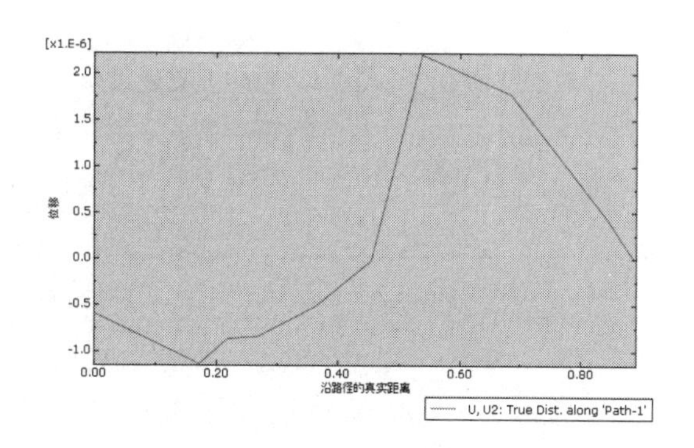

图5-45　沿Path-1的U2分布曲线

步骤06 利用同样的方法，绘制路径 Path-1 的 U1 和 U3 的分布曲线，如图 5-46 和图 5-47 所示。

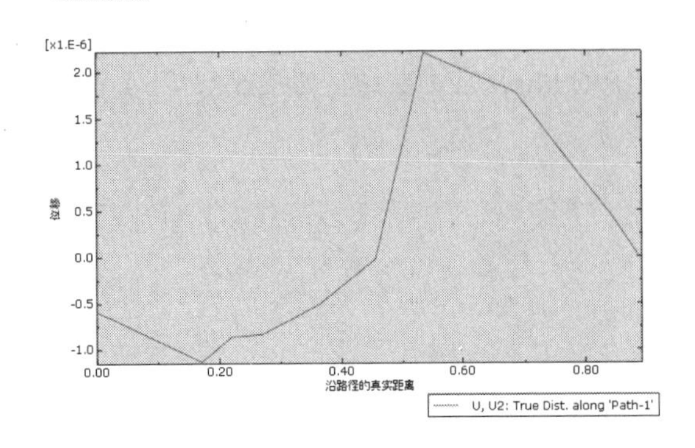

图 5-46 路径 Path-1 的 U1 的分布曲线

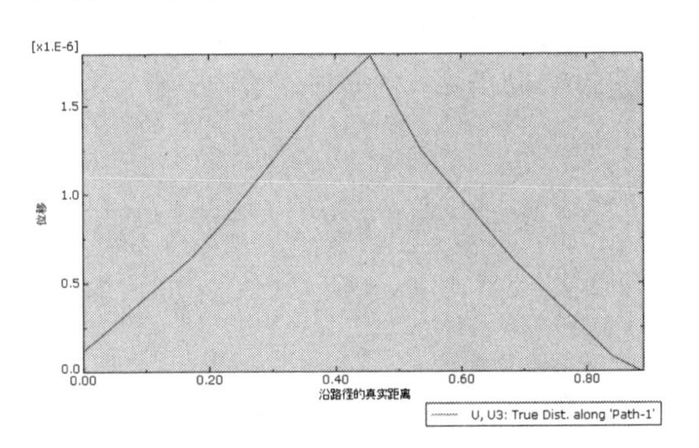

图 5-47 路径 Path-1 的 U3 的分布曲线

4. 生成各个结点位移的结果报告

执行“报告”→“场输出”命令，弹出“报告场变量输出”对话框，在“位置”下拉列表框中选择“唯一结点的”（输出结点处的值），在“输出选项”中选择“S：Mises”选项，切换到“设置”选项卡，设置输出文件的“名称”为 canister，单击“确定”按钮。在 ABAQUS 工作目录下生成报告文件为 canister.rpt，内容如下：

```
********************************************************************************
Field Output Report, written Wed Sep  5 14:55:06 2018

Source 1
---------

  ODB: E:/ABAQUS_2018 中文版有限元分析从入门到精通素材/Chapter 05/5-2/canister.odb
  Step: Step-1
  Frame: Increment     1: Step Time =    1.000

Loc 1 : 来自源 1 的 shell < MATERIAL-1 > < 5 section points > 处的积分点值 : SNEG, (fraction
= -1.0)
Loc 2 : 来自源 1 的 shell < MATERIAL-1 > < 5 section points > 处的积分点值 : SPOS, (fraction
= 1.0)

Output sorted by column "单元标签".

Field Output reported 在积分点处 for region: PART-1-1.Region_1

        单元标签          Int       S.Mises       S.Mises
                          Pt        @Loc 1        @Loc 2
---------------------------------------------------------------
          8586            1     1.28580E-21   1.28557E-21
....
          8839            1          0.            0.
          8840            1          0.            0.
```

```
    最小                        0.           0.
  在单元                       8840         8840
  Int Pt                         1            1

    最大             2.61238E-21     2.61236E-21
  在单元                       8796         8796
  Int Pt                         1            1

     总              112.274E-21     112.269E-21
```

读者用这些结果与理论计算的结果进行对比，可以发现 ABAQUS 的计算结果和理论结果完全相符。对于复杂模型，使用 ABAQUS 有限元软件进行模拟计算有着不可比拟的优势。

执行“绘制”→“云图”→“同时在两个图上”命令，即可显示 U2 和 U3 的结果云图，如图 5-48 所示。

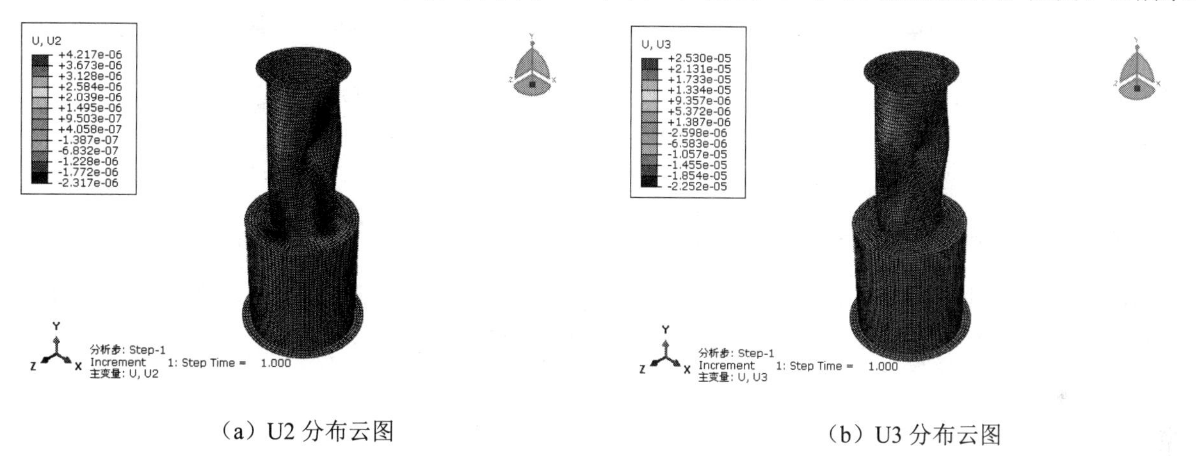

（a）U2 分布云图　　（b）U3 分布云图

图 5-48　模型变形云图

5. 退出ABAQUS/CAE

退出 ABAQUS/CAE，有以下 3 种方法：

- 执行“文件”→“退出”命令；
- 按下 Ctrl+Q 组合键；
- 单击图形窗口右上角的“关闭”按钮。

5.3 长柱形天然气罐在内压作用下的静力分析

长期处于高压下工作的天然气罐容器的安全问题是十分关键的，所以对该类结构进行应力应变分析是设计时必须考虑的问题。该节将进一步讨论轴对称问题的分析和处理方法，了解轴对称问题建模的思路、载荷及边界条件的施加、单元类型的选择等。

5.3.1 问题描述

如图 5-49 所示，主体外径 d=406mm，壁厚 t=18mm，总长度 6000mm 的长圆柱天然气储运罐，在均匀分布的设计内压 p=23MPa 作用下。材料的弹性模量为 206GPa，泊松比为 0.3。试利用轴对称线单元、轴对称实体单元、三维旋转壳单元进行建模和分析。确定容器的应力分布。

为了端部的局部增强，端部部位的壁厚在过渡位置处由筒体的 18mm 逐渐增加到了 23mm。端部部位的详细尺寸如图 5-50 所示。

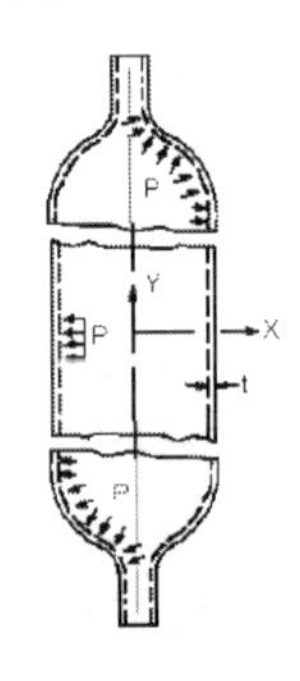

图 5-49　长柱形容器在内压下的模型示意图

图 5-50　筒体主体断面示意图

本例中坐标原点位于端部主体半球的中心，向右为 X 轴，向上为 Y 轴，如图 5-51 所示。图中的厚度 L1=L4=23mm，L2=L3=18mm。关键点的坐标中 b12=89/2+23/2=55.5mm，r12=194mm。

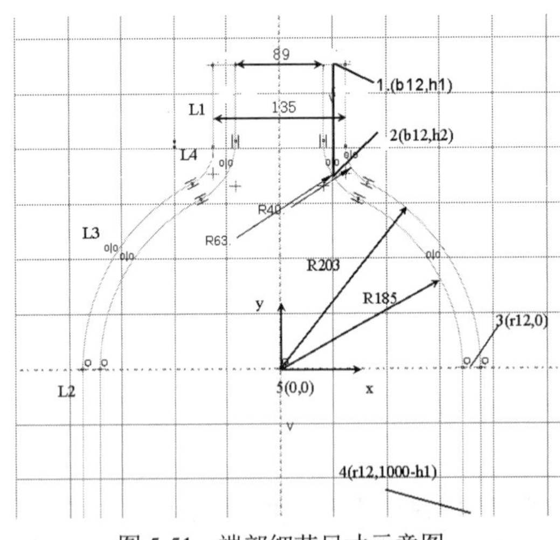

图 5-51　端部细节尺寸示意图

从剖面内侧相关的线的高度关系，可以推算出离上段孔口 75mm 位置的高度：

- 内侧半径 63mm 倒角的圆心的 X 坐标为（44.5+63）mm=107.5mm。
- 倒角圆心的 Y 坐标为 h2=sqrt（248^2-107.5^2）mm=223.5mm。
- 最终得到端部的实际高度为 h1=(223.5+75)mm=298.5mm。

本例的几何模型是轴对称的，边界条件和约束也是轴对称的，故而使用轴对称模型进行分析。

（1）首先，使用线部件取壳体的中面作为模型的控制尺寸，进行轴对称模型的静力学分析。端部封头和倒圆部分的厚度用 23mm，其余部分用 18mm 壁厚。

（2）随后使用平面部件进行计算，平面模型可以获得比较准确的应力分布。

（3）最后，建立三维旋转的壳模型，以此来分析各个分析方案的优异性。

下面将具体介绍 ABAQUS/CAE 的操作过程。

5.3.2 轴对称模型线分析

1. 创建模型

运行 ABAQUS/CAE，修改模型名称 Model-1 为 qiguan_1，保存模型为 qiguan_1.cae。

步骤 01 单击工具箱中的（创建部件）按钮，在弹出的“创建部件”对话框（如图 5-52 所示）中，默认“名称”为 Part-1，设置“模型空间”为“轴对称”、“类型”为“可变形”、“基本特征”为“线”，在“大约尺寸”文本框中输入 1000，单击“继续”按钮，进入草图环境，提示区中的提示如图 5-53 所示。

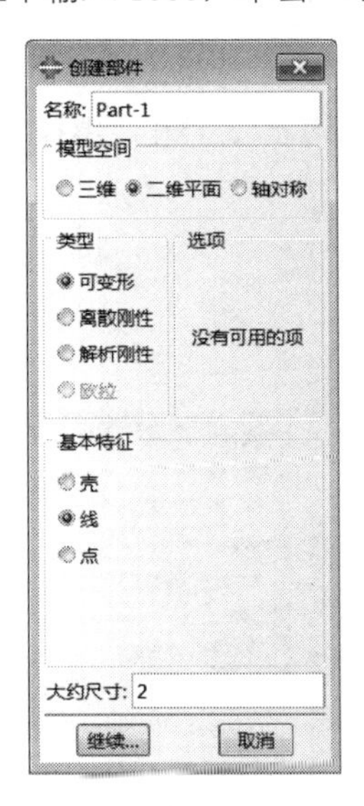

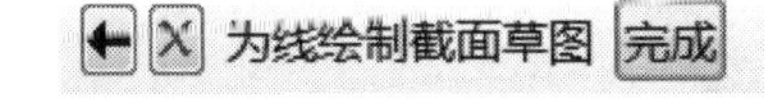

图 5-52 “创建部件”对话框　　　　图 5-53 提示区提示

步骤 02 单击工具箱中的（创建孤立点）按钮，在提示区中依次输入下列坐标值：1.（55.5,298.5）、2.（55.5,223.5）、3.（194,0）、4.（194, -701.5）、5.（0.0,0.0），创建 5 个点。

步骤 03 单击工具箱中的（创建线：首尾相连）按钮，在视图区中连接刚刚定义好的 1 点和 2 点（1-2 线），3 点和 4 点（3-4 线），单击提示区中的“完成”按钮。

步骤 04 单击工具箱中的（创建圆弧：圆心和两端点）按钮，选择点 5（0.0,0.0）为圆心，以点 3（194, 0）为起点、点 2.（55.5,223.5）为终点创建一条圆弧（2-3 弧）。

步骤 05 单击工具箱中的（删除）按钮，选择前面创建的 5 个点（选择多个点的时候按住 Shift 键），单击鼠标中键，删除这 5 个点。

步骤 06 单击工具箱中的（创建倒角：两条曲线）按钮，在提示区中输入倒角的半径 51.5，然后在视图区中分别拾取 1-2 线和 2-3 弧，按回车键，完成倒角的定义。最后，形成如图 5-54 所示的草图结构。

步骤07 单击提示区中的“完成”按钮，形成轴对称模型，如图 5-55 所示。

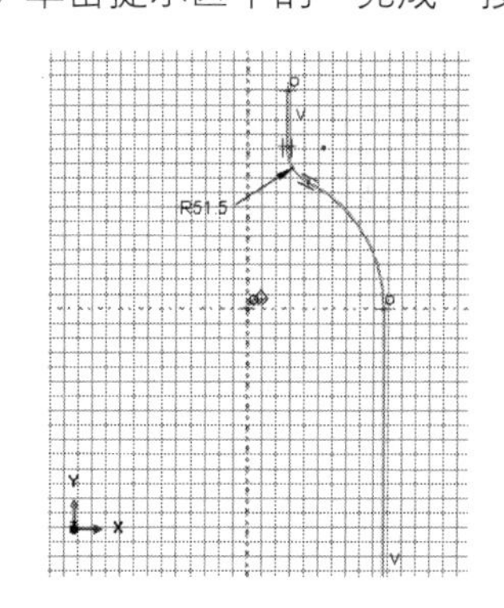

图 5-54 形成的草图结构

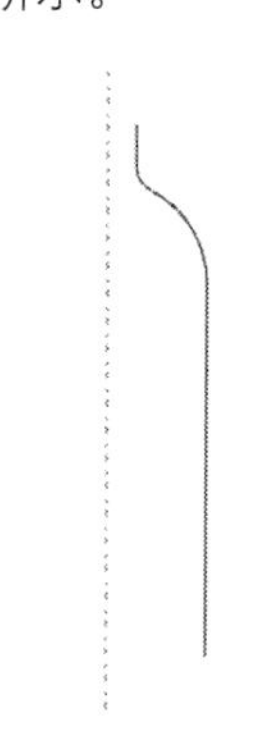

图 5-55 形成的轴对称模型

2. 定义材料和截面属性

步骤01 创建材料。进入属性模块，单击工具箱中的（创建材料）按钮，弹出“编辑材料”对话框，如图 5-56 所示，设置材料“名称”为 Material-1，执行“力学”→“弹性”→“弹性”命令，设置“杨氏模量”为 2.06e11、“泊松比”为 0.3，单击“确定”按钮，完成材料属性的定义。

步骤02 创建截面属性。单击工具箱中的（创建截面）按钮，在“创建截面”对话框（如图 5-57 所示）中，默认“名称”为 Section-1，“类别”选择“壳”，“类型”选择“均质”，单击“继续”按钮，进入“编辑截面”对话框，如图 5-58 所示。

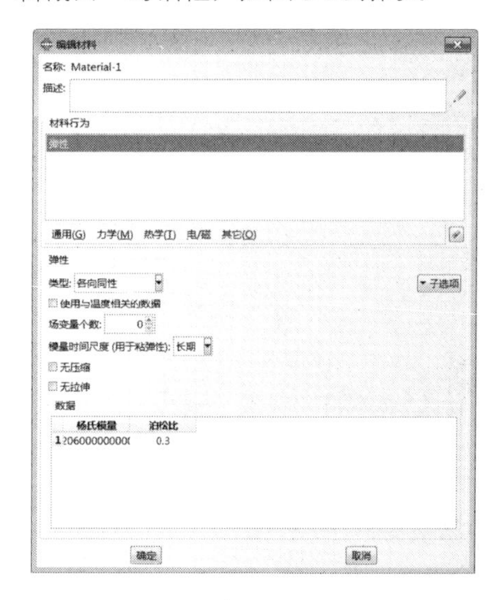

图 5-56 “编辑材料”对话框

图 5-57 “创建截面”对话框

图 5-58 “编辑截面”对话框

对于轴对称模型线问题，其截面属性应该是壳。

步骤03 在“编辑截面”对话框中，“材料”选择 Material-1，在“壳的厚度：数值”文本框中输入 23，单击“确定”按钮，完成截面 Section-1 的定义。使用相同的方法，定义 Section-2，“壳的厚度”设置为 18。

步骤04 赋予截面属性。单击工具箱中的（指派截面）按钮，在图形区选择模型中的 L1 和 L4，单击提示区中的“完成”按钮，在弹出的“编辑截面指派”对话框（如图 5-59 所示）中选择“截面”为 Section-1，单击“确定”按钮，把截面属性 Section-1 赋予 L1 和 L4。利用同样的方法，把 Section-2 赋予 L2 和 L3。

3．定义装配件

进入装配模块。单击工具箱中的（将部件实例化）按钮，在弹出如图 5-60 所示的“创建实例”对话框中，选择“部件”为 Part-1，单击“确定”按钮，创建部件的实例。

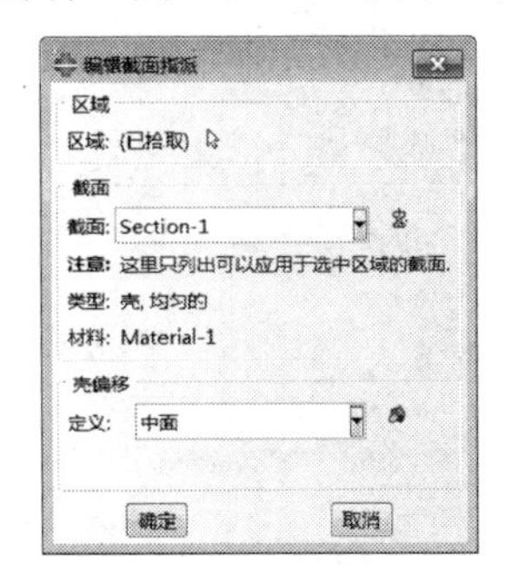

图 5-59　“编辑截面指派”对话框

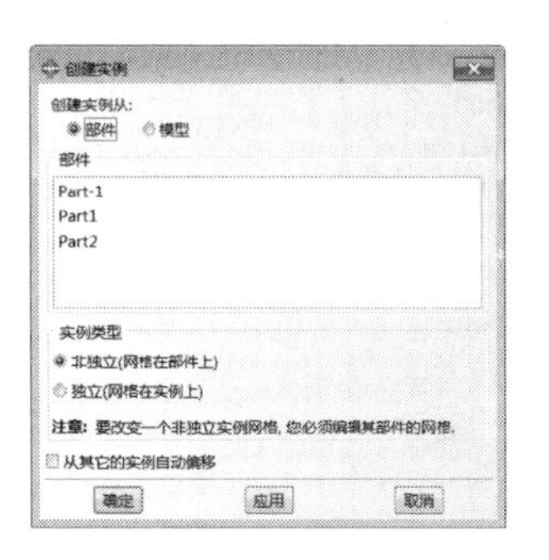

图 5-60　“创建实例”对话框

4．设置分析步和历史输出变量

定义分析步

步骤 01 进入分析步模块。单击工具箱中的（创建分析步）按钮，在弹出的“创建分析步”对话框（如图 5-61 所示）中，选择分析步类型为“静力，通用”，单击“继续”按钮。

步骤 02 在弹出的“编辑分析步”对话框（如图 5-62 所示）中接受默认的设置，单击“确定”按钮，完成分析步的定义。

步骤 03 读者可以根据具体的需要，修改场变量及历史输出变量的输出要求。

5．定义载荷和边界条件

（1）定义边界条件

步骤 01 进入载荷功能模块。单击工具箱中的（创建边界条件）按钮，创建“名称”为 BC-1 的边界条件，或者单击“边界条件管理器”对话框中的“创建”按钮，在弹出的对话框（如图 5-63 所示）中，设置“分析步”为 Step-1，“类别”为“力学：位移/转角”，单击“继续”按钮，选择部件的最下侧点，即点 4，单击提示区中的“完成”按钮。

图 5-61　“创建分析步”对话框

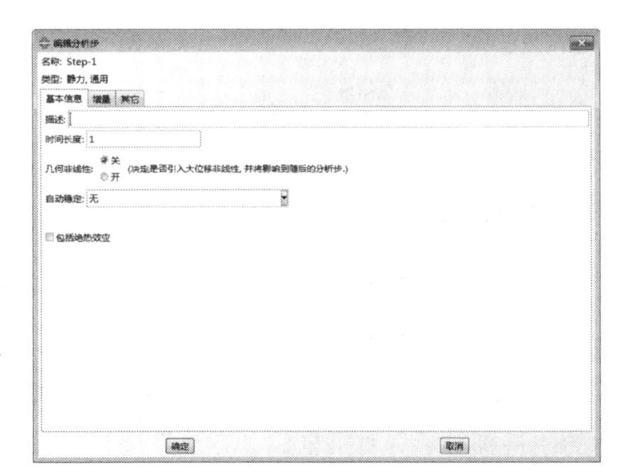

图 5-62　“编辑分析步”对话框

步骤02 进入“编辑边界条件”对话框（如图 5-64 所示），选中 U2、UR3 前面的复选框，默认值为 0，单击“确定”按钮，完成底部边界条件的施加。

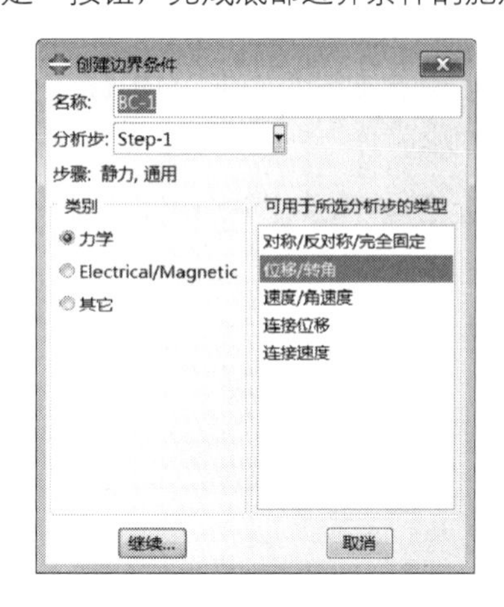

图 5-63 “创建边界条件”对话框

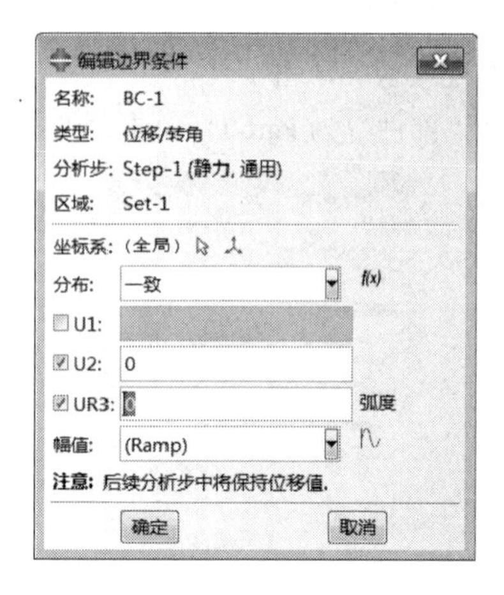

图 5-64 “编辑边界条件”对话框

（2）施加载荷

步骤01 单击工具箱中的（创建载荷）按钮，弹出“创建载荷”对话框，如图 5-65 所示，输入载荷“名称”为 Load-1，“分析步”选择 Step-1，载荷“类别”选择“力学：集中力”，单击“继续”按钮。

步骤02 选择部件的最上侧点，即点 1，单击提示区中的“完成”按钮，弹出如图 5-66 所示的“编辑载荷”对话框，设置 CF2 为 143086，单击“确定”按钮，完成上侧集中力的施加。

步骤03 使用同样的方法，定义载荷 Load-2，载荷“类别”选择“力学：压强”，选择 L1～L4 线段，并根据提示区中的提示选择载荷施加位置的颜色，“大小”设置为 2.3e7，完成后的模型如图 5-67 所示。

图 5-65 “创建载荷”对话框

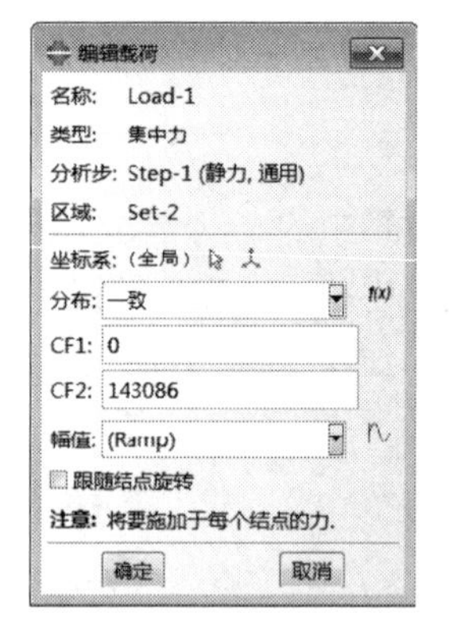

图 5-66 “编辑载荷”对话框

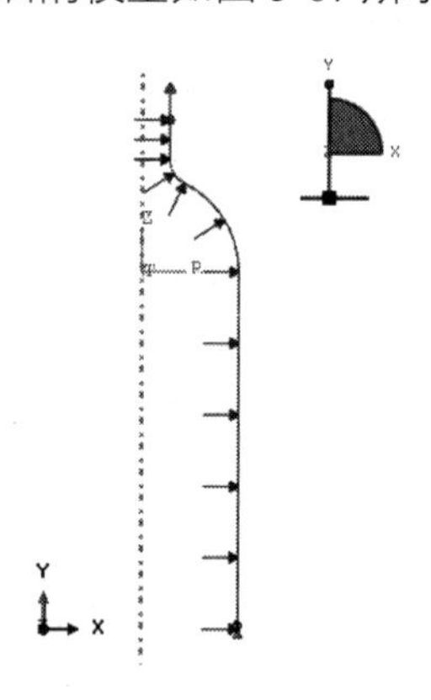

图 5-67 施加压力载荷和边界后的模型

6．划分网格

进入网格功能模块，将窗口顶部的环境栏目标选项设为“部件：Part-1”。

（1）设置网格密度

单击（为边布种）按钮，在图形窗口中选择整个部件，单击提示区中的“完成”按钮。弹出如图 5-68 所示的“局部种子”对话框，“方法”选择“按个数”，在“尺寸控制”中设置“单元数”为 15，单击“确定”按钮，单击鼠标中键。在这条边上出现 15 个方格形的种子标记，如图 5-69 所示。

图 5-68 “局部种子”对话框

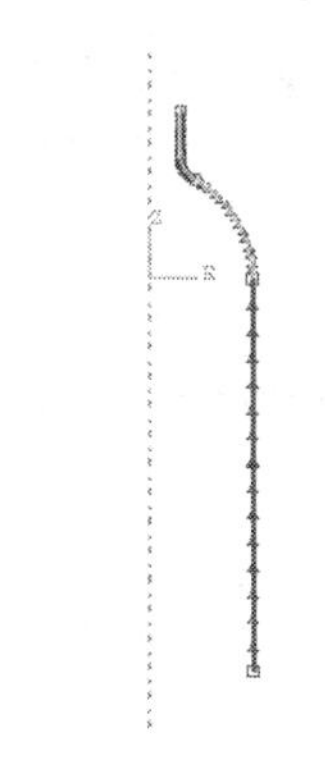

图 5-69 种子分布

（2）控制网格划分

因为该模型使用的是线结构，所以定义好种子分布之后，该部分就不需要定义了。

（3）选择单元类型

单击工具箱中的（指派单元类型）按钮，在视图区中选择模型，单击“完成”按钮，弹出“单元类型”对话框（如图 5-70 所示），选择默认的单元类型 SAX1，单击“确定”按钮。

（4）划分网格

单击工具箱中的（为部件划分网格）按钮，单击提示区中的“确定”按钮，完成网格的划分，如图 5-71 所示。

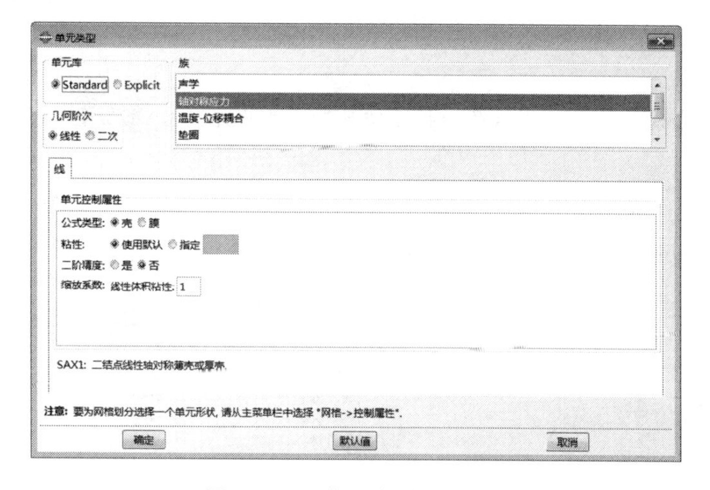

图 5-70 “单元类型”对话框

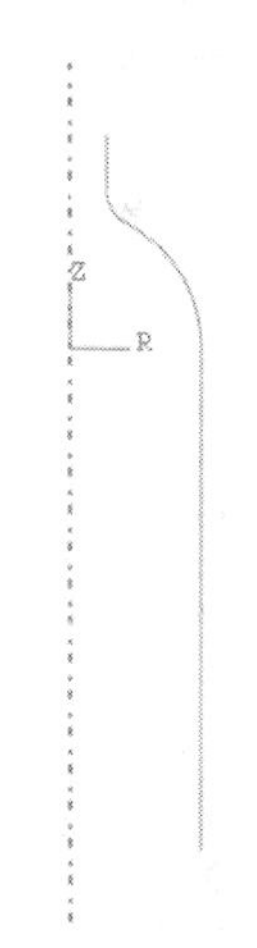

图 5-71 有限元网格模型

7．结果分析

保存前面的模型，进入作业模块。

步骤 01 执行“作业”→“管理器”命令，单击“作业管理器”对话框（如图 5-72 所示）中的“创建”按钮，定义作业名称为 qiguan，单击“继续”按钮，单击“确定”按钮。

图 5-72 “作业管理器”对话框

步骤02 进入“编辑作业”对话框，接受默认值，单击“确定”按钮，完成作业 qiguan 的定义。

步骤03 单击“作业管理器”对话框右侧的“写入输入文件”按钮，在工作目录下面创建一个与作业名称相同的 qiguan.inp 文件。

步骤04 单击“监控”按钮，打开“qiguan 监控器”对话框，单击“提交”按钮，提交作业。在“qiguan 监控器”对话框（如图 5-73 所示）中查看作业的运行状态，如果出现错误就按照提示进行更改，并注意警告信息的内容。

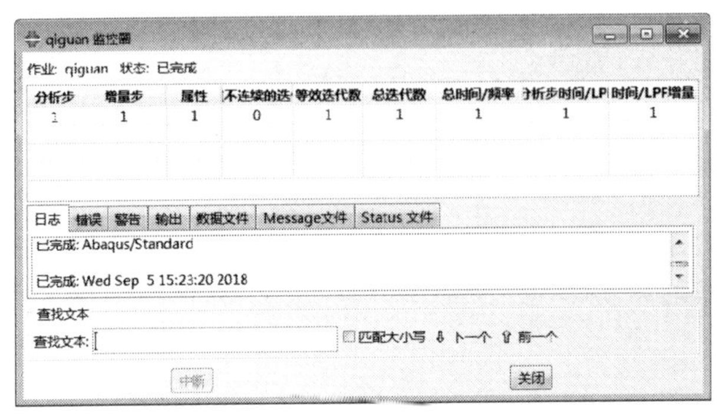

图 5-73 “qiguan 监控器”对话框

步骤05 作业完成之后，单击“作业管理器”对话框中的“结果”按钮，进入可视化模块。

8．后处理

步骤01 进入可视化模块后，执行“绘制”→“云图”→“同时在两个图上”命令，显示模型变形前后的云图，如图 5-74 所示。

为了观看方便，显示的变形图是放大若干倍的结果，并非实际的变形大小。

步骤02 执行“选项”→“通用”命令，弹出如图 5-75 所示的“通用绘图选项”对话框，切换到“基本信息”选项卡的“变形缩放系数”选项组中，默认的选择是“自动计算”，也就是自动选择放大变形系数。

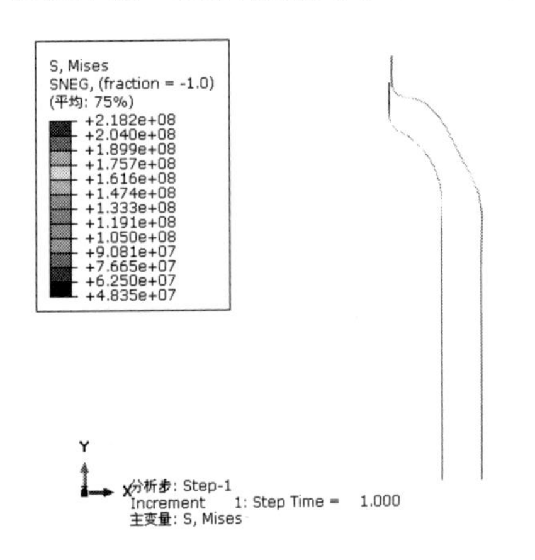

图 5-74 变形系数为 500 时的显示结果

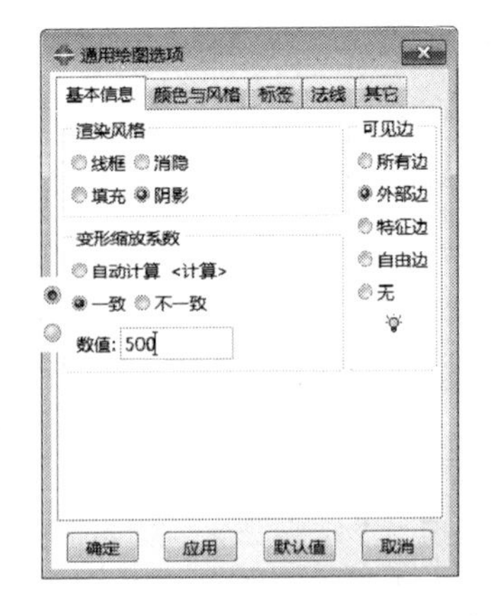

图 5-75 “通用绘图选项”对话框

步骤03 选中“一致”单选按钮，在出现的数值项后面自定义均匀放大倍数为 1000，单击“应用”按钮，显示结果如图 5-76 所示。

步骤 04 选择“不一致”单选按钮，可以分别定义 X、Y、Z 3 个方向上的放大系数，如图 5-77 所示。

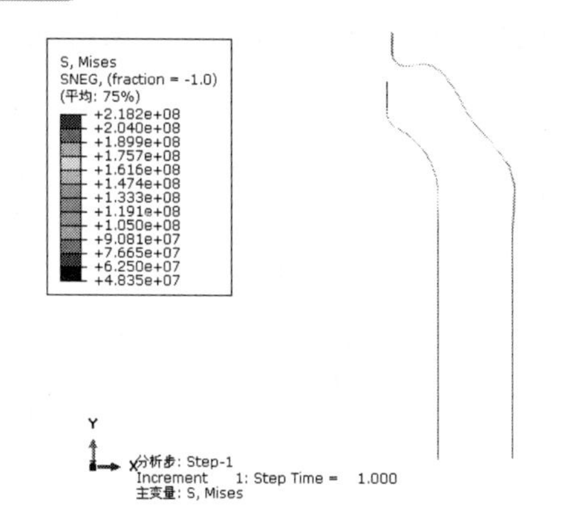

图 5-76 变形系数为 1000 时的显示结果

图 5-77 非均匀放大系数

步骤 05 执行“结果”→“场输出”命令，弹出“场输出”对话框（如图 5-78 所示），在“输出变量”选项组中选择“U：空间位移 在结点处”。在“分量”选项组中选择 U1，单击“应用”按钮，显示 X 方向的变形图，如图 5-79（a）所示；在“分量”选项组中选择 U2，单击“应用”按钮，显示 Y 方向的变形图，如图 5-79（b）所示。

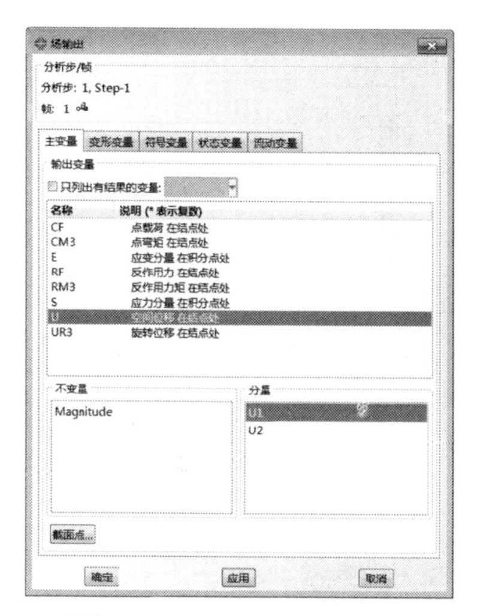

图 5-78 “场输出”对话框

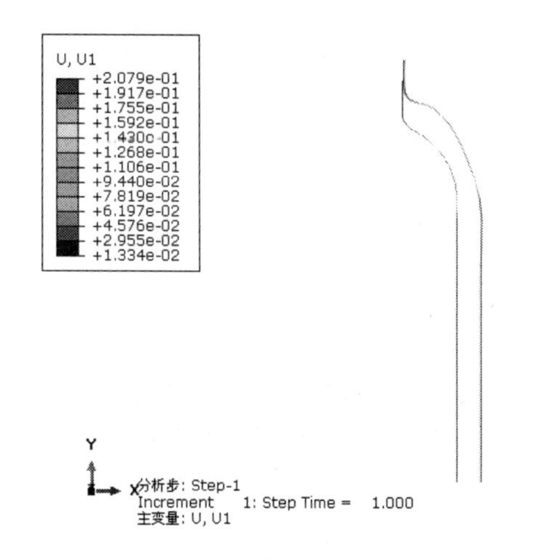

（a）X 方向上的变形图

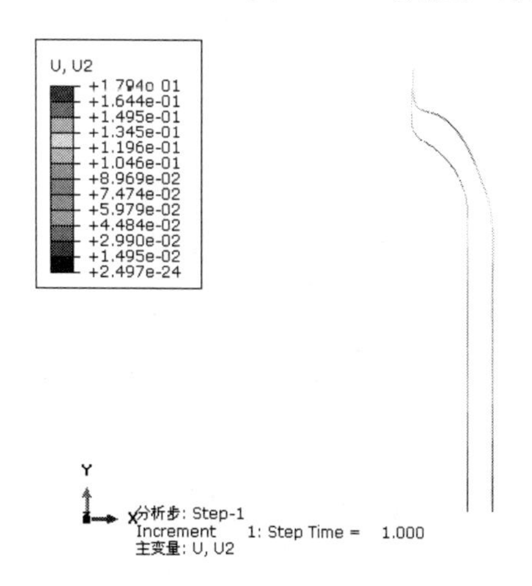

（b）Y 方向上的变形图

图 5-79 X、Y 方向上的变形图

步骤06 在“场输出”对话框的“输出变量”选项组中选择“S：应力分量 在积分点处”，在“不变量”选项组中分别选择 Max. In-Plane Principal、Min. In-Plane Principal、Out-of-Plane Principal、Max. Principal、Mid. Principal、Min. Principal，显示结果如图 5-80 所示。

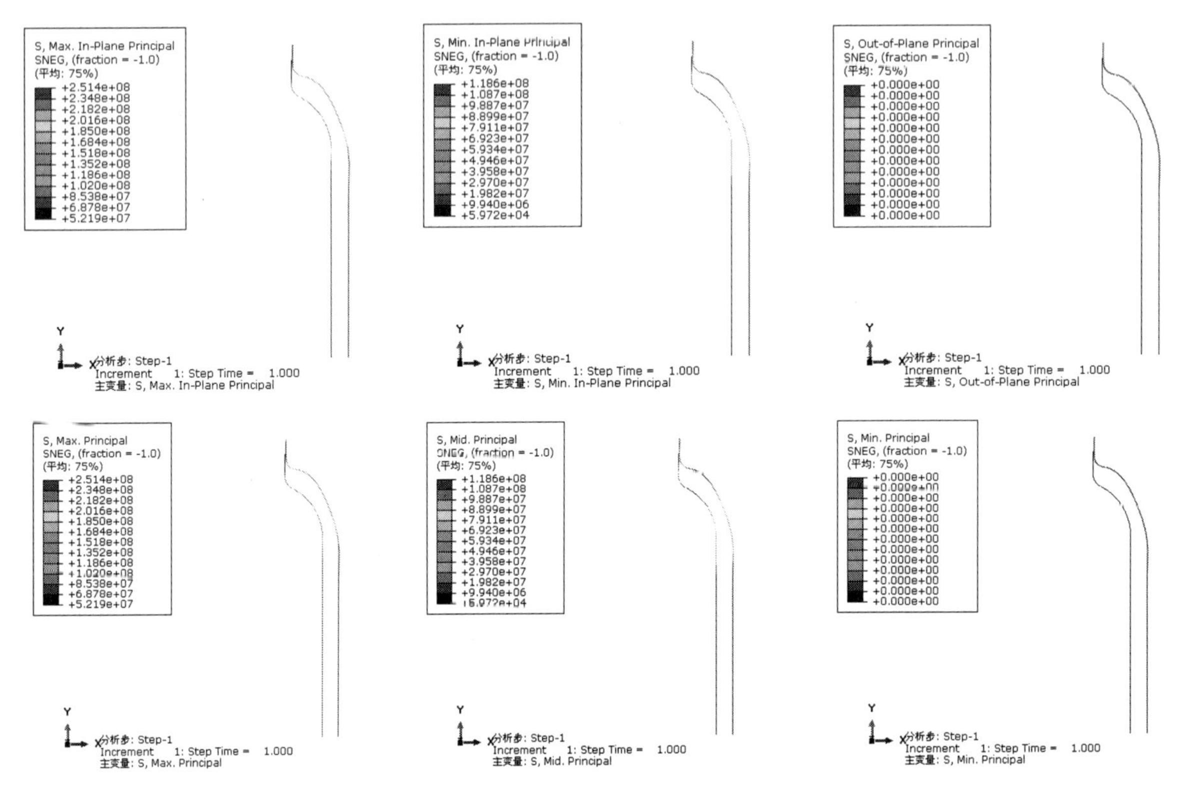

图 5-80 各种应力分布

步骤07 执行“工具”→“路径”→“创建”命令，弹出如图 5-81 所示的对话框，输入路径“名称”为 Path-Shoulder，单击“继续”按钮。

步骤08 弹出“编辑结点列表路径”对话框，如图 5-82 所示。

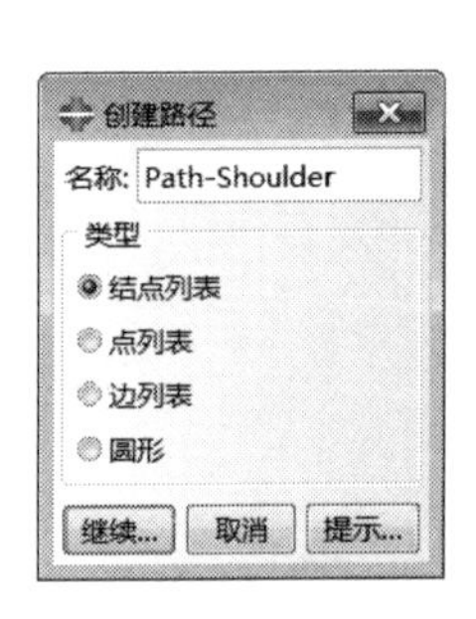

图 5-81 “创建路径”对话框

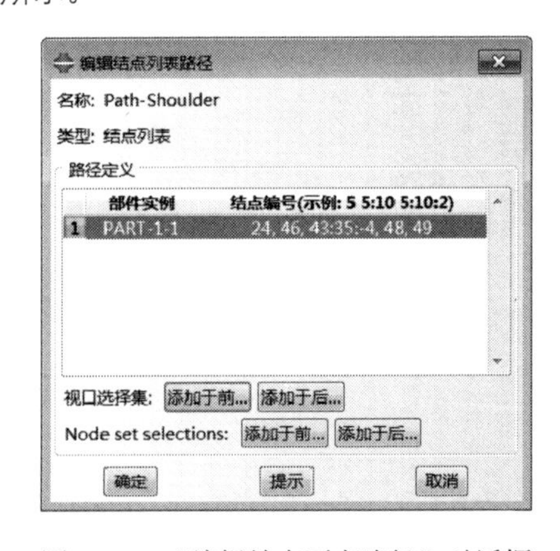

图 5-82 “编辑结点列表路径”对话框

步骤09 单击对话框中的“添加于后”按钮，在图形窗口中选择圆弧上的一系列结点，定义的路径如图 5-83 所示，单击“确定”按钮，完成一个圆弧路径的定义。

步骤 10 执行“工具”→“XY 数据”→“创建”命令，弹出如图 5-84 所示的对话框，在“源”选项组中选中“路径”单选按钮，单击“继续”按钮，弹出如图 5-85 所示“来自路径的 XY 数据”对话框，接受默认设置，即“路径”为 Path-Shoulder，模型形状为变形后的模型，X 表示实际的距离，显示 Frame=1 时，表示 Step-1 结束时的 Mises 应力，单击“绘制”按钮，显示出路径 Path-Shoulder 上的 Mises 应力曲线，如图 5-86 所示。

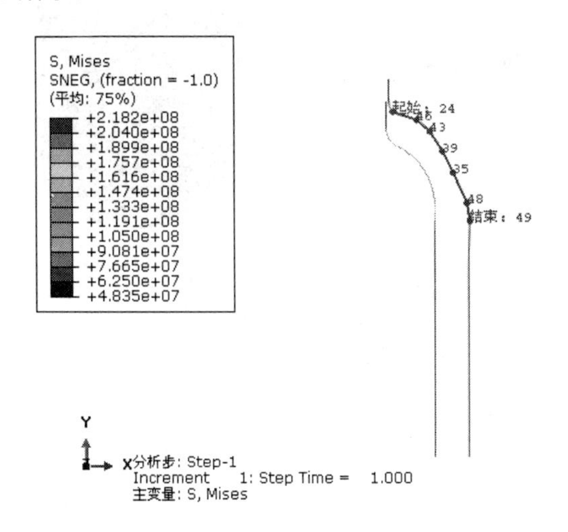

图 5-83　结点路径

图 5-84　“创建 XY 数据”对话框

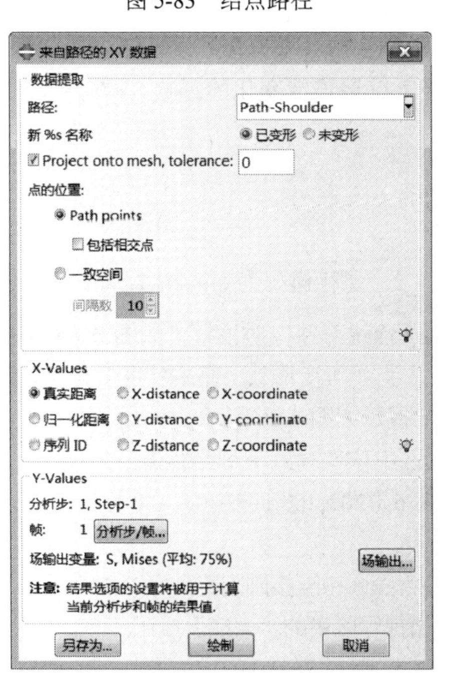

图 5-85　“来自路径的 XY 数据”对话框

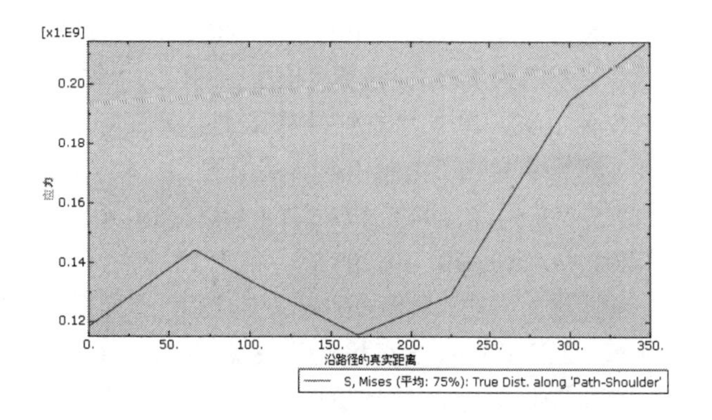

图 5-86　显示路径 Path-Shoulder 上的 Mises 应力曲线

步骤 11 操作显示 Mises 应力的云图，执行“视图”→“ODB 显示选项”命令，弹出如图 5-87 所示的对话框。打开“扫掠/拉伸”选项卡，选中“扫掠单元”复选框，选择默认的旋转角度，单击“应用”按钮，显示结果如图 5-88 所示。

步骤 12 最后，执行“文件”→“退出”命令，退出 ABAQUS/CAE。

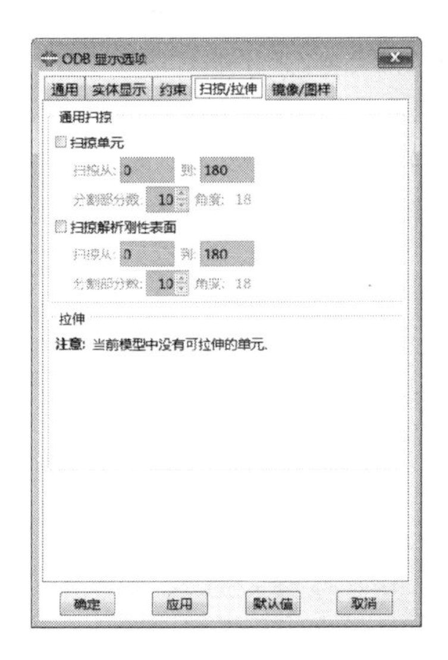

图 5-87 “ODB 显示选项”对话框

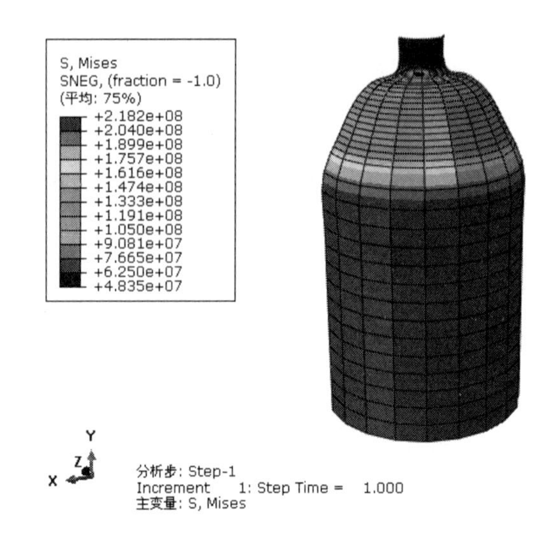

图 5-88 等效三维模型

5.3.3 轴对称模型平面分析

在轴对称线部件计算时有一个缺点，就是在计算载荷时，按结构的中面计算，壁厚只在应力计算中起作用，所以应力计算结果一般都是偏大（载荷按内压施加）或者偏小的（载荷按外压施加）。

倒角部位的厚度变化连续过渡，在壳体单元模型中没有计入壁厚连续变化的影响，同时中面的建模位置与实际结构的中面略有偏差。

下面将采用实体单元，利用轴对称分析功能进行计算。

1. 创建模型

运行 ABAQUS/CAE，修改模型“名称”Model-1 为 qiguan_2，保存模型为 qiguan_2.cae。

步骤 01 单击工具箱中的（创建部件）按钮，在弹出的“创建部件”对话框（如图 5-89 所示）中，默认“名称”为 Part-1，设置“模型空间”为“轴对称”、“类型”为“可变形”、“基本特征”为“壳”、“大约尺寸”为 1000，单击“继续”按钮，进入草图环境，提示区中的提示如图 5-90 所示。

步骤 02 单击工具箱中的（创建孤立点）按钮，在提示区中依次输入下列坐标值：1.（44.5, 298.5）、2.（67.5, 298.5）、3.（44.5, 179.6）、4.（67.5, 191.4）、5.（185, 0.0）、6.（203, 0.0）、7.（0.0, 0.0）、8.（185,-701.5）、9.（203,-701.5）、10.（0, 298.5），创建 10 个点。

步骤 03 单击工具箱中的（创建线：首尾相连）按钮，在视图区中连接刚刚定义好的 1 点和 2 点、1 点和 3 点、2 点和 4 点、5 点和 8 点、8 点和 9 点、6 点和 9 点，单击提示区中的“完成”按钮。

步骤 04 单击工具箱中的（创建圆弧：圆心和两端点）按钮，选择 7（0.0,0.0）为圆心，以点 5（185,0.0）为起点、点 3（44.5, 179.6）为终点绘制一条圆弧。

步骤 05 使用同样的方法，选择点 7（0.0,0.0）为圆心，以点 6（203, 0.0）为起点、点 4（67.5,191.4）为终点绘制一条圆弧。

步骤 06 单击工具箱中的（删除）按钮，选择前面创建的 10 个点（选择多个点的时候按住 Shift 键），单击鼠标中键，删除这 10 个点。

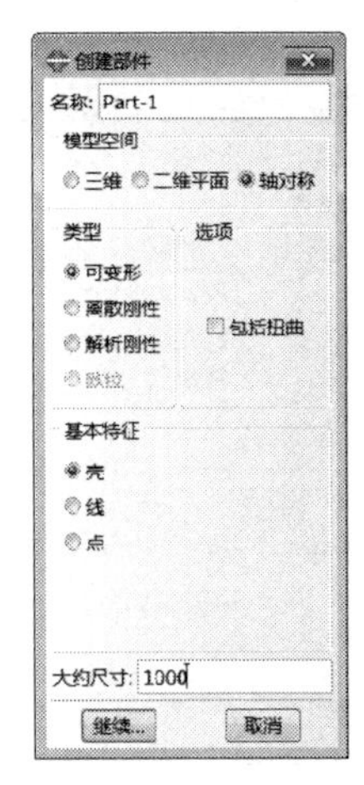

图 5-89　“创建部件”对话框

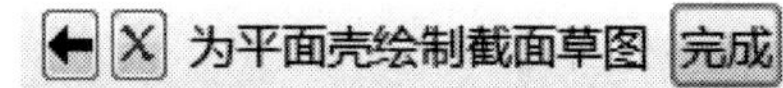

图 5-90　提示区提示

步骤 07 单击工具箱中的（创建倒角：两条曲线）按钮，在提示区中输入倒角的半径为 63，然后在视图区中分别拾取 1-3 线和 3-5 弧，按回车键，完成倒角的定义。

步骤 08 使用同样的方法，在提示区中输入倒角的半径为 40，然后在视图区中分别拾取 2-4 线和 6-4 弧，按回车键，完成倒角的定义。最后连接成如图 5-91 所示的结构。

步骤 09 单击提示区中的“完成”按钮，形成轴对称模型，如图 5-92 所示。保存模型。

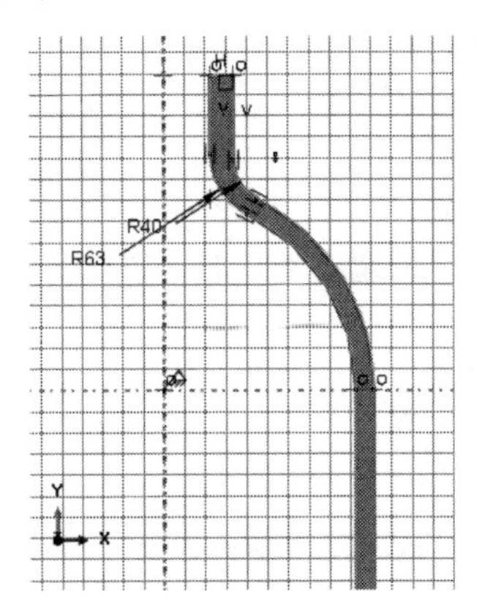

图 5-91　最后形成的结构

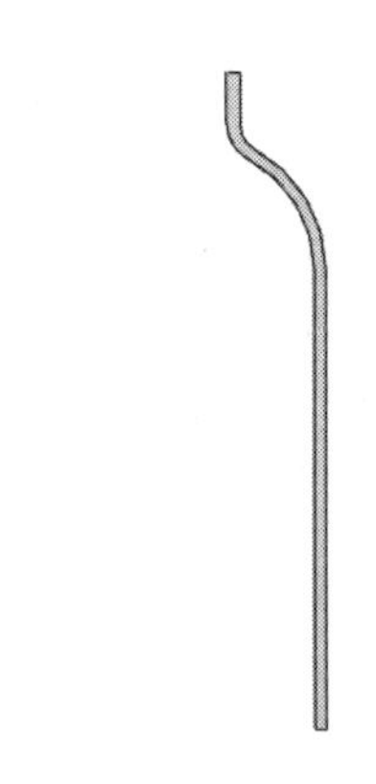

图 5-92　形成的轴对称模型

2．定义材料和截面属性

步骤 01 创建材料。进入属性模块，单击工具箱中的（创建材料）按钮，弹出“编辑材料”对话框（如图 5-93 所示），设置材料“名称”为 Material-1，选择“力学”→“弹性”→“弹性”命令，设置“杨氏模量”为 2.07ell，“泊松比”为 0.3，单击“确定”按钮，完成材料属性定义。

步骤 02 创建截面属性。单击工具箱中的（创建截面）按钮，在“创建截面”对话框（如图 5-94 所示）中选择“实体：均质”，单击“继续”按钮，进入“编辑截面”对话框，如图 5-95 所示。

步骤 03 进入“编辑截面”对话框，“材料”选择 Material-1，单击“确定”按钮，完成截面 Section-1 的定义。

对于轴对称模型平面问题，其截面属性应该是实体而不是壳。

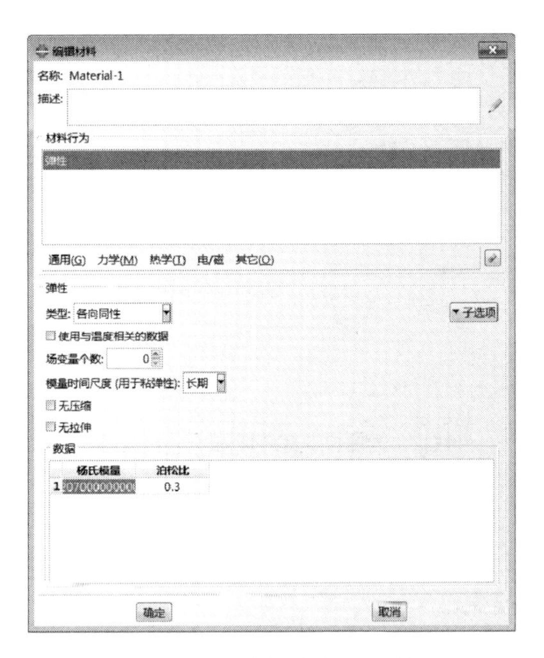

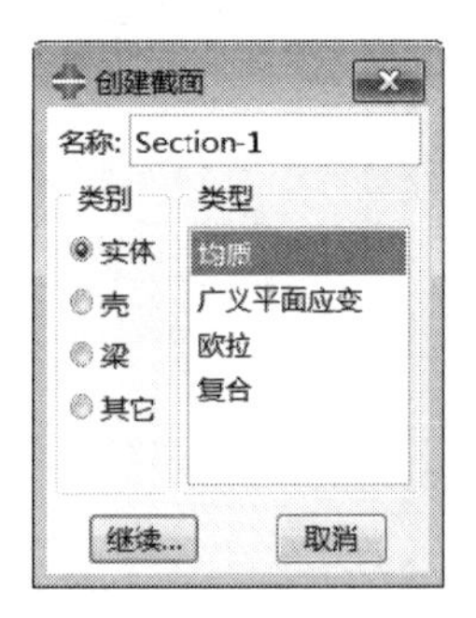

图 5-94 “创建截面”对话框

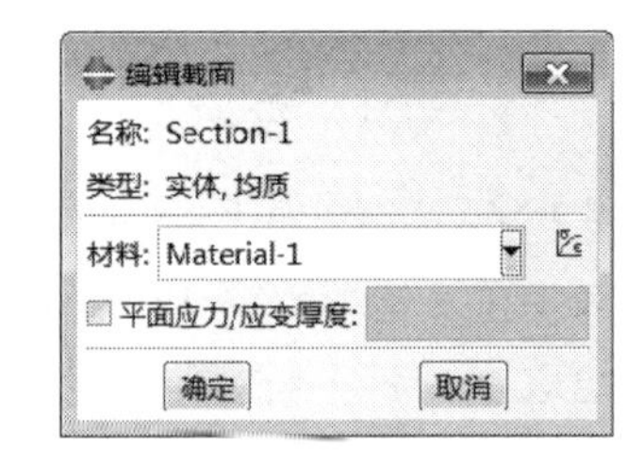

图 5-93 “编辑材料”对话框

图 5-95 “编辑截面”对话框

步骤 04 赋予截面属性。单击工具箱中的 （指派截面）按钮，在图形窗口中选择整个平面模型，单击提示区中的“完成”按钮，在弹出的“编辑截面指派”对话框（如图 5-96 所示）中选择“截面”为 Section-1，单击“确定”按钮，把截面属性 Section-1 赋予部件 Part-1。

3. 定义装配件

进入装配模块，单击工具箱中的 （将部件实例化）按钮，在“创建实例”对话框（如图 5-97 所示）中选择 Part-1，单击“确定”按钮，创建部件的实例。

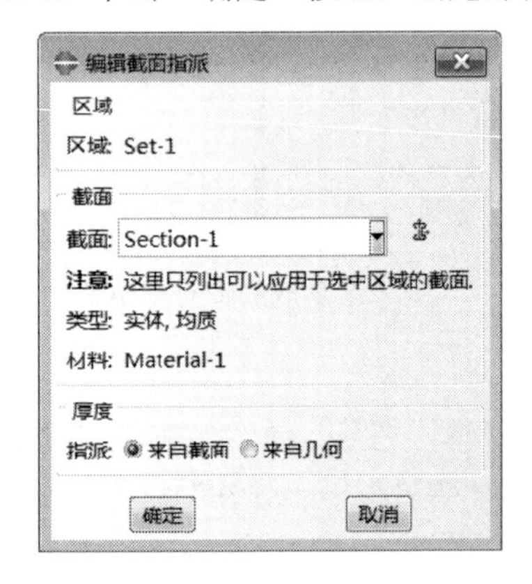

图 5-96 “编辑截面指派”对话框

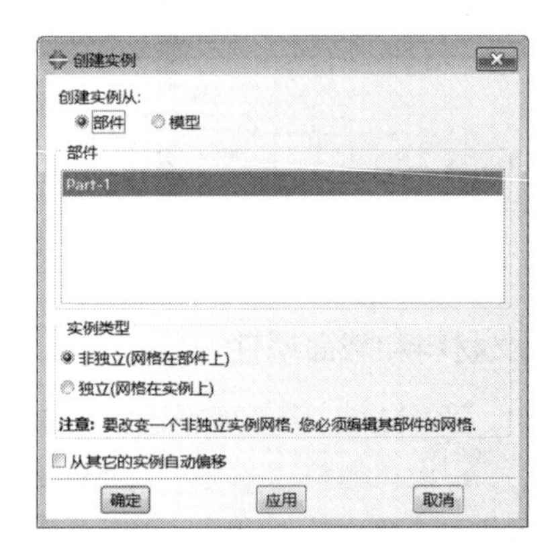

图 5-97 “创建实例”对话框

4. 设置分析步

进入分析步模块，单击工具箱中的 （创建分析步）按钮，在弹出的“创建分析步”对话框（如图 5-98 所示）中选择“静力，通用”，单击“继续”按钮。

在弹出的“编辑分析步”对话框（如图 5-99 所示）中接受默认设置，单击“确定”按钮完成分析步的定义。

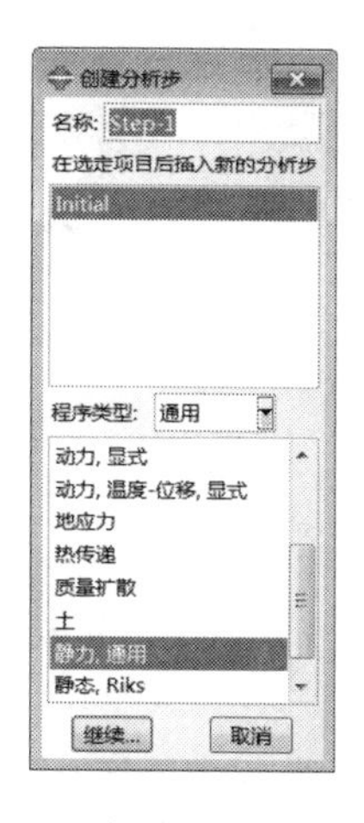

图 5-98　“创建分析步”对话框

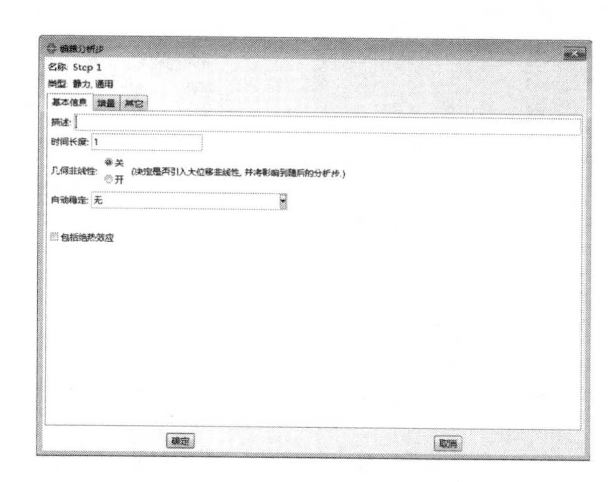

图 5-99　“编辑分析步”对话框

5. 定义载荷和边界条件

（1）定义边界条件

进入载荷功能模块，单击工具箱中的（创建边界条件）按钮，创建“名称”为BC-1的边界条件，在弹出的“创建边界条件”对话框（如图5-100所示）中，“分析步”选择Step-1，“类型”选择“力学：对称/反对称/完全固定”，单击“继续”按钮，选择部件的最下侧边，单击提示区中的“完成”按钮。

进入“编辑边界条件”对话框，如图5-101所示，选中XASYMM单选按钮，单击“确定”按钮，完成底部边界条件的施加。

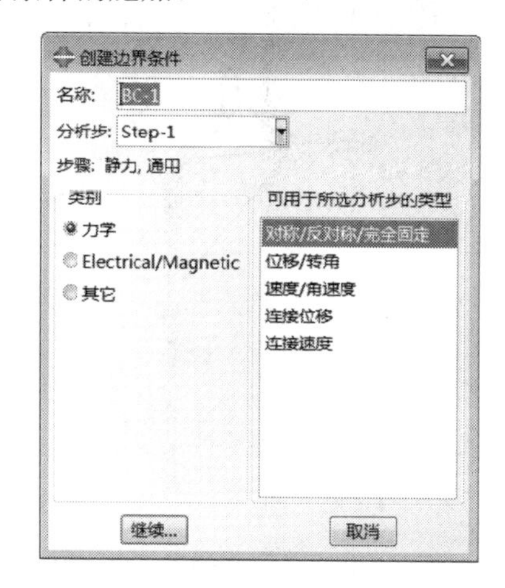

图 5-100　“创建边界条件”对话框

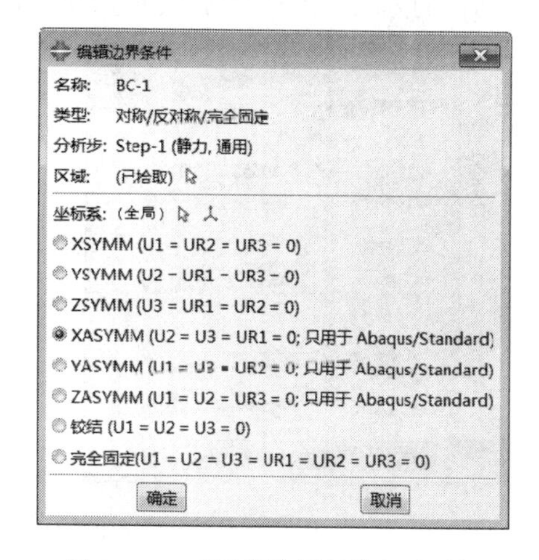

图 5-101　“编辑边界条件”对话框

（2）施加载荷

单击工具箱中的（创建载荷）按钮，在弹出的“创建载荷”对话框（如图5-102所示）中设置载荷“名称”为Load-1，“分析步”选择Step-1，载荷“类型”选择“力学：压强”，单击“继续”按钮。

选择部件最上侧的边，单击提示区中的“完成”按钮，弹出“编辑载荷”对话框，如图5-103所示，输入“大小”数值为-1.7681e7，单击“确定”按钮，完成内压的施加。

使用同样的方法，将部件内部的各边施加压强，“大小”为2.3e7，定义好边界条件和载荷的结构如图5-104所示。

图 5-102 “创建载荷”对话框

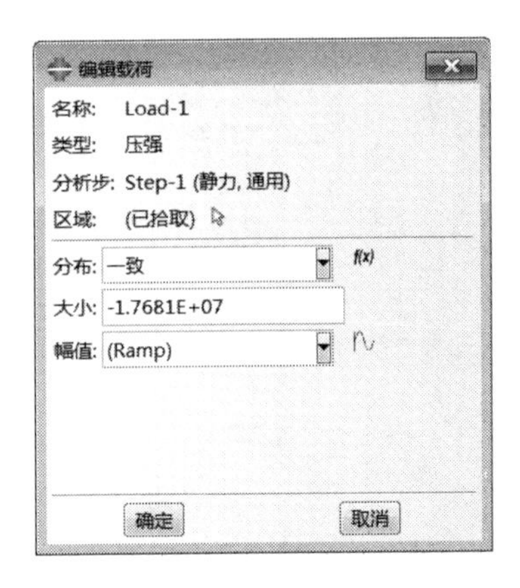

图 5-103 “编辑载荷”对话框

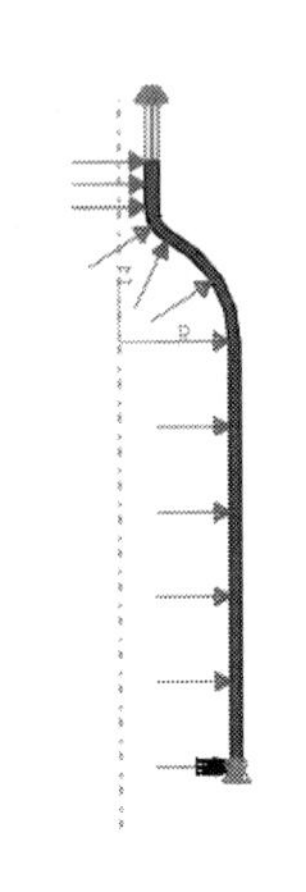

图 5-104 施加压力载荷和边界后的模型

6. 划分网格

进入网格功能模块，在窗口顶部的环境栏将目标选项设为部件：Part-1。

(1) 设置网格密度

单击 (为边布种) 按钮，在图形窗口中选择两侧的线段，单击提示区中的“完成”按钮，弹出“局部种子”对话框，设置“方法”为“按个数”，在“尺寸控制”选项组中的“单元数”右侧输入种子数目15，如图 5-105 所示。单击“确定”按钮，单击鼠标中键，在这条边上出现 15 个方格形的种子标记。

使用同样的方法，按照如图 5-106 所示的种子数目给其他边布置种子。

图 5-105 “局部种子”对话框

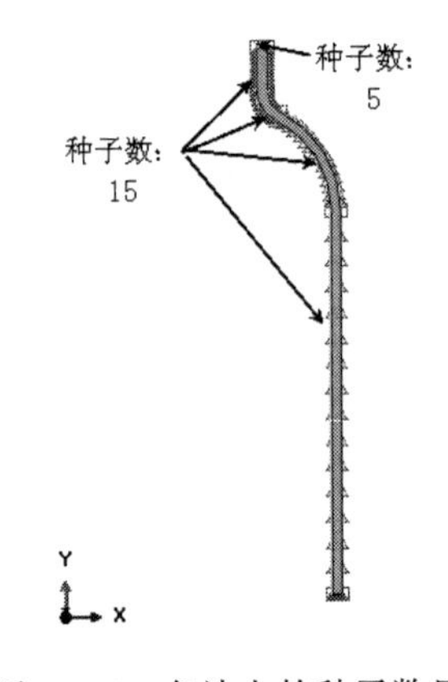

图 5-106 各边上的种子数目

(2) 控制网格划分

单击工具箱中的 (指派网格控制) 按钮，弹出“网格控制属性”对话框，如图 5-107 所示，将“算法”设为“进阶算法”，单击“确定”按钮，完成控制网格划分选项的设置。

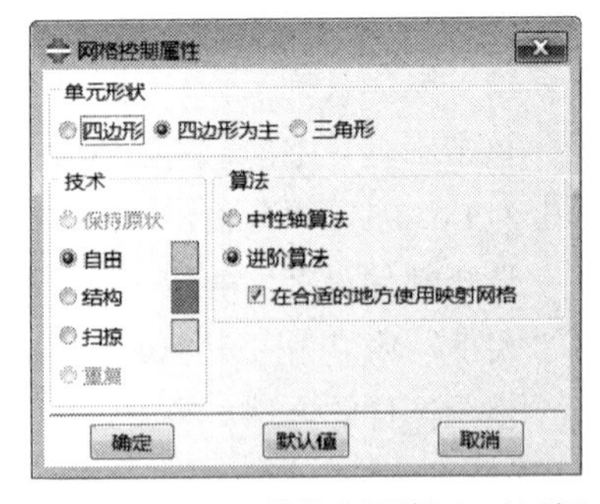

图 5-107 “网格控制属性”对话框

(3) 选择单元类型

单击工具箱中的 (指派单元类型) 按钮，在视图区中选择模型，单击“完成”按钮，弹出“单元类型”对话框（如图 5-108 所示），选择默认的单元类型 CAX4R，单击“确定”按钮。

（4）划分网格

单击工具箱中的 （为部件划分网格）按钮，单击提示区中的“确定”按钮，完成如图 5-109 所示的网格划分。

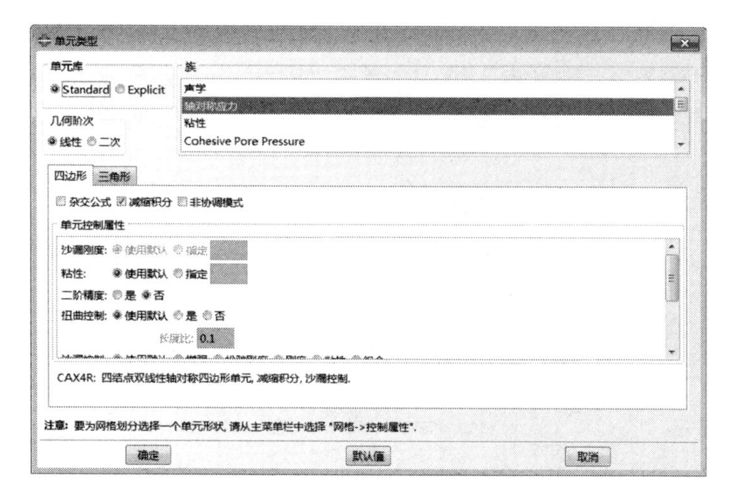

图 5-108 “单元类型”对话框

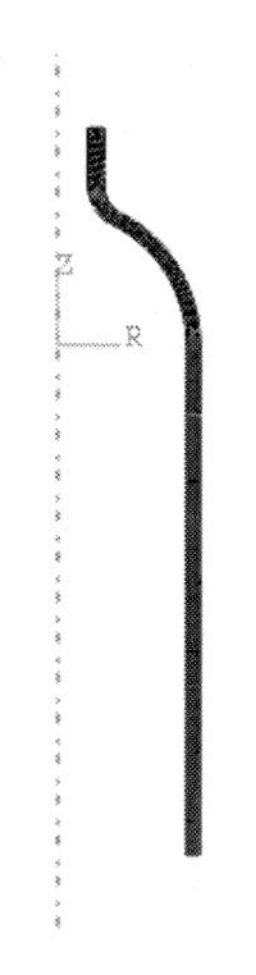

图 5-109 有限元网格模型

7. 结果分析

步骤 01 进入作业模块。执行“作业”→“管理器”命令，单击“作业管理器”对话框（如图 5-110 所示）中的“创建”按钮，定义作业“名称”为 qiguan_zhouduichen2.cae，先单击“继续”按钮，再单击“确定”按钮。

图 5-110 “作业管理器”对话框

步骤 02 进入“编辑作业”对话框，接受默认值，单击“确定”按钮，完成作业 qiguan_zhouduichen2 的定义。

步骤 03 单击“作业管理器”对话框中的“写入输入文件”按钮，在工作目录下面创建一个与作业名称相同的 qiguan_zhouduichen2.inp 文件；单击“监控”按钮，打开作业监控器对话框。单击“提交”按钮，提交作业。在“qiguan_zhouduichen2 监控器”对话框（如图 5-111 所示）中查看作业的运行状态，如果出现错误，就按照提示进行更改，并注意警告信息的内容。

图 5-111 “qiguan_zhouduichen2 监控器”对话框

步骤 04 作业完成之后，单击“作业管理器”对话框中的“结果”按钮，进入可视化模块。

8．后处理

步骤 01 进入可视化模块后，执行“绘制”→“云图”→“同时在两个图上”命令，显示模型变形前后的云图，如图 5-112 所示。

步骤 02 执行“结果”→“场输出”命令，弹出“场输出”对话框（如图 5-113 所示），在“输出变量”选项组中选择“U：空间位移 在结点处”。在“分量”选项组中选择 U1，单击“应用”按钮，显示 X 方向的变形图，如图 5-114（a）所示；在“分量”选项组中选择 U2，单击“应用”按钮，显示 Y 方向的变形图，如图 5-114（b）所示。

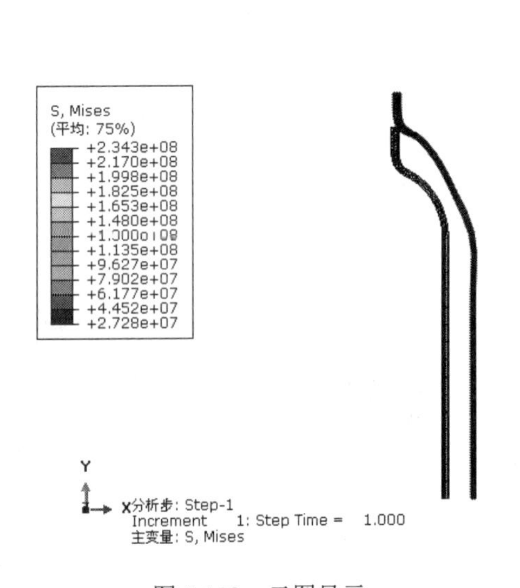

图 5-112 云图显示

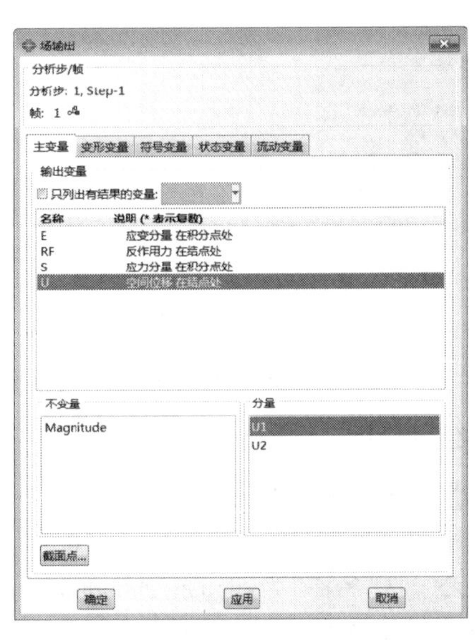

图 5-113 “场输出”对话框

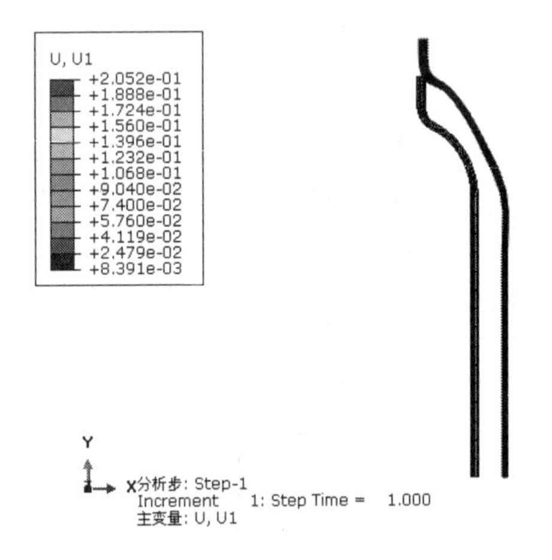

（a）X 方向上的变形图

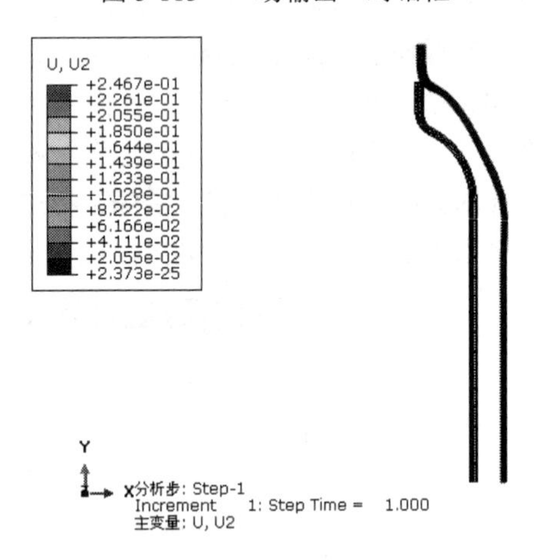

（b）Y 方向上的变形图

图 5-114 X、Y 方向上的变形图

步骤 03 操作显示 Mises 应力的云图，执行“视图”→“ODB 显示选项”命令，弹出如图 5-115 所示的对话框，打开“扫掠/拉伸”选项卡，选中“扫掠单元”复选框，选择默认的旋转角度，单击“应用”按钮，显示结果如图 5-116 所示。

步骤 04 最后，执行“文件”→“退出”命令，退出 ABAQUS/CAE。

图 5-115　“ODB 显示选项”对话框

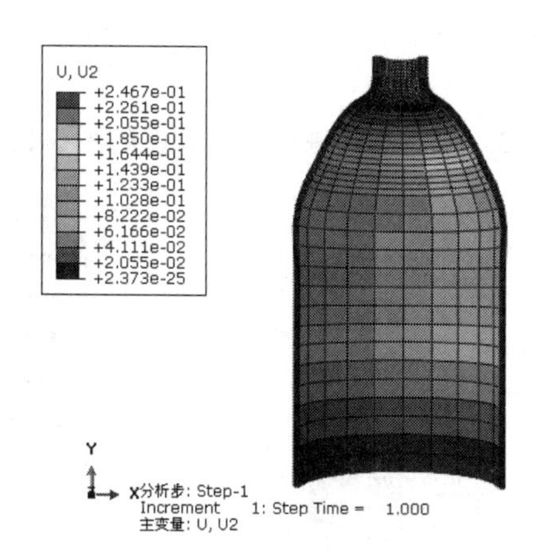

图 5-116　等效三维模型

5.3.4　三维旋转壳结构分析

仿照前面平面模型相同的步骤建立好回转剖面，然后旋转生成三维结构。利用三维实体模型分析方法，在三维模型上施加位移约束、内压载荷和封头部分的拉力载荷，求解各个部位的应力分量分布。

经过计算分析，可以得到结点和单元处的应力分布，准确评价表面应力和内部应力的变化规律，但是无法像线性模型那样得到分离膜应力和弯曲应力。

1．创建模型

运行 ABAQUS/CAE，修改模型名称 Model-1 为 qiguan_3，保存模型为 qiguan_3.cae。

步骤 01 单击工具箱中的（创建部件）按钮，在弹出的“创建部件”对话框（如图 5-117 所示）中，默认“名称”为 Part-1，设置“模型空间”为“三维”、“类型”为“可变形”，再设置“基本特征”的“形状”为“壳”、“类型”为“旋转”，“大约尺寸”设为 1000，单击“继续”按钮，进入草图环境，提示区的提示如图 5-118 所示。

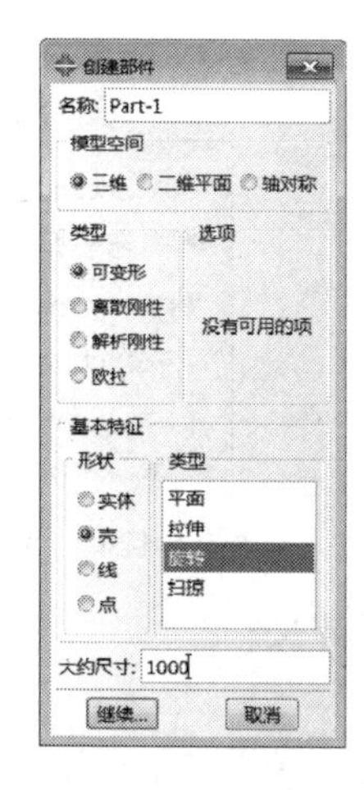

图 5-117　“创建部件”对话框

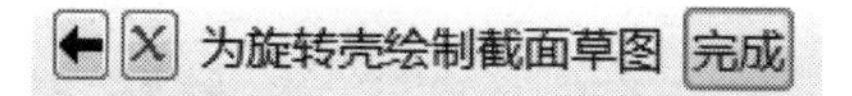

图 5-118　提示区提示

步骤02 利用和上一部分相同的命令定义剖面区域上的关键点、线等，最后生成的草图结构如图 5-119 所示。单击鼠标中键后，弹出如图 5-120 所示的“编辑旋转”对话框，设置“角度”为 360，单击“确定”按钮。

步骤03 最后形成轴对称模型，如图 5-121 所示。保存模型。

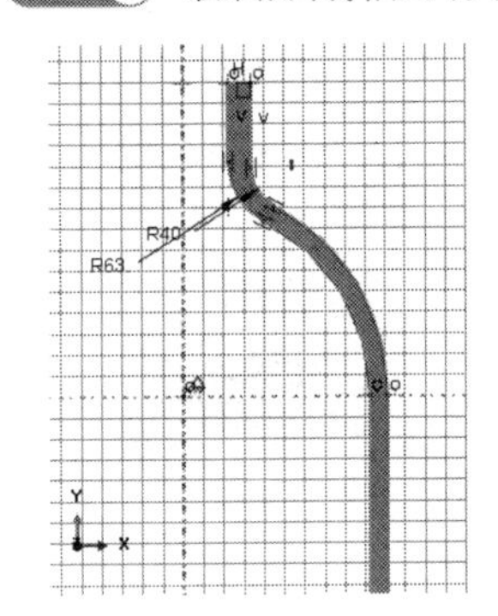

图 5-119 最后生成的结构

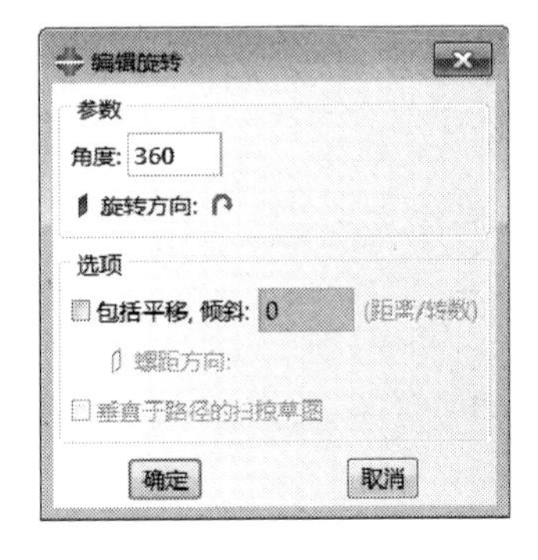

图 5-120 “编辑旋转”对话框

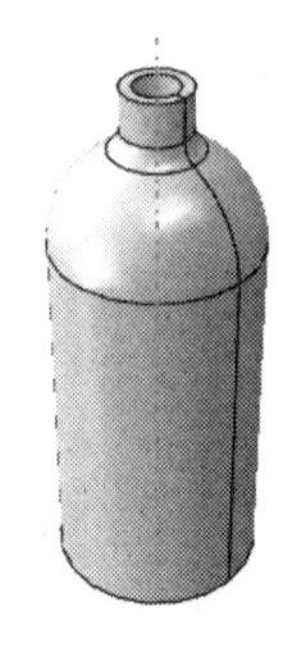

图 5-121 形成的轴对称模型

2. 定义材料和截面属性

步骤01 创建材料。进入属性模块，单击工具箱中的（创建材料）按钮，弹出“编辑材料”对话框（如图 5-122 所示），输入材料“名称”为 Material-1，执行“力学”→“弹性”→“弹性”命令，设置“杨氏模量”为 2.07ell、“泊松比”为 0.3，单击“确定”按钮，完成材料属性的定义。

步骤02 创建截面属性。单击工具箱中的（创建截面）按钮，在“创建截面”对话框（如图 5-123 所示）中选择“实体：均质”，单击“继续”按钮，进入“编辑截面”对话框（如图 5-124 所示）。

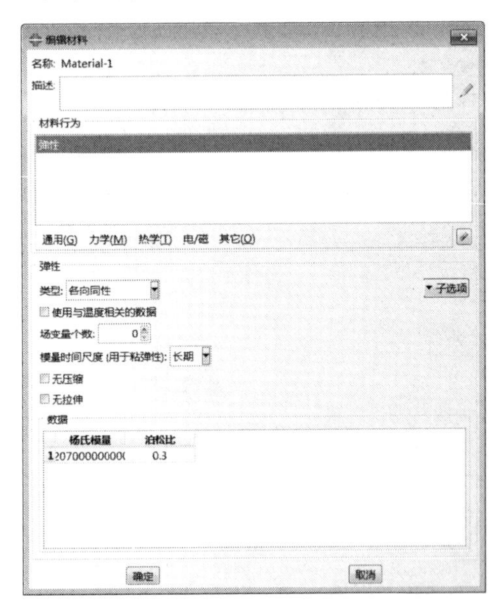

图 5-122 “编辑材料”对话框

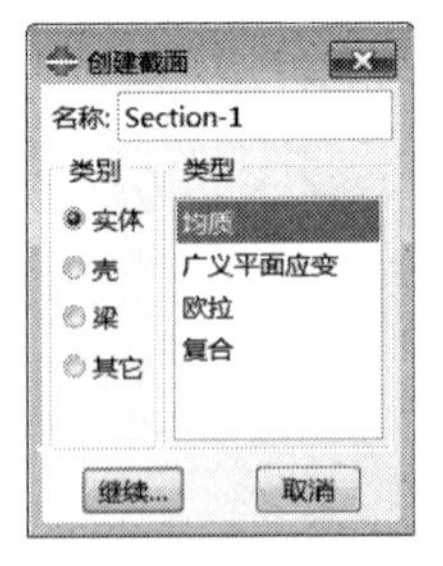

图 5-123 “创建截面”对话框

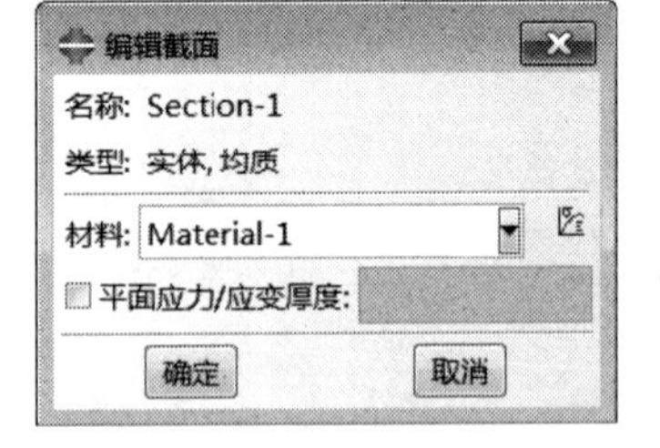

图 5-124 “编辑截面”对话框

“材料”选择 Material-1，单击“确定”按钮，完成截面 Section-1 的定义。

技巧提示

对于三维模型旋转壳问题，其截面属性应该是实体而不是壳。

步骤03 赋予截面属性。单击工具箱中的（指派截面）按钮，在图形窗口中选择整个平面模型，单击提示区中的“完成”按钮，在弹出的“编辑截面指派”对话框（如图 5-125 所示）中选择“截面”为 Section-1，单击“确定”按钮，把截面属性 Section-1 赋予部件 Part-1。

3. 定义装配件

进入装配模块，单击工具箱中的（将部件实例化）按钮，在“创建实例”对话框（如图 5-126 所示）中选择 Part-1，单击“确定”按钮，创建部件的实例。

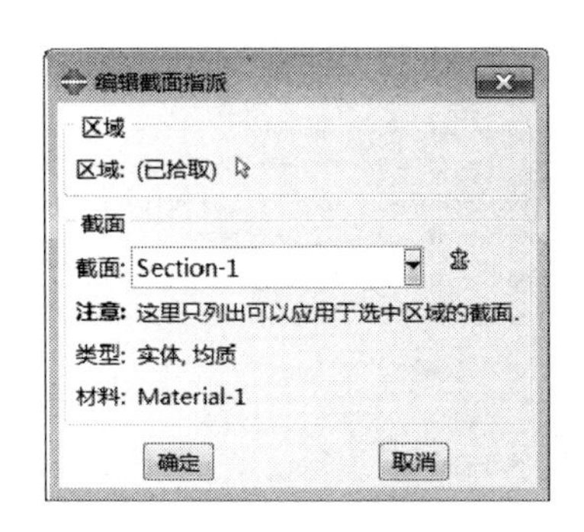

图 5-125 “编辑截面指派”对话框

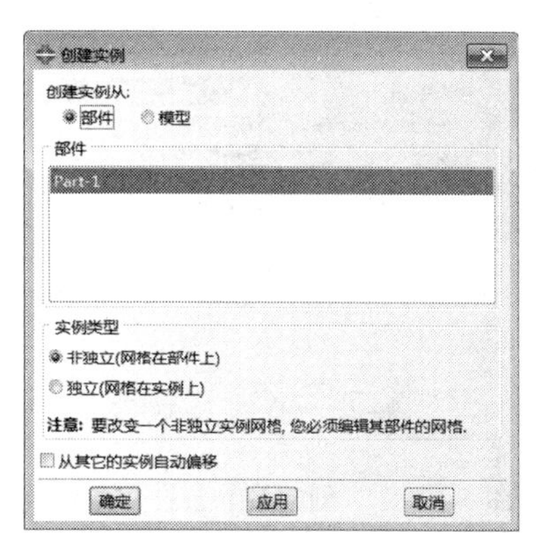

图 5-126 “创建实例”对话框

4. 设置分析步

步骤01 进入分析步模块，单击工具箱中的（创建分析步）按钮，在弹出的“创建分析步”对话框（如图 5-127 所示）中选择“静力，通用”，单击“继续”按钮。

步骤02 在弹出的“编辑分析步”对话框（如图 5-128 所示）中接受默认设置，单击“确定”按钮，完成分析步的定义。

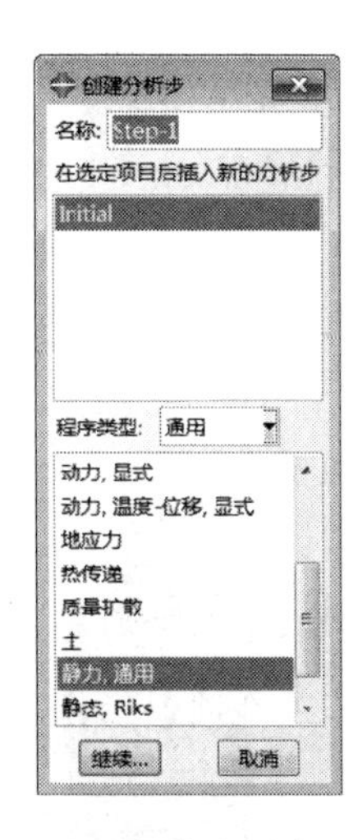

图 5-127 “创建分析步”对话框

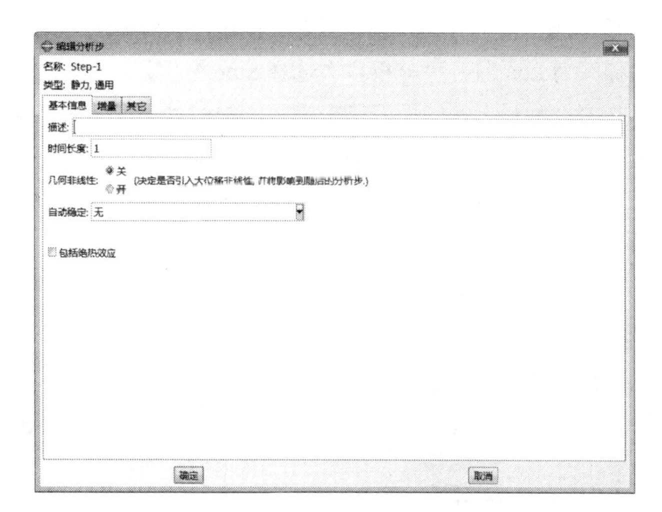

图 5-128 “编辑分析步”对话框

5. 定义载荷和边界条件

（1）定义边界条件

进入载荷功能模块，单击工具箱中的（创建边界条件）按钮，创建“名称”为 BC-1 的边界条件，在弹出的“创建边界条件”对话框（如图 5-129 所示）中，“分析步”选择 Step-1，“类别”选择“力学：对称/反对称/完全固定”，单击“继续”按钮，选择部件的最下面，单击提示区中的“完成”按钮。

进入“编辑边界条件”对话框，如图 5-130 所示，选中“YSYMM（U2=UR1=UR3=0）”前面的单选按钮，单击“确定”按钮，完成底部边界条件的施加。

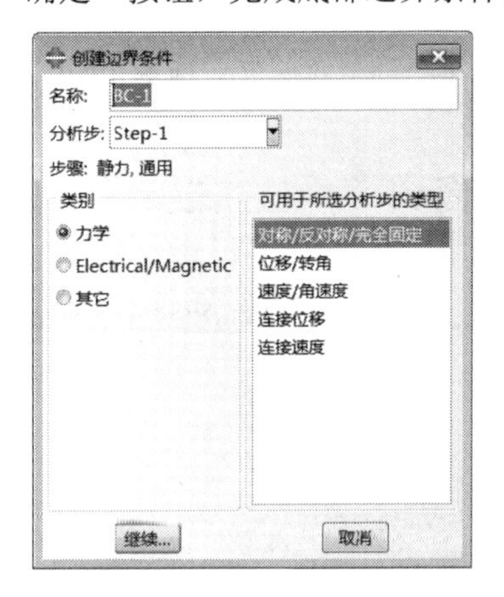

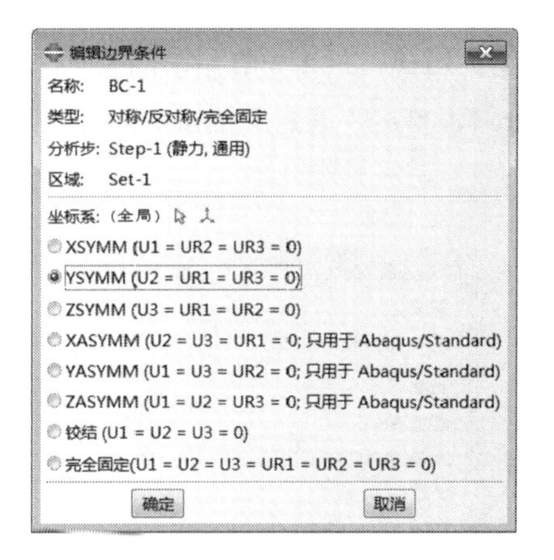

图 5-129 “创建边界条件”对话框　　图 5-130 “编辑边界条件”对话框

再次单击工具箱中的（创建边界条件）按钮，创建“名称”为 BC-2 的边界条件，在弹出的“创建边界条件”对话框中，“分析步”选择 Step-1，“类别”选择“力学：对称/反对称/完全固定”，单击“继续”按钮，选择部件的最上面，单击提示区中的“完成”按钮。

进入“编辑边界条件”对话框，选中“完全固定（U1=U2=U3=UR1=UR2=UR3=0）”单选按钮，单击“确定”按钮，完成上部边界条件的施加。

（2）施加载荷

单击工具箱中的（创建载荷）按钮，在弹出的“创建载荷”对话框（如图 5-131 所示）中，输入载荷“名称”为 Load-1，“分析步”选择 Step-1，载荷“类别”选择“力学：压强”，单击“继续”按钮。

选择部件最上侧的面，单击提示区中的“完成”按钮，弹出“编辑载荷”对话框，如图 5-132 所示，在“大小”文本框中输入-1.7681E+07，单击“确定”按钮，完成内压的施加。

使用同样的方法对部件内部的各面施加压强，“大小”均设为 2.3e7，定义好边界条件和载荷的结构如图 5-133 所示。

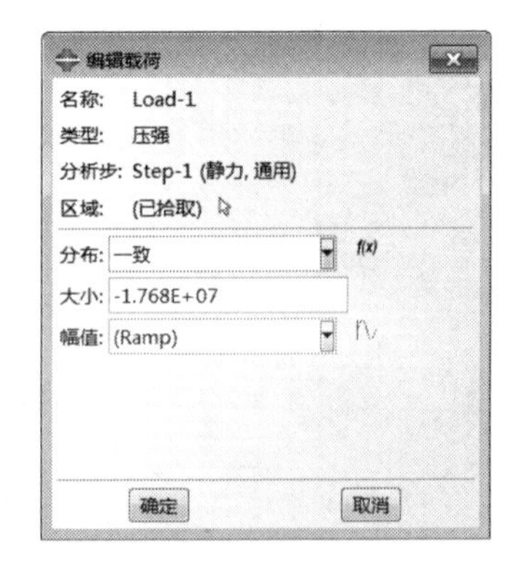

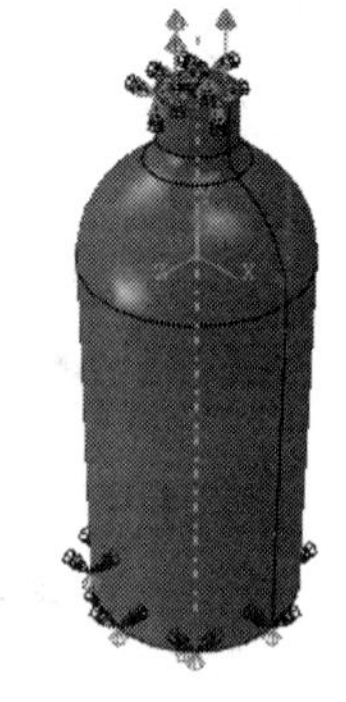

图 5-131 “创建载荷”对话框　　图 5-132 “编辑载荷”对话框　　图 5-133 施加压力载荷和边界后的模型

6．划分网格

进入网格功能模块，在窗口顶部的环境栏中将目标选项设为部件 Part-1。

（1）设置网格密度

单击 （为边布种）按钮，在图形窗口中选择母线上的线段，单击提示区中的“完成”按钮，弹出“局部种子”对话框。

在该对话框中设置“方法”为“按个数”，在“尺寸控制”选项组中的“单元数”右侧输入种子数目 15，如图 5-134 所示，单击“确定”按钮。单击鼠标中键，在这条边上出现 15 个方格形的种子标记。

图 5-134 “局部种子”对话框

使用同样的方法按照图 5-135 和图 5-136 所示的种子数目给其他边布置种子。

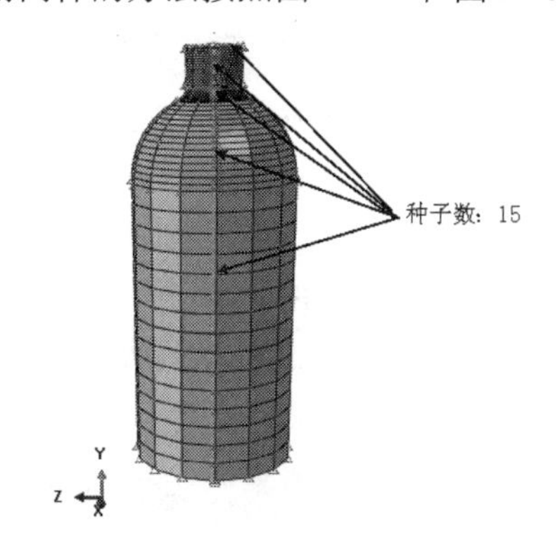

图 5-135 边上的种子数目 1

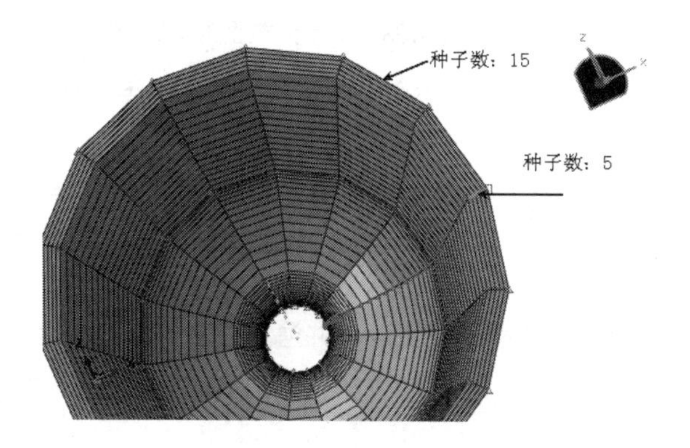

图 5-136 边上的种子数目 2

（2）控制网格划分

单击工具箱中的 （指派网格控制）按钮，弹出“网格控制属性”对话框（如图 5-137 所示），“单元形状”选择“六面体”，“技术”选择“扫掠”，“算法”选择“中性轴算法”，单击“确定”按钮，完成控制网格划分选项的设置。

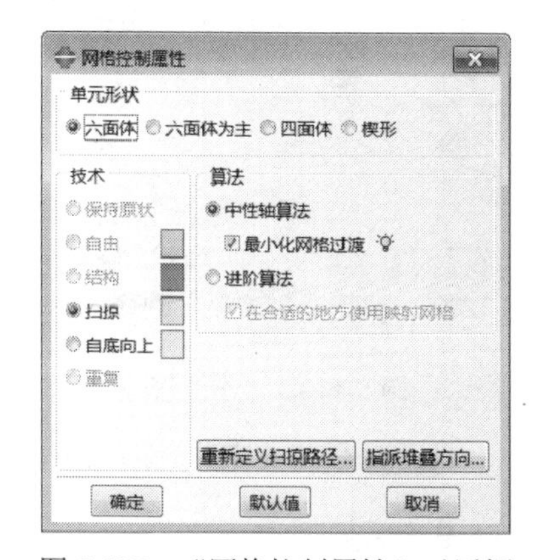

图 5-137 “网格控制属性”对话框

（3）选择单元类型

单击工具箱中的 （指派单元类型）按钮，在视图区中选择模型，单击“完成”按钮，弹出“单元类型”对话框（如图 5-138 所示），选择默认的单元类型 C3D8R，单击“确定”按钮。

（4）划分网格

单击工具箱中的 （为部件划分网格）按钮，单击提示区中的“确定”按钮，完成如图 5-139 所示的网格划分。

7．结果分析

步骤 01 进入作业模块。执行“作业”→“管理器”命令，在弹出的“作业管理器”对话框（如图 5-140 所示）中单击“创建”按钮，定义作业名称为 qiguan_zhouduichen3.cae，单击“继续”按钮，单击“确定”按钮。

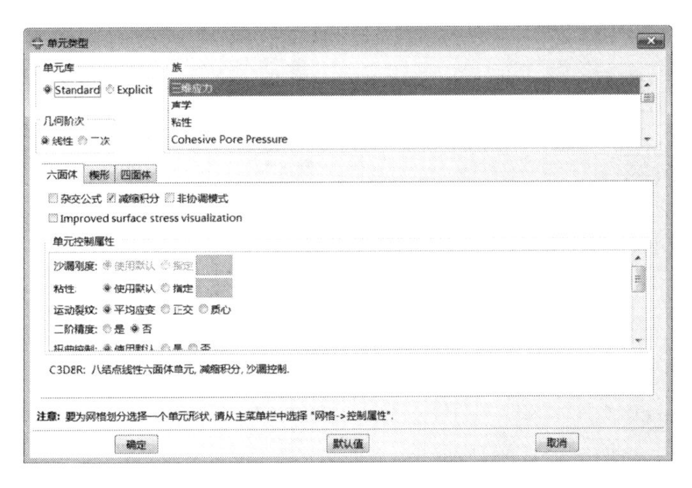

图 5-138 “单元类型”对话框

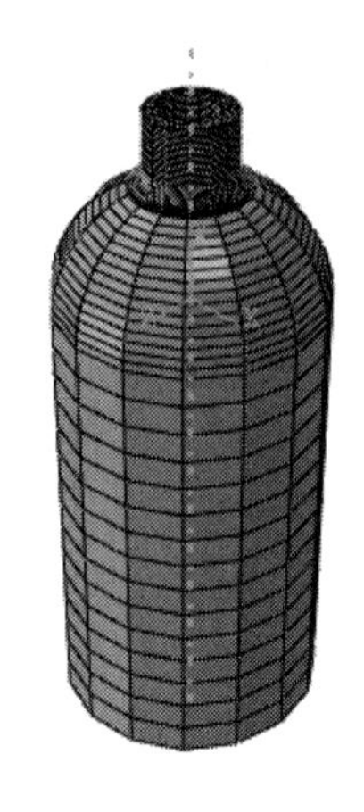

图 5-139 有限元网格模型

步骤02 进入“编辑作业”对话框，接受默认值，单击“确定”按钮，完成作业 qiguan_zhouduichen3 的定义。

步骤03 单击“作业管理器”对话框中的“写入输入文件”按钮，在工作目录下面创建一个与作业名称相同的 qiguan_zhouduichen3.inp 文件；单击“监控”按钮，打开作业监控器对话框，单击“提交”按钮，提交作业。在“qiguan_zhouduichen3 监控器”对话框（如图 5-141 所示）中查看作业的运行状态，如果出现错误，就按照提示进行更改，并注意警告信息的内容。

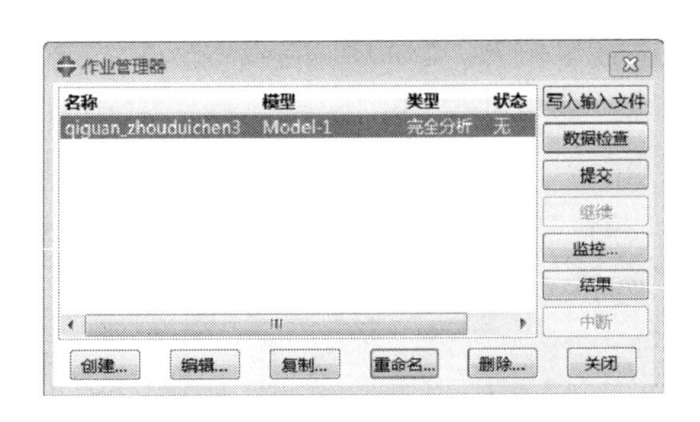

图 5-140 “作业管理器”对话框

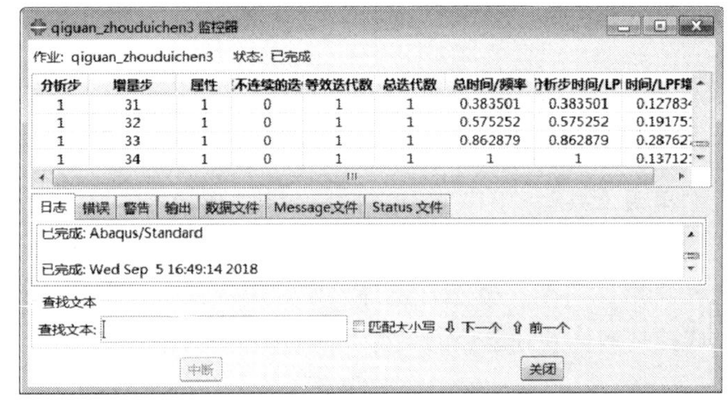

分析步	增量步	属性	不连续的迭	等效迭代数	总迭代数	总时间/频率	分析步时间/LPI	时间/LPF增
1	31	1	0	1	1	0.383501	0.383501	0.12783
1	32	1	0	1	1	0.575252	0.575252	0.19175
1	33	1	0	1	1	0.862879	0.862879	0.28762
1	34	1	0	1	1	1	1	0.13712

图 5-141 “qiguan_zhouduichen3 监控器”对话框

步骤04 作业完成之后，单击“作业管理器”对话框中的“结果”按钮，进入可视化模块。

8. 后处理

步骤01 进入可视化模块后，执行“绘制”→“云图”→“在变形图上”命令，显示模型变形后的云图，如图 5-142 所示。

步骤02 执行“结果”→“场输出”命令，弹出“场输出”对话框（如图 5-143 所示），在“输出变量”选项组中选择“U：空间位移 在结点处”，在“分量”选项组中选择 U1，单击“应用”按钮，显示 X 方向的变形图，如图 5-144（a）所示；在“分量”选项组中选择 U2，单击“应用”按钮，显示 Y 方向的变形图，如图 5-144（b）所示。

步骤03 最后，执行“文件”→“退出”命令，退出 ABAQUS/CAE。

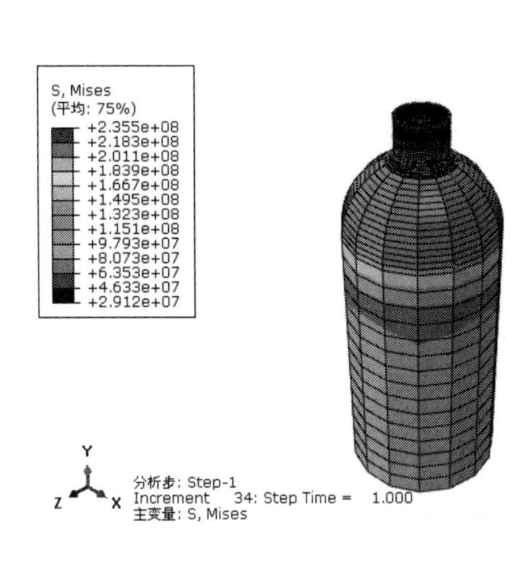

图 5-142 云图显示

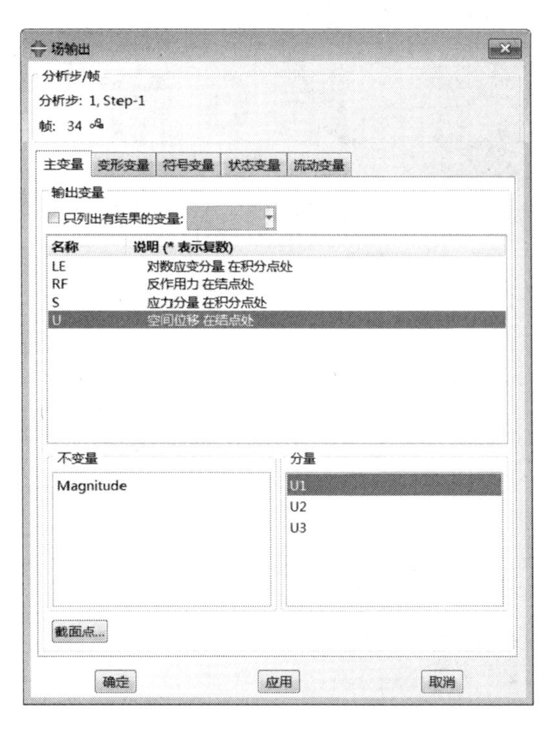

图 5-143 “场输出”对话框

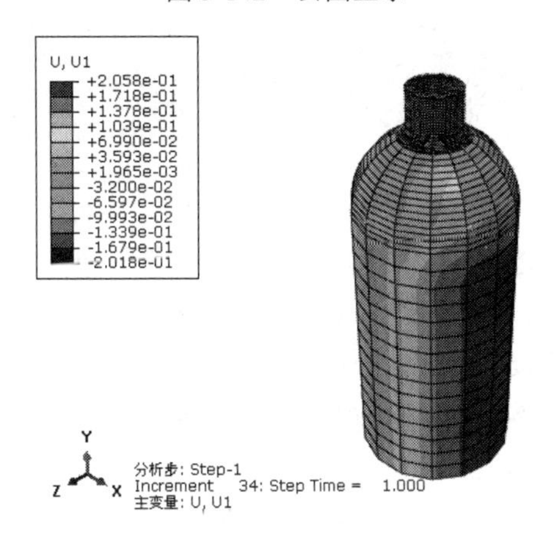

（a）X 方向上的变形图

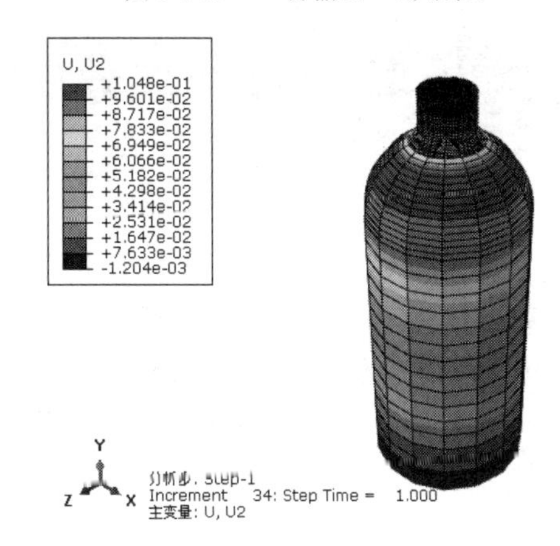

（b）Y 方向上的变形图

图 5-144 X、Y 方向上的变形图

5.4 本章小结

本章介绍了 ABAQUS 用于轴对称结构静力学分析的方法和步骤。通过对本章内容的学习，读者可以进一步熟悉前面章节介绍的各模块功能，了解 ABAQUS 的强大功能。

第6章 接触问题分析

导读

接触问题是一种典型的非线性分析，它涉及较复杂的概念和综合技巧。本章主要介绍如何使用 ABAQUS/Standard 分析接触问题。

教学目标

- 熟悉平头与平板接触分析实例
- 熟悉接触分析的一些关键问题
- 了解卡锁结构装配过程的模拟

6.1 非线性问题分类

非线性问题可以分成以下几种类型。

（1）边界条件的非线性：即边界条件在分析过程中发生变化。它的特点是边界条件不能在计算的开始就可以全部给出，而是在计算过程中确定的，接触物体之间的接触面积和压力分布随外载荷变化。另外，还需要考虑接触面间的摩擦行为和接触传热。本章将重点讨论接触问题的分析模拟。

（2）材料的非线性：即材料的应力应变关系为非线性。许多分析中会使用 ABAQUS 进行弹塑性分析、粘弹性分析、超弹性分析等。

（3）几何的非线性：即位移的大小对结构的响应发生影响，包括大转动、大位移、几何刚性化等问题。本章在卡锁结构装配实例和多体分析时都会涉及几何的非线性问题。

ABAQUS/Standard 是使用 Newton-Raphson 算法来求解非线性问题的，它把分析过程划分为一系列的载荷增量步，在每个增量步内进行多次的迭代。在得到合理的解后，再求解下一个增量步，所有增量响应的总和就是非线性分析的近似解。

ABAQUS/Explicit 在求解非线性问题时不需要进行迭代，而是显式地从上一个增量步的静力学状态来推出动力学平衡方程的解。

ABAQUS/Explicit 的求解过程需要大量的增量步，但由于不进行迭代，不需要求解全体方程组，并且它的每个增量步的计算成本很小，可以很高效地求解复杂的非线性问题。

6.2 接触分析介绍

接触问题是一种高度非线性行为，需要较大的计算资源，为了进行有效的计算，理解问题的特性和建立合理的模型是很重要的。

接触问题存在以下两个较大的难点：

（1）在求解问题之前，不知道接触区域，表面之间是接触或分开是未知的，突然变化的，这随载荷、材料、边界条件和其他因素而定。

（2）大多的接触问题需要计算摩擦，有几种摩擦和模型，它们都是非线性的，摩擦使问题的收敛性变得困难。

接触问题分为两种基本类型："刚体－柔体的接触"和"柔体－柔体的接触"。在刚体－柔体的接触问题中，接触面的一个或多个被当作刚体（与它接触的变形体相比，有大得多的刚度）。

一般情况下，一种软材料和一种硬材料接触时，问题可以被假定为刚体－柔体的接触，许多金属成形问题归为此类接触；另一类，柔体－柔体的接触，是一种更普遍的类型，在这种情况下，两个接触体都是变形体（有近似的刚度）。

6.3 接触分析快速入门实例——平压头与平板的接触分析

从下面的实例中可以学习到 ABAQUS 的以下功能：

- 定义刚体部件和参考点。
- 定义默认的接触属性。
- 定义接触关系。
- 定义接触面。

6.3.1 问题描述

下面将分析二维平板的接触实例，模型的几何尺寸和边界条件关于中心线轴对称，模型顶部有一个刚硬的（无弹性和塑性变形）矩形薄片，矩形的底部与平板上沿部分相接触（见图 6-1 所示），在矩形片上沿着 Y 轴方向施加 1e6KN 的集中力。接触面润滑良好，无摩擦。除了接触力之外，平板不承受其他载荷。要求分折模型的受力状态。

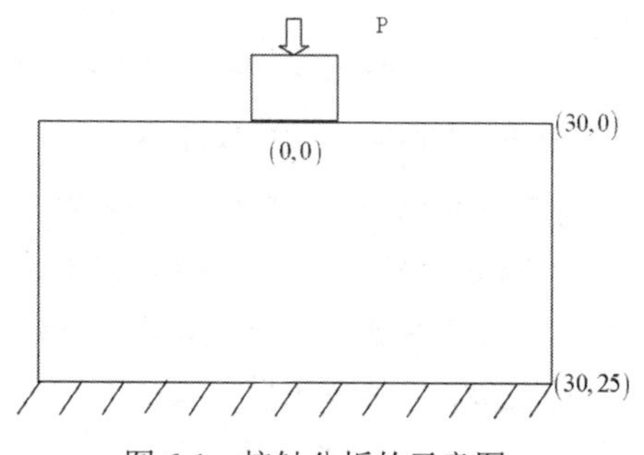

图 6-1　接触分析的示意图

（1）此问题研究的是结构的静态响应，使用 ABAQUS/Standard 作为求解器，所以分析步类型应为"静力，通用"。

（2）在接触分析中，如果接触属性为默认的“硬接触”，就应尽可能地使用一阶单元，本例中选用CPS4I 单元（平面应力四边形双线性非协调单元）。

（3）矩形片很刚硬，且几何形状简单，可以用解析刚体来模拟。

6.3.2 创建部件

1. 创建刚性矩形片

步骤01 进入部件功能模块，单击（创建部件）按钮，弹出如图 6-2 所示的对话框，在“名称”文本框中输入 Punch，将“模型空间”设为“二维平面”，“类型”设为“解析刚性”，单击“继续”按钮，进入草图模块。

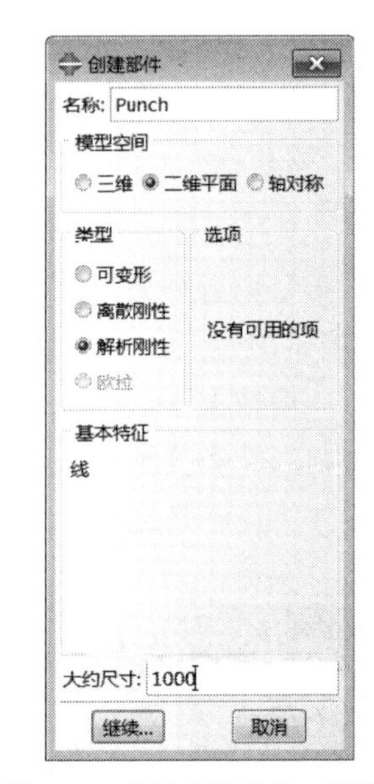

图 6-2 “创建部件”对话框

步骤02 单击左侧工具箱中的按钮，分别输入坐标（ - 5,2.5 ）、（ - 5,0 ）、（ 5,0 ）和（ 5,2.5 ），按回车键。然后单击鼠标中键，或者单击提示区中的“完成”按钮，草图区就绘制了压头的结构形状，如图 6-3 所示。

2. 指定刚体部件的参考点

用户必须为刚体部件指定一个参考点，刚体部件上的边界条件和载荷都要施加在此参考点上，在分析过程中，整个刚体部件各处的位移都和此参考点的位移相同。

选择“工具”→“参考点”命令，然后单击压头底部的中点（如图 6-1 所示的坐标原点）。参考点在视图区中显示为一个黄色的差号，旁边标以 RP，如图 6-4 所示。

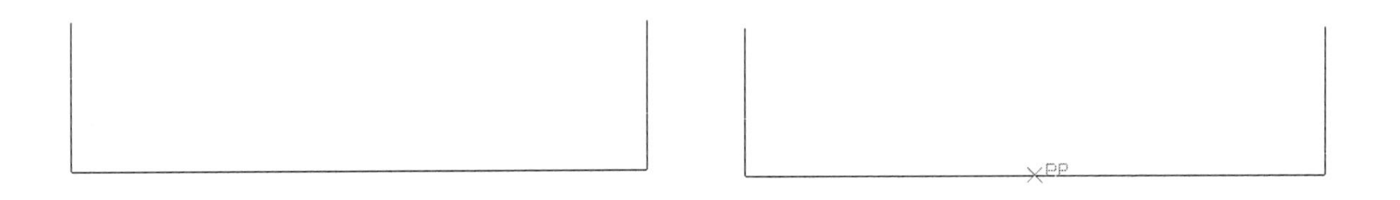

图 6-3 创建完成的 Punch 部件

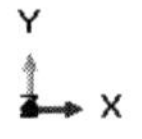

图 6-4 生成的参考点

3. 创建平板（二维柔性体）

步骤01 再次进入部件功能模块，单击（创建部件）按钮，弹出如图 6-5 所示的对话框，将“名称”更改为 base，“模型空间”设为“二维平面”，保持默认的参数（“类型”为“可变形”，“基本特征”为“壳”，“大约尺寸”为 200），然后单击“继续”按钮，进入草图模块。

步骤02 进入草图模块后，单击（绘制矩形）按钮，输入第一个点的坐标（ - 30,0 ），然后再输入（ 35, - 25 ），连续单击鼠标中键，即生成如图 6-6 所示的部件。

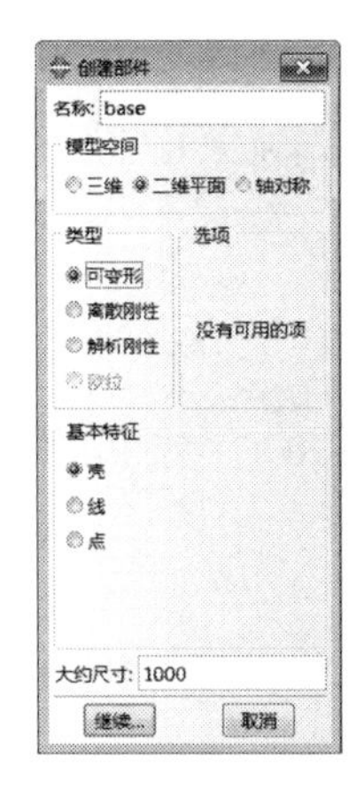

图 6-5 “创建部件”对话框

图 6-6 生成 base 部件

6.3.3 创建材料和截面属性

1. 创建材料

进入属性功能模块，单击工具箱中的（创建材料）按钮，弹出如图 6-7 所示的“编辑材料”对话框，将“杨氏模量”设为 2000000、“泊松比”设为 0.3，单击“确定”按钮，完成创建材料的操作。

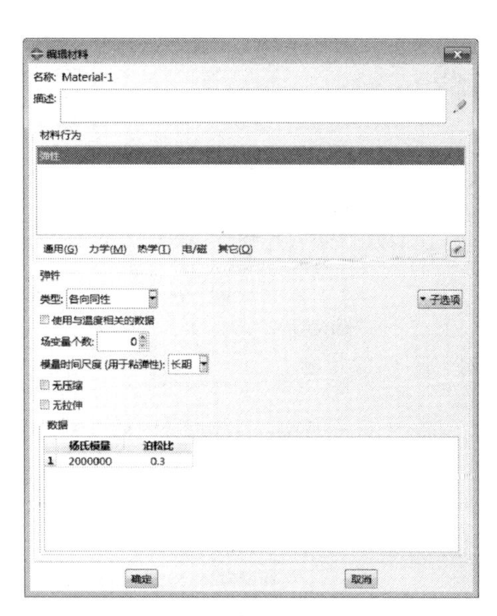

图 6-7 “编辑材料”对话框

2. 创建截面属性

在工具箱中单击（生成截面）按钮，弹出如图 6-8 所示的“创建截面”对话框，保持默认参数，单击“继续”按钮，弹出“编辑截面”对话框（如图 6-9 所示），然后单击“确定”按钮，完成该操作。

3. 赋予截面属性

使用窗口顶部环境栏中的“部件”下拉列表，切换至柔性体部件 base。单击工具箱中的（指派截面）按钮，根据提示区中的提示选择整个 base 部件，然后单击鼠标中键或提示区中的“完成”按钮，这样就为部件 base 赋予了截面属性。

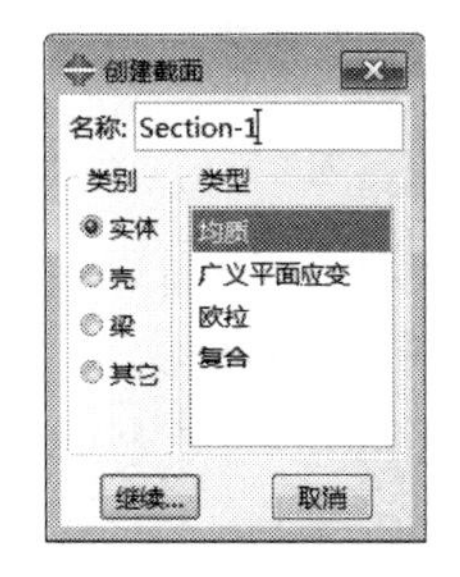

图 6-8 “创建截面”对话框

图 6-9 “编辑截面”对话框

指派截面完成后，单击 按钮右边的 （截面指派管理器）按钮，弹出“截面指派管理器”对话框，如图 6-10 所示，可以查看截面指派的情况。

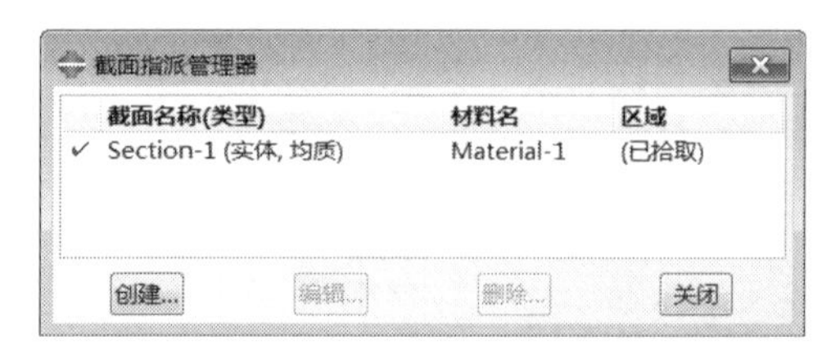

图 6-10　“截面指派管理器”对话框

6.3.4　定义装配件

进入装配功能模块，单击工具箱中的 （将部件实例化）按钮，在弹出的“创建实例”对话框（如图 6-11 所示）中拖动鼠标来选中两个部件，接受默认参数（“实例类型”为“非独立（网格在部件上）”），即类型为非独立实体，单击“确定”按钮，完成定义装配件的操作。两个部件的位置都已经是正确的，不需要再重新定位。视图区中的部件实例如图 6-12 所示。

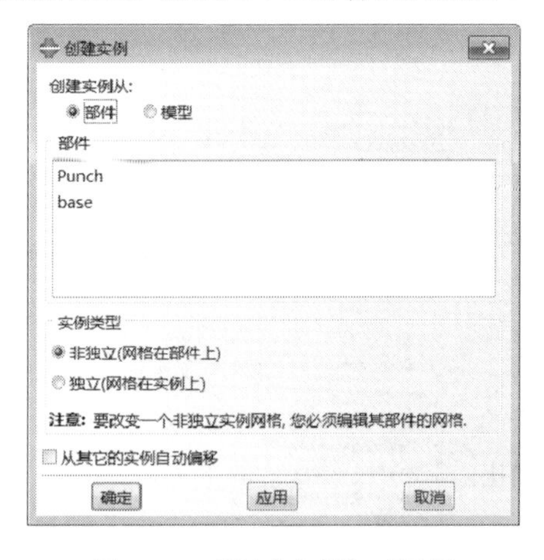

图 6-11　“创建实例”对话框

图 6-12　视图区中的部件实例

6.3.5　划分网格

步骤 01 进入网格功能模块。在窗口顶部的环境栏中把“对象”选项设为“部件：base”，如图 6-13 所示。

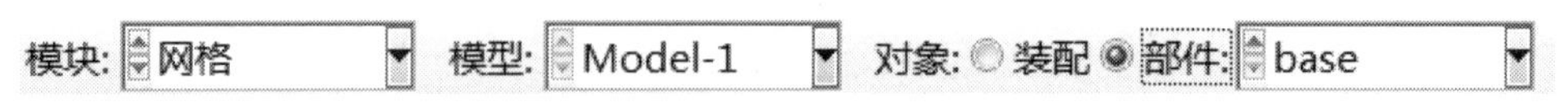

图 6-13　环境栏中的对象设置为 base

步骤 02 单击工具箱中的 （为边布种）按钮，分别选中如图 6-14 中矩形的 4 条边，单击鼠标中键，在弹出的“局部种子”对话框中把“单元数”设为相应的值后，单击“确定”按钮。

步骤 03 单击工具箱中的 （指派网格控制属性）按钮，设置如图 6-15 所示，然后单击 （指派单元类型）按钮，在弹出的“单元类型”对话框（如图 6-16 所示）中选择双线性单元，即单元类型为 CPS4R（四结点四边形双线性单元）。

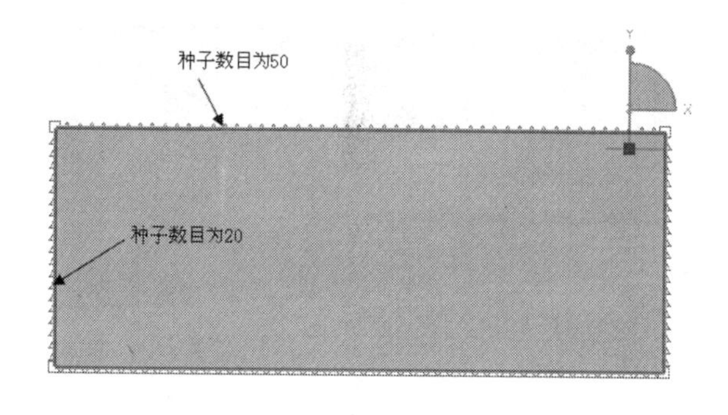

图 6-14　选中 4 条边

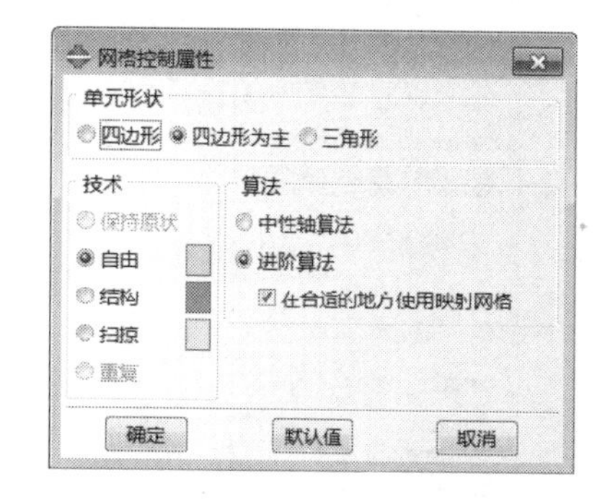

图 6-15　“网格控制属性”对话框

步骤 04 最后单击 （为部件划分网格）按钮，并单击提示区中的“完成”按钮，得到如图 6-17 所示的网格。

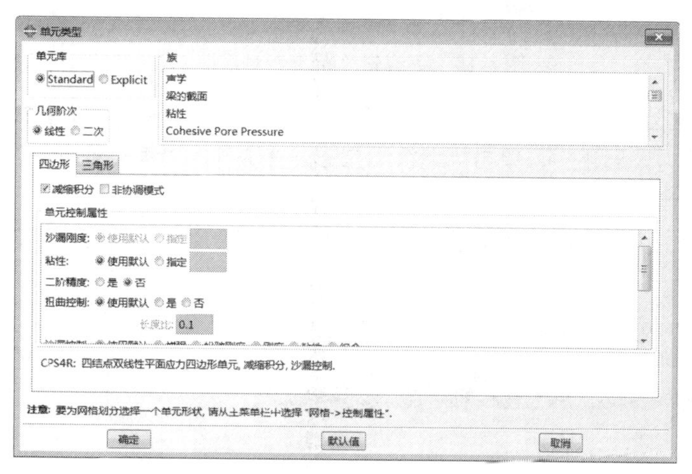

图 6-16　“单元类型”对话框

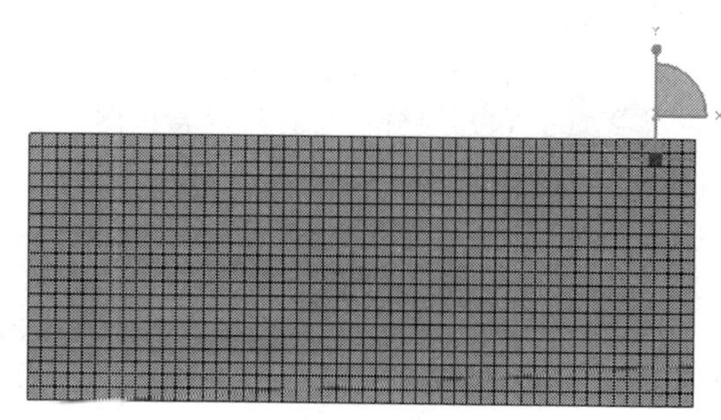

图 6-17　部件 base 划分的网格

6.3.6　设置分析步

本模型的分析步包含以下几个部分。

- 初始分析步 Initial：定义边界条件。
- 第一个分析步 contact：在压头上施加一个小的距离，使各个接触部件平稳地建立起来。
- 第二个分析步 Load：将压头上的作用力改为 1e11N。

在接触分析中，如果在第一个分析步中就把所有载荷施加到模型上，有可能分析无法收敛。所以，先定义一个只有很小位移载荷的分析步，让接触关系平稳地建立起来，然后在下一步分析步中施加真实的载荷。这样虽然分析步的数目增加了，但是减小了收敛的困难，计算时间反而可能会减少。

进入分析步功能模块，然后按照以下操作来创建分析步。

步骤 01 单击工具箱中的 （创建分析步）按钮，弹出“创建分析步”对话框，在“名称”文本框中输入 contact，“程序类型”为默认的“静力，通用”（如图 6-18 所示），单击“继续”按钮，在弹出的“编辑分析步”对话框（如图 6-19 所示）中，把“几何非线性”设为“开”，单击“确定”按钮，完成该操作。

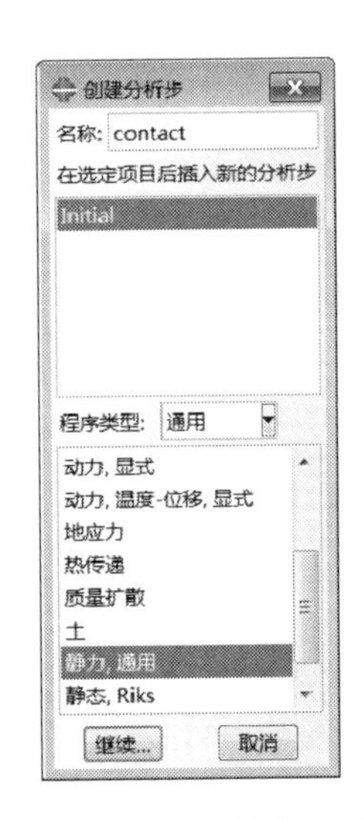

图 6-18 “创建分析步”对话框

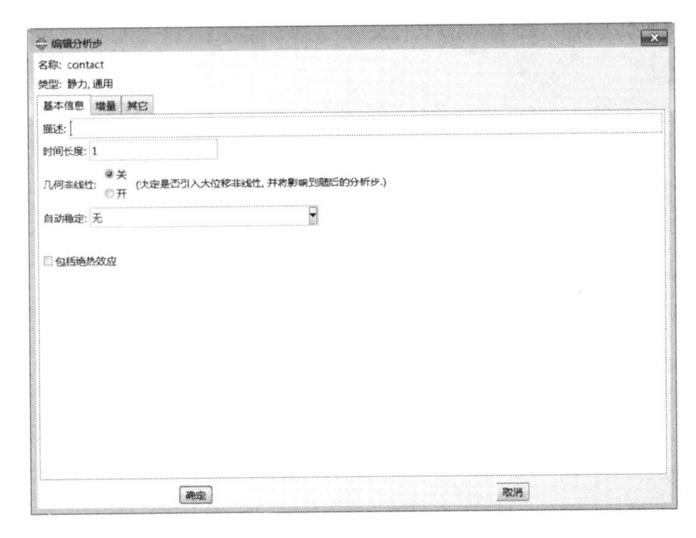

图 6-19 “编辑分析步”对话框

步骤 02 再次单击按钮，在弹出的“创建分析步”对话框的“名称”文本框中输入 Load，其余参数保持默认值（“程序类型”为“通用”；选中“静力，通用”），单击“继续”按钮。在弹出的“编辑分析步”对话框中单击“确定”按钮，这样就完成了分析步的建立。

步骤 03 执行“分析步”→“管理器”命令，弹出“分析步管理器”对话框，可以看到已有的分析步，如图 6-20 所示。

图 6-20 已有的分析步

步骤 04 执行“输出”→“场输出请求”→“管理器”命令，弹出如图 6-21 所示的“场输出请求管理器”对话框。单击 F-Output-1 第二个分析步 Load 下面的“已创建”，然后单击“左移”按钮。

步骤 05 执行“输出”→“历程输出请求”→“管理器”命令，弹出如图 6-22 所示的“历程输出请求管理器”对话框。单击 H-Output-l 第二个分析步 Load 下面的“已创建”，然后单击“左移”按钮。

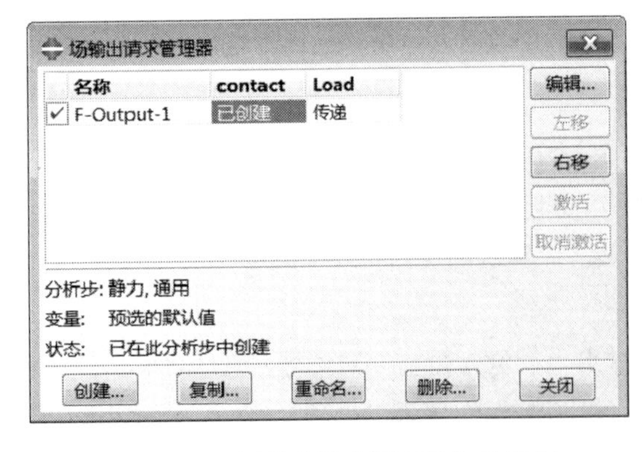

图 6-21 “场输出请求管理器”对话框

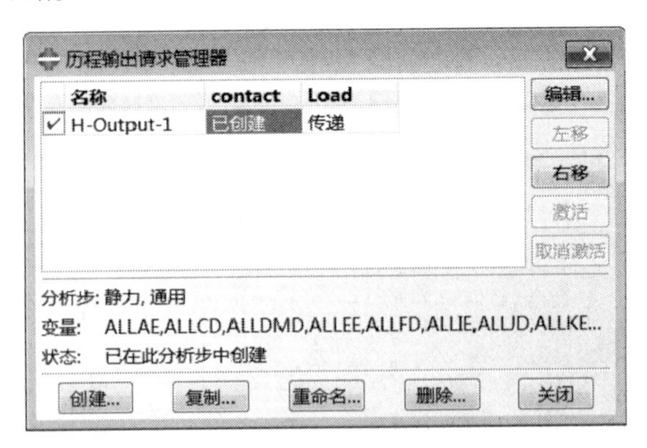

图 6-22 “历程输出请求管理器”对话框

6.3.7 定义接触

下面将定义在压头和平板之间的接触。

1. 定义各个接触面

步骤01 进入相互作用功能模块，执行“工具”→“表面”→“管理器”命令，弹出如图 6-23 所示的“表面管理器”对话框。单击“创建”按钮，弹出“创建表面”对话框，如图 6-24 所示，在“名称”文本框中输入 Surf-base-up，“类型”设为“几何”，单击“继续”按钮。

步骤02 单击平板与压头相接触的边（见图 6-25 所示），然后在视图区中单击鼠标中键来确认。

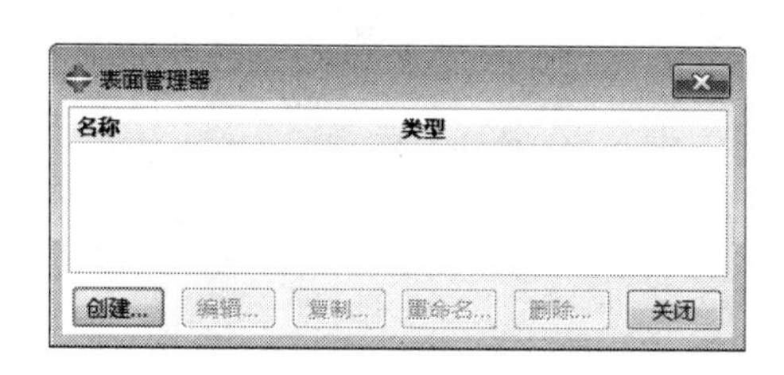

图 6-23 “表面管理器”对话框

图 6-24 “创建表面”对话框

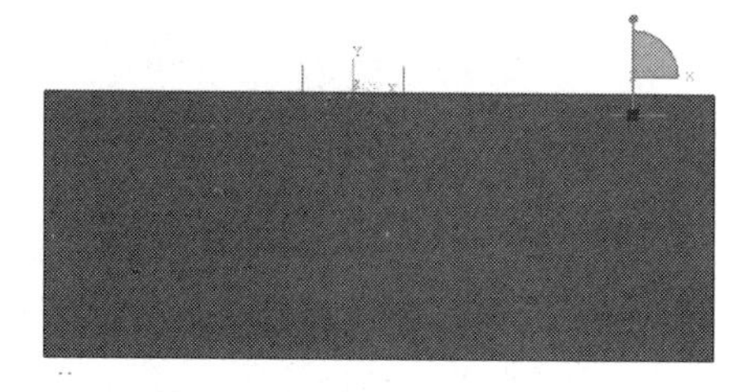

图 6-25 在视图区中选择 Surf-base-up 面

步骤03 使用类似的方法来定义压头的面 Surf-punch-down，由于其是解析刚体部件，在创建面时 ABAQUS/CAE 会在窗口底部提示“选择刚体的哪一侧的面，紫色，黄色”，这时应该选择刚体外侧对应的颜色。

2. 定义无摩擦的接触属性

单击工具箱中的（创建相互作用属性）按钮，弹出“创建相互作用属性”对话框（如图 6-26 所示），在“名称”文本框中输入 IntProp-1，各项参数都保持默认值，单击“继续”按钮，在弹出的“编辑接触属性”对话框（如图 6-27）中执行“力学”→“切向行为”命令，设置“摩擦公式”为“无摩擦”，完成接触属性的定义。

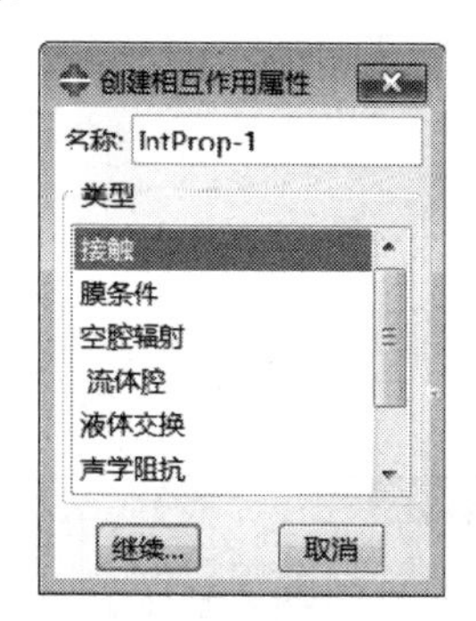

图 6-26 “创建相互作用属性”对话框

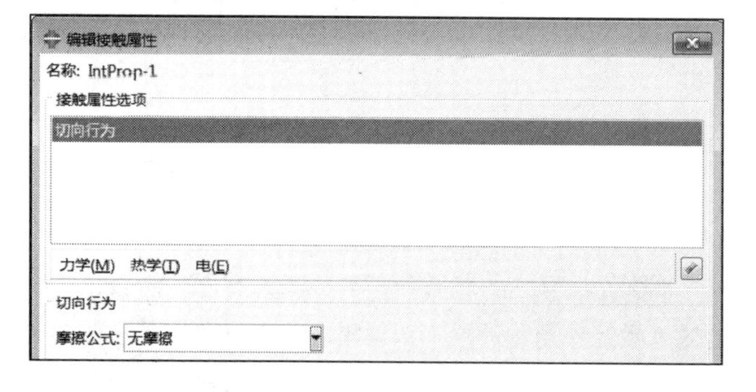

图 6-27 “编辑接触属性”对话框

3. 定义接触

步骤01 单击工具箱中的（创建相互作用）按钮，弹出“创建相互作用”对话框（如图 6-28 所示），默认“名称”为 Int-1，在“可用于所选分析步的类型”选项组中选择“表面与表面接触（Standard）”，单击“继续”按钮。

步骤02 此时提示区要求选择主面，单击窗口底部提示区右侧的“表面”按钮，在弹出的“区域选择”对话框（如图 6-29 所示）中选择 Surf-punch-down，再单击“继续”按钮。

图 6-28 “创建相互作用”对话框

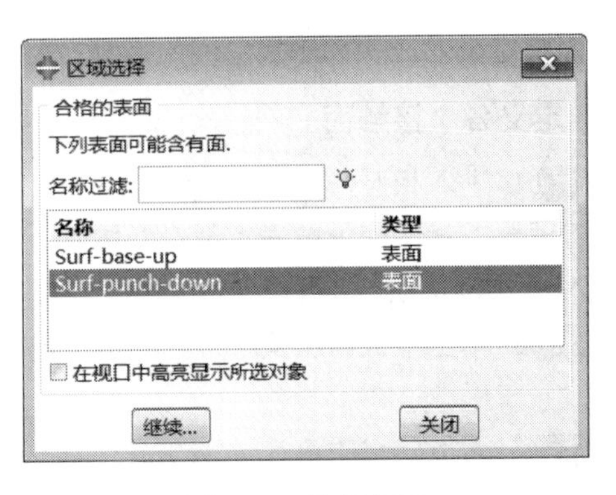

图 6-29 选择主面

步骤03 此时要求选择从面，单击窗口底部提示区的“表面”按钮，在弹出的“区域选择”对话框（见图 6-30）中选中 Surf-base-up，单击“继续”按钮。

步骤04 在弹出的“编辑相互作用”对话框（如图 6-31 所示）中保持默认参数，直接单击“确定”按钮。

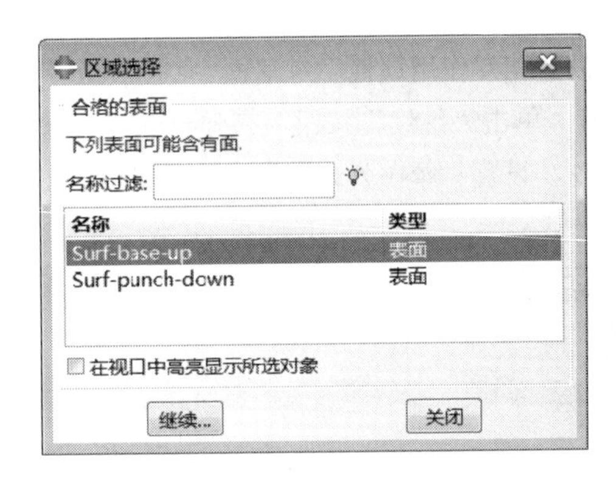

图 6-30 选择从面

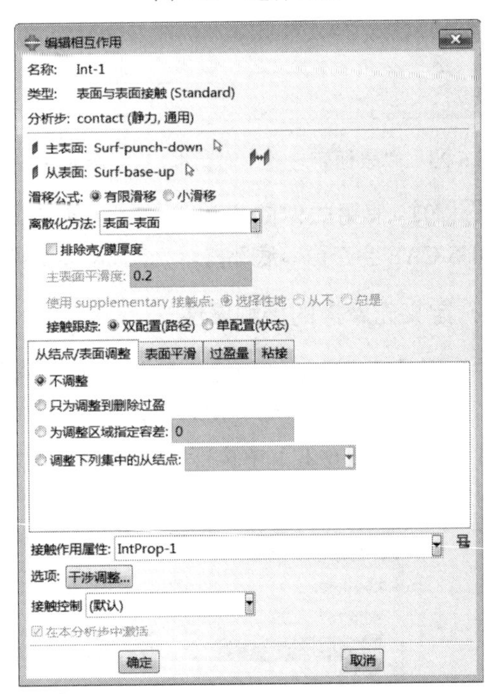

图 6-31 “编辑相互作用”对话框

步骤05 执行“相互作用”→“管理器”命令，在弹出的“相互作用管理器”对话框（如图 6-32 所示）中单击已经定义好的接触 Int-1 后面的“已创建”，再单击“编辑”按钮，可以查看接触面的位置是否正确。

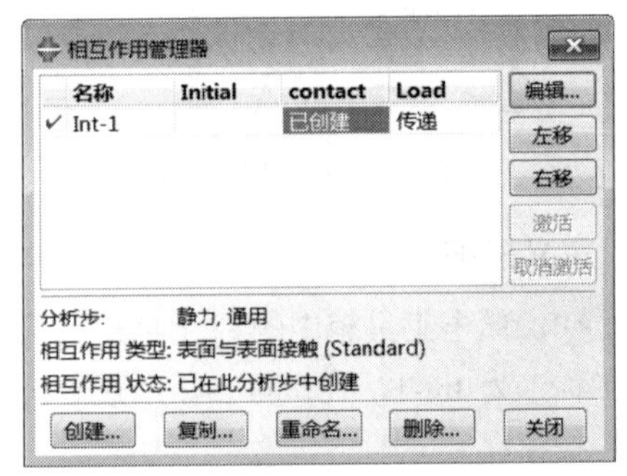

图 6-32 “相互作用管理器”对话框

6.3.8 定义边界条件和载荷

约束压头在 X 方向的位移 U1 和面内的转动 UR3，并施加 Y 方向的位移载荷；在平板的底边上施加边界条件 U1=U2=0。

1. 创建集合

进入载荷功能模块，选择“工具”→“集”→“管理器”命令，在弹出的对话框中单击“创建”按钮，分别创建以下集合。

（1）集合 Set-1

单击“创建”按钮，弹出如图 6-33 所示的对话框，在“名称”后面输入 Set-1，单击“继续”按钮。在视图中选择平板的底面，单击鼠标中键确认。

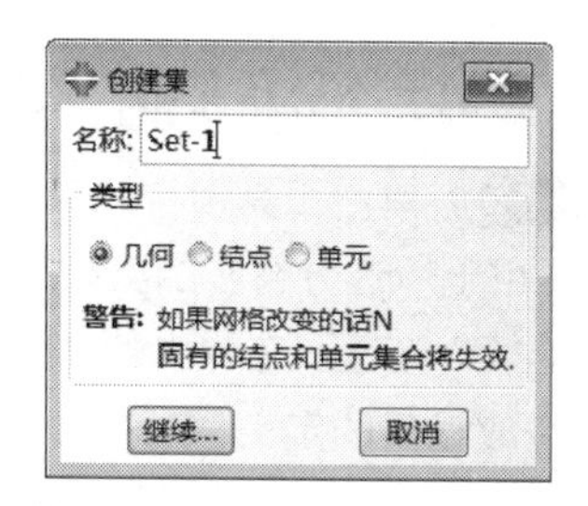

图 6-33 “创建集”对话框

（2）压头的参考点 Set-punch-Ref

单击“创建”按钮，弹出“创建集”对话框，在“名称”后面输入 Set-punch-Ref，单击“继续”按钮。在视图中选择压头的参考点 RP，单击鼠标中键确认。

完成后，在“设置管理器”对话框（如图 6-34 所示）中可以查看集创建的情况。

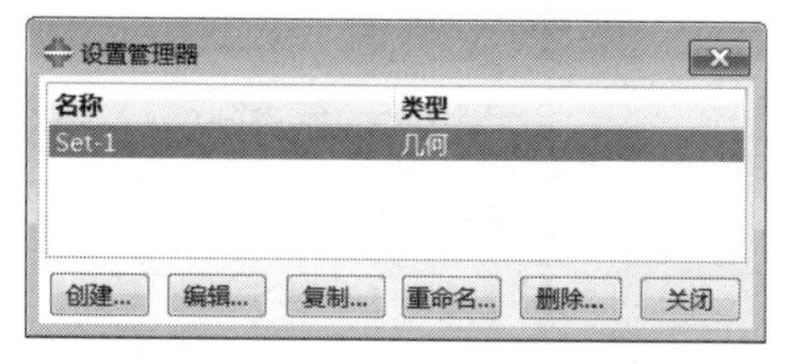

图 6-34 “设置管理器”对话框

2. 定义边界条件

步骤01 选择“边界条件”→“管理器”命令，在弹出的“边界条件管理器”中单击“创建”按钮，弹出“创建边界条件”对话框（如图 6-35 所示），在“名称”后面输入 BC-1，将“分析步”设为 Initial、“可用于所选分析步的类型”设为“位移/转角”，单击“继续”按钮。选中集合 Set-punch-Ref，单击“继续”按钮。

步骤02 在弹出的“编辑边界条件”对话框（如图 6-36 所示）中选中 U1、U2 和 UR3 复选框，然后单击“确定”按钮。

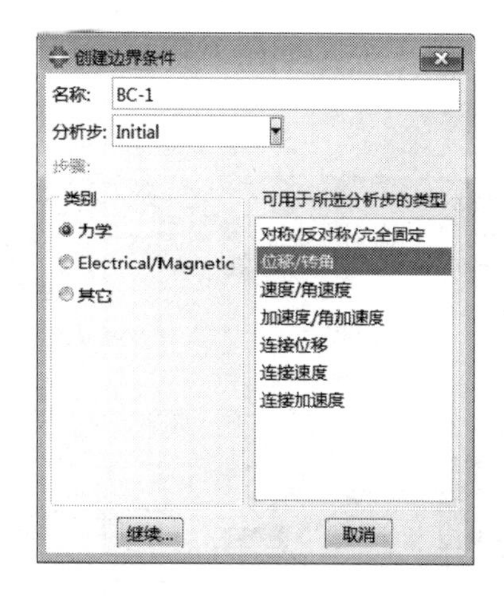

图 6-35 “创建边界条件”对话框

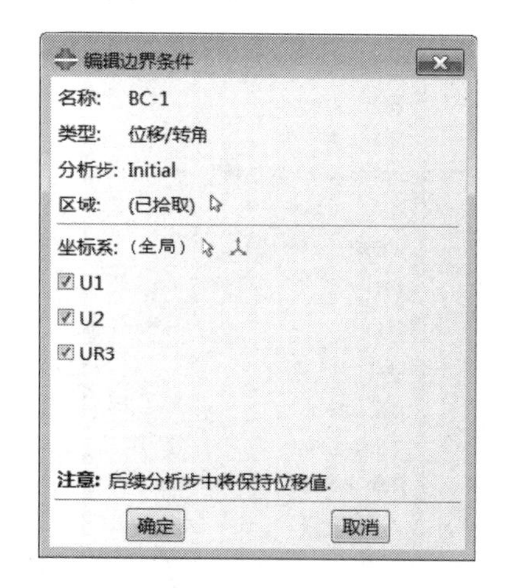

图 6-36 “编辑边界条件”对话框

步骤03 再次单击“创建”按钮，在“名称”后面输入 BC-2，将“分析步”设为 Initial、“可用于所选分析步的类型”设为“位移/转角”，单击“继续”按钮。选中集合 Set-1，单击“继续”按钮。

步骤04 在弹出的“编辑边界条件”对话框中选中 U1 和 U2 复选框，然后单击“确定”按钮。

3. 在第一个分析步中，在压头上施加小位移（0.01）

打开“边界条件管理器”对话框，在边界条件 BC-1 中，选择 contact 分析步下的“传递”选项，单击“编辑”按钮，弹出“编辑边界条件”对话框，在 U2 后面输入 - 0.01（如图 6-37 所示），然后单击“确定”按钮。

4. 在第二个分析步中，将压头上施加的力改为1e11N

步骤01 单击工具箱中的（创建载荷）按钮，在弹出的“创建载荷”对话框中选择“类别”为“力学”，选择“可用于所选分析步的类型”为“集中力”（如图 6-38 所示），单击“继续”按钮，选中集合 Set-punch-Ref，单击“继续”按钮。在弹出的“编辑载荷”对话框（如图 6-39 所示）中，将 CF2 设置为-1e11，单击“确定”按钮，完成载荷的定义。

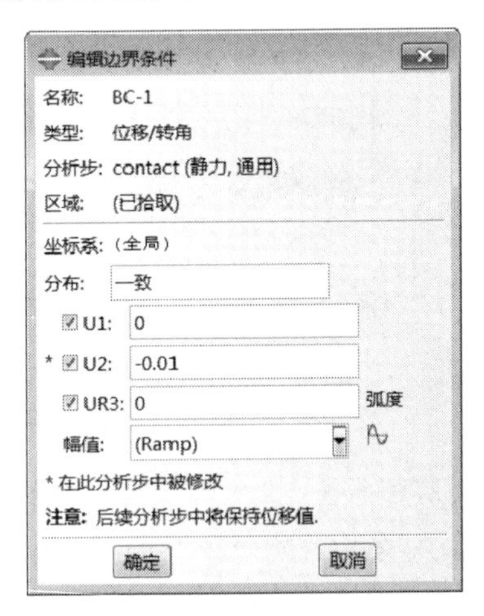

图 6-37　“编辑边界条件”对话框

图 6-38　“创建载荷”对话框

步骤02 完成后，在“载荷管理器”对话框（如图 6-40 所示）中可以查看载荷创建的情况。

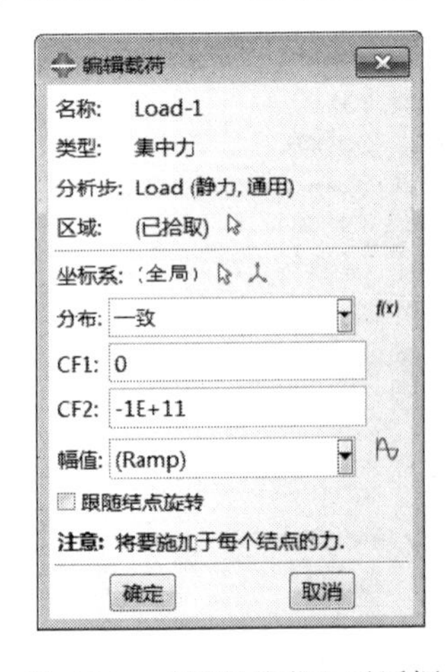

图 6-39　“编辑载荷”对话框

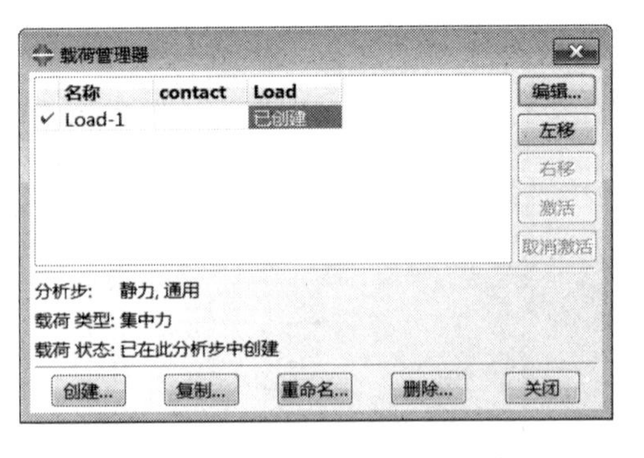

图 6-40　“载荷管理器”对话框

6.3.9 提交分析作业

步骤 01 进入作业功能模块，选择“作业”→“管理器”命令，创建名为 flat-Punch-contact 的分析作业，单击窗口顶部工具箱中的按钮来保存所建的模型。

步骤 02 单击“作业管理器”对话框（如图 6-41 所示）中的“提交”按钮提交分析，等待分析完成后，单击“结果”按钮，进入可视化功能模块。

步骤 03 在提交过程中，可以单击“监控”按钮，在弹出的“flat-Punch-contact 监控器”对话框（如图 6-42 所示）中对提交的作业计算过程进行监控。

图 6-41 “作业管理器”对话框

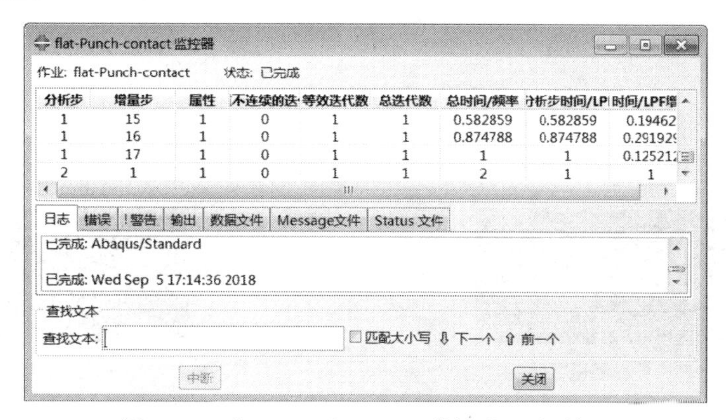

图 6-42 “flat-Punch-contact 监控器”对话框

6.3.10 后处理

1. 显示Mises应力的云纹图

在可视化功能模块中，单击工具箱中的（在变形图上绘制云图）按钮，显示 Mises 应力的云纹图（如图 6-43 所示），单击按钮，显示动画，查看分析结果是否正常。

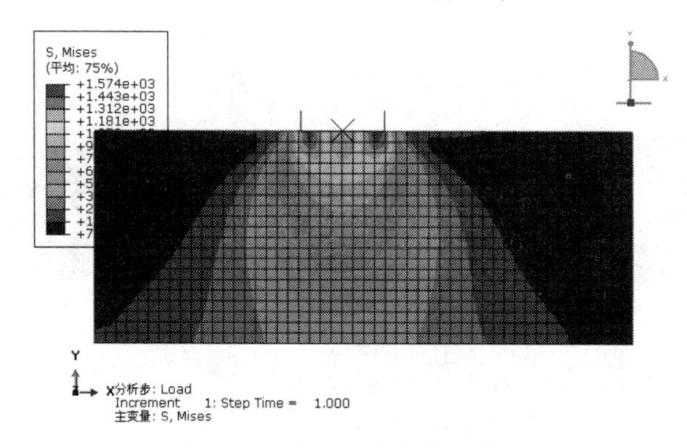

图 6-43 Mises 应力的云纹图

2. 观察应力和位移分布

选择“结果”→“场输出”命令，弹出如图 6-44 所示的“场输出”对话框，分别选择：S，Max In-Plane-Principal; S, Min In-Plane-Principal; S, Max. Principal; S, Mid Principal; U, U1; U, U2，显示结果如图 6-45（a）～（f）所示。

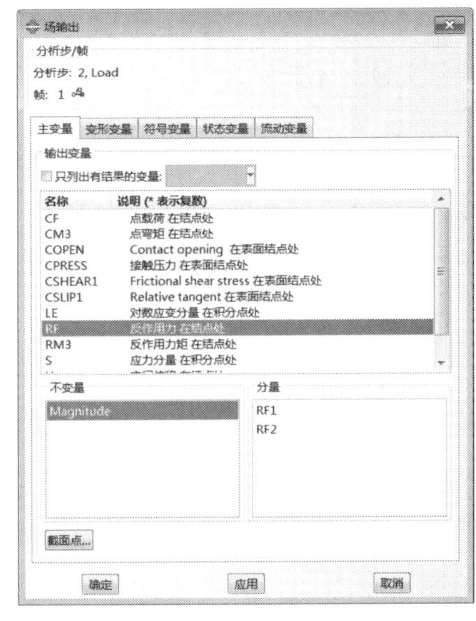

图 6-44 “场输出”对话框

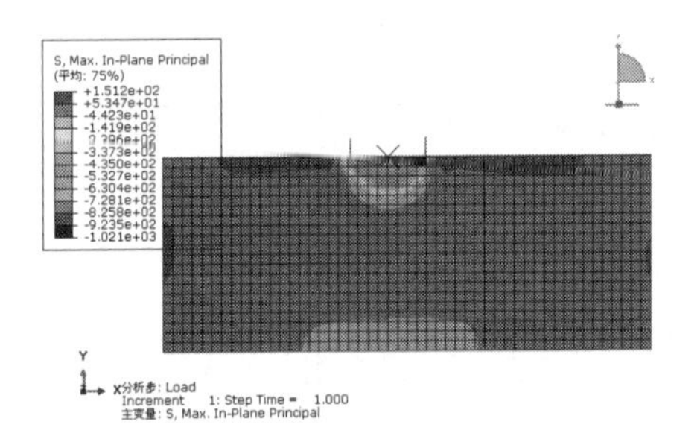

（a）S，Max In-Plane-Principal 分布

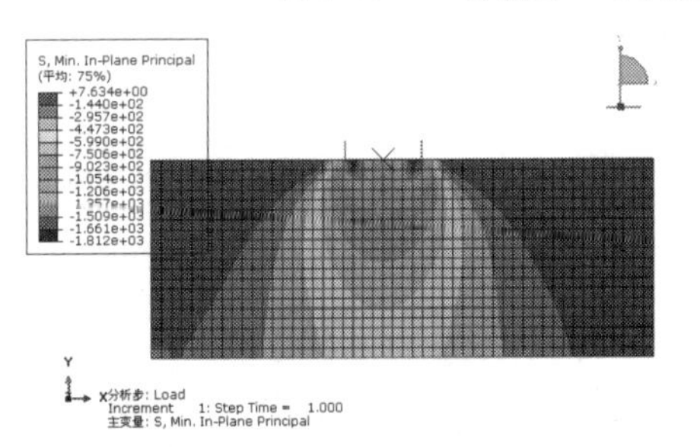

（b）S, Min In-Plane-Principal 分布

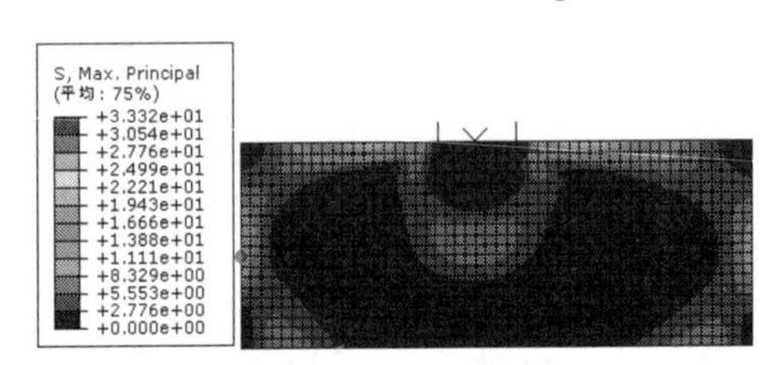

（c）S, Max. Principal 分布

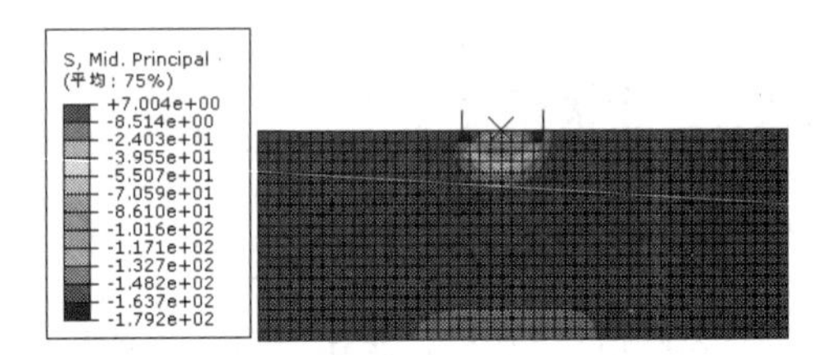

（d）S, Mid Principal 分布

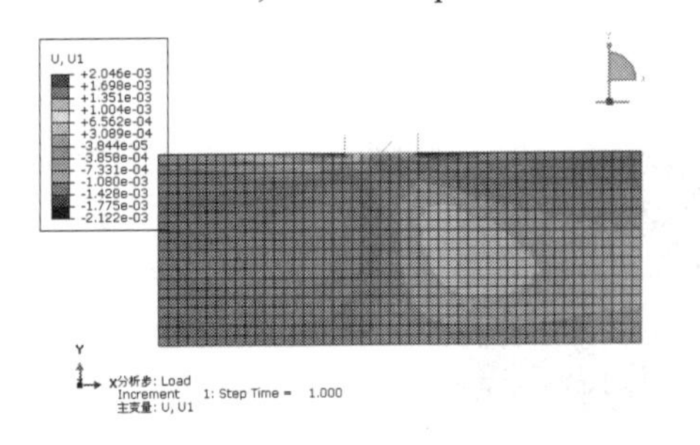

（e）U, U1 分布

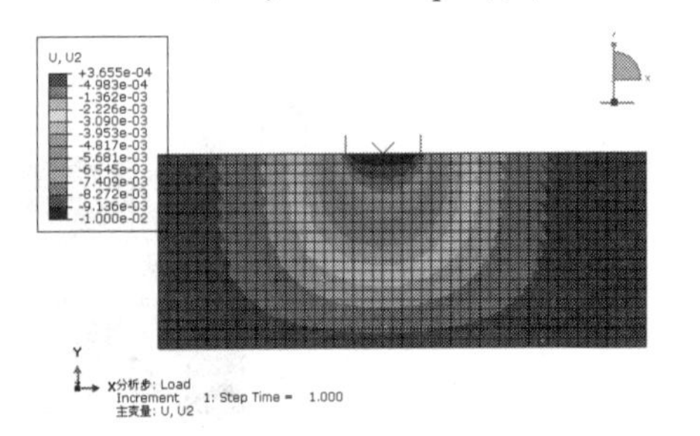

（f）U, U2 分布

图 6-45 云图分布

3. 在变形图上绘制符号

单击工具箱中的 （在变形图上绘制符号）按钮，在显示变形图上绘制符号，此时看到视图区中显示的是平面内的最大、最小和平面外应力的符号，如图 6-46 所示。如果想显示其他变量，则可以通过执行“结果”→“场输出”命令，在弹出的“场输出”对话框（如图 6-47 所示）中进行设置。

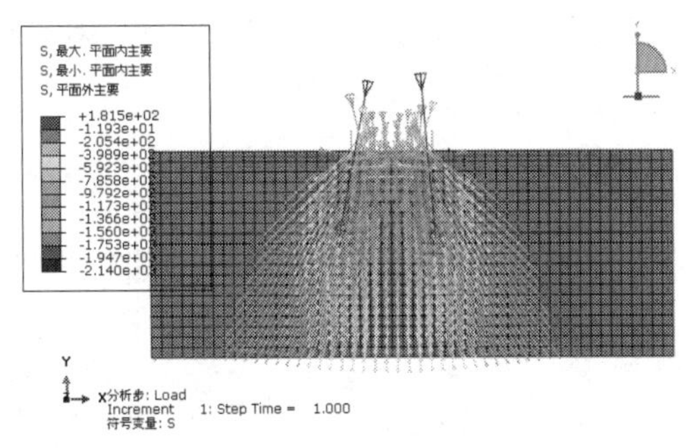

图 6-46　符号显示云图

还可以单击 按钮右边的 （符号选项）按钮，在弹出的“符号绘制选项”对话框（如图 6-48 所示）中对符号的显示进行设置。

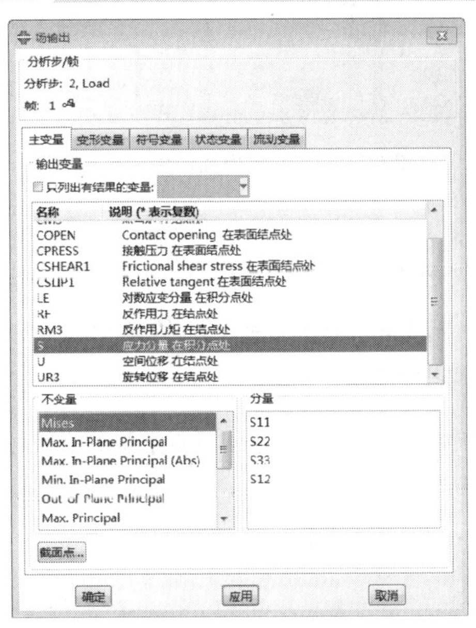

图 6-47　“场输出”对话框

图 6-48　“符号绘制选项”对话框

6.4 ABAQUS中的接触分析

在 ABAQUS/Standard 中可通过定义接触面或接触单元来模拟接触问题。接触面可以分为以下 3 种类型。

- 由单元构成的柔体接触面或刚体接触面；
- 解析刚体接触面；
- 由结点构成的接触面。

当两个物体 A 和 B 相互接触（如图 6-49 所示）时，如果称物体 A 为接触体，那么就称物体 B 为目标体或靶体，并称物体 A 的接触面为从接触面、物体 B 的接触面为主接触面，同时为了进行接触理论力学的分析还引入了“接触对”的概念。

技巧提示

一对相互接触的面称为“接触对”，一个接触对中最多只能有一个由结点构成的接触面。如果只有一个接触面，则称为“自接触”，在“创建相互作用”对话框中自接触选项设置如图 6-50 所示。

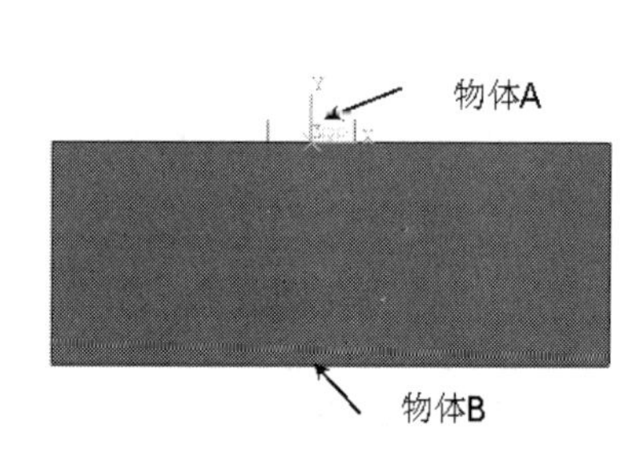

图 6-49　物体 A 与 B 接触图

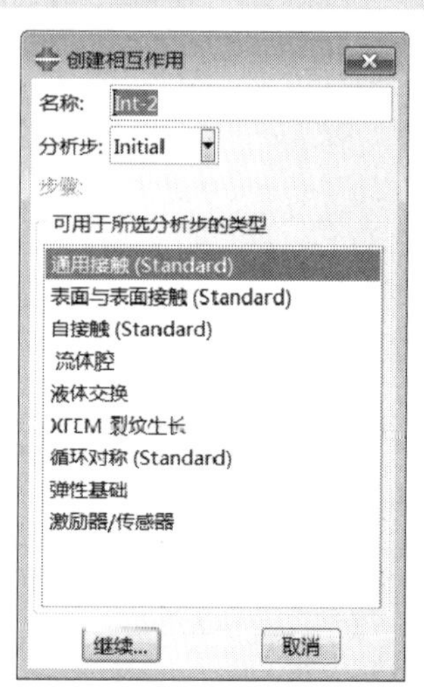

图 6-50　“创建相互作用”对话框

ABAQUS/Explicit 提供了以下两种算法来模拟接触问题。

（1）通用接触算法：可以很简单地定义接触，对接触面的类型限制很少。

技巧提示

采用通用接触算法时，常用的方法是让 ABAQUS/Explicit 自动生成包含所有实体的面，在这个面上定义自接触。如果希望细化接触区域，可以选定特定的接触面。

（2）接触对算法：定义接触的过程较复杂，对接触面的类型有较多限制，但可以解决通用接触算法所不适用的某些问题。使用接触对算法时，需要指定相互接触的面。

在下面的讨论中，如果没有特别说明，指的都是 ABAQUS/Standard 中的接触分析。

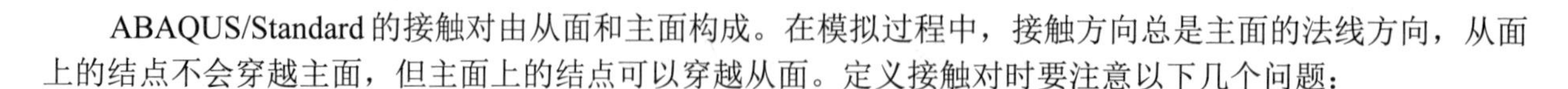

6.5 接触对的定义

ABAQUS/Standard 的接触对由从面和主面构成。在模拟过程中，接触方向总是主面的法线方向，从面上的结点不会穿越主面，但主面上的结点可以穿越从面。定义接触对时要注意以下几个问题：

（1）解析面或由刚性单元构成的面必须作为主面，从面则必须是柔性体上的面，也可以是施加了刚体约束的柔体。

（2）两个面的结点位置不要求是一一对应的，但如果能够一一对应，则可以得到更精确的结果。

（3）如果接触面在发生接触的部位有很大的尖角或凹角，应分别定义为两个面。

（4）主面不能是由结点构成的面，并且必须是连续的。如果是有限滑移，主面在发生接触的部位必须是光滑的。

（5）如果是有限滑移，则在整个分析过程中，尽量不要让从面结点落到主面之外，特别是不要落到主面的背面，否则容易出现收敛问题。

（6）一对接触面的法线方向应该相反，如果主面和从面在几何位置上没有发生重叠，则一个面的法线应指向另一个面所在的一侧。如果法线方向错误，ABAQUS 往往会造成存在很大过盈量的过盈接触，因而使得结果无法达到收敛。

对于柔性的三维实体，ABAQUS 会自动选择正确的法线方向，而在壳单元、梁单元、膜单元或刚体单元来定义接触面时，则需要指定法线方向。

ABAQUS/CAE 操作：在相互作用模块中，执行“相互作用”→“创建”命令，如图 6-51 所示。

定义接触对的关键词（如图 6-52 所示）是：

```
*CONTACT PAIR, INTERACTION = <接触属性名称>, <type=相互作用类型> <从面的名称>, <主面的名称>
```

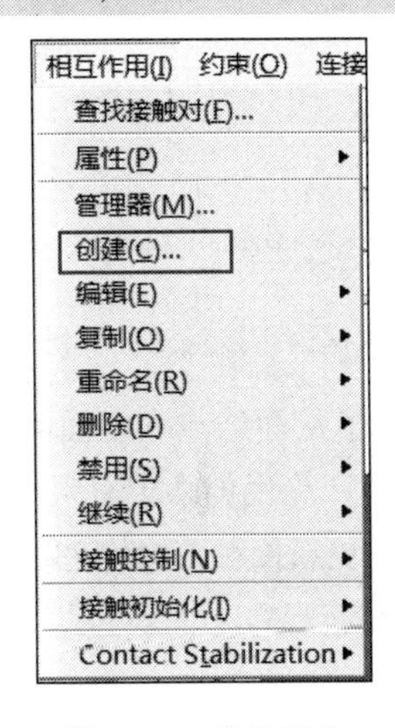

图 6-51 菜单操作

```
*Contact Pair, interaction=IntProp-1, type=SURFACE TO SURFACE
Surf-base-up, Surf-punch-down
```

图 6-52 接触对的关键词

6.6 有限滑移和小滑移

在 ABAQUS/Standard 中，有两种接触公式来描述两个接触面的相对滑动。

1. 小滑移

两个接触面之间只有很小的相对滑动，滑动量只是单元尺寸的一小部分。

ABAQUS/CAE 操作。在相互作用模块中，选择“相互作用”→“创建”命令，在弹出的“编辑相互作用”对话框（如图 6-53 所示）中，将“滑移公式”改为“小滑移”。

使用以下关键词定义小滑移的接触对（如图 6-54 所示）：

```
*CONTACT PAIR, INTERACTION = <IntProp-1>, SMALL SLIDING
<Surf-base-up>, <Surf-punch-down>
```

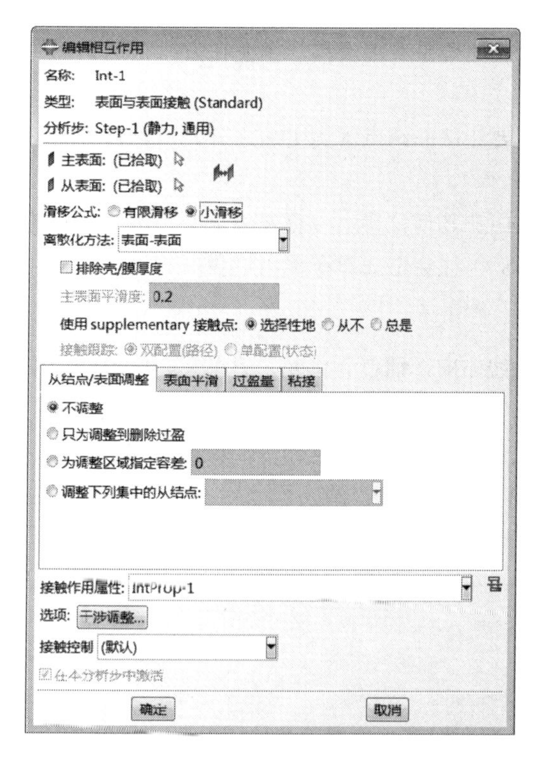

图 6-53 “编辑相互作用”对话框

```
*Contact Pair, interaction=IntProp-1, small sliding, type=SURFACE TO :
Surf-base-up, Surf-punch-down
```

图 6-54 接触对的关键词

定义小滑移的接触对时，ABAQUS/Standard 在分析的开始就确定了从面结点和主面的哪一部分发生接触，在整个分析过程中这种接触关系不会再发生变化。所以，小滑移的计算代价小于有限滑移。

小滑移也可以用于几何非线性问题，并考虑主面的大转动和大变形，更新接触力的传递路径。

小滑移有两种算法：点对面和面对面。面对面算法的应力结果精度较高，并且可以考虑板壳和膜的初始厚度，但在有些情况下计算代价较大。

小滑移问题的接触压强总是根据变形时的接触面积来计算的，有限滑移问题的接触压强则是根据变化的接触面积来计算。

2. 有限滑移

两个接触面之间可以任意相对滑动，这是定义接触时的默认特性。

ABAQUS/CAE 操作。在相互作用模块中，选择“相互作用”→“创建”命令，弹出“编辑相互作用”对话框（如图 6-55 所示），不改变默认参数，即“滑移公式”为“有限滑移”。

使用以下关键词定义有限滑移的接触对（如图 6-56 所示）：

```
*CONTACT PAIR, INTERACTION=<接触属性的名称>, <type=相互作用类型>, <从面名称>, <主面名称>
```

在有限滑移的分析过程中，ABAQUS/Standard 需要不断地判定从面结点和主面的哪一部分发生接触，因此计算代价较大。有限滑移要求主面是光滑的，否则会出现收敛问题。

如果主面在发生接触的部位存在尖锐的凹凸角，应该在此尖角处把主面分为两部分来分别定义。对于由单元构成的主面，ABAQUS 会自动进行平滑处理。

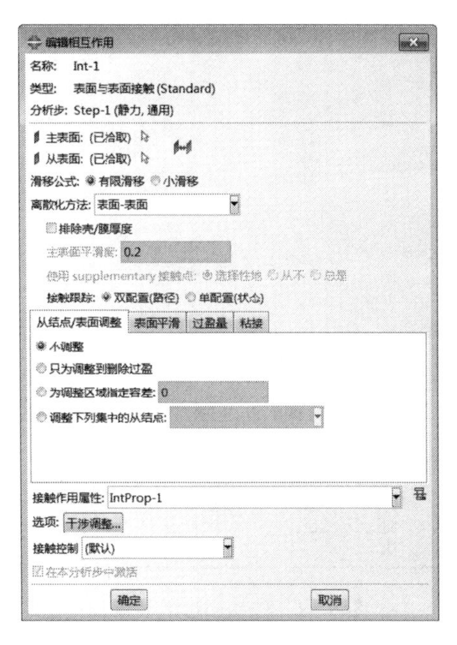

图 6-55 “编辑相互作用”对话框

```
*Contact Pair, interaction=IntProp-1, type=SURFACE TO SURFACE
Surf-base-up, Surf-punch-down
```

图 6-56 接触对的关键词

6.7 接触属性的定义

接触面之间的接触属性包括法向作用和切向作用。

（1）法向作用：ABAQUS 中接触压力和间隙的默认的关系是“硬接触”，即接触面之间能够传递的接触压力大小不受限制；当接触压力变为负值或零时，两个接触面就会发生分离，并且相应结点上的接触约束就会失效。

ABAQUS 还提供了多种“软接触”，包括线性模型、指数模型、表格模型等。

（2）切向作用：ABAQUS 中常用的摩擦模型为库伦摩擦，即使用摩擦系数来表示接触面之间的摩擦特性。默认的摩擦系数为零，即无摩擦。库伦摩擦的计算公式为：

$$\tau_{crit} = \mu \times p$$

上式中，τ_{crit} 是临界切应力，P 是接触的法向压强（即 CPRESS），μ 是摩擦系数。在切向力达到临界切应力之前，摩擦面之间不会发生相对滑动。

ABAQUS 还提供了其他类型的摩擦模型，如 ABAQUS/Standard 中的 Lagrange 摩擦和粗糙摩擦、ABAQUS/Explicit 中的动力学摩擦等。

在相互作用模块中，选择“相互作用”→“属性”→“创建”命令，在“编辑接触属性”对话框(如图 6-57 所示）中选择“力学”→“剪切行为”来设定摩擦，选择“力学”→“法向行为”来设定法向作用的类型。

可以使用以下关键词来定义接触属性（如图 6-58 所示）：

```
*SURFACE, INTERACTION, NAME = <接触属性的名称>
*FRICTION
<摩擦系数>
```

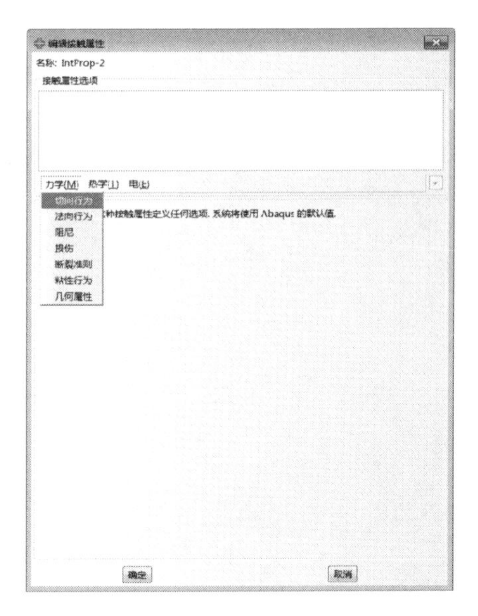

图 6-57 “编辑接触属性”对话框

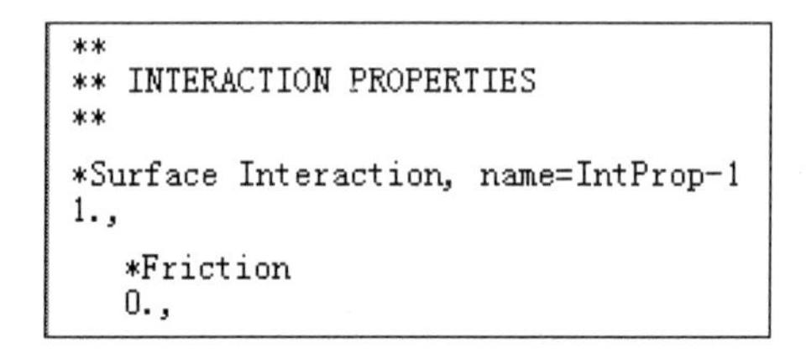

```
**
** INTERACTION PROPERTIES
**
*Surface Interaction, name=IntProp-1
1.,
   *Friction
   0.,
```

图 6-58 接触属性的关键词

6.8 接触面的过盈量

本节将介绍定义两个接触面的距离或过盈量的几种方法。

1. ADJUST参数定义

ABAQUS 在默认情况下，会直接根据模型的尺寸位置来判断从面和主面的距离，从而确定二者的接触状态，这就要求在建模时精确地定义接触面的坐标。

模型的尺寸往往会存在数值误差，所以一般应在定义接触中设置一个位置误差限度，用来调整从面结点的初始坐标。

在相互作用模块中，选择“相互作用”→“创建”命令，在“编辑相互作用”对话框中选中“为调整区域指定容差”单选按钮（如图 6-59 所示），在其后输入误差限度的值。

关键词（如图 6-60 所示）为：

```
*CONTACT PAIR, INTERACTION = <接触属性的名称>, ADJUST = <位置误差限度>
<从面名称>, <主面名称>
```

<位置误差限度>的含义为：如果从面结点与主面的距离小于此限度，ABAQUS 将调整这些结点的初始坐标，使其与主面的距离为 0。

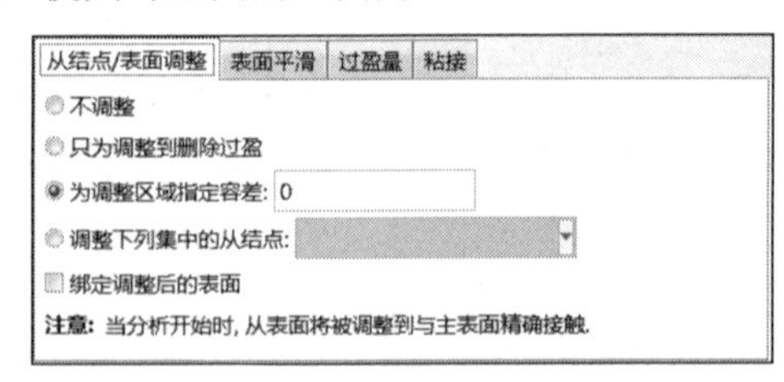

图 6-59 调整区域容差

```
*Contact Pair, interaction=IntProp-1, type=SURFACE TO SURFACE, adjust=0.
Surf-base-up, Surf-punch-down
```

图 6-60 接触属性的关键词

2. *CONTACT INTERFERENCE

可以使用*CONTACT INTERFERENCE 来定义过盈接触。

在相互作用模块中，选择“相互作用”→“创建”命令，打开“编辑相互作用”对话框底部的“过盈量”选项卡，如图 6-61 所示。

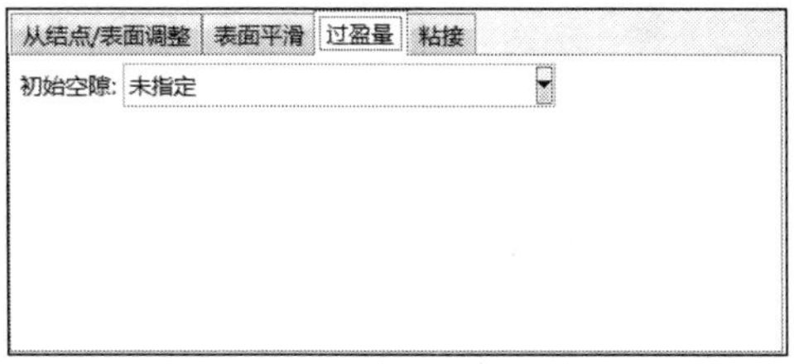

使用*CONTACT INTERFERENCE 类似于施加载荷，不能在 Initial 分析步中对其进行定义，只能在后续分析步中定义。

图 6-61 调整区域容差

关键词的使用方法（如图 6-62 所示）如下：

```
*CONTACT PAIR, INTERACTION = <接触属性的名称>, ADJUST = <位置误差限度>
<从面名称>, <主面名称>
……
*AMPLITIDE, NAME = <幅值曲线的名称>
……
*STEP
……
*CONTACT INTERFERENCE, AMPLITUDE = <幅值曲线的名称>
<从面名称>, <主面名称>, <过盈量或间隙量>
……
*END STEP
```

```
*Contact Pair, interaction=IntProp-1, small sliding, type=SURFACE TO SURFACE, adjust=0.0
Surf-base-up, Surf-punch-down
```

图 6-62 接触属性的关键词

如果使用 *CONTACT INTERFERENCE 所定义的过盈接触没有在模型中起作用，那么有可能是由以下原因引起的：

（1）*CONTACT INTERFERENCE 不能使用 ABAQUS 默认的幅值曲线 Ramp，而是使用自定义的复制曲线，使在整个分析步中过盈量的幅值从 0～1 逐渐增大。

（2）参数<过盈量或间隙量>为负值时才表示过盈接触，正值时表示两个面之间存在间隙。

（3）如果在 ABAQUS/CAE 模型中两个接触面之间有宽度为 h 的缝隙，那么关键词*CONTACT PAIR 中的参数 ADJUST = <位置误差限度>必须略大于此缝隙的宽度 h，否则*CONTACT INTERFERENCE 中的参数<过盈量或间隙量>不会起作用，因为 ABAQUS 会认为这两个接触面没有接触。

3. *CLEARANCE

使用关键词*CLEARANCE 可以定义两个接触面之间的初始过盈量或间隙量，它只适用于小滑移。

ABAQUS/CAE 不支持关键词*CLEARANCE，只能手动修改 INP 文件来添加此关键词，它的使用方法为：

```
*CONTACT PAIR, INTERACTION = <接触属性的名称>, SMALL SLIDING
<从面名称>, <主面名称>
……
*CLEARANCE, SLAVE = <从面名称>, MASTER =  <主面名称>, VALUE = <过盈量或间隙量>
```

6.9 MSG文件中的迭代信息

如果当前的时间增量步无法在规定的迭代次数内达到收敛，ABAQUS 会自动减小时间增量步，重新开始迭代。如果这样仍不能收敛，则会继续减小时间增量步。如果达到了规定的 Cutback 最大次数，或者时间增量步长减小到所规定的最小限度，ABAQUS 就会中止分析，并在 MSG 文件的结尾处显示以下错误信息：

```
* * * 迭代收敛前尝试太多（ERROR:  TOO MANY ATTEMPTS MADE FOR TTHIS INCREMENT: ANALYSIS TERMINATED 或 * * * ERROR: TIME INCREMENT REQUIRED IS LESS THAN THE MINIMUM SPECIFIED）
```

在可视化功能模块中选择“工具”→“作业诊断”命令，可以查看收敛过程的诊断信息。利用 MSC 文件也可以查看分析迭代的详细过程，例如：

```
(时间增量步长 1)
INCREMENT 1 STARTS.  ATT'EMPT NUMBER 1 , TIME INCREMENT 1.00

(严重不连续迭代 1)
SEVERE DISCONTINUITY ITERATION 1 ENDS
(接触状态的变化：1 个结点闭合，10 个结点开放)
CONTACT CHANGE SUMMARY: 1 CLOSURES 10 OPENINGS.

SEVERE DISCONTINUITY ITERATION 2 ENDS
CONTACT CHANGE SUMMARY: 0 CLOSURES 4 OPENINGS
(平衡迭代 1)
EQUILIBRIUM ITERATION 1

AVERAGE FORCE           16. 89          TIME AVG. FORCE     16.89
LARGEST RESIDUAL FORCE                  17.14    AT NODE       2820 DOF 1
INSTANCE: BASE-1-1
LARGEST INCREMENT OF DISP.              0. 86     AT NODE       16 DOF 2
INSTANCE: PLATE-1
LARGEST CORRECTION TO DISP.         9. 057E-03    AT NODE       15 DOF 2
INSTANCE: PLATE-1
FORCE EQUILIBRIUM NOT ACHIEVED WITHIN TOLERANCE.

(平衡迭代 2)
EQUILIBRIUM ITERATION 2
……
(平衡迭代 3)
EQUILIBRIUM ITERATION 3
……
TIME INCREMENT COMPLETED 1.00,  FRACTION OF STEP COMPLETED 1.00
STEP TIME COMPLETED     1. 00,  TOTAL TIME COMPLETED        5. 00

(分析顺利完成了)
THE ANALYSIS HAS BEEN COMPLETED
```

从面的结点有闭合和开放（CLOSURES 和 OPENINGS）两种接触状态。如果在一次迭代中结点的接触状态发生了变化，就称为“严重不连续迭代”。在 MSG 文件中显示了接触状态发生变化的结点数口。

如果分析能够收敛，那么每次严重不连续迭代中 CLOSURES 和 OPENINGS 的数目会逐渐减少。当所有从面结点的接触状态都不再发生变化时，就进入平衡迭代，最终达到收敛。

如果无法达到收敛，MSG 文件中显示的迭代信息有以下几种常见的情况。

（1）闭合和开放（CLOSURES 和 OPENINGS）的数目逐渐减小，但最终不断重复出现“0 CLOSURES，1 OPENINGS”和“1 CLOSURES，0 OPENINGS”，例如：

```
SEVERE DISCONTINUITY ITERATION 1 ENDS
CONTACT CHANGE SUMMARY: 5 CLOSURES 19 OPENINGS.
……
SEVERE DISCONTINUITY ITERATION 9 ENDS
CONTACT CHANGE SUMMARY: 0 CLOSURES 1 OPENINGS.
SEVERE DISCONTINUITY ITERATION 10 ENDS
CONTACT CHANGE SUMMARY: 1 CLOSURES 0 OPENINGS.
SEVERE DISCONTINUITY ITERATION 14 ENDS
CONTACT CHANGE SUMMARY: 0 CLOSURES 1 OPENINGS.
SEVERE DISCONTINUITY ITERATION 15 ENDS
CONTACT CHANCE SUMMARY:  1 CLOSURES 0 OPENINGS.
```

该迭代信息意味着有一个从面结点的接触状态不断地在 CLOSURE 和 OPENING 之间变换。出现这种问题时，往往无法通过减小时间增量步来达到收敛。

（2）CLOSURES 和 OPENINGS 的数目时而减小、时而增大，例如：

```
SEVERE DISCONTINUITY ITERATION 1 ENDS
CONTACT CHANGE SUMMARY: 0 CLOSURES 45 OPENINGS
SEVERE DISCONTINUITY ITERATION 2 ENDS
CONTACT CHANGE SUMMARY: 1 CLOSURES 25 OPENINGS
…….
SEVERE DISCONTINUITY ITERATION 10 ENDS
CONTACT CHANGE SUMMARY: 0 CLOSURES 1 OPENINGS
SEVERE DISCONTINUITY ITERATION 11 ENDS
CONTACT CHANGE SUMMARY: 13 CLOSURES 0 OPENINGS
```

出现这种问题时，可以观察一下，减小时间增量步后是否能够达到收敛。

（3）CLOSURES 和 OPENINGS 的数目逐渐减小，但减小的速度很慢，达到第 N 次严重不连续迭代后，ABAQUS 就自动减小增量步长，重新开始迭代，例如：

```
SEVERE DISCONTINUITY ITERATION 1 ENDS
CONTACT CHANGE SUMMARY: 0 CLOSURES 95 OPENINGS.
SEVERE DISCONTINUITY ITERATION 2 ENDS
CONTACT CHANGE SUMMARY: 3 CLOSURES 55 OPENINGS
……
```

```
SEVERE DISCONTINUITY ITERATION 14 ENDS
CONTACT CHANGE SUMMARY: 0 CLOSURES 9 OPENINGS

SEVERE DISCONTINUITY ITERATION 15 ENDS
CONTACT CHANGE SUMMARY: 0 CLOSURES 6 OPENINGS
```

出现这种情况时，可能并不是真的无法达到收敛，因为 ABAQUS 默认的严重不连续迭代的最大次数只有 15 次。如果允许 ABAQUS 多进行几次迭代，就有可能达到收敛。在分析步中使用关键词 CONTROLS，可以改变迭代参数的设置，例如：

```
*STATIC
1, 1, 1E-5, 1
*CONTROLS, PARAMETERS = TIME INCREMENTATION
, , , , , , 46, , , ,
```

其中，逗号之间省略的参数表示保持 ABAQUS 的默认值不变。46 表示将严重不连续迭代的最大次数变为 46 次，也就意味着，只有当严重不连续迭代达到 46 次时，ABAQUS 才会减小时间增量步，重新开始迭代。

在分析步模块中，在主菜单中执行“其他”→“通用求解控制”→“编辑”命令（如图 6-63 所示），选择相应的分析步，单击“继续”按钮，在弹出的“通用求解控制编辑器”对话框（如图 6-64 所示）中，打开“时间增量”选项卡，单击第一个“更多”，把 I_s 由默认的 12 改为适当的值（如图 6-65 所示），然后单击“确定”按钮，完成该操作。

图 6-63　主菜单中操作路径

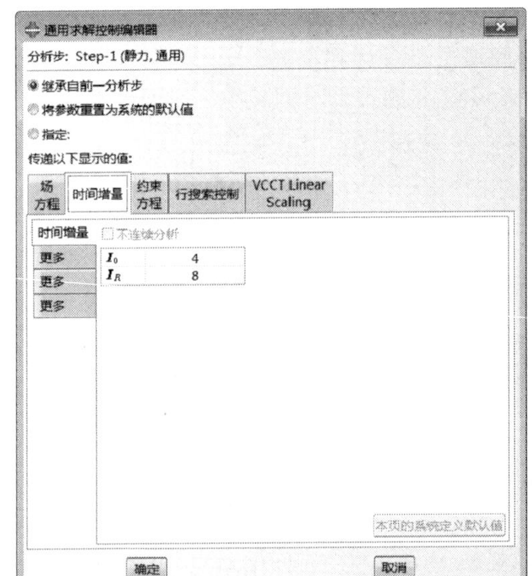

图 6-64　“通用求解控制编辑器”对话框

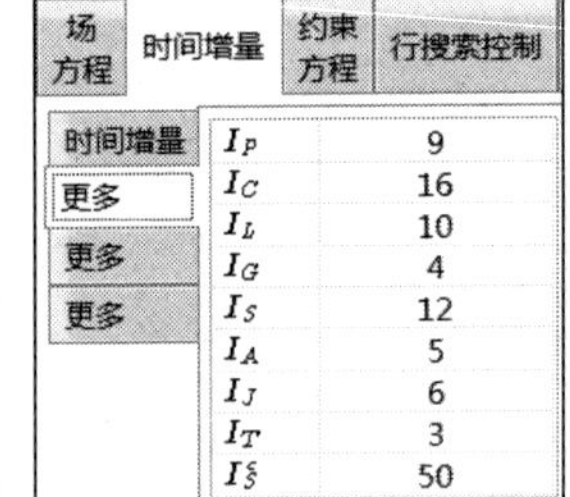

图 6-65　修改为适当的值

在 ABAQUS/CAE 的分析步功能模块中选择“输出”→“诊断输出”命令，然后在弹出的“编辑打印测试”对话框（如图 6-66 所示）中选中“接触”，从而在 MSG 文件中看到更详细的接触分析信息。

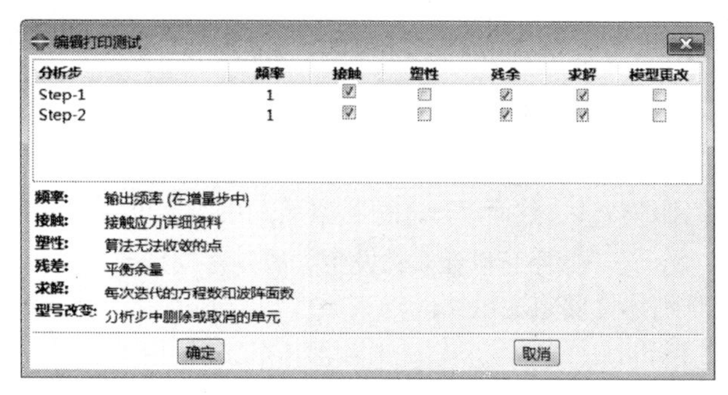

图 6-66 “编辑打印测试”对话框

相应的关键词是：

```
*PRINT, CONTACT= YES
```

6.10 接触分析中的收敛问题

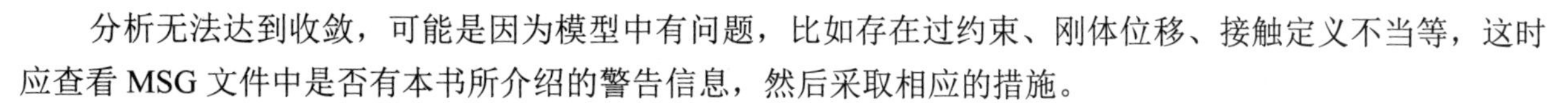

分析无法达到收敛，可能是因为模型中有问题，比如存在过约束、刚体位移、接触定义不当等，这时应查看 MSG 文件中是否有本书所介绍的警告信息，然后采取相应的措施。

在接触分析中出现收敛问题时，应考虑以下解决方法。

1．检查接触关系、边界条件和约束

（1）首先应检查所定义的接触面、接触参数和边界条件是否正确。打开模型数据库（.cae）文件，在 Interaction 功能模块中选择“相互作用”→“管理器”命令，在弹出的相互作用对话框中依次选中已定义的接触，再单击“编辑”按钮，查看接触面的位置是否正确。

（2）同样地，可以在载荷功能模块中查看载荷和边界条件的设置。

（3）可以在可视化功能模块中选择“视图”→“OBD 显示选项”命令（如图 6-67 所示），在弹出的“ODB 显示选项”对话框（如图 6-68 所示）中打开“实体显示”选项卡，选中“显示边界条件”和“显示连接”复选框，从而显示出模型的边界条件和约束，查看其作用区域是否正确。

图 6-67 选项操作

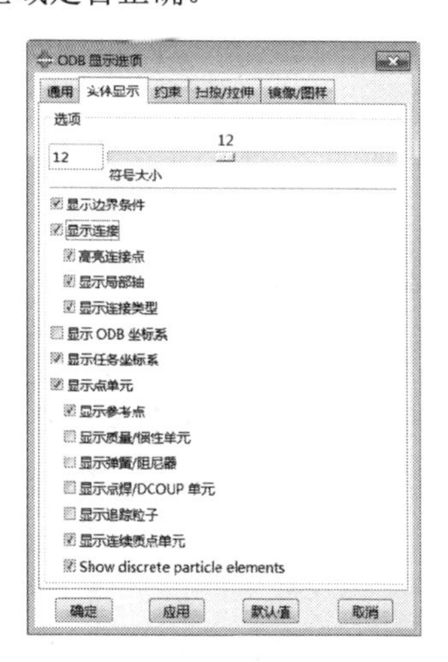

图 6-68 “ODB 显示选项”对话框

2. 消除刚体位移

在静力分析中，必须对模型中所有实体都定义足够的约束条件，以保证它们在各个平移和转动自由度上都不会出现不确定的刚体位移。

在动态分析中不要求约束刚体位移。然而“静态分析需要约束刚体位移”的意思是不能因为缺少约束而出现不确定的或无限大的刚体位移，而不是不可以让实体发生大的位移或转动。

如果在静力分析中没有对刚体位移定义足够的约束条件，得到的分析结果如下：

- 分析过程无法达到收敛。
- 虽然能够达到收敛，但是可视化模块中变形图或云纹图时，由于刚体位移量远远大于模型的尺寸，因此会看到视图区中所显示的默认缩放系数非常小，或者出现变形和分析面超过模型尺寸的错误信息。

出现刚体位移时，在 MSG 文件中会显示数值奇异警告信息。有时候 ABAQUS 还会显示负特征值警告信息。

（1）查看 ODB 文件的诊断信息可以找出问题的原因。

在可视化功能模块中执行“工具”→“作业诊断”命令。

（2）出现刚体位移时，应仔细检查已有的边界条件、约束和接触关系是否足以约束每个部件的刚体平移和转动。如果需要利用接触或摩擦来约束刚体位移，可以在接触对上设置微小的过盈量，以保证在分析的一开始就已经建立起接触关系。

另外，还可以施加临时边界条件，以保证在接触关系建立之前，模型不会出现不确定的刚体位移。

（3）还可以在实体上的任意一点和地面之间定义一个很软的弹簧来约束刚体位移。

在相互作用模块中执行“特殊设置”→“弹簧/阻尼器”→“创建”（如图 6-69 所示）命令，在“创建弹簧/阻尼器”对话框中设置“连接类型”为“将点接地”（如图 6-70 所示）。选择一个结点后，在弹出的“编辑弹簧/阻尼器”对话框（如图 6-71 所示）中，将“自由度”设为出现了刚体位移的自由度，将“弹簧的刚度”设置为一个合适的值（太小则不足以约束刚体位移，太大则会影响变形）。

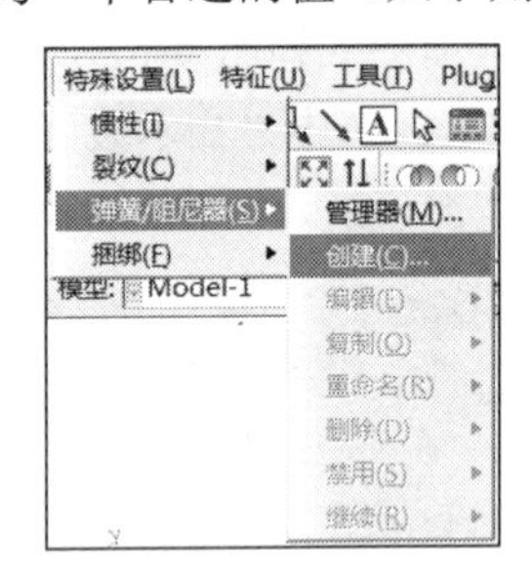

图 6-69　选项操作

图 6-70　“创建弹簧/阻尼器”对话框

3. 使用绑定约束

如果某一对接触面的接触状态对整个模型的影响不大，或者这一对接触面在整个分析过程中始终是紧密接触的，就可以考虑将它们之间的接触关系改为绑定约束，从而大大减少计算接触状态所需要的迭代。

在相互作用模块中执行“约束”→“创建”命令，在弹出的对话框（如图 6-72 所示）中选择默认的“绑定”类型。

如果定义了绑定约束，或者使用了*CONTACT INTERFERENCE 来定义过盈接触，必须让位置误差限度略大于主面和从面在模型中的距离，否则这两个面之间不会建立过盈接触或绑定约束。

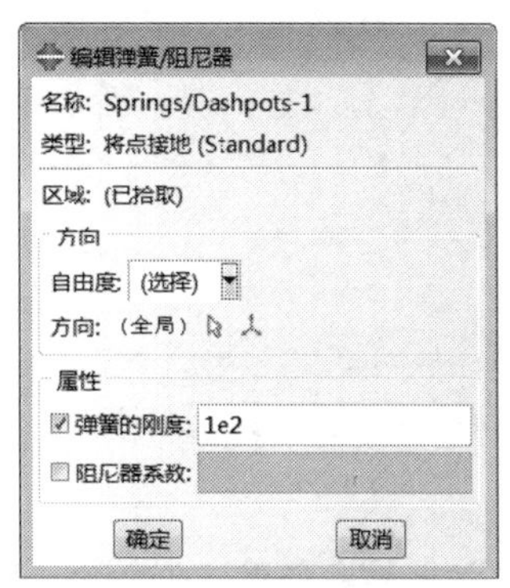

图 6-71 “编辑弹簧/阻尼器”对话框

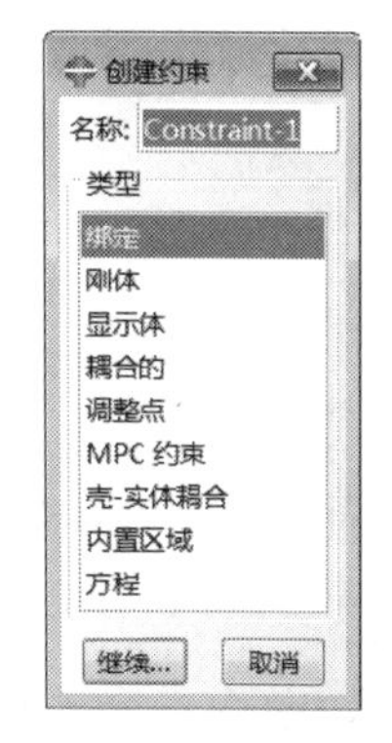

图 6-72 “创建约束”对话框

当使用*CONTACT INTERFERENCE 来定义过盈接触时：

- 过盈量为负值才表示过盈接触，正值表示两个面之间存在间隙。
- 不能使用 ABAQUS 默认的幅值曲线 Ramp（从 1 降至 0），而是使用自定义的幅值曲线，使过盈接触的幅值在整个分析步中从 0 ~ 1 逐渐增大。

4. 建立平稳的接触关系

如果在第一个分析步中就把全部载荷施加到模型上，通常会使接触状态发生剧烈改变，造成收敛的困难。因此，应首先定义一个只有很小载荷的分析步，让接触关系平稳地建立起来，在下一个分析步中再施加真实的载荷。这样可能需要更多的分析步，但减小了收敛的困难，而且还会提高求解的效率。

5. 细化网格

细化从面和主面的网格是解决收敛问题的一个重要方法。粗糙的网格有时会使 ABAQUS 难以确定接触状态。例如，在接触面的宽度方向上只有一个单元，则会出现收敛问题。一般来说，如果从面上有 90° 的圆角，建议在此圆角处至少划分 10 个单元。

6. 正确定义主面和从面

主面和从面应满足：

（1）主面在发生接触的部位不要有大的尖角或凹角。

（2）选择刚度较大、网格较粗的面作为主面。

（3）如果主面和从面在几何位置上没有发生重叠，则一个面的法线应指向另一个面所在的一侧（对于三维实体，法线应该指向外侧）。

（4）如果是有限滑移，则在整个分析过程中尽量不要让从面结点落到主面之外。

7. 使用一阶单元

如果接触属性为默认的“硬”接触，就不能使用六面体二次单元（C3D20 和 C3D20R）以及四面体二次单元（C3D10），而应尽可能使用六面体一阶单元。

8. 避免过约束

如果在结点的某个自由度上同时定义了两个或两个以上的约束条件，就会发生所谓的“过约束”。造成过约束有以下主要因素：

- 接触：从面前点会受到滑主面法线方向的约束。
- 连接单元。
- 边界条件。
- 子模型边界。
- 各种约束，如刚体约束、耦合约束、绑定约束等。

如果在结点上同时定义了绑定约束和边界条件，或者既约束了沿切向的位移，又定义了使用 Lagrange 摩擦或粗糙摩擦的接触关系，都会造成过约束。

如果 ABAQUS 在分析过程中发现了过约束，将会自动为这些结点创建一个集合，保存在 ODB 文件中。在可视化模块中打开 OBD 文件，单击窗口顶部工具箱中的按钮，利用显示组来高亮度显示此结点集合，从而发现哪里出现了过约束。

9. 慎重定义摩擦

摩擦系数越大，越不容易达到收敛，对摩擦的计算会增大收敛的难度。因此，如果摩擦对分析结果影响不大，可以尝试令摩擦系数为 0。

摩擦总是会对分析结果有一定的影响，因此只要不出现收敛困难，就应尽可能地根据真实情况来定义摩擦。

如果需要摩擦来消除刚体位移，就不能随意把摩擦系数设置为 0。

10. 减小初始时间增量步

如果模型有塑性变形，或者分析过程中会发生很大的位移或局部变形，或者施加载荷后会使接触状态发生很大的变化，应在关键词 *STATIC 中设置较小的初始时间增量步。

在分析步模块中选择“分析步”→“创建”（如图 6-73 所示）命令，单击“继续”按钮，在“编辑分析步”对话框中打开“增量”选项卡，设置如图 6-74 所示。

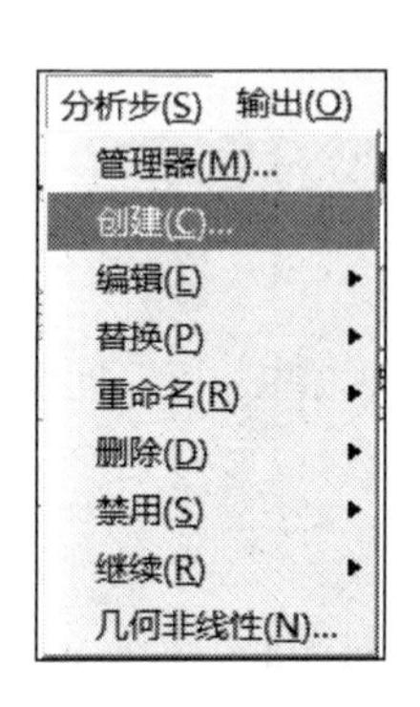

图 6-73 操作选择

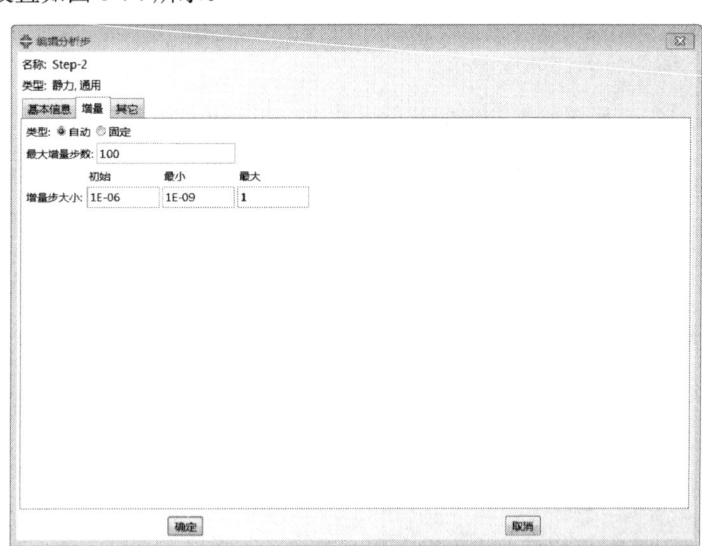

图 6-74 “编辑分析步”对话框

11. 解决振颤问题

振颤是一种常见的收敛问题，解决方法可以考虑以下几个方面：

（1）主面必须足够大，保证从面结点不会滑出主面或落到主面的背面。如果无法在模型中直接定义足够大的主面，可以在关键词*CONTACT PAIR 中使用参数 EXTENSION ZONE 来扩大主面的尺寸。

```
*CONTACT PAIR, SMALL SLIDING, EXTENSION ZONE = <扩展尺寸>
```

（2）使用自动过盈接触限度会有助于解决振颤问题。

ABAQUS/CAE 操作。在相互作用模块中执行“相互作用”→“接触控制”→“创建”命令（如图 6-75 所示），单击“继续”按钮，在弹出的“编辑接触控制”对话框（见图 6-76）中选中“自动稳定”单选按钮，再单击“确定”按钮。

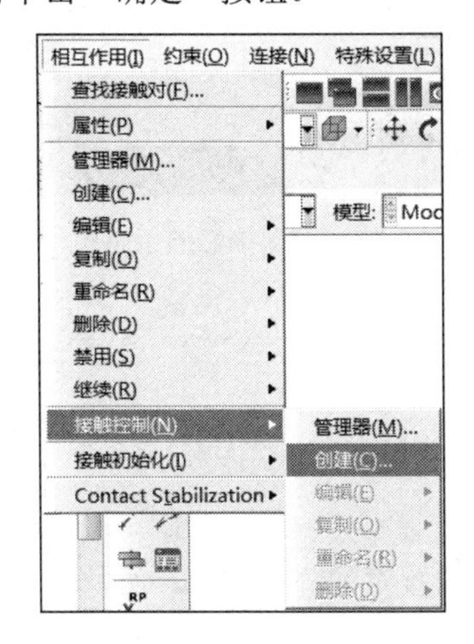

图 6-75　操作选择

图 6-76　“编辑接触控制”对话框

其相应的关键词为：

```
*CONTACT CONTROLS, MASTER = <从面>, SLAVE = <主面>, AUTOMATIC TOLERANCES
```

（3）主面应足够平滑，尽量使用解析刚性面，而不用由单元构成的刚性面。对于解析刚性面，可使用以下关键词来使其平滑：

```
*SURFACE, FILLET RADIUS
```

对于由单元构成的刚性面，可以使用以下关键词来使其平滑：

```
*CONTACT PAIR, SMOOTH
```

（4）如果模型有较长的柔性部件，并且接触压力较小，就应将接触属性设置为“软接触”；如果只有很少的从面结点和主面接触，就应细化接触面的网络，或者将接触属性设置为“软接触”。

6.11 卡锁结构装配过程的模拟

卡锁结构在手机、冰箱等电器的关合门结构。下面将介绍卡锁结构接触分析的模拟。

6.11.1 问题描述

本案例简化后的接触模型如图6-77所示。在该实例中，对一个弹簧卡子进行接触分析，卡锁的弹性模量$E = 2.8e3$，泊松比为0.3，摩擦系数为0.2，计算将卡头压入卡座时所需的力。

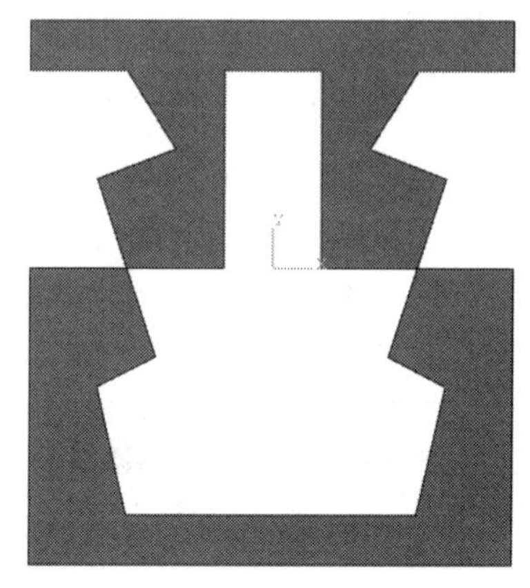

图6-77 过盈接触的示意模型图

6.11.2 问题分析

在该问题中，建模需要注意以下几点：

（1）该问题关心的不是瞬时的冲击响应，而是当内圈运动到基座不同位置时的静态响应，所以仍设置分析类型为“静力，通用”（即使用ABAQUS / Standard作为求解器）。

（2）这是一个大位移问题，应在分析步功能模块中把“几何非线性”设为“开”，其等效的关键词是*STEP，NLGEOM=Yes。

（3）卡头和卡座的底板是刚性的，因此建模时可以不考虑。

（4）分析过程中出现很大的滑动，因此选用有限滑移。

（5）接触属性设置为“硬接触”，库伦摩擦。

建模过程中量纲系统采用，即长度用mm，质量用kg，时间用s，其他量纲以此类推。

6.11.3 绘制草图

首先绘制整个模型的二维平面图。

步骤01 启动ABAQUS/CAE，单击“创建模型数据”按钮，进入草图功能模块，单击（创建草图）按钮，弹出如图6-78所示的对话框，保持默认的平面图名称Sketch-l不变，单击“继续”按钮，完成该操作。

图6-78 “创建草图”对话框

步骤02 绘制如图6-79所示的二维平面图。

步骤03 再次单击（创建草图）按钮，保持默认的平面图名称Sketch-2不变，单击“继续”按钮（如图6-80所示），完成该操作。

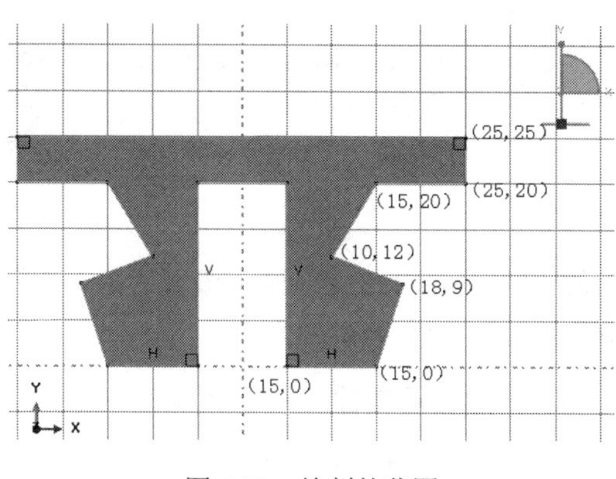

图 6-79　绘制的草图

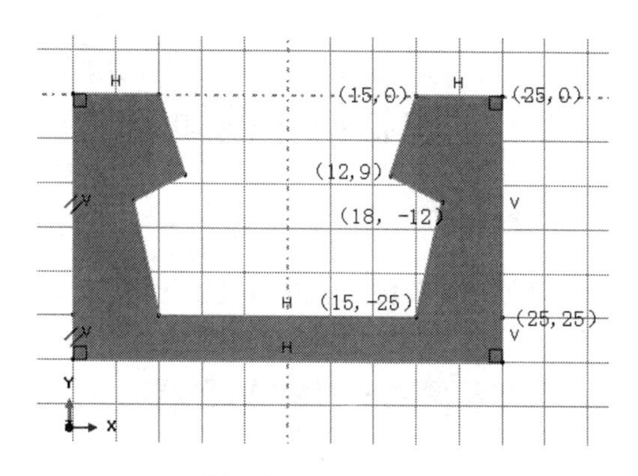

图 6-80　绘制的草图

6.11.4　创建部件

下面依次创建内圈、基座和压头，具体操作步骤如下。

1. 创建压头

进入部件功能模块，单击 （创建部件）按钮，弹出“创建部件”对话框（如图 6-81 所示），在“名称”后面输入 Part-1，将“模型空间”设为“二维平面”，保持默认的参数（“类型”为“可变形”，“基本特征”为“壳”），然后单击“继续”按钮。

单击左侧工具箱中的 （添加草图）按钮，在弹出的“选择草图”对话框中选择 Sketch-1，单击“确定”按钮。在视图区中连续单击鼠标中键，完成该部分操作。视图区中将显示如图 6-82 所示的部件。

2. 创建底座

再次单击 （创建部件）按钮，在“名称”后面输入 Part-2，将“模型空间”设为“二维平面”，保持默认的参数(“类型”为“可变形”，“基本特征”为“壳”)，单击“继续”按钮。导入平面图 Sketch-2，在视图区中连续单击鼠标中键来完成操作，生成的底座部件如图 6-83 所示。

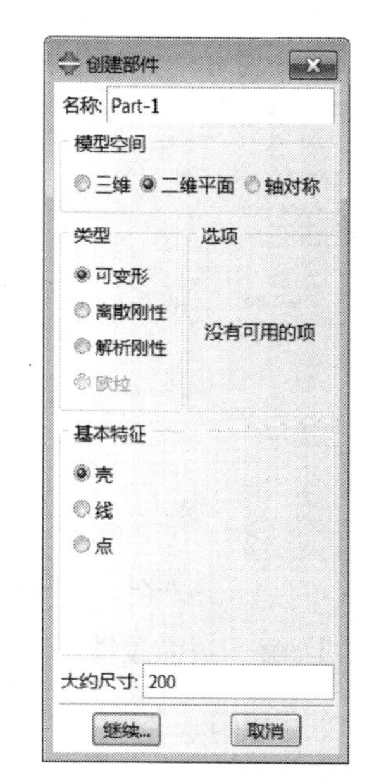

图 6-81　“创建部件”对话框

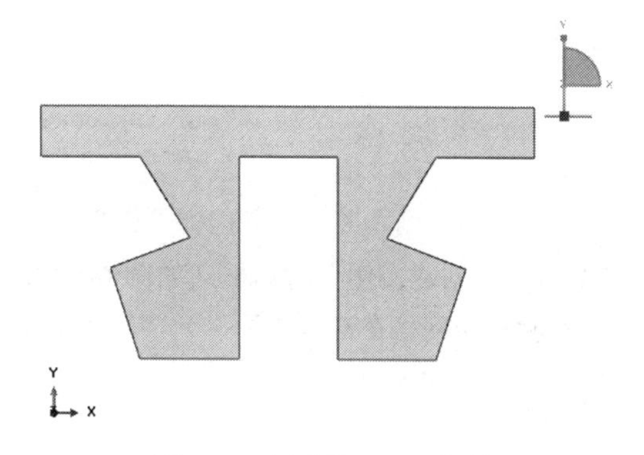

图 6-82　创建的 Part-1 部件

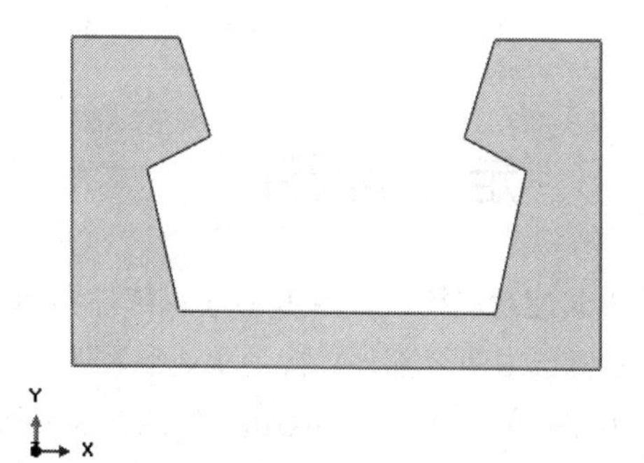

图 6-83　创建的 Part-2 部件

6.11.5 创建材料和截面属性

1. 创建材料

进入属性功能模块，单击 (创建材料) 按钮，在弹出的“编辑材料”对话框中，设置“杨氏模量”为2e9、“泊松比”为0.3（如图6-84所示），单击“确定”按钮，完成创建材料的操作。

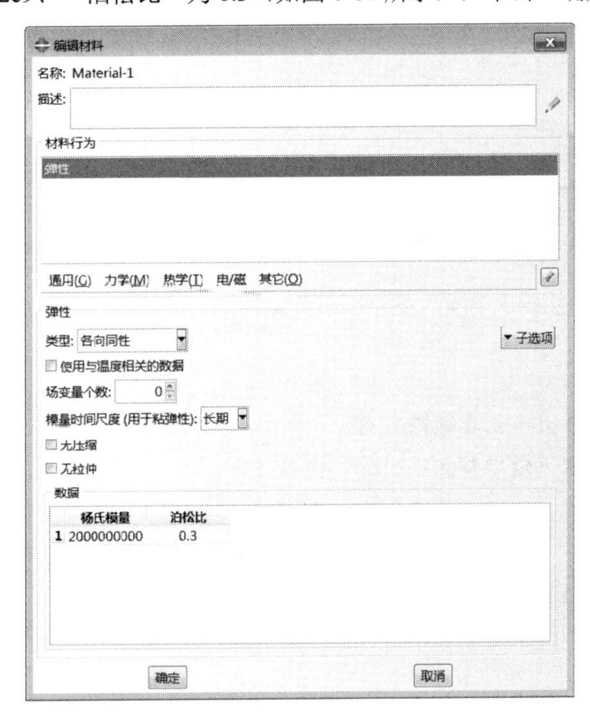

图 6-84 “编辑材料”对话框

2. 创建截面属性

单击 (创建截面) 按钮，在弹出的如图6-85所示的对话框中单击“继续”按钮，ABAQUS/ CAE将会弹出“编辑截面”对话框，默认已有的选项，单击“确定”按钮，结束该操作。

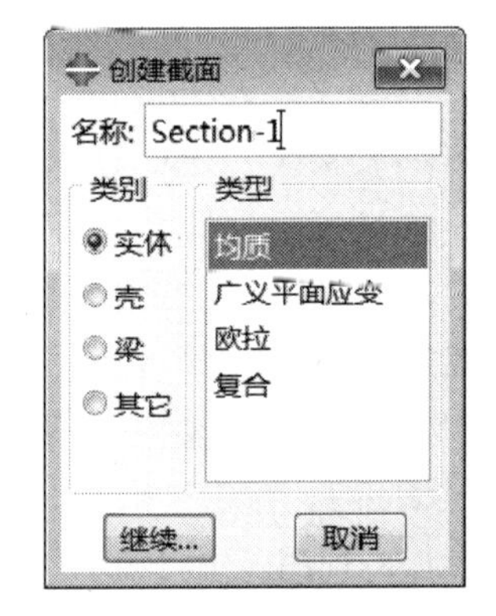

图 6-85 “创建截面”对话框

3. 赋予截面属性

使用窗口顶部环境栏中的“部件”下拉列表切换至柔性体部件Part-1。

单击 (指派截面属性) 按钮，在弹出的“编辑截面指派”对话框（如图6-86所示）中单击“确定”按钮，为部件Part-1赋予截面属性。

再将“部件”下拉列表切换至部件Part-2，为其赋予截面属性。

6.11.6 定义装配件

进入装配功能模块。单击 (将部件实例化) 按钮，在弹出的“创建实例”对话框（如图6-87所示）中拖动鼠标选中两个部件，接受默认参数（“实体类型”为“非独立（网格在部件上）”），即“类型”为非独立实体，单击“确定”按钮，完成定义装配件的操作。

两个部件的位置都已经是正确的，不需要再重新定位。

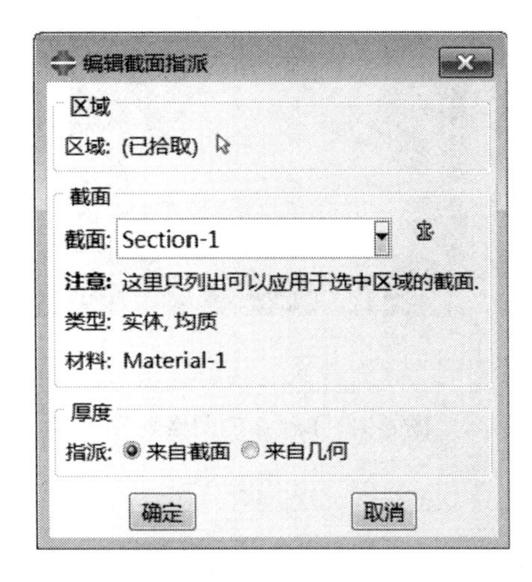

图 6-86 “编辑截面指派”对话框

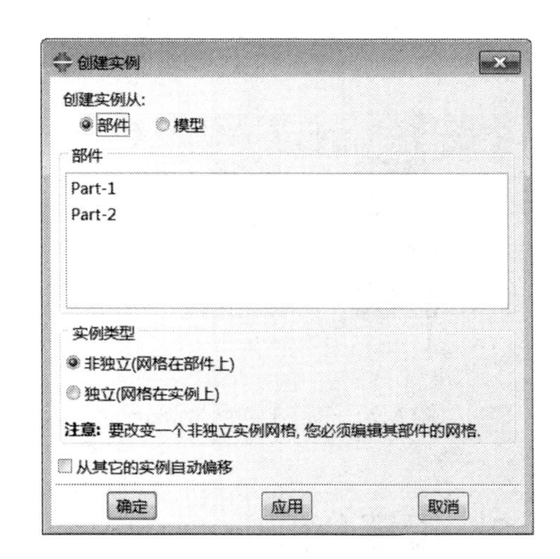

图 6-87 “创建实例”对话框

6.11.7 划分网格

进入网格功能模块。在窗口顶部的环境栏中把对象选项设为“部件：Part-1”。

单击（为边布种）按钮，在视图中选择部件后单击鼠标中键，在弹出的“局部种子”对话框（如图6-88 所示）中，把“近似单元尺寸”设为 2.5，单击“确定”按钮。

单击（指派单元类型）按钮，在弹出的对话框（如图 6-89 所示）中选中“减缩积分”复选框，即“单元类型”为 CPS4R（四结点双线性平面应力四边形单元）。

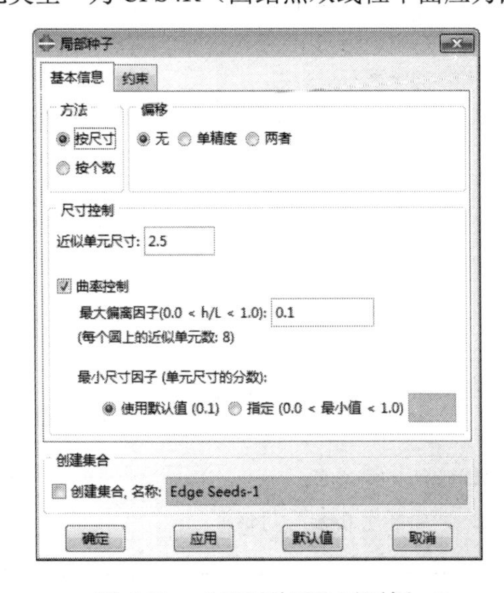

图 6-88 “局部种子”对话框

图 6-89 “单元类型”对话框

单击（为部件实例划分网格）按钮，得到如图 6-90 所示的网格。

与上面的操作类似，将“全局单元大小”设为 2.5，将“单元类型”设为 CPS4R，得到如图 6-91 所示的网格。

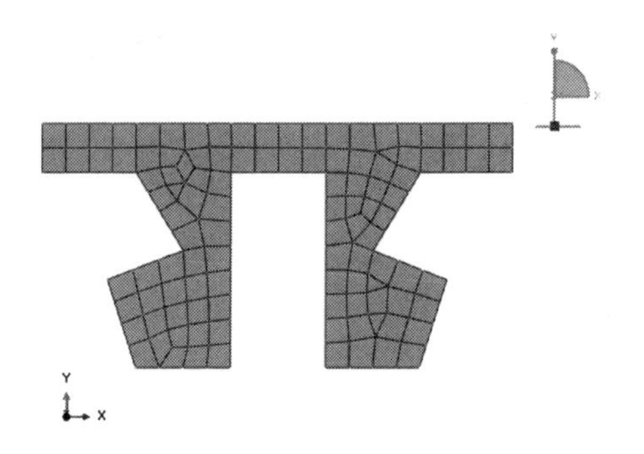

图 6-90 Part-1 的网格划分

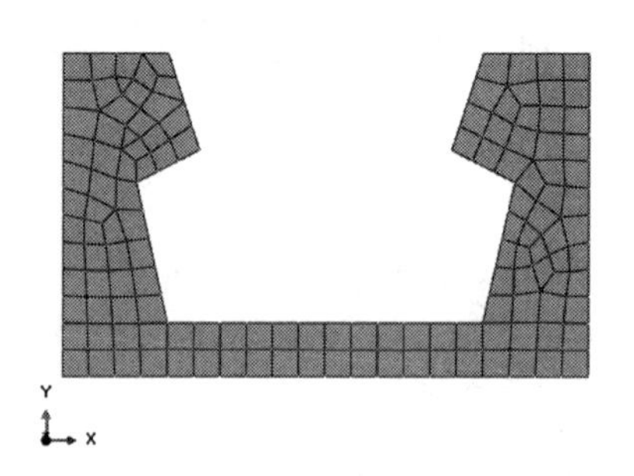

图 6-91 Part-2 的网格划分

6.11.8 设置分析步

进入分析步功能模块，然后按照以下操作来创建分析步。

步骤 01 创建第一个分析步。单击 (创建分析步) 按钮，弹出“创建分析步”对话框（如图 6-92 所示），在“名称”后面输入“Step-1”，设置“类型”为默认的“静力，通用”，单击“继续”按钮。

步骤 02 在弹出的“编辑分析步”对话框（如图 6-93 所示）中，把“几何非线性”设为“开”，再单击“确定”按钮，完成该操作。

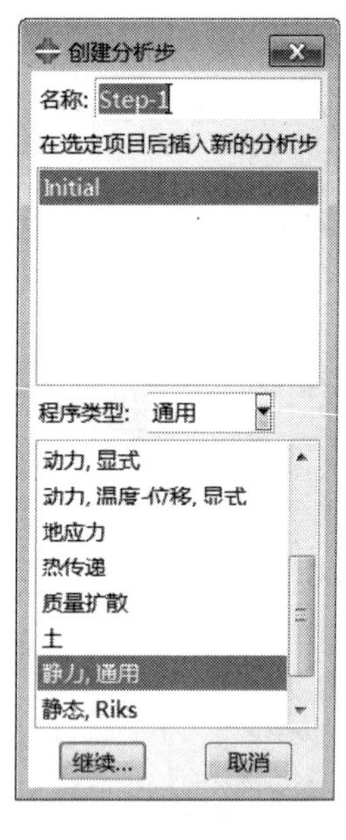

图 6-92 “创建分析步”对话框

图 6-93 “编辑分析步”对话框

步骤 03 在“编辑分析步”对话框中打开“增量”选项卡，把初始增量步大小和最小增量步大小改为 1e-6 和 1e-15（如图 6-94 所示），单击“确定”按钮。

步骤 04 使用同样的方法定义 Step-2 分析步。

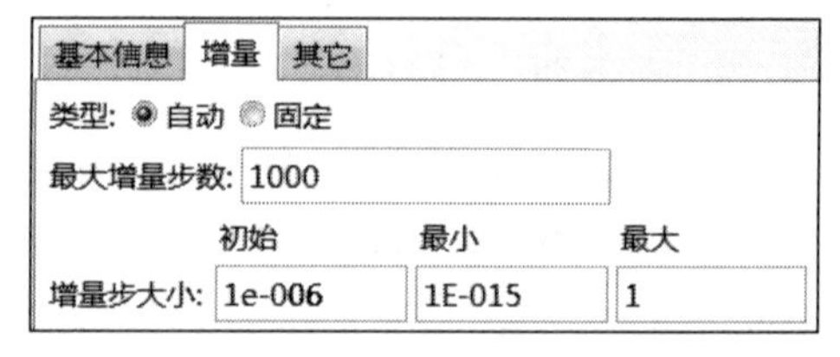

图 6-94 设置增量步大小

6.11.9 定义接触

下面将定义内圈和基座之间的接触。

1. 定义接触属性

步骤 01 单击 (创建相互作用属性) 按钮，打开"创建相互作用属性"对话框，在"名称"后面输入"IntProp-1"(如图 6-95 所示)，单击"继续"按钮。执行"力学"→"切向行为"命令，把"摩擦公式"改为"拉格朗日乘子 (standard)"，在"摩擦系数"下面输入 0.2 (如图 6-96 所示)，然后单击"确定"按钮，完成该部分的操作。

图 6-95 "创建相互作用"对话框

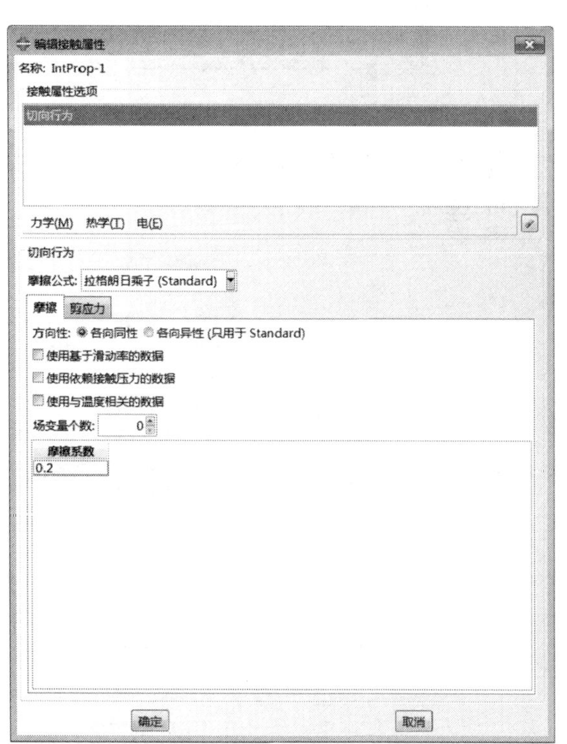

图 6-96 "编辑接触属性"对话框

步骤 02 单击 (相互作用属性管理器) 按钮，在弹出的如图 6-97 所示的对话框中就可以看到定义好的接触属性。

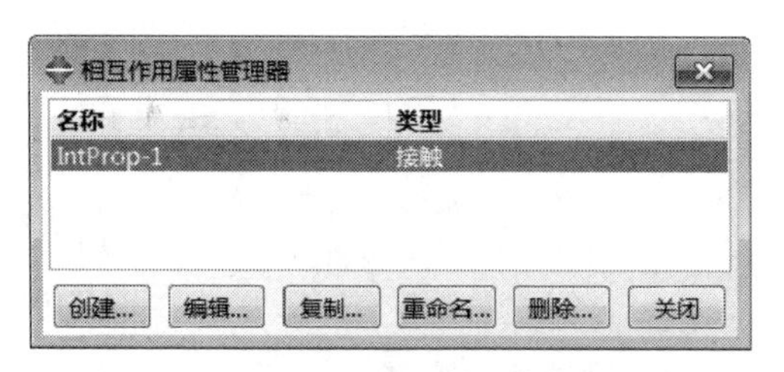

图 6-97 "相互作用属性管理器"对话框

2. 定义接触

步骤 01 选择"相互作用"→"管理器"命令，在弹出的对话框中单击"创建"按钮，弹出"创建相互作用"对话框 (如图 6-98 所示)，在"名称"后面输入"Int-1"，设置"分析步"为 Step-1，单击"继续"按钮，完成卡锁和底座间的定义。

步骤 02 单击窗口底部提示区右侧的"表面"按钮，选中如图 6-99 所示的主面，单击"继续"按钮。

步骤 03 再次选择如图 6-99 所示的面作为从面，单击"继续"按钮。

图 6-98 “创建相互作用”对话框

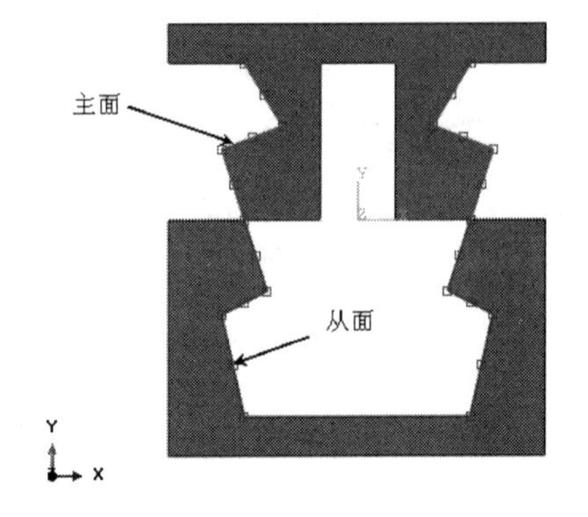

图 6-99 区域选择对话框

步骤 04 在弹出的“编辑相互作用”对话框（如图 6-100 所示）中保持默认的参数，将“接触作用属性”设为 IntProp-1，单击“确定”按钮。

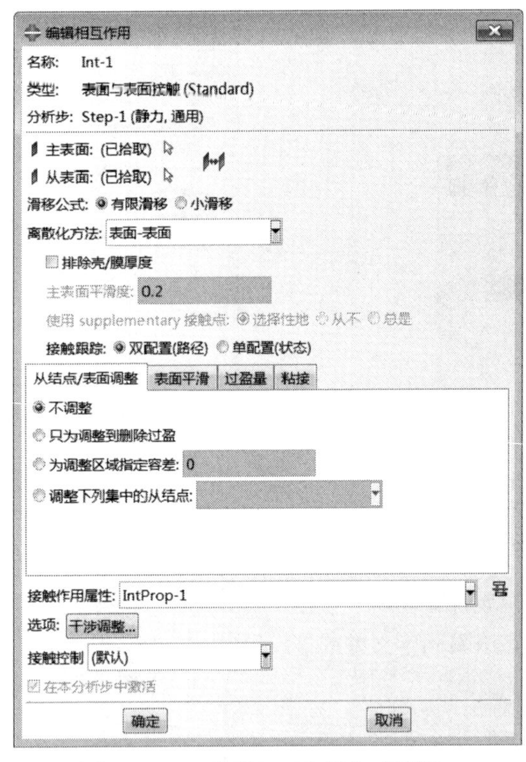

图 6-100 “编辑相互作用”对话框

3. 设置输出变量

步骤 01 切换到分析步模块，执行“输出”→“历程输出请求”→“管理器”命令，在弹出的“历程输出请求管理器”对话框（如图 6-101 所示）中可以看到 ABAQUS/CAE 已经自动创建了一个名称为 H-Output-1 的场变量输出控制。

步骤 02 单击“编辑”按钮，在弹出的“编辑历程输出请求”对话框（如图 6-102 所示）中单击“接触”前面的黑色三角，在下拉的选项中选择 CFN，然后单击“确定”按钮，完成该部分的操作。

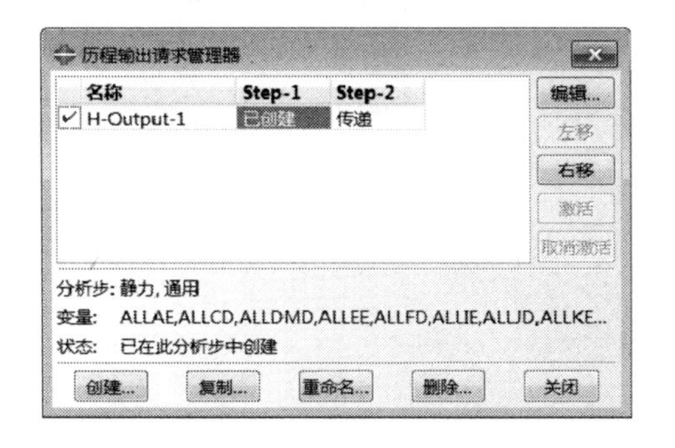

图 6-101 “历程输出请求管理器”对话框

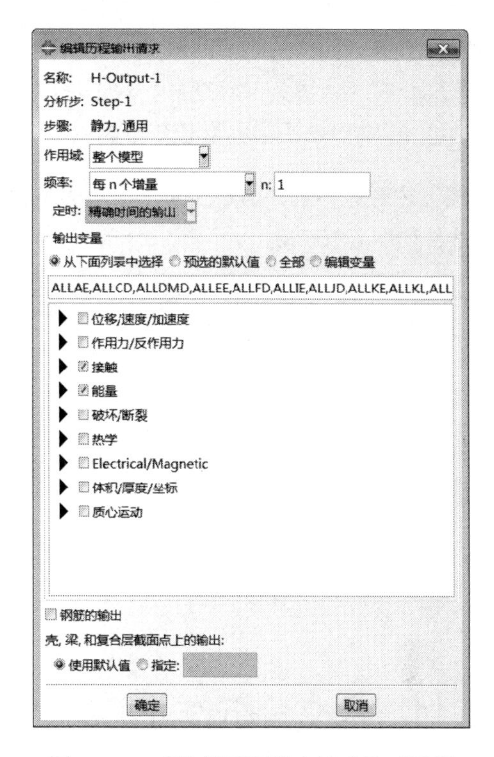

图 6-102 “编辑历程输出请求”对话框

6.11.10 定义边界条件

步骤 01 在基座的底边上定义边界条件。选择“边界条件”→“管理器”命令，单击“创建”按钮，弹出如图 6-103 所示的对话框，在“名称”后面输入“BC-1”，将“分析步”设为 Step-1，将“可用于所选分析步类型”设为“位移/转角”，单击“继续”按钮。

步骤 02 在视图区中选中上面部件的上边线，单击“继续”按钮，在弹出的“编辑边界条件”对话框（如图 6-104 所示）中选中 U1、U2 和 UR3 复选框，并把 U2 后面的数值设置为-2，然后单击“确定”按钮。

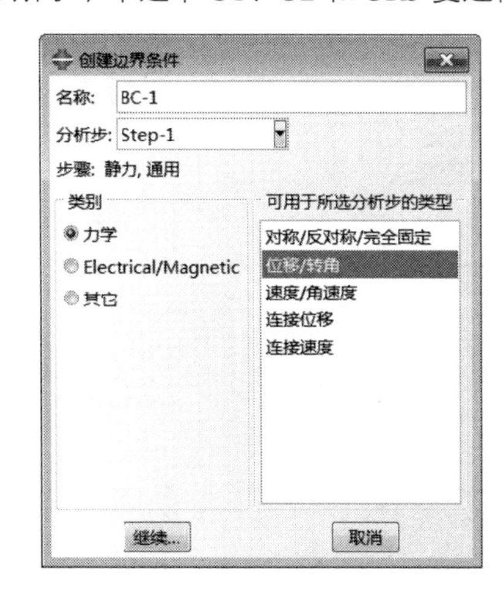

图 6-103 “创建边界条件”对话框

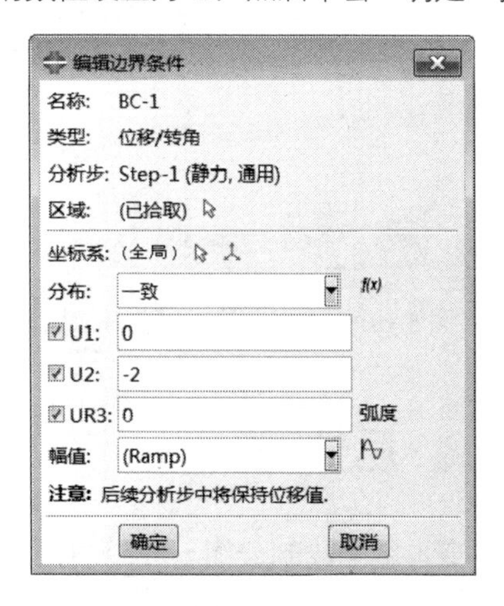

图 6-104 “编辑边界条件”对话框

步骤03 使用同样的方法，定义边界条件 BC-2，将下侧部件的最下边线设置为“完全固定”。

步骤04 在“边界条件管理器”对话框中，选中边界条件 BC-1，单击“编辑”按钮，在“编辑边界条件”对话框中，将 U2 后面的数值修改为-10，单击“确定”按钮。

完成上述对边界条件的定义后，“边界条件管理器”对话框中显示的信息如图 6-105 所示。定义好边界条件的部件如图 6-106 所示。

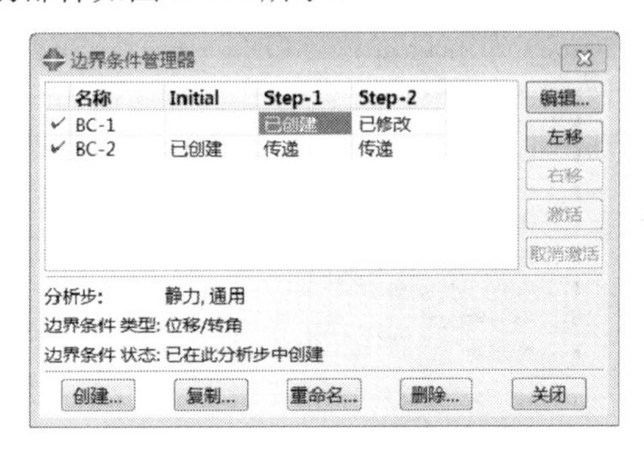

图 6-105 “边界条件管理器”对话框

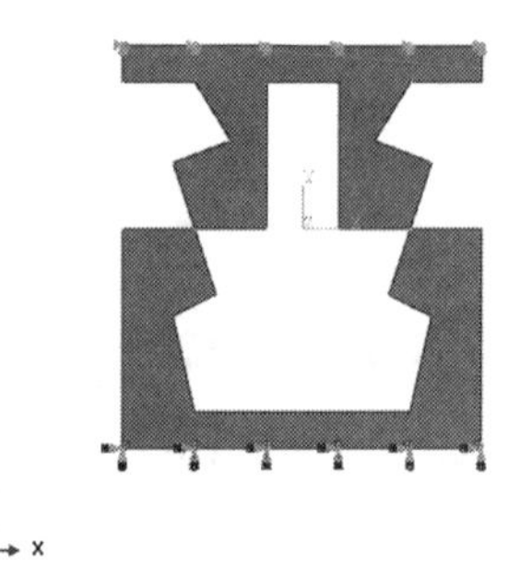

图 6-106 定义好边界条件的部件

6.11.11 提交分析作业

步骤01 进入作业功能模块，选择“作业”→“管理器”命令，创建名为 contact-kazi 的分析作业，单击窗口顶部工具箱中的按钮保存所建的模型。

步骤02 单击“作业管理器”对话框（如图 6-107 所示）中的“提交”按钮提交分析，等待分析完成后，单击“结果”按钮进入可视化功能模块。

步骤03 在计算过程中，可以单击“监控”按钮，在弹出的对话框（如图 6-108 所示）中对计算中的错误和警告进行监控。

图 6-107 “作业管理器”对话框

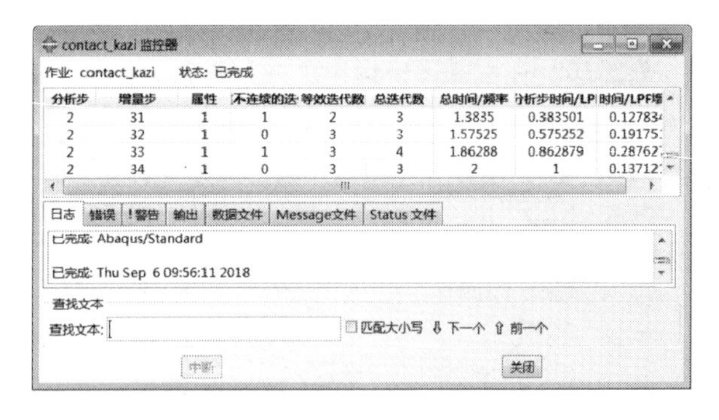

图 6-108 监控器

6.11.12 后处理

1. 在变形图上绘制云图

在可视化功能模块中，单击(在变形图上绘制云图)按钮显示 Mises 应力的云纹图，如图 6-109 所示。

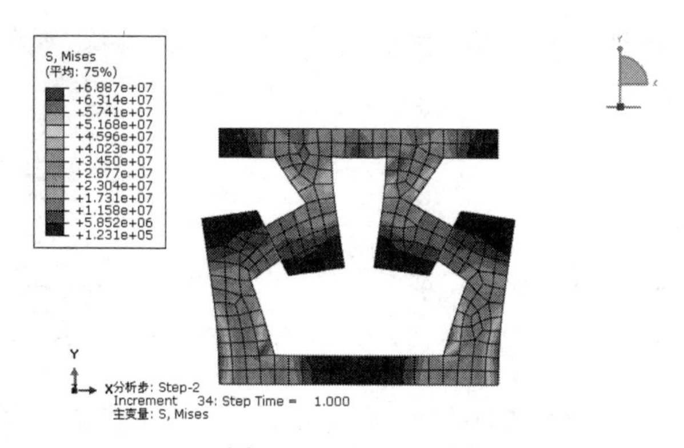

图 6-109 Mises 云图

2. 显示动画

单击按钮显示动画，查看分析结果是否正常。

3. 接触压强CPRESS

步骤 01 执行“结果”→“场输出”命令，在弹出的对话框（如图 6-110 所示）中选择“输出变量”为 CPRESS，单击“确定”按钮，可以看到模型上的接触压强，如图 6-111 所示。

步骤 02 单击窗口顶部工具箱中的按钮，在弹出的“查询”对话框（如图 6-112 所示）中选择“查询值”，在“查询值”对话框中可以查询各个结点上的 CPRESS，如图 6-113 所示。

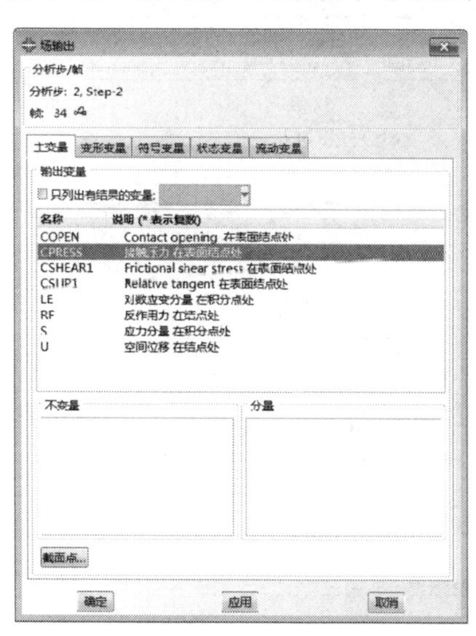

图 6-110 “场输出”对话框

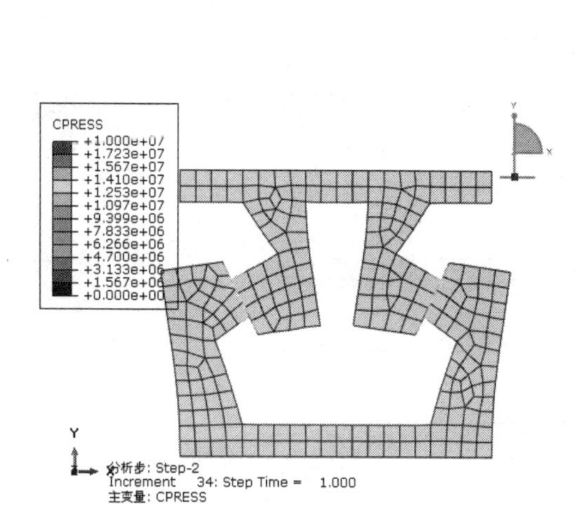

图 6-111 接触压强云图

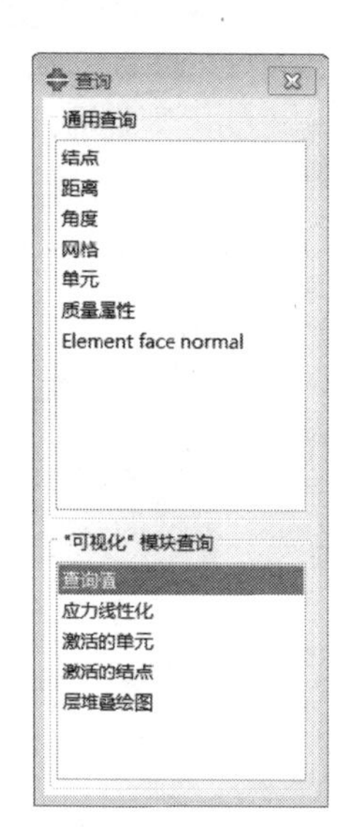

图 6-112 “查询”对话框

步骤 03 单击窗口上部的和按钮来逐个显示 CPRESS 随时间的变化，可以看到接触的结点 CPRESS>0、没有接触的结点 CPRESS=0。在整个装配过程中，CPRESS>0 的区域不断扩大。

4. 查看接触力CFN

步骤 01 选择“结果”→“历程输出”命令，在如图 6-114 所示的对话框中选中 CFN1、CFN2、CFN3 和 CFNM，单击“绘制”按钮，在视图区中显示如图 6-115 所示的曲线，其中时间 0.0~1.0 是第一个分析步、1.0~2.0 是第二个分析步。在“历程输出”对话框中单击“另存为”按钮，然后单击“确定”按钮。

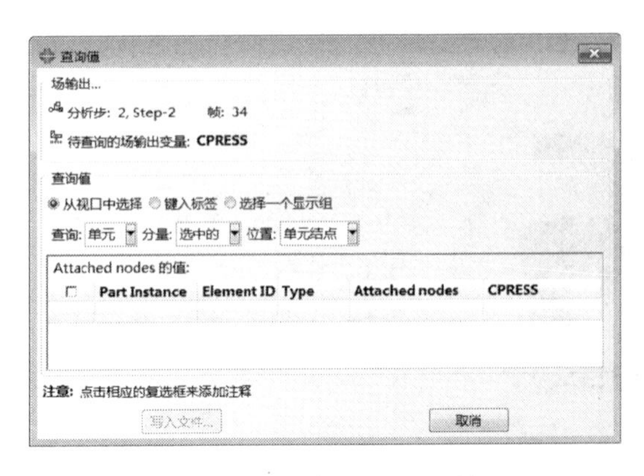

图 6-113　“查询值”对话框

图 6-114　“历程输出”对话框

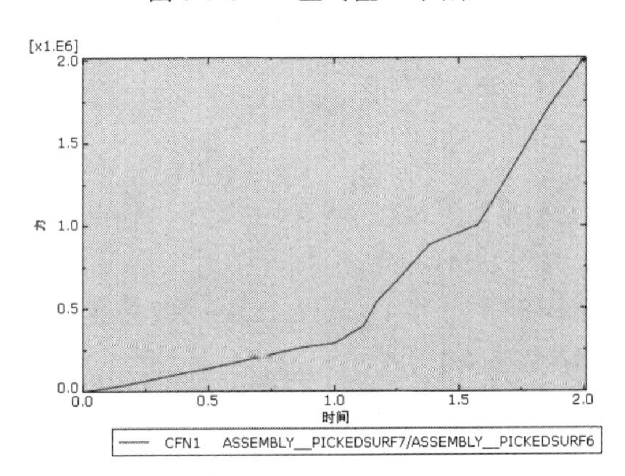

（a）CFN1

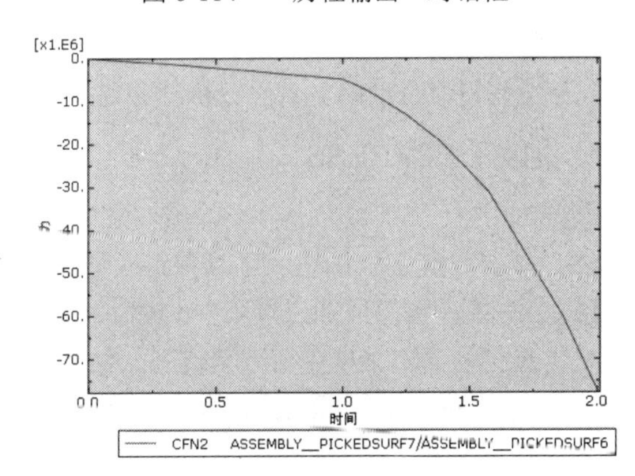

（b）CFN2

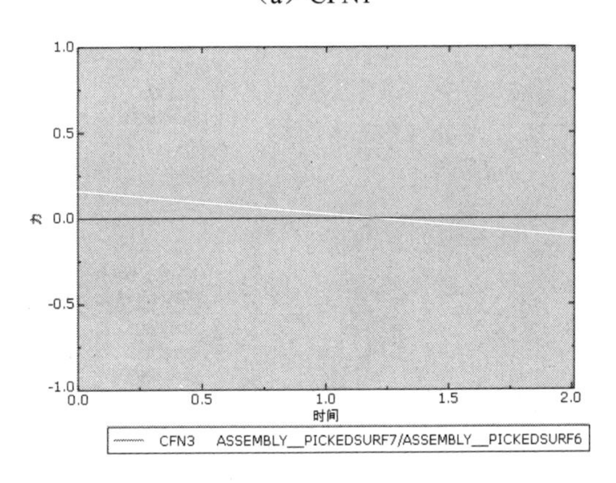

（c）CFN3

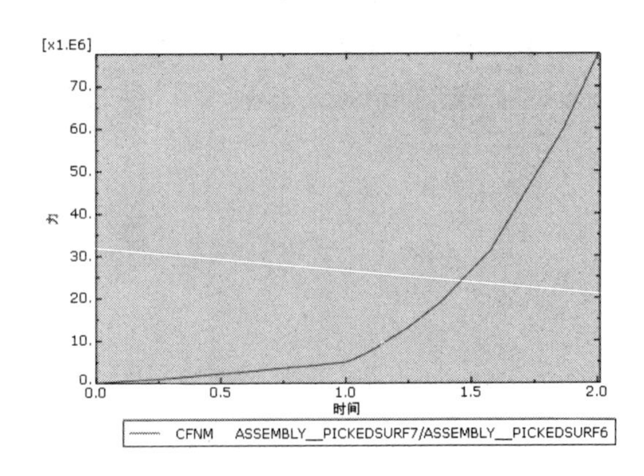

（d）CFNM

图 6-115　接触力

步骤 02 选择“工具”→“XY 数据”→“管理器”命令，在弹出的对话框（如图 6-116 所示）中单击“编辑”按钮，显示出刚才保存的接触力 CFN1 的数值（如图 6-117 所示）。可以看到，分析步时间为 2.0 时（分析步 Step-2 的结束时刻），CFN1=-2.00667E+06。

5. 显示反作用力RF2

步骤 01 单击按钮来恢复对云图的显示，单击窗口顶部的按钮，显示模型中的所有实体。

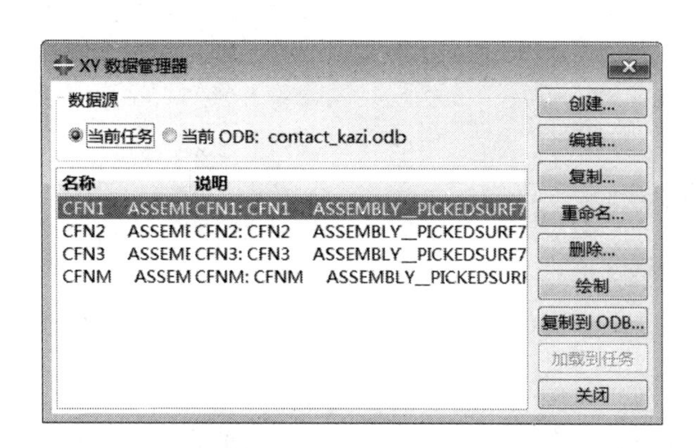

图 6-116 “XY 数据管理器”对话框

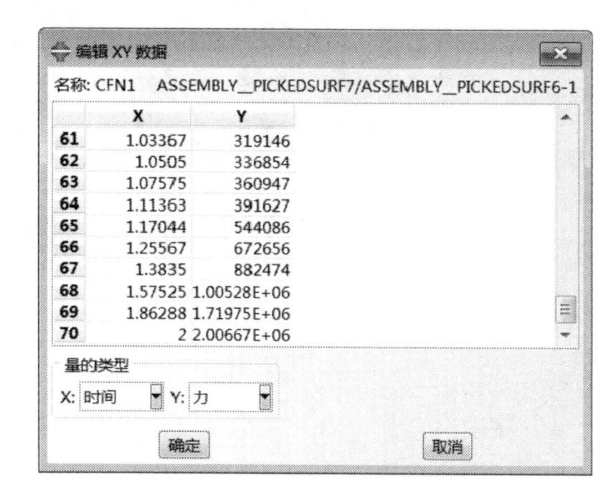

图 6-117 显示出 CFN1 的数值

步骤 02 执行“结果”→“场输出”命令，在弹出的“场输出”对话框（如图 6-118 所示）中选择“分量”为 RF2。

步骤 03 单击窗口顶部工具箱中的 ⓘ 按钮，弹出“查询”对话框（如图 6-119 所示），可以查询到分析步 Press 结束时结点上的 RF2，如图 6-120 所示。

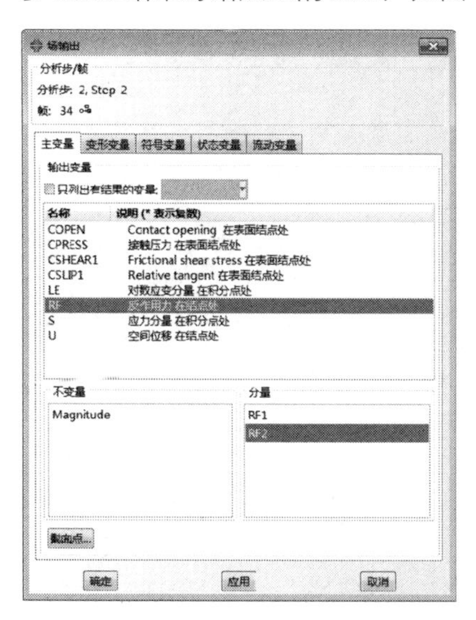

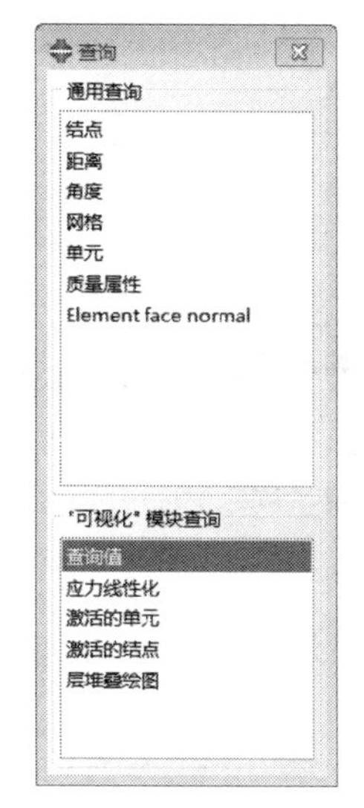

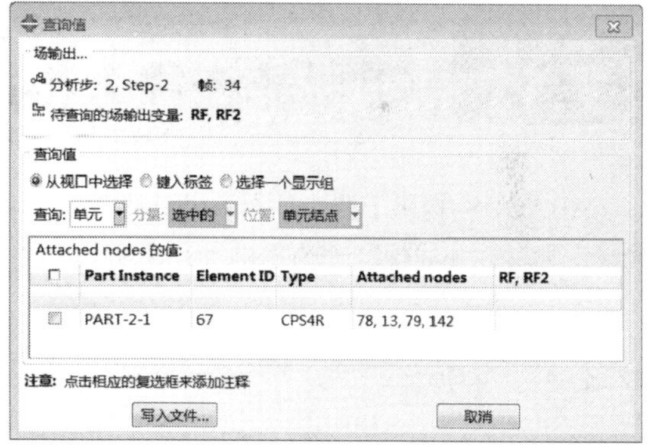

图 6-118 “场输出”对话框　　图 6-119 “查询”对话框　　图 6-120 结点上的 RF2 值

6.12 本章小结

本章主要介绍如何使用 ABAQUS/Standard 分析接触问题。首先介绍了一个简单的平板接触分析实例，让读者对接触分析的基本方法有一个感性的认识；然后详细讨论了进行接触分析的一些关键问题；最后分析了一个较复杂的卡锁装配过程模拟实例。希望读者熟悉这些实例的操作，并且掌握使用 ABAQUS 进行接触关系建立的方法。

第 7 章 材料非线性问题分析

导读

非线性的应力—应变关系是对应的材料非线性的常见原因。许多因素影响材料的应力—应变性质，如蠕变响应、环境状况（如温度、相对湿度）和加载历史（如在弹塑性响应状况下）等。本章将重点介绍使用 ABAQUS 进行材料非线性分析的步骤和方法，使读者了解 ABAQUS 进行材料非线性分析的巨大优势。

教学目标

- 了解材料非线性分析中的常见问题
- 掌握 ABAQUS 进行增强复合材料纤维拉拔实验过程模拟
- 熟悉薄膜撕脱过程的分析

7.1 材料非线性分析库简介

ABAQUS 提供了强大的材料非线性库，其中包括延性金属的塑性、橡胶的超弹性、粘弹性等。本节将对这几类材料非线性的理论基础进行简要的介绍。

7.1.1 塑性

塑性是在某种给定载荷下材料产生永久变形的一种材料属性。对大多数的工程材料加载时，当其应力低于比例极限时，应力—应变关系是线性的。

大多数材料在其应力低于屈服点时，表现为弹性行为，即撤去载荷时，应变也完全消失。这种材料非线性是人们最熟悉的，大多数金属在应变较小时都具有良好的线性应力—应变关系，但在应变较大时材料会发生屈服特性，此时材料的响应变成了不可逆和非线性的，如图 7-1 所示。

金属的工程应力（即利用未变形平面计算得到的单位面积上的力）称为名义应力，F/A_0；与之相对应的为名义应变（每单位未变形长度的伸长），$\Delta l/l_0$。在单向拉伸/压缩试验中得到的数据通常都是以名义应力和名义应变给定的。

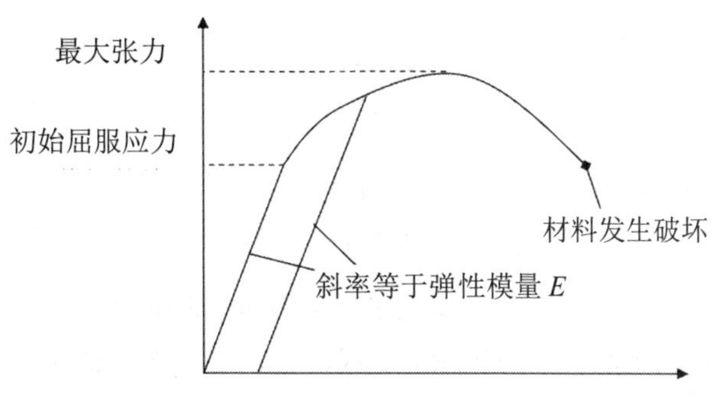

图 7-1　弹塑性材料轴向拉伸的应力—应变曲线

在仅考虑$\Delta l \to dl \to 0$的情况下，拉伸和压缩应变是相同的：

$$d\varepsilon = \frac{dl}{l}$$

$$\varepsilon = \int_0^1 \frac{dl}{l} = \ln\left(\frac{l}{l_0}\right)$$

其中，l_0是原始长度，l是当前长度，ε为真实应变。与真实应变对应的是真实应力（$\sigma = \frac{F}{A}$，其中 F 为材料受力，A 是当前面积）。

在 ABAQUS 中必须用真实应力和真实应变定义塑性。ABAQUS 需要这些值并对应地在输入文件中解释这些数据。然而，大多数实验数据常常是用名义应力和名义应变值给出的。这时，必须应用公式将塑性材料的名义应力、应变转换为真实值。

由于塑性变形的不可压缩性，真实应力与名义应力之间的关系为：

$$l_0A_0 = lA$$

可以得出当前面积与原始面积的关系为：

$$A = \frac{l_0A_0}{l}$$

将 A 的定义代入真实应力的定义式中得到：

$$\sigma = \frac{F}{A} = \frac{F}{A_0}\frac{l}{l_0} = \sigma_{nom}\left(\frac{l}{l_0}\right)$$

其中$\frac{l}{l_0}$也可以写为$1+\varepsilon_{nom}$。

对于拉伸试验，ε_{nom}是正值；对于压缩试验，ε_{nom}为负值。

得到应力的真实值和名义值之间的关系：

$$\sigma = \sigma_{nom}\left(1+\varepsilon_{nom}\right)$$

名义应变的推导为：

$$\varepsilon_{nom}=\frac{l-l_0}{l_0}=\frac{l}{l_0}-1$$

上面式子等号左右各加 1，然后求自然对数，就得到了二者的关系：

$$\varepsilon=\ln\left(1+\varepsilon_{nom}\right)$$

在 ABAQUS 中，读者可以使用*PLASTIC 选项来定义大部分金属的后屈服属性。ABAQUS 用连接给定数据点的一系列直线来逼近材料光滑的应力－应变曲线。可以用任意多的数据点来逼近实际的材料性质。所以，有可能非常逼真地模拟材料的真实性质。

*PLASTIC 选项中的数据将材料的真实屈服应力定义为真实塑性应变的函数。选项的第一个数据定义材料的初始屈服应力，因此，塑性应变值应该为零。

关键词*PLASTIC 下面的第一行中的第二项数据必须为 0，其含义是：在屈服点处的塑性应变为 0。如果此处的值不为 0，在运行中会出现错误信息“第一次屈服的塑性应变必须为零”，如图 7-2 所示。

图 7-2　弹塑性属性错误提示

定义塑性性能的材料实验数据中，提供的应变不仅包含材料的塑性应变，还包括材料的弹性应变，是材料的总体应变。所以必须将总应变分解为弹性和塑性应变分量。

弹性应变等于真实应力与杨氏模量的比值，从总体应变中减去弹性应变就得到了塑性应变，其关系表达为：

$$\varepsilon^{pl}=\varepsilon^{t}-\varepsilon^{el}=\varepsilon^{t}-\frac{\sigma}{E}$$

其中，ε^{pl} 是真实塑性应变，ε^{t} 是总体真实应变，ε^{el} 是真实弹性应变。

下面举一个实验数据转换为 ABAQUS 输入数据的示例。

表 7-1 中的应力－应变数据就可以作为一个例子，用来示范如何将定义材料塑性特性的实验特性的实验数据转换为 ABAQUS 适用的输入格式。真正应力－应变的 6 对数据将成为*PLASTIC 选项中的数据。

首先用公式将名义应力和名义应变转化为真实应力和应变。得到这些值后，就可以用公式确定与屈服应力相关联的塑性应变。转换后的数据如表 7-1 所示，可以看出：在小应变时，真实应变和名义应变间的差别很小，而在大应变时两者间会有明显的差别。因此，如果模拟的应变比较大，就一定要向 ABAQUS 提供正确的应力－应变数据。

表 7-1　应力和应变名义值与真实值的转化

名义应力/MPa	名义应变	真实应力/MPa	真实应变	塑性应变
200	0.00095	200.2	0.00095	0.0
250	0.025	246	0.0247	0.0235
280	0.050	294	0.0488	0.0474
360	0.100	374	0.0953	0.0935

（续表）

名义应力/MPa	名义应变	真实应力/MPa	真实应变	塑性应变
380	0.150	437	0.1398	0.1377
400	0.200	480	0.1823	0.1800

相应的 ABAQUS 语句为：

```
*Material, name=Material-1
*Elastic
210000., 0.3
*Plastic
200.2, 0.00095
250,  0.0247
280,  0.0488
360,  0.0953
380,  0.1398
400,  0.1823
```

ABAQUS 在提供的材料相应数据点之间进行线性插值，并假定在输入数据范围之外的响应为常数。因此，这种材料的应力不会超过 400MPa，如果材料的应力达到 400MPa，材料将持续变形直至应力降至此值以下。

7.1.2 超弹性

材料的非线性也可与应变以外的其他因素有关。应变率相关材料的材料参数和材料失效都是材料非线性的表现形式。当然，材料性质也可以是温度和其他预先设定的场变量的函数。

超弹性的性质包括应力和应变的关系（如图 7-3 所示），不是直线，并且还有大应变，卸载时沿着加载路径的反向返回，载荷回到 0 时应变（变形）也为 0。

从变形返回原来的样子来说是弹性的，而超弹性模量所依赖的应变这一点却是非线性的。具有这种性质的材料的分析用超弹性分析，多数场合下伴随着大变形或大应变。

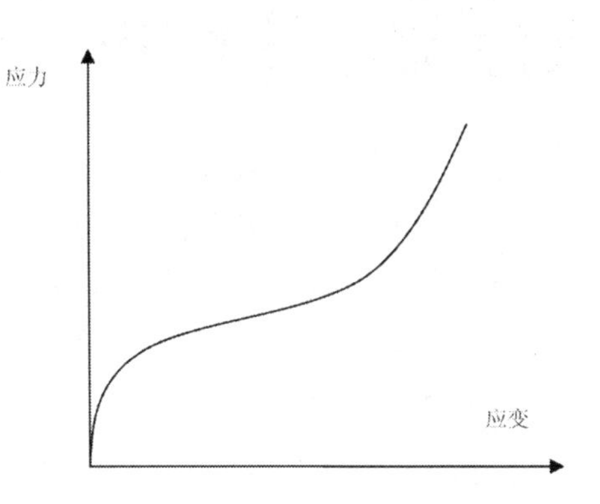

图 7-3 橡胶类材料的应力—应变曲线

橡胶可以近似认为是具有可逆的（弹性）响应的、非线性的材料，属于超弹性材料中的一种，此时泊松比为 0.5（非压缩材料）或在其附近。

橡胶材料制成的 O 型环、垫圈、衬套、密封垫、轮胎等，在大变形场合，都是利用 ABAQUS 的大变形、大应变性能。

7.1.3 粘弹性

蠕变是在恒定应力作用下，材料的应变随时间增加而逐渐增大的材料特性。

ABAQUS 提供了 3 种标准的粘弹性材料模型，即时间硬化模型、应变硬化模型和双曲正弦模型。

（1）时间硬化模型：

$$\dot{\varepsilon}_{cr} = A\overline{q}^{n}t^{m}$$

其中，$\dot{\varepsilon}_{cr}$ 是单轴等效蠕变应变速率；$\overline{q}$ 是等效单轴偏应力；t 是总时间；A、n 和 m 是材料常数；$\overline{q}$ 是 Mises 等效应力 Hill's 各向异性等效偏应力。

（2）应变硬化模型：

$$\dot{\varepsilon}_{cr} = \left(A\overline{q}^{n}\left[\left(m+1\right)\overline{\varepsilon}^{cr}\right]^{m}\right)^{\frac{1}{m+1}}$$

（3）双曲正弦模型：

$$\dot{\varepsilon}_{cr} = A\left(\sinh B\overline{q}\right)^{n}\exp\left(-\frac{\Delta H}{R\left(\theta-\theta^{Z}\right)}\right)$$

其中，θ 是温度，θ^{Z} 是用户定义温标的绝对零度，ΔH 是激活能，R 是普适气体常数，A、B 和 n 是材料常数。

7.2 纤维拉拔过程分析模拟

复合材料是一种混合物，在很多领域都发挥着很大的作用，代替了很多传统的材料。复合材料中以纤维增强材料应用最广、用量最大，其特点是比重小、比强度和比模量大。例如，碳纤维与环氧树脂复合的材料，其比强度和比模量均比钢和铝合金大数倍，还具有优良的化学稳定性、减摩耐磨、自润滑、耐热、耐疲劳、耐蠕变、消声、电绝缘等性能。

本节将模拟纤维增强材料拉拔测试试验的变形过程，帮助读者进一步学习弹塑性分析的方法。

7.2.1 问题描述

如图 7-4 所示，平面矩形试样下侧是纤维，上侧是基体层，中间层为过渡层，其中过渡层和纤维间有一层很薄的界面层。纤维左侧受拉拔，试样的右侧和下侧固定。

试验得到试样的名义应力和名义应变数据，将其转换为真实应力和塑性应变，如表 7-2 所示，作为本模型中的塑性材料数据。

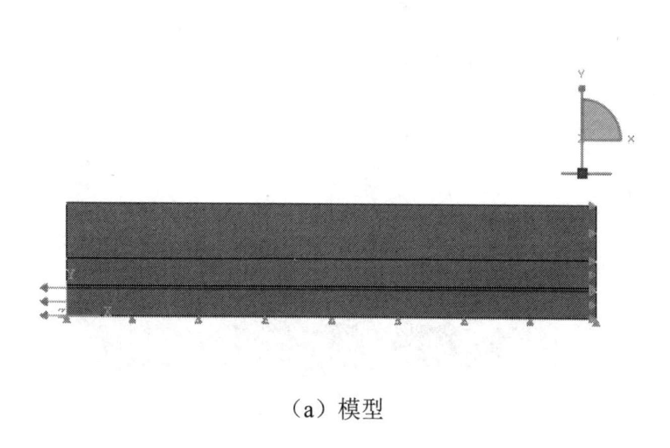

（a）模型

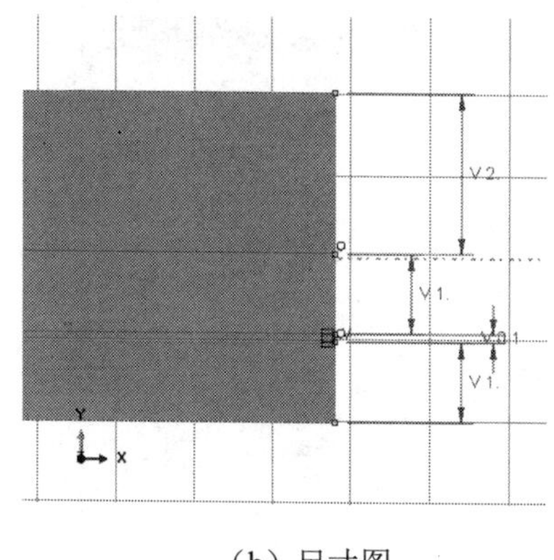

（b）尺寸图

图 7-4 纤维拉拔模型

表 7-2 真实应力和真实应变的值

屈服应力	塑性应变
45	0.0
50	0.027
60	0.081
70	0.135
80	0.189

在纤维拉拔模型分析时，需要注意：

- 该问题研究的是结构的静态响应，所以分析类型设置为“静力，通用”（使用 ABAQUS/Standard 作为求解器）。
- 根据结构和载荷的特点，将按照平面问题来建模。
- 这是一个小变形问题，应在分析步功能模块中把参数“几何非线性”设为“关”。
- 界面层选择粘性单元，它的损伤是 Maxs 损伤演化形式。

下面将进行试样纤维拉拔过程的模拟。

7.2.2 创建部件

步骤 01 启动 ABAQUS/CAE，进入部件功能模块，单击 （创建部件）按钮，在“名称”后面输入 Part-1，将“模型空间”设为“二维平面”、“类型”设为“可变形”、“基本特征”设为“壳”（如图 7-5 所示），然后单击“继续”按钮，完成该部分操作。

步骤 02 单击左侧工具箱中的 按钮来绘制顶点坐标为（0，4.1）和（20，0）的矩形。在视图区中连续单击鼠标中键完成操作，如图 7-6 所示。

步骤 03 执行“工具”→“分区”命令，弹出如图 7-7 所示的“创建分区”对话框，设置“类型”为“面”、“方法”为“草图”，ABAQUS/CAE 会再次进入草图模块。

步骤 04 单击左侧工具箱中的 （连接线：首尾相连）按钮，以（0, 2.1）为起点、（20, 2.1）为终点，绘制一条线。

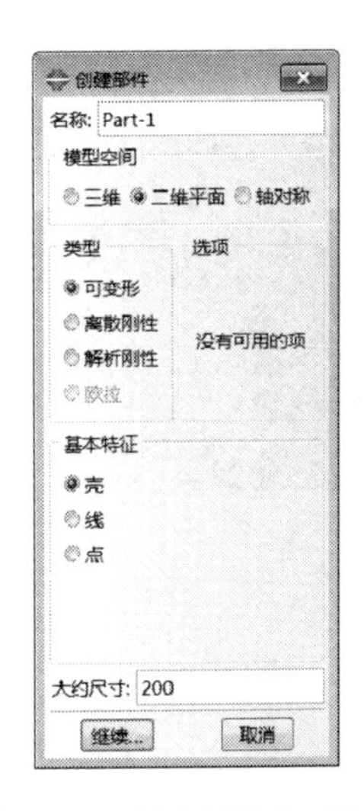

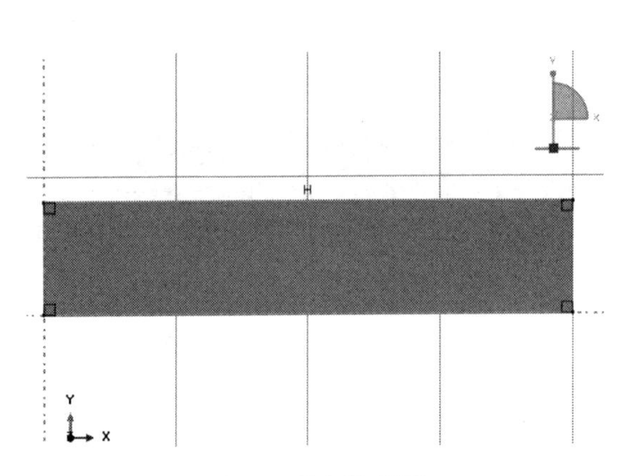

图 7-5 “创建部件”对话框

图 7-6 绘制的草图

步骤05 再次单击左侧工具箱中的（连接线：首尾相连）按钮，以（0, 1.1）为起点、（20, 1.1）为终点，绘制一条线；以（0, 1.0）为起点、（20, 1.0）为终点，绘制一条线，最后单击提示区中的“完成”按钮。

步骤06 再次单击鼠标中键，生成的部件如图 7-8 所示。

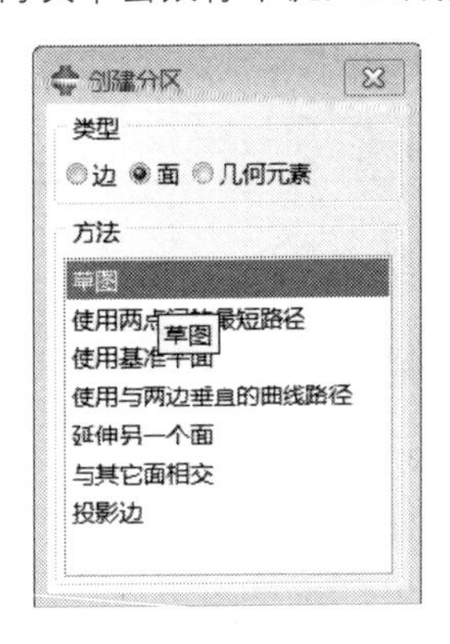

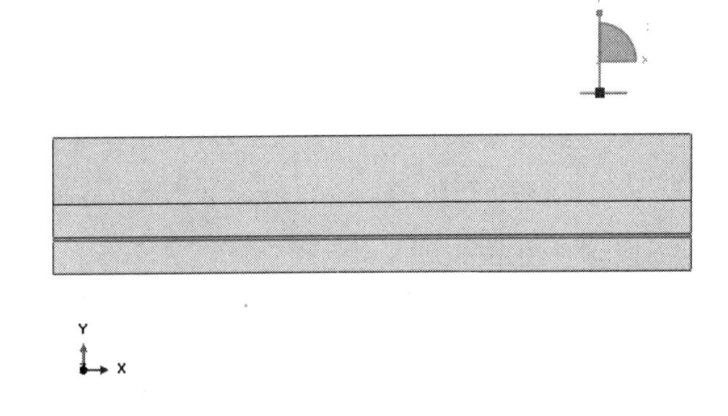

图 7-7 “创建分区”对话框

图 7-8 生成的部件

7.2.3 创建材料和截面属性

1. 创建材料

步骤01 进入属性功能模块，单击按钮，命名为 Material-1，设置“杨氏模量”为 230000、“泊松比”为 0.2，然后单击“确定”按钮，完成操作。

步骤02 再单击按钮，命名为 Material-2，设置“杨氏模量”为 5000、“泊松比”为 0.35（如图 7-9 所示），选择对话框中的“力学”→“塑性”→“塑性”命令，将表 7-2 所示的屈服应力和塑性应变输入数据表中（如图 7-10 所示），然后单击“确定”按钮，完成操作。

步骤03 再次单击按钮，命名为 Material-3，执行“力学”→“弹性”→“弹性”命令，在“类型”下拉列表中选择“面作用力”，设置 E 为 400000、G1 为 5000、G2 为 400000（如图 7-11 所示），执行“力学”→“Damage，Traction Separation Laws”→“Maxs 损伤”命令（如图 7-12 所示），输入如图 7-13 所示的参数。

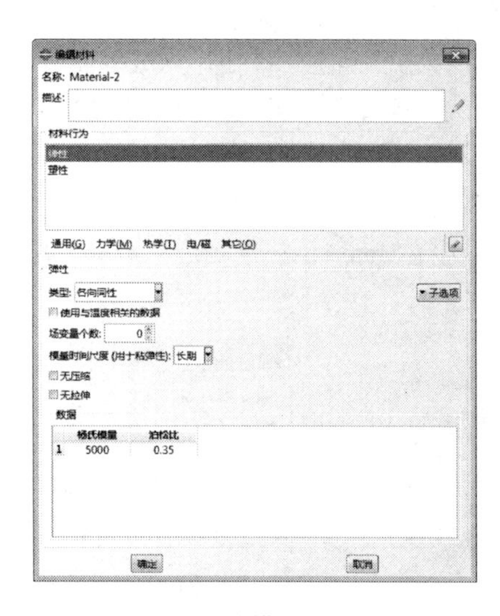

图 7-9　设置模量和泊松比

	屈服应力	塑性应变
1	45	0
2	50	0.027
3	60	0.081
4	70	0.135
5	80	0.189

图 7-10　输入材料的塑性数据

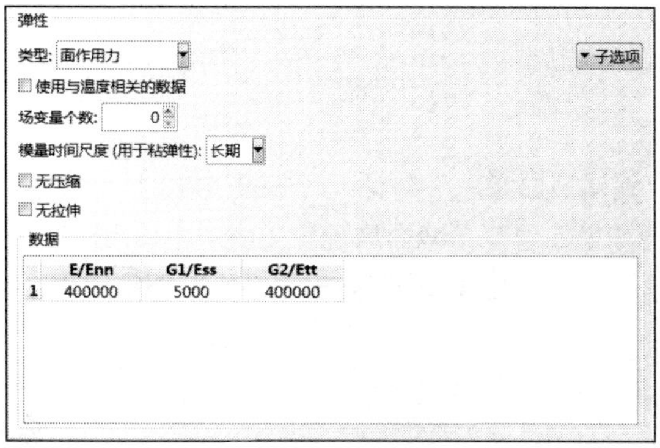

弹性

类型: 面作用力　　▾子选项

使用与温度相关的数据

场变量个数: 0

模量时间尺度 (用于粘弹性): 长期

无压缩

无拉伸

数据

	E/Enn	G1/Ess	G2/Ett
1	400000	5000	400000

图 7-11　设置模量

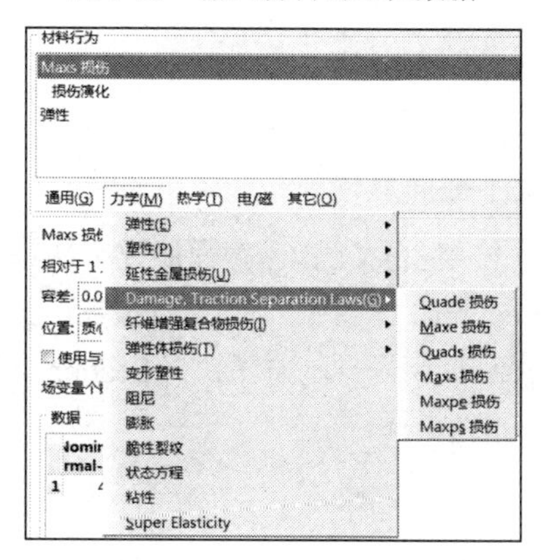

图 7-12　操作命令

步骤04 在“编辑材料”对话框中选择“子选项”→“损伤演化”命令，弹出如图 7-14 所示的“子选项编辑器”对话框，设置“类型”为“能量”，在下面的“数据”中设置“断裂能”为 20，单击“确定”按钮，完成操作。

数据

	Nominal Stress Normal-only Mode	Nominal Stress First Direction	Nominal Stress Second Direction
1	400	50	400

图 7-13　设置参数

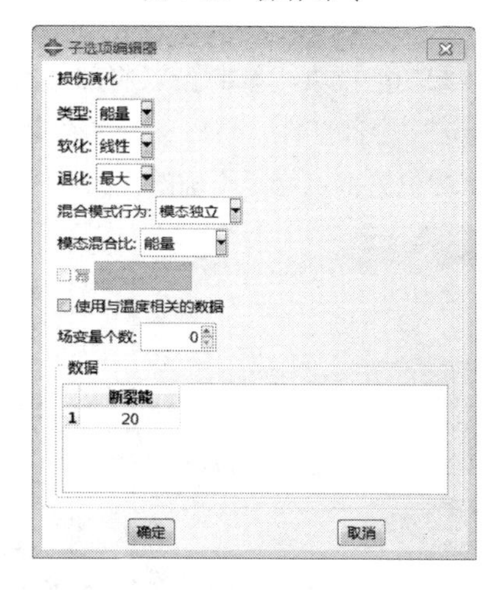

图 7-14　“子选项编辑器”对话框

2. 创建截面属性

步骤01 单击（创建截面）按钮，弹出“创建截面”对话框（如图 7-15 所示），设置“名称”为 Section-1，选择“类别”为“实体”、“类型”为“均质”，单击“继续”按钮。

步骤02 在弹出的“编辑截面”对话框（如图 7-16 所示）中单击“确定”按钮，完成截面属性的操作。

步骤03 使用同样的方法，定义 Section- 2，选择“类别”为“实体”、“类型”为“均质”、“材料”为“Material-2”。

步骤04 使用同样的方法，定义 Section-coh，选择“类别”为“其他”、“类型”为“粘性”，单击“继续”按钮，弹出如图 7-17 所示的“编辑截面”对话框，“材料”选择 Material-3，“响应”选择“牵引分离”，“初始厚度”选择“指定：1”，单击“确定”按钮，完成截面的定义。

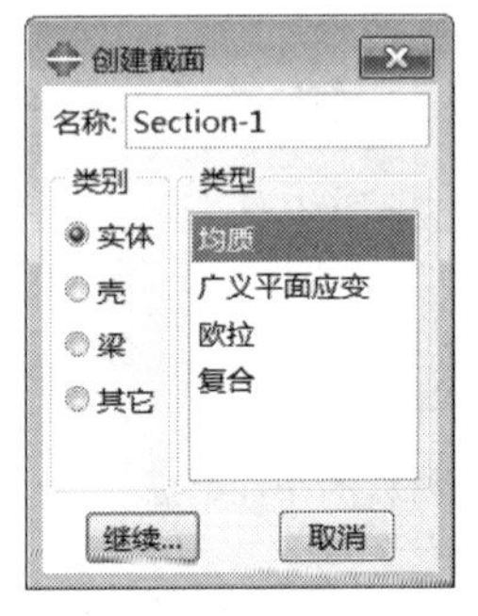

图 7-15 “创建截面”对话框

图 7-16 “编辑截面”对话框

图 7-17 “编辑截面”对话框

3. 赋予截面属性

步骤01 单击（指派截面属性）按钮，在弹出的“编辑截面指派”对话框（如图 7-18 所示）中选择“截面：Section-1”，单击“确定”按钮，为部件的最上层和第四层赋予截面属性。

步骤02 使用同样的方法，将 Section-2 赋予部件的第二层（过渡层），将 Section-coh 赋予第三层，即界面层。

7.2.4 定义装配件

进入装配功能模块，单击（将部件实例化）按钮，在弹出的“创建实例”对话框（如图 7-19 所示）中拖动鼠标选中全部部件，然后单击“确定”按钮。

由于试样位置都已经是正确的，因此不需要再重新定位。创建好的实例如图 7-20 所示。

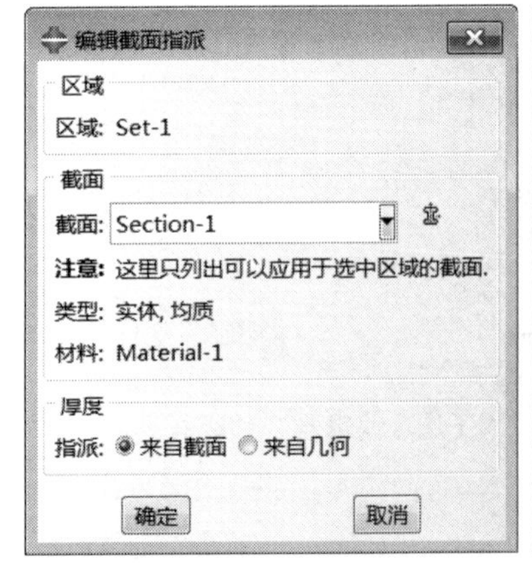

图 7-18 “编辑截面指派”对话框

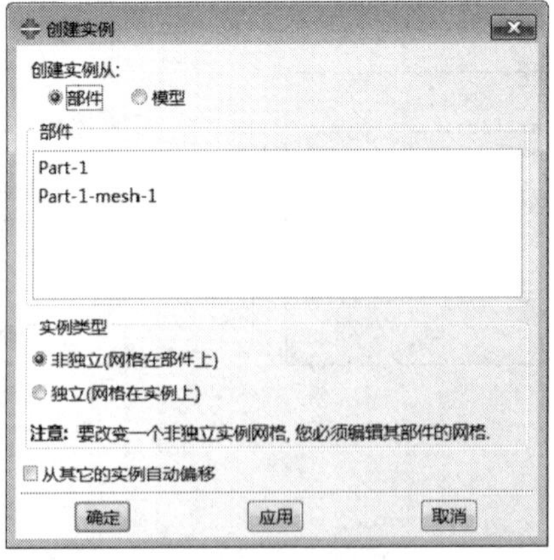

图 7-19 “创建实例”对话框

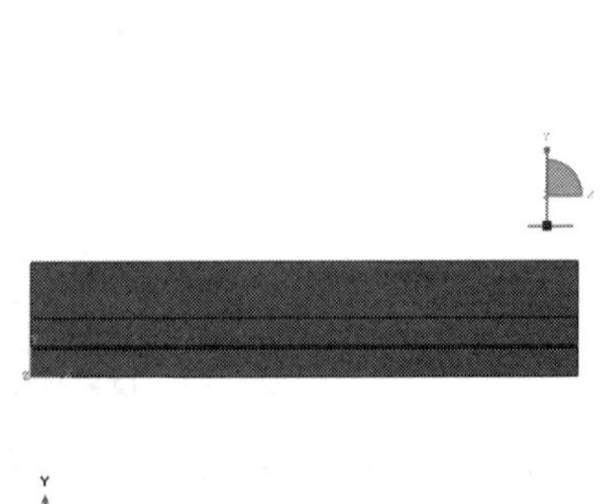

图 7-20 创建好的实例

7.2.5 划分网格

进入网格功能模块，在窗口顶部的环境栏中把目标选项设为“部件：Part-1”。

1. 设置种子

单击（为边布种）按钮，选择部件的水平边，单击提示区中的“确定”按钮，弹出“局部种子”对话框（如图 7-21 所示），“方法”选择“按个数”，“单元数”设置为 100，单击“确定”按钮。使用同样的方法，为其他边设置种子数，如图 7-22 所示。

图 7-21 “局部种子”对话框

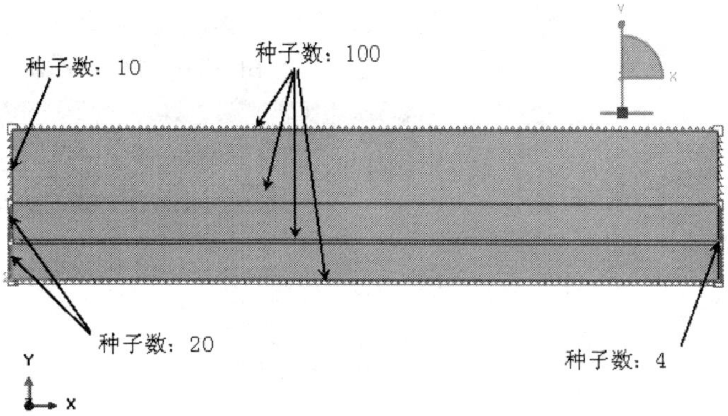

图 7-22 部件种子设置

2. 指派网格控制属性

单击工具箱中的（指派网格控制属性）按钮，选择第一层（基体层）、第二层（过渡层）和第四层（纤维层），单击鼠标中键，弹出如图 7-23 所示的“网格控制属性”对话框，“单元形状”选择“四边形为主”，“技术”选择“自由”，单击“确定”按钮。

使用同样的方法，选择界面层，“单元形状”选择“四边形”为主，“技术”选择“扫掠”，单击“确定”按钮。

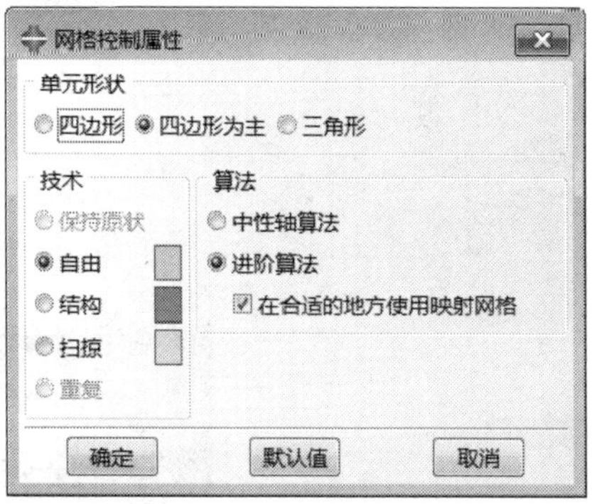

图 7-23 “网格控制属性”对话框

3. 指派单元类型

单击（指派单元类型）按钮，选择第一层（基体层）、第二层（过渡层）和第四层（纤维层），单击鼠标中键，在弹出的“单元类型”对话框（如图 7-24 所示）中，选中“减缩积分”复选框，即“单元类型”为 CPS4R。

再次单击（指派单元类型）按钮，选择界面层，单击鼠标中键，在弹出的“单元类型”对话框（如图 7-25 所示）中选中“粘性”单元，即“单元类型”为 COH2D4。

4. 划分网格

单击（为部件划分网格）按钮，得到如图 7-26 所示的网格。

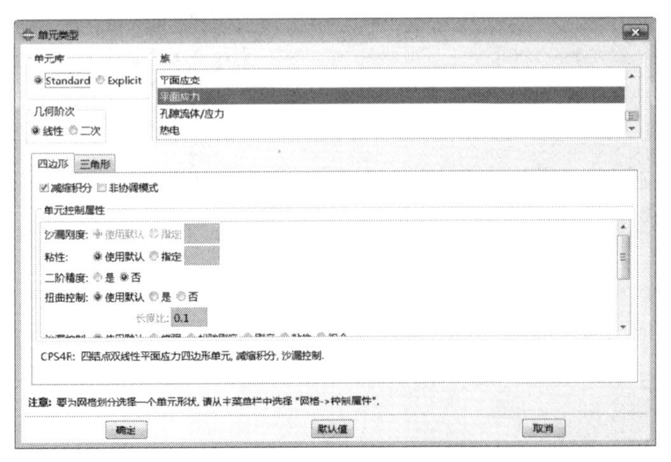

图 7-24　“单元类型”对话框

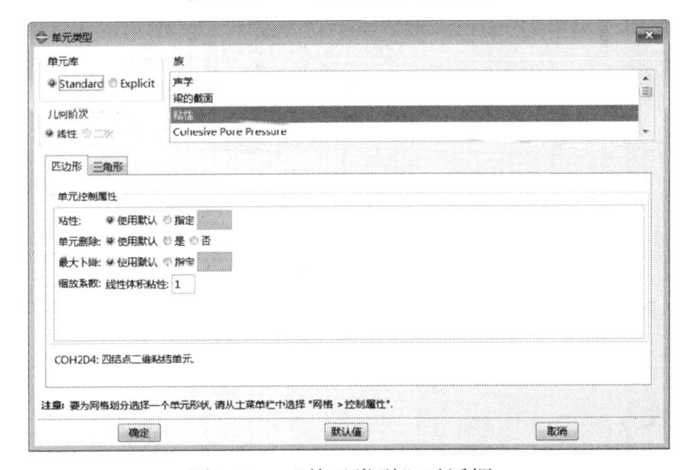

图 7-25　“单元类型”对话框

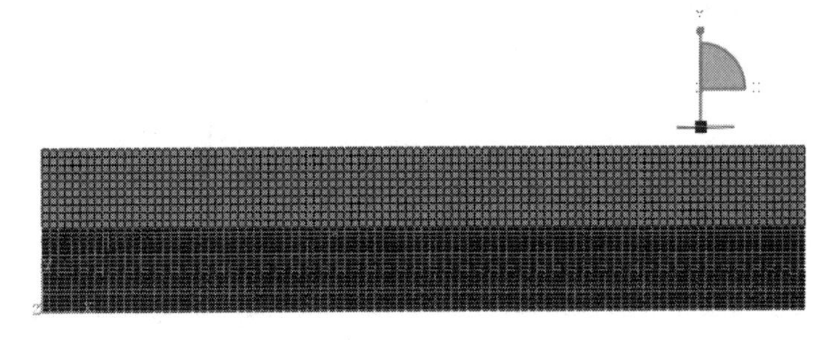

图 7-26　网格划分后的部件

7.2.6　设置分析步

进入分析步功能模块，然后按照以下操作来创建分析步。

步骤 01 单击 （创建分析步）按钮，弹出“创建分析步”对话框（如图 7-27 所示），在“名称”后面输入 Step-1，单击“继续”按钮。

步骤 02 在弹出的“编辑分析步”对话框（如图 7-28 所示）中单击“确定”按钮，完成该操作。

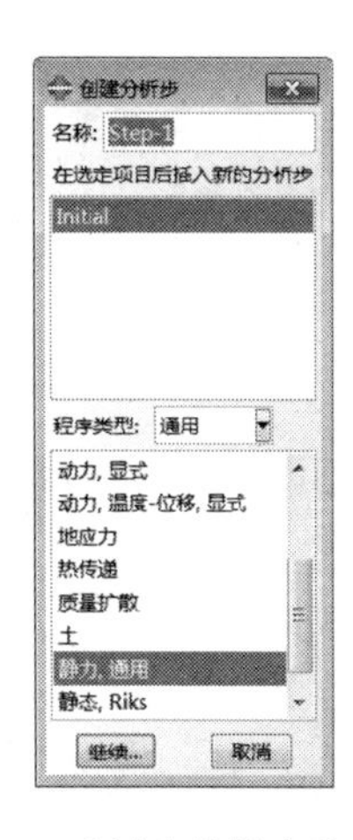

图 7-27 “创建分析步”对话框

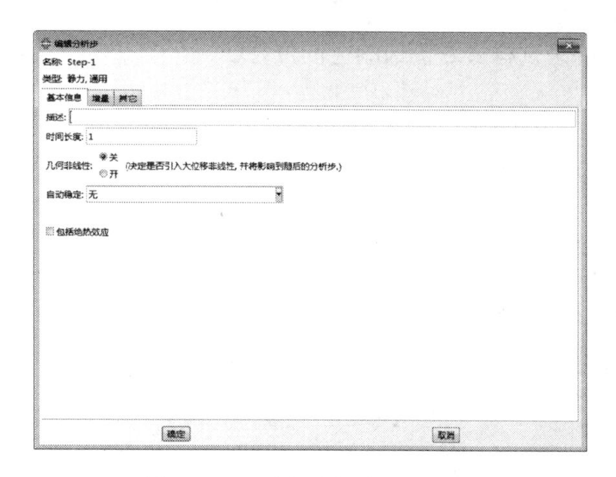

图 7-28 “编辑分析步”对话框

7.2.7 定义载荷和边界条件

由于试样是平面柔性体，需要施加的边界条件是：固定最下面边的竖直位移 U2 和最右边的横向位移 U1，在纤维的左边施加向左的压强。

定义边界条件的具体操作如下：

1. 创建各个集合进入载荷功能模块

选择“工具”→“集”→“管理器”命令，弹出“设置管理器”对话框（如图 7-29 所示），单击“创建”按钮，依次定义以下集合。

- 集合 Set-Y：试样的最下边；
- 集合 Set-X：试样的最右边；
- 集合 Set-pull：纤维的左边。

2. 约束试样底边的轴向位移U2

选择“边界条件”→“管理器”命令，弹出“边界条件管理器”对话框（如图 7-30 所示），单击“创建”按钮，弹出“创建边界条件”对话框（如图 7-31 所示），在“名称”中输入 BC-1，将“分析步”设为 Step-1，“可用于所选分析步的类型”设为“位移/转角”，单击“继续”按钮。

在弹出的“编辑边界条件”对话框（如图 7-32 所示）中选中集合 Set-Y，单击“继续”按钮，选中轴向位移 U2，然后单击“确定”按钮，完成操作。

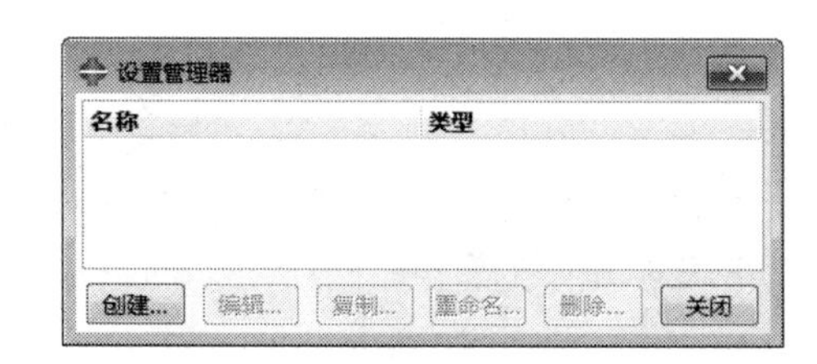

图 7-29 “设置管理器”对话框

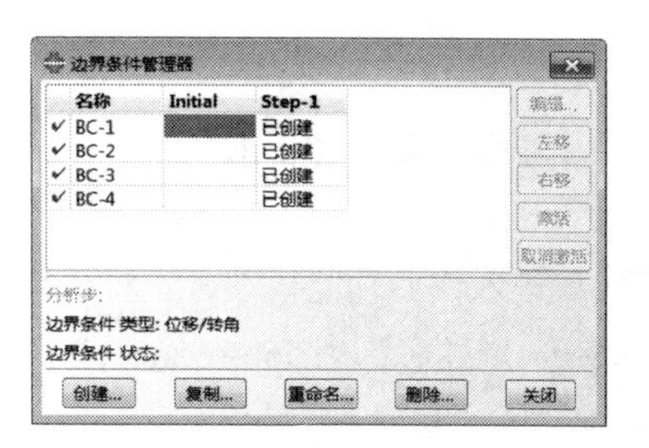

图 7-30 “边界条件管理器”对话框

3. 约束试样最右侧边的径向位移U1

与上面的操作类似，创建名为 BC-2 的边界条件，选中集合 Set-X，然后约束径向位移 U1。

4. 定义载荷

选择“载荷”→“管理器”命令，在弹出的“载荷管理器”对话框（如图 7-33 所示）中单击“创建”按钮，弹出“创建载荷”对话框，在“名称”中输入Load-1，将“分析步”设为Step-1，将“可用于选择的分析步”设为“压强”，单击“继续”按钮。

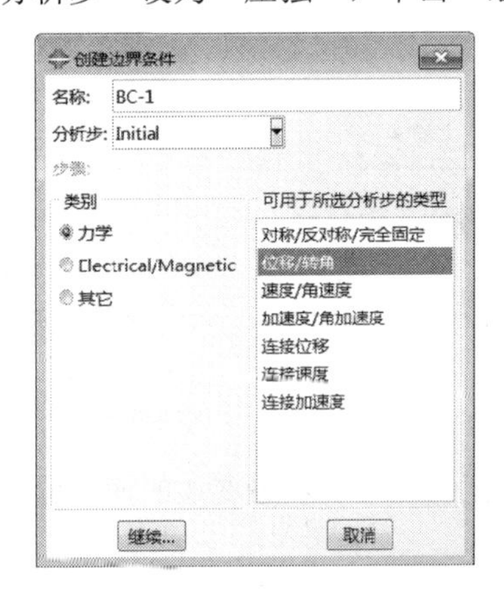

图 7-31 “创建边界条件”对话框

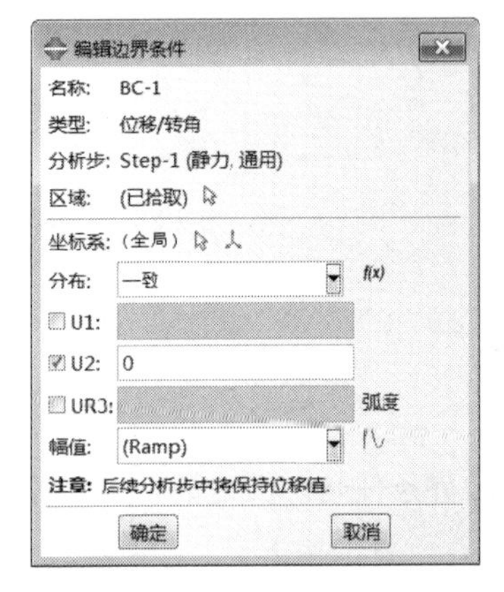

图 7-32 “编辑边界条件”对话框

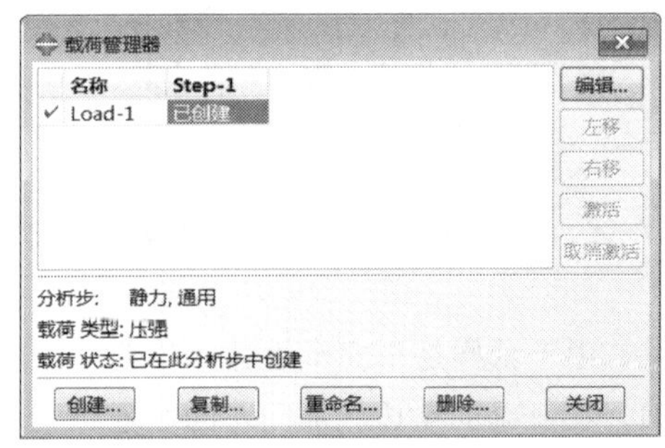

图 7-33 “载荷管理器”对话框

在“编辑载荷”对话框中，将“大小”的值改为 - 2500（如图 7-34 所示），单击“确定”按钮完成操作。定义好边界条件的部件如图 7-35 所示。

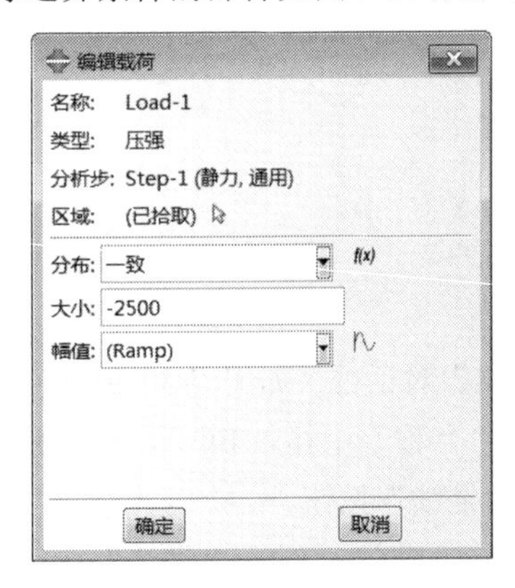

图 7-34 “编辑载荷”对话框

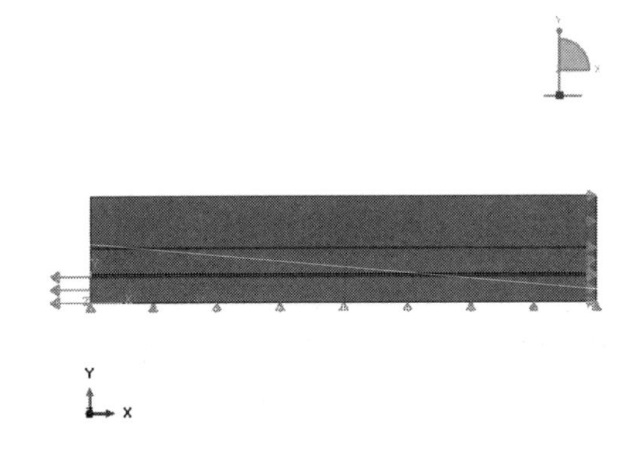

图 7-35 定义好边界条件的部件

7.2.8 提交分析作业

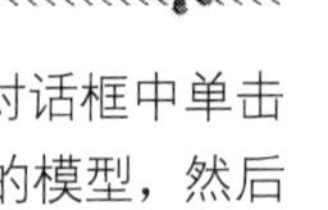

步骤01 进入作业功能模块，选择“作业”→“管理器”命令，在弹出的“作业管理器”对话框中单击“创建”按钮，创建名称为 Job-refine 的分析作业，单击窗口顶部工具箱中的按钮保存所建的模型，然后提交分析。

步骤02 分析完成后，单击“结果”按钮，进入可视化功能模块。

7.2.9 后处理

（1）显示变形后的云图

在可视化功能模块中，单击 （绘制变形图）按钮显示变形后的云纹图，可以看到，在分析步 Step-1 结束时，试样的变形图如图 7-36 所示。

（2）显示 Mises 应力和等效塑性应变

在可视化功能模块中，单击 （在变形图上绘制云图）按钮显示 Mises 应力的云纹图，可以看到，在分析步 Step-1 结束时，试样上纤维区域的 Mises 应力均为 4.976e3Mpa，如图 7-37 所示。

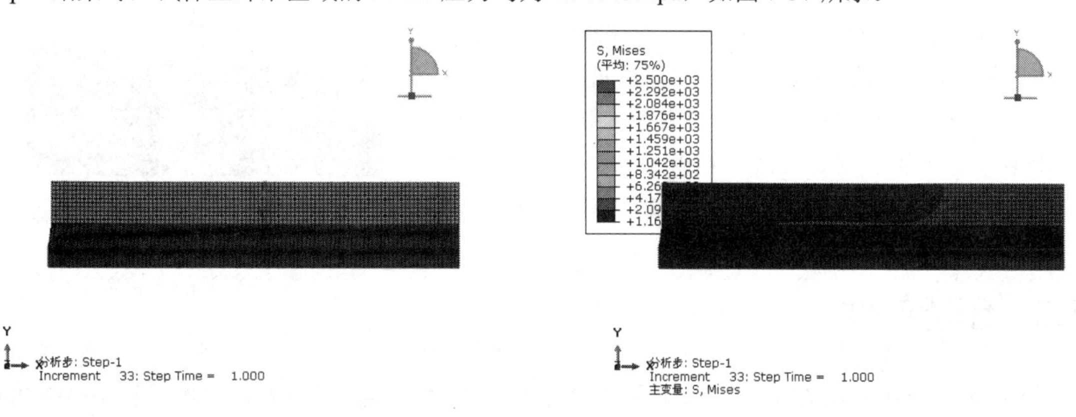

图 7-36　试样的变形图　　　　图 7-37　Mises 的分布云图

选择“结果”→“场输出”命令，弹出如图 7-38 所示的“场输出”对话框，选择“输出变量”为 PEEQ，可以看到此时试样上中心处的等效塑性应变 PEEQ，如图 7-39 所示。

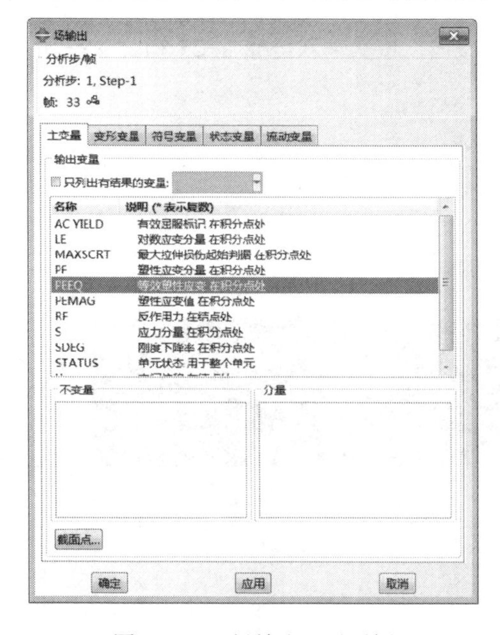

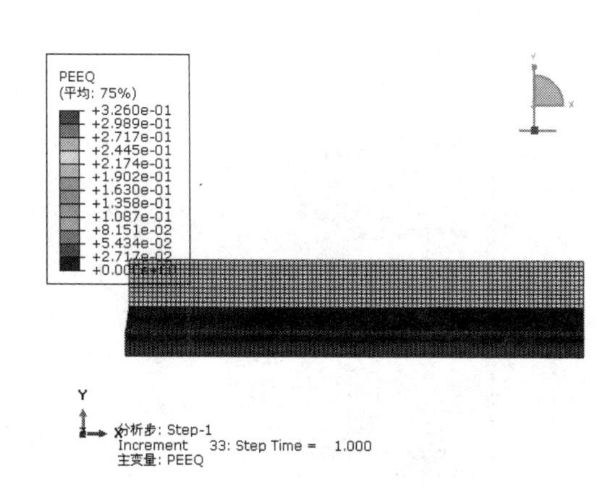

图 7-38　“场输出”对话框　　　　图 7-39　PEEQ 的分布云图

7.3 基底上的薄膜撕脱过程分析

本节将学习材料非线性 —— 薄膜撕脱过程分析。与前面问题的分析一样，ABAQUS 模拟重点在于定义界面层的性质。

7.3.1 问题描述

图 7-40 所示是基底上的薄膜撕脱模型，基底的底部固定，薄膜的右侧受到竖直向上的拉伸作用。该例中模型和载荷都考虑成平面问题，故在模拟中应用平面单元。

基底上的薄膜是弹性薄膜，基底的刚性使用大于薄膜的弹性参数表示，薄膜和基底之间是粘附层，材料属性为弹性、满足损伤演化规律，下面将介绍撕脱过程的模拟分析。

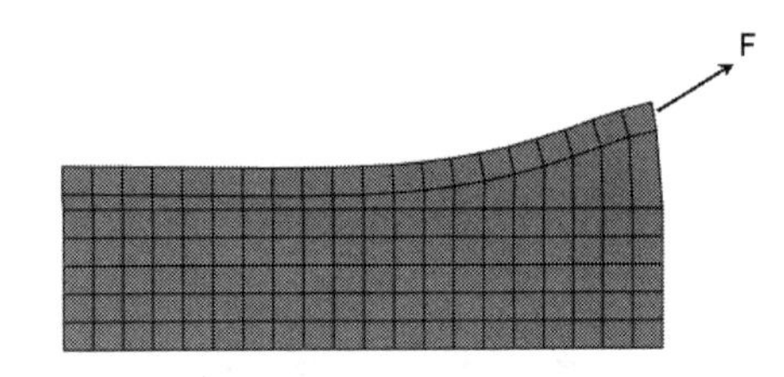

图 7-40 基底上的薄膜撕脱模型

7.3.2 创建部件

步骤 01 打开 ABAQUS/CAE 的启动界面，单击“新建模型数据库”按钮，创建一个 ABAQUS/CAE 的模型数据库，随即进入部件功能模块。进入模块后，用户可在该模块中创建模型。

步骤 02 单击工具箱中的（创建部件）按钮，弹出“创建部件”对话框（如图 7-41 所示），在部件“名称”文本框中输入 Part-1，设置“模型空间”为“二维平面”、“基本特征”为“壳”、“大约尺寸”为 200，单击“继续”按钮，进入草图绘制界面。

步骤 03 单击工具箱中的（创建线：矩形，四条线）按钮，依次输入坐标（-25,5）、（25,-10），如图 7-42 所示，按回车键完成操作。

图 7-41 “创建部件”对话框

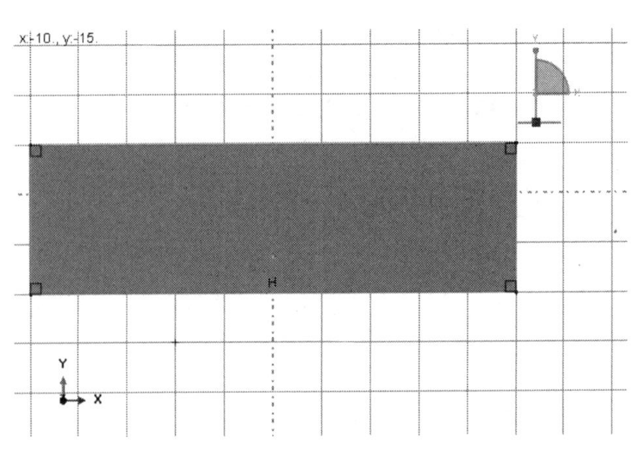

图 7-42 创建的草图

步骤04 单击“完成”按钮，完成创建部件操作，如图7-43所示。

步骤05 执行“工具”→“分区”命令，弹出如图7-44所示的“创建分区”对话框，“类型”选择“面”，“方法”选择“草图”，再次进入草图模块。

步骤06 单击左侧工具箱中的（连接线：首尾相连）按钮，以（-25, 5.22）为起点、（25, 5.22）为终点，绘制一条线。

步骤07 再次单击左侧工具箱中的（连接线：首尾相连）按钮，以（-25, 3.29）为起点、（25, 3.29）为终点，绘制一条线，最后单击提示区中的“完成”按钮。再次单击鼠标中键，生成的部件如图7-45所示。

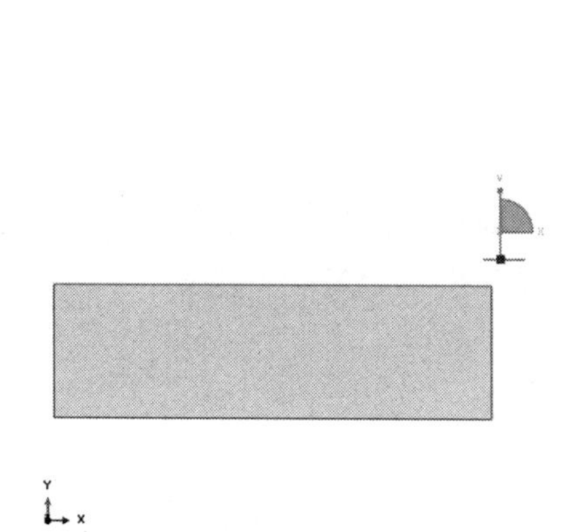

图7-43 完成创建部件

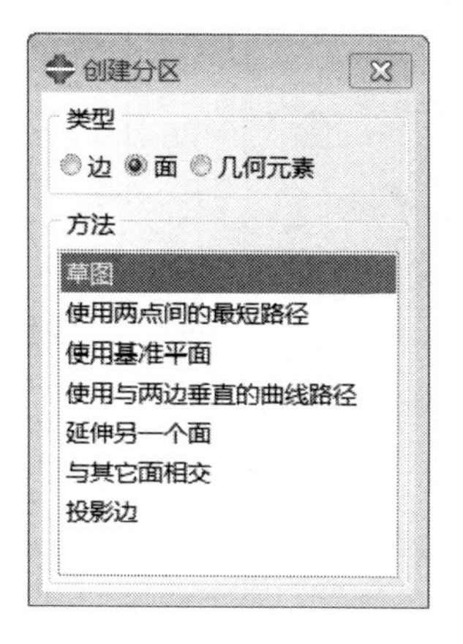

图7-44 “创建分区”对话框

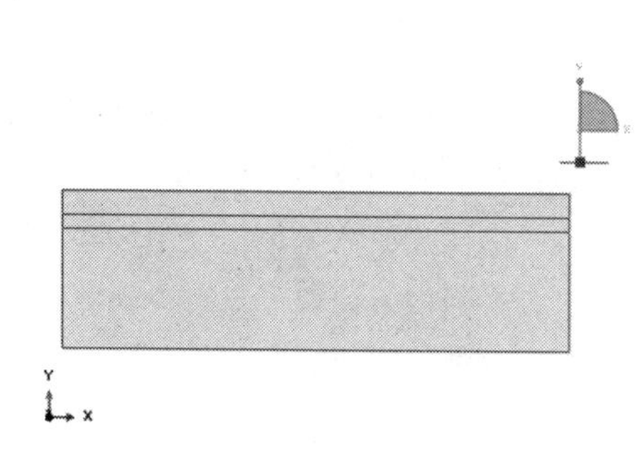

图7-45 完成创建部件

单位制的选取：如长度单位用mm，对应着力的单位为N、质量单位为t、应力单位为MPa；如长度单位用m，对应着力的单位为N、质量单位为kg、应力单位为Pa。

7.3.3 定义材料属性

在环境栏的模块列表中选择属性功能模块，设置材料性质及赋予截面信息。

1. 定义材料

步骤01 单击工具箱中的（创建材料）按钮，弹出“编辑材料”对话框（如图7-46所示），在“名称”中输入film，在“材料行为”选项组中选择“力学”→“弹性”→“弹性”选项，在“数据”选项组中设置“杨氏模量”为2E8、“泊松比”为0.3，单击“确定”按钮。

步骤02 再次单击工具箱中的（创建材料）按钮，弹出“编辑材料”对话框，在“名称”中输入substrate，将“杨氏模量”设置为1E12、“泊松比”设置为0.3，单击“确定”按钮，完成定义。

步骤03 再次单击工具箱中的（创建材料）按钮，弹出“编辑材料”对话框，设置“名称”为cohesive、“类型”

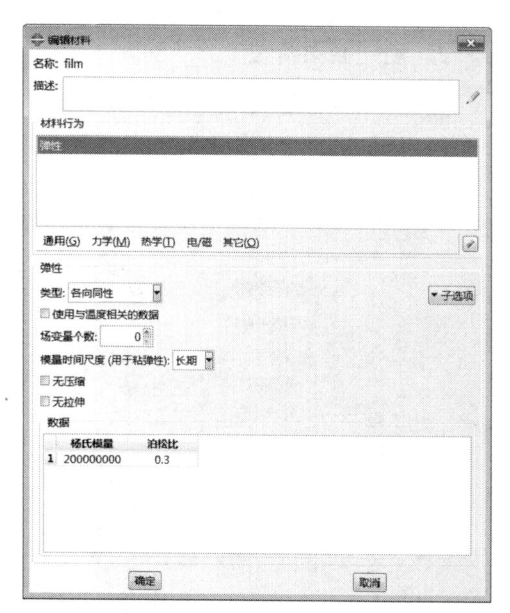

图7-46 “编辑材料”对话框

为“面作用力”、E 为 200、G1 为 200、G2 为 0（如图 7-47 所示），选择“力学”→“Damage，Traction Separation Laws”→“Maxs 损伤”选项（如图 7-48 所示），输入如图 7-49 所示的参数。

	E/Enn	G1/Ess	G2/Ett
1	200	200	0

图 7-47　设置模量参数

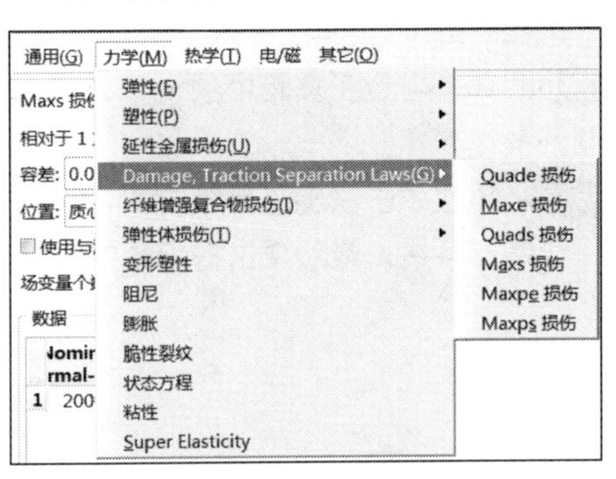

图 7-48　操作命令

步骤 04 然后选择“编辑材料”对话框右侧的“子选项”→“损伤演化”选项，弹出如图 7-50 所示的“子选项编辑器”对话框，设置“类型”为“能量”，在下面的“数据”选项组中设置“断裂能”为 10，单击“确定”按钮，完成操作。

	Nominal Stress Normal-only Mode	Nominal Stress First Direction	Nominal Stress Second Direction
1	20000000	20000000	0

图 7-49　设置参数

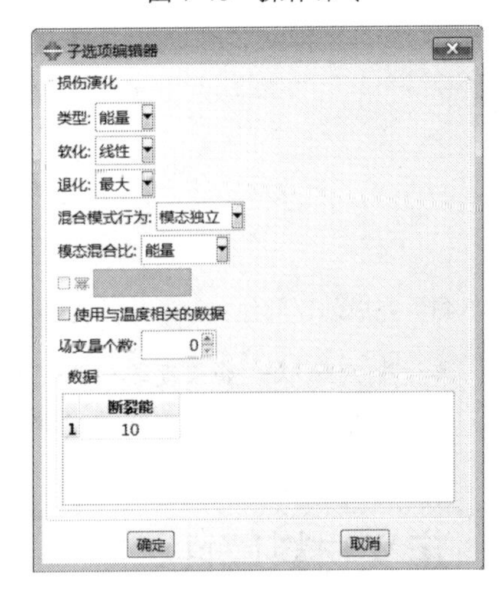

图 7-50　“子选项编辑器”对话框

2. 创建截面特性

步骤 01 单击工具箱中的（创建截面）按钮，弹出“创建截面”对话框（如图 7-51 所示），在“名称”中输入 film，选择“类别”为“实体”、“类型”为“均质”，单击“继续”按钮。

步骤 02 弹出“编辑截面”对话框（如图 7-52 所示），在“材料”中选择 film，其余选项采用默认值，单击“确定”按钮，完成薄膜材料截面的属性创建。

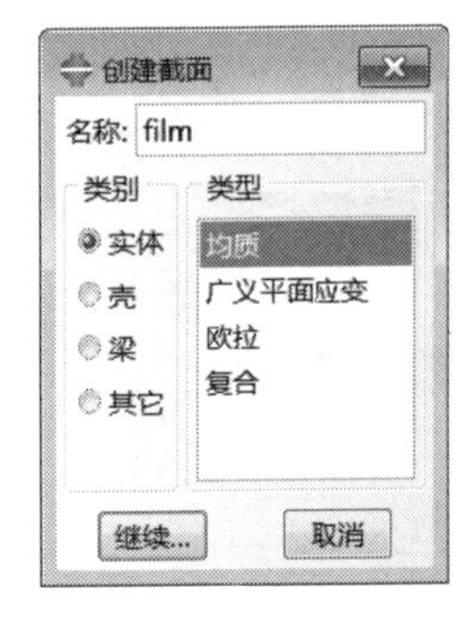

图 7-51　“创建截面”对话框

图 7-52　“编辑截面”对话框

步骤03 再次单击工具箱中的(创建截面)按钮，弹出“创建截面”对话框，在“名称”中输入substrate，选择“类别”为“实体”、“类型”为均质，单击“继续”按钮。

步骤04 弹出“编辑截面”对话框，在“材料”中选择substrate，其余选项采用默认值，单击“确定”按钮，完成截面的创建操作。

步骤05 使用同样的方法定义Section-4，选择“类别”为“其他”、“类型”为“粘性”(如图7-53所示)，单击“继续”按钮，弹出如图7-54所示的“编辑截面”对话框，“材料”选择cohesive，“响应”选择“牵引分离”，在“初始厚度”中选中“使用分析默认值”单选按钮，单击“确定”按钮，完成截面的定义。

3. 分配截面特性

步骤01 单击工具箱中的(指派截面)按钮，在视图区中选择上部分的薄膜部分，单击窗口下方的“完成”按钮。

步骤02 弹出“编辑截面指派”对话框(如图7-55)，在“截面”下拉列表中选择film，单击“确定”按钮，完成操作。

步骤03 单击工具箱中的(指派截面)按钮，在视图区中选择下部分的基底部分，单击窗口下方的“完成”按钮，弹出“编辑截面指派”对话框，在“截面”下拉列表中选择substrate，单击“确定”按钮，单击“完成”按钮，完成截面特性的分配操作。

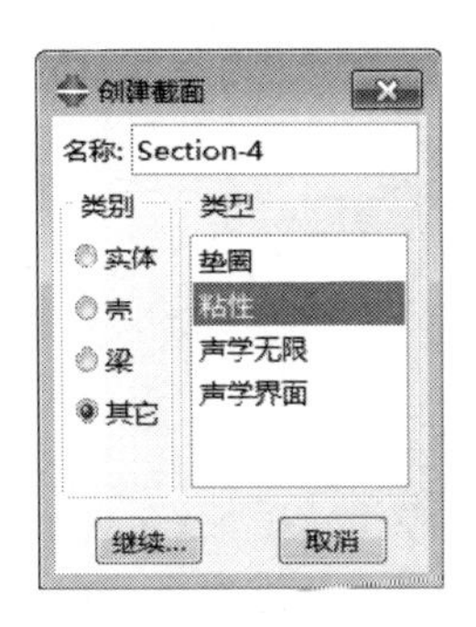

图7-53 “创建截面”对话框

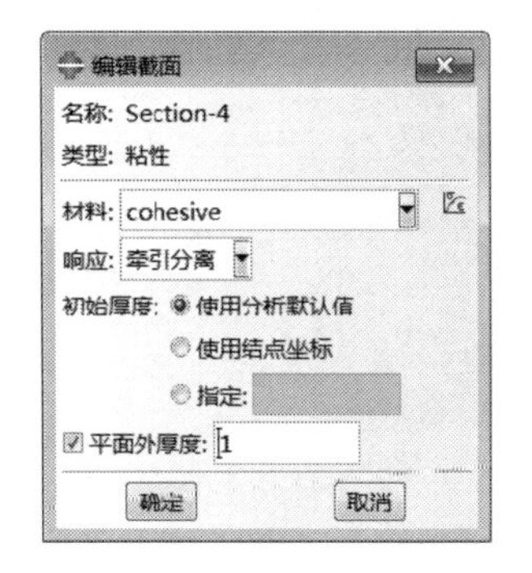

图7-54 “编辑截面”对话框

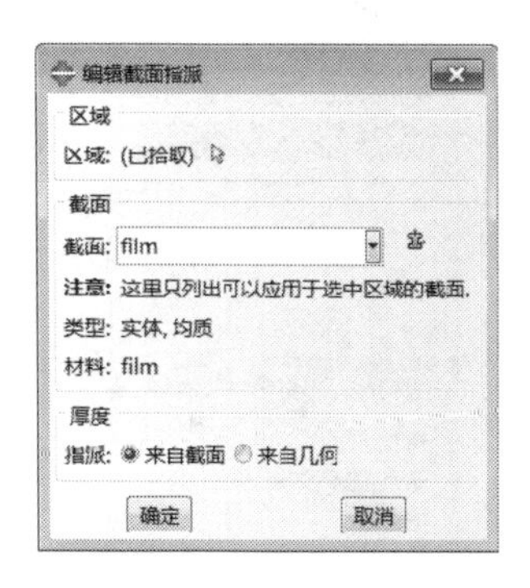

图7-55 “编辑截面指派”对话框

步骤04 使用同样的方法，把Section-4指派给界面层。

7.3.4 装配部件

在环境栏的模块列表中选择装配功能模块，单击工具箱中的(将部件实例化)按钮，弹出“创建实例”对话框(如图7-56所示)，默认部件为Part-1，直接单击“确定”按钮，完成装配部件。

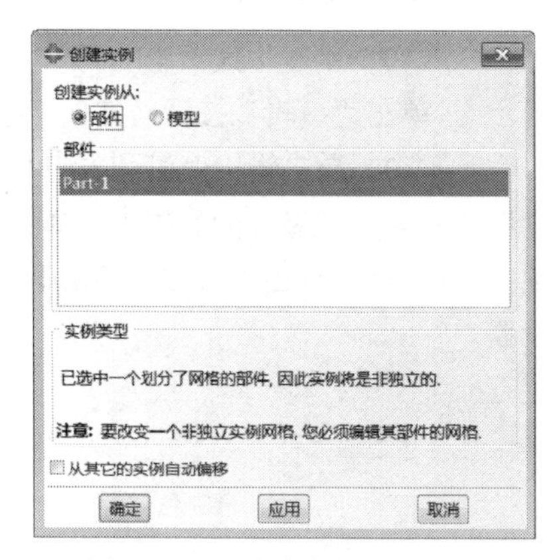

图7-56 “创建实例”对话框

7.3.5 设置分析步

在环境栏的模块列表中选择分析步模块。该例需要设置分析步和场变量输出要求。

1. 设置分析步

步骤01 单击工具箱中的(创建分析步)按钮，弹出“创建分析步”对话框(如图 7-57 所示)，采用默认设置，即选择“静力，通用”(静态通用分析步)，单击“继续”按钮。

步骤02 在弹出的“编辑分析步”对话框中，打开“基本信息”选项卡，打开“几何非线性”开关，即选择“几何非线性”为“开”。

步骤03 打开“增量”选项卡，如图 7-58 所示，把初始“增量步大小”设为 0.01，其余各项采用默认值，单击“确定”按钮，完成分析步的设置。

图 7-57 “创建分析步”对话框

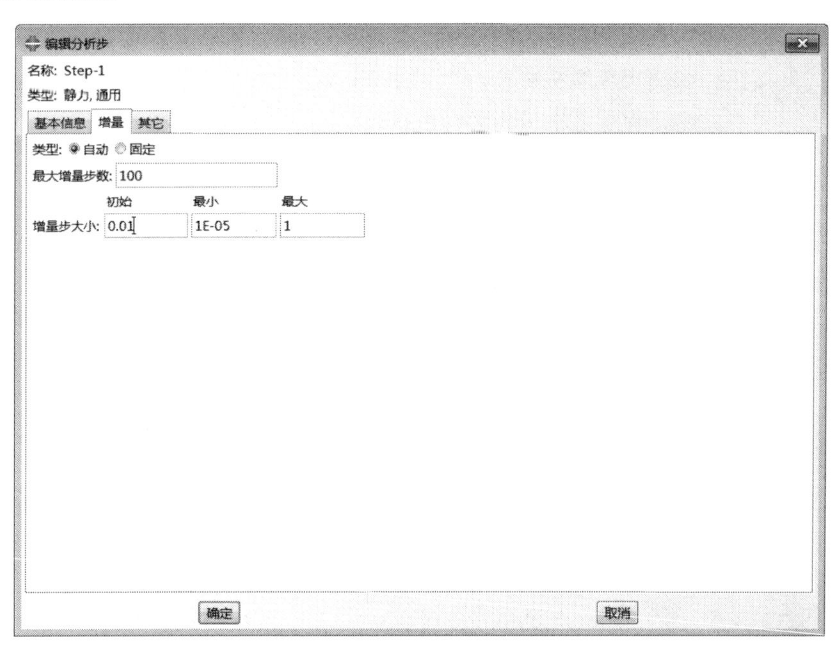

图 7-58 “增量”选项卡

2. 设置变量输出变量

步骤01 单击工具箱中的(场变量输出管理器)按钮，弹出“场输出请求管理器”对话框(如图 7-59 所示)，单击“编辑”按钮，弹出“编辑场输出请求”对话框，如图 7-60 所示。

步骤02 单击输出变量列表中“应力”前的▶，在展开的选项中选择 S 和 MISESMAX；单击列表中“应变”前的▶，在展开的选项中选择 E 和 EE；选择 U；单击列表内“作用力/反作用力”前的▶，在展开的选项中选择 RF；单击“接触”前的▶，取消对接触变量的输出，单击“确定”按钮，完成场变量输出要求的设置。

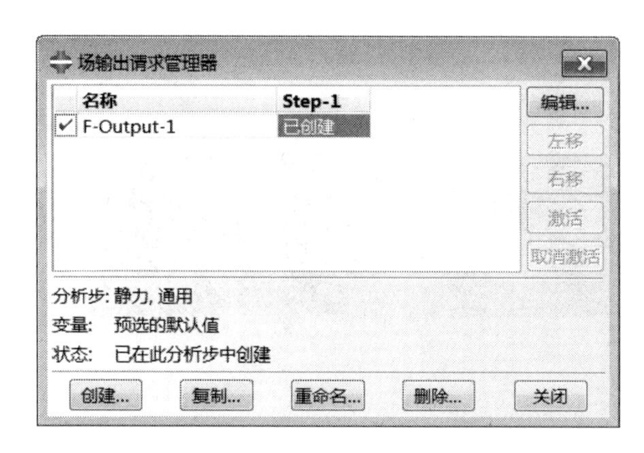

图 7-59 “场输出请求管理器”对话框

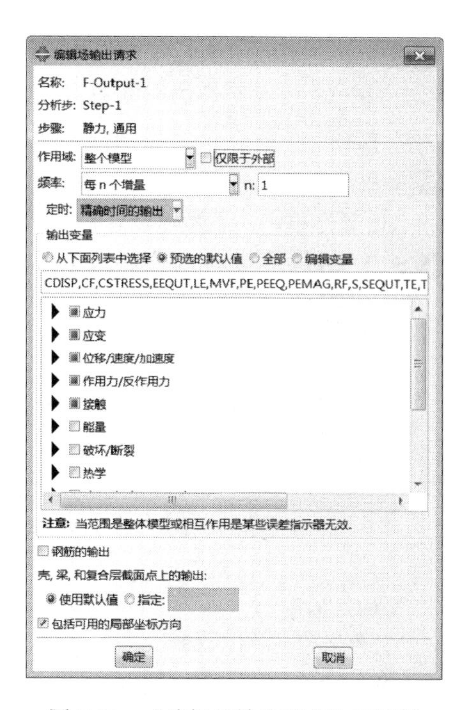

图 7-60 “编辑场输出请求”对话框

7.3.6 定义载荷和边界条件

在环境栏的模块列表中选择载荷功能模块。

步骤 01 单击工具箱中的（创建边界条件）按钮，弹出“创建边界条件”对话框，如图 7-61 所示。在“名称”中输入 BC-1，在“分析步”下拉列表中选择 Initial，在“可用于所选分析步的类型”选项组中选择“对称/反对称/完全固定”，单击“继续”按钮。

步骤 02 在窗口选择基底的下部，单击“完成”按钮，弹出“编辑边界条件”对话框，如图 7-62 所示，选中“完全固定”单选按钮，单击“确定”按钮，完成固定边界条件的施加。

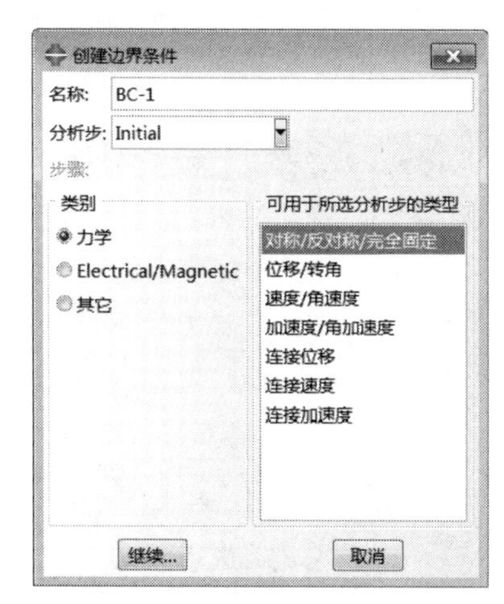

图 7-61 “创建边界条件”对话框

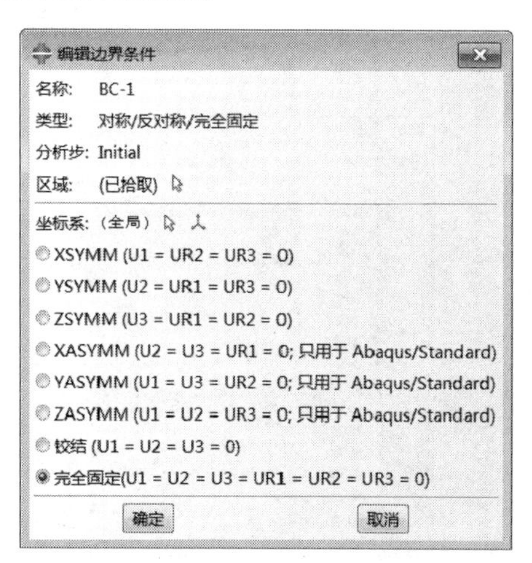

图 7-62 “编辑边界条件”对话框

步骤03 单击工具箱中的 (创建边界条件)按钮，弹出“创建边界条件”对话框。在“名称”中输入BC-2，在“分析步”下拉列表中选择Step-1，在“可用于所选分析步的类型”选项组中选择“位移/转角”，单击“继续”按钮。

步骤04 在窗口中选择薄膜的最右侧边，单击“完成”按钮，弹出“编辑边界条件”对话框，如图7-63所示，选中U2复选框，其后数值设置为5，单击“确定”按钮，完成固定边界条件的施加。

步骤05 定义好边界条件的模型如图7-64所示。

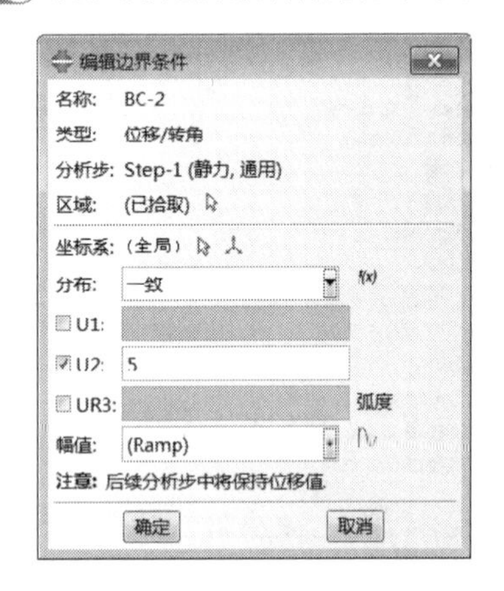

图7-63 “编辑边界条件”对话框

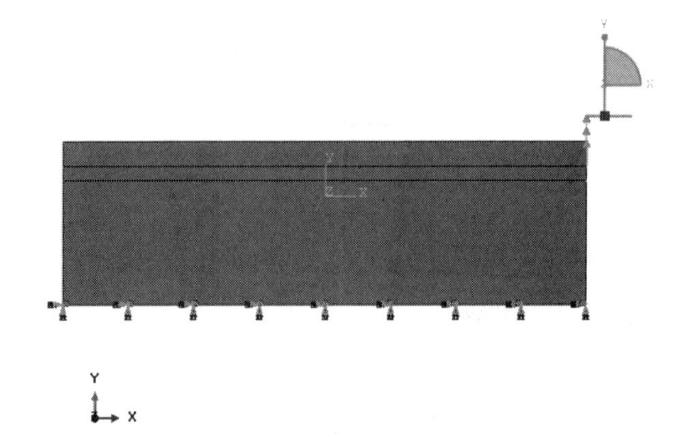

图7-64 定义好边界条件的模型

7.3.7 划分网格

在环境栏的模块列表中选择网格功能模块。

1. 设置网格密度

步骤01 在模型树下执行“Model-1”→“装配”→“实例”→“Part-1”命令，单击鼠标右键，选择“设为非独立”选项，如图7-65所示。

步骤02 执行“布种”→“边”命令，按住Shift键，用鼠标点选4条水平线，单击“完成”按钮，在弹出的“局部种子”对话框（如图7-66所示）中，在“尺寸控制”选项组中的“单元数”后面输入20，即沿着水平方向划分20个单元，按回车键。

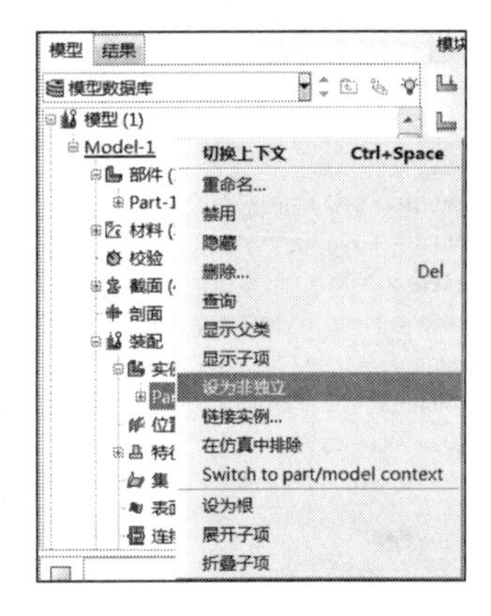

图7-65 设为非独立

图7-66 “局部种子”对话框

步骤03 利用同样的方法，将基底的表面在竖向边划分 5 个单元，把基底沿竖向划分 5 个单元。设置好的种子密度如图 7-67 所示。

2. 控制网格划分

单击工具箱中的 (指派网格控制属性) 按钮，弹出"网格控制属性"对话框，如图 7-68 所示，在"单元形状"选项组中选择"四边形"，采用结构网格技术，单击"确定"按钮，完成控制网格划分选项的设置。

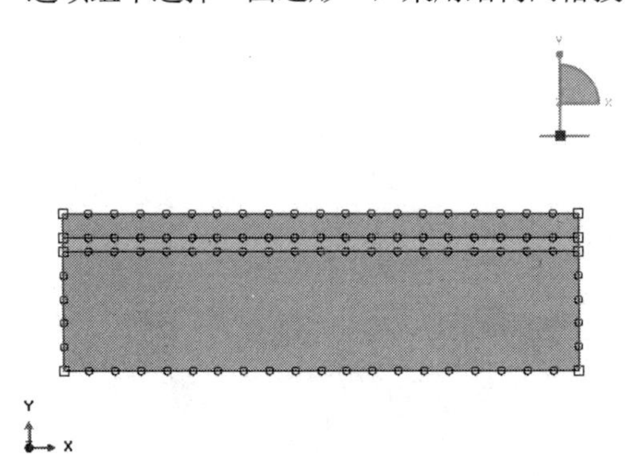

图 7-67 设置好的种子密度

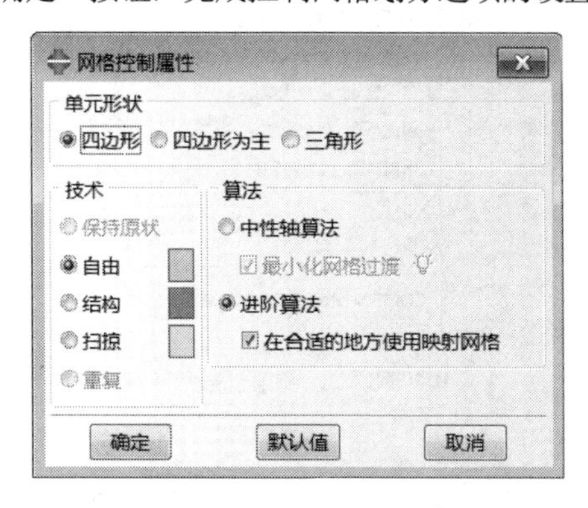

图 7-68 "网格控制属性"对话框

3. 选择单元类型

步骤01 单击工具箱中的 (指派单元类型) 按钮，在视图区中选择模型的薄膜和基底，单击"完成"按钮，弹出"单元类型"对话框（如图 7-69 所示），选择单元 CPE4R，单击"确定"按钮。

图 7-69 "单元类型"对话框

步骤02 利用类似的方法，单击工具箱中的 (指派单元类型) 按钮，在视图区中选择模型的界面层，单击"完成"按钮，弹出"单元类型"对话框，如图 7-70 所示，选择单元 COH2D4，单击"确定"按钮。

4. 划分网格

单击工具箱中的 (划分部件) 按钮，单击提示区中的"是"按钮（如图 7-71 所示），完成网格划分。划分好的网格如图 7-72 所示。

图 7-70　“单元类型”对话框

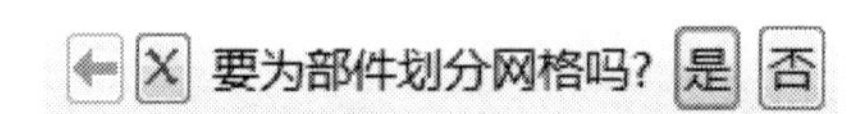

图 7-71　设置好的种子密度

5. 检查网格

步骤 01 单击工具箱中的（检查模型）按钮，在视图区中选择部件，单击“完成”按钮，弹出“检查网格”对话框，如图 7-73 所示。

步骤 02 在“检查网格”对话框中单击“形状检查”选项卡，单击“高亮”按钮（如图 7-73（a）所示），在消息栏提示检查信息；单击“分析检查”选项卡，单击“高亮”按钮，如图 7-33（b）所示，没有显示任何错误或警告信息。

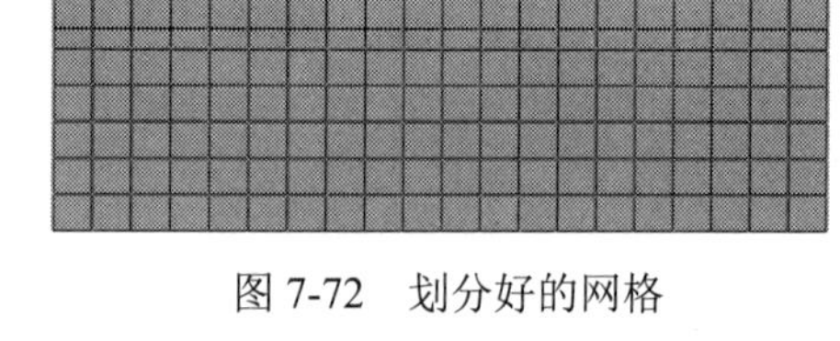

图 7-72　划分好的网格

（a）“形状检查”选项卡

（b）“分析检查”选项卡

图 7-73　“检查网格”对话框

7.3.8 结果分析

步骤01 在环境栏的模块列表中选择作业功能模块。单击工具箱中的（创建作业）按钮，弹出“创建作业”对话框，如图7-74所示，在“名称”文本框中输入nnnnn，单击“继续”按钮，弹出“编辑作业”对话框，如图7-75所示，单击“确定”按钮。

图7-74 “创建作业”对话框

图7-75 “编辑作业”对话框

步骤02 单击工具箱中的（作业管理器）按钮，弹出“作业管理器”对话框，如图7-76所示，单击“提交”按钮提交作业。

步骤03 单击“监控”按钮，弹出“nnnnn监控器”对话框，运行完毕，在消息栏显示Completed。

运行期间的数据监控如图7-77所示。最后单击“写入输入文件”按钮，提交作业，至此作业分析完毕。

图7-76 “作业管理器”对话框

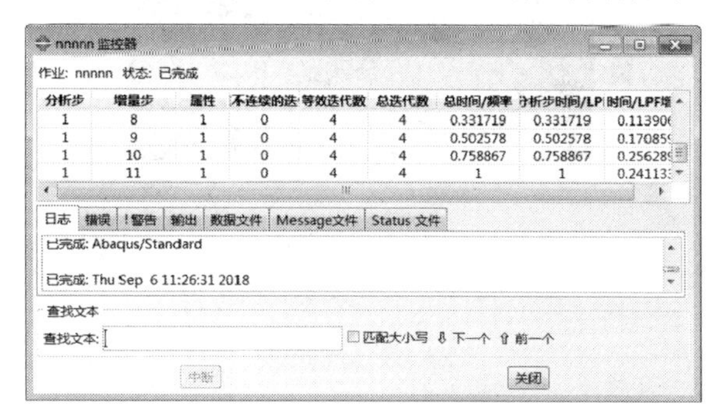

图7-77 “nnnnn监控器”对话框

7.3.9 后处理

分析完毕后，单击“结果”按钮，ABAQUS/CAE进入可视化模块。

1. 显示变形

步骤01 设置场输出参数。执行“结果”→“场输出”命令，弹出“场输出”对话框（如图7-78所示），选择“输出变量”为“U：空间位移 在结点处”，默认选项为合位移Magnitude，也可以选择坐标轴1、2方向的U1、U2。

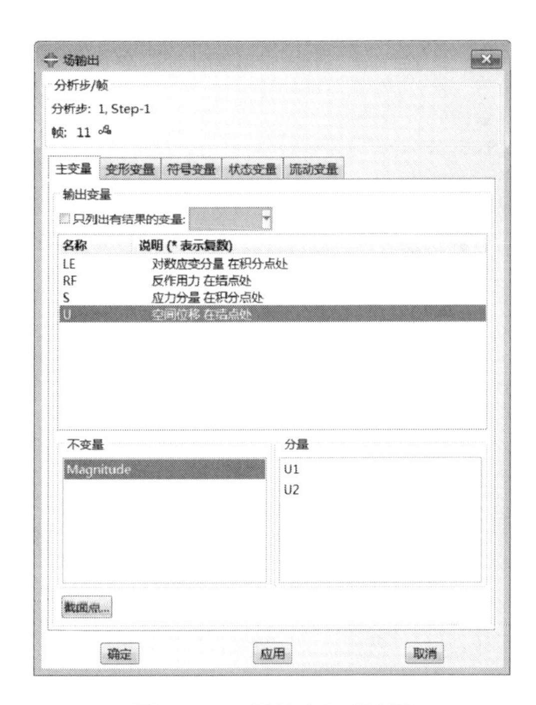

图 7-78　“场输出”对话框

步骤02 设置显示最大、最小值的位置。执行“选项”→“云图”命令，打开“云图绘制选项”对话框，如图 7-79 所示，单击“边界”选项卡，在“最小/最大”选项组中选中“显示位置”复选框。

图 7-79　“云图绘制选项”对话框

步骤03 最后单击（在变形图上绘制云图）按钮，位移云图如图 7-80 所示。

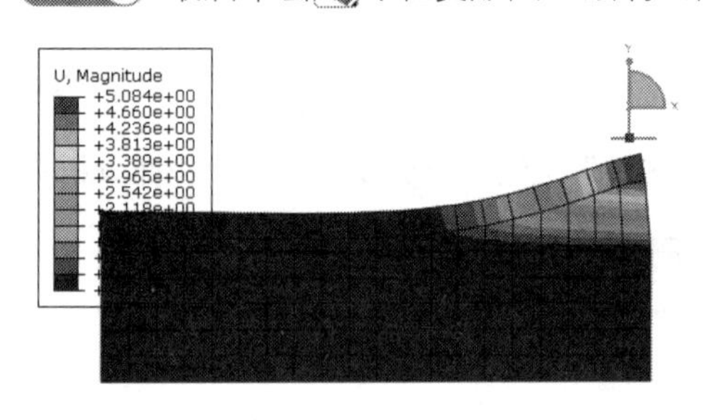

（a）U，Magnitude

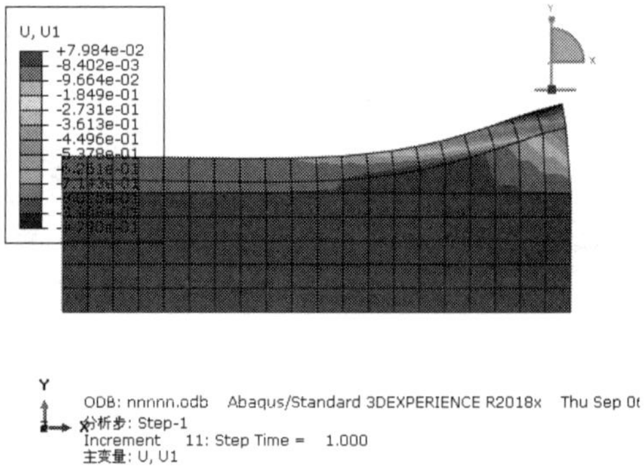

（b）U，U1

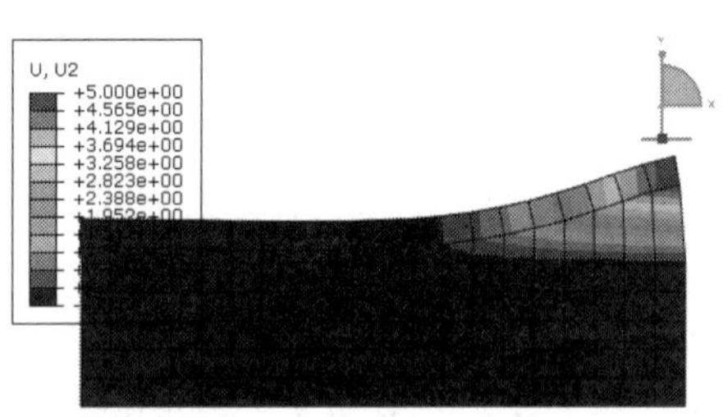

（c）U，U2

图 7-80　位移云图

2. 显示应力

步骤01 选择“结果”→“场输出”命令，弹出“场输出”对话框，如图 7-81 所示，选择“输出变量”为 S 和 Mises、Max. In-Plane Principal、Min. In-Plane Principal、Out-of-Plane Principal、Max. Principal 和 Mid. Principal 选项，单击“确定”按钮，应力云图如图 7-82（a）～（f）所示。

步骤02 单击工具箱中的 ⏮ ◀ ▶ ⏭ 、◀、▶按钮，可观察不同增量步下的应力云图。此图中可观察结构的最大主应力。

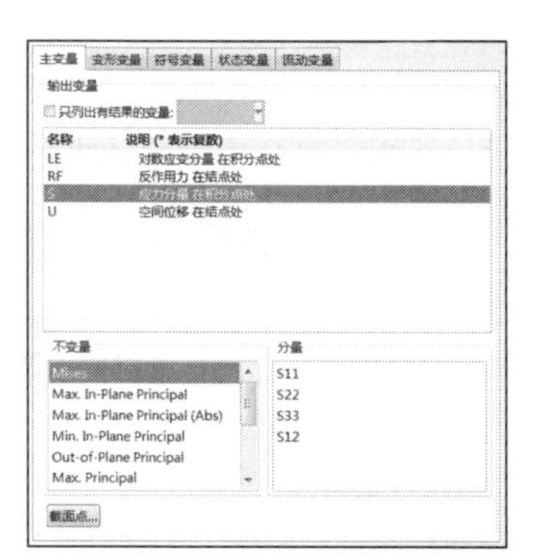

图 7-81 “场输出”对话框

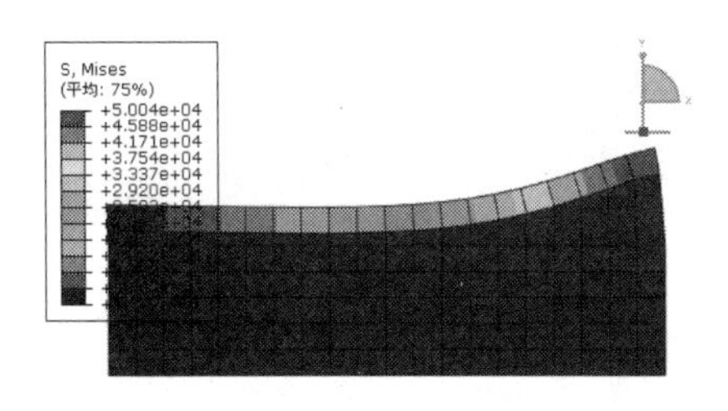

（a）Mises 云图

（b）Max. In-Plane Principal 云图

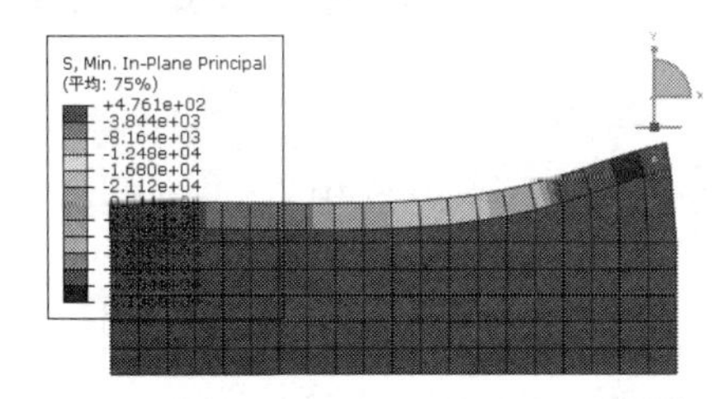

（c）Min. In-Plane Principal 云图

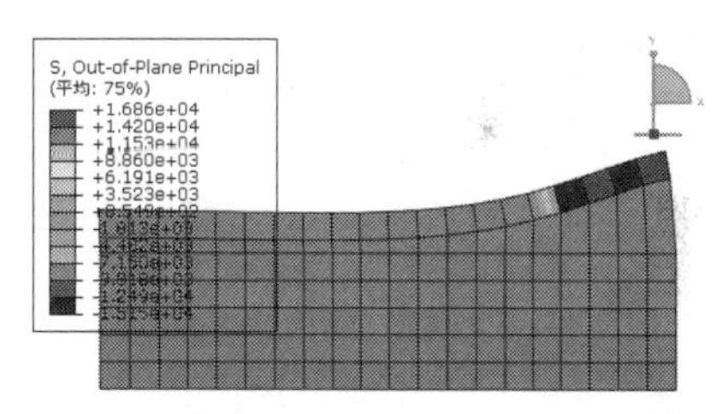

（d）Out-of-Plane Principal 云图

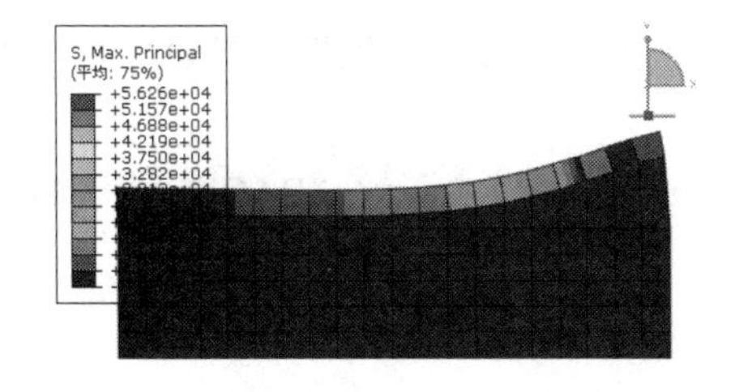

（e）Max. Principal 云图

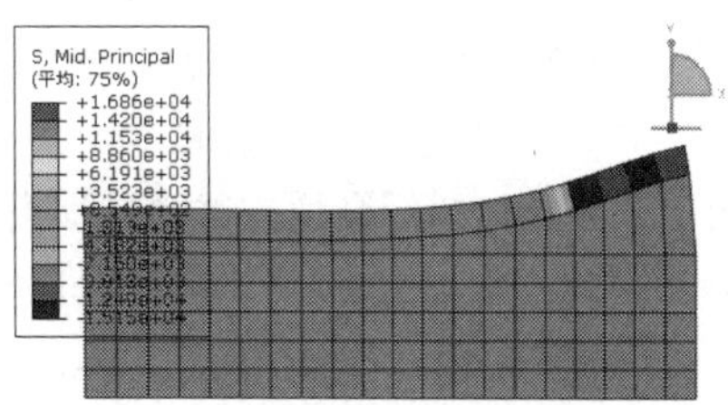

（f）Mid. Principal 云图

图 7-82 应力云图

步骤03 执行“工具”→“显示组”→“创建”命令，弹出如图 7-83 所示的对话框，单击“从视口中选择”按钮，在视图区中选择薄膜部分，单击“完成”按钮，在对话框中单击按钮，再单击“取消”按钮，视图中将会显示全部薄膜单元的应力云图，如图 7-84 所示。

图 7-83 “创建显示组”对话框

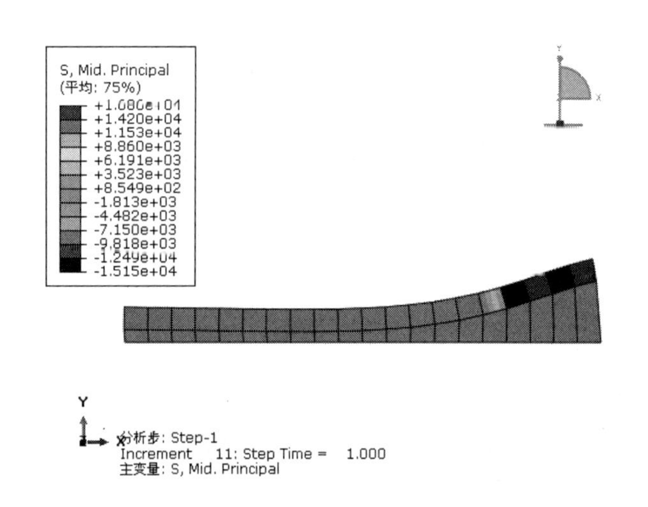

图 7-84 全部薄膜单元的应力云图

7.4 本章小结

本章介绍了使用 ABAQUS 进行材料非线性分析的步骤和方法，使读者了解 ABAQUS 进行非线性分析的巨大优势。ABAQUS 材料库中包含强大的材料非线性库，包括延性金属的塑性、界面层材料损伤特性等。

本章给出了复合材料纤维拉拔试验过程模拟、薄膜撕脱过程分析，使读者了解 ABAQUS 进行材料非线性分析的巨大优势，掌握定义塑性等非线性材料的方法和过程。

第 8 章 结构模态分析详解

导读

模态分析主要用于确定结构和机器零部件的振动特性（固有频率和振型），模态分析也是其他动力学分析（如谐响应分析、瞬态动力学分析及谱分析等）的基础。用模态分析可以确定一个结构的频率和振型。本章先介绍动力学分析中较为简单也是基础的部分——模态分析，通过本章的学习，即可掌握 ABAQUS 进行模态分析的步骤和方法，使读者了解 ABAQUS 进行动力学分析的巨大优势。

教学目标

- 了解动力学分析简介
- 熟悉 ABAQUS 进行固定结构的振动模态分析
- 掌握 ABAQUS 进行薄壳零件结构的模态分析
- 掌握 ABAQUS 货物吊车动态载荷分析

8.1 动力学概述

如果只对结构受载后的长期效应感兴趣，静力分析是足够的。但是如果加载过程很短或载荷在性质上是动态的，则必须考虑动态分析。

8.1.1 动力学分析简介

动力学分析常用于描述下列物理现象。

- 冲击：如冲压、汽车的碰撞等。
- 地震载荷：如地震、冲击波等。
- 随机振动：如汽车的颠簸、火箭发射等。
- 振动：如由于旋转机械引起的振动。
- 变化载荷：如一些旋转机械的载荷。

每一种物理现象都要按照一定类型的动力学分析来解决。在工程应用中，经常使用的动力学分析类型包括：

（1）谐响应分析：用于确定结构对稳态简谐载荷的响应，如对旋转机械的轴承和支撑结构施加稳定的交变载荷，这些作用力随着转速的不同引起不同的偏转和应力。

（2）频谱分析：用于分析结构对地震等频谱载荷的响应，如在地震多发区的房屋框架和桥梁设计中应使其能够承受地震载荷。

（3）随机振动分析：用来分析部件结构对随机振动的响应，如太空飞船和飞行器部件必须能够承受持续一段时间的变频载荷。

（4）模态分析：是研究结构动力特性的一种方法，一般应用在工程振动领域。其中，模态是指机械结构的固有振动特性，每一个模态都有特定的固有频率、阴尼比和模态振型。其典型分析包括机器、建筑物、飞行器、船舶、汽车等。

（5）瞬态动力学分析：用于分析结构对随时间变化的载荷的响应。例如，设计汽车保险杠可以承受低速撞击；设计网球拍框架，保证其承受网球的冲击并且允许发生轻微的弯曲。

8.1.2 动力学有限元法的基本原理

动力学分析是将惯性力包含在动力学平衡方程方式中：

$$M\ddot{u} + I - f=0$$

其中，M 是结构的质量；$\ddot{u}$ 是结构的加速度；I 是结构中的内力；F 是所施加的外力。

上述公式的表述其实就是牛顿第二运动定律（$F=ma$）的变化形式。

动力学分析和静力学分析最主要的不同在于平衡方程中包含惯性力项（$M\ddot{u}$）；另一个不同之处在于内力 I 的定义。

在静力学分析中，内力仅由结构的变形引起；而动力学分析中的内力包括结构变形和运动（如阻尼）的共同影响。

1. 模态和固有频率

以弹簧-质量振动这个最简单的动力问题为例进行讲解，如图 8-1 所示。

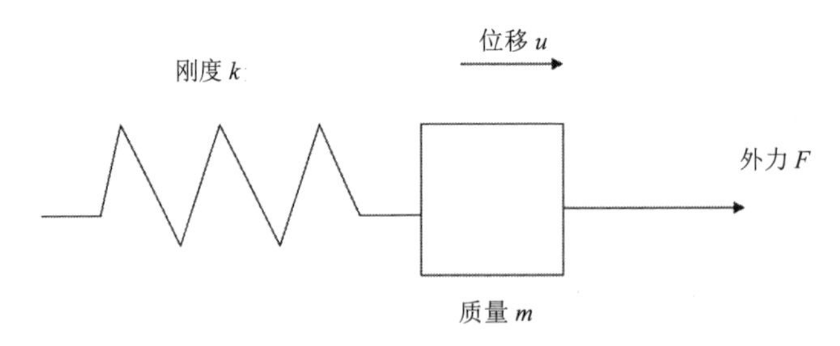

图 8-1 质量-弹簧系统

弹簧的内力为 ku，运动方程式为：

$$m\ddot{u}+ku-F=0$$

这个弹簧质量系统的固有频率（单位是弧度 / 秒）为：

$$\omega=\sqrt{\frac{k}{m}}$$

如果质量块被移动后再释放，那么它将以这个频率振动。若按照此频率施加一个动态外力，位移的幅度将剧烈增加，即为共振现象。

实际的结构和系统都具有多个固有频率。所以，在设计结构时避免使各固有频率与可能的载荷频率过分接近。固有频率可以通过分析结构在无载荷（动力平衡方程中的 F=0）时的动态响应而得到。此时，运动方程变为：

$$M\ddot{u} + I = 0$$

对于无阻尼系统，I=Ku，则上式变为：

$$M\ddot{u}+Ku=0$$

这个方程解的形式为：

$$u=\phi\exp(i\varpi t)$$

将上式代入运动方程中就会得到特征值问题方程：

$$K\phi=\lambda M\phi$$

其中，$\lambda=\varpi^2$。

该系统具有 n 个特征值，此处 n 是有限元模型的自由度数，λ_i 为第 i 个特征值。它的平方根 ϖ_i 是结构的第 i 阶固有频率，ϕ_i 是相应的第 i 阶特征向量。特征向量也就是模态（也称为振型），它是结构在第 i 阶振型下的变形状态。在 ABAQUS 中，频率提取程序用来求解结构的振型和频率，这个程序使用起来十分简单，只要给出所需振型的数目和所关心的最高频率即可。

2．振型的叠加

在线性问题中，结构在载荷作用下的动力响应可以用固有频率和振型来表示，即可以采用振型叠加技术由各振型的组合得到结构的变形，每一阶模态都要乘以一个标量因子。模型中位移矢量 u 定义为：

$$u=\sum_{j=0}^{\infty}\beta_j\phi_j$$

其中，β_j 是振型 ϕ_j 的标量因子。该方法只可以模拟小变形、线弹性材料、无接触条件情况下的动力学分析，即必须是线性问题。

在结构动力学分析中，结构的响应往往取决于相对较少的几阶振型，这使得振型叠加方法在计算这类系统的响应时特别有效。考虑一个含有 1000 个自由度的模型，则对运动方程的直接积分需要在每个时间点上求解 1000 个联立方程组。但若结构的响应采用 100 阶振型来描述，那么在每个时间步上只需求解 100 个方程。更重要的是，振型方程是解耦的，而原来的运动方程则是耦合的。虽然在计算振型和频率时需要花费一些时间，但在计算响应时将节省大量的时间。

如果在模拟中存在非线性，在分析中固有频率会发生明显的变化，因而振型叠加法将不再适用。在这种情况下，需要对动力平衡方程直接积分，这将比振型分析花费更多的时间。具有下列特点的问题才适于进行线性瞬态动力学分析。

- 系统应该是线性的：线性材料特性，无接触条件，无非线性几何效应。
- 响应应该只受较少的频率支配。当响应中各频率成分增加时，例如撞击和冲击问题，振型叠加技术的有效性将大大降低。
- 系统的阻尼不能过大。
- 载荷的频率应主要在所提取的频率范围内，以确保对载荷的描述足够精确。
- 任何突然加载所产生的初始加速度应该能用特征模态准确描述。

3. 阻尼的设定

如果一个无阻尼结构做自由振动，那么它的振幅会保持恒定不变。实际上，由于结构运动而能量耗散，振幅将逐渐减小直至振动停止，这种能量耗散称为阻尼。通常假定阻尼为粘滞的或正比于速度。动力平衡方程可以重新写成包含阻尼的形式：

$$M\ddot{u} + I - P = 0$$
$$I = Ku + C\dot{u}$$

其中，C是结构的阻尼阵，$\dot{u}$是结构的速度。

能量耗散来自于诸多因素，其中包括结构结合处的摩擦和局部材料的迟滞效应。阻尼概念对于无须顾及能量吸收过程的细节表征而言是一个很方便的方法。

在 ABAQUS 中，是针对无阻尼系统计算其振型的，然而，大多数工程问题还是包含阻尼的，尽管阻尼可能很小。有阻尼的固有频率和无阻尼的固有频率的关系是：

$$\omega_d = \omega\sqrt{1-\xi^2}$$

其中，ω_d是阻尼特征值，$\xi = \dfrac{c}{c_0}$是临界阻尼比，c是该振型的阻尼，c_0是临界阻尼。

对ξ较小的情形（$\xi < 0.1$），有阻尼系统的特征频率非常接近于无阻尼系统的相应值。当ξ增大时，采用无阻尼系统的特征频率就不太准确，当ξ接近于 1 时，就不能采用无阻尼系统的特征频率了。

当结构处于临界阻尼（$\xi=1$）时，施加一个扰动后，结构不会有摆动而是很快地恢复到静止的初始形态。

在 ABAQUS 中，为了进行瞬时模态分析，可定义不同类型的阻尼：直接模态阻尼、瑞利阻尼和复合模态阻尼。

模拟动力学过程要定义阻尼。阻尼是分析步定义的一部分，每阶振型可以定义不同数量的阻尼。

（1）直接模态阻尼

采用直接模态阻尼可以定义对应于每阶振型的临界阻尼比ξ。ξ的典型取值范围是 1%~10%。直接模态阻尼允许精确定义每阶振型的阻尼。

（2）Rayleigh 阻尼

Rayleigh 阻尼假设阻尼矩阵是质量矩阵和刚度矩阵的线性组合。

$$C = \alpha M + \beta K$$

其中α和β是用户定义的常数。尽管假设阻尼正比于质量和刚度没有严格的物理基础，但实际上目前对于阻尼的分布知之甚少，也就不能保证使用更为复杂的阻尼模型是正确的。一般来讲，这个模型对于大阻尼系统 —— 也就是临界阻尼超过10%时，是失效的。相对于其他形式的阻尼，可以精确地定义系统每阶模态的Rayleigh阻尼。

（3）复合阻尼

在复合阻尼中，可以定义每种材料的临界阻尼比，并且复合阻尼是对应于整体结构的阻尼。当结构中有许多不同种类的材料时，这一选项是十分有用的。

在大多数线性动力学问题中，恰当地定义阻尼对于获得精确的结果是十分重要的。但是阻尼只是对结构吸收能量这种特性的近似描述，而不是去仿真造成这种效果的物理机制。所以，确定分析中所需要的阻尼数据是很困难的。

8.1.3 模态分析

1. 模态分析概述

模态分析，即自由振动分析，是研究结构动力特性的一种近代方法，是系统辨别方法在工程振动领域中的应用。模态是机械结构的固有振动特性，每一个模态具有特定的固有频率、阻尼比和模态振型。模态参数可以由计算或试验分析取得，这样一个计算或试验分析过程称为模态分析。

模态分析的经典定义是将线性定常系统振动微分方程组中的物理坐标变换为模态坐标，使方程组解耦，成为一组以模态坐标及模态参数描述的独立方程，以便求出系统的模态参数。坐标变换的变换矩阵为模态矩阵，其每列为模态振型。

对于模态分析，振动频率ω_i和模态ϕ_i由下面的方程计算求出：

$$\left([K]-\omega_i^2[M]\right)\{\phi_i\}=0$$

这里假设$[K]$、$[M]$是定值，这就要求材料是线弹性的、使用小位移理论（不包括非线性）、无阻尼（$[C]$）、无激振力（无$[F]$）。

模态分析的最终目标是识别出系统的模态参数，为结构系统的振动特性分析、振动故障诊断和预报以及结构动力特性的优化设计提供依据。模态分析应用可归结为：

- 评价现有结构系统的动态特性；
- 在新产品设计中进行结构动态特性的预估和优化设计；
- 诊断及预报结构系统的故障；
- 控制结构的辐射噪声；
- 识别结构系统的载荷。

2. 有预应力的模态分析

受不变载荷作用产生应力作用下的结构可能会影响固有频率，尤其是对于那些在某一个或两个尺度上很薄的结构。因此，在某些情况下执行模态分析时可能需要考虑预应力影响。

进行预应力分析时首先需要进行静力结构分析，计算公式为：

$$[K]\{x\}=\{F\}$$

得出的应力刚度矩阵用于计算结构分析（$[\sigma_0]\rightarrow[S]$），这样原来的模态方程即可修改为：

$$\left([K+S]-\omega_i^2[M]\right)\{\phi_i\}=0$$

上式即为存在预应力的模态分析公式。

8.2 结构模态分析的步骤

模态分析是各种动力学分析类型中基础的内容，结构和系统的振动特性决定了结构和系统对于其他各种动力载荷的响应情况。所以，在进行其他动力学分析之前首先要进行模态分析。

8.2.1 进行模态分析的功能

使用模态分析：

（1）可以使结构设计避免共振或按照特定的频率进行振动；
（2）可以认识到对于不同类型的动力载荷结构是如何响应的；
（3）有助于在其他动力学分析中估算求解控制参数（如时间步长）。

8.2.2 模态分析的步骤

模态分析中的 4 个主要步骤是：建模；选择分析步类型并设置相应选项；施加边界条件、载荷并求解；结果处理。

1．建模

（1）必须定义密度。
（2）只能使用线性单元和线性材料，非线性性质将被忽略。

2．定义分析步类型并设置相应选项

（1）定义一个线性摄动步的频率提取分析步。
（2）模态提取选项和其他选项。

3．施加边界条件、载荷并求解

（1）施加边界条件。
（2）施加外部载荷。

因为振动被假定为自由振动，所以忽略外部载荷。但是程序形成的载荷向量可以在随后的模态叠加分析中使用位移约束。

不允许有非零位移约束；对称边界条件只产生对称的振型，所以将会丢失一些振型；施加必需的约束来模拟实际的固定情况；在没有施加约束的方向上将计算刚体振型。

（3）求解。

通常采用一个载荷步。

为了研究不同位移约束的效果，可以采用多载荷步（例如，对称边界条件采用一个载荷步，反对称边界条件采用另一个载荷步）。

4．结果处理

提取所需要的分析结果，并且对结果进行相关的评价，指导实际的工程、科研实际应用。

8.3 固定结构的振动模态分析

模态分析用于确定机床结构的固有频率，可以使设计师在设计时避开这些频率或最大限度地减少对这些频率上的激励，从而消除过度振动和噪声。本例提供模态分析的基本步骤与方法，分析结果可以为机床的设计提供重要的参数。

8.3.1 问题描述

如图 8-2 所示的机床结构，机床下端受固定约束，材料为钢，密度为 7800 kg/m^3，弹性模量为 206GPa，泊松比为 0.3，其上端 3 个圆面也受到固定的约束，具体尺寸如图 8-3 和图 8-4 所示，求该机床的前 30 阶频率和振型。

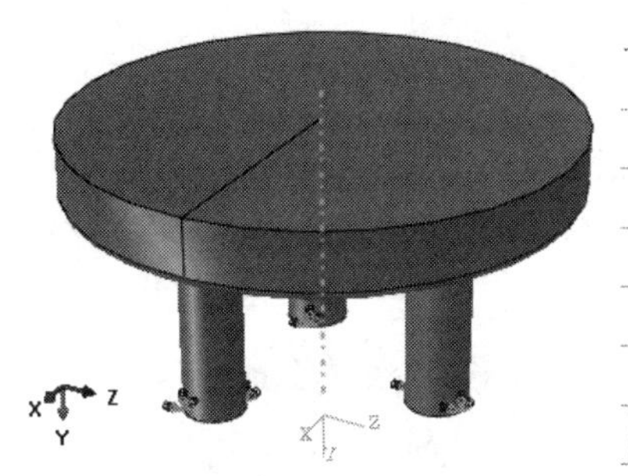

图 8-2　机床模型

图 8-3　尺寸图

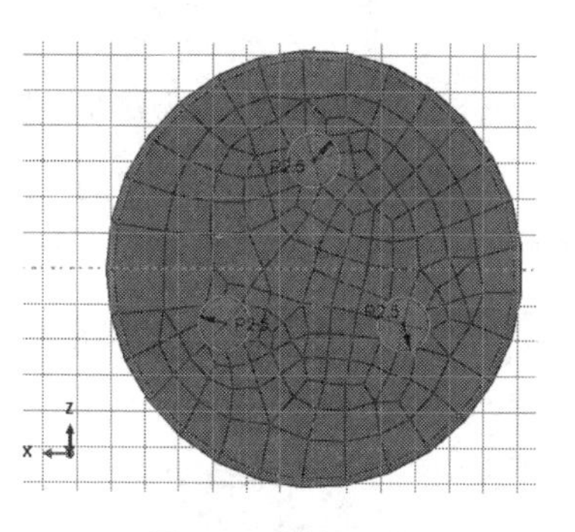

图 8-4　机床尺寸

8.3.2 问题分析

本例的模型为对称模型，对于静力分析可以取其 1/2 模型进行分析。但此处是分析其频率和振型，取对称模型不能很好地观察模型的振型，所以取整个三维模型进行分析。

对于模态分析，在ABAQUS中必须使用线性摄动分析步，实体结构部分选择单元类型为C3D8R，薄壳结构使用S4R单元。

8.3.3 创建部件

步骤01 启动ABAQUS/CAE，创建一个新的模型，重命名为coupling，保存模型为frenquency.cae。

步骤02 单击工具箱中的（创建部件）按钮，打开“创建部件”对话框，在“名称”文本框中输入Machine（如图8-5所示），将“模型空间”设为“三维”、“类型”设为“可变形”、将“基本特性”的“形状”设为“壳”，“类型”设为“旋转”，单击“继续”按钮，进入草图环境。

步骤03 单击工具箱中的（创建线：首尾相连）按钮，在草图区的右侧绘制3条线段。单击工具箱中的（添加尺寸）按钮，使得其尺寸如图8-6所示。

图8-5 “创建部件”对话框

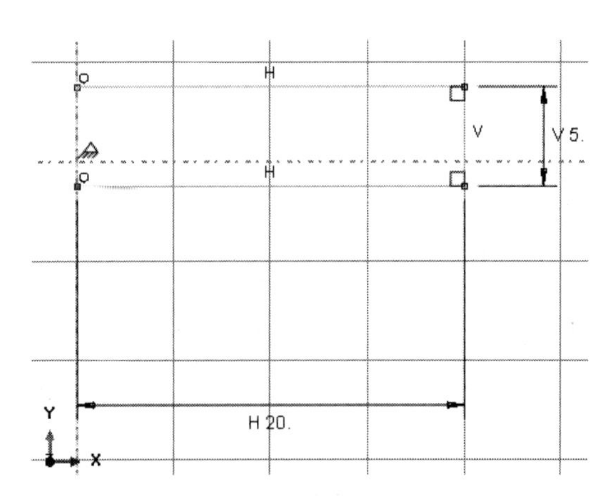

图8-6 草图绘制

步骤04 单击提示区中的“完成”按钮，ABAQUS即会弹出“编辑旋转”对话框，如图8-7所示。在该对话框中输入旋转“角度”为360°，然后单击“确定”按钮，这样就得到了圆柱壳部件，如图8-8所示。

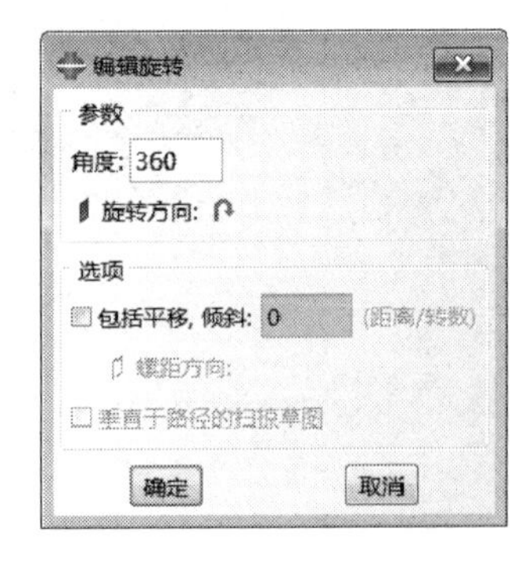

图8-7 “编辑旋转”对话框

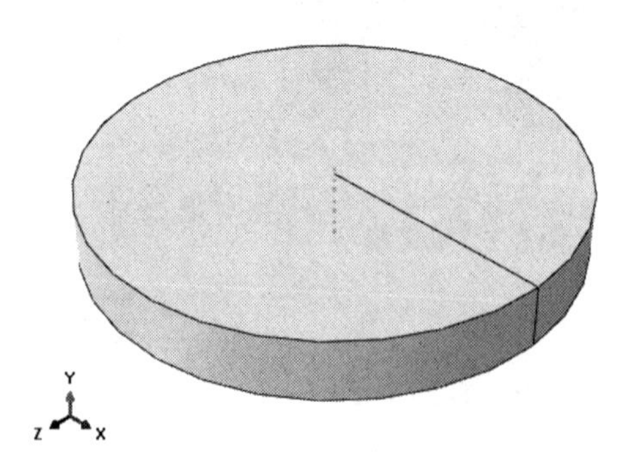

图8-8 圆柱壳部件

步骤05 单击工具箱中的（创建倒角）按钮，选择圆柱壳部件的上沿，单击鼠标中键，在提示区的对话框中输入倒角数值0.7。继续单击鼠标中键，圆柱壳生成的倒角结构如图8-9所示。

步骤06 执行“加工”→“壳”→“拉伸”命令，在视图区中选择圆柱壳的顶面，再选择顶圆的圆周，CAE 进入绘制草图界面。

步骤07 单击工具箱中的按钮，设置圆心坐标为（0，0）、半径为 10，单击“完成”按钮完成圆的定义。

步骤08 利用同样的方法，定义一个圆心在刚刚定义的圆周上的圆，半径为 2.5，单击“完成”按钮完成定义。

步骤09 单击工具箱中的（环形阵列）按钮，选择刚刚定义好的圆，单击鼠标中键，弹出“环形阵列”对话框，如图 8-10 所示。

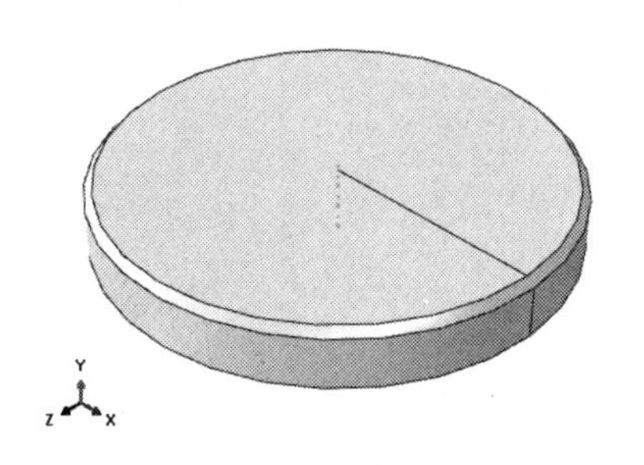

图 8-9　圆柱壳生成倒角结构

图 8-10　“环形阵列”对话框

步骤10 在“个数”中输入 3，设置“总角度”为 360°，单击“确定”按钮。然后删除最先建立的圆形（否则 CAE 就会报错），截面上的基本形状如图 8-11 所示。

步骤11 单击鼠标中键，弹出“编辑拉伸”对话框，如图 8-12 所示，输入拉伸“深度”为 10，单击“确定”按钮，这样就完成了部件的定义，如图 8-13 所示。

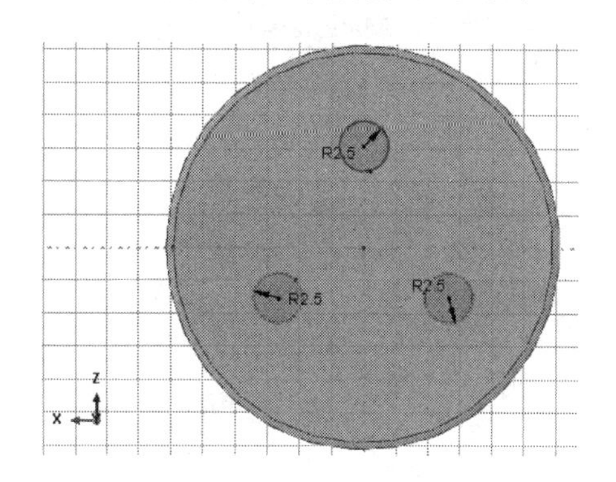

图 8-11　截面上的基本形状

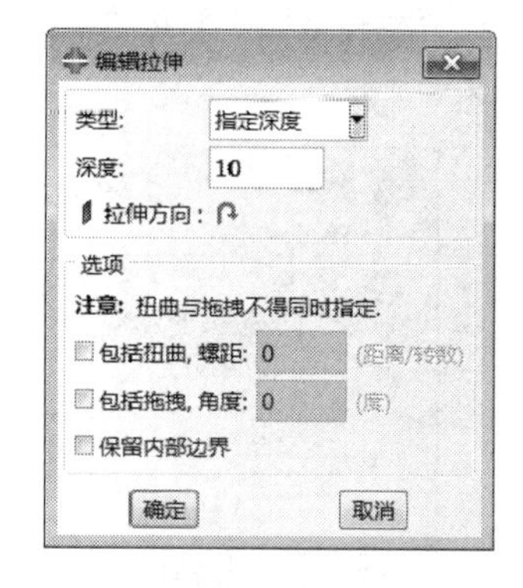

图 8-12　“编辑拉伸”对话框

技巧提示　如果拉伸方向与所需要的不一致，可单击“反转”按钮。

8.3.4　创建材料和截面属性

1. 创建材料

步骤01 进入属性模块，单击工具箱中的（创建材料）按钮，弹出“编辑材料”对话框，如图 8-14 所示，设置材料“名称”为 Material-1，选择“通用”→“密度”选项，设置“质量密度”为 7800。

步骤02 选择“力学”→“弹性”→“弹性”选项，设置“弹性模量”为 2.06e11、“泊松比”为 0.3，单击“确定”按钮，完成材料属性的定义。

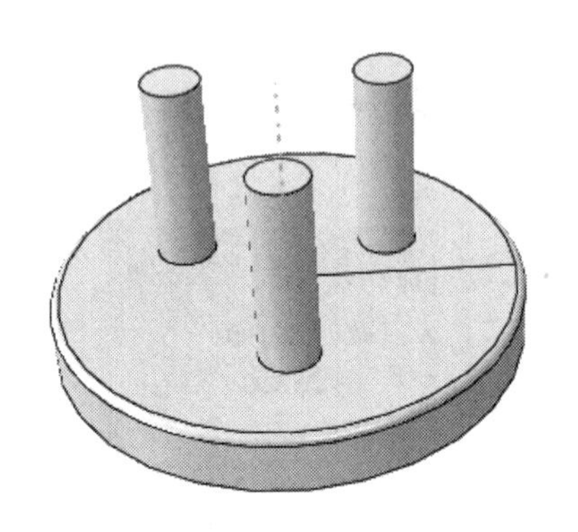

图 8-13 完成了部件的定义

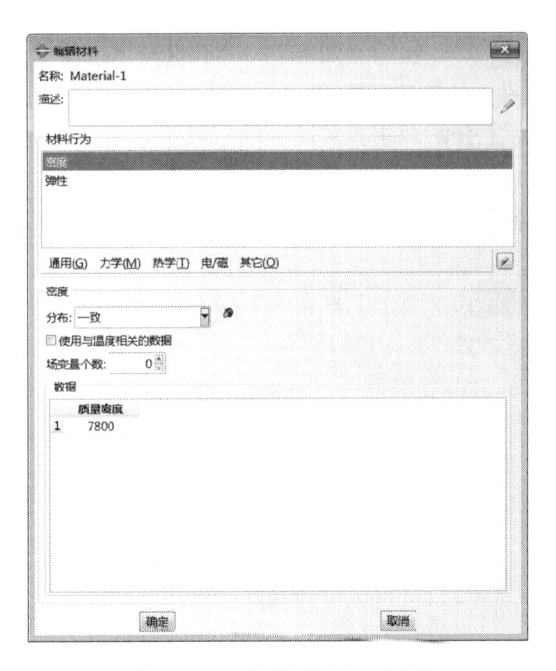

图 8-14 “编辑材料”对话框

2. 创建截面属性

步骤01 单击工具箱中的（创建截面）按钮，在“创建截面”对话框（如图 8-15 所示）中选择“类别”为“实体”，单击“继续”按钮，进入“编辑截面”对话框。

步骤02 在“编辑截面”对话框（如图 8-16 所示）中，“材料”选择 Material-1，单击“确定”按钮，完成截面的定义。

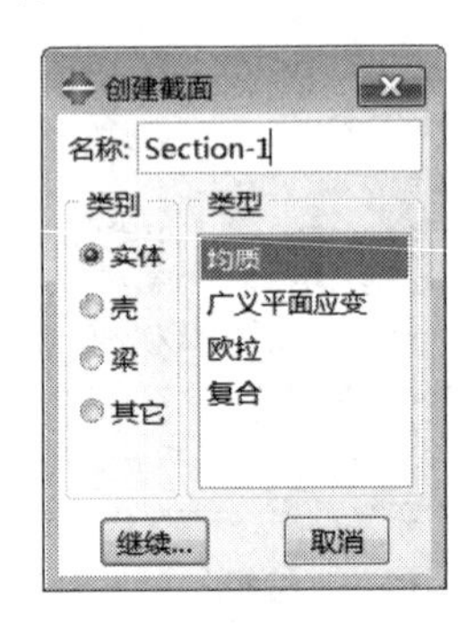

图 8-15 “创建截面”对话框

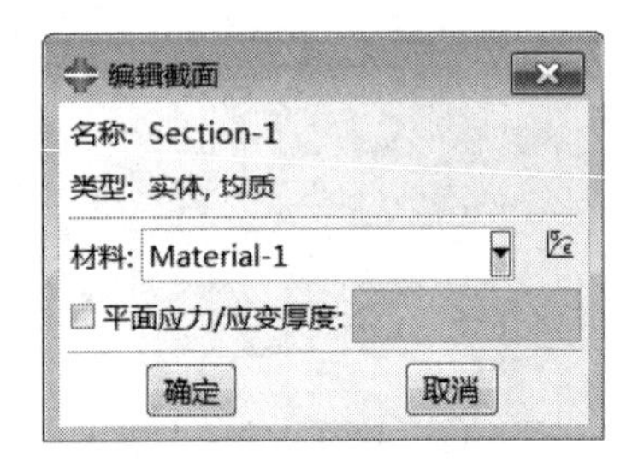

图 8-16 “编辑截面”对话框

步骤03 利用同样的方法，定义截面 Section-2，在“创建截面”对话框中选择“类别”为“壳”、“类型”为“均质”，单击“继续”按钮，进入“编辑截面”对话框。

步骤04 进入“编辑截面”对话框后，“材料”选择 Material-1，设置“壳的厚度”的“数值”为 0.5（如图 8-17 所示），单击“确定”按钮，完成截面的定义。

3. 赋予截面属性

步骤01 单击工具箱中的（指派截面）按钮，选择部件 Machine 的实体部分，单击提示区中的“完成”按钮，在弹出的“编辑截面指派”对话框（如图 8-18 所示）中选择“截面”为 Section-1，单击“确定”按钮。

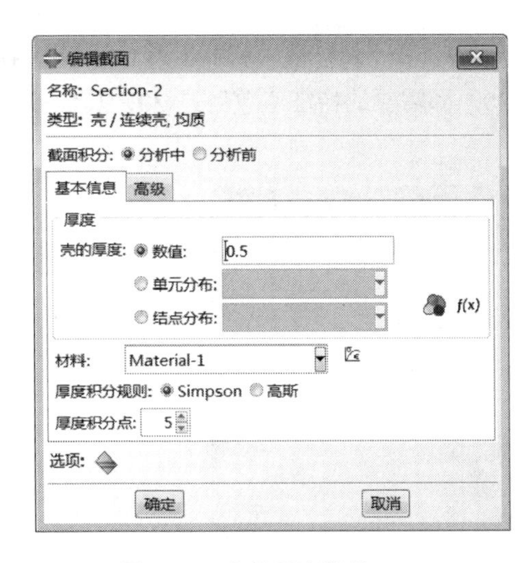

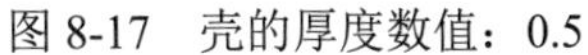
图 8-17　壳的厚度数值：0.5

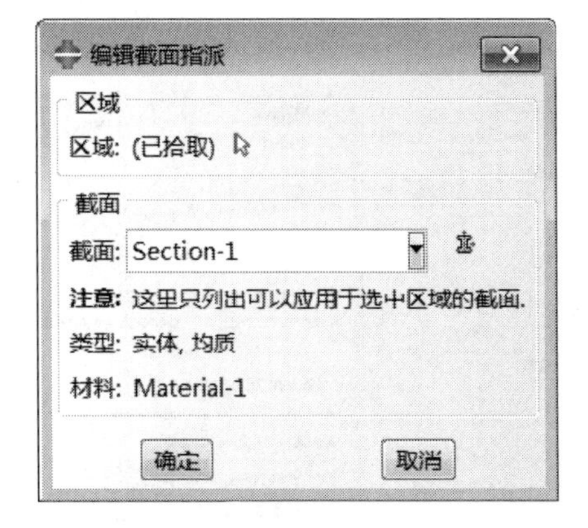

图 8-18　“编辑截面指派”对话框

步骤 02 利用同样的方法，把 Section-2 赋予部件的壳部分，这样就把截面属性赋予了部件 Machine。

8.3.5　定义装配件

进入装配模块，单击工具箱中的（将部件实例化）按钮，在“创建实例”对话框（如图 8-19 所示）中选择 Machine，单击“确定”按钮，创建部件的实例。

8.3.6　设置分析步和历史输出变量

1. 定义分析步

步骤 01 进入分析步模块，单击工具箱中的（创建分析步）按钮，在弹出的“创建分析步”对话框（如图 8-20 所示）中选择“线性摄动：频率”，单击“继续”按钮。

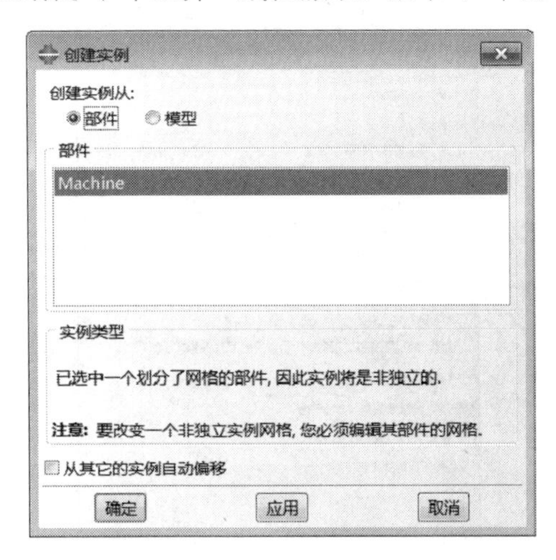

图 8-19　“创建实例”对话框

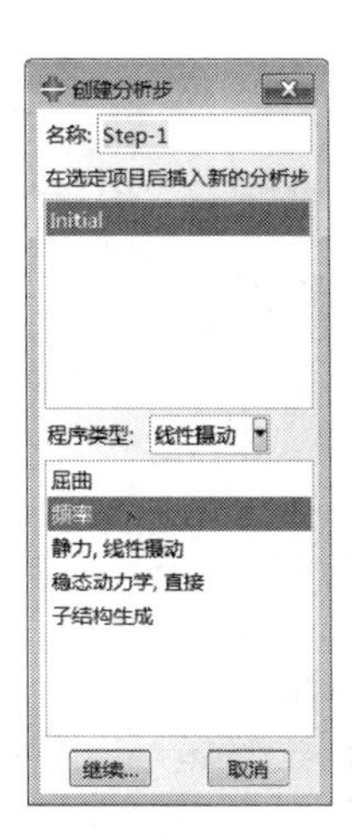

图 8-20　“创建分析步”对话框

步骤02 在弹出的“编辑分析步”对话框（如图 8-21 所示）中选择“特征值求解器”为 Lanczos，在“请求的特征值个数”后面选中“数值”单选按钮并在其后输入 30，即需要的特征值数目是 30，其他接受默认设置，单击“确定”按钮，完成分析步的定义。

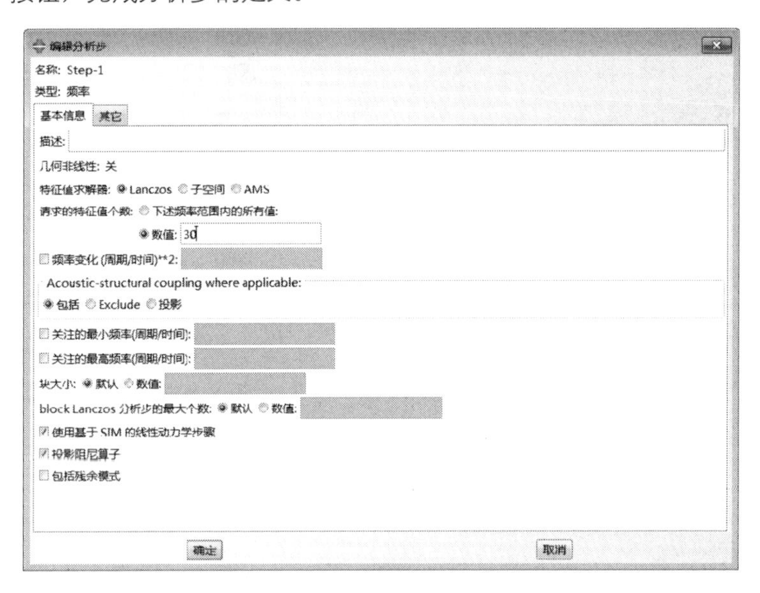

图 8-21　“编辑分析步”对话框

2. 设置连接单元的变量输出

步骤01 单击工具箱中的（场输出管理器）按钮，在弹出的“场输出请求管理器”对话框（如图 8-22 所示）中，可以看到 ABAQUS/CAE 已经自动生成了一个名为 F-Output-1 的历史输出变量。

步骤02 单击“编辑”按钮，在弹出的“编辑场输出请求”对话框（如图 8-23 所示）中，确认“作用域”选择的是“整个模型”，确认“输出变量”为预选的默认值 U，单击“确定”按钮，返回“场输出请求管理器”对话框，单击“确定”按钮，完成输出变量的定义。

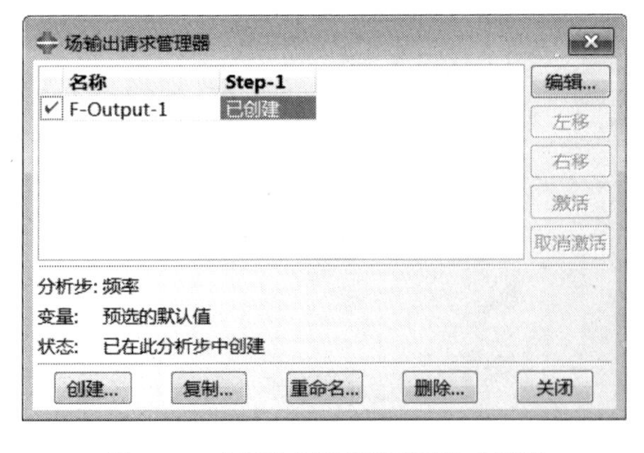

图 8-22　“场输出请求管理器”对话框

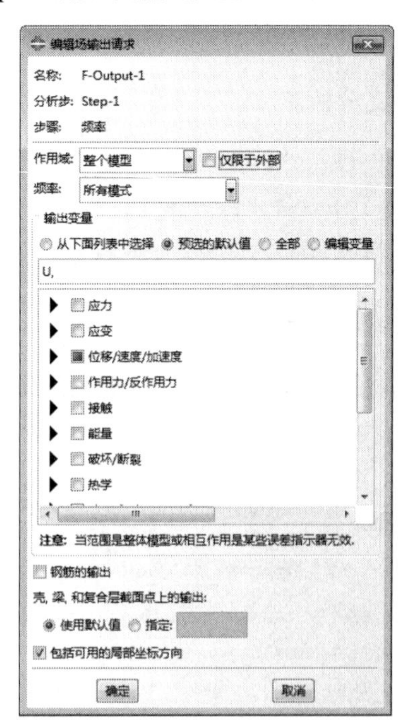

图 8-23　“编辑场输出请求”对话框

8.3.7 定义载荷和边界条件

1. 在机床的底上施加固支定义边界条件

进入载荷功能模块，单击工具箱中的 （边界条件管理器）按钮，单击“边界条件管理器”对话框中的“创建”按钮，在弹出的对话框（如图 8-24 所示）中，“分析步”选择 Initial，“类别”选择“力学”，“可用于所选分析步的类型”选择“位移/转角”，单击“继续”按钮，在视图中选中部件的底面，单击鼠标中键，在弹出的“编辑边界条件”对话框中选中“完全固定”单选按钮，如图 8-25 所示。

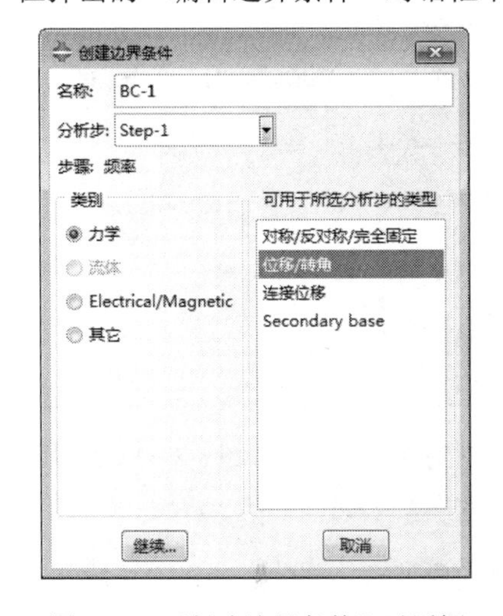

图 8-24 “创建边界条件”对话框

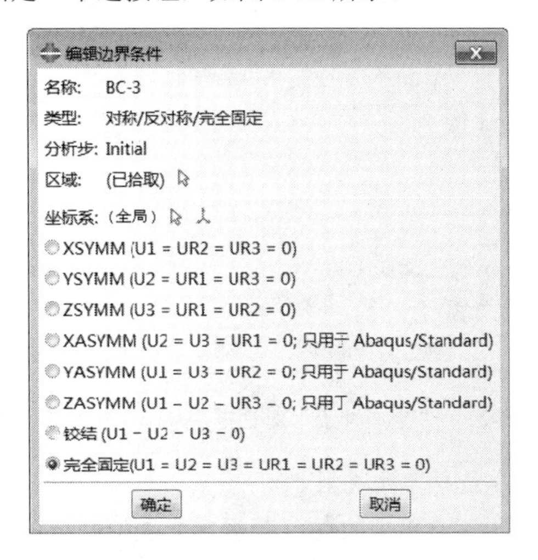

图 8-25 “编辑边界条件”对话框

2. 在圆柱顶上施加位移约束

单击工具箱中的 （边界条件管理器）按钮，单击“边界条件管理器”对话框中的“创建”按钮，在弹出的对话框中，“分析步”选择 Initial，“类别”选择“力学”，选择集合约束为“U1、U2、U3”。施加位移约束后的结构图如图 8-26 所示。

在模态分析中，只有边界条件起作用，其他载荷对模态分析结果没有任何影响，即使施加了载荷，在分析中也不起作用。

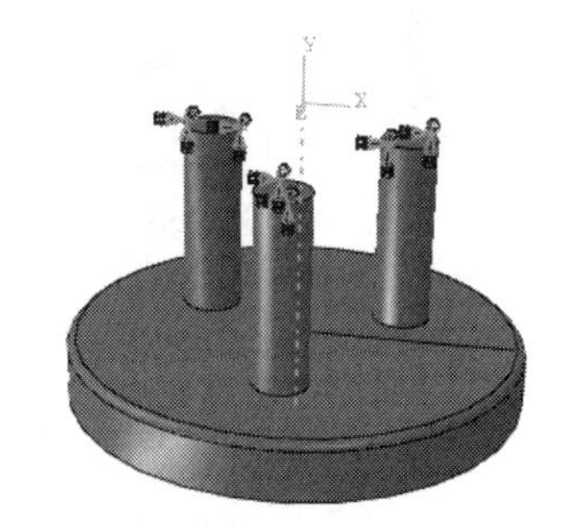

图 8-26 施加位移约束后的结构图

8.3.8 划分网格

进入网格功能模块，在窗口顶部的环境栏的对象单选框中，选中部件，在右侧的下拉框中选择 Machine。

(1) 设置网格密度

单击工具箱中的 （部件种子）按钮，弹出“全局种子”对话框（如图 8-27 所示），在“近似全局尺寸”文本框中输入 4.3，然后单击“确定”按钮。

（2）控制网格划分

单击工具箱中的（指派网格控制属性）按钮，选择部件中的拉伸实体部分，弹出“网格控制属性”对话框（如图 8-28 所示），将“算法”设为“进阶算法”，选择“单元形状”为“六面体”，单击“确定”按钮，完成控制网格划分选项的设置。

利用同样的方法，单击工具箱中的（指派网格控制属性）按钮，选择部件中的壳体部分，弹出“网格控制属性”对话框，将“算法”设为“进阶算法”，选择“单元形状”为“四边形为主”（如图 8-29 所示），单击“确定”按钮，完成控制网格划分选项的设置。

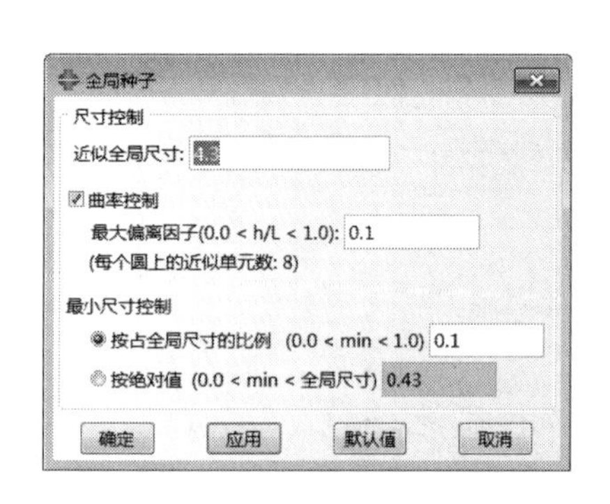

图 8-27　“全局种子”对话框

图 8-28　“网格控制属性”对话框

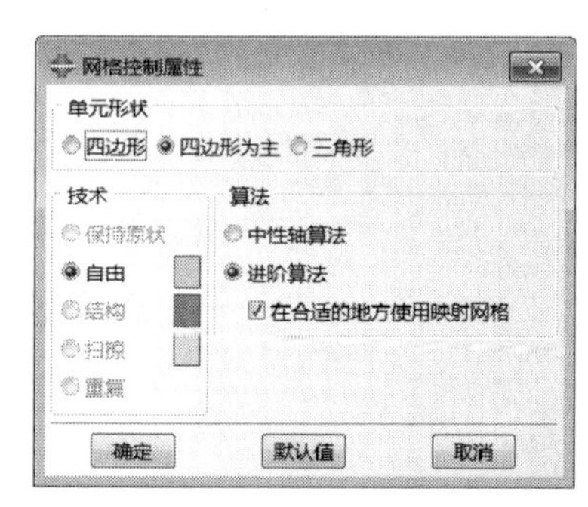

图 8-29　参数设置

（3）选择单元类型

单击工具箱中的（指派单元类型）按钮，在视图区中选择模型实体部分，单击“完成”按钮，弹出“单元类型”对话框（如图 8-30 所示），选择默认的“单元类型”C3D8R，单击“确定”按钮。利用同样的方法，指派壳体部分的单元类型为 S4R。

图 8-30　“单元类型”对话框

（4）划分网格

单击工具箱中的（为部件划分网格）按钮，单击提示区中的“是”按钮，完成网格划分。

8.3.9 结果分析

步骤 01 进入作业模块。执行“作业”→“管理器”命令，单击“作业管理器”对话框（如图 8-31 所示）中的“创建”按钮，定义作业“名称”为 Frequency，单击“继续”按钮，单击“确定”按钮完成作业定义。

步骤 02 单击“作业管理器”对话框中的“监控”按钮，可以对求解过程进行监视，单击“提交”按钮，提交作业。打开“警告”选项卡，看到分析过程中出现以下警告信息，如图 8-32 所示。

```
    "There is zero FORCE everywhere in the model based on the default criterion. please
check the value of the average FORCE during the current iteration to verify that the FORCE
is small enough to be treated as zero. if not, please use the solution controls to reset
the criterion for zero FORCE."
```

图 8-31 “作业管理器”对话框

图 8-32 对求解过程进行监视

这是因为在模型上没有施加载荷，并不是因为模型存在错误。等分析结束后，单击“结果”按钮，进入可视化模块。

8.3.10 后处理

步骤 01 当分析完毕后，单击“结果”按钮，ABAQUS/CAE 进入可视化模块。单击按钮显示 Mises 应力云图，单击按钮显示变形过程的动画。

步骤 02 执行“结果”→“分析步/帧”命令，弹出“分析步/帧”对话框，如图 8-33 所示，在“分析步名称”中选择 Step-1，在“帧”中选择索引为 1，单击“应用”按钮，显示一阶模态；选择索引为 2，单击“应用”按钮，显示二阶模态；显示模态的前 3 阶和 4 阶模态振型图如图 8-34 所示。

步骤 03 执行“动画”→“时间历程”命令，可以动画显示各模型振动情况。

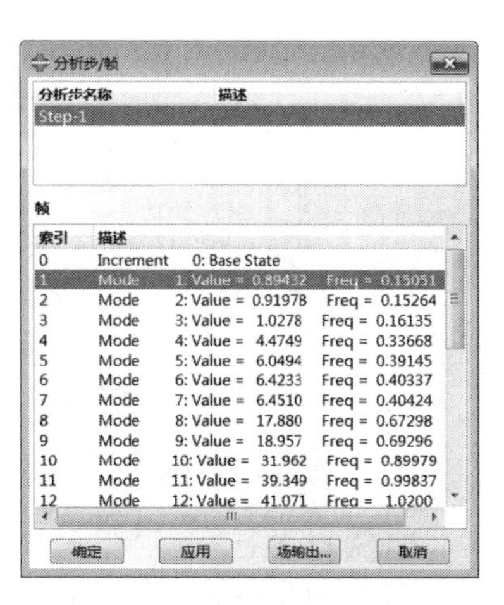

图 8-33 “分析步/帧”对话框

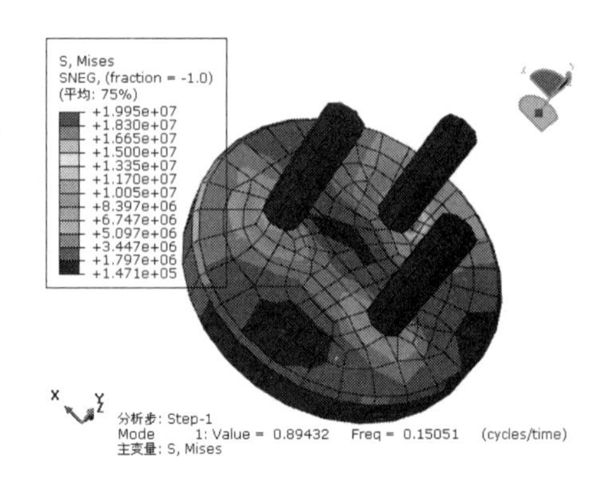

第 1 阶

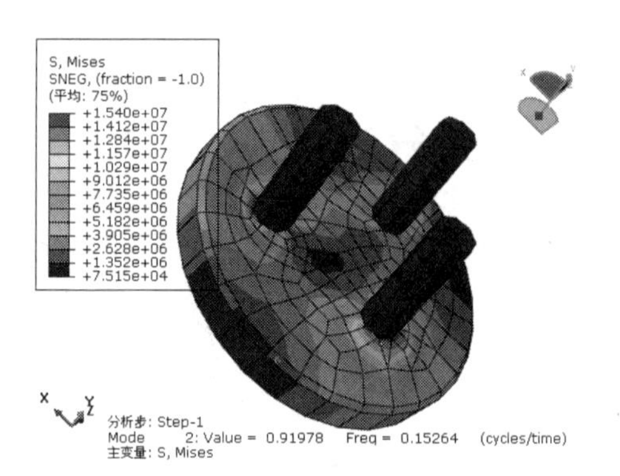

第 2 阶

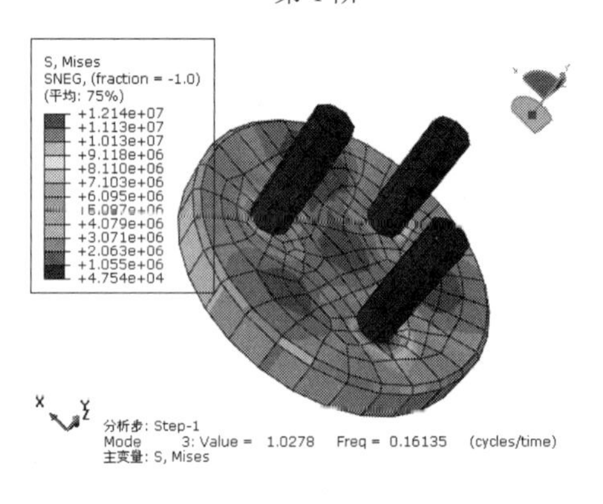

第 3 阶

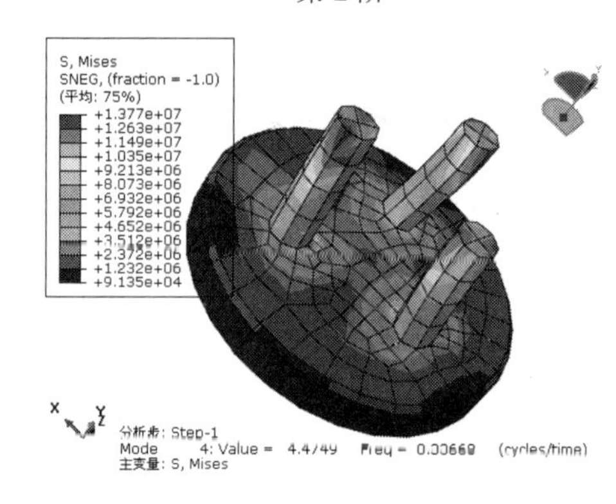

第 4 阶

图 8-34　各阶振型图

步骤 04 执行“动画”→“另存为”命令，弹出“保存图像动画”对话框，如图 8-35 所示，设置“文件名”为 Frequency，单击“AVI 格式选项”按钮，弹出“AVI 选项”对话框（如图 8-36 所示），可以对动画选项进行设置，此处接受默认设置，单击“确定”按钮，返回“保存图像动画”对话框，单击“确定”按钮，保存 AVI 动画到 Frequency 文件中。

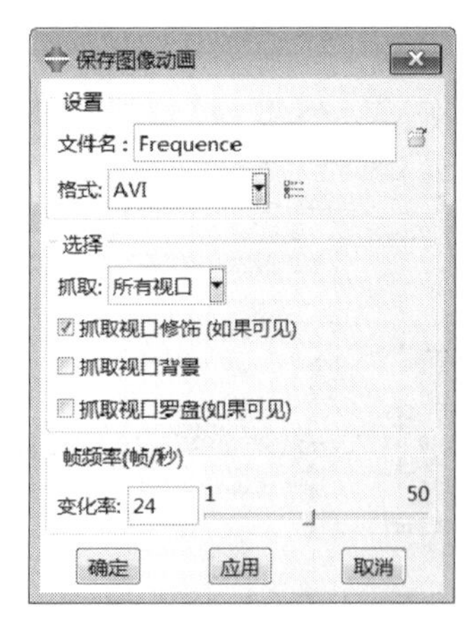

图 8-35　“保存图像动画”对话框

图 8-36　“AVI 选项”对话框

步骤 05 执行“选项”→“通用”命令，弹出“通用绘图选项”对话框，如图 8-37 所示，切换到“标签”选项卡（如图 8-38 所示），选中“显示结点编号”复选框，单击“颜色”按钮，弹出“选择颜色”对话框（如图 8-39 所示），选择黑色颜色框（读者可以自己调色），单击“确定”按钮，返回“通用绘图选项”对话框，单击“应用”按钮，显示结点编号。

图 8-37 “通用绘图选项”对话框

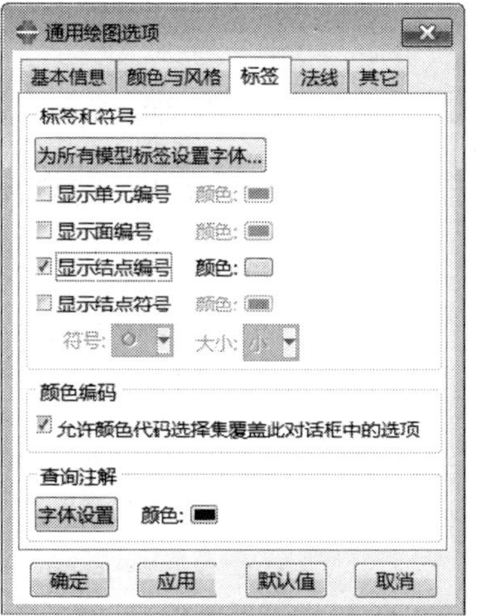

图 8-38 切换到“标签”选项卡

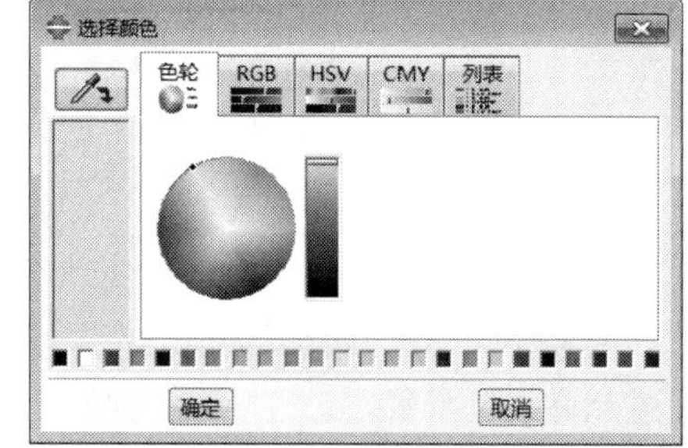

图 8-39 “选择颜色”对话框

步骤 06 执行“工具”→“XY 数据”→“创建”命令，在“创建 XY 数据”对话框（如图 8-40 所示）中选中“ODB 场变量输出”单选按钮，单击“继续”按钮。

图 8-40 “创建 XY 数据”对话框

步骤 07 弹出“来自 ODB 场输出的 XY 数据”对话框，在“输出变量”选项组中的“位置”下拉列表框中选择“唯一结点的”（如图 8-41 所示），“输出变量”选择“U：U3”。

步骤 08 切换到“单元/结点”选项卡，如图 8-42 所示，“方法”选择“结点编号”，在右边的文本框中输入结点编号 200，并选择高亮视口中的选项，单击“绘制”按钮，绘制出结点随着模态变化的位移曲线，如图 8-43 所示。

图 8-41 “来自 ODB 场输出的 XY 数据”对话框

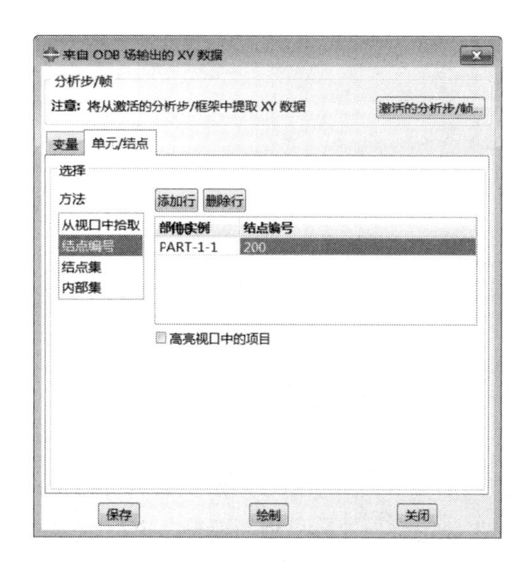

图 8-42 切换到“单元/结点”选项卡

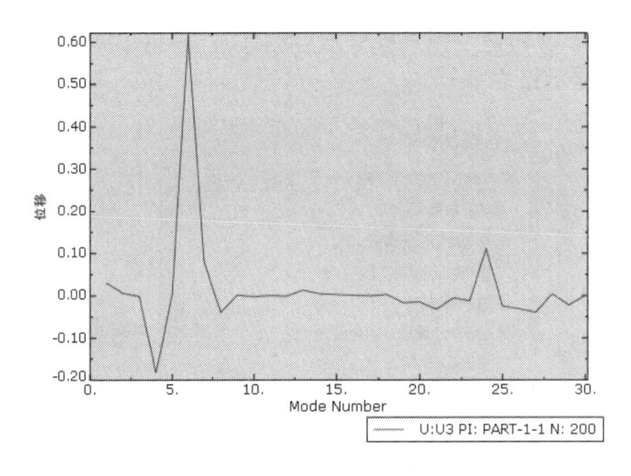

图 8-43　结点 100 随着模态变化的位移曲线

步骤 09 结果分析。从模型的振型图可以看出，对于该结构，当其振动频率达到固有频率时，振幅远远超过允许的位移量，这将导致结构的破坏。所以对于结构进行模态分析，分析其各阶的频率和振型，可以在实际生产和生活应用中有效避免共振现象的出现，从而避免破坏。

8.4 薄壳零件结构的模态分析

本例将分析薄壳结构模态分析，分析结果可以为薄壳结构的设计提供重要的参数。

8.4.1 问题描述

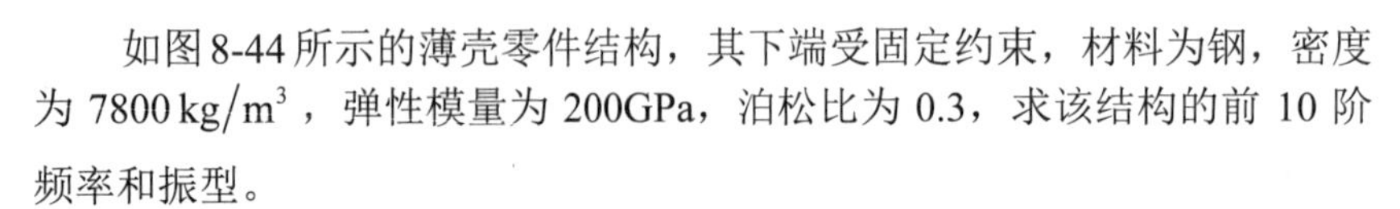
如图 8-44 所示的薄壳零件结构，其下端受固定约束，材料为钢，密度为 7800 kg/m^3，弹性模量为 200GPa，泊松比为 0.3，求该结构的前 10 阶频率和振型。

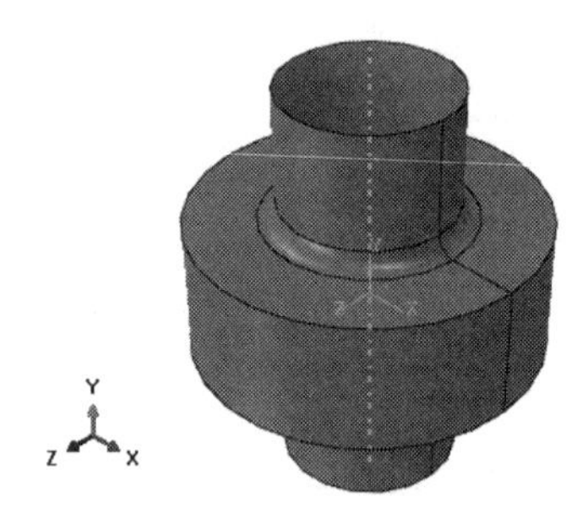

图 8-44　薄壳模型

8.4.2 问题分析

本例的模型为对称模型，对于静力分析可以取其 1/2 模型进行分析。但此处是分析其频率和振型，取对称模型不能很好地观察模型的振型，所以取整个三维模型进行分析。

对于模态分析，在 ABAQUS 中必须使用线性摄动分析步，薄壳结构使用 S4R 单元。

8.4.3 创建部件

步骤 01 启动 ABAQUS/CAE，创建一个新的模型，重命名为 lingjian，保存模型为 lingjian.cae。

步骤 02 单击工具箱中的（创建部件）按钮，在“创建部件”对话框（如图 8-45 所示）的“名称”文本框中输入 Part-1，将“模型空间”设为“三维”、“类型”设为“可变形”，将“基本特征”的“形状”设为“壳”，“类型”设为“旋转”，单击“继续”按钮，进入草图环境。

步骤 03 单击工具箱中的（创建线：首尾相连）按钮，在草图区的右侧绘制 5 条线段。单击工具箱中的（添加尺寸）按钮，使得其尺寸如图 8-46 所示。

图 8-45 “创建部件”对话框

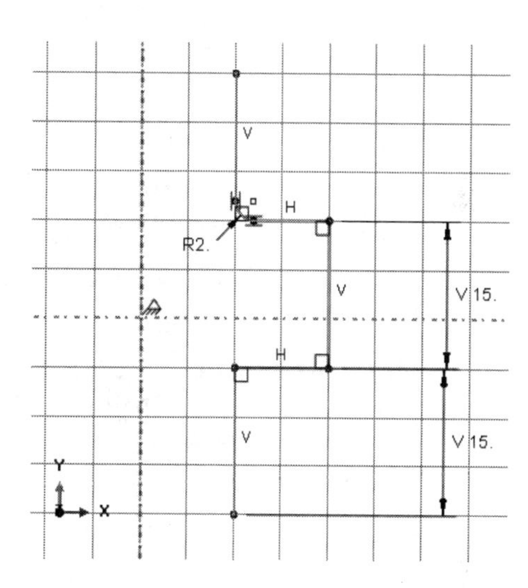

图 8-46 草图绘制

步骤 04 单击工具箱中的（创建倒角：两条曲线）按钮，选择上部的竖直边和横边，单击鼠标中键，在提示区的对话框中输入倒角数值 2。继续单击鼠标中键，生成倒角结构。

步骤 05 单击提示区中的“完成”按钮，ABAQUS 即会弹出“编辑旋转”对话框，如图 8-47 所示。在该对话框中设置旋转“角度”为 360°，单击“确定”按钮，这样就得到了圆柱壳部件，如图 8-48 所示。

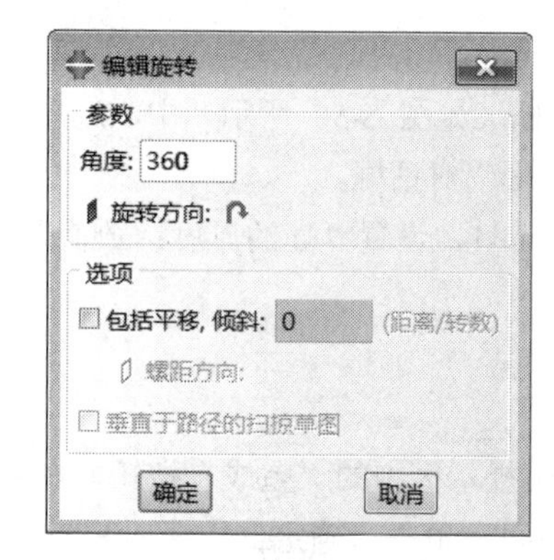

图 8-47 “编辑旋转”对话框

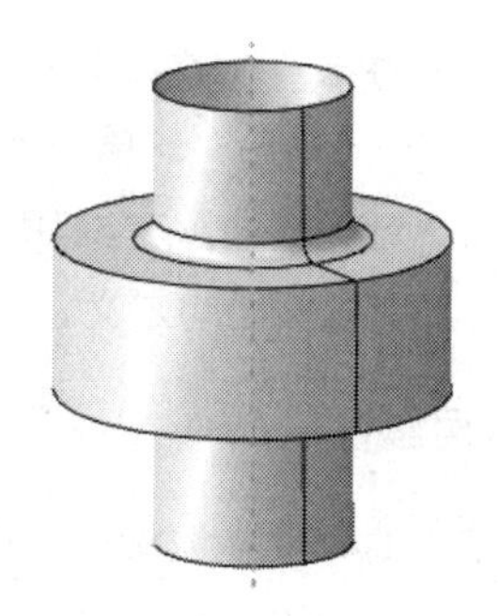

图 8-48 圆柱壳部件

8.4.4 创建材料和截面属性

1. 创建材料

步骤 01 进入属性模块，单击工具箱中的（创建材料）按钮，弹出“编辑材料”对话框（如图 8-49 所示），设置材料“名称”为 Material-1，选择“通用”→“密度”选项，设置“密度质量”为 7800。

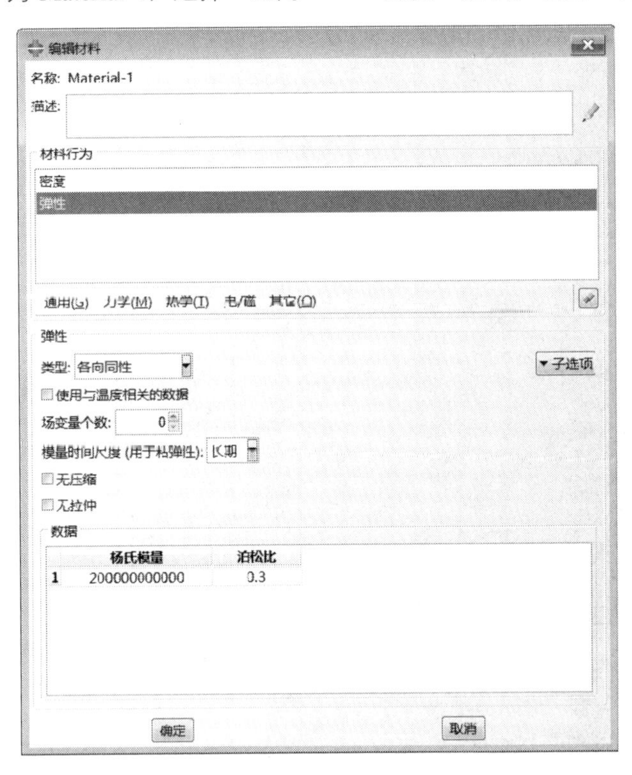

图 8-49 “编辑材料”对话框

步骤 02 选择“力学”→“弹性”→“弹性”选项，设置“弹性模量”为 2.00ell、“泊松比”为 0.3，单击“确定”按钮，完成材料属性的定义。

2. 创建截面属性

单击工具箱中的（创建截面）按钮，在“创建截面”对话框（如图 8-50 所示）中，选择“类别”为“壳”、“类型”为“均质”，单击“继续”按钮，进入“编辑截面”对话框。

“编辑截面”对话框如图 8-51 所示，“材料”选择为 Material-1，设置“壳的厚度：数值”为 0.1，单击“确定”按钮，完成截面的定义。

3. 赋予截面属性

单击工具箱中的（指派截面）按钮，选择部件 Part-1，单击提示区中的“完成”按钮，在弹出的“编辑截面指派”对话框（如图 8-52 所示）中选择“截面”为 Section-1，单击“确定”按钮。

图 8-50　“创建截面”对话框

图 8-51　“编辑截面”对话框

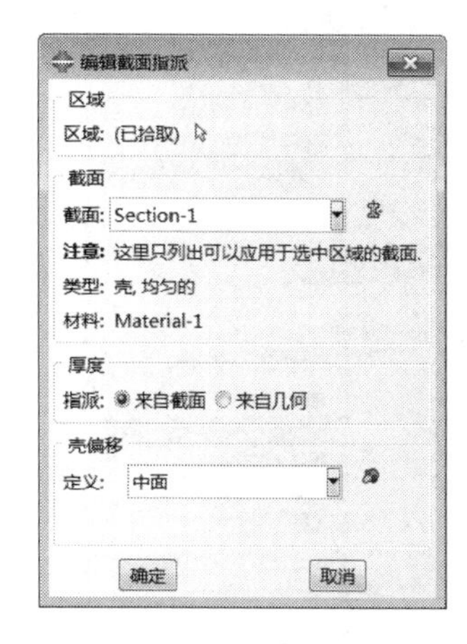

图 8-52　“编辑截面指派”对话框

8.4.5　定义装配件

进入装配模块，单击工具箱中的（将部件实例化）按钮，在“创建实例”对话框（如图 8-53 所示）中选择 Part-1，单击“确定”按钮，创建部件的实例。

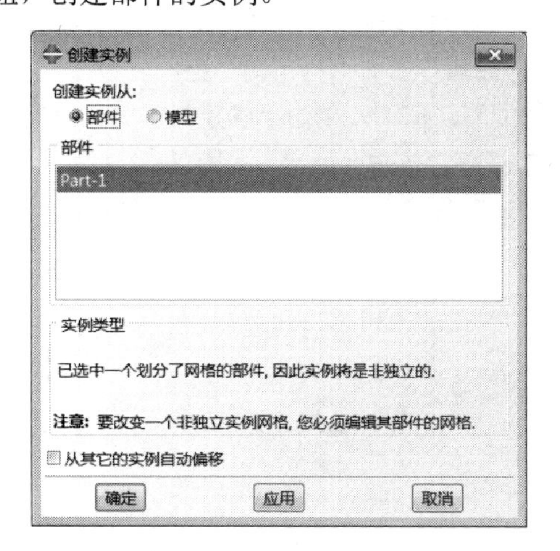

图 8-53　“创建实例”对话框

8.4.6　设置分析步和历史输出变量

1．定义分析步

步骤 01 进入分析步模块，单击工具箱中的（创建分析步）按钮，在弹出的“创建分析步”对话框（如图 8-54 所示）中选择“线性摄动：频率”，单击“继续”按钮。

步骤 02 在弹出的“编辑分析步”对话框（如图 8-55 所示）中选择“特征值求解器”为 Lanczos，在“请求的特征值个数”后面选中“数值”单选按钮并在其后文本框中输入 15，即需要的特征值数目是 15，其他接受默认设置，单击“确定”按钮，完成分析步的定义。

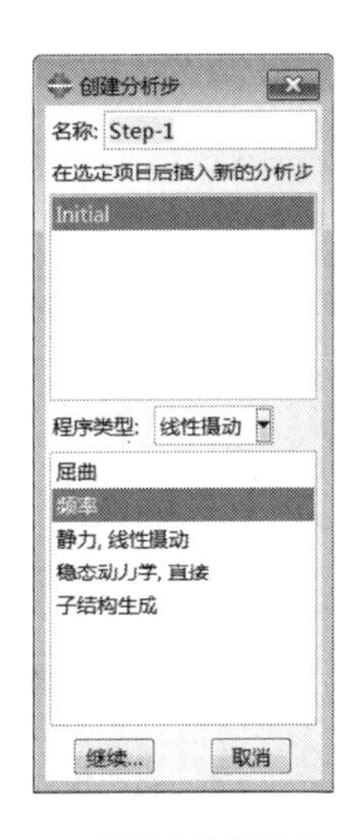

图 8-54 “创建分析步”对话框

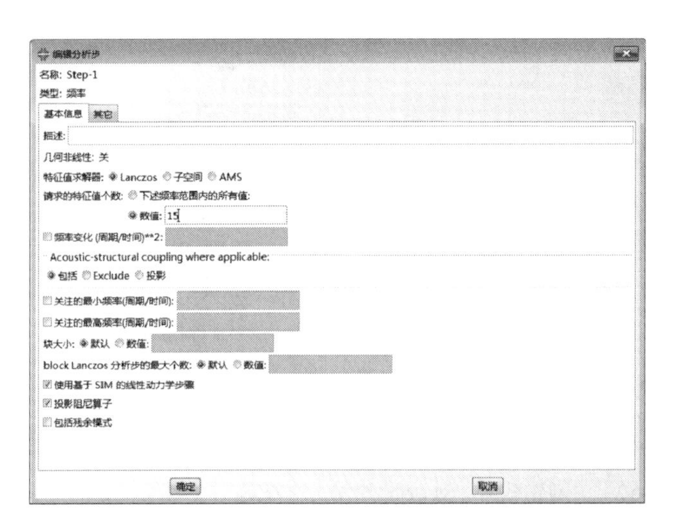

图 8-55 “编辑分析步”对话框

2. 设置连接单元的变量输出

步骤 01 单击工具箱中的 (场输出管理器)按钮，在弹出的“场输出请求管理器”对话框（如图 8-56 所示）中，可以看到 ABAQUS/CAE 已经自动生成了一个名称为 F-Output-1 的历史输出变量。

步骤 02 单击“编辑”按钮，在弹出的“编辑场输出请求”对话框（如图 8-57 所示）中确认“作用域”后面选择的是“整个模型”，确认“输出变量”为预选的默认值 U，单击“确定”按钮，返回“场输出请求管理器”对话框，单击“确定”按钮，完成输出变量的定义。

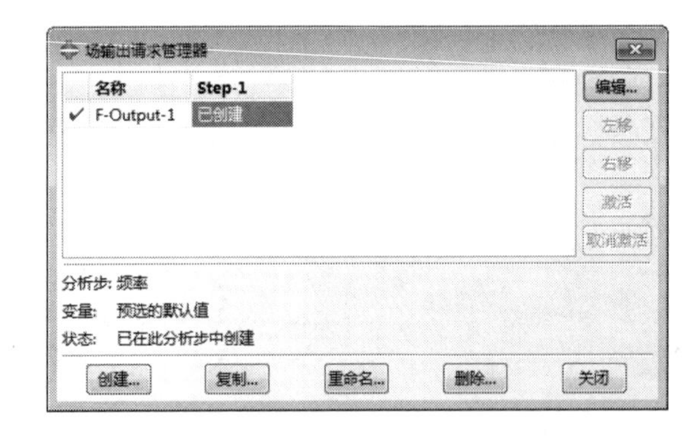

图 8-56 “场输出请求管理器”对话框

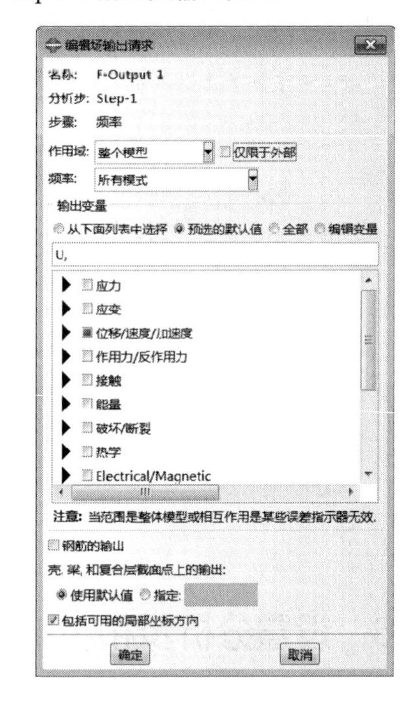

图 8-57 “编辑场输出请求”对话框

8.4.7 定义载荷和边界条件

步骤 01 在零件的底上施加固支定义边界条件。进入载荷功能模块，单击工具箱中的 (边界条件管理器)按钮，单击“边界条件管理器”对话框中的“创建”按钮，在弹出的对话框（如图 8-58 所示）中，“分析步”选择 Step-1，“可用于所选分析步的类型”选择“位移/转角”，单击“继续”按钮，在视图中选择部件的底面，单击鼠标中键，在弹出的“编辑边界条件”对话框中选中“完全固定”单选按钮，如图 8-59 所示。

步骤 02 单击“确定”按钮，施加位移约束后的结构图如图 8-60 所示。

图 8-58 “创建边界条件”对话框

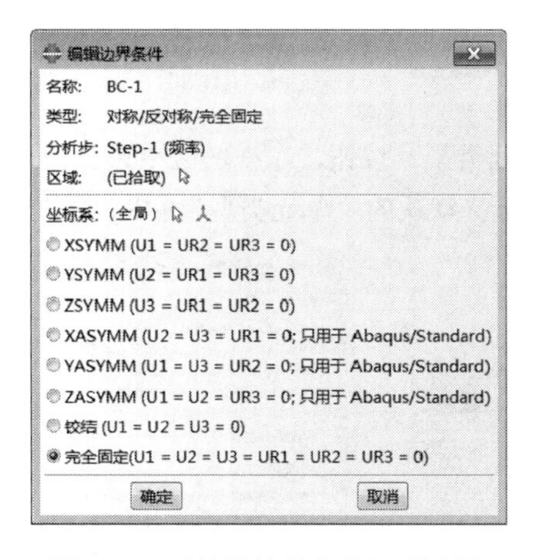

图 8-59 “编辑边界条件”对话框

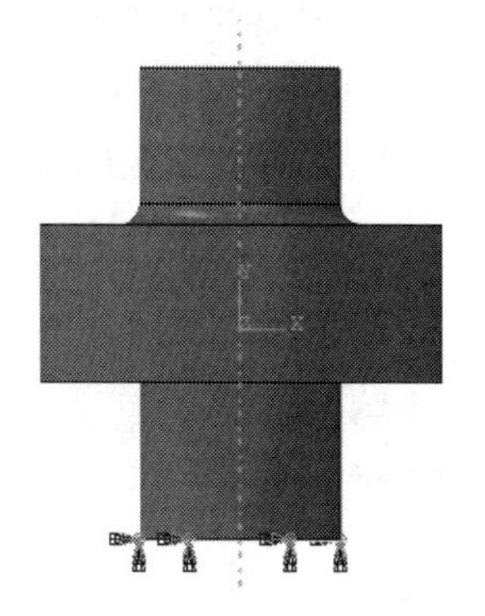

图 8-60 施加位移约束后的结构图

技巧提示

在模态分析中，只有边界条件起作用，其他载荷对模态分析结果没有任何影响，即使施加了载荷，在分析中也不起作用。

8.4.8 划分网格

进入网格功能模块，在窗口顶部的环境栏的对象单选框中，选中部件，在右侧的下拉框中选择 Part-1。

（1）设置网格密度

单击工具箱中的(为边布种)按钮，选择如图 8-61 所示的竖直边，在弹出的“局部种子”对话框（如图 8-62 所示）中，“方法”选择“按个数”，设置“单元数”为 5，然后单击“确定”按钮。按照同样的方法，为如图 8-61 所示的其他边布种。

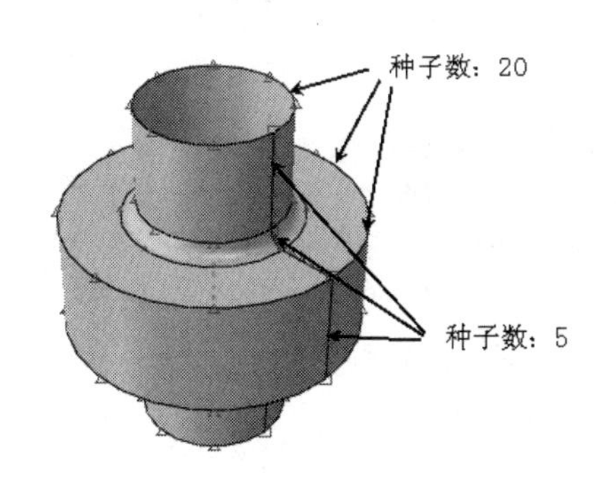

图 8-61 种子分布图

图 8-62 “局部种子”对话框

（2）控制网格划分

单击工具箱中的 （指派网格控制属性）按钮，选择部件，弹出“网格控制属性”对话框（如图 8-63 所示），选择“单元形状”为“四边形为主”，将“技术”设为“扫掠”，单击“确定”按钮，完成控制网格划分选项的设置。

（3）选择单元类型

单击工具箱中的 （指派单元类型）按钮，在视图区中选择模型，单击“完成”按钮，弹出“单元类型”对话框（如图 8-64 所示），选择默认的“单元类型”S4R，单击“确定”按钮。

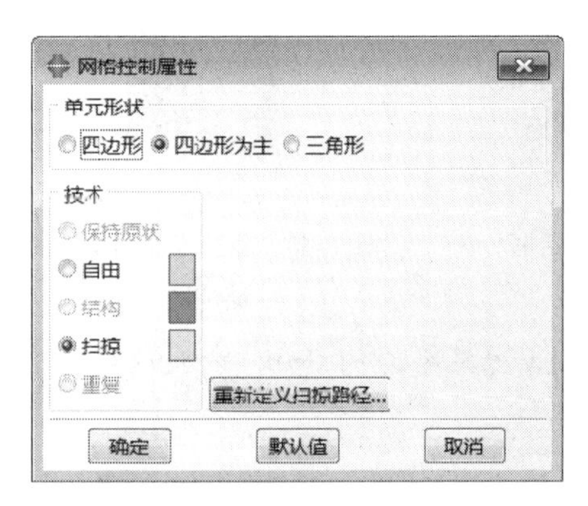

图 8-63 “网格控制属性”对话框

图 8-64 “单元类型”对话框

（4）划分网格

单击工具箱中的 （为部件划分网格）按钮，单击提示区中的“是”按钮，完成网格划分。

8.4.9 结果分析

步骤 01 进入作业模块。执行“作业”→“管理器”命令，单击“作业管理器”对话框（如图 8-65 所示）中的“创建”按钮，定义作业“名称”为 qiao-lingjian，单击“继续”按钮，单击“确定”按钮完成作业定义。

步骤 02 单击“作业管理器”对话框中的“监控”按钮，可以对求解过程进行监视（如图 8-66 所示），单击“提交”按钮提交作业。打开“警告”选项卡，看到分析过程中出现以下警告信息：

```
    "There is zero FORCE everywhere in the model based on the default criterion. please check the value of the average FORCE during the current iteration to verify that the FORCE is small enough to be treated as zero. if not, please use the solution controls to reset the criterion for zero FORCE. "
```

这是因为在模型上没有施加载荷，并不是因为模型存在错误。等分析结束后，单击“结果”按钮，进入可视化模块。

图 8-65 “作业管理器”对话框

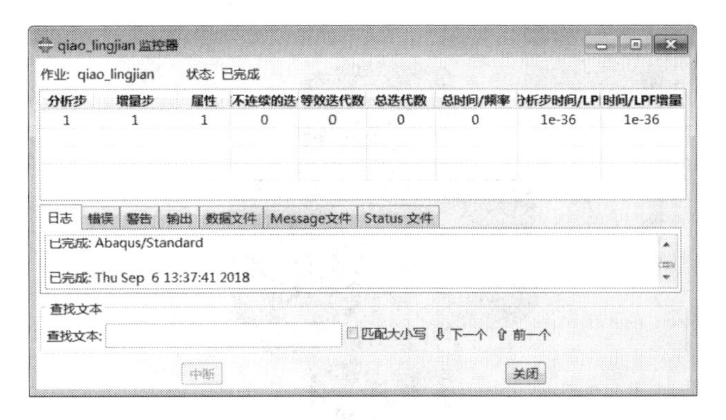

图 8-66 对求解过程进行监视

8.4.10 后处理

步骤 01 分析完毕后，单击“结果”按钮，ABAQUS/CAE 进入可视化模块。单击按钮显示 Mises 应力云图，单击按钮显示变形过程的动画。

步骤 02 执行“结果”→“分析步/帧”命令，弹出“分析步/帧”对话框，如图 8-67 所示，在“分析步名称”中选择 Step-1，在“帧”中选择“索引”为 1，单击“应用”按钮，显示一阶模态；选择“索引”为 2，单击“应用”按钮，显示二阶模态；显示模态的前 14 阶和 15 阶模态振型图如图 8-68 所示。

步骤 03 执行“工具”→“XY 数据”→“创建”命令，在“创建 XY 数据”对话框（如图 8-69 所示）中选中“ODB 场变量输出”单选按钮，单击“继续”按钮。弹出“来自 ODB 场输出的 XY 数据”对话框，在“输出变量”选项组的“位置”下拉列表中选择“唯一结点的”（如图 8-70 所示），“输出变量”选择“U：U1 和 U2”。

图 8-67 “分析步/帧”对话框

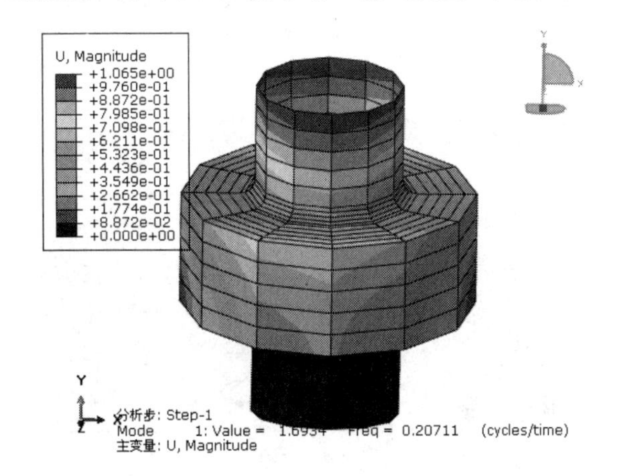

第 1 阶

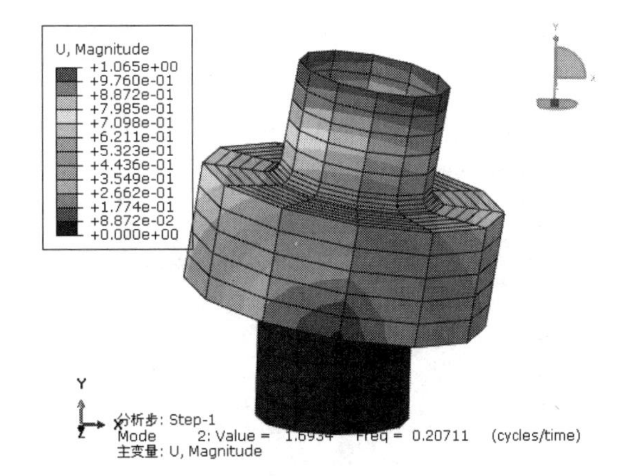

第 2 阶

图 8-68 各阶振型图

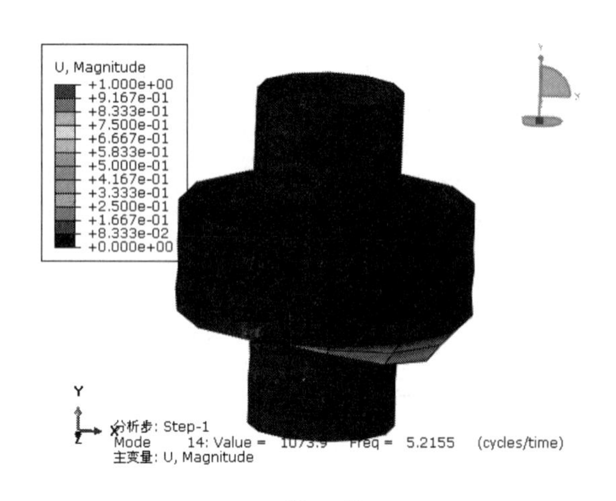

第 14 阶　　第 15 阶

图 8-68　各阶振型图（续）

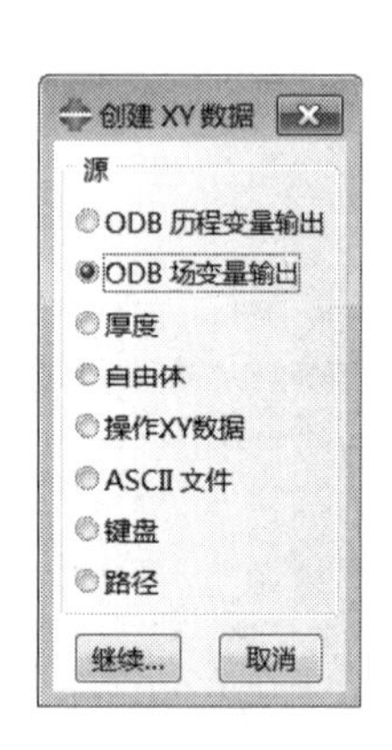

图 8-69　“创建 XY 数据”对话框

图 8-70　“来自 ODB 场输出的 XY 数据”对话框

步骤 04 切换到“单元/结点”选项卡，如图 8-71 所示，“方法”选择“结点编号”，在右边的文本框中输入结点编号为 120，并选择高亮视口中的选项，单击“绘制”按钮，绘制出结点随着模态变化的位移曲线，如图 8-72 所示。

图 8-71　切换到“单元/结点”选项卡

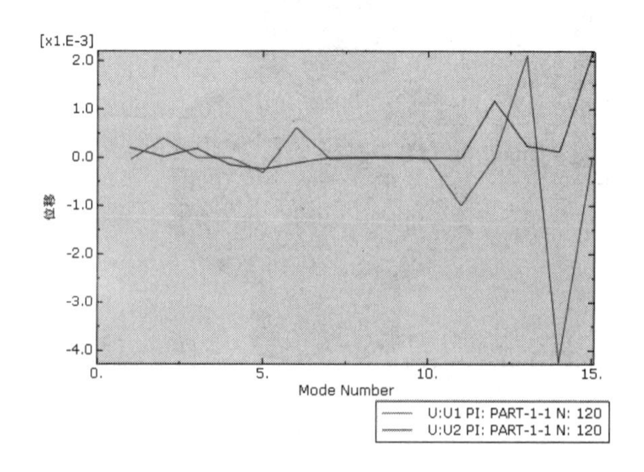

图 8-72　结点 100 随着模态变化的位移曲线

8.5 货物吊车——动态载荷分析

一个轻型的货物吊车如图 8-73 所示，要求确定当其承受 10kN 载荷时的静挠度，并标识结构中的关键部件和结点，即它们有最大的应力和载荷。

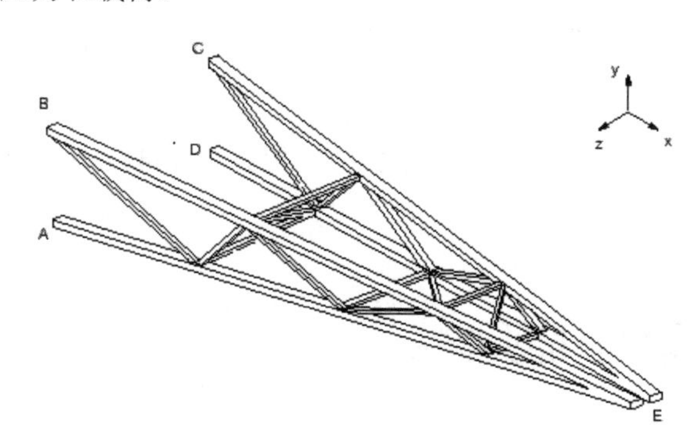

图 8-73　轻型货物吊车的草图

由于这是一个静态分析，因此将应用 ABAQUS/Standard 分析这个货物吊车。

8.5.1　问题分析

吊车由两榀桁架结构组成，通过交叉支撑连接在一起。每榀桁架结构的主要构件是箱型截面钢梁（箱型横截面）。每榀桁架结构由内部支撑加固，内部支撑焊接在主要构件上。

连接两榀桁架结构的交叉支撑通过螺栓连接在桁架结构上，这些连接不能传递弯矩，因此，将它们作为铰结点处理。

内部支撑和交叉支撑均采用箱型横截面钢梁，采用小于桁架结构主要构件的横截面。

吊车在点 A、B、C 和 D 牢固地焊接在巨大的结构上，吊车的尺寸如图 8-74 所示。桁架 A 是包括构件 AE、BE 和它们的内部支撑的结构；桁架 B 是包括构件 CE、DE 和它们的内部支撑的结构。

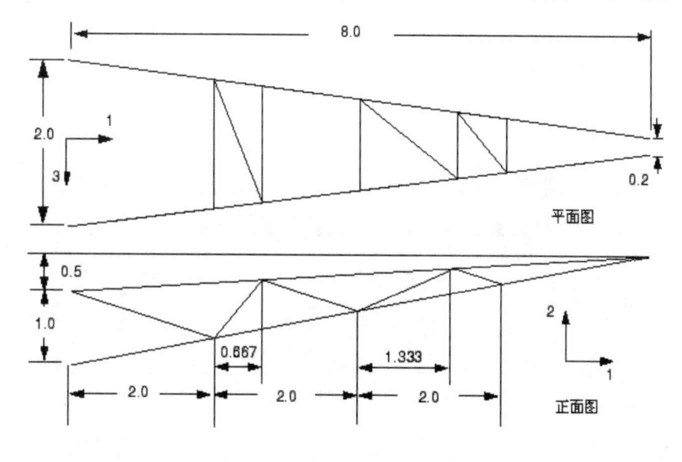

图 8-74　货物吊车的尺寸

在吊车的主要构件中，典型横截面的尺寸与总长度的比值远小于 1/15。在内部支撑应用的最短构件中，这个比值近似为 1/15。因此，应用梁单元模拟吊车是合理的。

8.5.2 部件结构

如图 8-74 所示显示的尺寸是相对于在图中的笛卡儿坐标系给出的。但是，绘制桁架时所指定的尺寸需要做相应的调整。

一旦所有的部件装配在一个公共坐标系中，它们可以根据需要进行旋转和重新定位，这样结构与整体坐标系是一致的。

8.5.3 定义单一桁架的几何形状

步骤 01 首先创建一个三维、可变形的平面线框，设置近似的部件尺寸为 15.0，并命名部件为 Truss。

步骤 02 应用创建线。单击（创建线）按钮，创建两条几何线代表桁架的主要构件。在图中标注尺寸，并利用“编辑尺寸值工具”编辑尺寸以给出桁架的准确水平跨度，如图 8-75 所示。

步骤 03 生成 5 个独立点，如图 8-76 所示。

步骤 04 对每个点创建和编辑尺寸标注，然后通过每个点创建一条竖直辅助线。在主要构件上确定在辅助线与两个主要构件之间的交叉点，在这些点上将内部支撑焊接到桁架上。

步骤 05 采用在辅助线和几何线（即代表桁架主要构件的线）之间预选的点，在焊接的位置创建独立点。此外，在两条几何线的端点创建独立点。

步骤 06 删除几何线，并应用一系列的连接线重新定义桁架的几何形状。

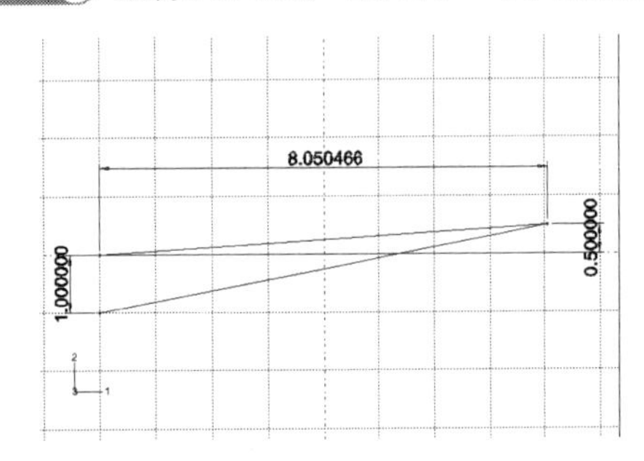

图 8-75 桁架构件

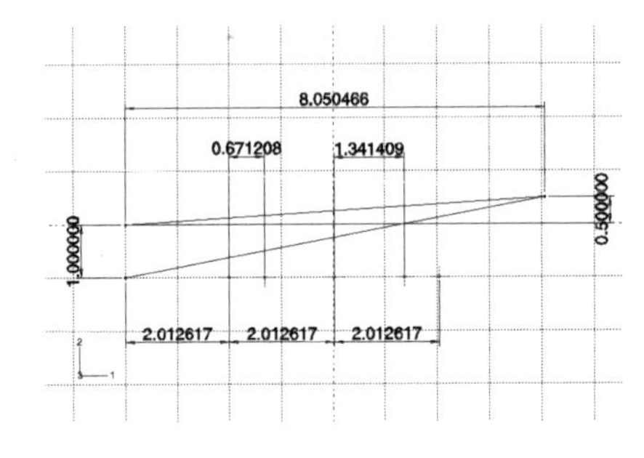

图 8-76 辅助几何点

从位于结构左下角的点开始，以逆时针的方式依次连接相邻点，可以定义整个桁架的几何形状，最终的图形如图 8-77 所示。

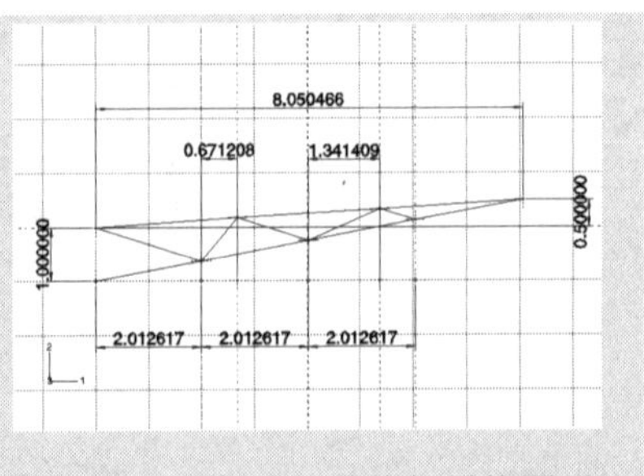

图 8-77 单榀桁架结构的最终图形

步骤07 单击 （保存草图）按钮，将图形保存为 Truss。

步骤08 单击“完成”按钮，退出绘图环境，并保存部件的基本特征。

另一个桁架将作为一个平面线框特性加入。当加入一个平面特性时，不仅需要指定一个构图平面，还要指定它的方位，应用基准面定义该平面。应用一个基准轴定义平面的方位，然后将桁架草图投影到这个平面上。

8.5.4 定义第二个桁架结构的几何形体

步骤01 从桁架的端点应用偏置定义 3 个点，如图 8-78 所示。

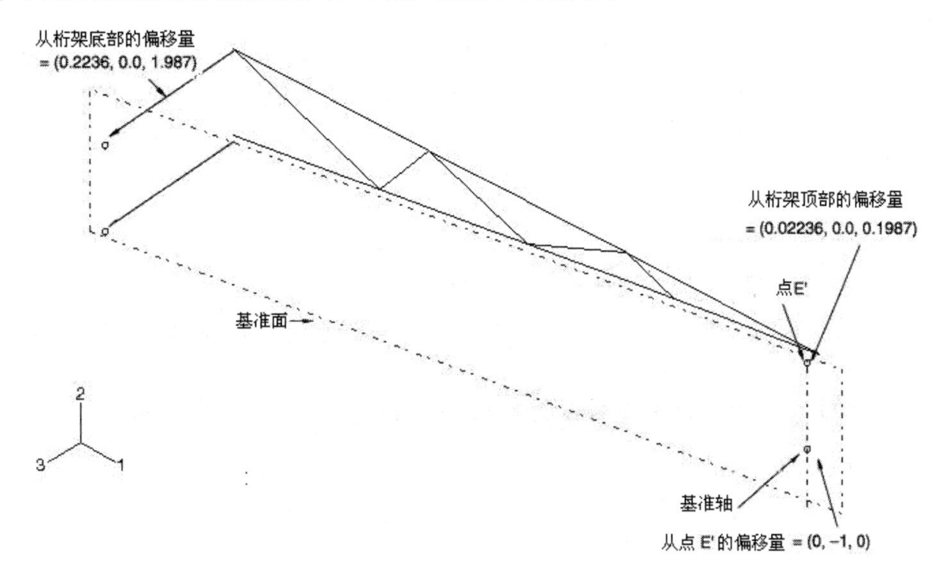

图 8-78 基准点、基准面和基准轴

前三个基准点用来定义基准面，第四个基准点用来定义基准轴。

步骤02 应用创建基准面：用 3 个点工具来定义一个基准面。创建基准轴：用 2 个点工具来定义一个基准轴。

步骤03 应用创建线：平面工具给部件增加一个特性。选取基准面作为绘图平面，选取基准轴作为边界，该边界为竖向显示在图的右侧。

步骤04 应用添加草图工具重新获得桁架草图。通过选择新桁架端部的顶点作为平移矢量的起点，基准点作为平移矢量的终点，平移草图，完成定义。

步骤05 在提示区中单击“完成”按钮退出绘图环境。最终的桁架部件如图 8-79 所示。

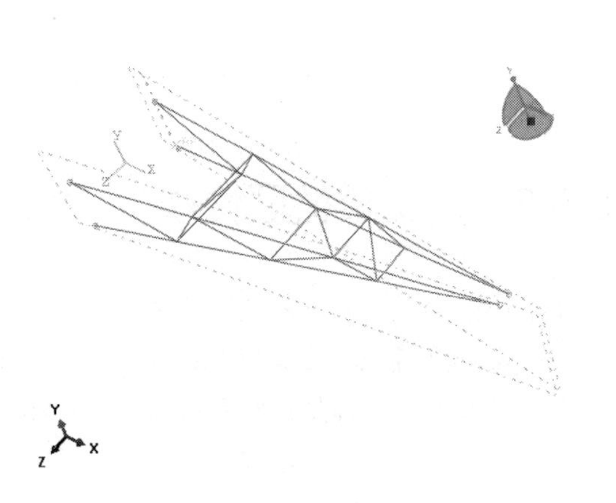

图 8-79 最终的桁架结构的几何图形

8.5.5 创建交叉支撑的几何形体

步骤01 选择“部件”→“复制”→“Truss”命令，在弹出的“部件复制”对话框（如图 8-80 所示）中，命名新部件为 Truss-Copy，并单击“确定”按钮。

步骤02 铰接位置。单击（创建线）按钮，添加交叉支撑几何形体到新部件中，如图 8-81 所示。采用如下的坐标指定类似的视图：Viewpoint（1.19, 5.18, 7.89），Up Vector（−0.40, 0.76, −0.51）。

图 8-80 “部件复制”对话框

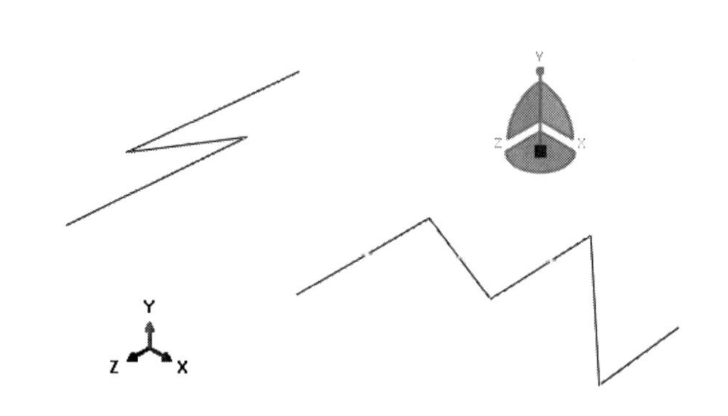

图 8-81 交叉支撑几何形体

技巧提示

如果在连接交叉支撑几何形体时出现错误，可以应用（删除特征）删除线段。

步骤03 进入装配模块，创建每个部件的实体（Truss 和 Truss-Copy）。

步骤04 执行“实例”→“合并/切削”命令，在“合并/切割实例”对话框中，命名新部件为 Cross brace，在操作域中选择切割几何体，并单击“继续”按钮。

步骤05 从实体列表中选择 Truss-Copy-1 作为被切割的实体和选择 Truss-1 作为将用于切割的实体。在切割完成后，创建了一个名称为 Cross brace 且仅包含交叉支撑几何形体的新部件。当前的装配模型只包含这个部件的一个实体，而原来的实体被默认删除了。

技巧提示

模型的装配中，需要使用原来的桁架，打开“特征管理器”恢复名称为 Truss-1 的部件实体。

8.5.6 定义梁截面性质

回到属性模块，定义梁截面性质。

进行截面的定义，在弹出对话框中输入线弹性材料参数，E=200.0×109 Pa，v=0.25，G=80.0×109 Pa，在该结构中所有的梁都是箱型横截面。箱型截面如图 8-82 所示；支撑构件的梁截面的尺寸如图 8-83 所示。

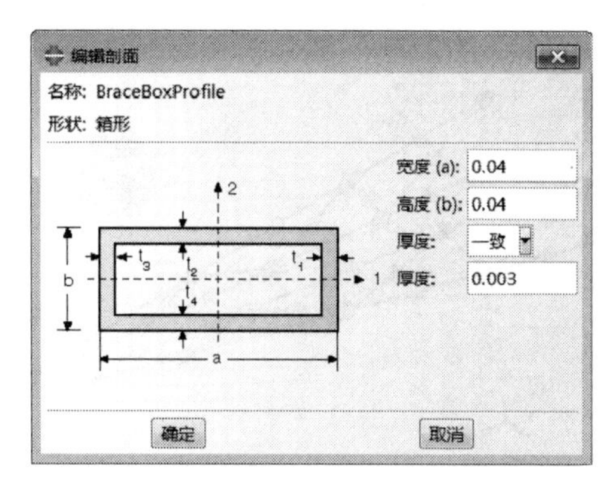

图 8-82　主要构件的横截面几何形状和尺寸

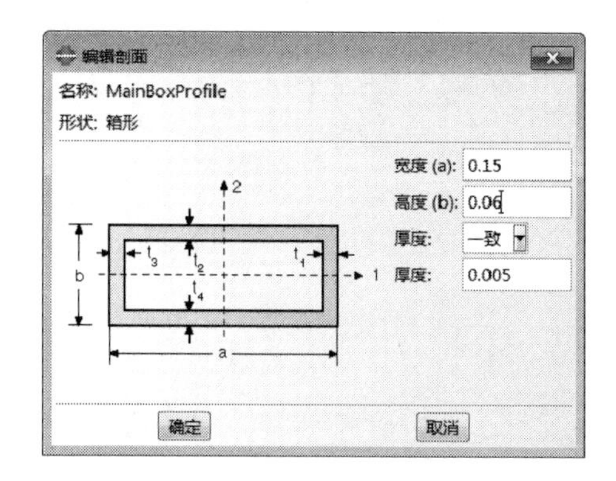

图 8-83　内部和交叉支撑构件的横截面几何形状和尺寸

8.5.7　创建梁截面

步骤 01 在属性模块中创建两个箱型轮廓：一个是桁架结构的主要构件，另一个是内部和交叉支撑。将两个轮廓分别命名为 MainBoxProfile 和 BraceBoxProfile。

步骤 02 为桁架结构的“主要构件”和“内部和交叉支撑”各创建一个梁截面，并分别命名截面为 MainMemberSection 和 BracingSection。

技巧提示　对于两个截面的定义，在分析前指定截面的积分方式。当选择了这种类型的截面积分时，材料性质定义作为截面定义的组成部分，而不需要另外给出材料的定义。

步骤 03 选择 MainBoxProfile 作为主要构件的截面定义，选择 BraceBoxProfile 作为支撑截面的定义。单击线性性质，在“梁线性行为”对话框的相应文本框中输入杨氏模量和剪切模量。在“编辑梁截面”对话框的相应文本框中输入泊松比。

步骤 04 将 MainMemberSection 赋予几何区域代表桁架的主要构件，并将 BracingSection 赋予区域代表内部和交叉支撑构件。

技巧提示　由于不再需要 Truss-Copy 部件，因此可以忽略它。

8.5.8　定义梁截面方向

步骤 01 主要构件的梁截面轴定位为：梁的 1 轴是正交于桁架结构的平面，梁的 2 轴是正交于该平面中的单元。对于内部桁架支撑和与之相应的桁架结构的主要构件，其近似的 n1 矢量是相同的。在它的局部坐标系中，Truss 部件的方向如图 8-84 所示。

步骤 02 选择“指派”→“梁截面方向”命令，为每个桁架结构指定一个近似的 n1 矢量。如前面所述，该矢量的方向必须正交于桁架的平面。因此，对于平行于部件局部 1-2 平面的桁架（桁架 B），近似的 n1 =（0.0,0.0,1.0）；另一个桁架结构（桁架 A），其近似的 n1 =（−0.2222, 0.0, −0.975）。

步骤 03 选择“指派”→“单元切向”命令，指定梁的切线方向，显示的结果如图 8-85 所示。

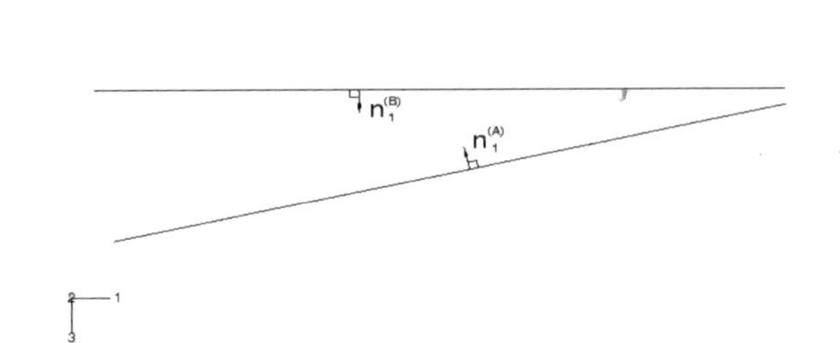

图 8-84　桁架在它的局部坐标系中的方向

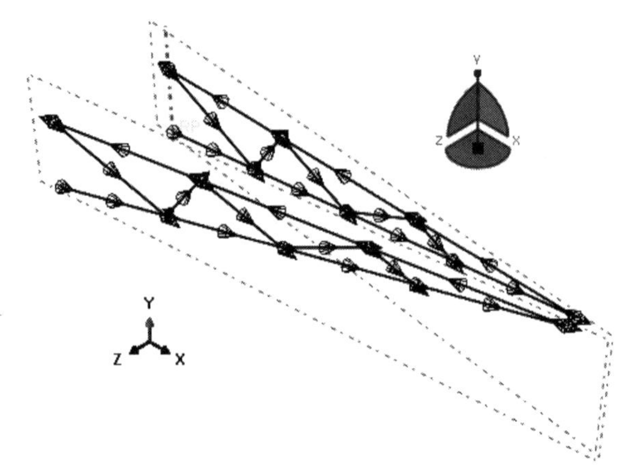

图 8-85　梁的切线方向

定义这个方向的一个简单办法就是提供一个正交于这个平面的近似的 n1 矢量，该矢量应该几乎是平行于整体的 2 方向。因此，对于交叉支撑，指定 n1 = （0.0,1.0,0.0），以使它与部件的 y 轴一致。

8.5.9　创建装配件和分析步

1. 定位吊车装配件

选择“实例”→“旋转”命令，将桁架部件实体绕着由 C 点和 D 点定义的轴旋转 6.4188°。

对交叉支撑部件的实体重复上述步骤，确保旋转该实体的轴与对桁架所用的旋转轴一致（即再次应用 C 点和 D 点）。

在 B 点和 D 点之间的中点处创建一个基准点，然后选择“实例”→“平移”命令平移桁架部件的实体。指定这个基准点作为平移矢量的起点和点（0.0, 0.0, 0.0）作为矢量的终点。

2. 创建分析步定义

在分析步模块中，创建一个“静力，通用”分析步，命名该步骤为 Tip load。

8.5.10　定义约束

步骤 01 切换到相互作用模块，选择“约束”→“创建”命令，命名约束为 TipConstraint-1，并指定为方程约束。

步骤 02 在“编辑约束”对话框（如图 8-86 所示）中，在第一行中设置系数为 1.0、集合名称为 Tip-a、自由度为 1；在第二行中设置系数为-1.0、集合名称为 Tip-b、自由度为 1，单击“确定”按钮。这样就定义了自由度为 1 的约束方程。

在 ABAQUS/CAE 中的文本输入是区分大小写的。

步骤 03 选择“约束”→“复制”命令，将 TipConstraint-1 复制到 TipConstraint-2。

步骤 04 执行“约束”→“编辑”→“TipConstraint-2”命令，将两行的自由度更改为 2，如图 8-87 所示。

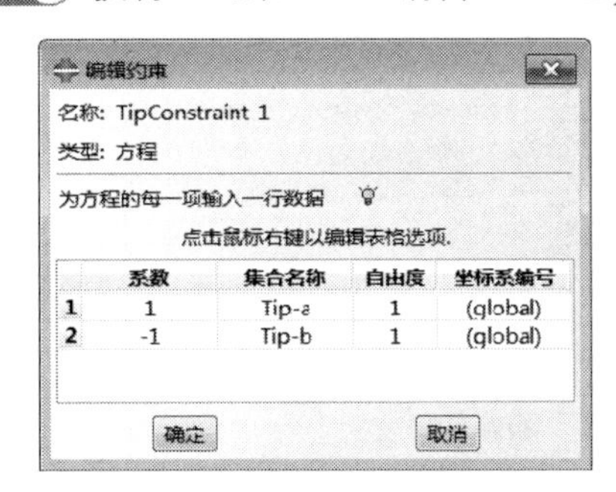

图 8-86 “编辑约束”对话框

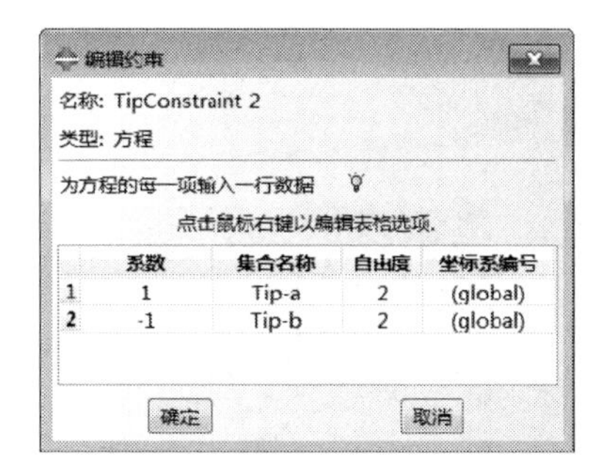

图 8-87 将两行的自由度改为 2

8.5.11 模拟在桁架和交叉支撑之间的铰接

每一个连接件必须提供一个连接件特性以定义它的类型（类似于在单元与截面特性之间的关系）。因此，首先要定义特性，然后是各个连接件。

（1）定义连接件特性

选择“连接”→“截面”→“创建”命令，在“创建连接截面”对话框（如图 8-88 所示）中将“基本信息”作为连接种类。

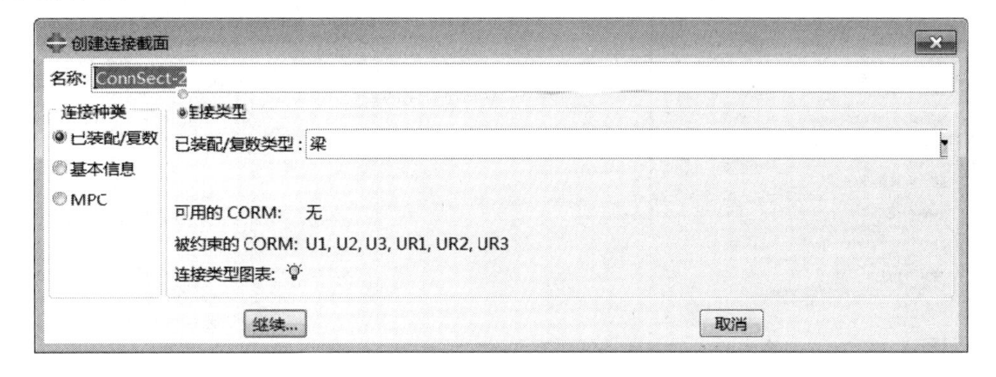

图 8-88 “创建连接截面”对话框

从“已装配/复数类型”的列表中选择“铰”，单击“连接类型图表”按钮，可以对连接类型进行查看（如图 8-89 所示），接受所有其他的默认设置，并单击“继续”按钮。单击“确定”按钮完成操作。

（2）定义连接件

步骤 01 执行“连接器”→“几何”→“创建线条特征”命令，在弹出的“创建线框特征”对话框（如图 8-90 所示）中，接受默认选择，单击“编辑”按钮，编辑点 1，在视图区中选择标记 a 点。

步骤 02 在“创建线框特征”对话框中单击“编辑”按钮，编辑点 2，再一次选择标记 a 的点。在提示区中单击“继续”按钮，然后单击“确定”按钮。

步骤 03 在“创建线框特征”对话框中单击“确定”按钮完成连接件的定义。

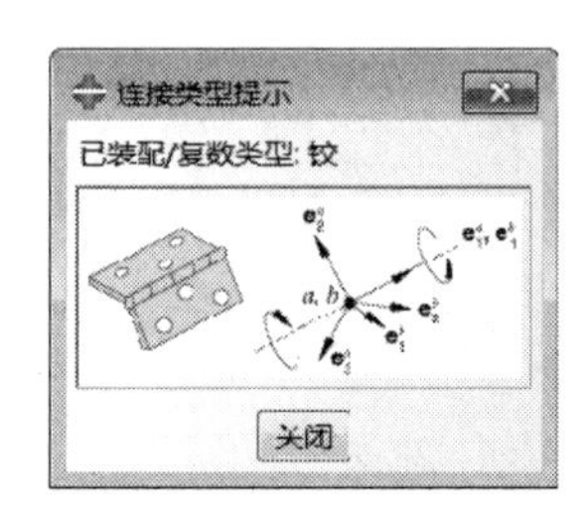

图 8-89 “连接类型提示”对话框

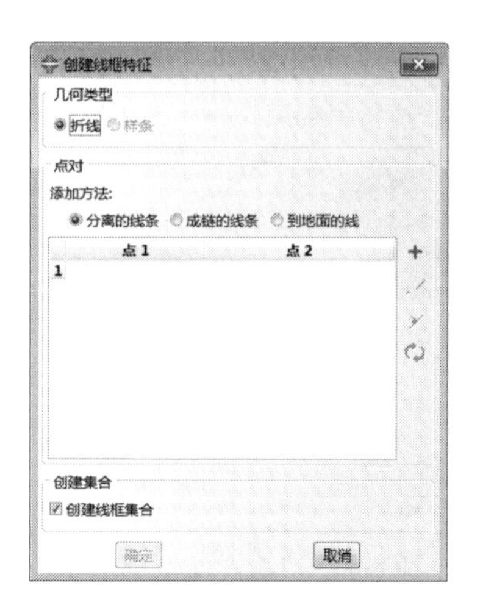

图 8-90 “创建线框特征”对话框

8.5.12 定义载荷和边界条件

步骤 01 在载荷模块中，将载荷作为数值为-10000 的集中力施加到集合 Tip-b 上（如图 8-91 所示），命名载荷为 Tip load。由于约束的存在，载荷将由两榀桁架平均承担。

步骤 02 吊车是被坚实地固定在主体结构上的，创建一个固定边界条件（如图 8-92 所示），命名为 Fixed end，并将它施加在 Attach 集合上。

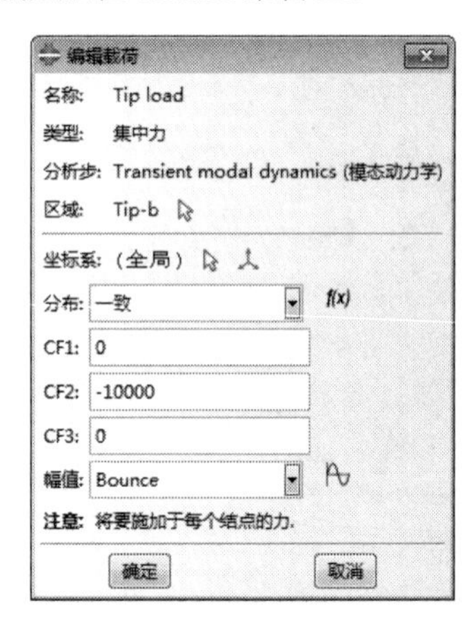

图 8-91 将集中力施加到集合 Tip-b 上

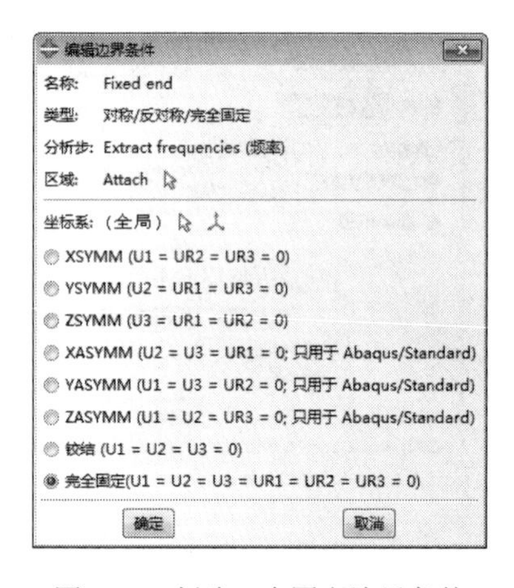

图 8-92 创建一个固定边界条件

步骤 03 定义好载荷和边界条件的结构如图 8-93 所示。

8.5.13 创建网格

步骤 01 采用三维、细长的三次梁单元（B33）模拟货物吊车。在这些单元中的三次插值允许对每个构件只采用一个单元，在所施加的弯曲载荷下仍然可获得精确的结果。在这个模拟中，必须采用的网格如图 8-94 所示。

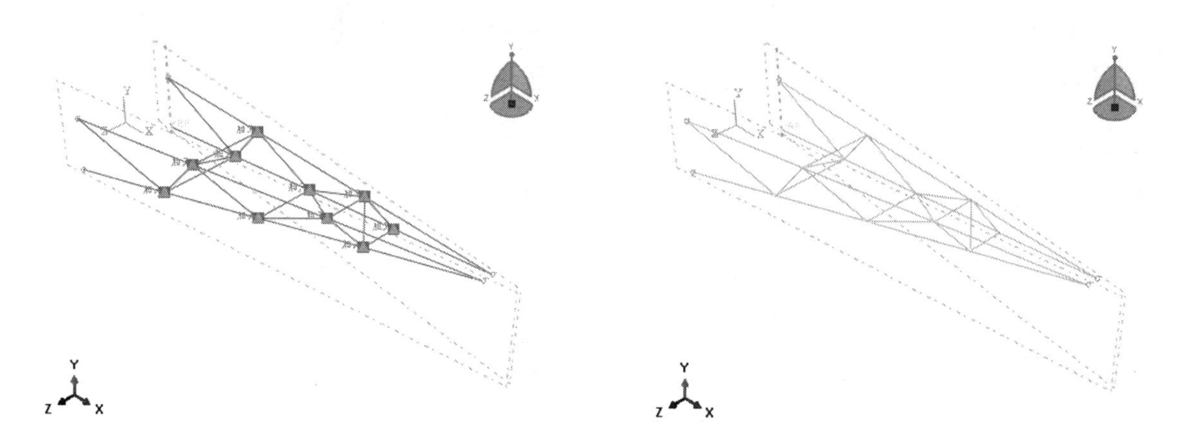

图 8-93 定义好载荷和边界条件的结构

图 8-94 货物吊车的网格

步骤 02 在网格模块中，对所有的区域指定一个整体的种子密度为 2.0，并应用线性三次空间梁（B33 单元）对两个部件实体剖分网格。

8.5.14 提交作业

步骤 01 在作业模块中，创建一个名称为 DynCrane 的作业。

步骤 02 将模型保存在模型数据库文件中，并提交作业进行分析和监控求解过程。

8.5.15 后处理

进入可视化模块，并打开输出数据库文件 DynCrane.odb。

1. 绘制振型

通过绘制与该频率相应的振型可以观察与一个给定的频率相应的变形状态。选择一个模态并绘制对应的振型。

步骤 01 执行“结果”→“分析步/帧”命令，弹出“分析步/帧”对话框。从“分析步名称”列表中选择第一个分析步，从“帧”列表中选择 Mode 1。

步骤 02 执行“绘图”→“变形图”命令，或者单击工具箱中的按钮，ABAQUS/CAE 显示了关于第一阶振型的变形形态，如图 8-95 所示。

步骤 03 从“分析步/帧”对话框中选择第二阶模态，单击“确定”按钮，ABAQUS/CAE 显示出第二阶振型，如图 8-96 所示。

2. 绘制多条曲线

步骤 01 选择“结果”→“历程输出”命令，ABAQUS/CAE 显示“历程输出”对话框。

步骤 02 从“变量”选项卡中的“输出变量”中选择几条曲线。

步骤 03 单击“绘图”按钮，ABAQUS/CAE 显示选择的曲线，如图 8-97 所示。

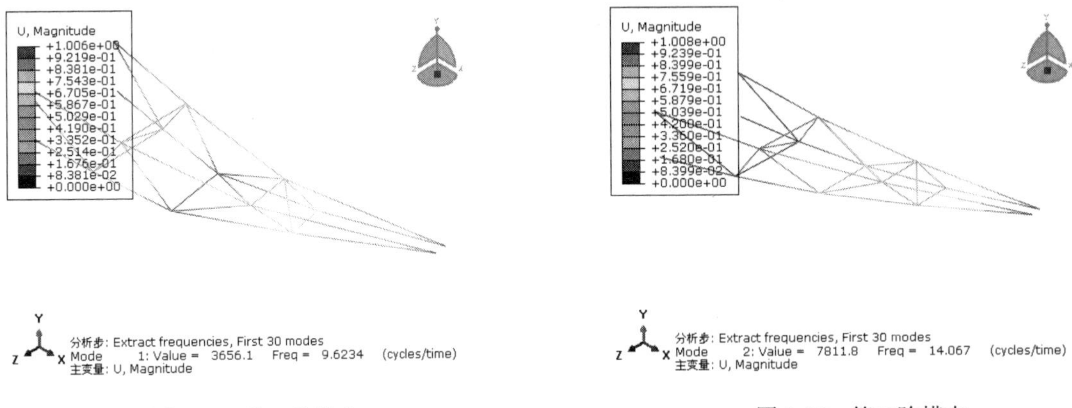

图 8-95 第一阶模态　　图 8-96 第二阶模态

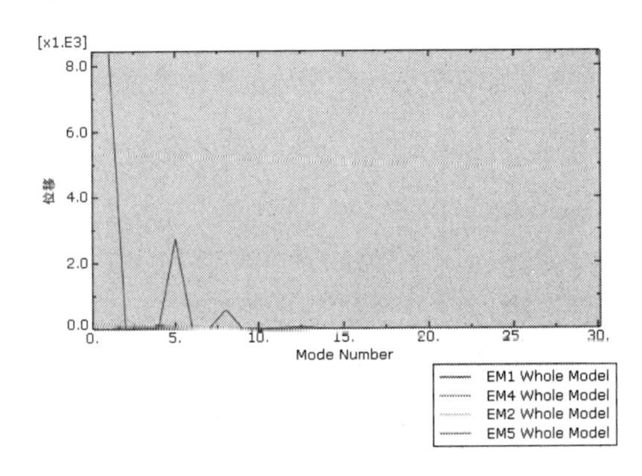

图 8-97 显示选择的曲线

8.6 本章小结

动力学分析在现实的生产和生活中很常见，进行动态分析是 ABAQUS 的一个重要优势。

本章介绍了使用 ABAQUS 进行动力模态学分析的步骤和方法，使读者了解 ABAQUS 进行动力模态学分析的巨大优势。进行分析的模型包括固定机床的振动模态分析、薄壳零件结构的模态分析及货物吊车的动态载荷分析。

第 9 章 结构谐响应分析详解

导读

谐响应分析主要用来确定线性结构在承受持续的周期荷载时的周期性响应。谐响应分析能够预测结构的持续动力学特性，从而验证其设计能否成功地克服共振、疲劳及其他受迫振动引起的有害效果。通过对本章的学习，即可掌握在 ABAQUS 中如何进行谐响应分析。

学习目标

- 了解谐响应分析
- 掌握谐响应分析过程
- 通过案例掌握谐响应问题的分析方法

9.1 谐响应分析概述

谐响应分析是用于确定线性结构在承受一个或多个随时间按正弦（简谐）规律变化的荷载时的稳态响应的一种技术。

分析的目的是计算出结构在几种频率下的响应，并得到一些响应值（通常是位移）对频率的曲线。从这些曲线上可以找到“峰值”响应，并进一步考察频率对应的应力。

谐响应分析技术只计算结构的稳态受迫振动，发生在激励开始时的瞬态振动不在谐响应分析中考虑。谐响应分析是一种线性分析。

任何非线性特性，如塑性和接触（间隙）单元，即使被定义了也将被忽略，但在分析中可以包含非对称系统矩阵，如分析流体—结构相互作用问题。谐响应分析同样也可以分析有预应力结构，如小提琴的弦（假定简谐应力比预加的拉伸应力小得多）。

对于谐响应分析，其运动方程为：

$$\left(-\omega^2[M]+i\omega[C]+[K]\right)\left(\{\phi_1\}+i\{\phi_2\}\right)=\left(\{F_1\}+i\{F_2\}\right)$$

这里假设[*K*]、[*M*]是定值，要求材料是线弹性的、使用小位移理论（不包括非线性）、阻尼为 [*C*]、激振力（简谐载荷）为[*F*]。

谐响应分析：

- 简谐载荷可以是具有相同频率的多种载荷，力和位移可以相同或不同，但是压力分布载荷和体载荷只能指定零相位角。
- 已知幅值和频率的简谐载荷（力、压力和强迫位移）。

谐响应分析输出的分析结果包括：

- 应力和应变等其他导出值。
- 每个自由度的谐响应位移。通常情况下，谐响应位移和施加的载荷是不同的。

谐响应分析通常用于如下结构的设计与分析：

- 旋转设备（如压缩机、发动机、泵、涡轮机械等）的支座、固定装置和部件等。
- 受涡流（流体的漩涡运动）影响的结构包括涡轮叶片、飞机机翼、桥和塔等。

进行谐响应分析的目的是确保一个给定的结构能经受住不同频率的各种正弦载荷（如以不同速度运行的发动机）；探测共振响应，必要时避免其发生（如借助于阻尼器来避免共振等）。

9.2 谐响应分析流程

在 ABAQUS 中的分析步模块，选择“静力，通用”类型，即可创建谐响应分析步，如图 9-1 所示。

当进入到载荷模块后，执行“工具”→“幅值”→“创建”命令，在弹出的“创建幅值”对话框（如图 9-2 所示）中选择适当的类型（如周期），再单击“继续”按钮，进入“编辑幅值”对话框（如图 9-3 所示）中，可进一步定义谐响应载荷的情况。

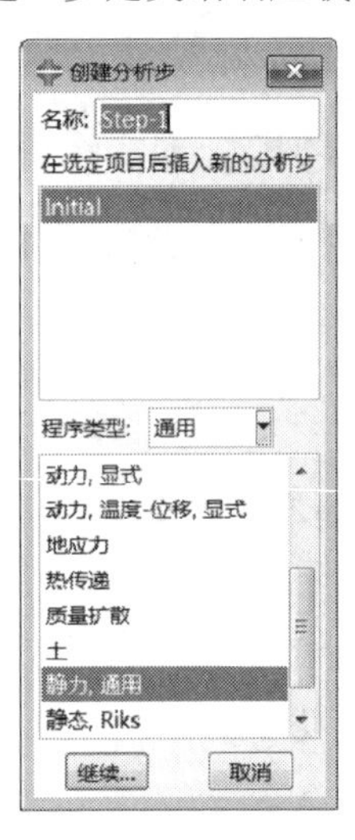

图 9-1 “创建分析步”对话框

图 9-2 “创建幅值”对话框

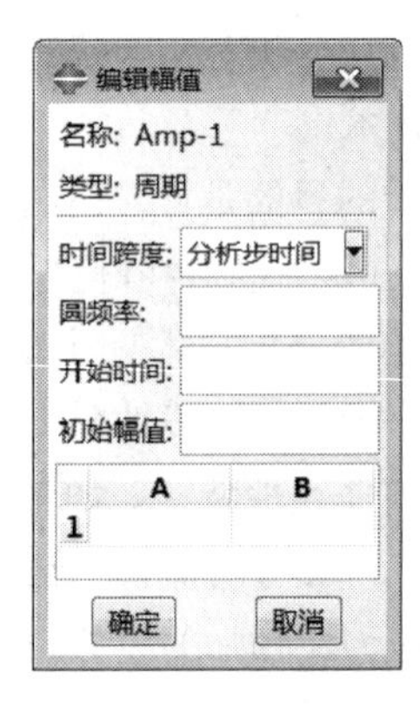

图 9-3 “编辑幅值”对话框

谐响应分析与模态分析的过程非常类似，其求解步骤包括：

（1）建立有限元模型，设置材料特性。

（2）设置载荷幅值。

（3）施加载荷和边界条件。

（4）定义分析步类型。

（5）定义相互作用。

（6）定义网格控制并划分网格。

（7）对问题进行求解。

（8）进行结果评价和分析。

谐响应的分析流程类似于模态分析，这里不再赘述。下面仅对谐响应的简谐载荷的施加、求解方法及结果的查阅进行简单的介绍。

9.2.1 施加简谐载荷与求解

在谐响应分析中，除重力载荷、热载荷、旋转速度载荷、螺栓预紧载荷及仅有压缩约束外，其他的结构载荷及约束均可以被使用，同时所有的结构载荷将以相同的激励频率呈正态变化。

若存在仅有压缩约束，则其行为类似于无摩擦力约束。

在谐响应分析中并不是所有的载荷都支持相位的输入，其中加速度载荷、轴承载荷、弯矩载荷的相位角为 0°；若存在其他载荷，改变其相位角时，加速度载荷、轴承载荷、弯矩载荷的相位角仍然为 0°。

谐响应分析中的简谐载荷需要指定幅值、相位角及频率，载荷在第一个求解间隔即被施加。

1. 幅值与相位角

简谐载荷的值代表幅值；相位角 Ψ 是指两个或多个谐响应载荷之间的相位变换，若只存在一个载荷则无须设定。对于非零的相位角，只对力、位移及压力简谐载荷有效。幅值与相位角的设置是在参数设置列表中进行设置的。

2. 简谐载荷频率

在谐响应分析设置中，通过输入最大值、最小值可以确定激振频率域 $(f_{\max} \sim f_{\min})$，并确定求解的步长 $\Delta\Omega$。

$$\Delta\Omega = 2\pi\left[\left(f_{\max} \sim f_{\min}\right)/n\right]$$

譬如在 0Hz~10Hz 的频率范围，求解间隔为 2，将会得到 2Hz、4Hz、6Hz、8Hz 和 10 Hz 的结果。同样，如果间隔为 1，就将只有 10Hz 的结果。

9.2.2 求解方法

求解谐响应运动方程有完全法和模态叠加法两种方法。完全法是一种最简单的方法，使用完全结构矩阵，允许存在非对称矩阵；模态叠加法是从模态分析中叠加模态振型，这是默认方法，是所有方法中求解最快的方法。

1. 模态叠加法

模态叠加法是在模态坐标系中求解谐响应方程的。对于线性系统，用户可以将 x 写成关于模态形状 ϕ_i 的线性组合的表达式：

$$\{x\} = \sum_{i=1}^{n} y_i \{\phi_i\}$$

表达式中 y_i 指的是模态的坐标（系数）。可以看出，谐响应分析时包括的模态 n 越多，对 $\{x\}$ 逼近越精

确。固有频率 ω_i 和相应的模态形状因子 ϕ_i 是通过求解一个模态分析来确定的。

采用模态叠加法进行谐响应分析时，首先需要自动进行一次模态分析，此时程序会自动确定获得准确结果所需要的模态数。虽然先进行的是模态分析，但谐分析部分的求解仍然很迅速且高效，因此模态叠加法通常比完全法要快得多。

由于采用模态叠加法进行了模态分析，因此会获得结构的自然频率。谐响应分析中，响应的峰值是与结构的固有频率相对应的。由于自然频率已知，因此能够将结果聚敛到自然振动频率附近。

2. 完全法

在完全法中，直接在结点坐标系下求解矩阵方程，除了使用复数，基本类似于线性静态分析。其表达式如下：

$$[K_C]\{x_C\}=\{F_C\}$$

其中，$[K_C]=\left(-\omega^2[M]+j\omega[C]+[K]\right)$，$\{x_C\}=\{x_1+jx_2\}$，$\{F_C\}=\{F_1+jF_2\}$。

3. 两种方法的比较

（1）对每一个频率，完全法必须将$[K_C]$因式分解。在模态叠加法中是求解简化后的非耦合方程；在完全法中，必须将复杂的耦合矩阵$[K_C]$因式分解。因此，完全法一般比模态叠加法更耗费计算时间。

（2）完全法支持给定位移约束，由于对$\{x\}$直接求解，因此允许施加位移约束，并可以使用给定位移约束。

（3）完全法没有计算模态，所以不能采用结果聚敛，只能采用平均分布间隔。

9.2.3 查看结果

在谐响应分析的后处理中，可以查看应力、应变、位移及加速度的变化图。图9-4所示为一个典型的位移——时间图。

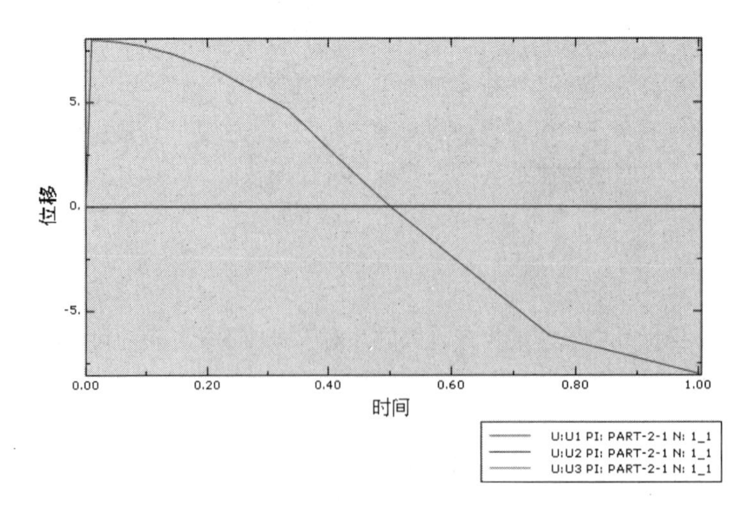

图9-4 位移—时间图

9.3 双质量块 — 弹簧系统的谐响应分析

本节将通过一个“双质量块—弹簧系统”的谐响应分析来帮助读者掌握谐响应分析的基本操作步骤。

9.3.1 问题描述

在如图 9-5 和图 9-6 所示的系统中的质量块 m_1 上施加简谐力（F）时，求两个质量块（m_1 和 m_2）的振幅响应和相位角响应。

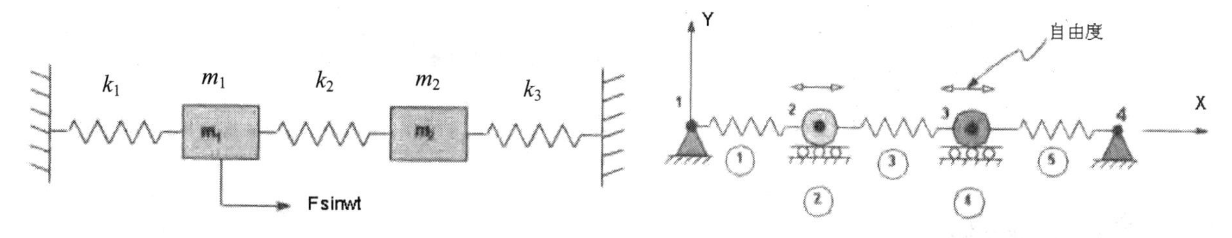

图 9-5　双质量块—弹簧系统的模型简图　　　　图 9-6　双质量块—弹簧系统的有限元简图

该问题的材料属性为：m_1=m_2=0.5kg；k_1=k_2=2N/m，载荷的大小为 F=20。双—质量—弹簧系统的两端固定住，两个质量块的自由度都是沿着弹簧方向。

9.3.2 问题分析

本例的模型采用点模型，点与点之间采用弹簧的相互作用定义，这样网格就不需要划分了。对于谐响应分析，在 ABAQUS 中必须使用“静力，通用”分析步。

9.3.3 创建部件

步骤01 启动 ABAQUS/CAE，创建一个新的模型，重命名为 Model-1，保存模型为 Model-1.cae。

步骤02 单击工具箱中的（创建部件）按钮，弹出“创建部件”对话框（如图 9-7 所示），在“名称”中输入 Part-1，将“模型空间”设为“三维”、“类型”设为“可变形”，将“基本特征”的“形状”设为“点”、“类型”设为“坐标”，单击“继续”按钮，进入草图环境。

步骤03 此时提示区的提示如图 9-8 所示，输入第一点的坐标值（0,0,0），单击鼠标中键，此时视图区内会显示刚刚定义好的点。

步骤04 使用同样的方法定义其他 3 个点，“名称”分别为 Part-2、Part-3 和 Part-4，对应的坐标分别为（1,0,0）、（2,0,0）和（3,0,0）。

图 9-7 “创建部件”对话框

图 9-8 在提示区输入提示

9.3.4 创建属性

步骤 01 进入属性模块，将环境栏中的“部件”设为 Part-2，如图 9-9 所示。

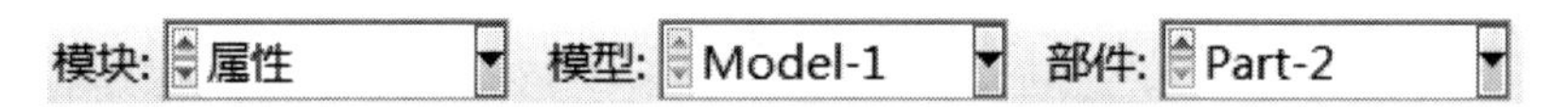

图 9-9 将环境栏中的“部件”设为 Part-2

步骤 02 执行“特殊设置”→“惯性”→“管理器”命令，弹出“惯性管理器”对话框（如图 9-10 所示），单击“创建”按钮，弹出“创建惯量”对话框（如图 9-11 所示），默认“名称”为 Inertia-1，选择“类型”为“点质量/惯性”，单击“继续”按钮。

图 9-10 “惯性管理器”对话框

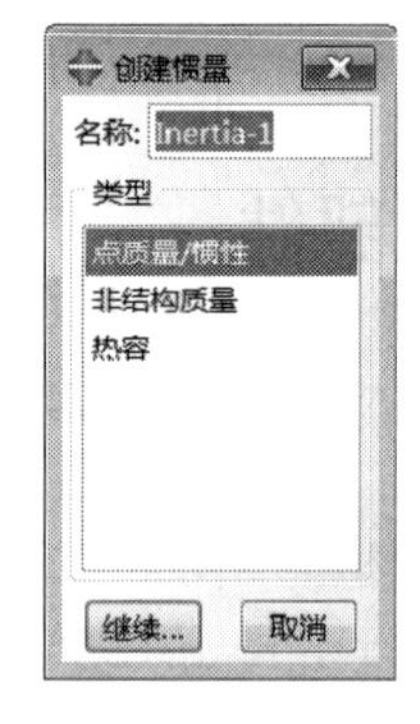

图 9-11 “创建惯量”对话框

步骤 03 根据提示区提示，在视图中选择 Part-2 点，单击提示区的“完成”按钮，弹出如图 9-12 所示的“编辑惯量”对话框，在“大小”选项卡中的“各向同性”后面输入 2，其他值为默认，完成 Part-2 的点质量定义。

步骤 04 使用同样的方法定义 Part-3 的点质量，在“大小”选项卡中的“各向同性”后面输入 2，其他值为默认。

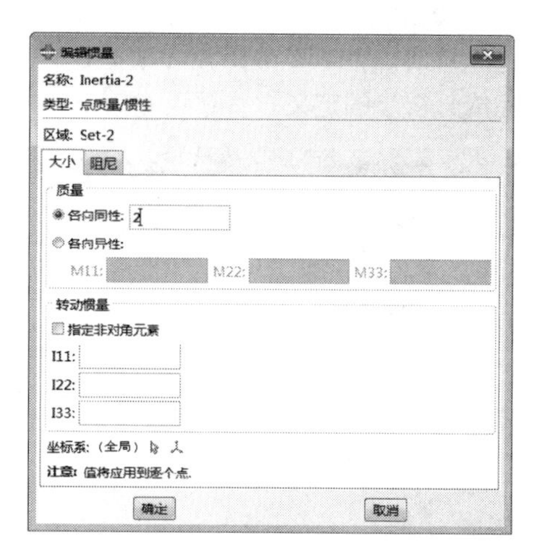

图 9-12 “编辑惯量”对话框

对于该结构，不需要向其他实体或壳模型一样定义材料属性、截面属性及截面指派属性。

9.3.5 定义装配件

进入装配模块，单击工具箱中的 （将部件实例化）按钮，在弹出的“创建实例”对话框（如图 9-13 所示）中，按住 Shift 键同时选择 Part-1~Part-4 部件，单击“确定”按钮，创建部件的实例。生成的实例如图 9-14 所示。

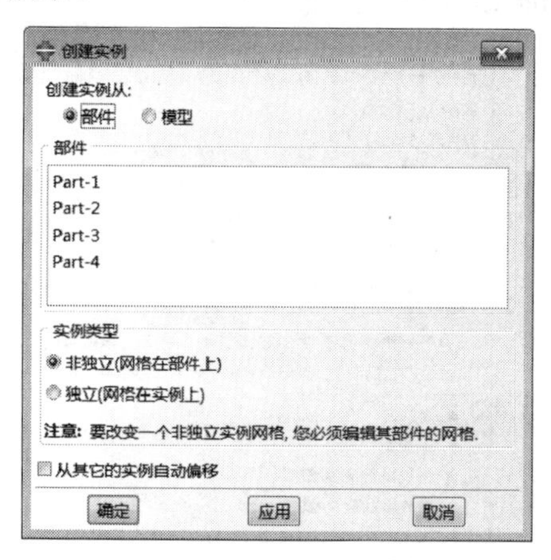

图 9-13 “创建实例”对话框

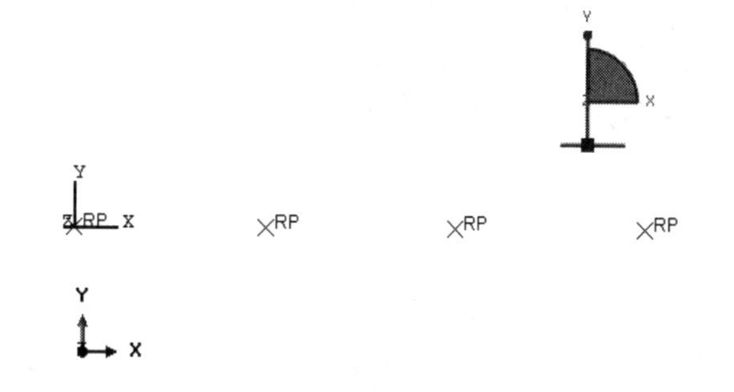

图 9-14 生成的实例

9.3.6 设置分析步和输出变量

1. 定义分析步

步骤 01 进入分析步模块，单击工具箱中的 （创建分析步）按钮，在弹出的“创建分析步”对话框（如图 9-15 所示）中选择分析步类型为“静力，通用”，单击“继续”按钮。

步骤 02 在弹出的“编辑分析步”对话框（如图 9-16 所示）中，将“几何非线性”设置为“开”，其他为默认设置，单击“确定”按钮，完成分析步的定义。

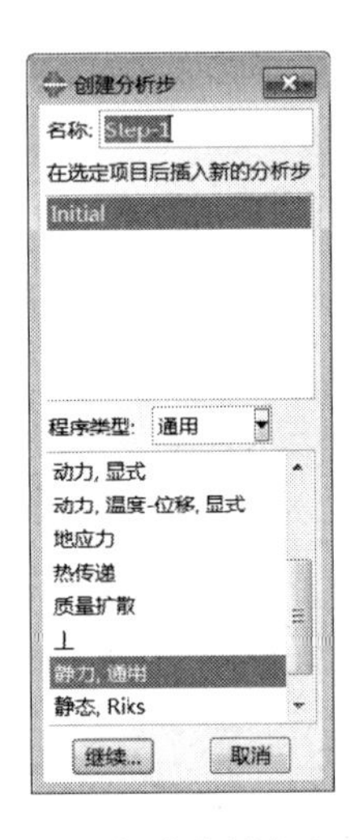

图 9-15 “创建分析步”对话框

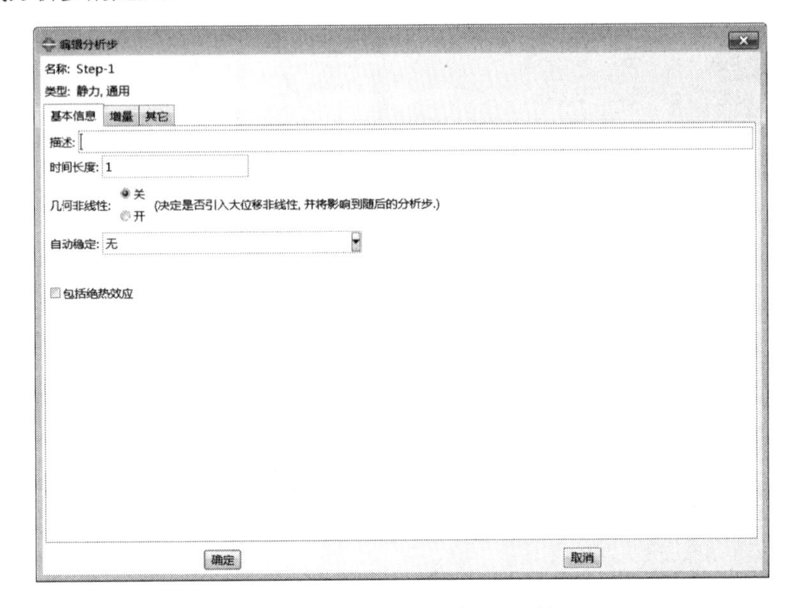

图 9-16 “编辑分析步”对话框

2. 设置连接单元的变量输出

步骤 01 单击工具箱中的（场输出管理器）按钮，在弹出的“场输出请求管理器”对话框（如图 9-17 所示）中可以看到 ABAQUS/CAE 已经自动生成了一个名称为 F-Output-1 的历史输出变量。

步骤 02 单击“编辑”按钮，在弹出的“编辑场输出请求”对话框（如图 9-18 所示）中确认“作用域”为“整个模型”、“输出变量”为“预选的默认值：应力、应变、位移/速度/加速度、接触”，单击“确定”按钮。

步骤 03 返回到“场输出请求管理器”对话框，单击“确定”按钮，完成输出变量的定义。

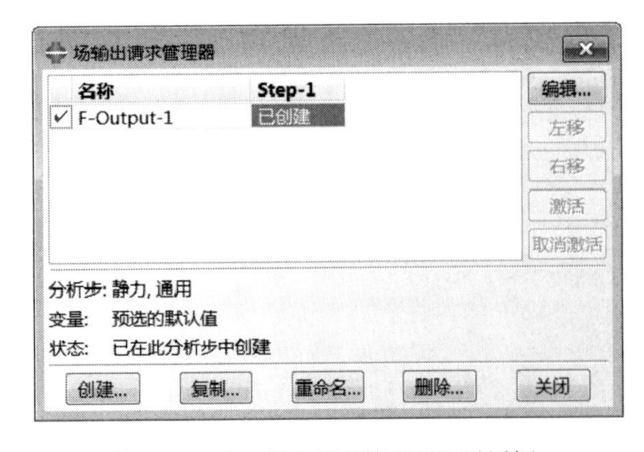

图 9-17 “场输出请求管理器”对话框

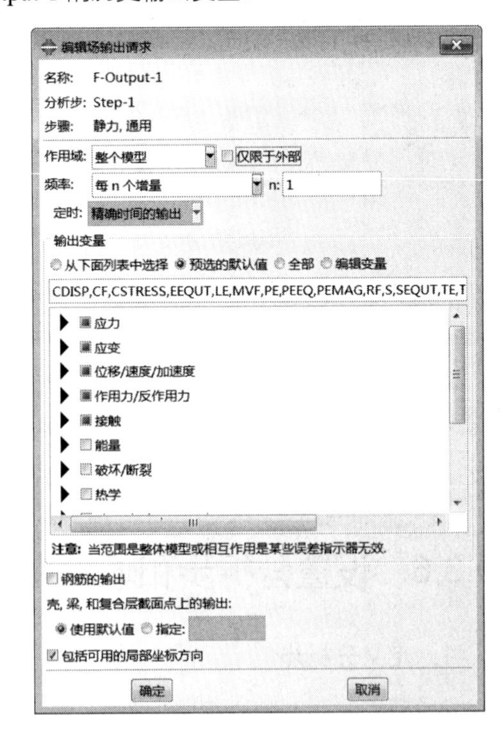

图 9-18 “编辑场输出请求”对话框

9.3.7 定义相互作用

下面将定义在各个块体之间及块体和固定端之间的相互作用（即定义弹簧）。

步骤 01 执行“特殊设置”→“弹簧/阻尼器”→“管理器”命令，弹出“弹簧/阻尼器管理器”对话框（如图 9-19 所示），单击“创建”按钮，弹出“创建弹簧/阻尼器”对话框（如图 9-20 所示），默认“名称”为 Springs/Dashpots-4，选择“类型”为“连接两点”，单击“继续”按钮。

步骤 02 根据提示区中的提示，分别选择 Part-1 和 Part-2 点作为 Springs/Dashpots-4 弹簧阻尼点的第一个点和第二个点，单击提示区中的“完成”按钮，弹出“编辑弹簧/阻尼器”对话框，如图 9-21 所示。

图 9-19 “弹簧/阻尼器管理器”对话框

图 9-20 “创建弹簧/阻尼器”对话框

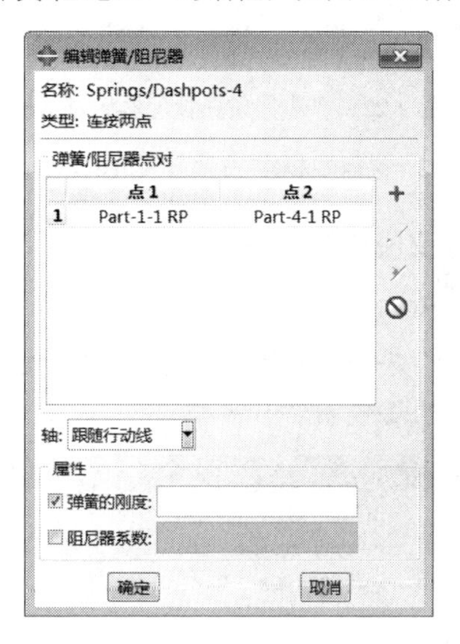

图 9-21 “编辑弹簧/阻尼器”对话框

步骤 03 在“编辑弹簧/阻尼器”对话框中，设置“弹簧的刚度”为 2，单击“确定”按钮，完成弹簧的定义。

步骤 04 使用同样的方法，定义 Springs/Dashpots-1~ Springs/Dashpots-3，即在 Part-2 点与 Part-3 点之间和 Part-3 点与 Part-4 点之间的弹簧，其他值为默认。

9.3.8 定义载荷和边界条件

1. 定义边界条件

步骤 01 进入载荷功能模块，单击工具箱中的（边界条件管理器）按钮，单击“边界条件管理器”对话框（如图 9-22 所示）中的“创建”按钮，在弹出的“创建边界条件”对话框（如图 9-23 所示）中，“分析步”选择 Step-1，“类别”选择“力学”，“可用于所选分析步的类型”选择“对称/反对称/完全固定”，单击“继续”按钮。

步骤 02 根据提示区的提示选择 Part-1 点，弹出“编辑边界条件”对话框，选中“完全固定(U1=U2=U3=UR1=UR2=UR3=0)”单选按钮，如图 9-24 所示。

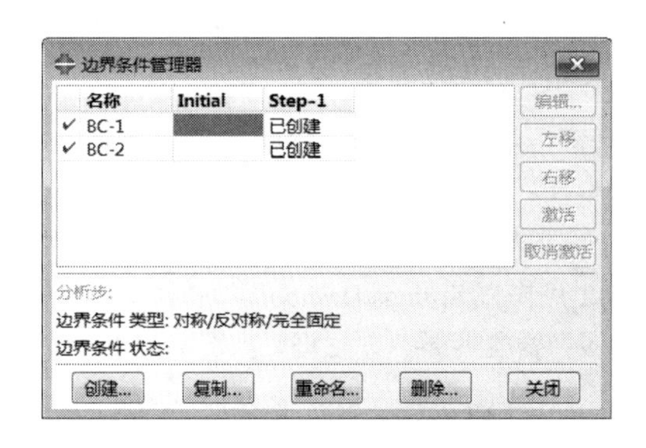

图 9-22 “边界条件管理器”对话框

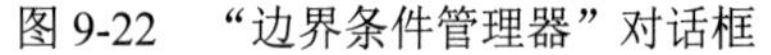

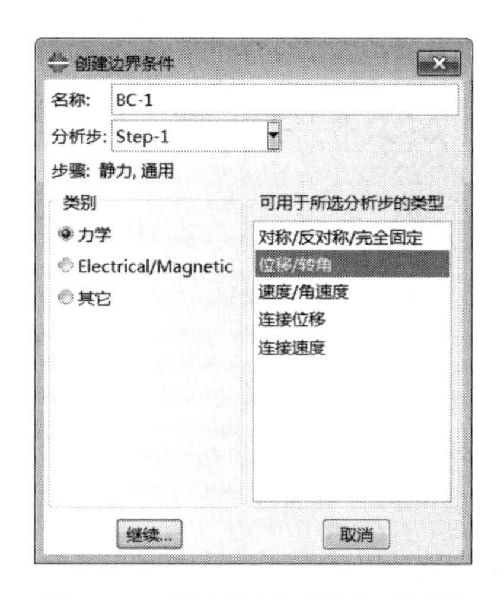

图 9-23 “创建边界条件”对话框

步骤 03 使用同样的方法定义 BC-2，将 Part-4 点设置为完全固定，其他值为默认。

2. 定义幅值与载荷

步骤 01 执行“工具”→“幅值”→“管理器”命令，弹出“幅值管理器”对话框（如图 9-25 所示），单击“创建”按钮，在弹出的如图 9-26 所示的“创建幅值”对话框中设置“名称”为 Amp-1、“类型”为“周期”，单击“继续”按钮。

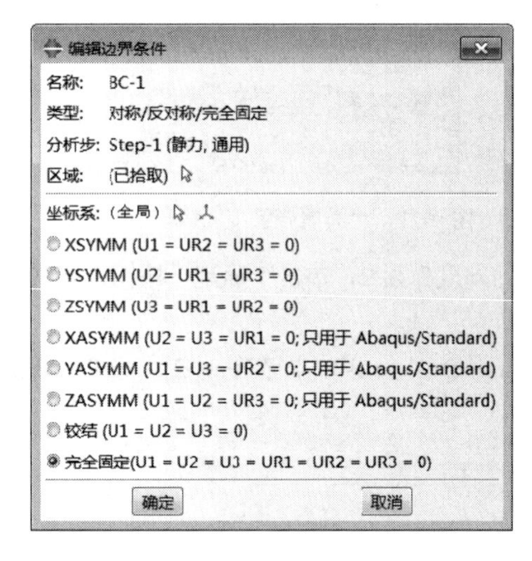

图 9-24 “编辑边界条件”对话框

图 9-25 “幅值管理器”对话框

步骤 02 在弹出的“编辑幅值”对话框中，设置如图 9-27 所示的参数，单击“确定”按钮，完成幅值 Amp-1 的定义。

步骤 03 单击工具箱中的（创建载荷）按钮，在弹出的对话框（见图 9-28）中，“分析步”选择 Step-1，“类别”选择“力学”，“可用于所选分析步的类型”选择“集中力”，单击“继续”按钮，在视图中选择 Part-2 点，单击鼠标中键。

步骤 04 在弹出的“编辑载荷”对话框（如图 9-29 所示）中，设置 CF1 为 20、CF2 为 0、CF3 为 0、“幅值”为 Amp-1，单击“确定”按钮，完成载荷的定义。

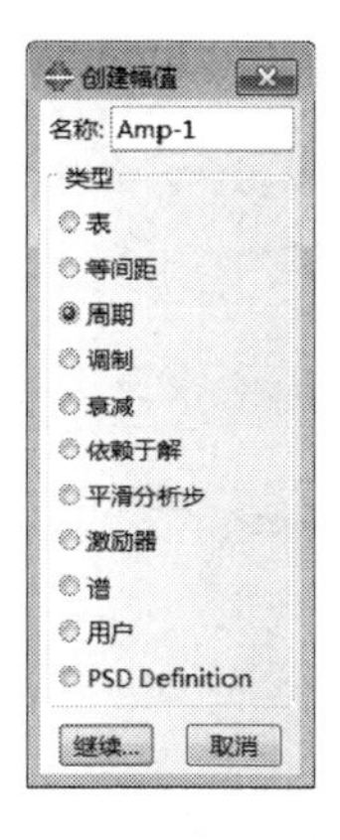

图 9-26 “创建幅值”对话框

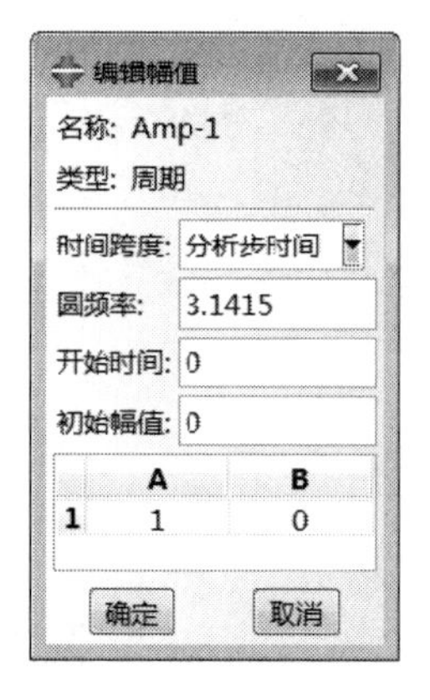

图 9-27 “编辑幅值”对话框

图 9-28 “创建载荷”对话框

施加位移约束和载荷后的结构图如图 9-30 所示。

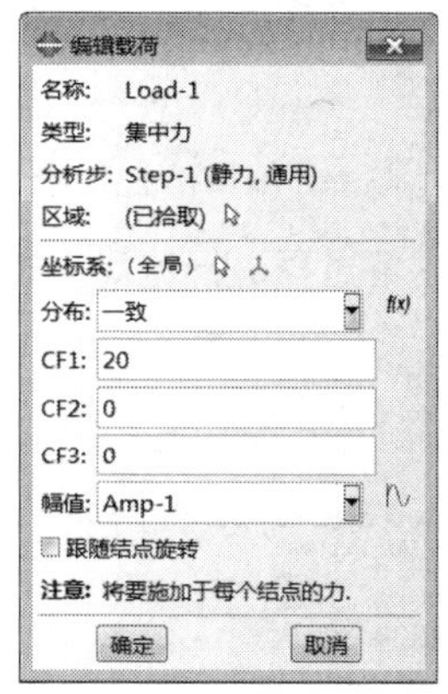
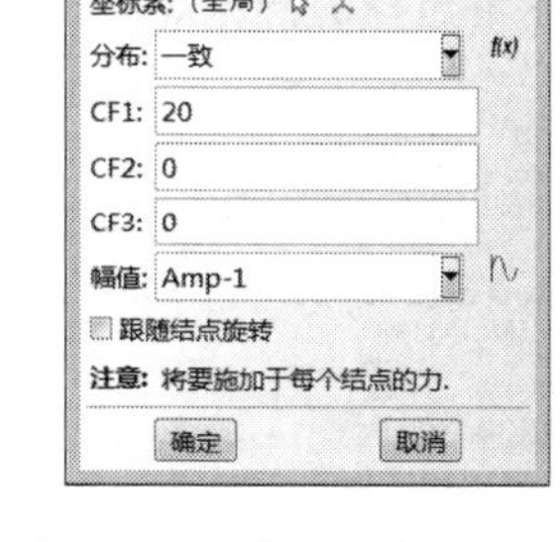

图 9-29 “编辑载荷”对话框

图 9-30 施加位移约束后的结构图

在谐响应分析中，载荷的动态效应主要通过幅值管理器进行设置，因而载荷对谐响应分析结果有很大影响，这点不同于模态分析。

9.3.9 结果分析

步骤 01 执行“作业”→“管理器”命令，单击“作业管理器”对话框（如图 9-31 所示）中的“创建”按钮，在弹出的“创建作业”对话框（如图 9-32 所示）中，定义作业“名称”为 Spring-1，单击“继续”按钮。

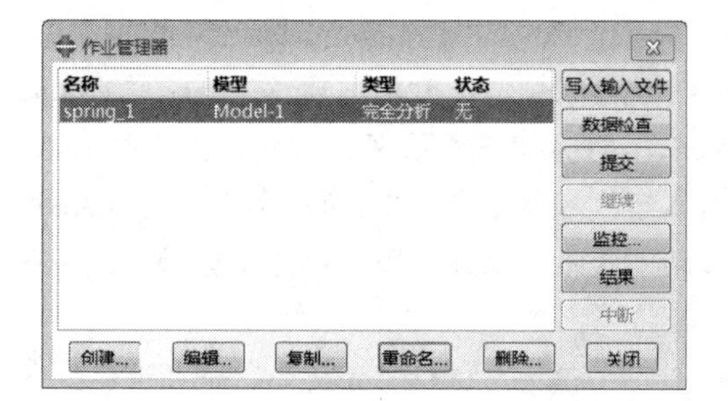

图 9-31 “作业管理器”对话框

步骤02 在弹出的“编辑作业”对话框（如图 9-33 所示）中，“作业类型”选择“完全分析”，单击“确定”按钮，完成作业定义。

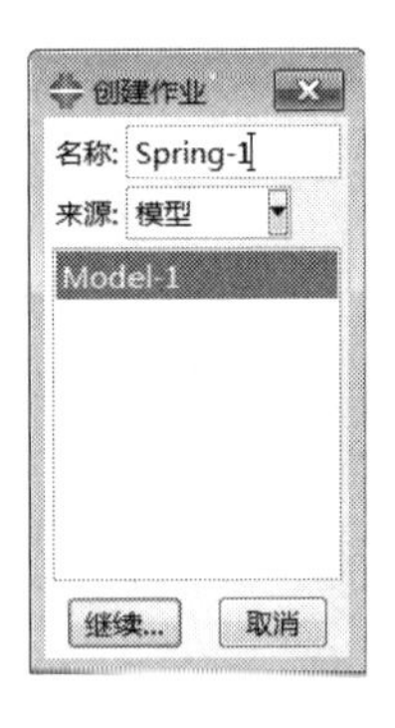

图 9-32 “创建作业”对话框

图 9-33 “编辑作业”对话框

步骤03 单击“作业管理器”对话框中的“监控”按钮，可以对求解过程进行监视（如图 9-34 所示），单击“提交”按钮提交作业。

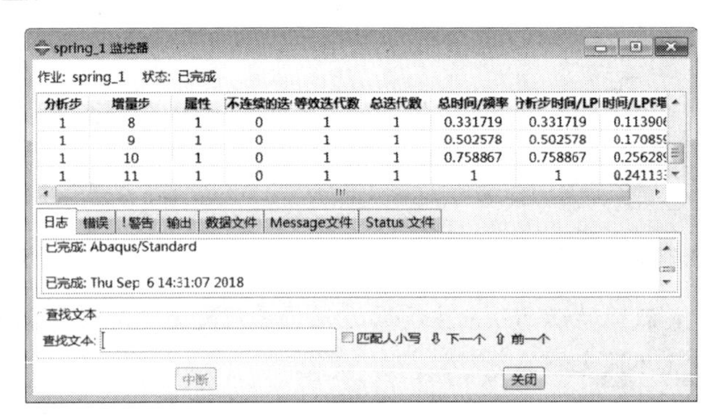

图 9-34 对求解过程进行监视

监控过程中可能会出现如下错误:

***ERROR: TOO MANY ATTEMPTS MADE FOR TTHIS INCREMENT: ANALYSIS TERMINATED.

错误原因： 如果 ABAQUS 按照当前的时间增量步无法在规定的迭代次数内达到收敛，就会自动减小时间增量步。

如果这样仍不能收敛，就会继续减小时间增量步。默认的 Cutback 最大次数为 5 次，如果达到了最大次数仍不能收敛，ABAQUS 就会停止分析，显示以上错误信息。

关于收敛控制的详细内容，可以参见 ABAQUS 帮助文件《ABAQUS Analysis User's Manual》。

措施办法： 分析无法达到收敛，往往是因为模型中有问题，如存在刚体位移、过约束、接触定义不当等。

具体操作： 选择“分析步”模块，执行“分析步”→“编辑”命令，在“编辑分析步”对话框（如图 9-35 所示）中打开“增量”选项卡，设置参数初始的值。

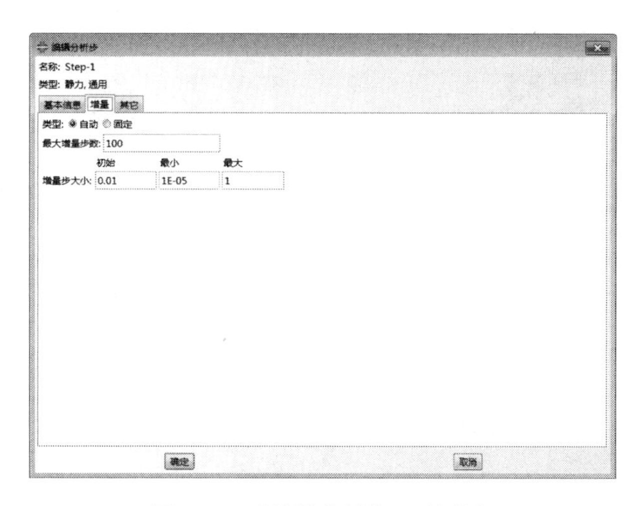

图 9-35 “编辑分析步”对话框

9.3.10 后处理

步骤 01 分析完毕后，单击“结果”按钮，ABAQUS/CAE 进入可视化模块。单击按钮显示 Mises 应力云图。

步骤 02 执行“结果”→“场输出”命令，弹出“场输出”对话框（如图 9-36 所示），分别选择 Max. Principal、Min. Principal 和 E11，显示各个参数的云图，如图 9-37 所示。

步骤 03 执行“结果”→“分析步/帧”命令，弹出“分析步/帧”对话框，如图 9-38 所示，在“分析步名称”中选择 Step-1，在“帧”中选择索引为 1，单击“应用”按钮，显示一阶模态；选择索引为 5，单击“应用”按钮，显示五阶模态；选择索引为 8，单击“应用”按钮，显示八阶模态；选择索引为 11，单击“应用”按钮，显示 11 阶模态，各阶模态振型图如图 9-39 所示。

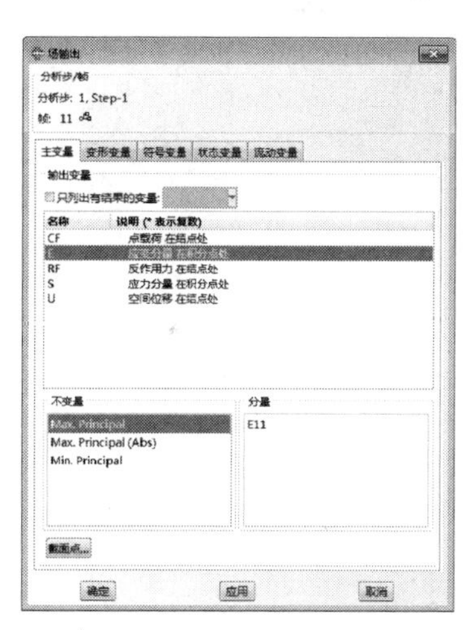

图 9-36 “场输出”对话框

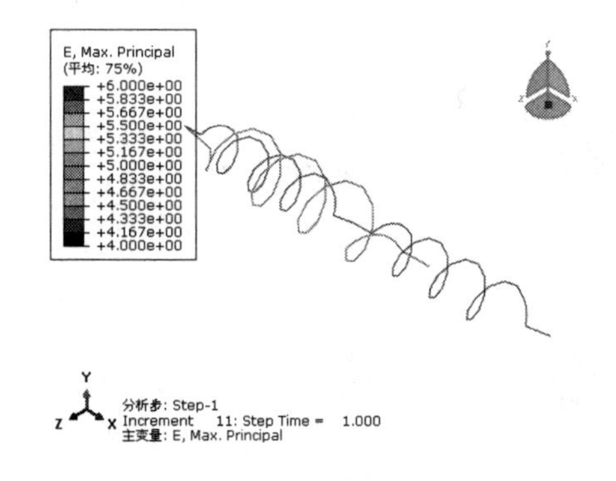

（a）Max. Principal

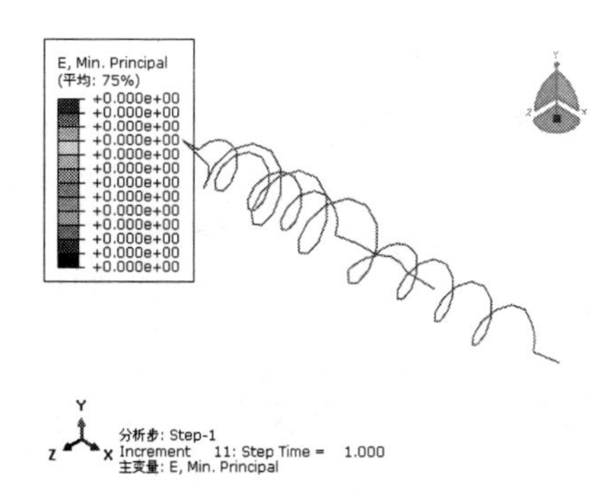

（b）Min. Principal

图 9-37 场输出云图

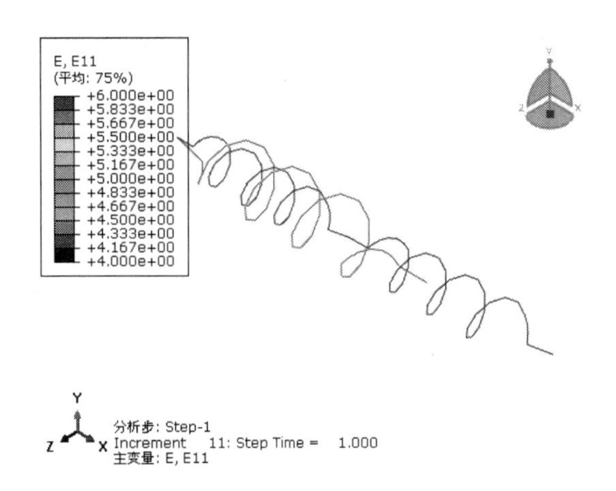

（c）E11

图 9-37 场输出云图（续）

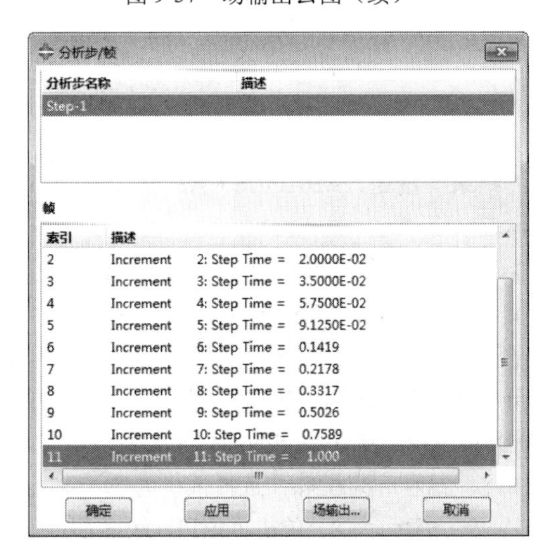

图 9-38 “分析步/帧”对话框

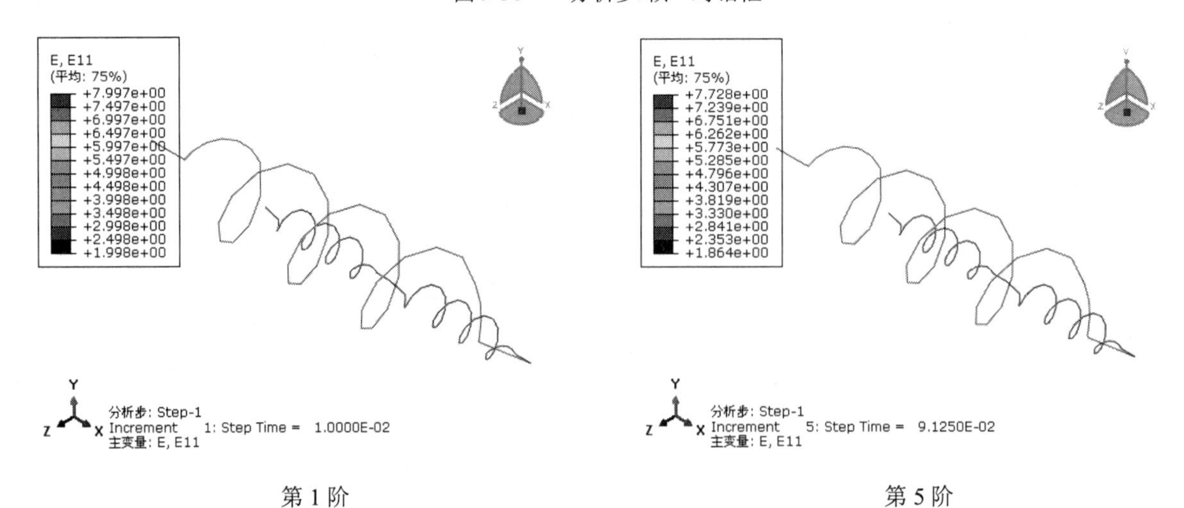

第 1 阶　　　　第 5 阶

图 9-39 各阶振型图

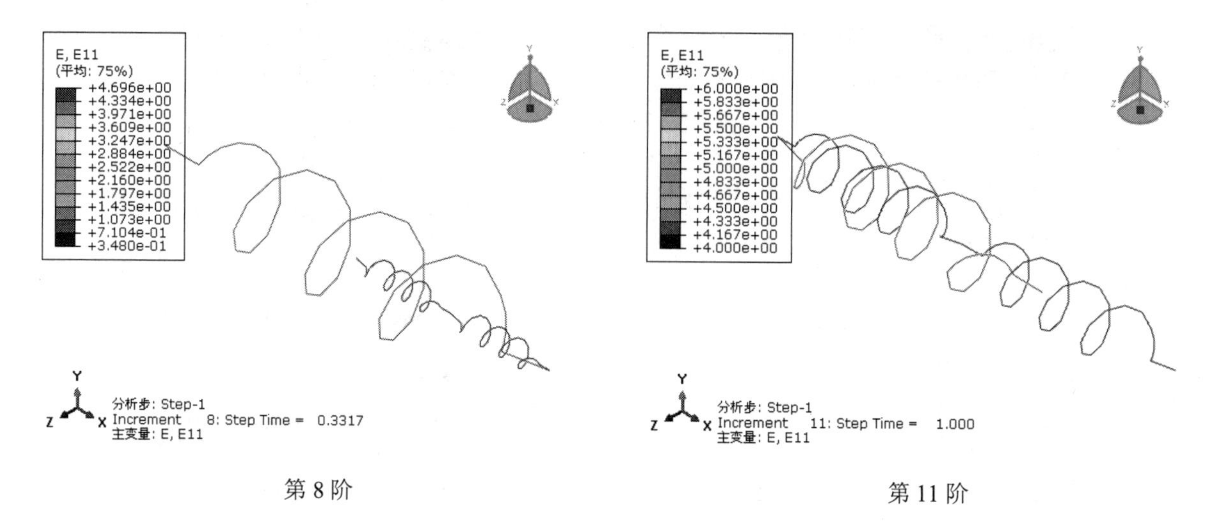

第 8 阶　　　　第 11 阶

图 9-39　各阶振型图（续）

步骤 04 单击按钮显示变形过程的动画。执行"动画"→"时间历程"命令，可以动画显示各模型振动情况。

步骤 05 执行"动画"→"另存为"命令，弹出"保存图像动画"对话框，如图 9-40 所示，输入"文件名"为 Frequency，单击"AVI 格式选项"按钮，弹出"AVI 选项"对话框（如图 9-41 所示），可以对动画选项进行设置，此处接受默认设置，单击"确定"按钮，返回"保存图像动画"对话框，单击"确定"按钮，保存 AVI 动画到 Frequency 文件中。

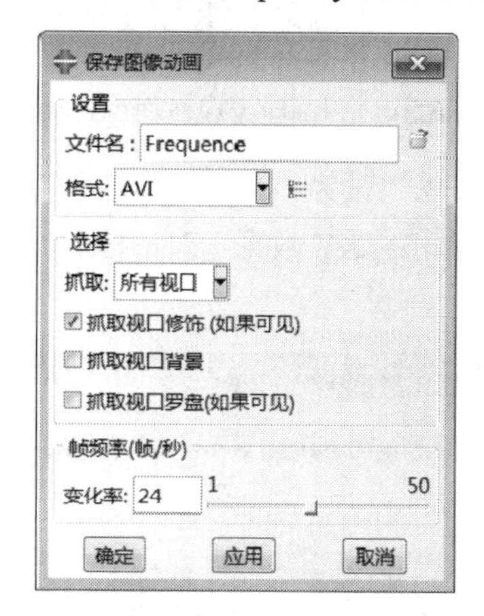

图 9-40　"保存图像动画"对话框

图 9-41　"AVI 选项"对话框

步骤 06 执行"选项"→"通用"命令，弹出"通用绘图选项"对话框，如图 9-42 所示；切换到"标签"选项卡（如图 9-43 所示），勾选"显示结点编号"复选框，单击"颜色"按钮，弹出"选择颜色"对话框（如图 9-44 所示），选择黑色颜色框（可以自己调色），单击"确定"按钮，返回"通用绘图选项"对话框，单击"应用"按钮，显示结点编号。

步骤 07 执行"工具"→"XY 数据"→"创建"命令，在"创建 XY 数据"对话框（如图 9-45 所示）中选中"ODB 场变量输出"单选按钮，单击"继续"按钮。

步骤 08 弹出"来自 ODB 场输出的 XY 数据"对话框，在"输出变量"选项组中选择"位置"下拉列表中的"唯一结点的"选项（如图 9-46 所示），"编辑"选择 U:Ul。

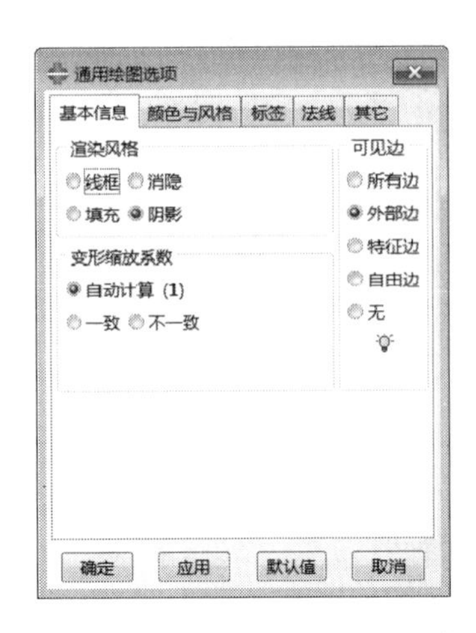

图 9-42 “通用绘图选项”对话框

图 9-43 切换到“标签”选项卡

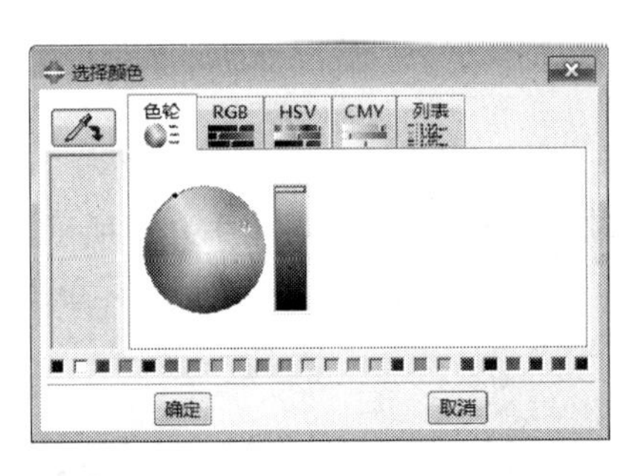

图 9-44 “选择颜色”对话框

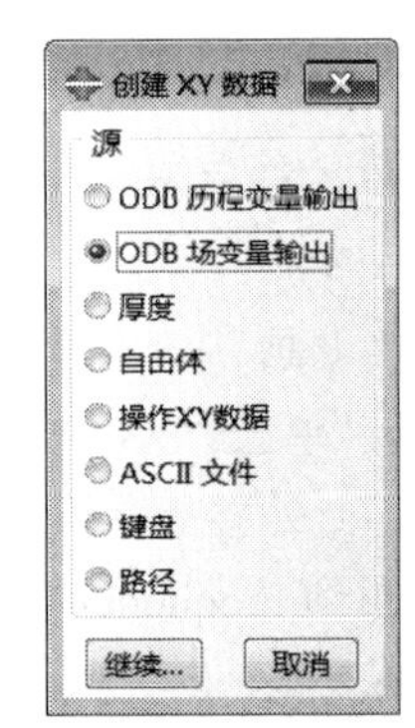

图 9-45 “创建 XY 数据”对话框

步骤 09 切换到“单元/结点”选项卡，如图 9-47 所示，将“方法”设为“从视口中拾取”，在视图中选择 Part-2 点，单击提示区中的“完成”按钮，返回“来自 ODB 场输出的 XY 数据”对话框后，单击“绘制”按钮，绘制出结点随着时间变化的位移曲线，如图 9-48 所示。

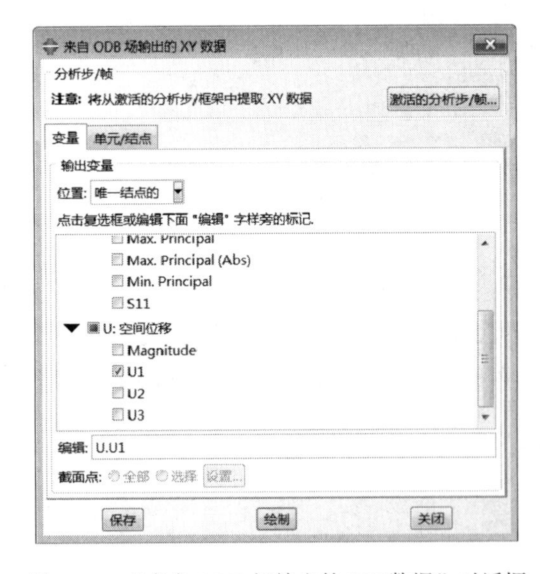

图 9-46 “来自 ODB 场输出的 XY 数据”对话框

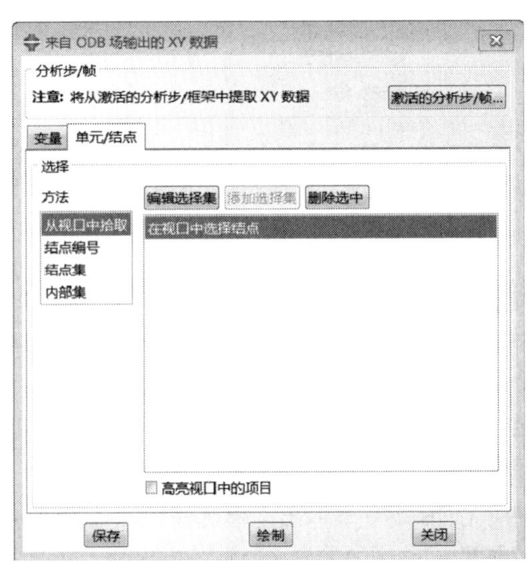

图 9-47 切换到“单元/结点”选项卡

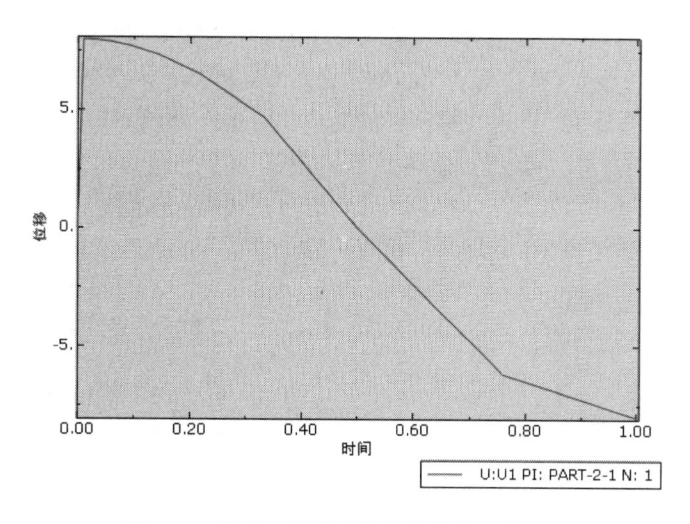

图 9-48　结点 2 随着时间变化的位移曲线

9.4　梁—集中质量结构的谐响应分析

本节将通过一个“梁—集中质量结构”的谐响应分析来帮助读者掌握谐响应分析的基本操作步骤。

9.4.1　问题描述

如图 9-49 所示系统中钢梁长度为 l，截面性质见问题详细说明，钢梁中间作用一个集中质量块 *m*，梁受到一个动力载荷 *F*(*t*)的作用，该载荷的初始幅值为 100、最大幅值为 200、开始时间为 0.0s、衰减时间为 0.1s。梁本身的质量忽略不计，质量块的主自由度垂直于梁长方向。

材料属性为：*m*=0.0259067kg；*E*=30000N/m，*nu*=0.3。载荷的大小为：*F*=200N。梁—集中质量结构的两端简支，求其谐响应分析。

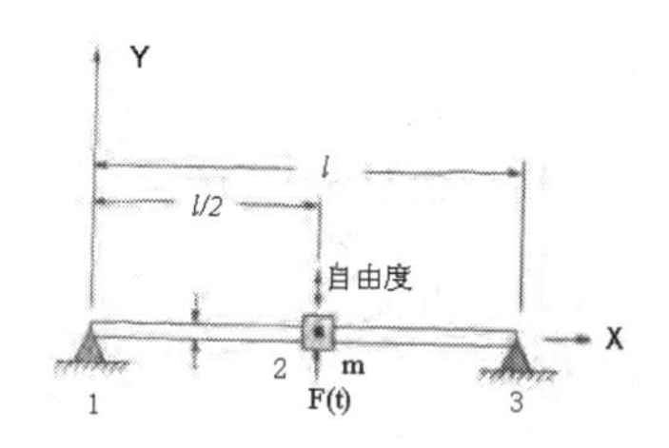

图 9-49　梁—集中质量结构的模型简图

9.4.2　问题分析

本例的模型采用点模型和线模型，线模型采取梁单元，点模型赋予惯性属性。

对于谐响应分析，在 ABAQUS 中必须使用“静力，通用”分析步。

9.4.3　创建部件

步骤 01 启动 ABAQUS/CAE，创建一个新的模型，重命名为 Model-1，保存模型为 Model-1.cae。

步骤02 单击工具箱中的（创建部件）按钮，在弹出的“创建部件”对话框的“名称”文本框中输入 Part-1（如图 9-50 所示），将“模型空间”设为“二维平面”、“类型”设为“可变形”、“基本特征”设为“线”，单击“继续”按钮，进入草图环境。此时，提示区的提示如图 9-51 所示。

步骤03 单击工具箱中的（创建线：首尾相连）按钮，绘制一条水平的线段，单击提示区的“完成”按钮。然后单击工具箱中的（添加尺寸）按钮，选择线段的两端，在提示区中输入线段的长度 240，按回车键，单击鼠标中键，完成部件 Part-1 的定义，如图 9-52 所示。

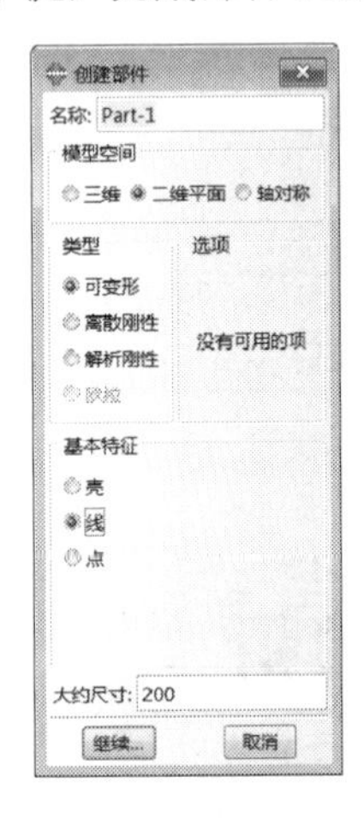

图 9-50 “创建部件”对话框

为线绘制截面草图 完成

图 9-51 提示区的提示

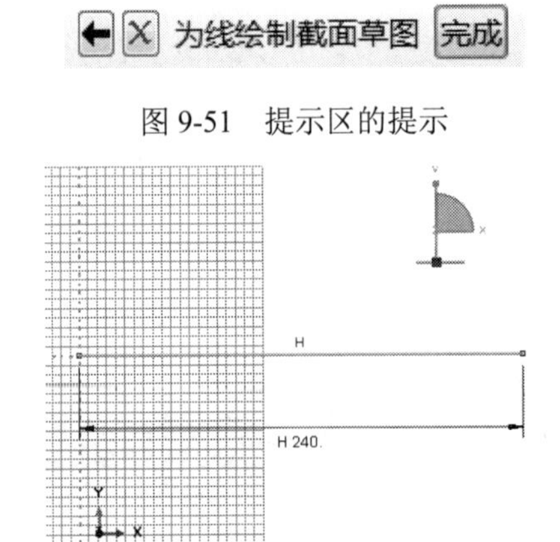

图 9-52 定义好的 Part-1 线段

步骤04 再次单击工具箱中的（创建部件）按钮，在“名称”后面输入 Part-2，将“模型空间”设为“二维”、“类型”设为“可变形”、“形状”设为“点”，单击“继续”按钮，进入草图环境。

输入点的坐标值为（120,0），单击鼠标中键，此时视图区内会显示出刚刚定义好的点。

9.4.4 创建属性

步骤01 进入属性模块，将环境栏中的“部件”设为 Part-2，如图 9-53 所示。

步骤02 执行“特殊设置”→“惯性”→“管理器”命令，弹出“惯性管理器”对话框（如图 9-54 所示），单击“创建”按钮，弹出“创建惯量”对话框（如图 9-55 所示），默认“名称”为 Inertia-1，在“类型”选项组中选择“点质量/惯性”选项，单击“继续”按钮。

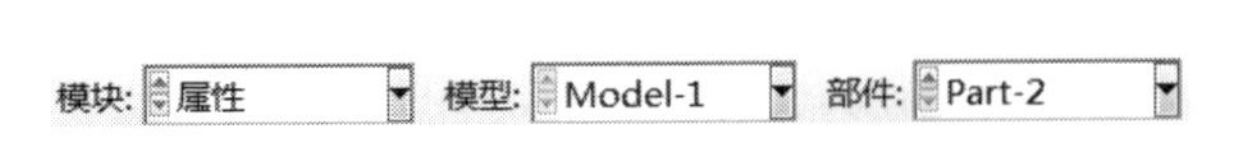

图 9-53 将环境栏中的“部件”设为：Part-2

图 9-54 “惯性管理器”对话框

步骤03 根据提示区的提示，在视图中选择 Part-2 点，单击提示区中的“完成”按钮，弹出如图 9-56 所示的“编辑惯量”对话框，在“大小”选项卡中的“各向同性”后面输入值 0.0259067，默认其他已有选项，完成 Part-2 的质量定义。

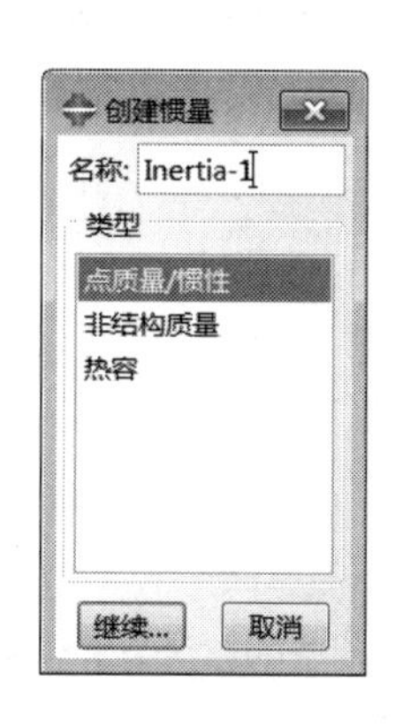

图 9-55 “创建惯量”对话框

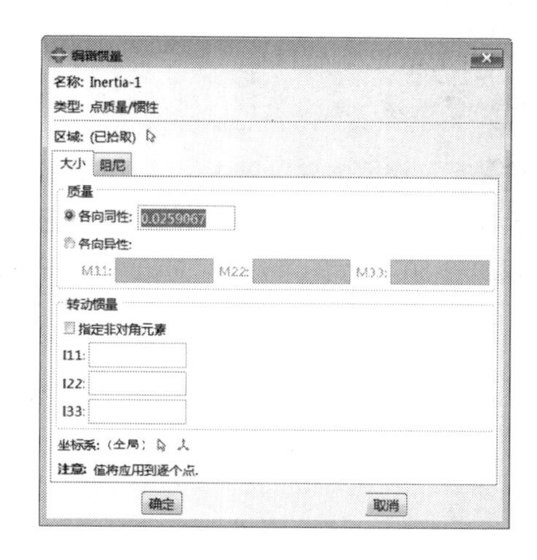

图 9-56 “编辑惯量”对话框

对于点结构，不需要向其他实体或壳模型一样定义材料属性、截面属性及截面指派属性。

步骤 04 定义 Part-1 的材料。进入属性模块，单击工具箱中的 （创建材料）按钮，弹出“编辑材料”对话框，默认材料“名称”为 Material-1，选择“力学”→“弹性”→“弹性”选项，设置“杨氏模量”为 30000、“泊松比”为 0.3，单击“确定”按钮，完成材料属性定义，如图 9-57 所示。

可以先在环境栏中选择属性，进入材料属性模块，再执行“材料”→“创建”命令，也可以单击工具箱中的 （创建材料）按钮。

步骤 05 创建截面属性。单击工具箱中的 （创建截面）按钮，在“创建截面”对话框（如图 9-58 所示）中，选择“类别”为“梁”、“类型”为“梁”，单击“继续”按钮，进入“编辑截面”对话框，“材料”选择 Material-1，单击“确定”按钮，完成截面的定义。

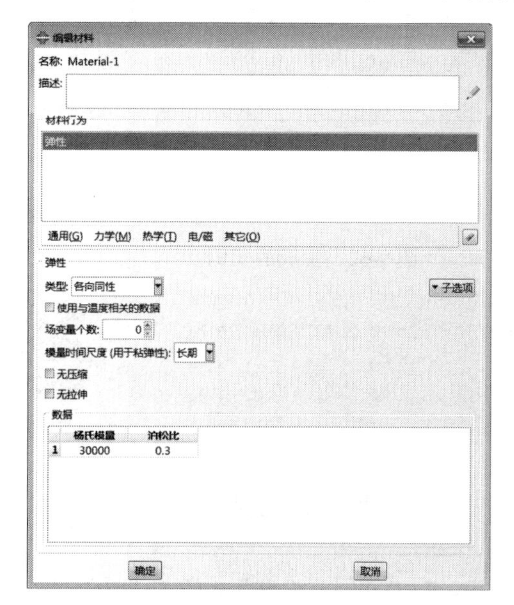

图 9-57 “编辑材料”对话框

步骤 06 赋予截面属性。单击工具箱中的 （指派截面属性）按钮，选择“部件”为 Part-1，单击提示区中的“完成”按钮，在弹出的“编辑截面指派”对话框（如图 9-59 所示）中，选择“截面”为 Section-1，单击“确定”按钮，把截面属性赋予部件。

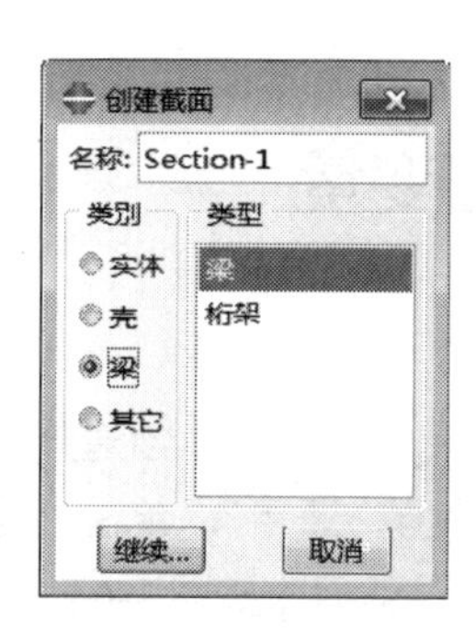

图 9-58 “创建截面”对话框

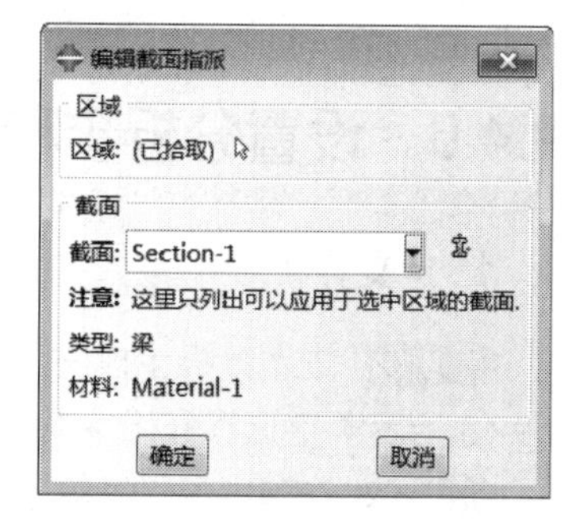

图 9-59 “编辑截面指派”对话框

ABAQUS 的材料属性不能直接赋予几何模型和有限元模型，必须通过创建截面属性，把材料属性赋予截面属性，然后把截面属性赋予几何模型，间接地把材料属性赋予几何模型。

步骤07 指派梁方向。单击工具箱中的（指派梁方向）按钮，选择部件 Part-2，单击提示区中的"完成"按钮，视图中显示如图 9-60 所示的梁方向，单击鼠标中键，完成梁方向的指派。

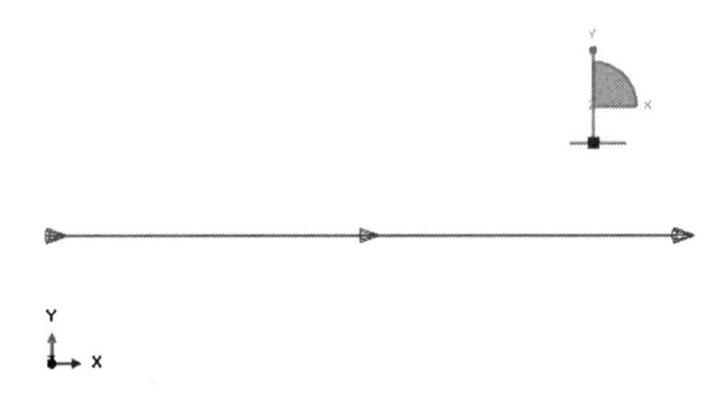

图 9-60 视图中所示的梁方向

9.4.5 定义装配件

进入装配模块，单击工具箱中的（将部件实例化）按钮，在"创建实例"对话框（如图 9-61 所示）中，按住 Shift 键的同时选择 Part-1 和 Part-2，单击"确定"按钮，创建部件的实例。生成的实例如图 9-62 所示。

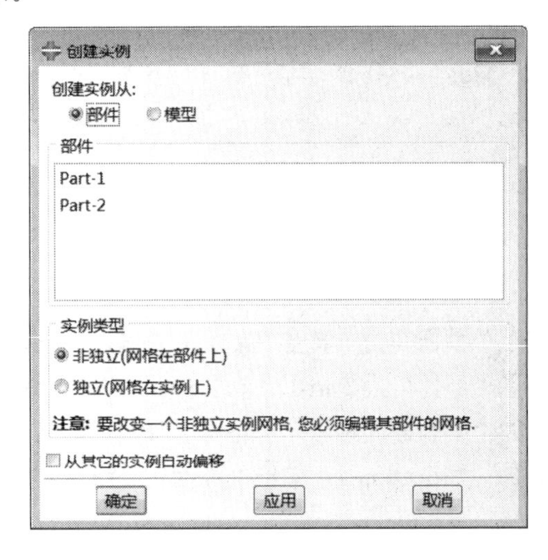

图 9-61 "创建实例"对话框

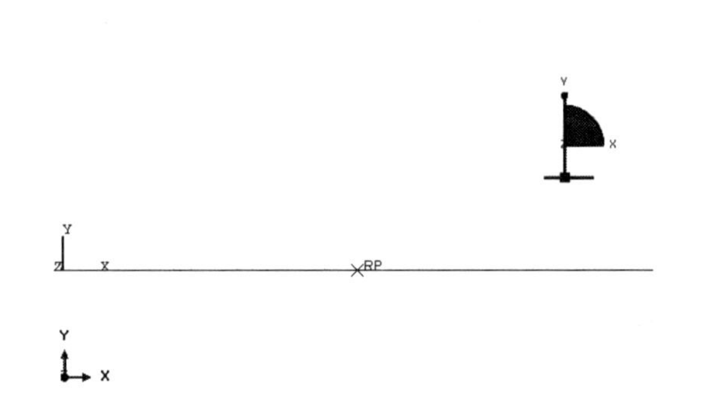

图 9-62 生成的实例

9.4.6 设置分析步和输出变量

1. 定义分析步

步骤01 进入分析步模块，单击工具箱中的（创建分析步）按钮，在弹出的"创建分析步"对话框（如图 9-63 所示）中选择分析步类型为"静力，通用"，单击"继续"按钮。

步骤02 在弹出的"编辑分析步"对话框（如图 9-64 所示）中，把"几何非线性"设置为"开"，接受其他默认设置，单击"确定"按钮，完成分析步的定义。

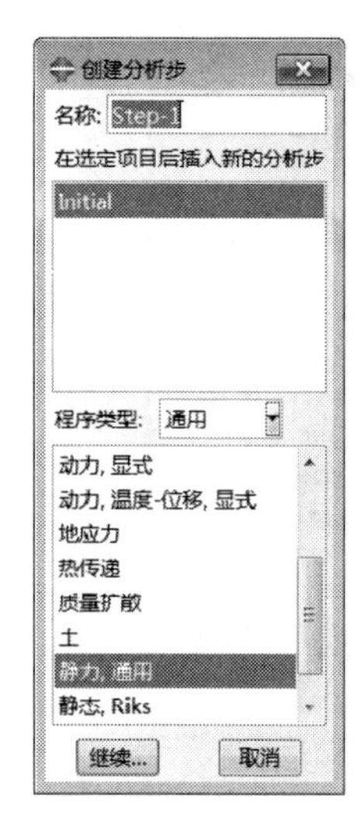

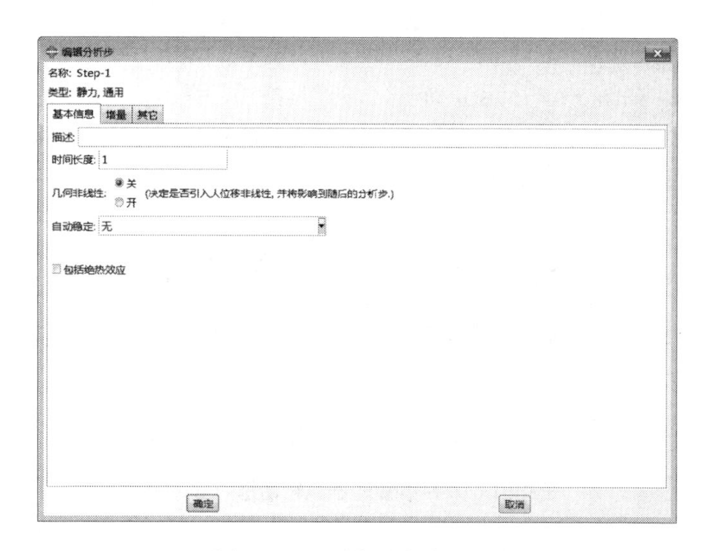

图 9-63 “创建分析步”对话框

图 9-64 “编辑分析步”对话框

2．设置连接单元的变量输出

步骤 01 单击工具箱中的 （场输出管理器）按钮，在弹出的“场输出请求管理器”对话框（如图 9-65 所示）中可以看到 ABAQUS/CAE 已经自动生成了一个名称为 F-Output-1 的历史输出变量。

步骤 02 单击“编辑”按钮，在弹出的“编辑场输出请求”对话框（如图 9-66 所示）中确认“作用域”选择的是“整个模型”，确认“输出变量”为“预选的默认值：应力、应变、位移/速度/加速度、接触”，单击“确定”按钮。返回“场输出请求管理器”对话框，然后单击“确定”按钮，完成输出变量的定义。

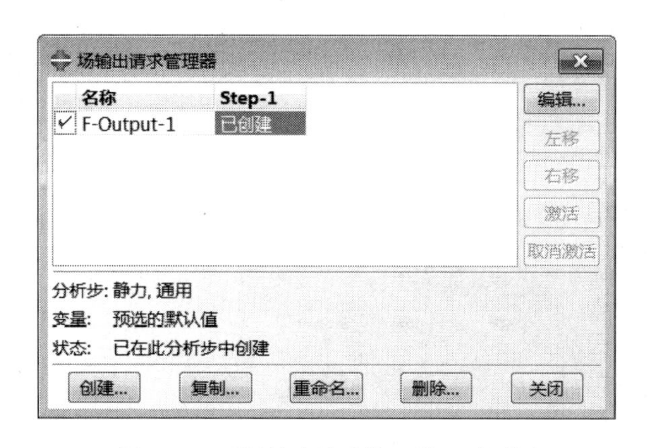

图 9-65 “场输出请求管理器”对话框

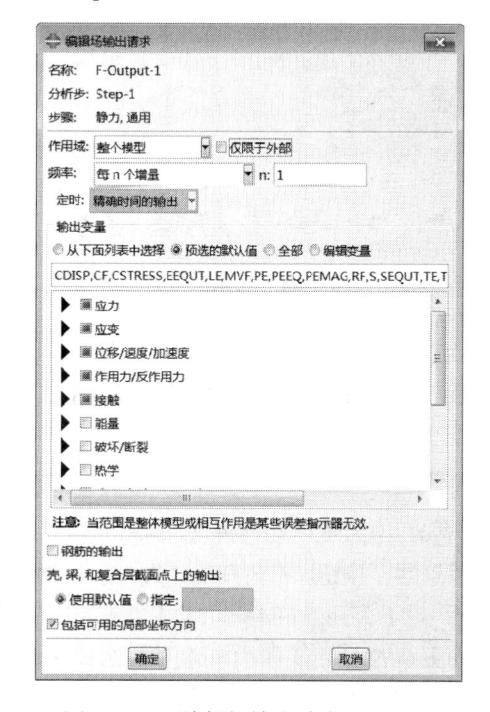

图 9-66 “编辑场输出请求”对话框

9.4.7 定义相互作用

下面将定义在块体和梁之间的相互作用（即绑定约束）。

步骤01 执行“约束”→“管理器”命令，弹出“约束管理器”对话框（如图 9-67 所示），单击“创建”按钮，弹出“创建约束”对话框（如图 9-68 所示），默认“名称”为 Constraint-1，选择“类型”为“绑定”，单击“继续”按钮。

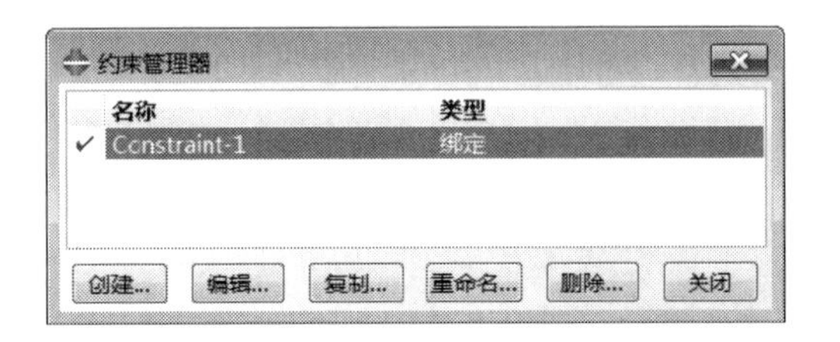

图 9-67 “约束管理器”对话框

图 9-68 “创建约束”对话框

步骤02 根据提示区中的提示，将“结点区域”作为主表面的类型（如图 9-69 所示），分别选择 Part-2 和 Part-1 作为 Constraint-1 的主表面和从表面，单击提示区中的“完成”按钮，弹出“编辑约束”对话框，如图 9-70 所示。

步骤03 在“编辑约束”对话框中单击“确定”按钮，完成约束的定义。

图 9-69 提示区提示

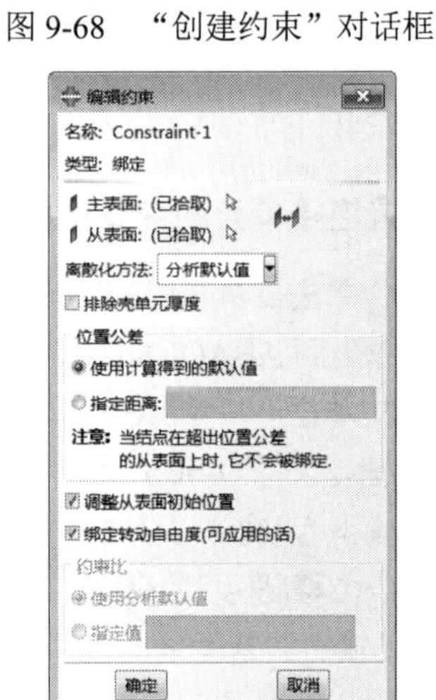

图 9-70 “编辑约束”对话框

9.4.8 定义载荷和边界条件

1. 定义边界条件

步骤01 进入载荷功能模块，单击工具箱中的（边界条件管理器）按钮，在打开的“边界条件管理器”对话框（如图 9-71 所示）中单击“创建”按钮，在弹出的对话框（如图 9-72 所示）中，“分析步”选择 Step-1，“可用于所选分析步的类型”选择“对称/反对称/完全固定”，单击“继续”按钮。

步骤02 根据提示区中的提示选择 Part-1 点，弹出“编辑边界条件”对话框，如图 9-73 所示，选中“完全固定（U1=U2=U3=UR1=UR2=UR3=0）”单选按钮，单击“确定”按钮，完成边界条件的定义。

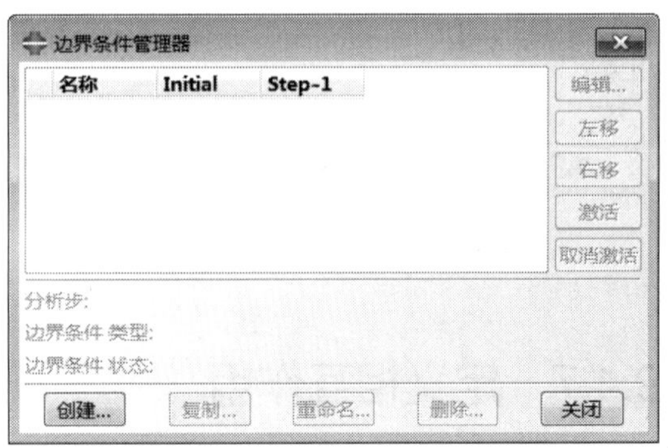

图 9-71 “边界条件管理器”对话框

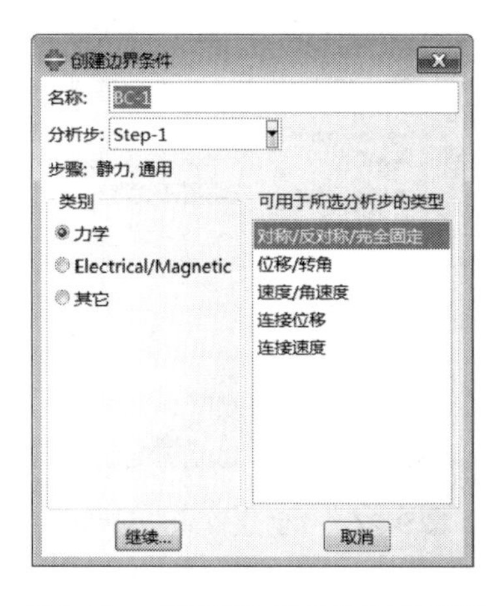

图 9-72 “创建边界条件”对话框

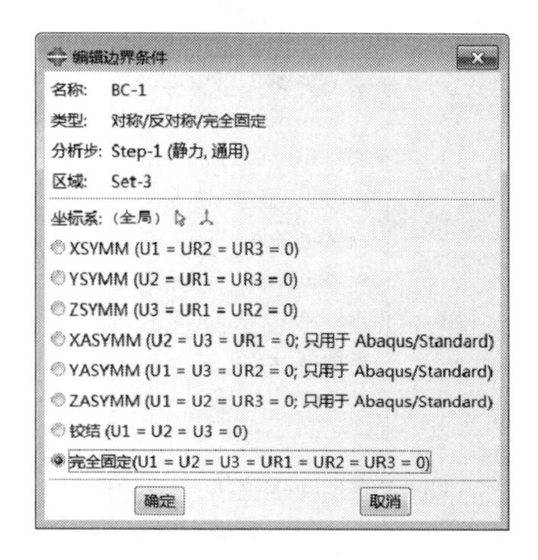

图 9-73 “编辑边界条件”对话框

2. 定义幅值与载荷

步骤 01 执行“工具”→“幅值”→“管理器”命令，在弹出的“幅值管理器”对话框（如图 9-74 所示）中单击“创建”按钮，在弹出的如图 9-75 所示的“创建幅值”对话框中设置“名称”为 Amp-1、“类型”为“衰减”，单击“继续”按钮。

图 9-74 “幅值管理器”对话框

图 9-75 “创建幅值”对话框

步骤 02 在弹出的“编辑幅值”对话框中，设置如图 9-76 所示的参数，单击“确定”按钮，完成幅值 Amp-1 的定义。

步骤 03 单击工具箱中的（创建载荷）按钮，在弹出的对话框（见图 9-77）中，“分析步”选择 Step-1，“类别”选择“力学”，“可用于所选分析步的类型”选择“集中力”，单击“继续”按钮，在视图中选择 Part-2 点，单击鼠标中键。

步骤 04 在弹出的“编辑载荷”对话框（如图 9-78 所示）中，设置 CF1 为 0、CF2 为-200、幅值为 Amp-1，单击“确定”按钮，完成载荷的定义。

施加位移约束和载荷后的结构图如图 9-79 所示。

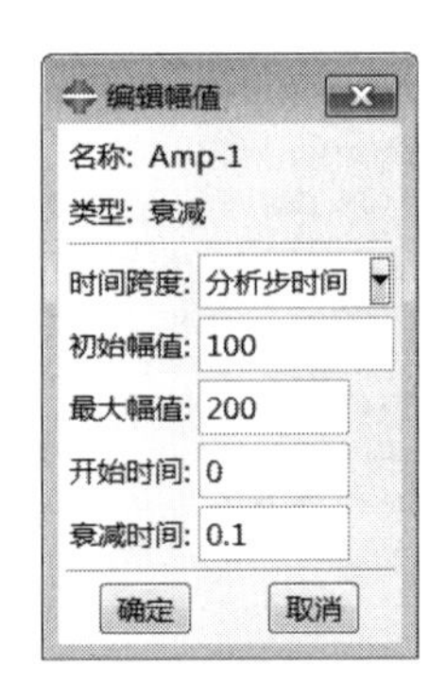

图 9-76 “编辑幅值”对话框

图 9-77 “创建载荷”对话框

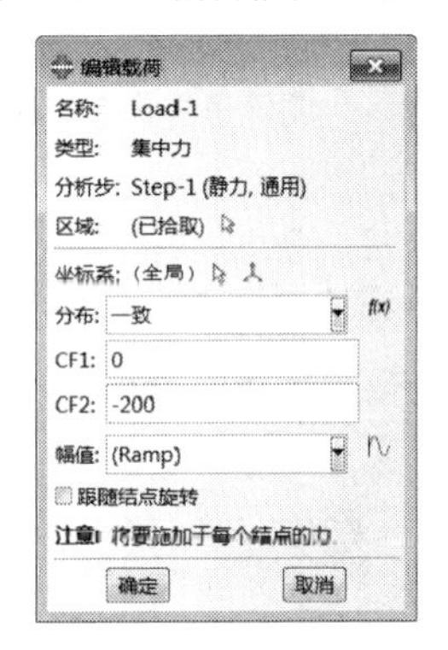

图 9-78 “编辑载荷”对话框

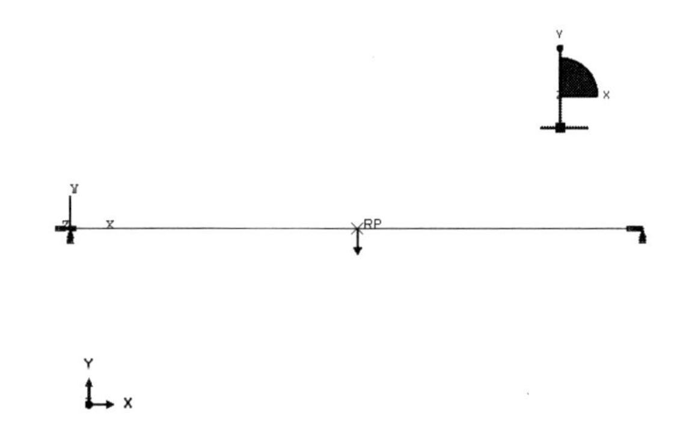

图 9-79 施加位移约束后的结构图

在谐响应分析中，载荷的动态效应主要通过幅值管理器进行设置，因而载荷对谐响应分析结果有很大影响，这点不同于模态分析。

9.4.9 划分网格

进入网格功能模块，在窗口顶部的环境栏中将对象选项设为“部件：Part-2”。

（1）设置网格密度

单击工具箱中的（为边布种）按钮，在图形区中框选模型 Part-2，单击鼠标中键，在弹出的如图 9-80 所示的“局部种子”对话框中打开“基本信息”选项卡，选中“按个数”单选按钮，在“单元数”后面输入 10，然后单击“确定”按钮。

图 9-80 “局部种子”对话框

由于该部件是线模型，因此不需要进行指派网格控制属性，否则单击工具箱中的（指派网格控制属性）按钮，会出现如图 9-81 所示的错误提示。

图 9-81 错误提示

（2）选择单元类型

单击工具箱中的（指派单元类型）按钮，在视图区中选择模型，单击“完成”按钮，弹出“单元类型”对话框（如图 9-82 所示），选择默认的单元为 B21，单击“确定”按钮，完成单元类型的选择。

图 9-82 “单元类型”对话框

（3）划分网格

单击工具箱中的（为部件实例划分网格）按钮，单击提示区中的“完成”按钮，完成网格划分，如图 9-83 所示。

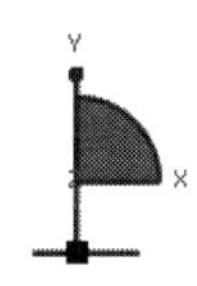

图 9-83 划分网格后的结构

9.4.10 结果分析

步骤 01 进入作业模块，执行“作业”→“管理器”命令，单击“作业管理器”对话框（如图 9-84 所示）中的“创建”按钮，在弹出的“创建作业”对话框（如图 9-85 所示）中，定义作业“名称”为 liang-jizhong，单击“继续”按钮。在弹出的“编辑作业”对话框（如图 9-86 所示）中，设置“作业类型”为“完全分析”，单击“确定”按钮完成作业的定义。

步骤 02 单击“作业管理器”对话框中的“监控”按钮，可以对求解过程进行监视（如图 9-87 所示）。单击“提交”按钮提交作业。

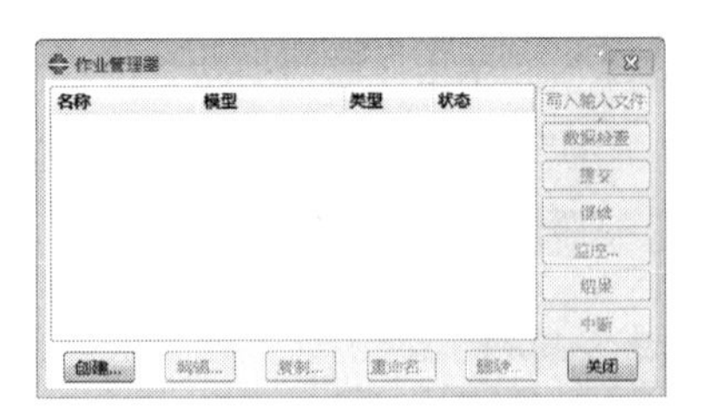

图 9-84 “作业管理器”对话框

图 9-85 “创建作业”对话框

图 9-86 “编辑作业”对话框

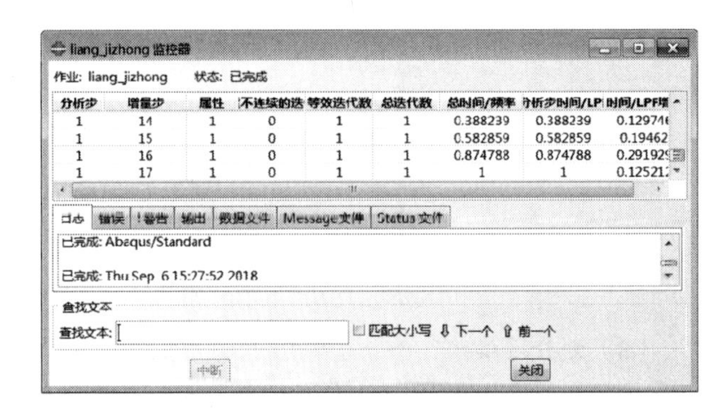

图 9-87 对求解过程进行监视

9.4.11 后处理

步骤01 分析完毕后，单击“结果”按钮，ABAQUS/CAE 进入可视化模块。单击按钮显示 Mises 应力云图，如图 9-88 所示。

步骤02 执行“结果”→“场输出”命令，弹出“场输出”对话框（如图 9-89 所示），分别选择 Max. Principal、Min. Principal 和 E, E11，显示各个参数的云图，如图 9-90 所示。

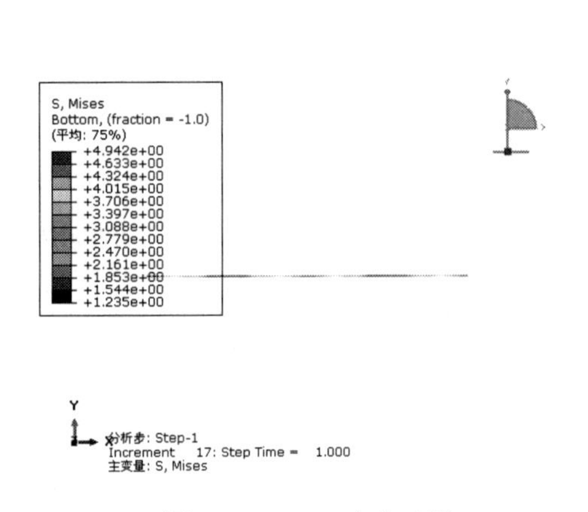

图 9-88 Mises 应力云图

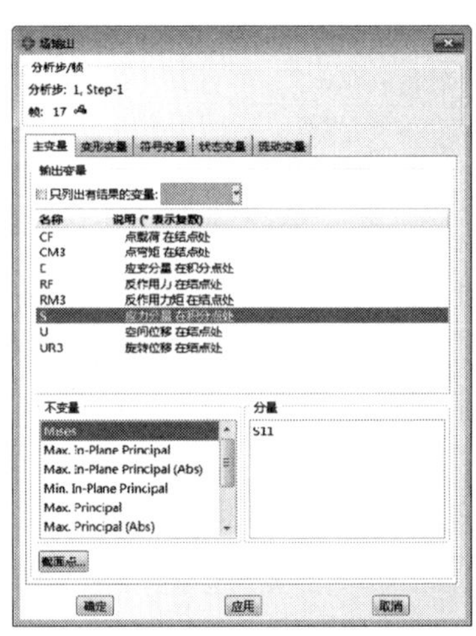

图 9-89 “场输出”对话框

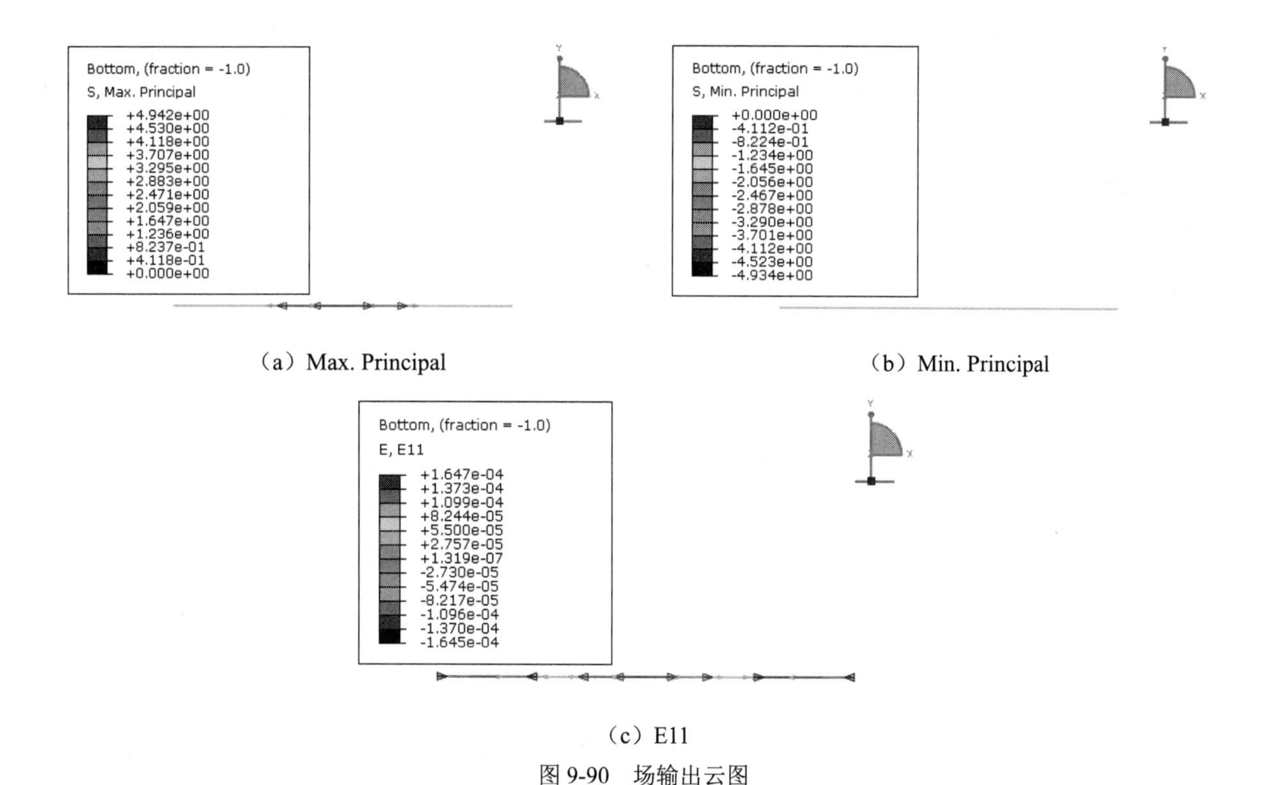

（a）Max. Principal

（b）Min. Principal

（c）E11

图 9-90　场输出云图

步骤 03 执行“结果”→“分析步/帧”命令，弹出“分析步/帧”对话框，如图 9-91 所示，在“分析步名称”中选择 Step-1，在“帧”中选择索引为 1，单击“应用”按钮，显示 1 阶模态；选择索引为 6，单击“应用”按钮，显示 6 阶模态；选择索引为 11，单击“应用”按钮，显示 11 阶模态；选择索引为 17，单击“应用”按钮，显示 17 阶模态；各阶振型如图 9-92 所示。

图 9-91　“分析步/帧”对话框

步骤 04 执行“工具”→“XY 数据”→“创建”命令，在“创建 XY 数据”对话框（如图 9-93 所示）中选中“ODB 场变量输出”单选按钮，单击“继续”按钮。

步骤 05 弹出“来自 ODB 场输出的 XY 数据”对话框，在“输出变量”选项组中，选择“位置”下拉列表中的“唯一结点的”选项（如图 9-94 所示），输出变量选择 U.Magnitude。

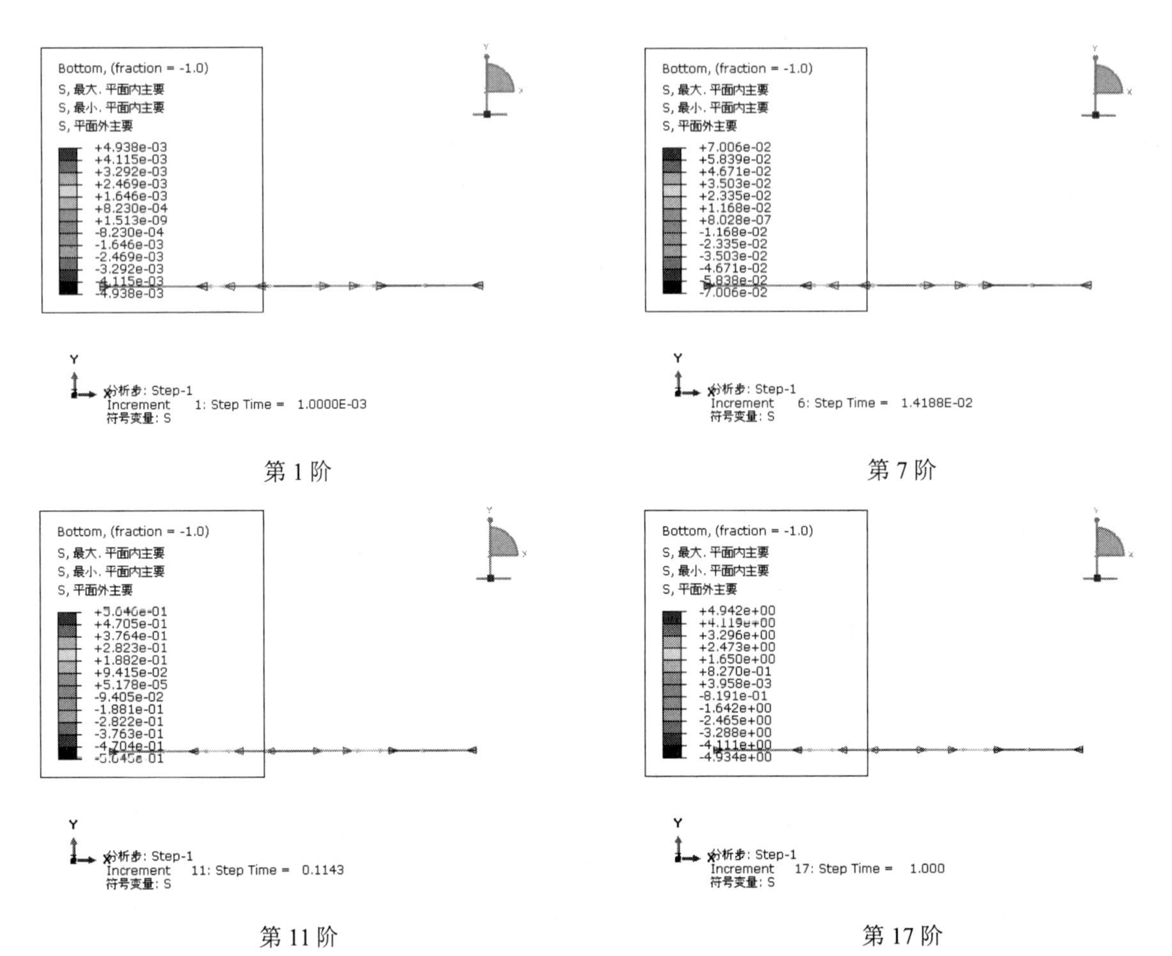

图 9-92 各阶振型图

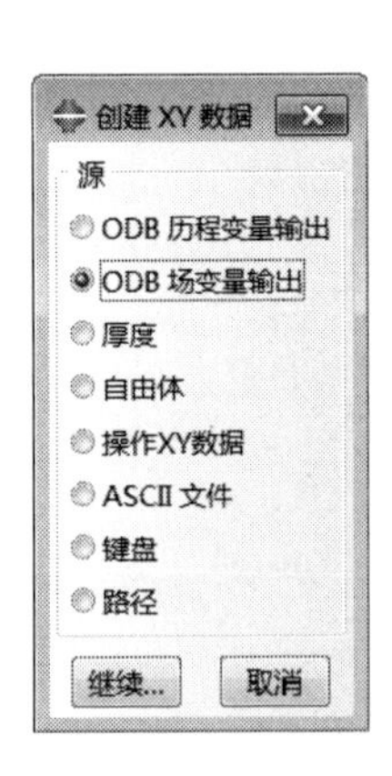

图 9-93 “创建 XY 数据”对话框

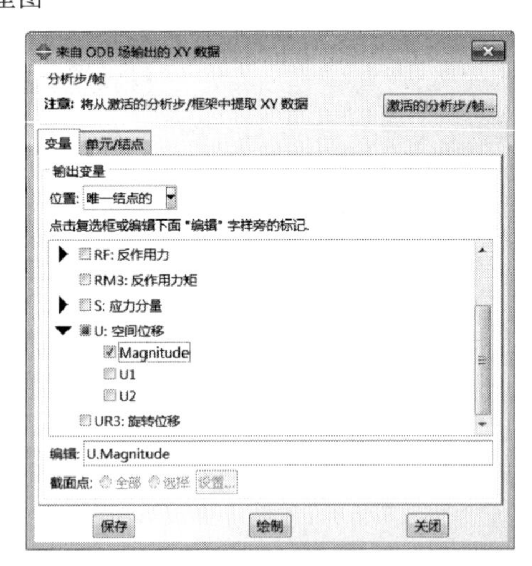

图 9-94 “来自 ODB 场输出的 XY 数据”对话框

步骤06 切换到“单元/结点”选项卡，如图 9-95 所示，“方法”选择“从视口中拾取”，在视图中选择 Part-1 点，单击提示区中的“完成”按钮，返回“来自 ODB 场输出的 XY 数据”对话框后，单击“绘制”按钮，绘制 Part-1 点处结点随着时间变化的位移曲线，如图 9-96 所示。

图 9-95　切换到“单元/结点”选项卡

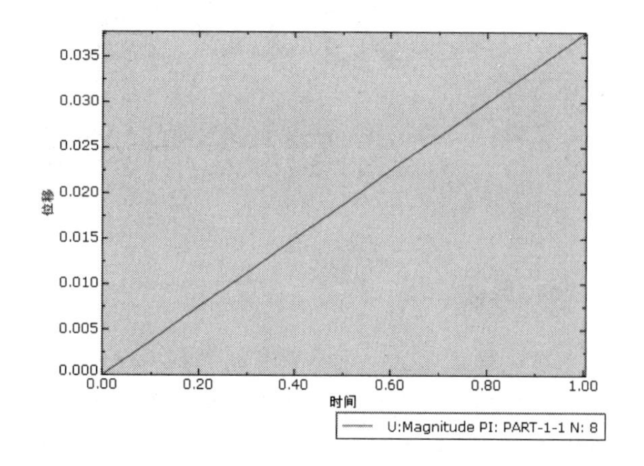

图 9-96　结点 2 随着时间变化的位移曲线

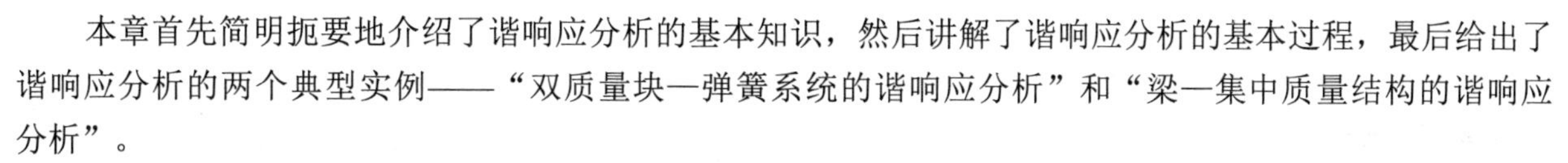

9.5 本章小结

本章首先简明扼要地介绍了谐响应分析的基本知识，然后讲解了谐响应分析的基本过程，最后给出了谐响应分析的两个典型实例——“双质量块—弹簧系统的谐响应分析”和“梁—集中质量结构的谐响应分析”。

通过本章的学习，读者可以掌握谐响应分析的基本流程、载荷及约束加载方法、结果后处理方法等相关知识。

第10章 结构热分析详解

导读

在某种程度上，几乎所有的工程问题都与热有关，如焊接、铸造及各种冷热加工过程、高温环境中的热辐射、内燃机、管路系统、电子元件、涡轮机等。本章将进一步介绍利用 ABAQUS 进行热学分析的步骤和方法，掌握利用 ABAQUS 进行热力学分析的操作。

教学目标

- 了解热分析简介
- 掌握 ABAQUS 进行热应力分析
- 熟悉热应力（热—机）分析综合实例

10.1 热分析简介

根据传热问题的类型和边界条件的不同，可以将热分析分为以下几种类型。

（1）与时间无关的稳态热分析和与时间有关的瞬态热分析。

（2）材料参数和边界条件不随温度变化的线性传热，材料和边界条件对温度敏感的非线性传热。

（3）包含温度影响的多场耦合问题等。

10.1.1 ABAQUS 可以求解的热学问题

1. 顺序耦合热应力分析

此类分析中的应力应变场取决于温度场，但温度场不受应力应变场的影响。此类问题使用 ABAQUS/Standard 来求解，具体方法是首先分析传热问题，然后将得到的温度场作为已知条件进行热应力分析，得到应力应变场。分析传热问题所使用的网格和热应力分析的网格可以是不一样的，ABAQUS 会自动进行插值处理。

2. 非耦合传热分析

在此类分析中，模型的温度场不受应力应变场或电场的影响。在 ABAQUS/Standard 中可以分析热传导、强制对流、边界辐射等传热问题，其分析类型可以是瞬态或稳态、线性或非线性。

3. 绝热分析

在此类分析中，力学变形产生热，而且整个过程的时间极其短暂，不发生热扩散。可以使用ABAQUS/Standard 或 ABAQUS/Explicit 来求解。

4. 完全耦合热应力分析

此类分析中的应力应变场和温度场之间有着强烈的相互作用，需要同时求解。可以使用ABAQUS/Standard 或 ABAQUS/Explicit 来求解此类问题。

5. 空腔辐射

用 ABAQUS/Standard 来求解非耦合传热问题时，除了边界辐射外，还可以模拟空腔辐射。

6. 热电耦合分析

此类分析使用 ABAQUS/Standard 来求解电流产生的温度场。

10.1.2 传热学基础知识

1. 符号与单位

热分析中会涉及很多物理参数，这些物理参数的单位如表 10-1 所示。

表 10-1 物理参数的单位

项目	国际单位	英制单位
长度	m	ft
时间	s	s
质量	kg	lbm
温度	℃	oF
力	N	lbf
能量（热量）	J	BTU
功率（热流率）	W	BTU/sec
热流密度	W/m2	BTU/sec-ft2
生热速率	W/m3	BTU/sec-ft3
导热系数	W/m℃	BTU/sec-ft-oF
对流系数	W/m2℃	BTU/sec-ft2-oF
密度	Kg/m3	lbm/ft3
比热	J/Kg-℃	BTU/lbm-oF
焓	J/m3	BTU/ft3

2. 传热学经典理论

热分析遵循热力学第一定律，即能量守恒定律。对于一个封闭的系统（没有质量的流入或流出）：

$$Q - W = \Delta U + \Delta KE + \Delta PE$$

式中：Q —— 热量；

W —— 做功；

ΔU —— 系统内能；

ΔKE —— 系统动能；

ΔPE —— 系统势能。

对于大多数工程传热问题：$\Delta KE = \Delta PE = 0$。

通常考虑没有做功：$W = 0$，则：$Q = \Delta U$。

对于稳态热分析：$Q = \Delta U = 0$，即流入系统的热量等于流出的热量。

对于瞬态热分析：$q = \frac{\mathrm{d}U}{\mathrm{d}t}$，即流入或流出的热传递速率 q 等于系统内能的变化。

3. 热传递的方式

（1）热传导

热传导可以定义为完全接触的两个物体之间或一个物体的不同部分之间由于温度梯度而引起的内能的交换。热传导遵循傅立叶定律：$q^n = -k\frac{\mathrm{d}T}{\mathrm{d}x}$，式中 q'' 为热流密度（W/m2），k 为导热系数（W/m-℃），负号表示热量流向温度降低的方向。

（2）热对流

热对流是指固体的表面与它周围接触的流体之间由于温差的存在引起的热量的交换。热对流可以分为两类：自然对流和强制对流。热对流用牛顿冷却方程来描述：$q'' = h(T_S - T_B)$，式中 h 为对流换热系数（或称膜传热系数、给热系数、膜系数等），T_S 为固体表面的温度，T_B 为周围流体的温度。

（3）热辐射

热辐射指物体发射电磁能，并被其他物体吸收转变为热的热量交换过程。物体温度越高，单位时间辐射的热量越多。热传导和热对流都需要有传热介质，而热辐射无须任何介质。实质上，在真空中的热辐射效率最高。

在工程中通常考虑两个或两个以上物体之间的辐射，系统中每个物体同时辐射并吸收热量。它们之间的净热量传递可以用斯蒂芬—波尔兹曼方程来计算：

$$q = \varepsilon\sigma A_1 F_{12}(T_1^4 - T_2^4)$$

式中：q 为热流率，ε 为辐射率（黑度），σ 为斯蒂芬一波尔兹曼常数（约为 $5.67\times10^{-8}\mathrm{W/m^2.K^4}$），$A_1$ 为辐射面 1 的面积，F_{12} 为由辐射面 1 到辐射面 2 的形状系数，T_1 为辐射面 1 的绝对温度，T_2 为辐射面 2 的绝对温度。

由上式可以看出，包含热辐射的热分析是高度非线性的。

4. 稳态传热

如果系统的净热流率为 0，即流入系统的热量加上系统自身产生的热量等于流出系统的热量：$q_{流入}$

$+q_{生成}-q_{流出}=0$，则系统处于热稳态。在稳态热分析中任一结点的温度不随时间变化。稳态热分析的能量平衡方程为（以矩阵形式表示）：

$$[K]\{T\}=\{Q\}$$

式中：$[K]$为传导矩阵，包含导热系数、对流系数及辐射率和形状系数；

$\{T\}$为结点温度向量；

$\{Q\}$为结点热流率向量，包含热生成；

ABAQUS利用模型几何参数、材料热性能参数以及所施加的边界条件生成$[K]$、$\{T\}$和$\{Q\}$。

5. 瞬态传热

瞬态传热过程是指一个系统的加热或冷却过程。在这个过程中系统的温度、热流率、热边界条件及系统内能随时间都有明显变化。根据能量守恒原理，瞬态热平衡可以表达为（以矩阵形式表示）：

$$[C]\{\dot{T}\}+[K]\{T\}=\{Q\}$$

式中：$[K]$为传导矩阵，包含导热系数、对流系数及辐射率和形状系数；

$[C]$为比热矩阵，考虑系统内能的增加；

$\{T\}$为结点温度向量；

$\{\dot{T}\}$为温度对时间的导数；

$\{Q\}$为结点热流率向量，包含热生成。

6. 非线性

如果有下列情况产生，则为非线性热分析：

（1）材料热性能随温度变化，如K(T)、C(T)等；

（2）边界条件随温度变化，如h(T)等；

（3）含有非线性单元。

考虑辐射传热，非线性热分析的热平衡矩阵方程为：

$$[C(T)]\{\dot{T}\}+[K(T)]\{T\}=[Q(T)]$$

7. 边界条件、初始条件

热分析的边界条件或初始条件可分为温度、热流率、热流密度、对流、辐射、绝热、生热几种。

8. 热分析误差估计

（1）热分析误差估计仅用于评估由于网格密度不够带来的误差。

（2）仅适用于实体或壳的热单元（只有温度一个自由度）。

（3）基于单元边界的热流密度的不连续。

（4）仅对一种材料、线性、稳态热分析有效。

10.1.3 热应力分析的基本原理

研究物体的热问题主要包括以下两个方面。

（1）传热问题的研究：确定温度场。

（2）热应力问题的研究：在已知温度场的情况下确定应力应变。在此重点讨论热应力问题。

1. 热应力问题的物理方程

假设物体内部存在温差的分布$\Delta T(x,y,z)$，那么这个温差会引起热膨胀，其膨胀量为$\alpha_T\Delta T(x,y,z)$，α_T为热膨胀系数，则该物体的物理方程由于增加了热膨胀量将变为：

$$\begin{cases}\varepsilon_{xx}=\dfrac{1}{E}\left[\sigma_{xx}-\mu\left(\sigma_{yy}+\sigma_{zz}\right)\right]+\alpha_T\Delta T\\ \varepsilon_{yy}=\dfrac{1}{E}\left[\sigma_{yy}-\mu\left(\sigma_{xx}+\sigma_{zz}\right)\right]+\alpha_T\Delta T\\ \varepsilon_{zz}=\dfrac{1}{E}\left[\sigma_{zz}-\mu\left(\sigma_{yy}+\sigma_{xx}\right)\right]+\alpha_T\Delta T\\ \gamma_{xy}=\dfrac{1}{G}\tau_{xy},\gamma_{yz}=\dfrac{1}{G}\tau_{yz},\gamma_{zx}=\dfrac{1}{G}\tau_{zx}\end{cases}$$

将上式写成指标形式为：

$$\varepsilon_{ij}=D_{ijkl}^{-1}\sigma_{kl}+\varepsilon_{ij}^{0}$$

或者

$$\sigma_{ij}=D_{ijkl}\left(\varepsilon_{kl}-\varepsilon_{ij}^{0}\right)$$

其中，

$$\varepsilon_{ij}^{0}=\left[\alpha_T\Delta T\quad \alpha_T\Delta T\quad \alpha_T\Delta T\quad 0\quad 0\quad 0\right]^{\mathrm{T}}$$

2. 虚功原理

除了上面所述的物理方程外，平衡方程、边界条件、几何方程与普通弹性问题相同，弹性问题的虚功原理的一般表达式为$\delta U-\delta W=0$，即

$$\int_{\Omega}\sigma_{ij}\delta\varepsilon_{ij}\mathrm{d}\Omega-\left(\int_{\Omega}\overline{b}_i\delta u_j\mathrm{d}\Omega+\int_{S_p}\overline{p}_i\delta u_i\mathrm{dA}\right)=0$$

将上面的物理方程带入，得：

$$\int_{\Omega}D_{ijkl}\left(\varepsilon_{kl}-\varepsilon_{ij}^{0}\right)\delta\varepsilon_{ij}\mathrm{d}\Omega-\left(\int_{\Omega}\overline{b}_i\delta u_j\mathrm{d}\Omega+\int_{S_p}\overline{p}_i\delta u_i\mathrm{dA}\right)=0$$

进一步可以写成

$$\int_{\Omega} D_{ijkl}\varepsilon_{kl}\delta\varepsilon_{ij}\mathrm{d}\Omega-\left(\int_{\Omega}\overline{b}_i\delta u_j\mathrm{d}\Omega+\int_{S_p}\overline{p}_i\delta u_i\mathrm{dA}+\int_{\Omega}D_{ijkl}\varepsilon_{ij}^0\delta\varepsilon_{ij}\mathrm{d}\Omega\right)=0$$

该式即为热应力问题的虚功原理。

3. 有限元分列式

令单元的结点位移向量为：

$$q^e=\begin{bmatrix}u_1 & v_1 & w_1 & \dots & u_n & v_n & w_n\end{bmatrix}$$

与弹性问题的有限元分析列式一样，将单元内的力学参量都表示为结点位移的函数关系，即

$$u=Nq^e$$

$$\varepsilon=Bq^e$$

$$\sigma=D\left(\varepsilon-\varepsilon^0\right)=DBq^e-D\varepsilon^0=Sq^e-D\alpha_T\Delta T\begin{bmatrix}1 & 1 & 1 & 0 & 0 & 0\end{bmatrix}^T$$

其中，N、D、S、B分别为单元的形状函数、弹性系数矩阵、应力矩阵和几何矩阵，它们与一般弹性问题中所对应的矩阵相同。

不同之处在于其中包含了温度应变的影响，可以看出，温度变化对正应力有影响，而对剪应力没有影响。

对单元的位移和应变分别求变分得到：

$$\begin{cases}\delta u=N\delta q^e\\ \delta\varepsilon=B\delta q^e\end{cases}$$

将单元的位移和应变表达式以及虚应变带入虚功方程中，由于结点位移的变分增量的任意性，消去该项，可得：

$$K^eq^e=P^e+P_0^e$$

其中：

$$K^e=\int_{\Omega}B^TDB\mathrm{d}\Omega$$

$$P^e=\int_{\Omega^e}N^T\overline{b}\mathrm{d}\Omega+\int_{S_p^e}N^T\overline{p}\mathrm{dA}$$

$$P_0^e=\int_{\Omega^e}B^TD\varepsilon^0\mathrm{d}\Omega$$

其中，P_0^e称为温度等效载荷。与一般弹性问题相比，有限元方程的载荷项增加了温度等效载荷P_0^e。

10.2 长方体的热传导和热应力分析

通过下面一个简单的实例，读者可以学习如何在ABAQUS中进行热应力分析，掌握ABAQUS/CAE的以下功能。

（1）在载荷功能模块中，使用预定义场定义温度场。

（2）在属性功能模块中，定义线胀系数。

10.2.1 问题描述

如图10-1所示的长方体，其长、宽、高分别为2.5m、1m、0.2m，正中间的圆柱体半径为0.2m，长方体的两端面固定，并且左端面温度恒定为20℃、右端面的温度恒定为500℃。

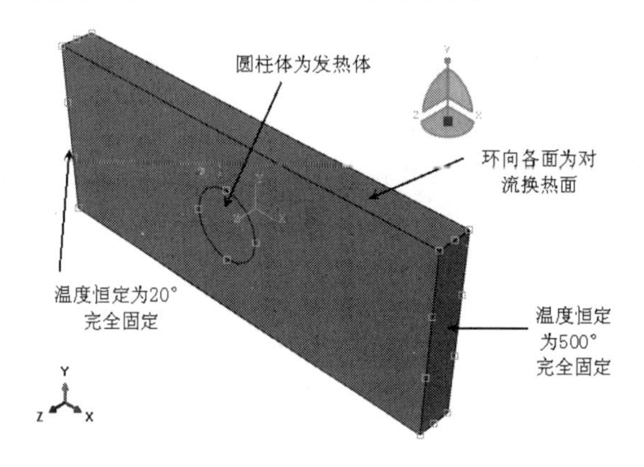

图10-1 带孔平板热应力分析模型

长方体环向的上下面均为对流换热面，对流换热系数为10W/m²℃，空气环境温度为20℃，计算该结构上的温度分布和热应力。圆柱体和长方体的材料相同，且材料属性如下：

- 弹性模量 E=2E11Pa;
- 泊松比 v=0.3;
- 热膨胀系数 ALPH=5E－6;
- 导热系数 KXX=48.36W/m℃。

由图10-1中可以看出，该模型关于中心轴对称，可以取其中一半进行分析。由于本结构创建不是很复杂，因此仍取全部计算。

10.2.2 创建部件

步骤01 首先，打开ABAQUS/CAE的启动界面，单击“创建模型数据库”按钮，创建一个ABAQUS/CAE的模型数据库，随即进入部件功能模块。

步骤02 单击工具箱中的（创建部件）按钮，弹出“创建部件”对话框，在“名称”中输入 Part-1，“模型空间”选择“三维”，“类型”选择“可变形”，“基本特征”选择“实体”，“大约尺寸”设置为 200，其他参数保持不变，单击“继续”按钮，进入草图绘制界面。

步骤03 单击工具箱中的（创建矩形）按钮（创建线：矩形，四条线），依次输入坐标（-1.25, 0.5）、（1.25, -0.5），按回车键完成操作（如图 10-2 所示）。单击鼠标中键，在弹出的“编辑拉伸属性”对话框中，设置拉伸“长度”为 0.2，单击“确定”按钮，形成的长方体部件如图 10-3 所示。

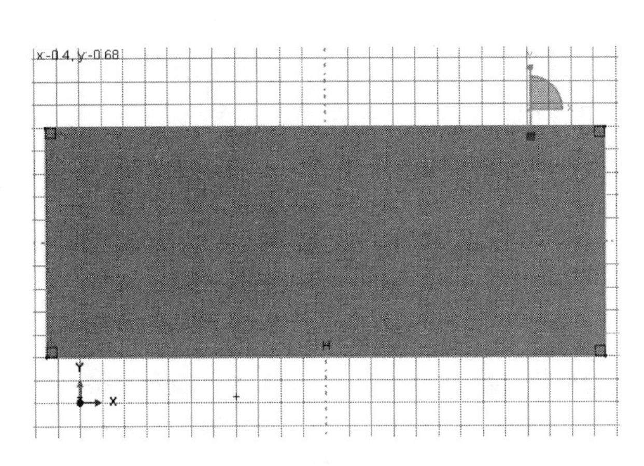

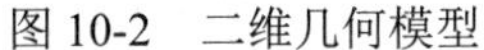

图 10-2 二维几何模型

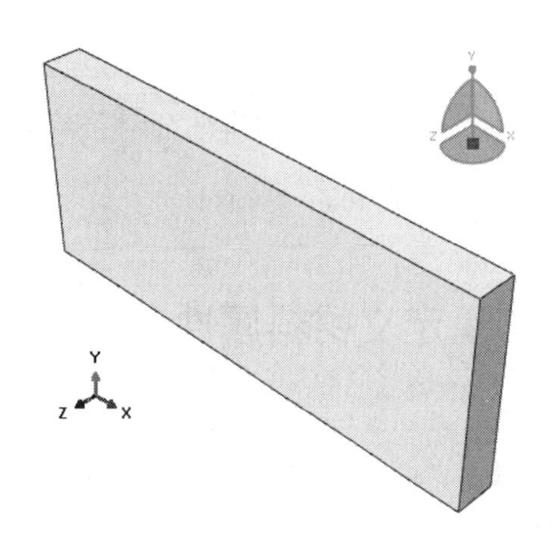

图 10-3 生成的模型部件

步骤04 执行“工具”→“分区”命令，在弹出如图 10-4 所示的“创建分区”对话框中，设置“类型”为“面”、“方法”为“草图”，此时提示区会提示选择被分割的面，选择矩形表面后单击“完成”按钮，然后根据提示（即选择一个边和轴，它将显示为：垂直且在右边）选择矩形的右侧边，进入草图绘制模块。

步骤05 单击（创建圆）按钮（创建圆：圆心和圆周），在提示区输入圆心坐标（0, 0），按回车键，设置圆的半径长度分别为 0.2，按回车键，这样就在长方体表面创建一个圆（如图 10-5 所示）。单击鼠标中键，长方体表面生成了一个圆，将表面剖分开。

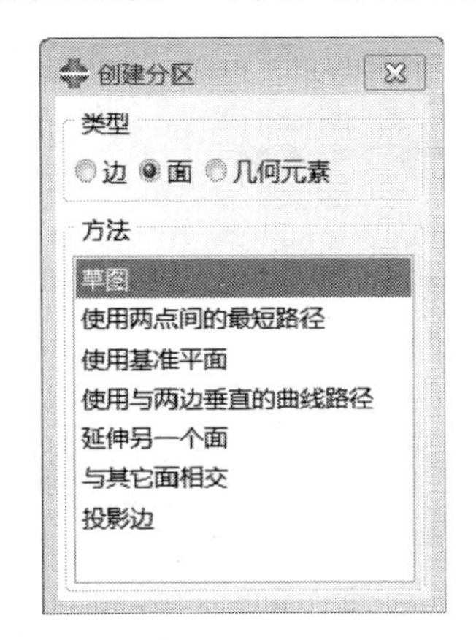

图 10-4 “创建分区”对话框

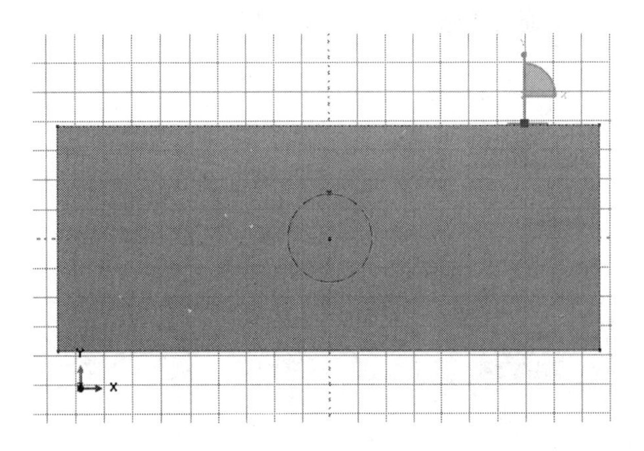

图 10-5 在长方体表面建立的圆

步骤06 单击工具箱中的（拆分几何元素：拉伸/扫掠边）按钮，在视图区中选择刚刚定义好的圆，单击鼠标中键，此时提示区如图 10-6 所示，单击“沿某条边扫掠”按钮，选择如图 10-7 所示的边，单击提示区中的“创建分区”按钮，可以发现长方体的中间剖出了一个圆柱，完成分区的定义。

图 10-6 提示区提示

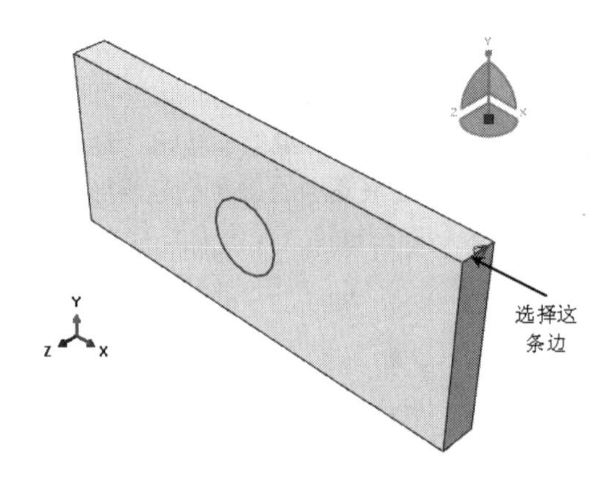

图 10-7 选择边

10.2.3 定义材料属性

步骤 01 在环境栏的模块列表中选择属性功能模块，设置平板的材料性质。

步骤 02 单击工具箱中的（创建材料）按钮，弹出“编辑材料”对话框；在“名称”中输入 Material-1，在“材料行为”选项组中选择“力学”→“弹性”→“弹性”选项；在“材料行为”选项组下方的数据表内设置“杨氏模量”为 2.0E9、“泊松比”为 0.3，其余参数保持不变，单击“确定”按钮，完成该操作。

步骤 03 选择“力学”→“膨胀”选项，在数据表内设置膨胀系数为 5.1E-6，如图 10-8 所示；选择“热学”→“传导率”选项，在数据表内设置“传导率”为 49，如图 10-9 所示。

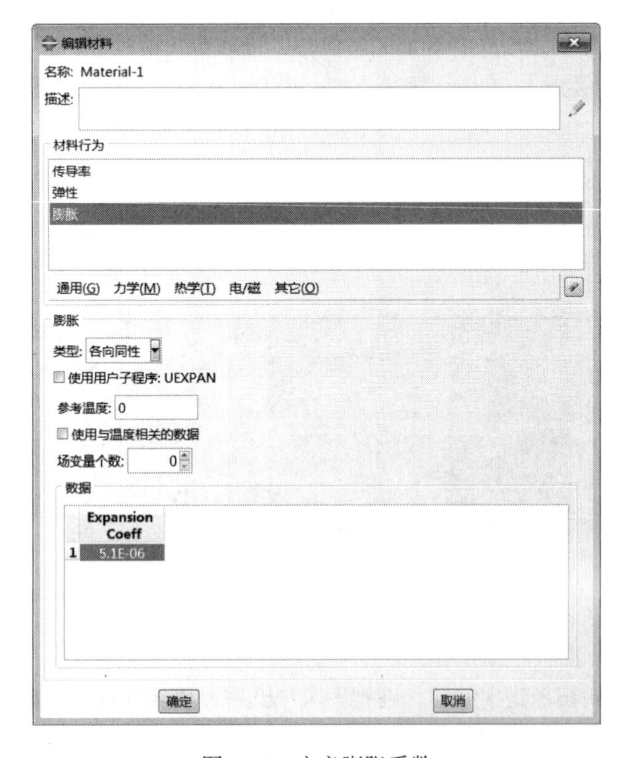

图 10-8 定义膨胀系数

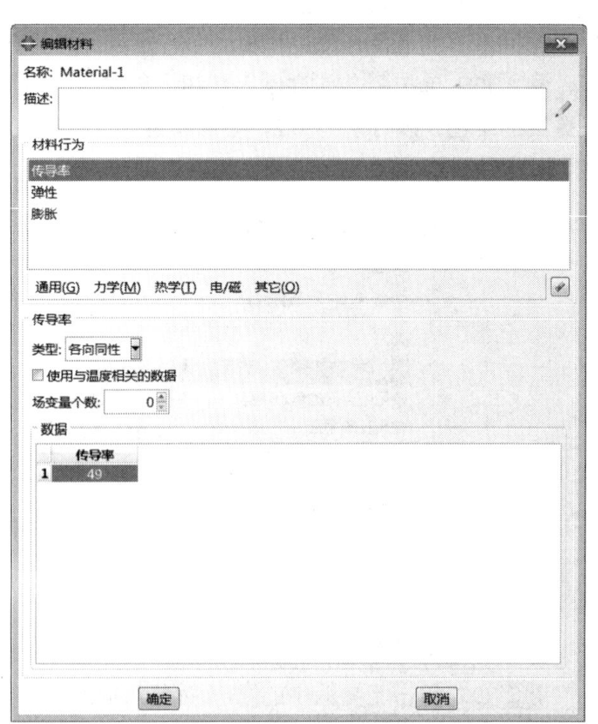

图 10-9 定义输入传导率

10.2.4 定义和指派截面属性

步骤 01 单击工具箱中的（创建截面）按钮，弹出“创建截面”对话框，如图 10-10 所示，在“名称”中输入 Section-1 为截面名称，选择“类别”为“实体”、“类型”为“均质”，单击“继续”按钮。弹出“编辑截面”对话框（如图 10-11 所示），在“材料”中选择 Material-1，其余选项采用默认值，单击“确定”按钮，完成截面的创建操作。

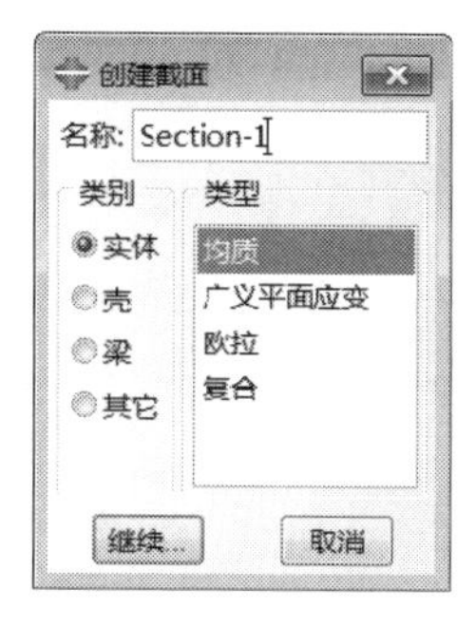

图 10-10 “创建截面”对话框

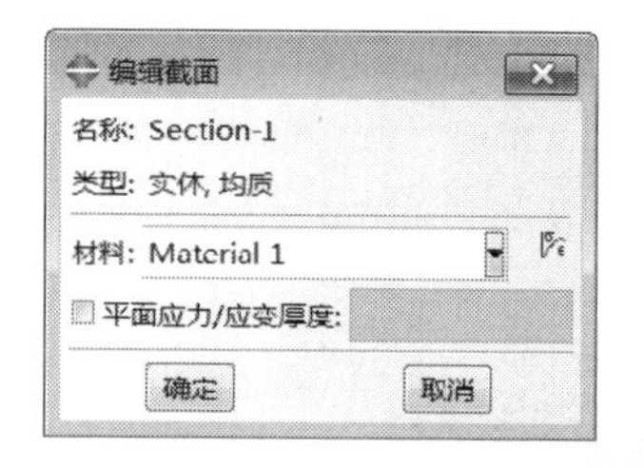

图 10-11 “编辑截面”对话框

平面应力问题的截面属性类型是实体，而不是壳体。

步骤 02 单击工具箱中的（指派截面）按钮，在视图区选择平板，单击窗口下方的“完成”按钮，弹出“编辑截面指派”对话框（如图 10-12 所示），在“截面”下拉列表中选择 Section-1，单击“确定”按钮，然后单击提示区中的“完成”按钮，完成截面特性的分配操作。

10.2.5 装配部件

在环境栏的模块列表中选择装配功能模块，单击工具箱中的（将部件实例化）按钮，弹出“创建实例”对话框（如图 10-13 所示），默认的“部件”为 Part-1，直接单击“确定”按钮，完成装配部件。

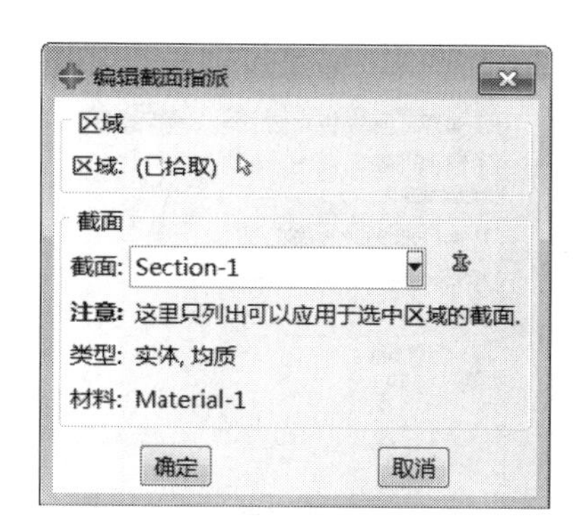

图 10-12 “编辑截面指派”对话框

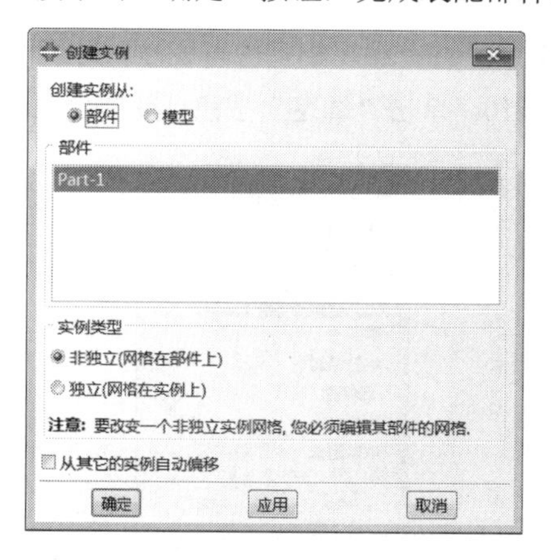

图 10-13 “创建实例”对话框

10.2.6 设置分析步

步骤01 在环境栏的模块列表中选择分析步功能模块。

步骤02 单击工具箱中的（创建分析步）按钮，弹出“创建分析步”对话框（如图 10-14 所示），在“名称”中输入 Step-1，选择分析步类型为“温度-位移耦合”，单击“继续”按钮。弹出“编辑分析步”对话框（如图 10-15 所示），各项参数保持默认，单击“确定”按钮，完成分析步的设置。

图 10-14 “创建分析步”对话框

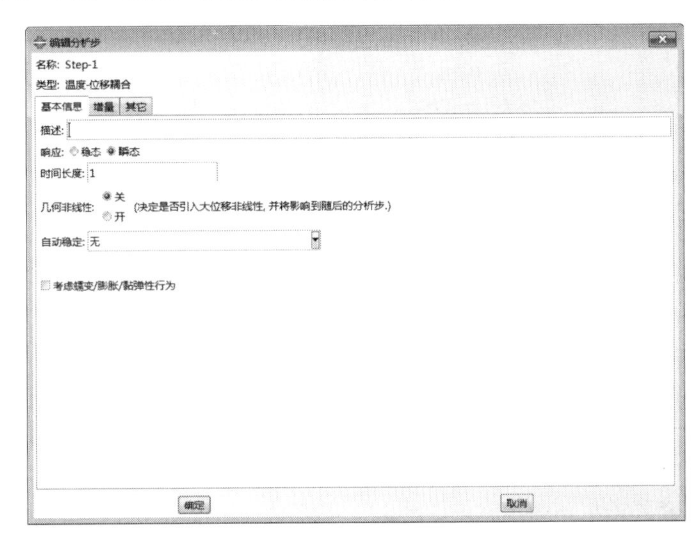

图 10-15 “编辑分析步”对话框

步骤03 按照同样的方法，定义另一个“通用，温度-位移耦合”分析步，设置“名称”为 Step-2。

10.2.7 定义相互作用

步骤01 定义相互作用属性。单击工具箱中的（创建相互作用属性）按钮，在弹出的对话框（如图 10-16 所示）中选择“类型”为“膜条件”，单击“继续”按钮，弹出“编辑相互作用属性”对话框。

步骤02 在“编辑相互作用属性”对话框（如图 10-17 所示）中，在“数据”选项组的“膜系数”中设置参数为 10，单击“确定”按钮，完成相互作用属性的定义。

图 10-16 “创建相互作用属性”对话框

图 10-17 “编辑相互作用属性”对话框

步骤03 定义相互作用。单击工具箱中的（创建相互作用）按钮，在弹出的对话框（如图10-18所示）中设置“分析步”为Step-1、“可用于所选分析步的类型”为“表面热交换条件”，单击“继续”按钮。

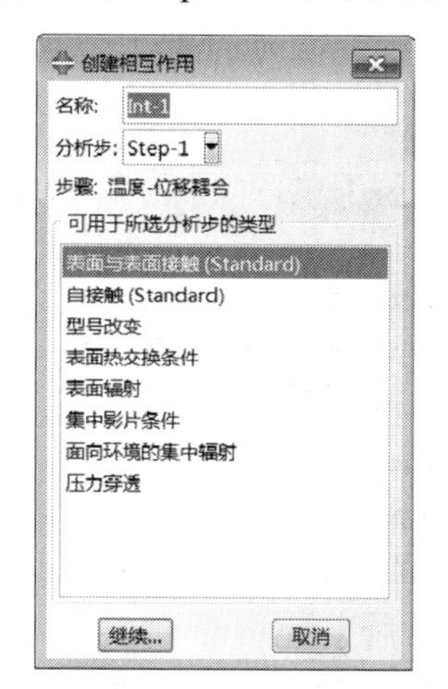

图10-18 “创建相互作用”对话框

步骤04 此时提示区中的提示如图10-19所示，按住Shift键的同时选择如图10-20所示的两个面，单击提示区中的“完成”按钮，弹出“编辑相互作用”对话框。

图10-19 提示区提示

步骤05 在“编辑相互作用”对话框（如图10-21所示）中，设置“定义”为“内置系数”、“环境温度”为20，其他接受默认设置，单击“确定”按钮，完成相互作用的定义。

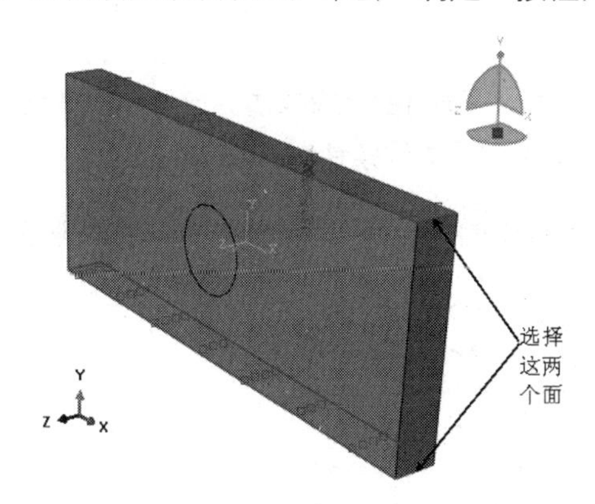

图10-20 选择上下两个面

图10-21 “编辑相互作用”对话框

在这个分析中，需要考虑长方体的上下面进行热交换的过程，所以需要设定这一相互作用属性。

10.2.8 定义边界条件和载荷

在环境栏的模块列表中选择载荷功能模块。

步骤01 单击工具箱中的（创建边界条件）按钮，弹出“创建边界条件”对话框（如图10-22所示），在“名称”中输入BC-1，设置“分析步”为Step-1、“类别”为“其他”、“可用于所选分析步的类型”为“温度”，单击“继续”按钮。

步骤02 在视图区中选择长方体后面的面，单击鼠标中键，在弹出的“编辑边界条件”对话框（如图10-23所示）中设置“大小”为20，单击“确定”按钮，完成边界条件的施加。

步骤 03 在“创建边界条件”对话框中定义“名称”为 BC-2 的边界条件，选择长方体前端的面，设置“大小”为 500，完成边界条件的定义。

图 10-22 “创建边界条件”对话框

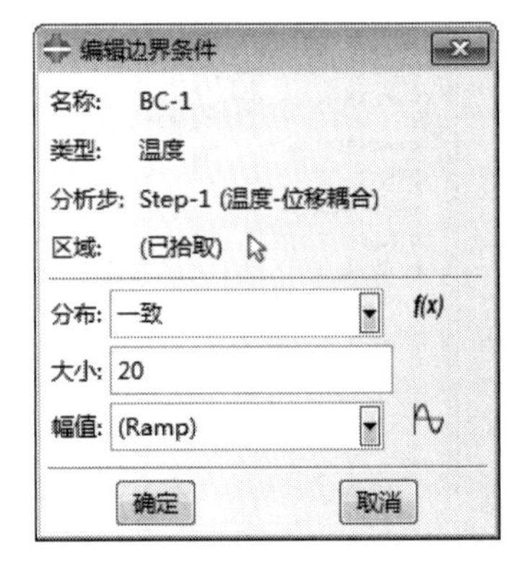

图 10-23 “编辑边界条件”对话框

步骤 04 单击工具箱中的（创建边界条件）按钮，弹出“创建边界条件”对话框（如图 10-24 所示），在“名称”中输入 BC-3，设置“分析步”为 Step-2、“类别”为“力学”、“可用于所选分析步的类型”为“对称/反对称/完全固定”，单击“继续”按钮。

步骤 05 在视图区中选择长方体前后两个面，单击鼠标中键，在弹出的“编辑边界条件”对话框（如图 10-25 所示）中选中“完全固定”单选按钮，单击“确定”按钮，完成边界条件 BC-3 的施加。

图 10-24 “创建边界条件”对话框

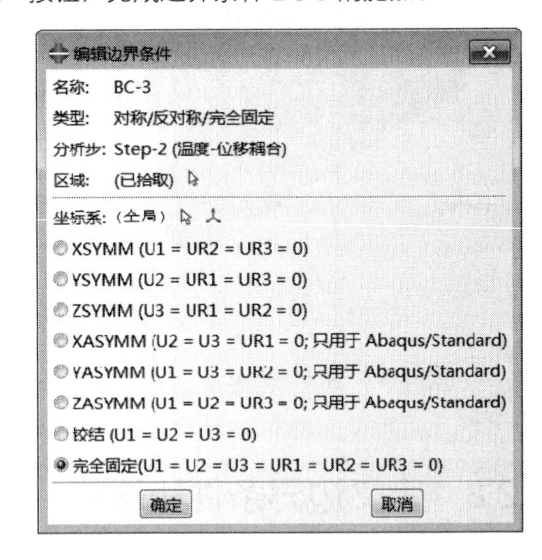

图 10-25 “编辑边界条件”对话框

步骤 06 执行“载荷”→“创建”命令，在弹出的“创建载荷”对话框中默认“载荷名称”为 Load-1，设置“分析步”为 Step-1、“类别”为“热学”、“可用于所选分析步的类型”为“体热通量”，单击“继续”按钮。

步骤 07 选择长方体的内部圆柱面，单击鼠标中键，在弹出的“编辑载荷”对话框中输入值 50000，单击“确定”按钮，完成热学载荷的定义。

10.2.9 划分网格

在环境栏的模块列表中选择网格功能模块。

（1）设置网格密度

步骤 01 在模型树下执行“Model-1”→“装配”→“实例”→“Model-1”命令，单击鼠标右键，选择“设为独立”命令。

步骤 02 执行“布种”→“边”命令，按住 Shift 键选择长方体上面的两条边，单击鼠标中键，在弹出的“局部种子”对话框（如图 10-26 所示）中设置“单元数”为 20，即沿着长度方向划分 20 个单元，单击“确定”按钮。

步骤 03 执行同样的方法，为长方体设置种子个数。种子密度分布如图 10-27 所示。

图 10-26 “局部种子”对话框

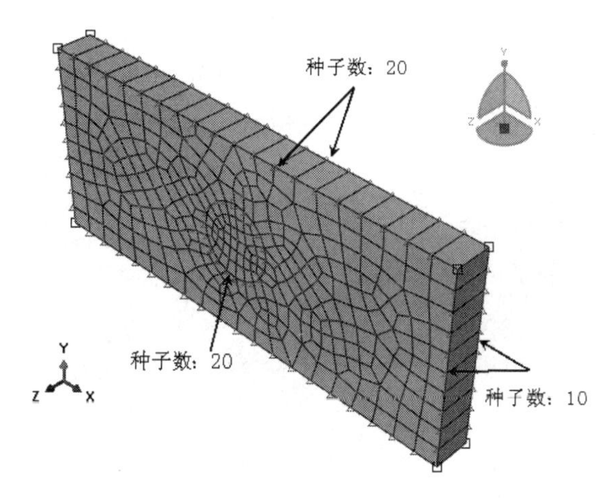

图 10-27 种子密度分布

（2）控制网格划分

单击工具箱中的（指派网格控制属性）按钮，弹出“网格控制属性”对话框，如图 10-28 所示，在“单元形状”中选择“六面体”，采用“扫掠”技术，“算法”选择“进阶算法”，单击“确定”按钮，完成控制网格划分选项的设置。

（3）选择单元类型

单击工具箱中的（指派单元类型）按钮，在视图区中选择模型，单击“完成”按钮，弹出“单元类型”对话框，如图 10-29 所示，选择单元类型 C3D8T，单击“确定”按钮。

（4）划分网格

单击工具箱中的（将部件实例划分网格）按钮，单击提示区中的“是”按钮，完成网格划分，如图 10-30 所示。

（5）检查网格

单击工具箱中的（检查模型）按钮，在视图区中选择部件，单击“完成”按钮，弹出“检查网格”对话框。

图 10-28 “网格控制属性”对话框

图 10-29 “单元类型”对话框

打开“形状检查”选项卡（如图 10-31 所示），单击“高亮”按钮，在消息栏提示检查信息；打开“尺寸检查”选项卡（如图 10-32 所示），单击“高亮”按钮，没有显示任何错误或警告信息。

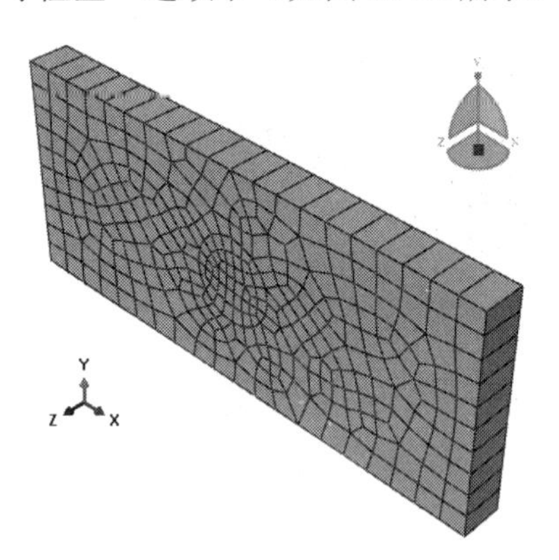

图 10-30 划分好的网格

图 10-31 “形状检查”选项卡

图 10-32 “尺寸检查”选项卡

10.2.10 结果分析

步骤 01 在环境栏的模块列表中选择作业功能模块。单击工具箱中的（创建作业）按钮，弹出“创建作业”对话框，在“名称”中输入 Brick_heat_generation，单击“继续”按钮，弹出“编辑作业”对话框，参数保持不变，单击“确定”按钮。

步骤 02 单击工具箱中的（作业管理器）按钮，弹出“作业管理器”对话框，如图 10-33 所示，单击“提交”按钮提交作业。

步骤 03 单击“监控”按钮，弹出“Brick_heat_generation 监控器”对话框（如图 10-34 所示），运行完毕，在消息栏显示 Completed。最后单击“写入输入文件”按钮提交作业，作业分析完毕。

图 10-33　“作业管理器”对话框

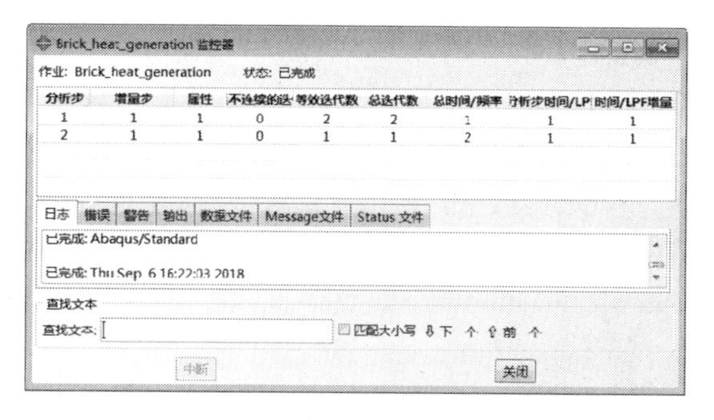

图 10-34　“Brick_heat_generation 监控器”对话框

10.2.11　后处理

1. 分析完毕后，单击“结果”按钮，ABAQUS/CAE进入可视化模块

执行“结果”→“分析步/帧”命令，在弹出的“分析步/帧”对话框（如图 10-35 所示）中，“分析步名称”选择 Step-1，“索引”选择 1，单击“确定”按钮。

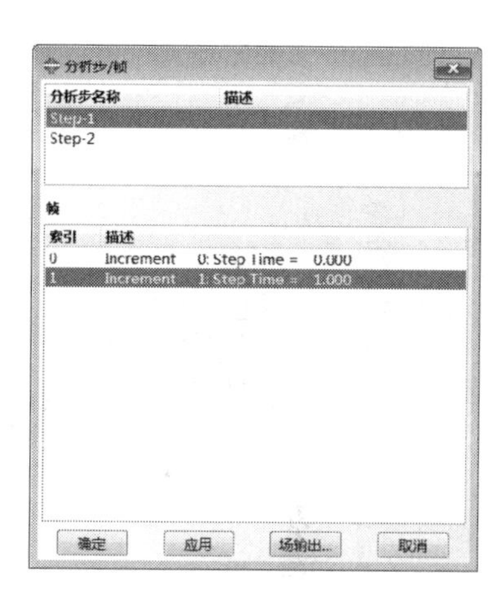

图 10-35　“分析步/帧”对话框

2. 绘制应力和位移云图

步骤 01　单击工具箱中的（在变形图上绘制云图）按钮，在视图区绘制部件受载后的 Mises 应力云图的分布，如图 10-36 所示。

步骤 02　执行“结果”→“场输出”命令，在弹出的“场输出”对话框（如图 10-37 所示）中，“输出变量”选择“S：应力分量，在积分点处”，在“不变量”选项组中分别选择“U, Magnitude；U, U1；U, U2；S，Tresca；S, Pressure；S, Max. Principal；S, Mid Principal；S, Min Principal”，显示结果如图 10-38（a）~（h）所示。

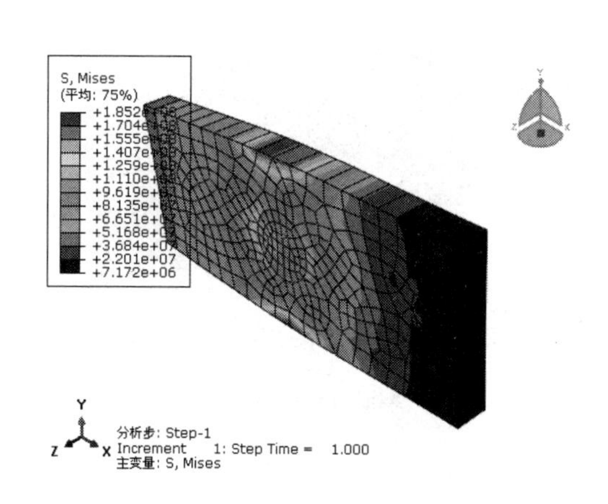

图 10-36　Mises 应力云图

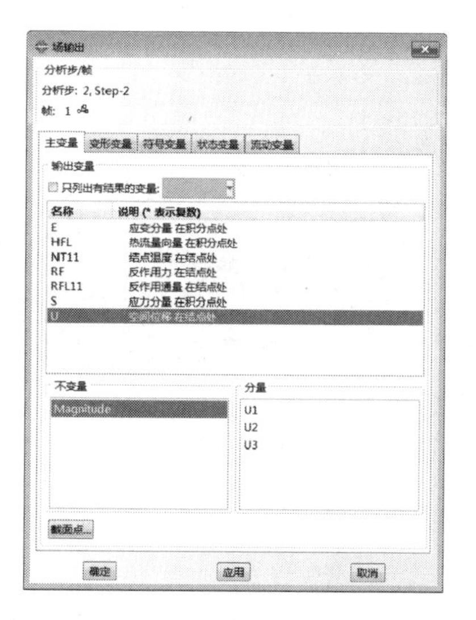

图 10-37　“场输出”对话框

步骤03 同样的方法，执行“结果”→“分析步/帧”命令，在弹出的“分析步/帧”对话框中，“分析步名称”选择 Step-2，“索引”选择 1，单击“确定”按钮。

步骤04 执行“结果”→“场输出”命令，在弹出的“场输出”对话框中，“输出变量”选择“S：应力分量，在积分点处”，在“不变量”选项组中分别选择“U, Magnitude；U, U1; U, U2；S, Tresca；S, Pressure; S, Max. Principal; S, Mid Principal; S, Min Principal”，显示结果如图 10-39（a）~（h）所示。

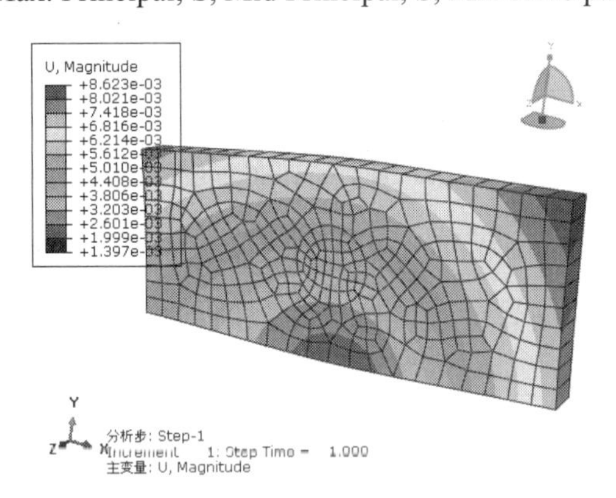

（a）U, Magnitude 分布图

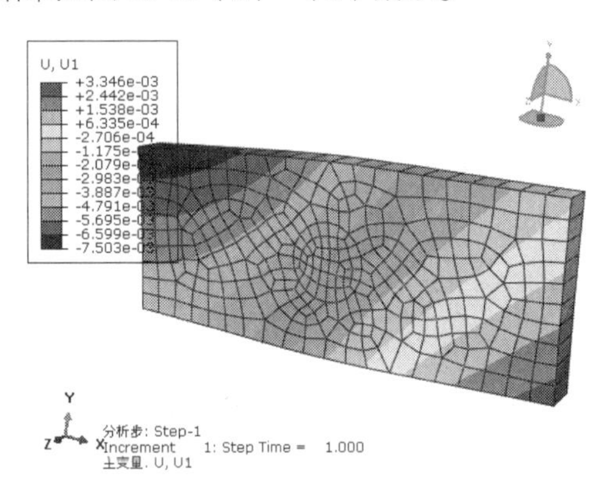

（b）U, U1 分布图

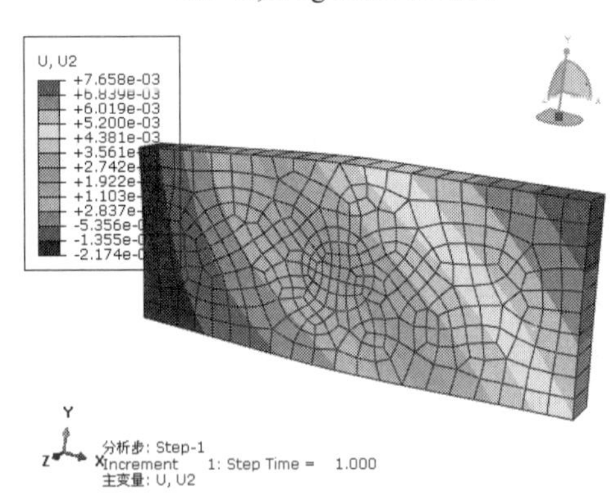

（c）U, U2 分布图

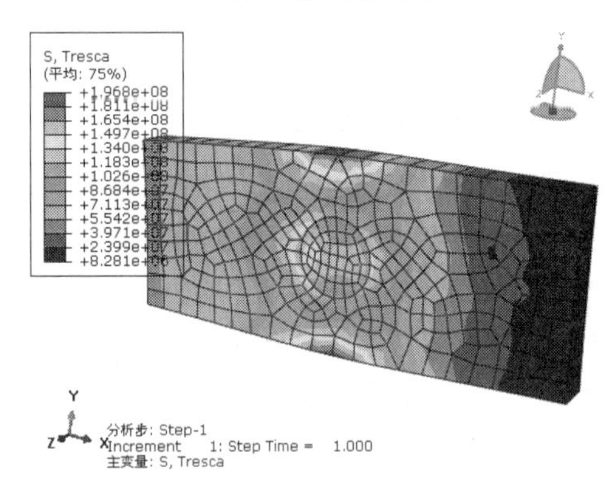

（d）S，Tresca 分布图

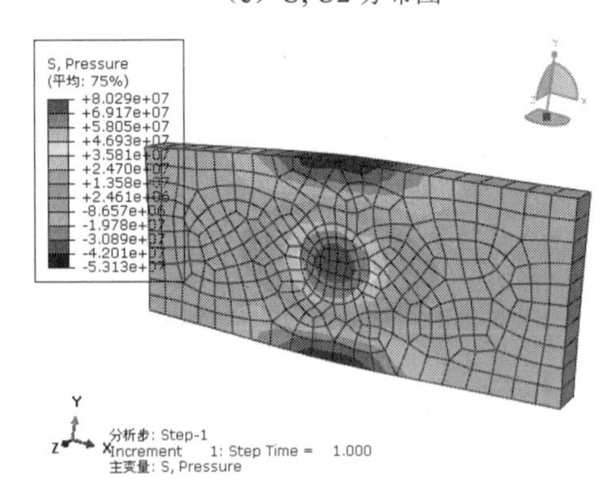

（e）S, Pressure 分布图

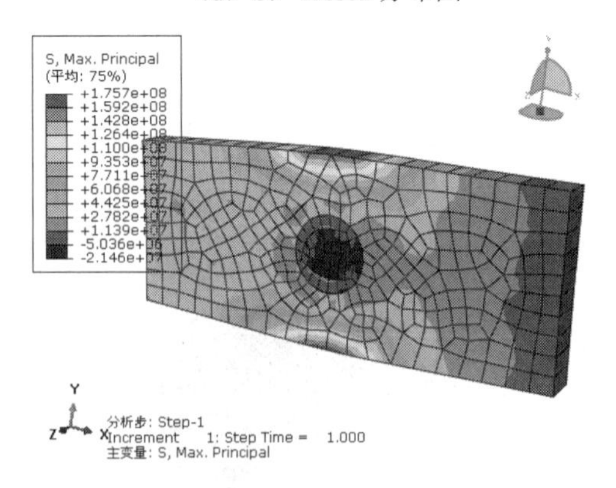

（f）S, Max. Principal 分布图

图 10-38　场输出云图

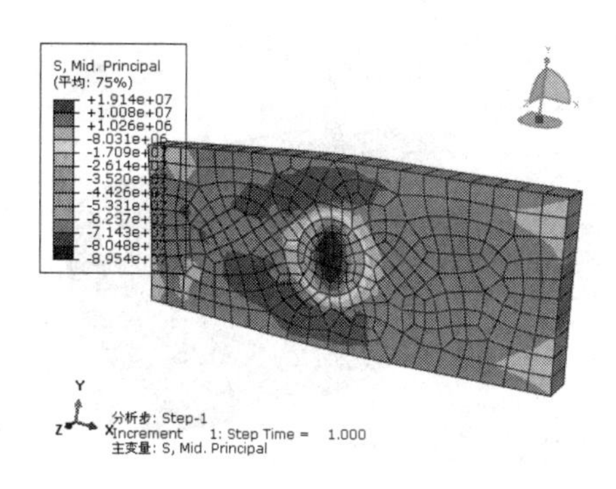

（g）S, Mid Principal 分布图

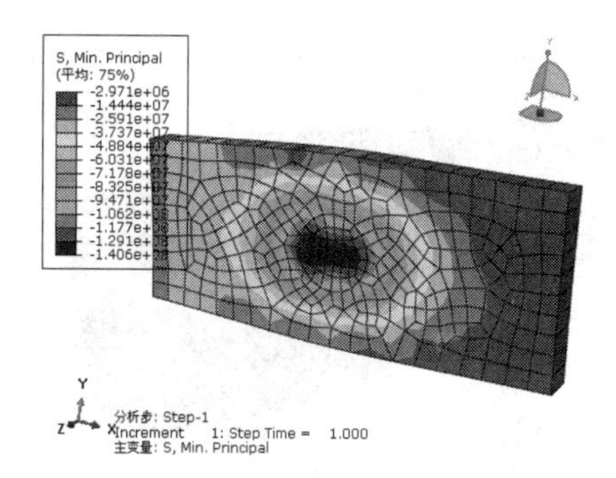

（h）S, Min Principal 分布图

图 10-38　场输出云图（续）

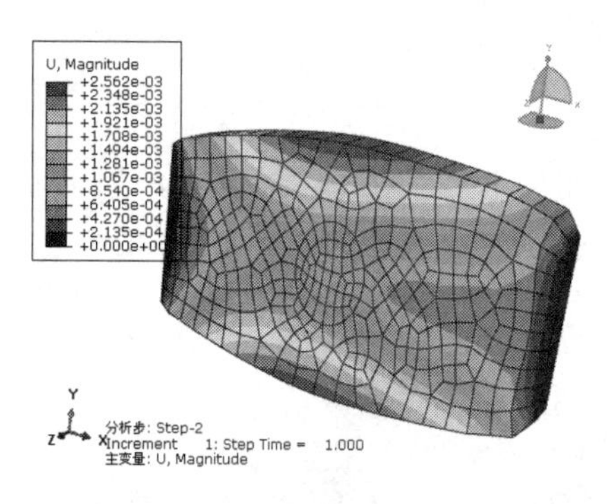

（a）U, Magnitude 分布图

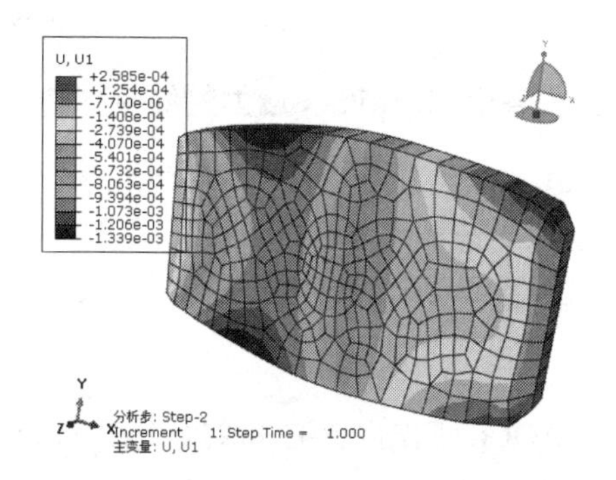

（b）U, U1 分布图

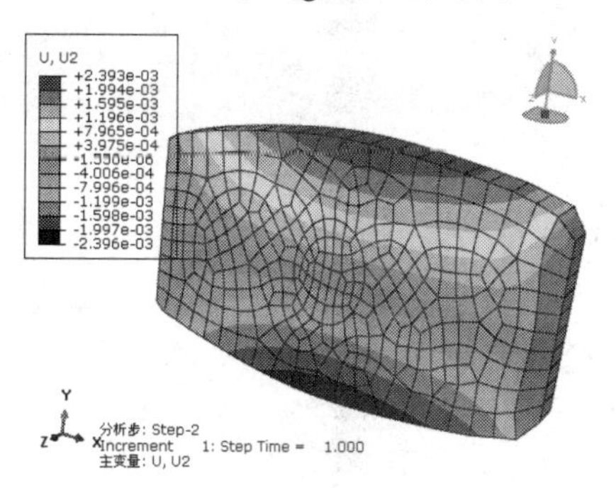

（c）U, U2 分布图

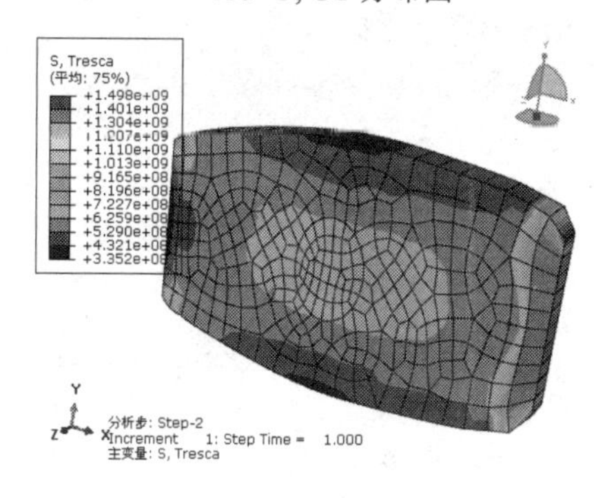

（d）S，Tresca 分布图

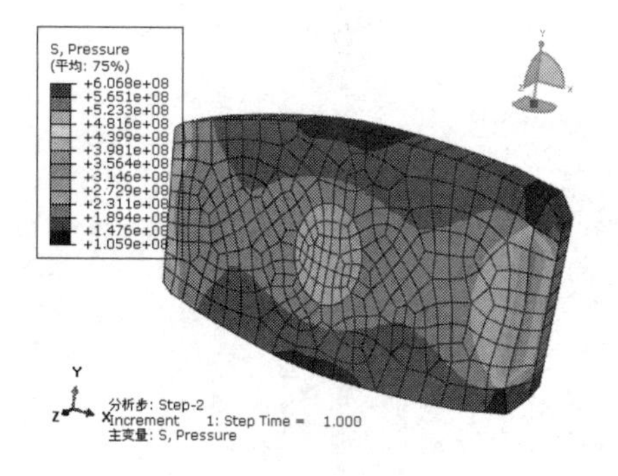

（e）S, Pressure 分布图

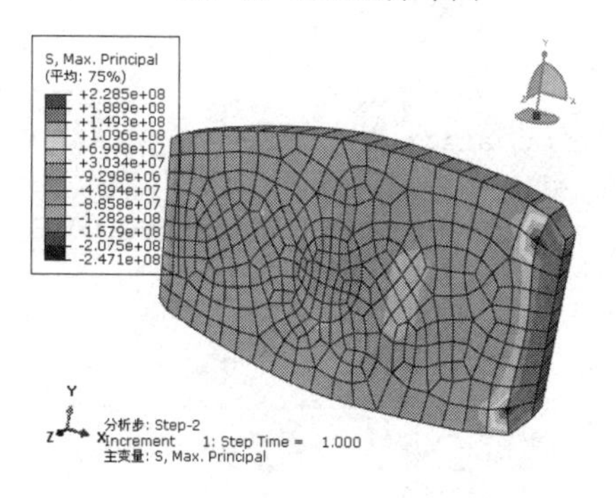

（f）S, Max. Principal 分布图

图 10-39　场输出云图

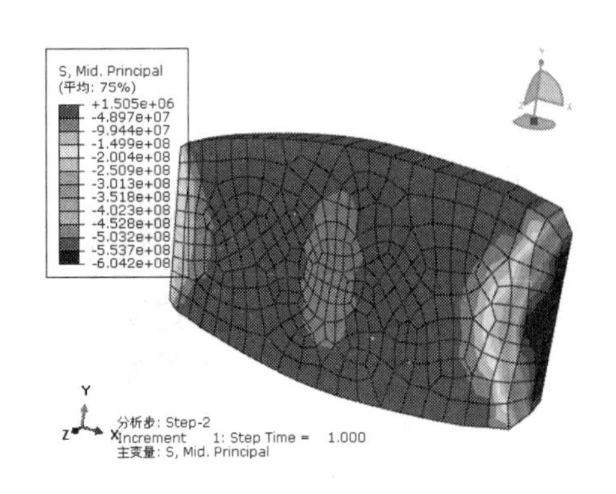

（g）S, Mid Principal 分布图

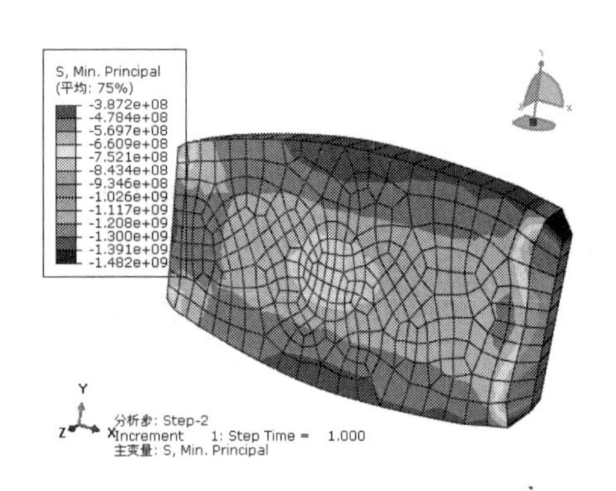

（h）S, Min Principal 分布图

图 10-39　场输出云图（续）

3. 生成各个结点Mises应力的结果报告

步骤 01 执行“报告”→“场输出”命令，弹出“报告场变量输出”对话框（如图 10-40 所示），在“位置”下拉列表中选择“唯一结点的”，选择输出选项中默认的“S：应力分量”选项下面的 Mises 应力。

步骤 02 切换到“设置”选项卡（如图 10-41 所示），设置输出文件的“名称”为 heating，单击“确定”按钮。

在 ABAQUS 工作目录下生成报告文件 heating.rpt，内容如下：

```
***************************************************************************
Field Output Report, written Thu Sep  6 16:30:39 2018

Source 1
---------

   ODB: E:/ABAQUS_2018 中文版有限元分析从入门到精通素材/Chapter 10/10-2/
Brick_heat_generation.odb
   Step: Step-2
   Frame: Increment      1: Step Time =    1.000

Loc 1 : 来自源 1 的结点值

Output sorted by column "结点编号".

Field Output reported 在结点处 for region: PART-1-1.Region_1
   Computation algorithm: EXTRAPOLATE_COMPUTE_AVERAGE
   Averaged at nodes
   Averaging regions: ODB_REGIONS

        结点编号          S.Mises
                          @Loc 1
---------------------------------
              1     597.044E+06
              2     597.044E+06
           .....
            231     665.061E+06
```

```
    232      660.092E+06

   最小      597.044E+06
 在结点                2

   最大      670.534E+06
 在结点              176

     总      71.8823E+09
```

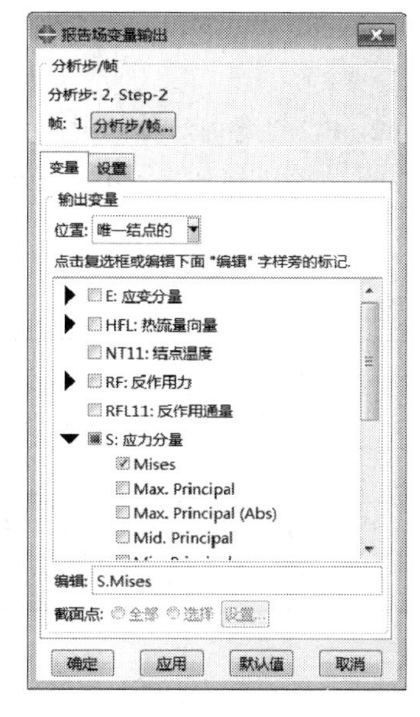

图 10-40 “报告场变量输出”对话框

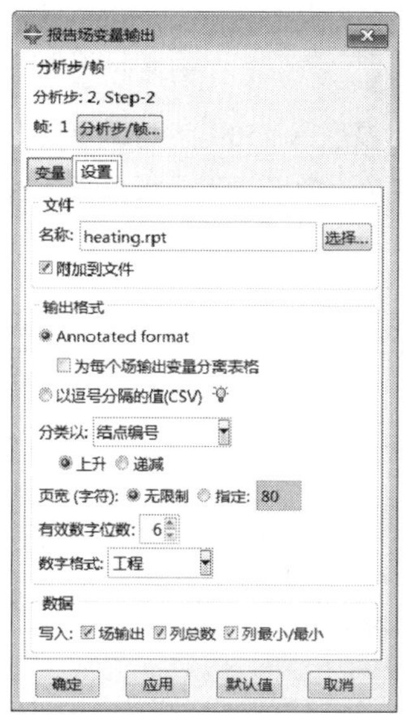

图 10-41 切换到“设置”选项卡

由上述例子可以看出 ABAQUS 中进行热应力分析的方法非常简单，只需要定义线性膨胀系数、初始温度场和分析步中的温度场即可。

10.3 罐与接管的热分析

许多工程问题中涉及的问题并不是简单的结构分析和热分析，而是多种物理场的综合作用。例如温度场和应力场的耦合、流体场和温度场的耦合、电磁场和温度场的耦合等，这些多物理场耦合分析中需要同时考虑各个物理场的作用效果及相互之间的影响。

下面将以一个圆筒形的罐为例，罐通过接管与外界的流体进行交换。

10.3.1 问题描述

圆筒形的罐有一个接管，罐外径为 3m，壁厚为 0.2m，接管外径为 0.5m，壁厚为 0.1m，罐与接管的轴线垂直且接管远离罐的端部，如图 10-42 所示。

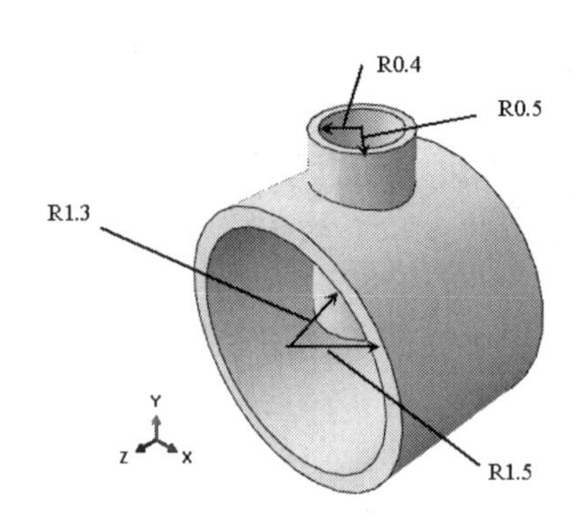

图 10-42　罐的结构图

罐内流体温度为 450°，与罐壁的对流换热系数为 250BUT/hr-ft2-oF，接管内流体的温度为 100 度，与管壁的对流换热系数随管壁温度而变。接管与罐为同一种材料，它的热物理性能如表 10-2 所示，求罐与接管的温度分布。（*为接管内壁对流系数。）

表 10-2　温度与材料性能的影响

温度	70	200	300	400	500
密度	0.285	0.285	0.285	0.285	0.285
导热系数	8.35	8.90	9.35	9.8	10.23
比热	0.113	0.117	0.119	0.122	0.125
对流系数*	426	405	352	275	221

10.3.2　问题分析

本例是热传导分析的经典实例，考虑到热在罐和接管的传导问题，并且分析考虑界面处与罐内流体的相互作用，所以需要定义一个热稳态传导的分析步。

10.3.3　创建部件

运行 ABAQUS/CAE，创建一个新的模型数据库。

1. 创建罐

步骤 01 单击工具箱中的（创建部件）按钮，在弹出的“创建部件”对话框（如图 10-43 所示）中将“名称”定义为 Part-1，设置“模型空间”为“三维”、“类型”为“可变形”、“基本特征”为“实体：拉伸”、创建一个名称为 Part-1 的三维可变形拉伸实体，“大约尺寸”为 5，单击“继续”按钮，进入草图环境。

步骤 02 单击工具箱中的（创建圆：圆心和圆周）按钮，以坐标原点（0，0）为圆心，分别以 1.3 和 1.5 为半径绘制两个圆（如图 10-44 所示），单击鼠标中键。

步骤 03 单击提示区中的“完成”按钮，在“编辑基本拉伸”对话框中设置“深度”为 2（如图 10-45 所示），单击“确定”按钮，完成部件的绘制。

图 10-43 “创建部件”对话框

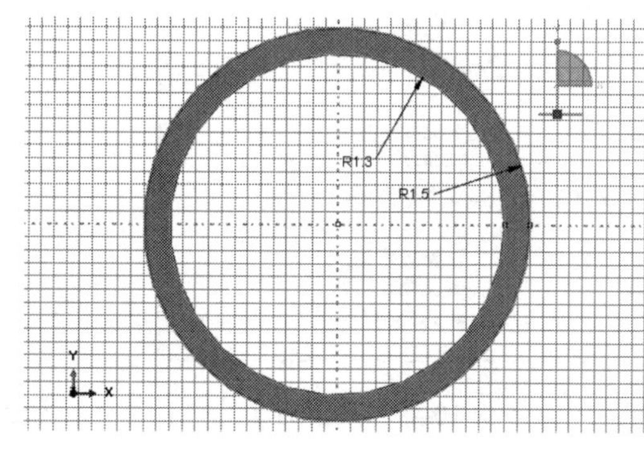

图 10-44 绘制两个圆

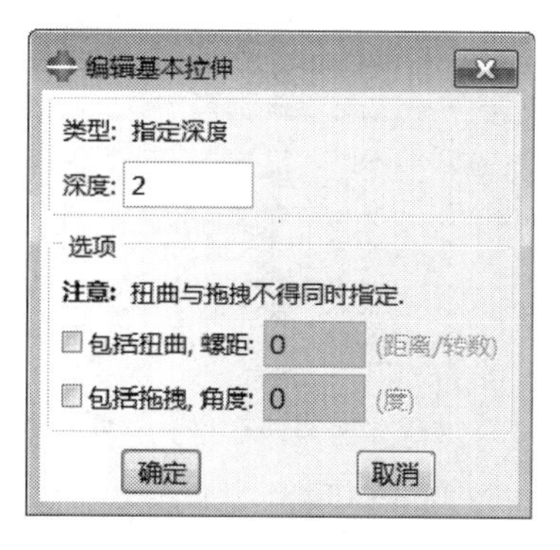

图 10-45 “编辑基本拉伸”对话框

2. 创建接管

步骤 01 单击工具箱中的 (创建部件) 按钮，创建一个“名称”为 Part-2 的三维可变形拉伸实体，“大约尺寸”为 2，单击“继续”按钮，进入草图环境。

步骤 02 使用同样的方法，以坐标原点 (0，0) 为圆心，分别以 0.4 和 0.5 为半径绘制两个圆 (如图 10-46 所示)，单击鼠标中键。

步骤 03 单击提示区中的“完成”按钮，在“编辑基本拉伸”对话框中设置“深度”为 2 (如图 10-47 所示)，单击“确定”按钮，完成部件的绘制。

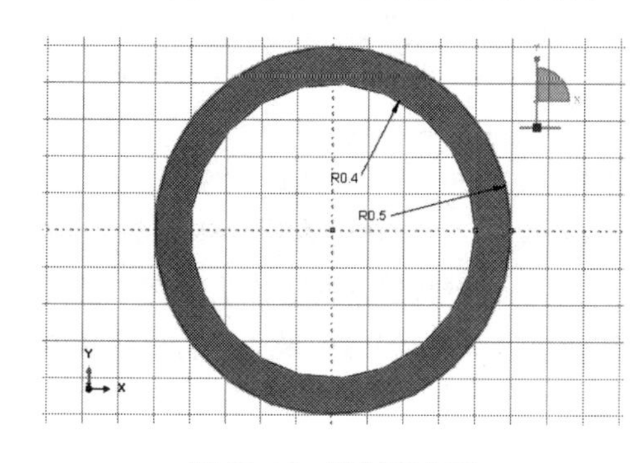

图 10-46 绘制两个圆

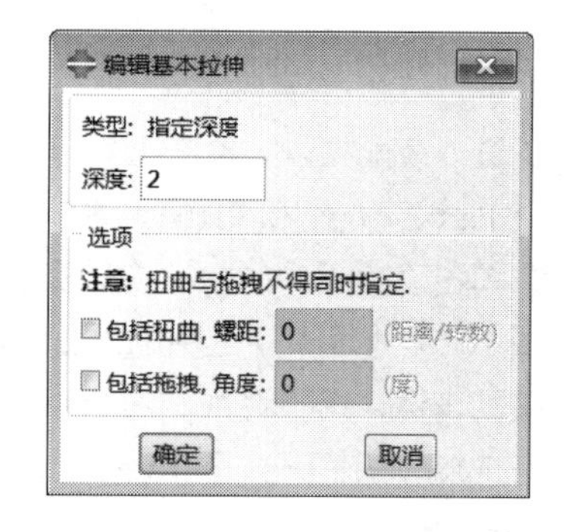

图 10-47 设置“深度”为 2

3. 创建Part-2-Copy

步骤 01 在界面左侧的模型树中，选择“部件”→“Part-2”并单击鼠标右键，弹出快捷菜单 (如图 10-48 所示)，选择“复制”命令，弹出“复制 Part-2”的对话框，保持默认设置，单击“确定”按钮，模型树中就出现了部件 Part-2-Copy。

步骤 02 在模型树中，单击 Part-2-Copy 前的“+”，显示如图 10-49 所示的下拉选项，继续选择“特征”前面的“+”，双击显示的“Solid extrude-1”，弹出如图 10-50 所示的“编辑特征”对话框。

步骤 03 在“编辑特征”对话框中双击“编辑截面草图工具” 按钮，进入草图模块。

步骤 04 单击工具箱中的 按钮，删除内部的圆形 (如图 10-51 所示)，连续单击鼠标中键，完成 Part-2-Copy 的修改，如图 10-52 所示。

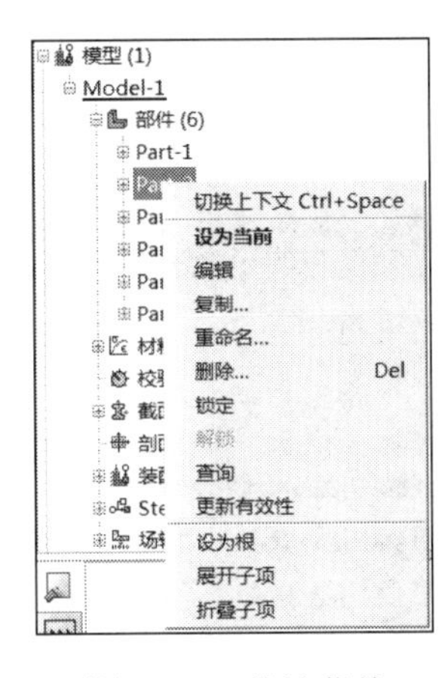

图 10-48　快捷菜单

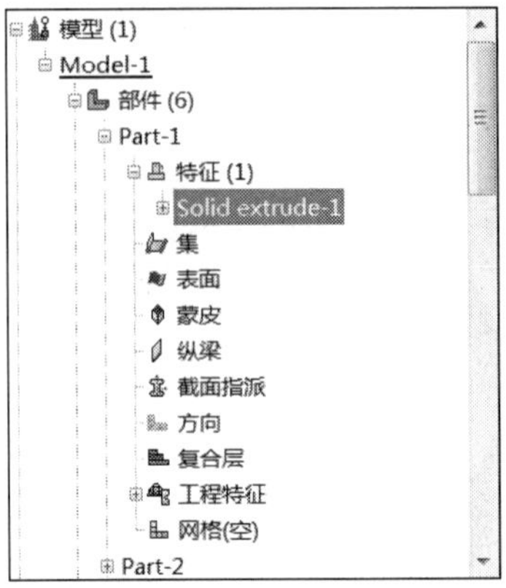

图 10-49　下拉选项

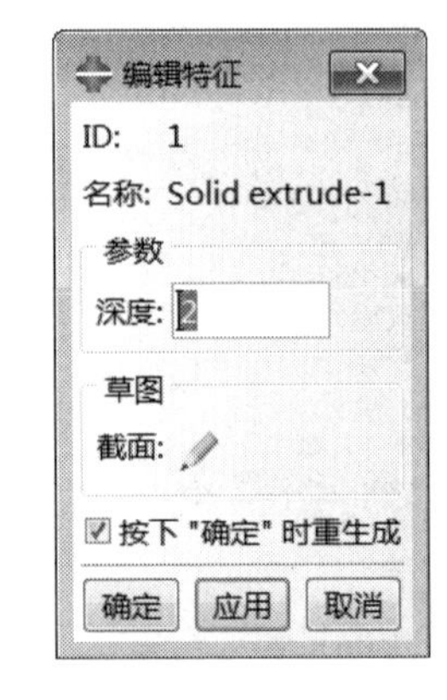

图 10-50　“编辑特征”对话框

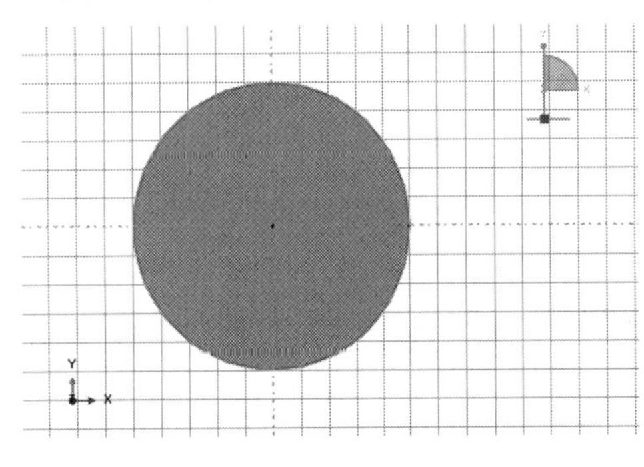

图 10-51　删除内部的圆形

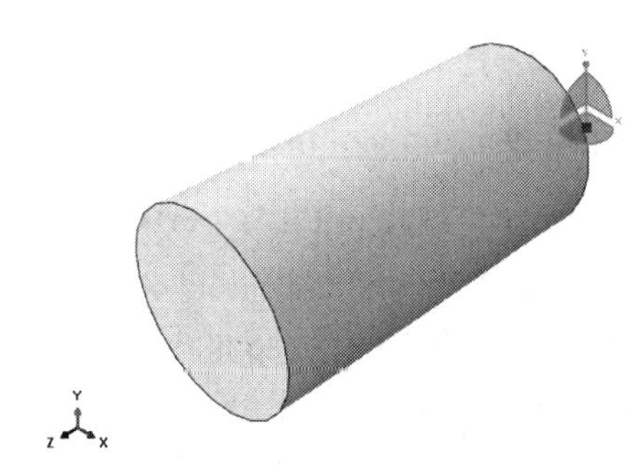

图 10-52　完成的 Part-2-Copy

4. 切割和部件

步骤01 进入装配模块。单击工具箱中的（将部件实例化）按钮，在“创建实例”对话框（如图 10-53 所示）中选择 Part-2-Copy 和 Part-1，单击“确定”按钮，创建部件实例。

步骤02 单击工具箱中的（旋转实例）按钮，单击提示区右侧的“实例”按钮，在弹出的“实例选择”对话框（如图 10-54 所示）中选中 Part-2-Copy-1，单击“确定”按钮，选择轴的起始点为圆柱下部面的经线的左端点，按回车键，选择经线的右端点为终点（如图 10-55 所示），单击鼠标中键，单击提示区中的“确定”按钮，完成旋转操作，如图 10-56 所示。

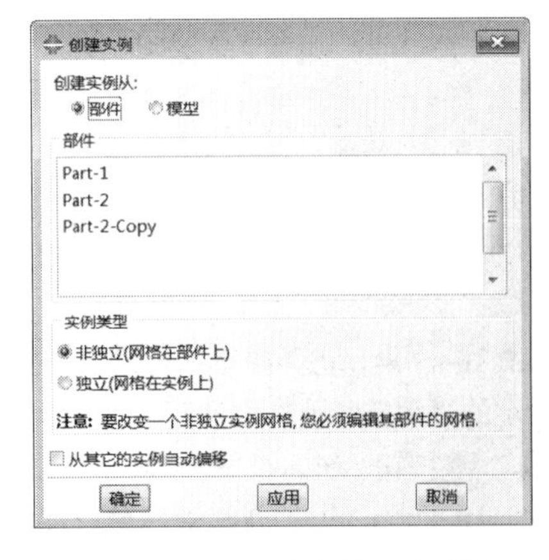

图 10-53　“创建实例”对话框

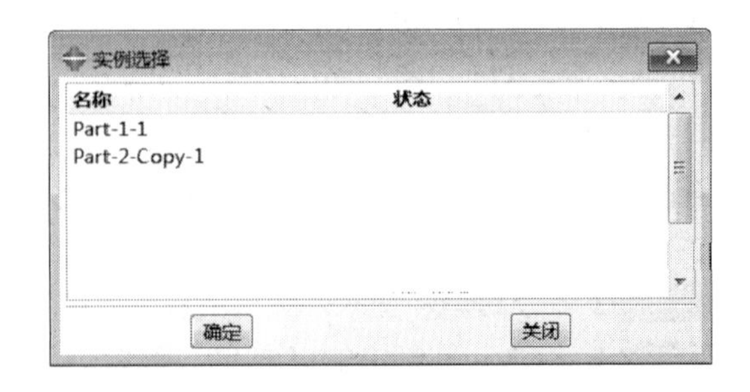

图 10-54　“实例选择”对话框

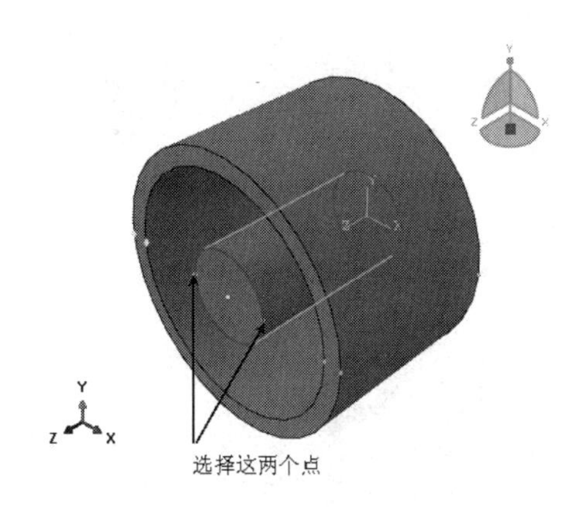

图 10-55 选择起始点和终点

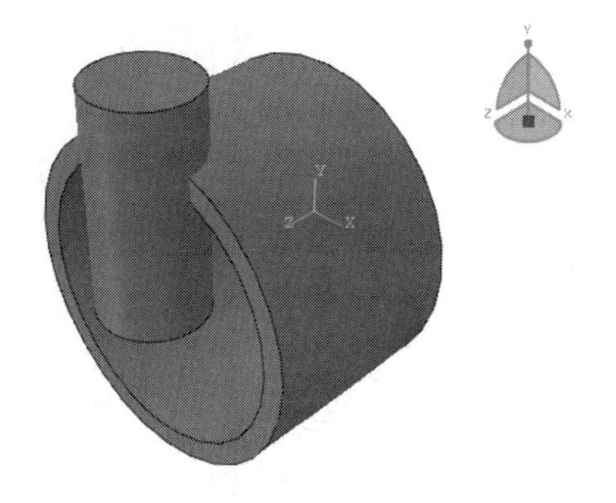

图 10-56 旋转操作后的实例位置

步骤 03 单击工具箱中的 (平移实例)按钮，单击提示区右侧的“实例”按钮，在弹出的“实例选择”对话框中选中 Part-2-Copy-1，单击“确定”按钮，选择轴的下端面圆心为起始点，按回车键，输入平移终止点坐标(0，0，1.0)(如图 10-57 所示)，按回车键，单击提示区中的“确定”按钮，完成平移操作，如图 10-58 所示。

选择平移向量的起始点--或输入 X,Y,Z: 0.0,0.0,0.0

图 10-57 输入平移终止点坐标（0，0，1.0）

步骤 04 执行“实例”→“合并/切割”命令，弹出如图 10-59 所示的对话框，设置将要生成的“部件名”为 Part-3，“运算”选择“切割几何”，单击“确定”按钮。

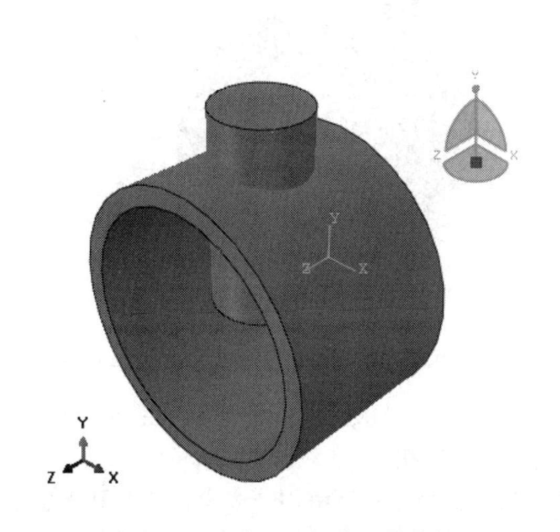

图 10-58 完成平移操作后的实例

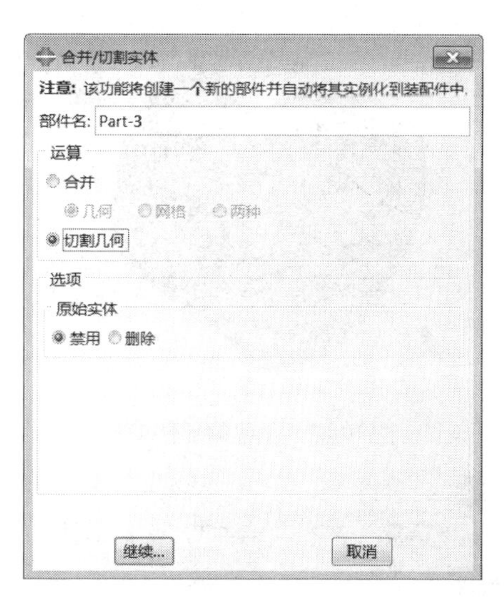

图 10-59 “合并/切割实体”对话框

步骤 05 单击提示区右侧的“实例”按钮，在弹出的“实例选择”对话框(如图 10-60 所示)中，选中待切割的实例 Part-1-1，然后选择 Part-2-Copy-1 作为切割物的实例，单击提示区中的“完成”按钮，生成一个新的部件 Part-3 及该部件的实例，如图 10-61 所示。

此时进入部件模块，可以在部件管理器中查出新增的部件 Part-3。

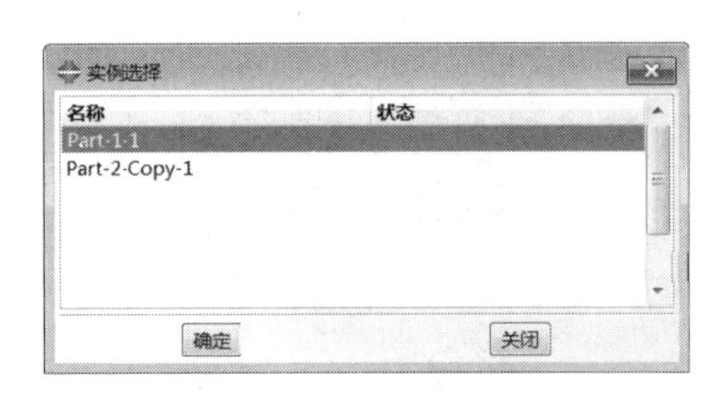

图 10-60　“实例选择”对话框

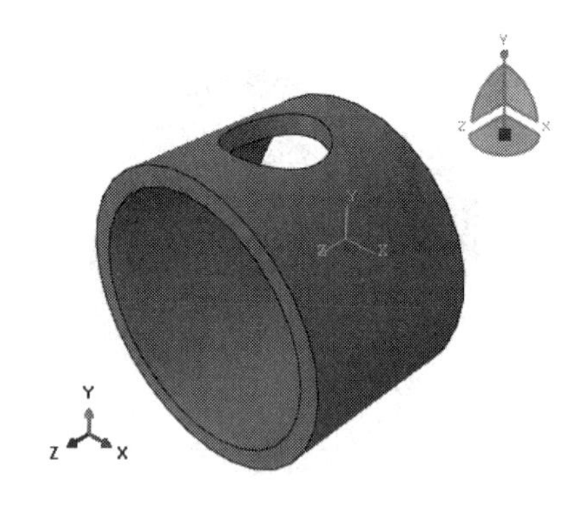

图 10-61　形成的 Part-3 实例

5．合并部件

步骤 01 单击工具箱中的（将部件实例化）按钮，在弹出的“创建实例”对话框中选择 Part-2 和 Part-3，单击“确定”按钮，创建如图 10-62 所示的部件实例。

步骤 02 单击工具箱中的（旋转实例）按钮，单击提示区右侧的“实例”按钮，在弹出的“实例选择”对话框中选中 Part-2-1，单击“确定”按钮，选择轴的起始点为圆柱下部面的经线的左端点，按回车键，选择经线的右端点为终点，单击鼠标中键，单击提示区中的“确定”按钮，完成旋转操作。

步骤 03 单击工具箱中的（平移实例）按钮，单击提示区右侧的“实例”按钮，在弹出的“实例选择”对话框中选中 Part-2-1。单击“确定”按钮，选择轴的下端面圆心为起始点（如图 10-63 所示），按回车键，输入平移终止点坐标（0，0，1.0），按回车键，单击提示区中的“确定”按钮，完成平移操作。

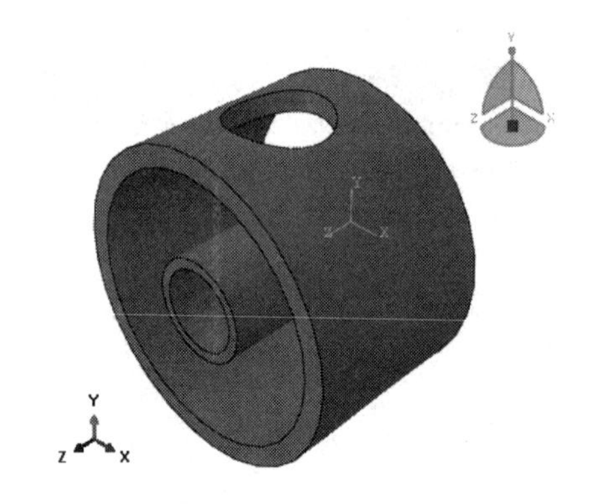

图 10-62　创建的部件实例

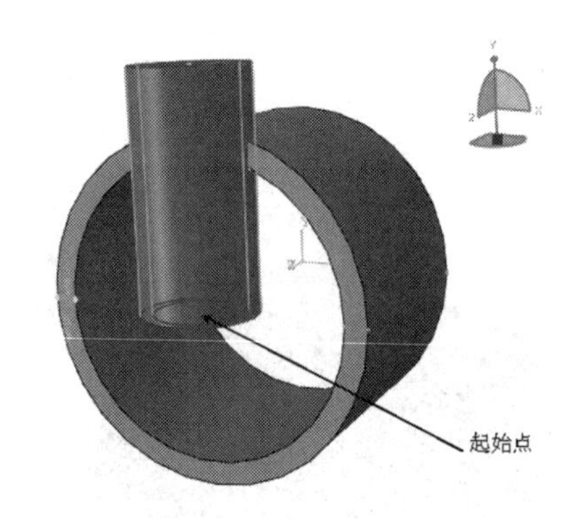

图 10-63　选择轴的下端面圆心为起始点

步骤 04 执行“实例”→“合并/切割”命令，弹出如图 10-64 所示的对话框，设置将要生成的“部件名”为 Part-5，“运算”选择“合并”，其他默认已有选项，单击“确定”按钮。

步骤 05 单击提示区右侧的“实例”按钮，在弹出的“实例选择”对话框中选中 Part-2-1 和 Part-3-1，单击提示区中的“完成”按钮，生成一个新的部件 Part-5 及该部件的实例。

步骤 06 此时展开模型树 Model-1/装配/实例，可以发现在实例下面出现了一个实例 Part-5，且 Part-2-1、Part-1-1、Part-3-1 和 Part-2-Copy-1 的前面出现了一个红色的“×”号，这是由于在进行“合并/切割”操作时这两个部件实例被抑制了。

步骤 07 将鼠标置于 Part-2-Copy-1 上，单击鼠标右键，执行“删除”命令，如图 10-65 所示，单击提示区中的“确定”按钮，删除实例 Part-2-Copy-1，用同样的方法删除其他实例。

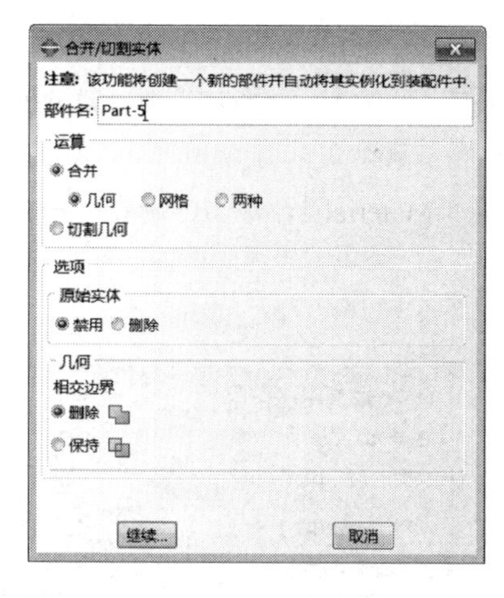

图 10-64 “合并/切割实体”对话框

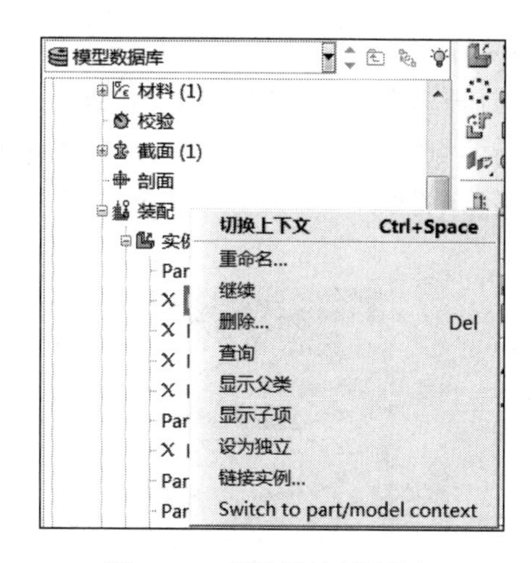

图 10-65 删除被抑制的特征

10.3.4 创建材料和截面属性

（1）创建材料

进入属性模块，单击工具箱中的（创建材料）按钮，弹出“编辑材料”对话框（如图 10-66 所示），输入材料“名称”为 Material-1。

- 选择“通用”→“密度”选项，输入密度的值 0.285。
- 选择“力学”→“膨胀”选项，输入热膨胀系数 1.65e-5。
- 选择“热学”→“导热率”选项，勾选“使用与温度相关的数据”复选框，在“数据”中输入如图 10-66 所示的传导率与温度。
- 选择“热学”→“比热”选项，勾选“使用与温度相关的数据”复选框，在“数据”中输入如图 10-67 所示的比热与温度，单击“确定”按钮，完成材料 Material-1 的热属性的定义。

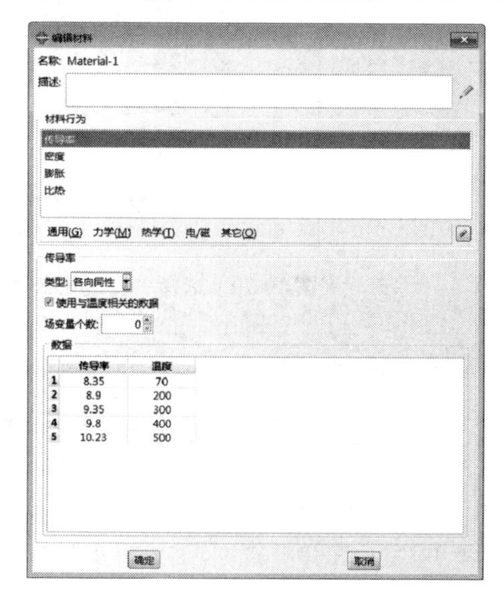

图 10-66 输入热传导率和温度

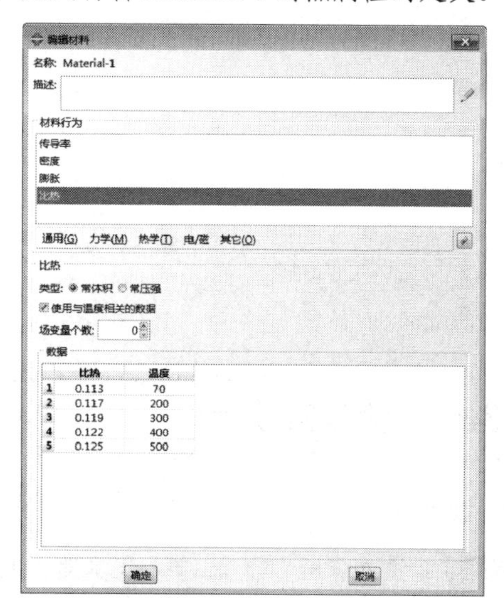

图 10-67 输入比热和温度

（2）创建截面属性

单击工具箱中的（创建截面）按钮，在“创建截面”对话框（如图 10-68 所示）中设置截面“名称”为 Section-1，选择“实体：均质”，单击“继续”按钮。

进入“编辑截面”对话框（如图 10-69 所示），“材料”选择 Material-1，单击“确定”按钮，完成截面的定义。

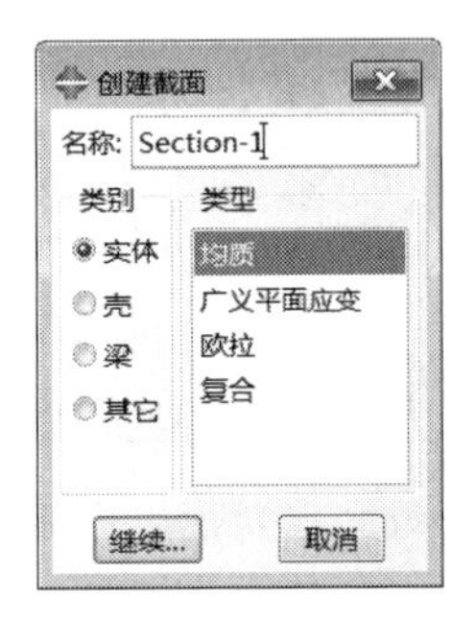

图 10-68　“创建截面”对话框

图 10-69　“编辑截面”对话框

（3）赋予截面属性

单击工具箱中的（指派截面）按钮，选择“部件”为 Part-5，单击提示区中的“完成”按钮，在弹出的“编辑截面指派”对话框中选择“截面”为 Section-1，单击“确定”按钮，把截面属性赋予部件。

10.3.5　定义装配件

步骤 01　进入装配模块，此时部件 Part-5 的实例已经存在。

步骤 02　展开模型树 Model-1/装配，将鼠标置于 Part-5-1 上，单击鼠标右键，在弹出的快捷菜单中选择“设为独立”命令（如图 10-70 所示），把部件的实例由非独立实例转化为独立实例。

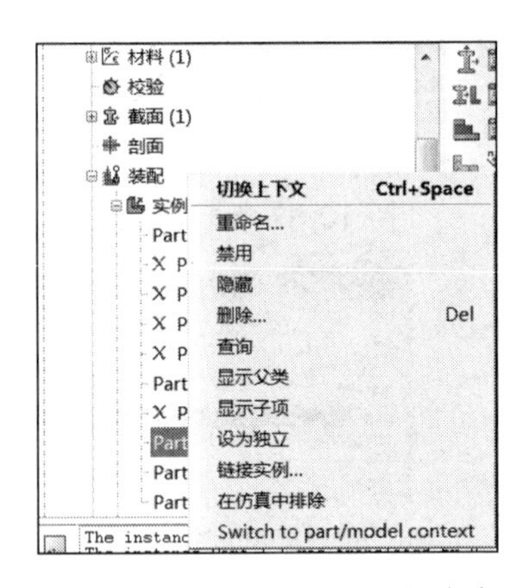

图 10-70　选择“设为独立”命令

10.3.6　设置分析步

1. 设置分析步

步骤 01　进入分析步模块，单击工具箱中的（创建分析步）按钮，在弹出的“创建分析步”对话框（如图 10-71 所示）中选择“通用：热传递”，单击“继续”按钮。

步骤 02 在弹出的“编辑分析步”对话框（如图 10-72 所示）中，设置初始“增量步大小”为 0.01，其他接受默认设置，单击“确定”按钮完成第一个分析步的定义。

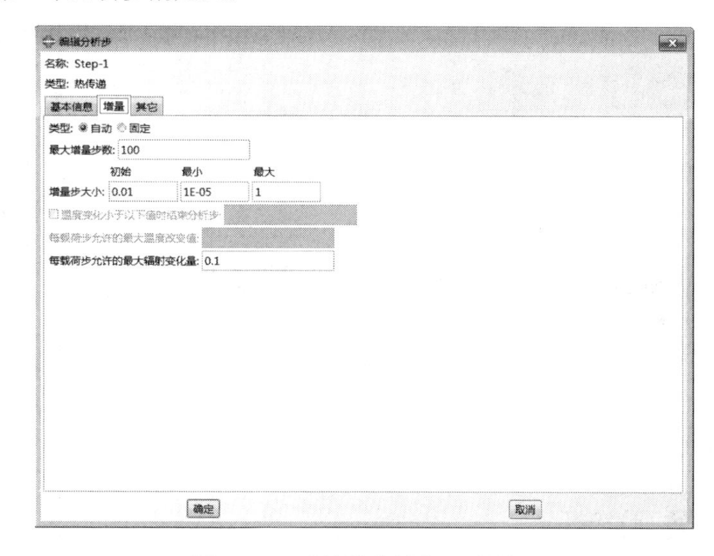

图 10-71 “创建分析步”对话框

图 10-72 “编辑分析步”对话框

2. 设置场输出变量

步骤 01 单击工具箱中的（场输出管理器）按钮，在弹出的“场输出请求管理器”对话框（如图 10-73 所示）中，单击“编辑”按钮。

步骤 02 弹出如图 10-74 所示的“编辑场输出请求”对话框，在“输出变量”中选择“热学”，单击“确定”按钮，完成输出要求的定义。

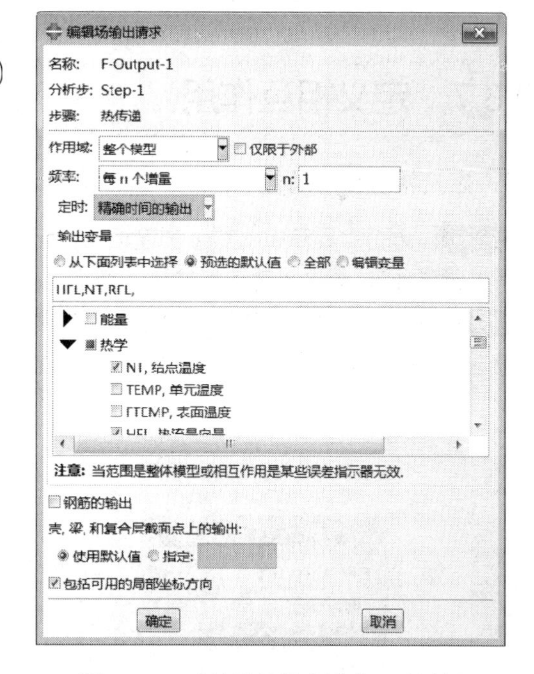

图 10-73 “场输出请求管理器”对话框

图 10-74 “编辑场输出请求”对话框

3. 设置历史输出变量

单击工具箱中的（历程输出管理器）按钮，在弹出的“历程输出请求管理器”对话框（如图 10-75 所示）中单击“编辑”按钮，弹出“编辑历程输出请求”对话框（如图 10-76 所示），在“输出变量”中选择“热学”，单击“确定”按钮完成操作。

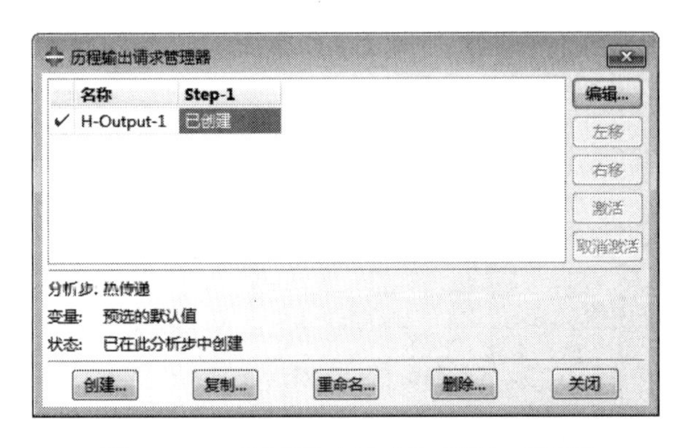

图 10-75 “历程输出请求管理器”对话框

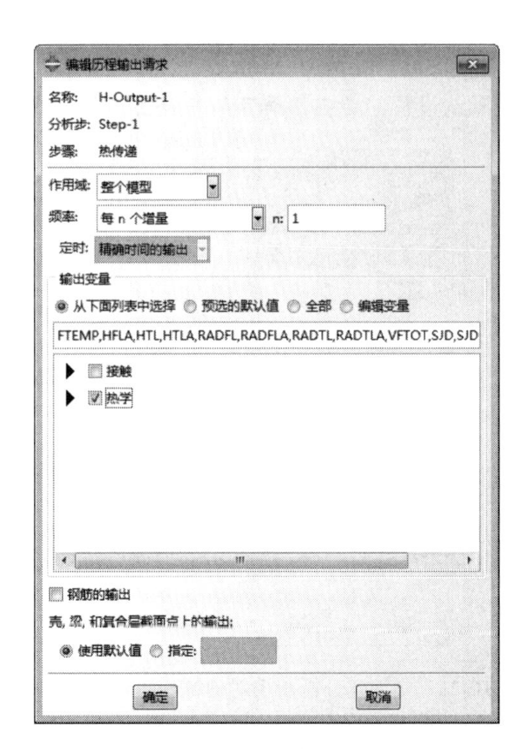

图 10-76 “编辑历程输出请求”对话框

10.3.7 定义相互作用

1. 定义相互作用属性

步骤 01 单击工具箱中的 (创建相互作用属性)按钮，在弹出的对话框(如图 10-77 所示)中选择“类型”为“膜条件”，单击“继续”按钮，弹出“编辑相互作用属性”对话框。

步骤 02 在弹出的“编辑相互作用属性”对话框中选中“使用与温度相关的数据”复选框，输入“膜系数”数据(如图 10-78 所示)，单击“确定”按钮。

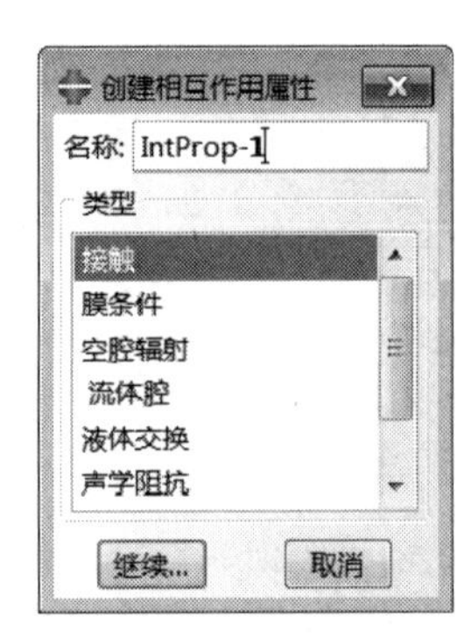

图 10-77 “创建相互作用属性”对话框

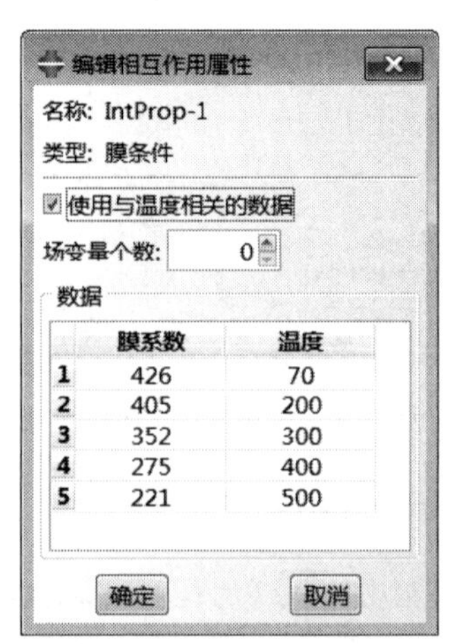

	膜系数	温度
1	426	70
2	405	200
3	352	300
4	275	400
5	221	500

图 10-78 定义“膜系数”

2．创建相互作用

步骤 01 执行“相互作用”→“管理器”命令，在弹出的“设置管理器”对话框中单击“创建”按钮，在弹出的“创建相互作用”对话框（如图 10-79 所示）中设置“分析步”为 Step-1，在“可用于所选分析步的类型”选项组中选择“表面热交换条件”选项，单击“继续”按钮。

步骤 02 在视图中选择如图 10-80 所示的两个面，选择完成后单击鼠标中键。

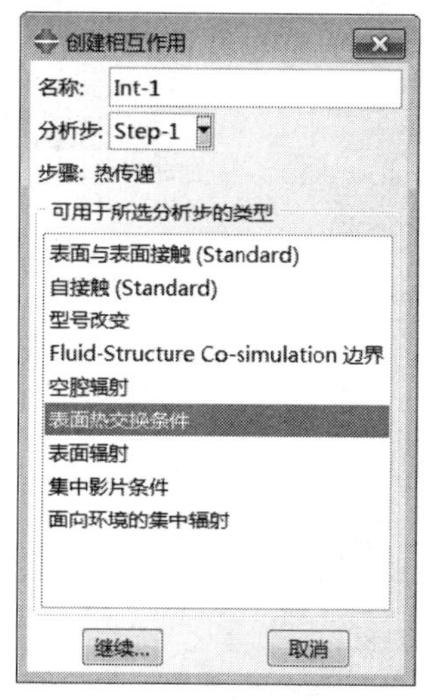

图 10-79 “创建相互作用”对话框

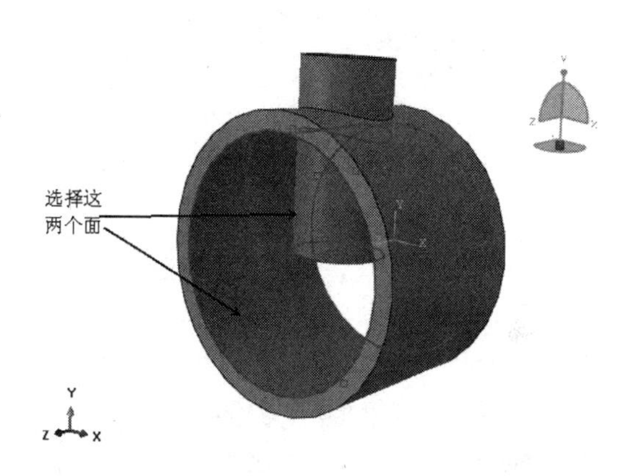

图 10-80 选择面

步骤 03 在弹出的“编辑相互作用”对话框（如图 10-81 所示）中，设置“膜层散热系数”为 250、“环境温度”为 450，其他参数接受默认设置，单击“确定”按钮，完成相互作用 Int-1 的定义。

步骤 04 使用同样的方法，创建 Int-2，在视图中选择如图 10-82 所示的面，选择完成后，单击鼠标中键。

步骤 05 在弹出的“编辑相互作用”对话框（如图 10-83 所示）中，“定义”选择“属性引用”，“膜相互作用属性”选择 IntProp-1，设置“环境温度”为 100，其他参数接受默认设置，单击“确定”按钮，完成相互作用 Int-2 的定义。

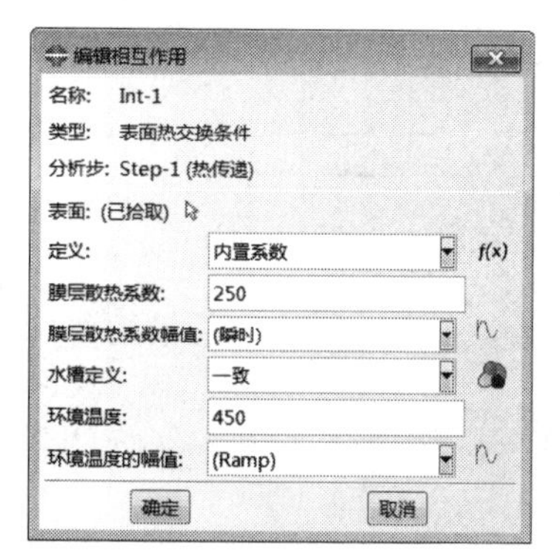

图 10-81 “编辑相互作用”对话框

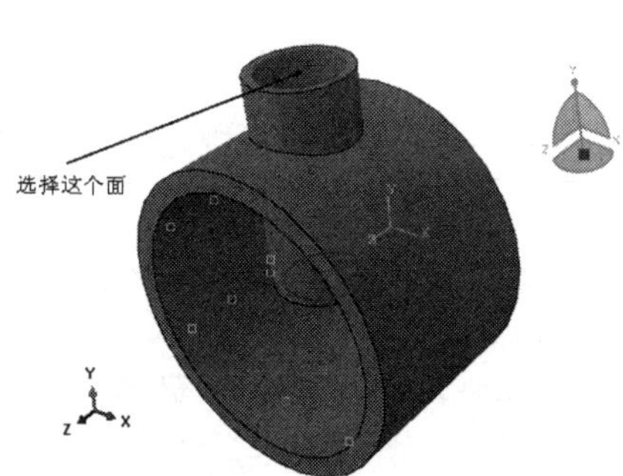

图 10-82 选择面

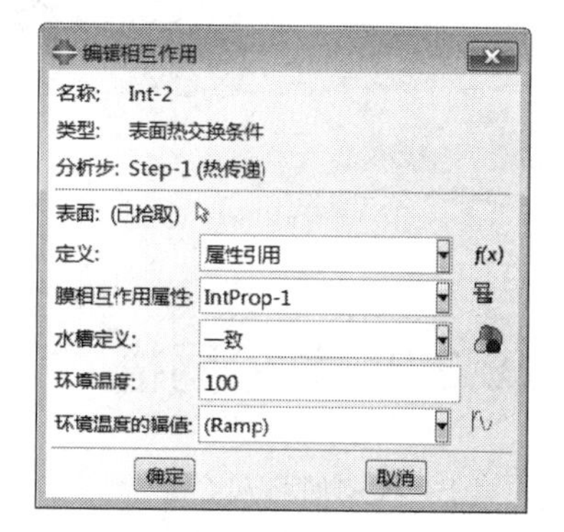

图 10-83 “编辑相互作用”对话框

技巧提示：在这个分析中，需要考虑表面由于温度升高和周围的环境温度进行热交换的过程，所以还需要进一步设置这一模型。

10.3.8 定义载荷和边界条件

步骤 01 单击工具箱中的（边界条件管理器），弹出“边界条件管理器”对话框（如图 10-84 所示），单击“创建”按钮，在弹出的对话框（如图 10-85 所示）中，“分析步”选择 Step-1，“类别”选择“其他”，“可用于所选分析步的类型”选择“温度”，单击“继续”按钮。

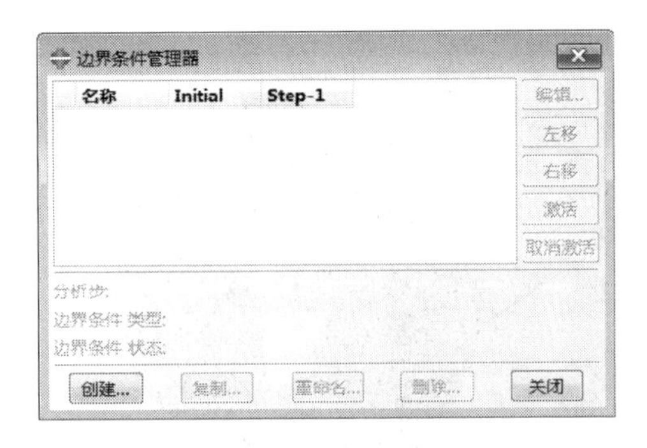

图 10-84 “边界条件管理器”对话框

图 10-85 “创建边界条件”对话框

步骤 02 在图形窗口选择部件的外表面（如图 10-86 所示），单击提示区中的“完成”按钮，在弹出的对话框（如图 10-87 所示）中设置“大小”为 45，单击“确定”按钮完成一个边界条件的定义。

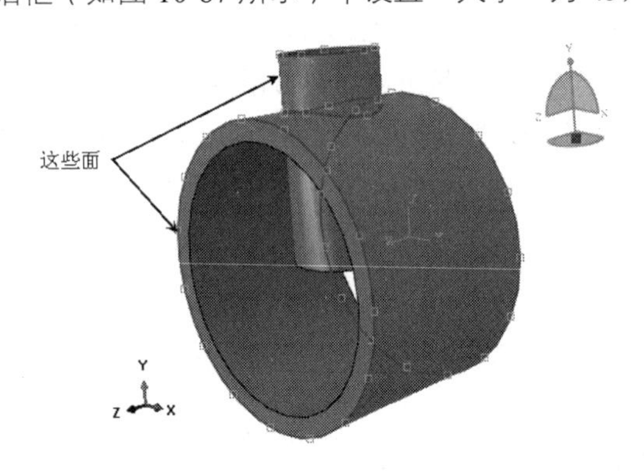

图 10-86 选择部件的外表面

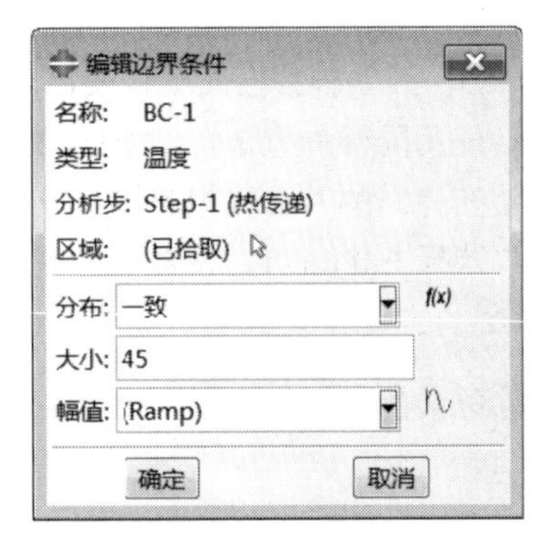

图 10-87 “编辑边界条件”对话框

10.3.9 划分网格

（1）控制网格划分

进入网格模块，单击工具箱中的（指派网格控制属性）按钮，弹出“网格控制属性”对话框，如图 10-88 所示，在“单元形状”中选中“四面体”单选按钮，采用“自由”网格技术，单击“确定”按钮，完成控制网格划分选项的设置。

（2）选择单元类型

选择单元类型，单击工具箱中的 （指派单元类型）按钮，选择整个模型，单击提示区中的“完成”按钮，弹出“单元类型”对话框（如图 10-89 所示），“单元库”选择 Standard，“族”选择“热传递”，选定单元 DC3D10，其他接受默认设置，再单击提示区中的“完成”按钮，完成单元类型的选取。

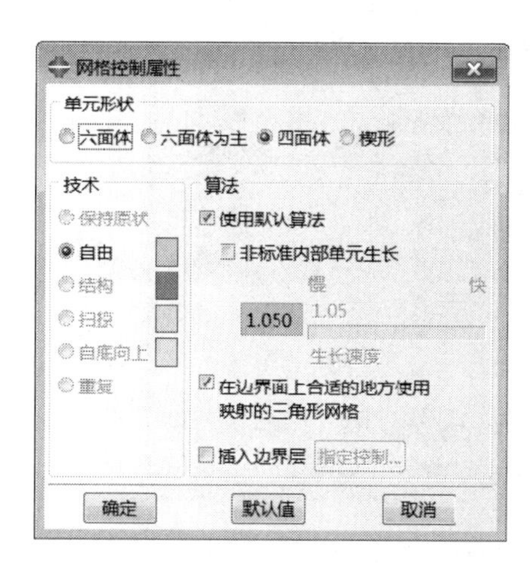

图 10-88 “网格控制属性”对话框

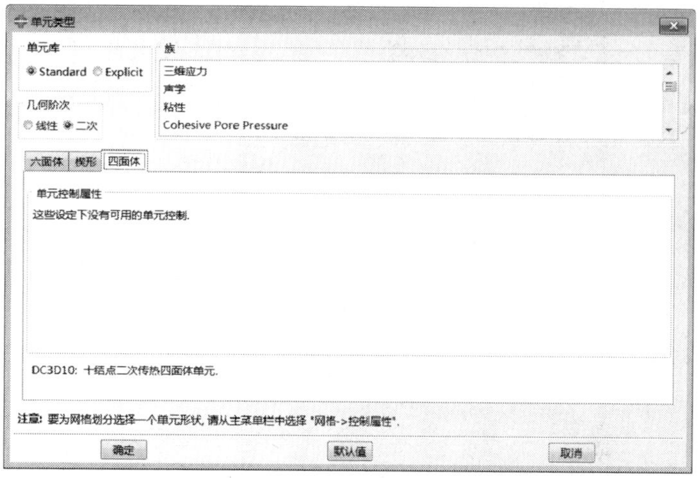

图 10-89 “单元类型”对话框

（3）设置网格密度

执行“布种”→“边”命令，选择罐的外缘边，单击提示区中的“完成”按钮，在弹出的对话框（如图 10-90 所示）中，在“方法”选项组中选中“按个数”单选按钮，设置“单元数”为 10，按回车键，单击“完成”按钮，完成种子布置。种子分布情况如图 10-91 所示。

图 10-90 “局部种子”对话框

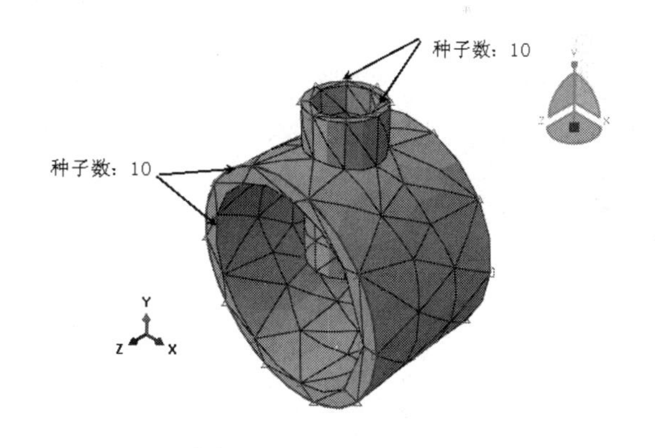

图 10-91 种子分布情况

（4）划分网格

单击工具箱中的 （为部件实例划分网格）按钮，选择部件，单击提示区中的“完成”按钮，进行网格划分，如图 10-92 所示。

（5）检查网格

显示整个模型，并保存模型。

单击工具箱中的 （检查网格）按钮，选择整个模型网格，单击提

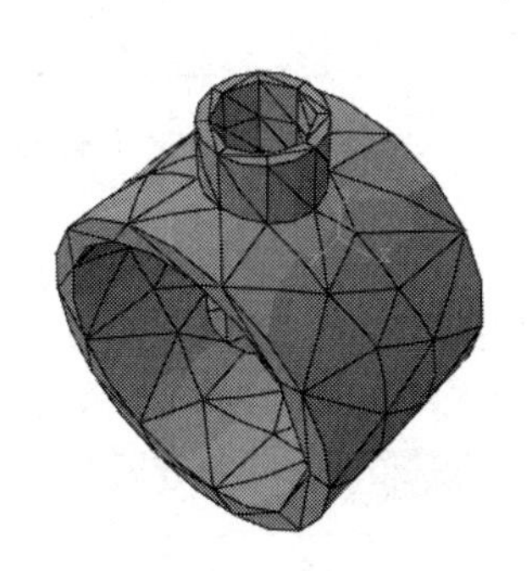

图 10-92 网格模型

示区中的“完成”按钮，弹出“检查网格”对话框（如图 10-93 所示），选择需要验证的项目和标准，单击“高亮”按钮，可以在图形窗口显示符合条件的单元，并在信息区显示统计结果。

打开“尺寸检查”选项卡（如图 10-94 所示），可以检查在求解过程中可能出现警告和错误的单元。验证完毕后，关闭对话框。如果出现不合理的单元，就重新进行网格划分。

图 10-93　“检查网格”对话框

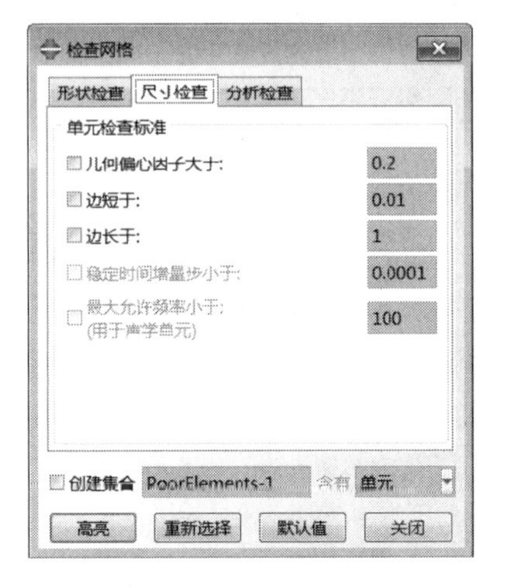

图 10-94　“尺寸检查”选项卡

10.3.10　提交作业

步骤 01 进入作业模块。执行“作业”→“管理器”命令，在弹出的“作业管理器”对话框（如图 10-95 所示）中单击“创建”按钮，定义作业“名称”为 Reguan，单击“继续”按钮，单击“确定”按钮完成作业的定义。

步骤 02 单击“作业管理器”对话框中的“监控”按钮，打开“Reguan 监控器”对话框（如图 10-96 所示），可以对求解过程进行监视，单击“提交”按钮提交作业。

图 10-95　“作业管理器”对话框

图 10-96　“Reguan 监控器”对话框

10.3.11　后处理

步骤 01 作业完成后，单击“作业管理器”对话框中的“结果”按钮，进入结果后处理可视化模块。

步骤 02 执行“结果”→“场输出”命令，在“场输出”对话框（如图 10-97 所示）中选择“分量”HFL1，单击“确定”按钮，如图 10-98 所示。

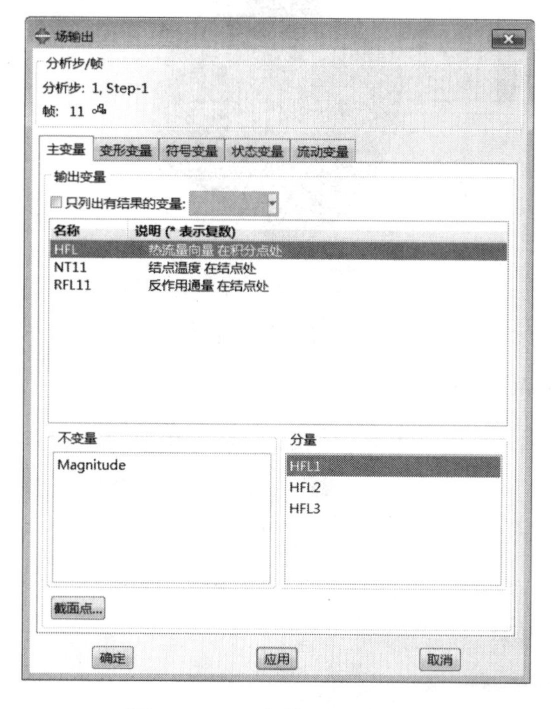

图 10-97 “场输出”对话框

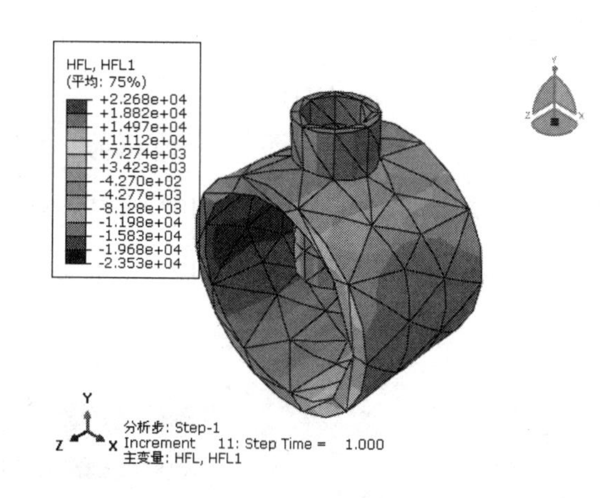

图 10-98 结点温度

步骤 03 执行“结果”→“场输出”命令，在“场输出”对话框中选择变量 HFL2、HFL3、NT11、RFL11，单击“应用”按钮，显示场云图分布，如图 10-99 所示。

步骤 04 生成结点温度的结果报告。执行“报告”→“场输出”命令，弹出“报告场变量输出”对话框（如图 10-100 所示），在“位置”下拉列表中选择“唯一结点的”，输出选项中默认的 NT11。

单击“分析步/帧”按钮，在弹出的对话框（如图 10-101 所示）中选择“索引”为 8，单击“确定”按钮。

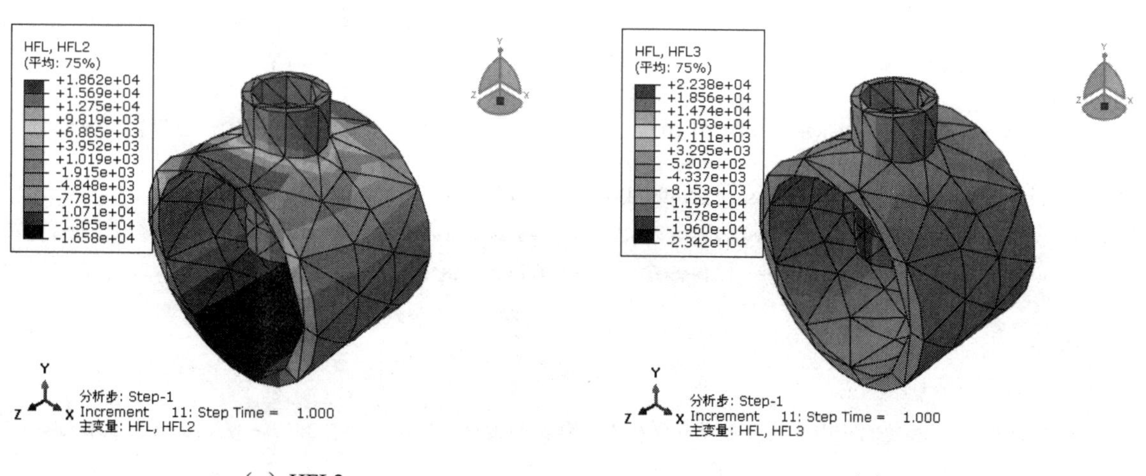

（a）HFL2

（b）HFL3

图 10-99 场云图分布

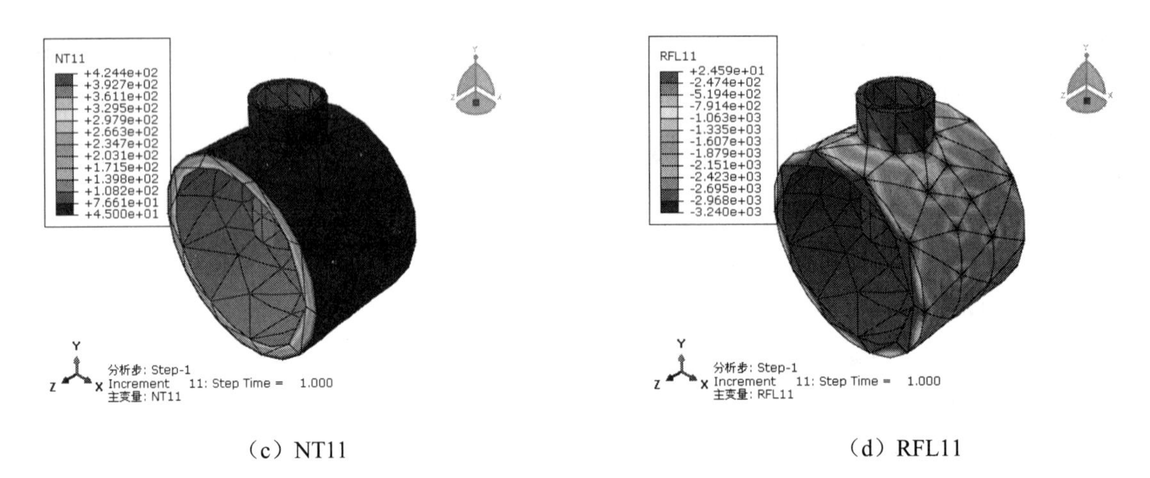

（c）NT11　　（d）RFL11

图 10-99　场云图分布（续）

切换到“设置”选项卡（如图 10-102 所示），设置输出文件的“名称”为 guandao，单击“确定”按钮。

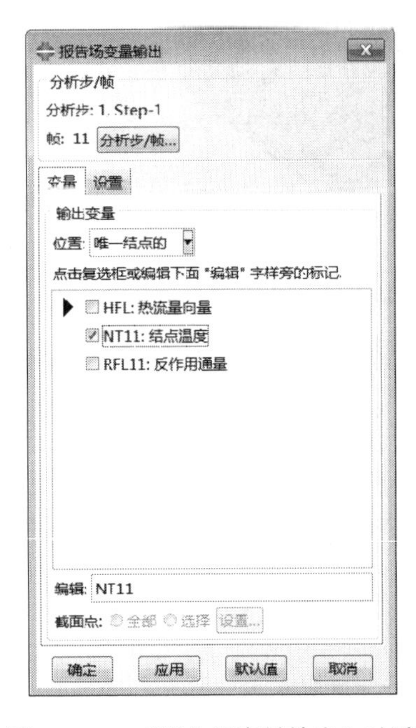

图 10-100　“报告场变量输出”对话框

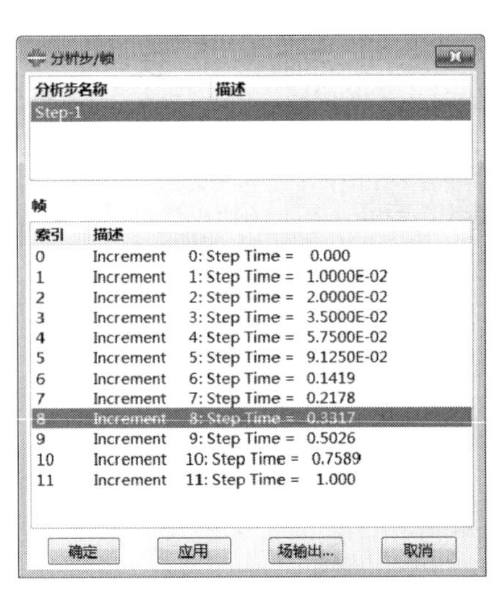

图 10-101　“分析步/帧”对话框

图 10-102　“设置”选项卡

在 ABAQUS 工作目录下生成报告文件 guandao.rpt，内容如下：

```
********************************************************************************
Field Output Report, written Thu Sep  6 17:07:21 2018

Source 1
---------

   ODB: E:/ABAQUS_2018 中文版有限元分析从入门到精通素材/Chapter 10/10-3/Reguan.odb
   Step: Step-1
   Frame: Increment      8: Step Time =    0.3317
```

```
Loc 1 : 来自源 1 的结点值

Output sorted by column "结点编号".

Field Output reported 在结点处 for part: PART-5-1

        结点编号          NT11
                        @Loc 1
-----------------------------------
              1        124.096
              2        14.9273
            ...
           1076         14.9273
           1077         14.9273


             最小       14.9273
           在结点          1077

             最大       141.708
           在结点           370

              总     72.0232E+03
```

10.3.12 INP 文件

该案例中的 INP 文件请查阅云下载中的相关文件，具体解释可参考本书第 3 章和 ABAQUS 帮助文档，限于篇幅，不做详解。

10.4 本章小结

本章介绍了利用 ABAQUS 进行热力学分析的步骤和方法，掌握利用 ABAQUS 进行热力学分析的操作。

ABAQUS 可以求解以下类型的传热问题：非耦合传热分析、完全耦合热应力分析、绝热分析、顺序耦合热应力分析、空腔辐射和热电耦合分析。

第 11 章 结构多体系统分析详解

导读

机构都是由多个部件组成的，进行机械设计的时候，一般先对每个构件进行分析，装配后再对整个系统进行多体系统仿真分析。传统的有限元分析大多针对某个部件进行分析，而多体系统的分析则依靠多体系统仿真软件（如 MSC.ADAMS 等）来完成。然而，ABAQUS 可以对多体系统进行分析，并且提供了多种常见的连接单元和连接属性，使用这些连接单元和连接属性可以对大多数多体系统进行有限元分析。

教学目标

- 了解多体系统分析
- 熟悉 ABAQUS 的连接单元和连接属性
- 掌握风力发电机叶片旋转的旋转过程模拟
- 双四杆连接机构的模拟分析

11.1 ABAQUS多体系统分析

多体系统是由多个具有一定的约束关系和相对运动关系的刚体或柔性体构成的。

多体系统分析可以使用 ABAQUS 模拟系统的运动情况和各个实体之间的相互作用得到所求部位的力、力矩、速度、加速度、位移等结果。

如果模型中包含柔性体，ABAQUS 还可以得到柔性体部件上的应力、应变等结果。

11.1.1 ABAQUS 进行多体系统分析模拟步骤

（1）在模型各部分之间，首先使用两结点连接单元建立连接关系。

（2）通过定义连接属性来描述系统各部分之间的约束关系和相对运动等。

11.1.2 ABAQUS/CAE 进行多体系统分析需要注意的问题

（1）在部件、装配模块或相互作用模块中定义连接单元和约束所需定义的参考点和基准坐标系。

（2）在相互作用模块中定义连接属性、连接单元和约束。

（3）在载荷模块中定义载荷和边界条件，以及连接单元载荷和连接单元边界条件。

（4）在分析步模块中，默认的输出变量是不包括连接单元的，需要单独进行连接单元的历史输出变量。

（5）是否考虑几何的非线性，也就是说，模型中是否会出现较大的位移和转动。

如果存在几何非线性，就需要将分析步模块中的“几何非线性”参数设置为“开”的状态。

（6）在可视化模块中查看连接单元的历史输出变量，并控制连接单元的显示方式。

一般的多体系统分析中，无论是柔性体还是刚体都会出现较大的位移和转动，所以说它是典型的几何非线性问题。在分析过程中，如果没有在分析步模块中将“几何非线性”设置为“开”，就会得到异常的分析结果。

11.2 ABAQUS连接单元和连接属性

连接单元用来模拟模型中两个点之间（或一个点和地面之间）的力学和运动关系，通常把连接的点称为“连接点”，两个连接点分别称为“结点 a”和“结点 b”。

连接点可以是网格实体的结点、模型中的参考点、几何实体的顶点或地面。结点或参考点选成的连接点可以施加耦合约束（*COUPLING）、多点约束（*MPC）、刚体约束（*RIGID BODY）等约束及载荷和边界条件。

11.2.1 ABAQUS 中使用连接单元的步骤

步骤 01 进入相互作用模块。

步骤 02 执行“连接”→“几何”→“创建线条特征”命令，创建连接线框特征的形状和位置。

在 ABAQUS 2018 版本中这一步操作是必须进行的，在 ABAQUS 6.5 以及以前的版本中不需要这一步操作。

步骤 03 执行“连接”→“截面”→“创建”命令，创建连接属性。

步骤 04 执行“连接”→“指派”→“创建”命令，创建连接单元。

11.2.2 连接单元边界条件和载荷

在相互作用模块中创建完连接单元以后，可以在载荷模块中施加连接单元边界条件和连接单元载荷。连接单元边界条件和载荷可以直接施加在连接单元的相对运动分量上。

常用的连接单元边界条件和载荷类型有以下几种：

- 连接单元位移；
- 连接单元速度；
- 连接单元加速度；
- 连接单元力；
- 连接单元力矩。

连接单元边界条件和连接单元载荷的大小和方向都是相对于连接点的局部坐标系。因此，模型各个部分之间的相对运动比较复杂时，使用连接单元边界条件和连接单元载荷处理更方便。

在 ABAQUS/CAE 中，定义连接单元边界条件和连接单元载荷的方法如下：

（1）完成局部坐标系、分析步和连接单元的定义。

（2）进入载荷模块，执行“边界条件”→“创建”和“载荷”→“创建”命令，在弹出的“创建边界条件”和“创建载荷”对话框中，选择合适的边界条件和载荷类型，如图 11-1 和图 11-2 所示。

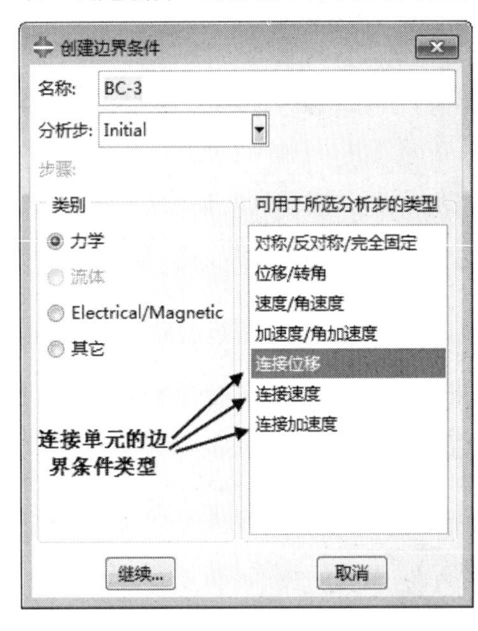

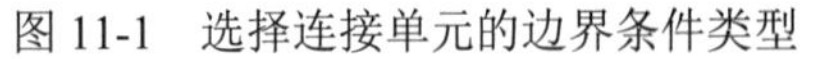

图 11-1 选择连接单元的边界条件类型

图 11-2 选择连接单元的载荷类型

连接单元边界条件和连接单元载荷的作用和使用方法与普通边界条件和载荷类似。

11.2.3 连接单元行为

在实际的机构模型中，连接点之间存在复杂的相互作用关系。这些相互关系可以利用连接单元行为来描述。

连接单元行为在定义连接属性时定义，可以在相对运动分量上定义多种连接单元行为。常见的连接单元行为有弹性、阻尼、塑性、摩擦、锁定、失效（只用于 ABAQUS/Explicit）、损伤（只用于 ABAQUS/Explicit）、止动。

与运动相关的连接单元行为只能定义在可用的相对运动分量上，定义方式如下：

- 非耦合方式：连接单元行为定义在单独的可用相对运动分量上。
- 耦合方式：连接单元行为的同时定义在多个可用的相对运动分量上，相互之间发生耦合。
- 组合方式：同时使用非耦合方式和耦合方式定义单元行为。

在 ABAQUS/CAE 中定义连接单元行为的方法是：在相互作用模块中，执行“连接”→“截面”→“创建”命令，在“创建连接截面”对话框（如图 11-3 所示）中，选择“连接类型”为“铰”，单击“继续”按钮，进入“编辑连接截面”对话框，单击“添加”按钮，添加连接单元行为。

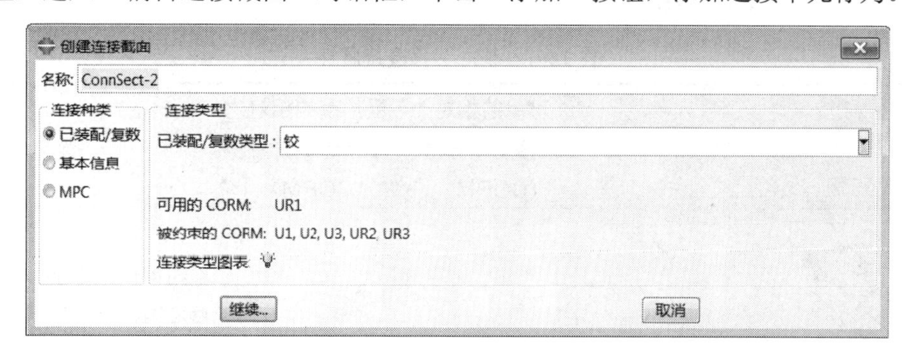

图 11-3 “创建连接截面”对话框

11.2.4 ABAQUS 的连接属性

连接属性用来描述连接单元的两个连接点之间的相对运动约束关系。

每个连接单元都具有一定的连接属性，同一个连接属性可以赋给多个不同的连接单元。连接属性分为以下两种类型。

（1）基本连接属性：基本连接属性又可以细分为平移连接属性和旋转连接属性。

- 平移连接属性影响两个连接点之间的平动自由度以及第一个连接点的旋转自由度。
- 旋转连接属性只能影响两个连接点的旋转自由度。

（2）组合连接属性：组合连接属性是基本连接属性（平移连接属性和旋转连接属性）的组合。

连接单元定义时，可以只使用一个基本的连接属性（平移连接属性或旋转连接属性），也可以使用一个平移连接属性和一个旋转连接属性的组合，或者直接选择组合连接属性。

在两个连接点上可以分别定义各自的局部坐标系，连接点在分析过程中发生转动时，局部坐标系也会随之发生转动。在不同的连接属性中，两个连接点上的局部坐标系有以下 3 种情况。

- 必须的：必须由用户定义局部坐标系。
- 忽略的：不需要用户定义局部坐标系。
- 可选的：用户可以定义也可以不定义局部坐标系。

如果用户没有定义局部坐标系，第一个连接点的局部坐标系将使用全局坐标系，第二个连接点的局部坐标系将使用第一个连接点上的局部坐标系。

在局部坐标系中，ABAQUS 定义了两个连接点之间的相对运动分量，包括相对平移运动分量 U1、U2、U3 和相对旋转运动分量 UR1、UR2、UR3。相对运动分量又可以分为以下两种。

- 受约束的相对运动分量：相对运动分量需要满足一定的约束关系（如保持为零）。
- 可用的相对运动分量：相对运动分量不受任何约束，并且被用来定义连接单元载荷、连接单元边界条件、连接单元行为等。

1. 基本连接属性

ABAQUS 中的基本平移连接属性如表 11-1 所示。

表 11-1 基本平移连接属性

平移连接属性	图 例	可用的相对平移运动分量（CORM）	受约束的相对平移运动分量（CORM）	描 述
轴向		1 个 U1	0 个	不约束任何 CORM，用 U1 度量两点之间相对距离的改变
Proj 笛卡儿		3 个 U1、U2、U3	0 个	不约束任何相对运动分量，根据由两点共同定义的正交坐标系来度量两点的相对平移 U1、U2、U3
笛卡儿		3 个 U1、U2、U3	0 个	不约束任何相对运动分量，根据在第一点上的笛卡儿坐标系来度量两点的相对平移 U1、U2、U3
加入		0 个	3 个 U1、U2、U3	两点之间不允许发生相对平移

（续表）

平移连接属性	图　例	可用的相对平移运动分量（CORM）	受约束的相对平移运动分量（CORM）	描　述
铰接		0 个	1 个 U1	两点之间可以发生各个方向上的相对平移，但是两点的相对距离总保持不变
插槽		1 个	2 个 U2、U3	两点之间只能沿着第一个点的局部 1 方向发生相对平移
径向压力		2 个 U1、U3	0 个	不约束任何相对运动分量，根据第一个点上的柱坐标系来度量两点的相对轴向平移 U1 和径向平移 U3
滑动平面		2 个 U2、U3	1 个 U1	两点之间只能沿着第一个点的局部坐标 2、3 方向发生相对平移
加速计		3 个 U1、U2、U3	0 个	不约束任何相对运动分量，根据第一个点上的局部坐标系来度量两点的相对轴向平移 U1、U2、U3 以及相对速度、加速度，只用于 ABAQUS/Explicit

对于基本平移连接属性，两个连接点之间的相对旋转运动分量都不受任何约束；同样，对于基本旋转连接属性，两个约束点之间的相对平移分量都是不受任何约束的。然而，对于组合连接属性，所有的平移和旋转自由度都需要考虑在内。

ABAQUS 中的基本旋转连接属性如表 11-2 所示。

表 11-2　基本旋转连接属性

旋转连接属性	图　例	可用的旋转运动分量（CORM）	受约束的旋转连接分量（CORM）	描　述
对齐		0 个	3 个 UR1、UR2、UR3	两点之间不允许发生相对旋转

（续表）

旋转连接属性	图例	可用的旋转运动分量（CORM）	受约束的旋转连接分量（CORM）	描述
Cardan		3 个 UR1、UR2、UR3	0 个	不约束任何相对运动分量，用 Cardan 角来度量两点之间的相对旋转 UR1、UR2、UR3
速度常数		0 个	1 个 UR2	两点之间保持恒定的相对转速
欧拉		3 个 UR1、UR2、UR3	0 个	不约束任何相对运动分量，用欧拉角度量两点之间的相对旋转
弯-扭		3 个 UR1、UR2、UR3	0 个	不约束任何相对运动分量，可以度量两点之间的相对旋转 UR1、UR2 和扫掠 UR3
Proj Flex-Tors		3 个 UR1、UR2、UR3	0 个	不约束任何相对运动分量，可以度量两点之间的相对旋转 UR1、UR2 和扭转 UR3，只用于 ABAQUS/Explicit
旋转		1 个 UR1	2 个 UR2、UR3	两点之间只能沿着第一点的局部 1 方向发生相对旋转
旋转加速计		3 个 UR1、UR2 和 UR3	0 个	不约束任何相对运动分量，用旋转向量来度量两点之间的相对旋转 UR1、UR2、UR3

（续表）

旋转连接属性	图　例	可用的旋转运动分量（CORM）	受约束的旋转连接分量（CORM）	描　述
全局	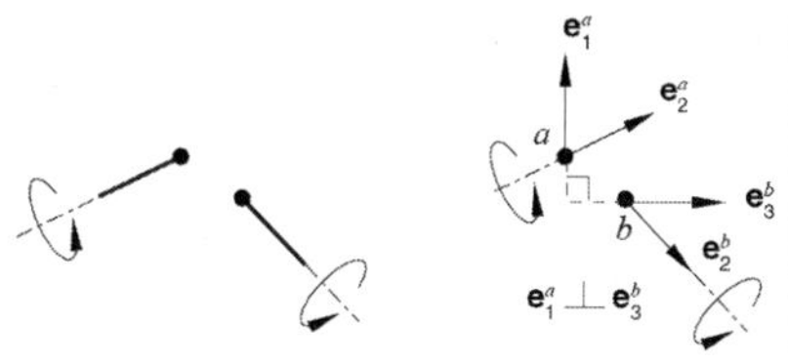	2 个 UR1 和 UR3	1 个 UR2	两点之间只能沿着第一点的局部 1、3 方向发生相对旋转

2. 组合连接属性

ABAQUS 提供的组合连接属性如图 11-3 所示。

表 11-3　组合连接属性

组合属性	图　例	可用的 CORM	受约束的 CORM	描　述
梁	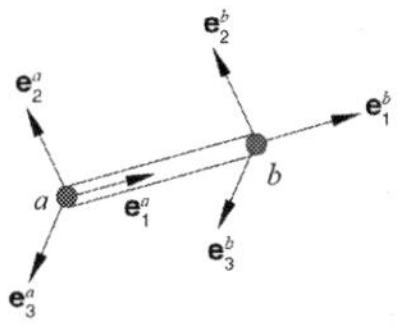	0 个	6 个 U1、U2、U3 UR1、UR2、UR3	在两点之间建立刚性连接，两点之间不允许发生相对平移和旋转
衬套	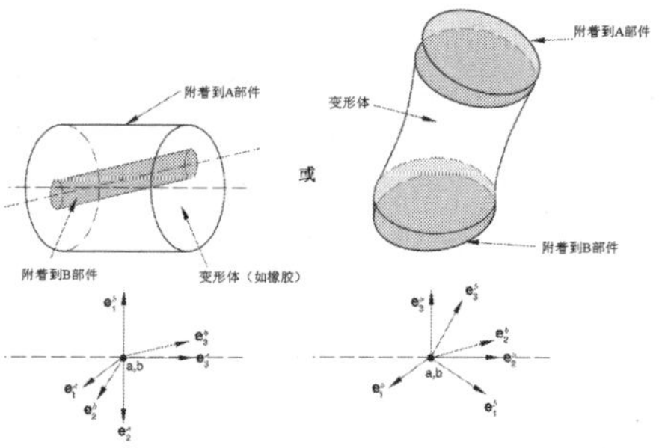	6 个 U1、U2、U3 UR1、UR2、UR3	0 个	不约束任何相对运动分量，在两点之间建立一种类似于衬套的连接关系，只用于 ABAQUS/Explicit
CV 连接	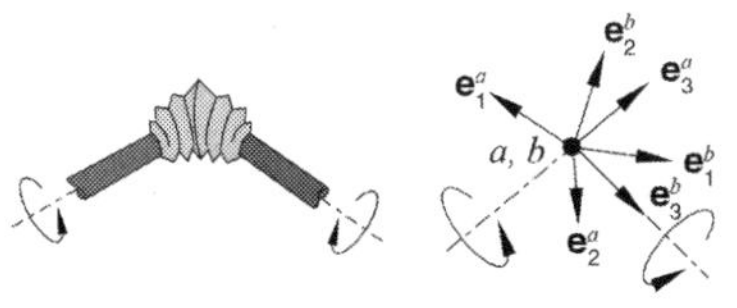	0 个	4 个 U1、U2、U3、UR2	两点之间不允许发生相对平移，且保持恒定的相对转速
柱坐标系	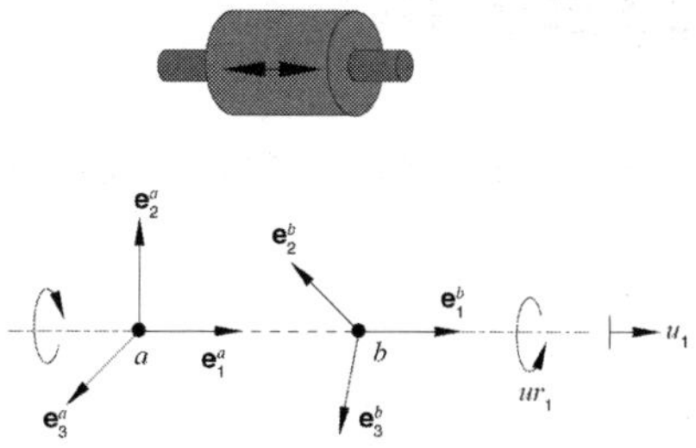	2 个 U1、UR1	4 个 U2、U3、UR2、UR3	两点之间只能沿着第一点的局部 1 方向发生相对平移和旋转

（续表）

组合属性	图　　例	可用的 CORM	受约束的 CORM	描　　述
铰		1 个 UR1	5 个 U1、U2、U3、UR2、UR3	两点之间不允许发生相对位移，只能沿着第一点的局部 1 方向发生相对旋转
平面		3 个 U2、U3、UR1	3 个 U1、UR2、UR3	相当于建立了一个局部的二维系统，两点之间只能沿着第一点的 2、3 方向发生相对平移，或者沿着第一点的局部 1 方向发生相对旋转
焊头		0 个	6 个 U1、U2、U3、UR1、UR2、UR3	将两点粘结在一起，两点之间不允许发生相对平移和旋转
U 接头		2 个 UR1 和 UR3	4 个 U1、U2、U3 和 UR2	两点之间不允许发生相对平移，只能沿着第一点的局部 1、3 方向发生相对旋转
转换器		1 个 U1	5 个 U2、U3、UR1、UR2、UR3	两点之间只能沿着第一点的局部 1 方向发生相对平移，不允许发生相对旋转

11.3 风力发电机叶片旋转过程模拟

通过下面一个简单的实例，读者可以学习如何使用连接单元进行多体分析，掌握 ABAQUS 的以下功能：

（1）在部件模块中创建壳体。

（2）在属性模块中定义壳体的属性。

（3）在网格功能模块中划分网格单元属性。

（4）在装配功能模块中定义连接单元和刚体约束所用到的参考点和基准坐标系。

（5）分析步模块中将“几何非线性”参数设置为“开”，并为连接单元定义历程输出变量。

（6）在相互作用模块中，定义刚体约束、连接单元和连接属性。

（7）在可视化模块中，查看连接单元的历程输出，控制连接单元的显示方式。

11.3.1 问题的描述

如图 11-4 和图 11-5 所示，半径为 1mm 的轴，在其一端安装一个半径为 30mm、圆心角为 90° 的风力发电机叶片。轴线方向为全局坐标系的 3 方向，风力发电机叶片所在的平面与轴线垂直。风力发电机叶片转动是叶片顶部的点向右旋转（在全局坐标系的 x 方向上移动了 10mm）。

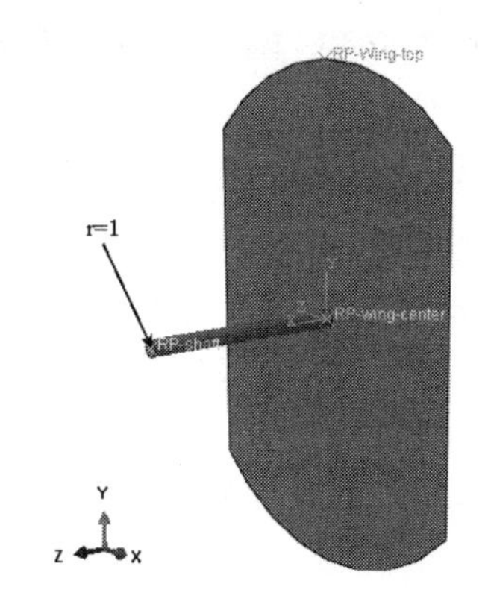

图 11-4 风力发电机叶片的多体分析模型

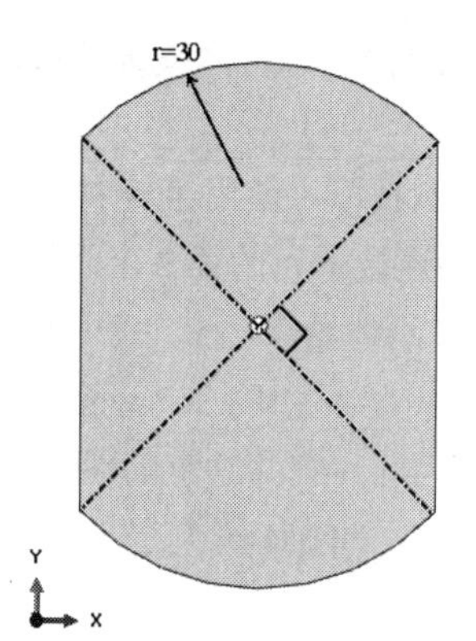

图 11-5 模型分解图

叶片和轴都是刚体，要求模拟叶片的旋转过程。

11.3.2 问题分析和求解

（1）整个模型中的运动只是叶片绕轴的转动，因此在叶片和轴之间使用铰类型的连接单元（u1、u2、u3、ur2、ur3 都为 0，只有 url 是可用的相对运动分量）。

- 第一个连接点位于轴一端的参考点（图 11-4 中的 RP-shaft，位于轴的中心线上）。
- 第二个连接点位于叶片中心的参考点（图 11-4 中的 RP-wing-center），将第一个连接点上的局部 1 方向定义为轴的中心线方向，即全局坐标系中的 3 方向。

应尽量选择参考点作为连接单元的连接点，但是不要直接使用实体的结点，因为具有旋转属性的连接单元会激活实体结点上的旋转自由度，如果这些选择自由度没有得到充分的约束，就会出现收敛问题。

（2）叶片和轴都是刚体，刚体部件的建模方法有以下几种。

方法 1：创建解析刚体。

方法 2：创建柔性体，然后在此部件和一个参考点之间建立显示体约束（*DISPLAY BODY）。

技巧提示 这样此部件就变为刚体，其位移将完全取决于此参考点的位移，部件本身只起到图形显示的作用，不影响整个模型的分析结果。

方法 3：创建离散刚体。

方法 4：创建柔性体，然后在此部件和一个参考点之间建立刚体约束（*RIGID BODY），这样此部件就变为刚体，其位移将完全取决于此参考点的位移。

上述 4 种方法都适用于本例，解析刚体和离散刚体的优点是建模过程简单，并且可以减小模型的规模。刚体约束和显示体约束在本质上是一样的。

技巧提示 共同的优点是，只要去掉刚体约束或显示体约束，刚体就恢复为柔性体，可以进行多柔体分析。

（3）本实例将练习使用第 4 种方法。首先将叶片和轴都定义为柔性体，然后施加刚体约束。受到此刚体约束的还包括连接单元的第 2 个连接点（叶片中心的参考点 RP-wing-center）。

对于施加了刚体约束的部件。位移边界条件只能定义在刚体约束的参考点上，因此在叶片的顶部定义一个参考点（图 11-4 中的 RP-wing-top），既被用来施加位移边界条件（在全局坐标系的 1 方向上移动 10mm），又作为叶片刚体约束的参考点。

类似地，将轴的刚体约束定义在参考点 RP-Shaft 上，并在此参考点上施加固定边界条件，使轴保持固定。

（4）将以上建模要点归纳如下：

- 叶片部件：柔性体（类型为壳），S4R 单元（四结点四边形有限薄膜应变线性减缩积分壳单元）。
- 叶片的刚体约束：受约束的是叶片的所有单元和位于叶片中心的参考点 RP-wing-center，刚体约束的参考点是位于叶片顶部的 RP-wing-top。
- 轴部件：柔性体（类型为实体），C3D8R 单元（八结点六面体线性减缩积分单元）。
- 轴的刚体约束：受约束的是轴的所有单元，刚体约束的参考点是位于轴一端的 RP-Shaft。
- 连接单元：铰类型。第 1 个连接点为位于轴一端的参考点 RP-shaft，第 2 个连接点为位于叶片中心的参考点 RP-wing-center，第 1 个连接点上的局部 1 方向为轴的中心线方向。
- 载荷：没有外载荷。
- 叶片的位移边界条件：U1=10，施加在叶片的刚体约束参考点 RP-wing-top 上。
- 轴的位移边界条件：固支边界条件，施加在轴的刚体约束参考点 RP-shaft 上。

（5）在建模过程中还需要考虑以下问题。

- 分析过程中出现了很大的位移，是典型的几何非线性问题，应在分析步中将“几何非线性”参数设置为“开”。
- 此问题中不关心结构的动态响应，所以分析步类型设为“静力，通用”（使用 ABAQUS/Standard 作为求解器）。

11.3.3 创建部件

运行 ABAQUS/CAE，创建一个新的模型数据库。

1. 生成叶片结构

步骤 01 单击工具箱中的（创建部件）按钮，在弹出的“创建部件”对话框（如图 11-6 所示）中设置“名称”为 Wing、“模型空间”为“三维”、“类型”为“可变形”，设置“基本特征”的“形状”为“壳”、“类型”为“平面”，单击“继续”按钮，进入草图环境。

步骤 02 单击工具箱中的（创建圆：圆心和圆周）按钮，以坐标原点（0，0）为圆心，分别以 1 和 30 为半径绘制两个圆，单击鼠标中键，单击提示区中的“完成”按钮。

步骤 03 单击工具箱中的（创建构造：角外的线）按钮，在提示区中设置角度为 45°，在草图区拾取圆心为构造线上的一点，然后单击鼠标右键，选择“取消步骤”选项。使用同样的方法创建角度为 135°的构造线。

步骤 04 单击工具箱中的（创建线：首尾相连）按钮，连接大圆与两个构造线的交点连线，绘制的构造线如图 11-7 所示。

图 11-6 “创建部件”对话框

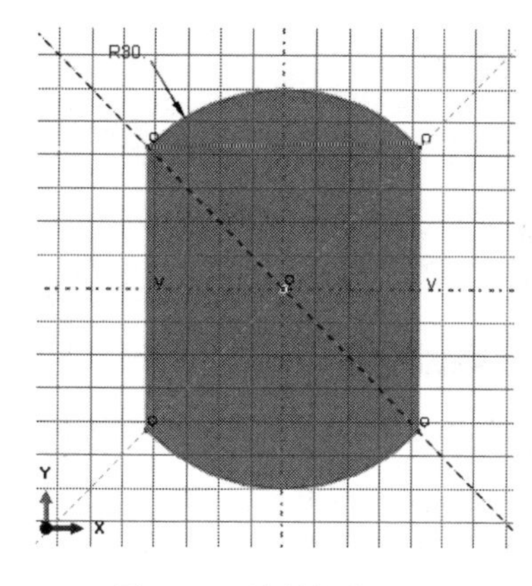

图 11-7 绘制的构造线

步骤 05 单击工具箱中的（自动剪裁）按钮，把线段外侧的圆弧删除，单击提示区中的“完成”按钮，完成 Wing 部件的创建。

2. 生成转轴结构

步骤 01 单击工具箱中的（创建部件）按钮，在弹出的“创建部件”对话框（如图 11-8 所示）中设置“名称”为 shaft、“模型空间”为“三维”、“类型”为“可变形”，设置“基本特征”的“形状”为“实体”、“类型”为“拉伸”，单击“继续”按钮，进入草图环境。

步骤 02 单击工具箱中的（创建圆：圆心和圆周）按钮，以坐标原点（0，0）为圆心、以 1 为半径绘制圆，单击鼠标中键，单击提示区中的“完成”按钮。

步骤03 单击鼠标中键，在弹出的“编辑基本拉伸”对话框（如图 11-9 所示）中设置“深度”为 25，单击“确定”按钮，完成轴部件的操作。生成的圆柱轴如图 11-10 所示。

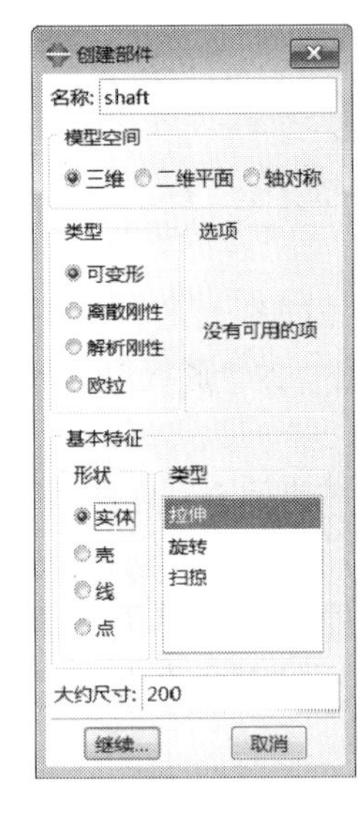

图 11-8 “创建部件”对话框

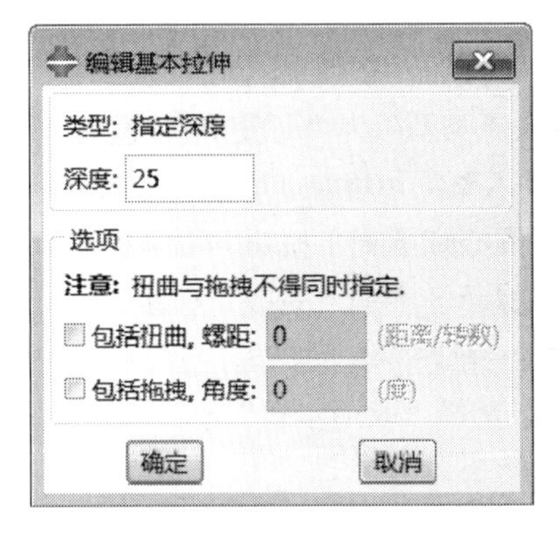

图 11-9 “编辑基本拉伸”对话框

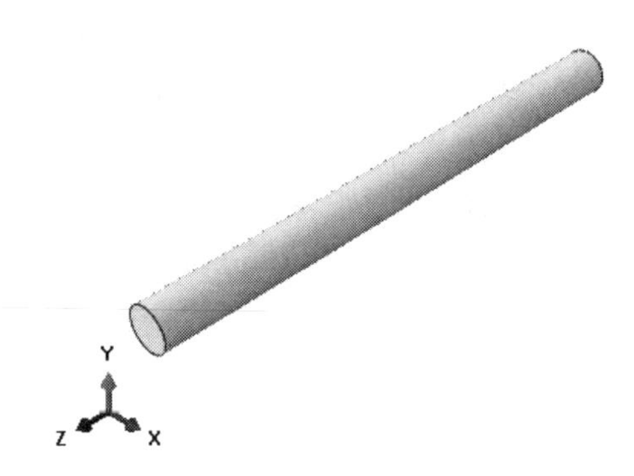

图 11-10 生成的圆柱轴

11.3.4 创建材料和截面属性

1. 创建材料

进入属性模块，单击工具箱中的（创建材料）按钮，弹出“编辑材料”对话框（如图 11-11 所示），设置材料“名称”为 Material-1，选择“力学”→“弹性”→“弹性”选项，设置“杨氏模量”为 220000、“泊松比”为 0.23，单击“确定”按钮，完成材料属性的定义。

2. 创建截面属性

步骤01 单击工具箱中的（创建截面）按钮，在“创建截面”对话框（如图 11-12 所示）中，设置截面“名称”为 Section-Wing，选择“类别”为“壳”，单击“继续”按钮，进入“编辑截面”对话框。

步骤02 在“编辑截面”对话框（如图 11-13 所示）中，“材料”选择 Material-1，将“壳的厚度：数值”设为 0.5，单击“确定”按钮，完成截面 Section-Wing 的定义。

步骤03 单击工具箱中的（创建截面）按钮，在“创建截面”对话框中，设置截面“名称”为 Section-Shaft，选择“类别”为“实体”，单击“继续”按钮，进入“编辑截面”对话框。

步骤04 在“编辑截面”对话框中，“材料”选择 Material-1，单击“确定”按钮，完成截面 Section-Shaft 的定义。

3. 赋予截面属性

单击工具箱中的（指派截面）按钮，选择“部件”为 Wing，单击提示区中的“完成”按钮，弹出“编辑截面指派”对话框（如图 11-14 所示），在“截面”下拉列表中选择 Section-Wing，单击“确定”按钮，把截面属性 Section-Wing 赋予部件 Wing。

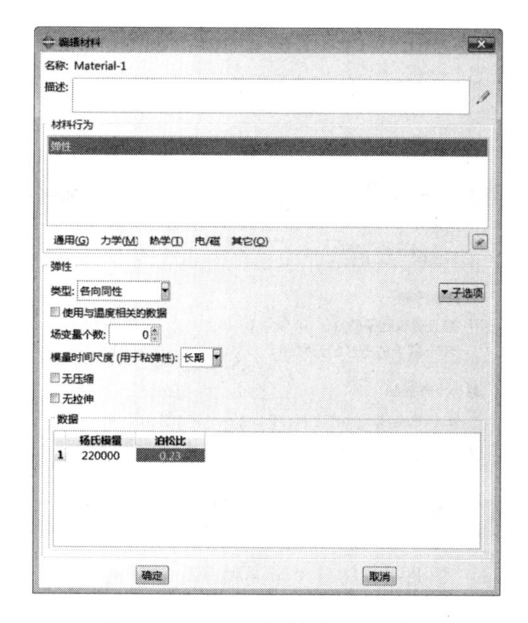

图 11-11 “编辑材料”对话框

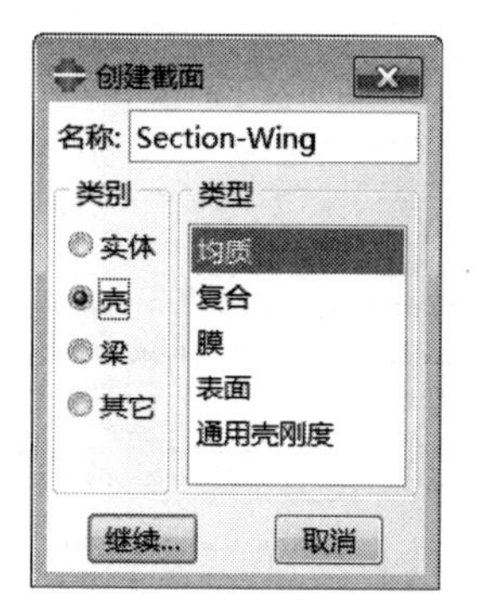

图 11-12 “创建截面”对话框

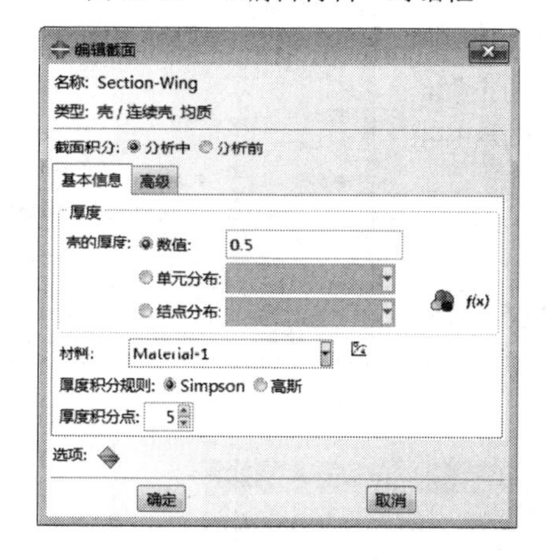

图 11-13 “编辑截面”对话框

图 11-14 “编辑截面指派”对话框

利用同样的方法，将界面属性 Section-Shaft 赋予部件 shaft。

11.3.5 定义装配件

步骤 01 进入装配模块。单击工具箱中的 （将部件实例化）按钮，在“创建实例”对话框（如图 11-15 所示）中选择 Wing，单击“确定”按钮，创建部件 Wing 的实例。

步骤 02 利用同样的方法，创建部件 shaft 的实例。

11.3.6 划分网格

进入网格功能模块，在窗口顶部的环境栏将对象选项设为“部件：Wing”。

（1）设置网格密度

单击工具箱中的（种子部件）按钮，选中 Wing 部件，弹出“全局种子”对话框（如图 11-16 所示），在“近似全局尺寸”中输入 2.8，然后单击“确定”按钮。

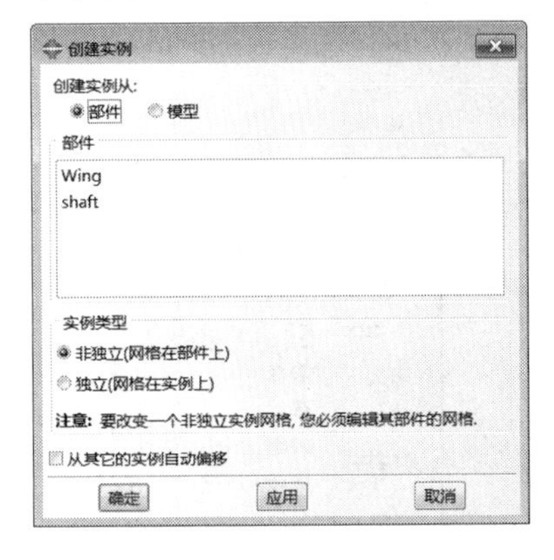

图 11-15　“创建实例”对话框

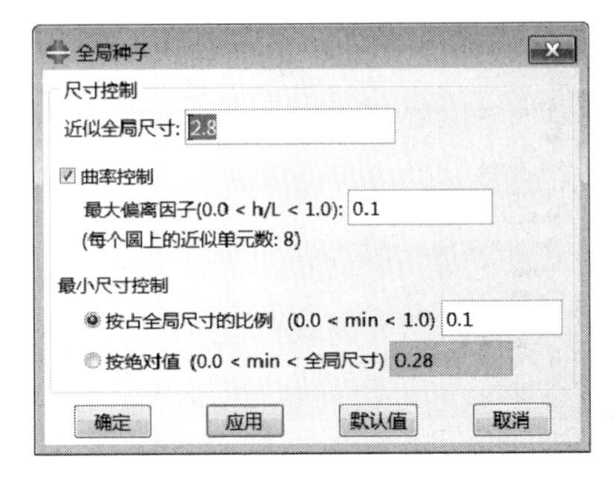

图 11-16　“全局种子”对话框

（2）控制网格划分

单击工具箱中的（指派网格控制属性）按钮，弹出“网格控制属性”对话框（如图 11-17 所示），“单元形状”选择“四边形为主”，将“算法”设为“进阶算法”，单击“确定”按钮，完成控制网格划分选项的设置。

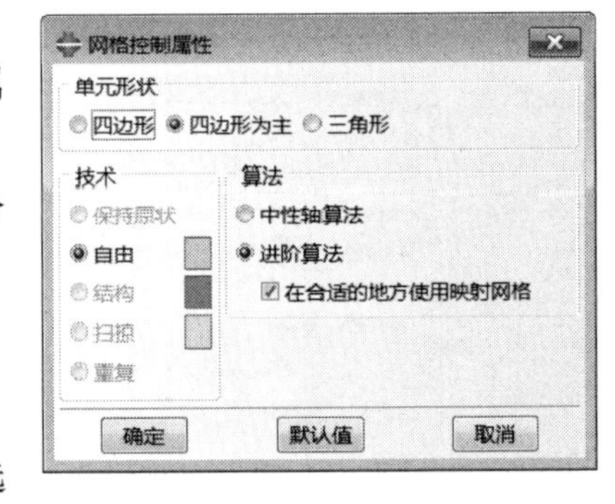

图 11-17　“网格控制属性”对话框

（3）选择单元类型

单击工具箱中的（指派单元类型）按钮，在视图区中选择模型，单击“完成”按钮，弹出“单元类型”对话框（如图 11-18 所示），选择默认的单元类型 S4R，单击“确定”按钮。

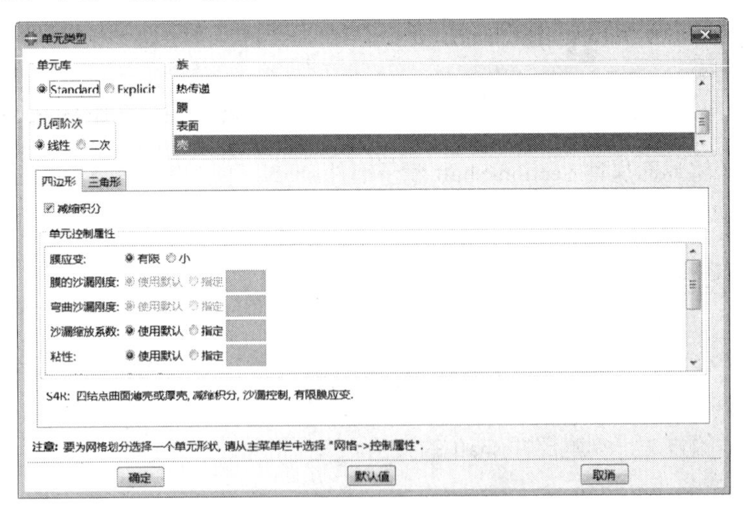

图 11-18　“单元类型”对话框

（4）划分网格

单击工具箱中的（网格部件）按钮，单击提示区中的“是”按钮，完成网格划分。

利用同样的方法，在窗口顶部的环境栏中将对象选项设为“部件：Shaft”。

单击工具箱中的（种子部件）按钮，设置“近似全局尺寸”为6，然后单击“确定”按钮。

单击工具箱中的（指派网格控制属性）按钮，弹出“网格控制属性”对话框，“单元形状”选择“六面体”，将“算法”设为“进阶算法”，单击“确定”按钮，完成控制网格划分选项的设置。

单击工具箱中的（指派单元类型）按钮，在视图区中选择模型，单击“完成”按钮，弹出“单元类型”对话框，选择默认的单元类型S4R，单击“确定”按钮。

11.3.7 定义参考点和基准坐标系

1. 创建参考点

进入相互作用功能模块，执行“工具”→“参考点”命令，默认“名称”为RP-1，在窗口底部提示区中显示了默认的坐标（0.0,0.0,0.0），按回车键确认，视图区中显示出名为RP-1的参考点。

使用同样的方法，创建坐标为（0,30,0）的参考点RP-2和坐标为（0,0,25）的参考点RP-3。

2. 参考点名称

在模型树中展开“装配/特征”（如图11-19所示），在RP-1上单击鼠标右键，选择“重命名”（如图11-20所示）命令，将参考点“名称”改为RP-wing-center。类似地，将参考点RP-2的“名称”改为RP-wing-top、参考点RP-3的“名称”改为RP-shaft。

3. 抑制不需要的基准坐标系Datum csys-1

在模型树中的“装配/特征”下面可以看到一个已有的基准坐标系Datum csys-1，本模型中不需要它，在其上面单击鼠标右键，选择“禁用”命令来抑制它。

也可以通过选择“删除”命令删除它。被“删除”的特征无法恢复，而被“禁用”的特征可以通过“继续”命令来恢复。

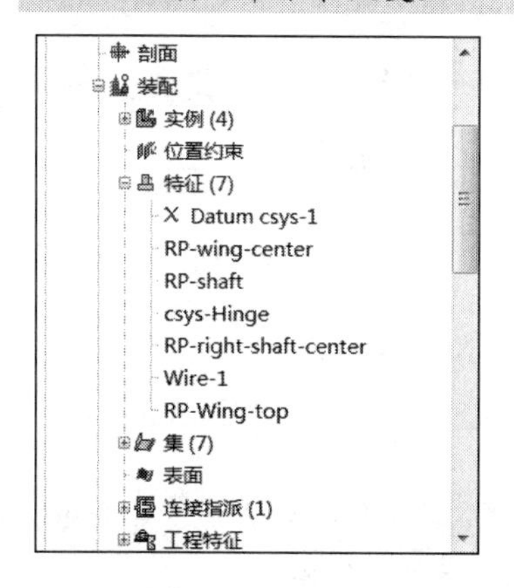

图11-19 在模型树中展开“装配/特征”

图11-20 选择“重命名”命令

4. 为连接单元施加基准坐标系

连接单元第1个连接点上的局部1方向应该是轴的中心线方向。

单击左侧工具箱中的（创建基准坐标系：三个点）按钮，在弹出的“创建基准坐标系”对话框（如图 11-21 所示）中设置“名称”为 csys-Hinge、“坐标系类型”为“直角坐标系”，然后单击“继续”按钮。

在窗口底部的提示区中显示出默认的原点坐标为（0,0,0）（这是全局坐标系下的坐标），按回车键确认，然后输入局部 X 轴上的点坐标（0,0,1），按回车键，再输入局部 X-Y 平面上的点坐标（0,1,0），按回车键，得到的基准坐标系如图 11-22 所示。

图 11-21 “创建基准坐标系”对话框

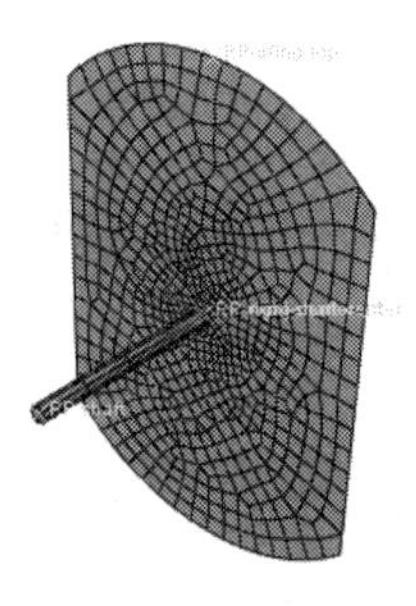

图 11-22 模型中的参考点和基准坐标系

11.3.8 定义集合

在相互作用功能模块中，执行“工具”→“集”→“管理器”命令，在弹出的“设置管理器”对话框（如图 11-23 所示）中单击“创建”按钮，在弹出的“创建集”对话框（如图 11-24 所示）中依次定义以下集合：

- 集合 Set-wing-top：单击参考点 RP-wing-top。
- 集合 Set-wing-center：单击参考点 RP-wing-center。

图 11-23 “设置管理器”对话框

图 11-24 “创建集”对话框

- 集合 Set-rp-shaft：单击参考点 RP-shaft。
- 集合 Set-whole-wing：单击叶片面来选择整个 Wing。
- 集合 Set-whole-shaft：选中整个轴实体。

为整个轴定义实体集合时，不要直接单击轴的某个位置，否则会提示错误：“集 'set- whole-shaft' 已创建（1 面）”，这表明所选中的只是轴的表面，而不是整个实体。

正确的操作方法是：在窗口底部提示区出现“选择要放入集的几何”时，先单击其后的按钮，在弹出的“选项”对话框中将“选择来自”设为“几何元素”（只选择三维实体）。

11.3.9 定义约束

1．定义叶片的刚体约束

叶片的所有单元和叶片中心的参考点 RP-wing-center 都受到刚体约束，此刚体约束的参考点是叶片顶部的 RP-wing-top。

步骤 01 在相互作用功能模块中，执行“约束”→“管理器”命令，然后单击“约束管理器”对话框（如图 11-25 所示）中的“创建”按钮，在弹出的“创建约束”对话框（如图 11-26 所示）中设置“名称”为 Rigid-wing，选择“类型”为“刚体”，然后单击“继续”按钮。

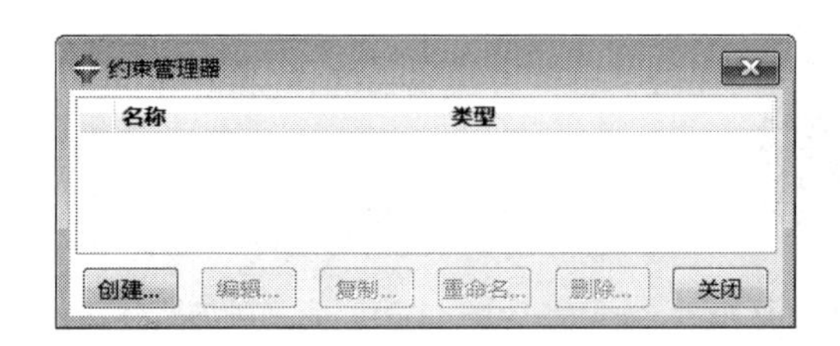

图 11-25 “约束管理器”对话框

图 11-26 “创建约束”对话框

步骤 02 在“编辑约束”对话框（如图 11-27 所示）的“区域类型”列表框中选择“体（单元）”，然后单击“约束管理器”对话框中的“编辑”按钮。

步骤 03 单击窗口右下角的“集”，在弹出的“区域选择”对话框（如图 11-28 所示）中选中 Set-whole-wing，然后单击“继续”按钮。

图 11-27 “编辑约束”对话框

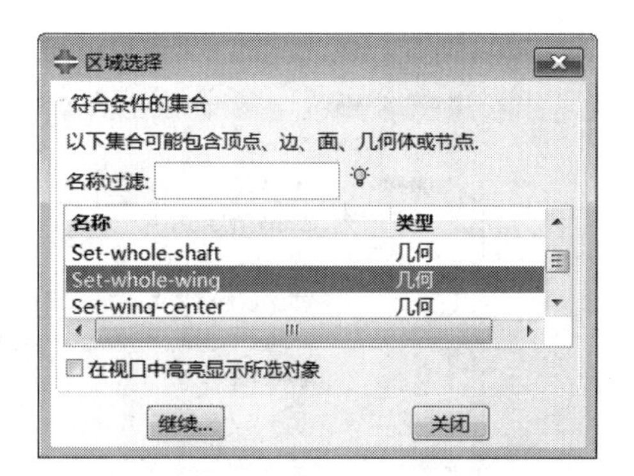

图 11-28 “区域选择”对话框

步骤 04 在“编辑约束”对话框中选中“区域类型”列表框中的“绑定（结点）”，单击提示区中的“集”按钮，在弹出的“区域选择”对话框中选择 Set-wing-center 作为受约束的点。

步骤05 在“编辑约束”对话框中单击参考点右边的（编辑选择）按钮，选中集合 Set-wing-top 作为受刚体约束的点。

步骤06 完成上面操作后的“编辑约束”对话框如图 11-29 所示，单击“确定”按钮确认。

步骤07 在“编辑约束”对话框中单击参考点右面的（编辑选择）按钮，视图区中将亮显该刚体约束，通过此操作可以查看所选区域的正确性，如图 11-30 所示。

2. 定义轴的刚体约束

类似地，定义名为 Rigid-shaft 的刚体约束（如图 11-31 所示），受约束的单元是整个轴的集合 Set-whole-shaft，刚体约束的参考点是 Set-rp-shaft。

图 11-29 “编辑约束”对话框

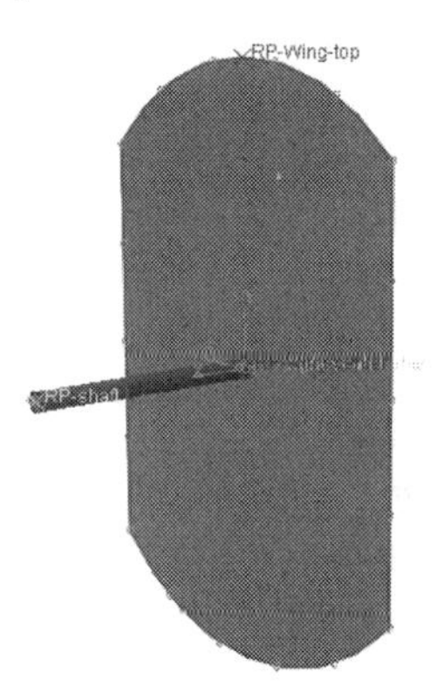

图 11-30 验证所选区域

图 11-31 定义轴的刚体约束

11.3.10 定义连接属性和连接单元

1. 定义连接属性

步骤01 在相互作用功能模块中，单击工具箱中的（创建连接截面）按钮，弹出“创建连接截面”对话框（如图 11-32 所示），在“名称”中输入 ConnProp-Hinge，设置“已装配/复数类型”为“铰”，然后单击“继续”按钮。

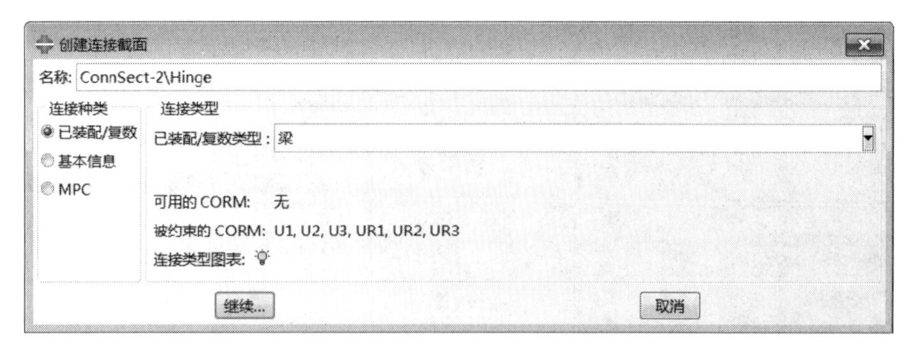

图 11-32 “创建连接截面”对话框

技巧提示 在“创建连接截面”对话框中单击“连接类型图表”后面的按钮，弹出“连接类型提示”对话框（如图 11-33 所示），在该对话框中可以查看选择的连接类型是否正确。

步骤 02 在弹出的“编辑连接截面”对话框（如图 11-34 所示）中，保持默认值，单击“确定”按钮完成操作。

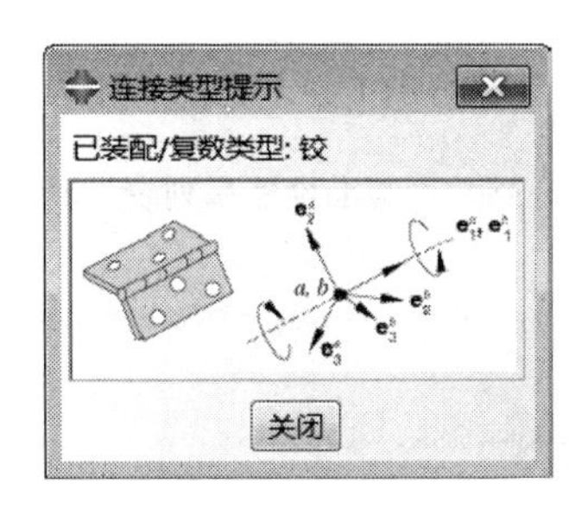

图 11-33 “连接类型提示”对话框

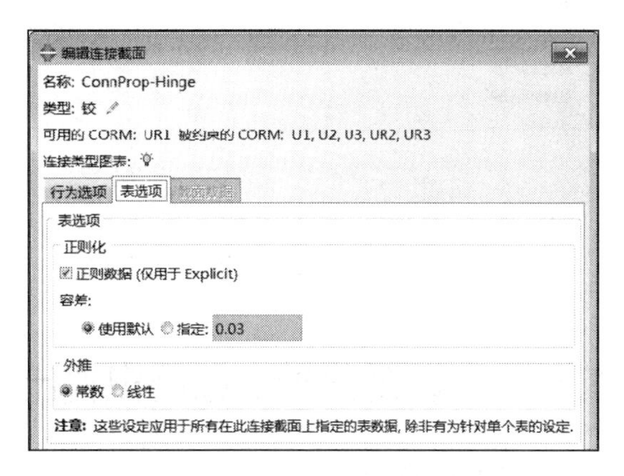

图 11-34 “编辑连接截面”对话框

步骤 03 单击工具箱中的（创建线框特征）按钮，弹出“创建线框特征”对话框（如图 11-35 所示），单击“添加”按钮，在图形窗口中选择轴的端点 Set-rp-shaft 作为第一（或第二）点，选择叶片中心点 Set-wing-center 作为第二（或第一）点，单击“完成”按钮，确认选中创建线框集合，单击“确定”按钮。

2. 定义连接单元

步骤 01 单击工具箱中的（创建连接指派）按钮，单击提示区中的“集”按钮，在弹出的“区域选择”对话框（如图 11-36 所示）中选择 Wire-1-Set-1，单击“继续”按钮。

步骤 02 弹出“编辑连接截面指派”对话框（如图 11-37 所示），“截面”选择 ConnProp-Hinge，切换到“方向 1”选项卡，单击“指定坐标系”后面的“编辑”按钮。

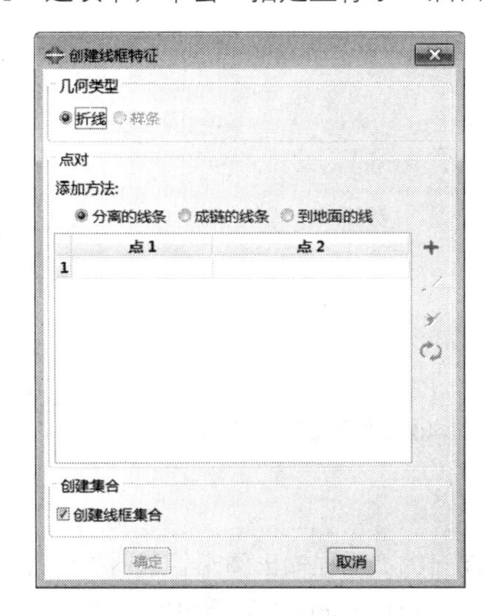

图 11-35 “创建线框特征”对话框

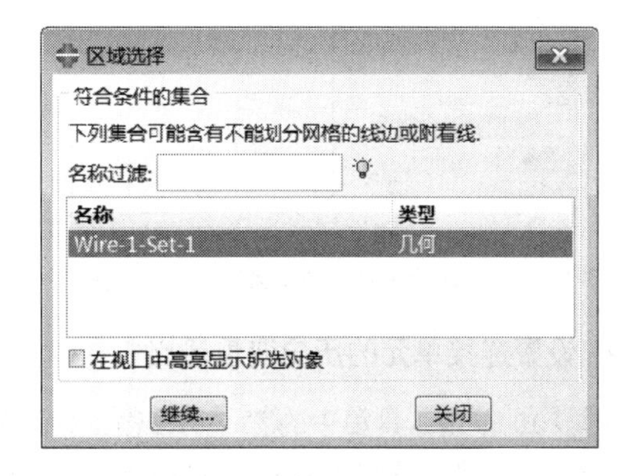

图 11-36 “区域选择”对话框

步骤 03 单击提示区中的“基准坐标系列表”按钮，在“基准坐标系列表”对话框（如图 11-38 所示）中选择已经定义好的基准坐标系 csys-Hinge，单击“确定”按钮，切换到“方向 2”选项卡，参数保持不变，单击“确定”按钮，完成连接单元的定义。

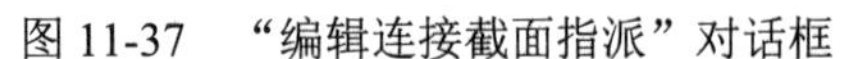

图 11-37 “编辑连接截面指派”对话框

图 11-38 “基准坐标系列表”对话框

11.3.11 设置分析步和历史输出变量

1. 定义分析步

步骤 01 进入分析步模块，单击工具箱中的 （创建分析步）按钮，在弹出的“创建分析步”对话框（如图 11-39 所示）中选择“静力，通用”，单击“继续”按钮。

步骤 02 在弹出的“编辑分析步”对话框中，打开“基本信息”选项卡，将“几何非线性”设为“开”；打开“增量”选项卡（如图 11-40 所示），将初始“增量步大小”设为 0.1，其他接受默认设置，单击“确定”按钮，完成分析步的定义。

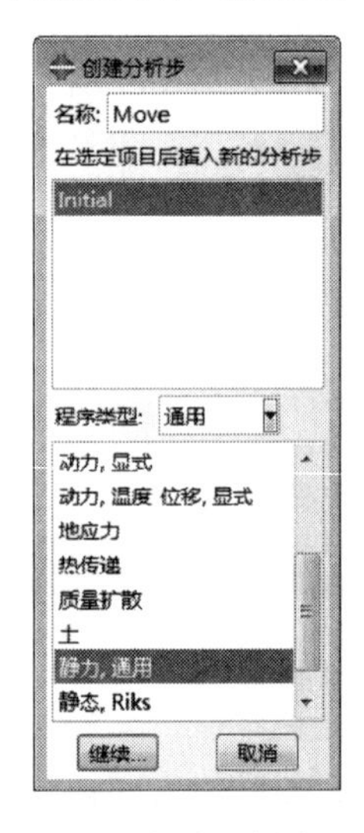

图 11-39 “创建分析步”对话框

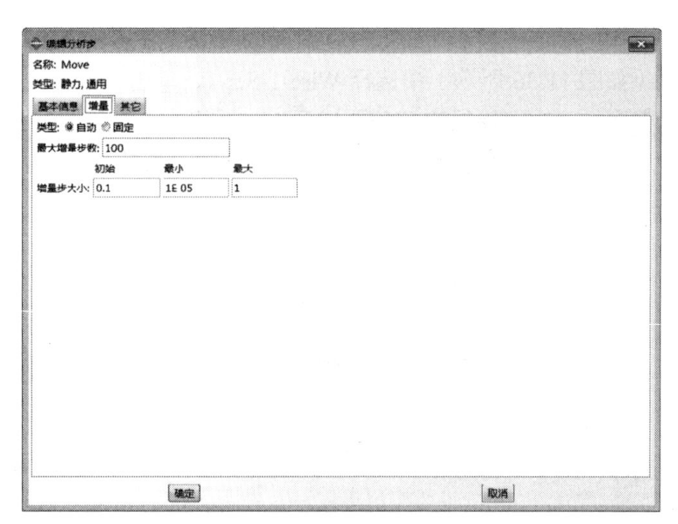

图 11-40 “增量”选项卡

2. 设置连接单元的历史变量输出

步骤 01 单击工具箱中的 （历程输出管理器）按钮，在弹出的“历程输出请求管理器”对话框（如图 11-41 所示）中可以看到 ABAQUS/CAE 已经自动生成了一个名称为 H-Output-1 的历史输出变量。

步骤02 单击“编辑”按钮，在弹出的“编辑历程输出请求”对话框（如图 11-42 所示）中，将“作用域”设为“集：Wire-1-Set-1”，在“输出变量”选项组中单击“连接”左侧的黑色三角，在展开的列表中选择 CRF（连接单元的反作用力和作用力矩）和 CU（连接单元的相对位移和旋转），然后单击“确定”按钮，完成输出变量的定义。

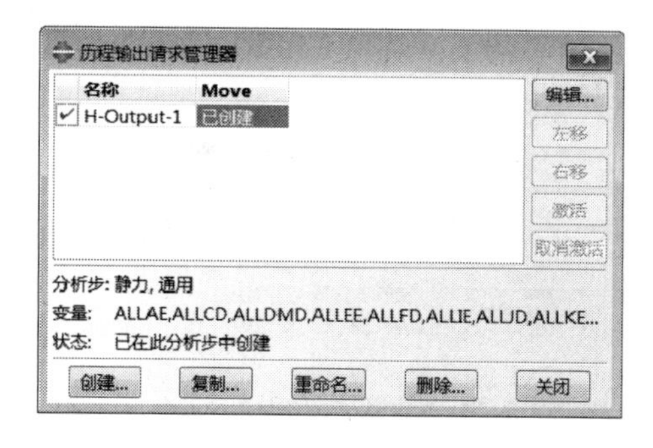

图 11-41 “历程输出请求管理器”对话框

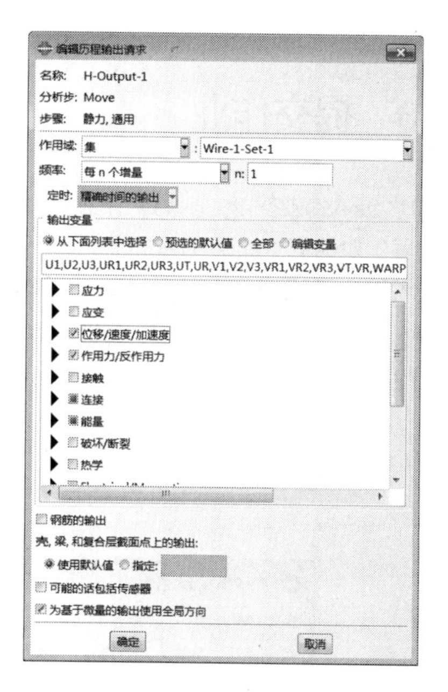

图 11-42 “编辑历程输出请求”对话框

11.3.12 定义载荷和边界条件

步骤01 在轴的刚体约束参考点 RP-shaft 上施加固定定义边界条件。进入载荷功能模块，单击工具箱中的（创建边界条件）按钮，创建“名称”为 BC-shaft 的边界条件，或者单击“边界条件管理器”对话框中的“创建”按钮，在弹出的对话框（如图 11-43 所示）中，“分析步”选择 Movc，“可用丁所选分析步的类型”选择“对称/反对称/完全固定”，约束类型为“完全固定”。

步骤02 在叶片的刚体约束参考点 RP-wing-top 上施加位移约束。

单击工具箱中的（创建边界条件）按钮，或者单击“边界条件管理器”对话框中的“创建”按钮，在弹出的对话框（如图 11-44 所示）中设置“名称”为 BC-wing 的边界条件，“分析步”选择“Move（静力，通用）”，“类型”选择“位移/转角”，约束为 U1=10。

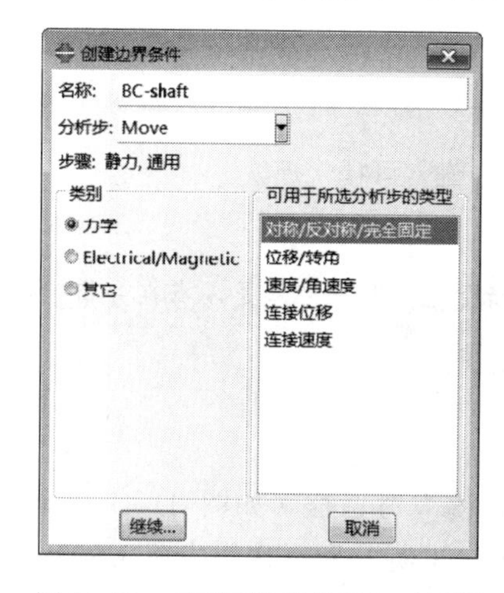

图 11-43 “创建边界条件”对话框

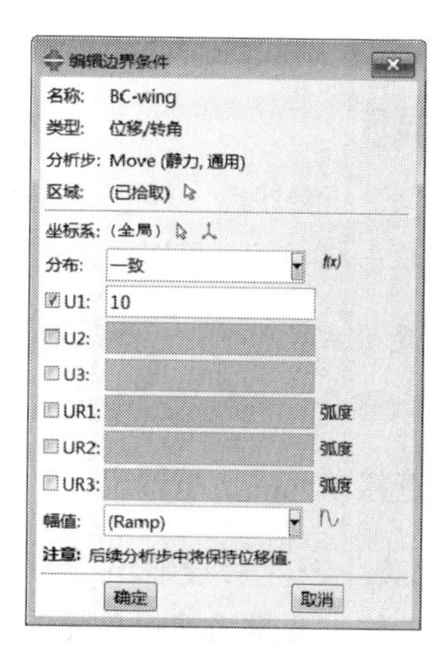

图 11-44 “编辑边界条件”对话框

11.3.13 提交作业

步骤01 进入作业模块。执行“作业”→“管理器”命令，单击“作业管理器”对话框（如图 11-45 所示）中的“创建”按钮，定义“作业名称”为 wing-shaft，单击“继续”按钮，单击“确定”按钮。

步骤02 单击“作业管理器”对话框中的“监控”按钮，可以对求解过程进行监视（如图 11-46 所示），单击“提交”按钮提交作业。

图 11-45 “作业管理器”对话框

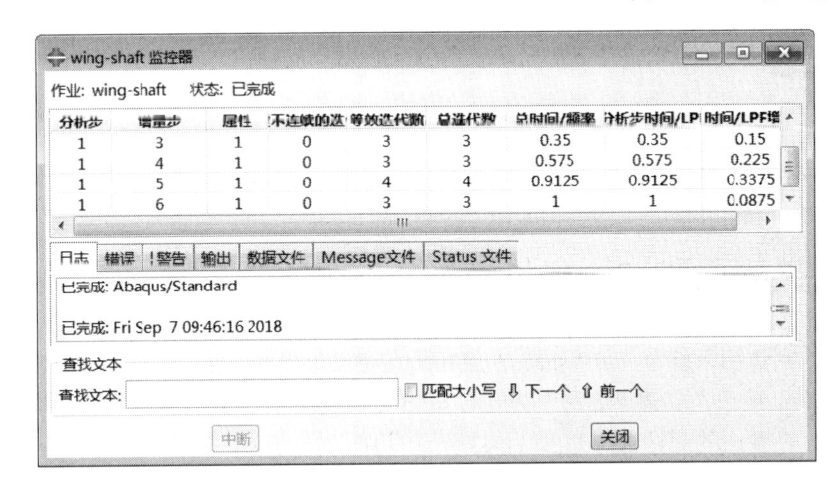

图 11-46 对求解过程进行监视

步骤03 等分析结束后，单击“结果”按钮，进入可视化模块。

11.3.14 后处理

1. 动画显示

步骤01 当分析完毕后，单击“结果”按钮，ABAQUS/CAE 进入可视化模块。

步骤02 单击按钮，可以显示变形过程的动画。

技巧提示

当变形系数为 1 时，如果动画中看到叶片的大小不断变化，则有可能是没有在分析步中将“几何非线性”设置为“开”。

2. 查看连接单元的历程输出

执行“结果”→“历程输出”命令，在弹出的“历程输出”对话框（如图 11-47 所示）中选择 Wire-1-Set-1 的输出变量为连接单元的反作用力 CRF1、CRF2、CRF3 和反作用力矩 CRM1、CRM2、CRM3，然后单击“绘制”按钮，得到的曲线如图 11-48 所示。

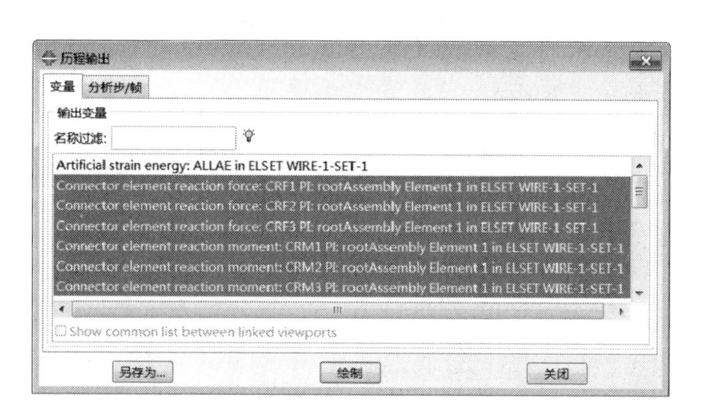

图 11-47 “历程输出”对话框

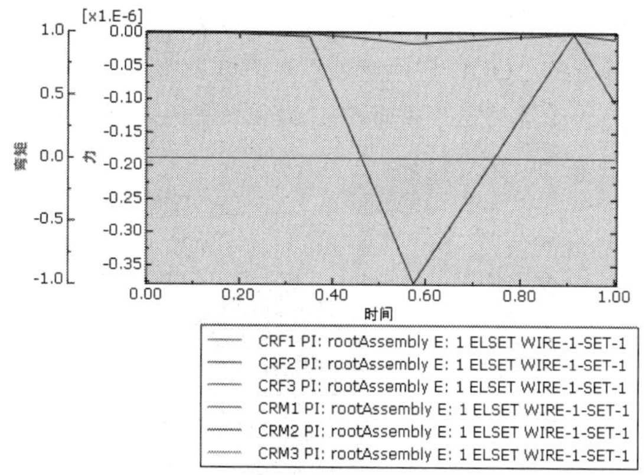

图 11-48 历程输出变量变化曲线

在模型上没有施加载荷，因此连接单元的反作用力和反作用力矩都应近似为 0，如图 11-48 所示，反作用力和反作用力矩数量级都是 10^{-6}，这一结果是合理的。

3．查看叶片顶部的参考点RP-wing-top的位移

步骤 01 单击按钮停止动画，单击窗口顶部的按钮，跳至分析步的停止时刻。

步骤 02 单击窗口顶部的按钮，在弹出的“查询”对话框（如图 11-49 所示）中选择“查询值”，在弹出的“查询值”对话框（如图 11-50 所示）中，将“待查询的场输出变量”设为“U，Magnitude”。在视图区查看，叶片顶部的参考点 RP-wing-top 在全局坐标系的 1 方向上的位移是 10，与位移边界条件相吻合。此时视图区显示的位移变量云图如图 11-51 所示。

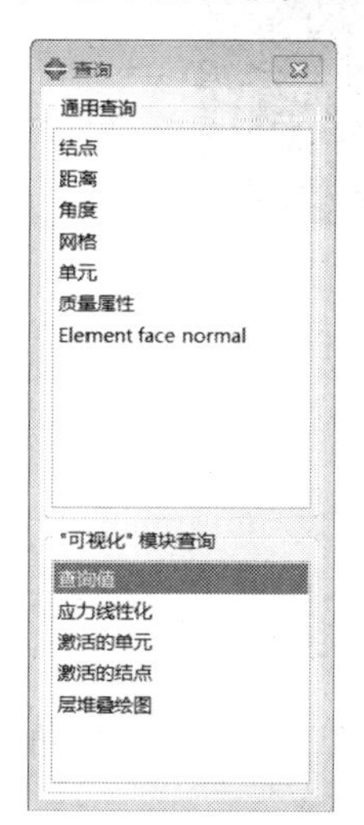

图 11-49 “查询”对话框

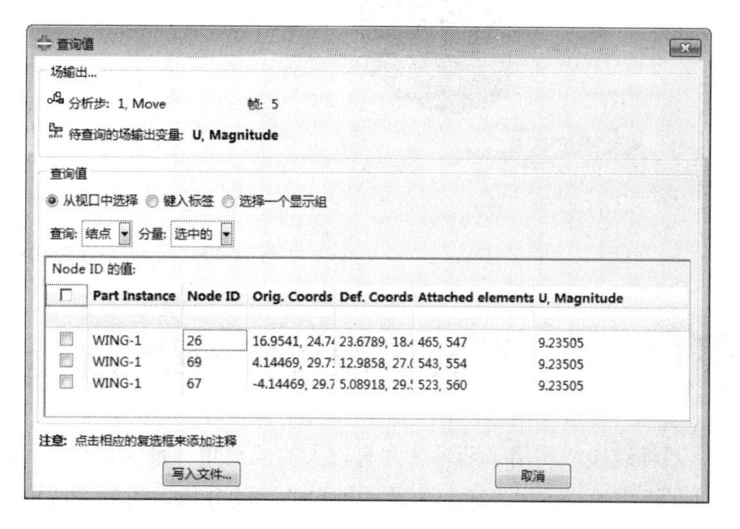

图 11-50 “查询值”对话框

在后处理时看不到应力的分析结果，这是因为整个模型中的各个部件都是刚体。

4．显示连接单元

步骤 01 单击按钮显示未变形的图。

步骤02 选择“视图”→“ODB 显示选项”命令，在弹出的“ODB 显示选项”对话框（如图 11-52 所示）中打开“实体显示”选项卡，勾选“显示连接”复选框，然后单击“应用”按钮。

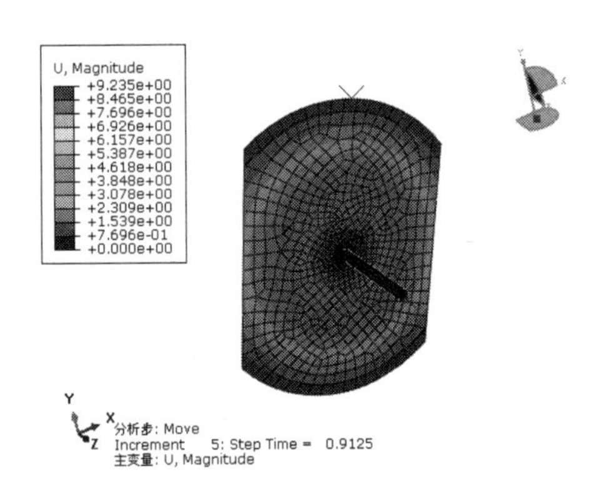

图 11-51　位移变量云图

图 11-52　“ODB 显示选项”对话框

可以看到视图区显示出实体单元，如图 11-53 所示。

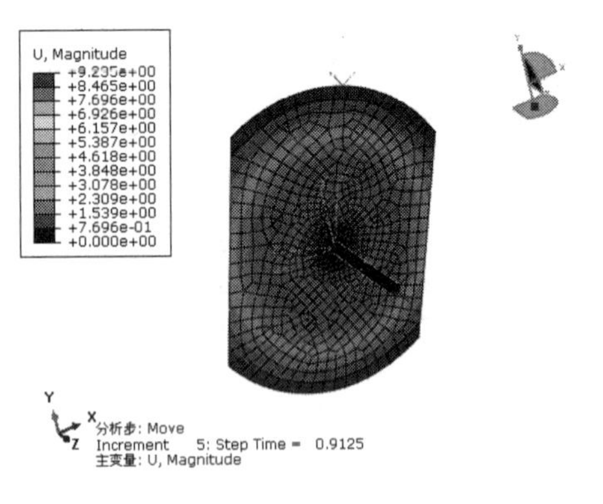

（a）正面

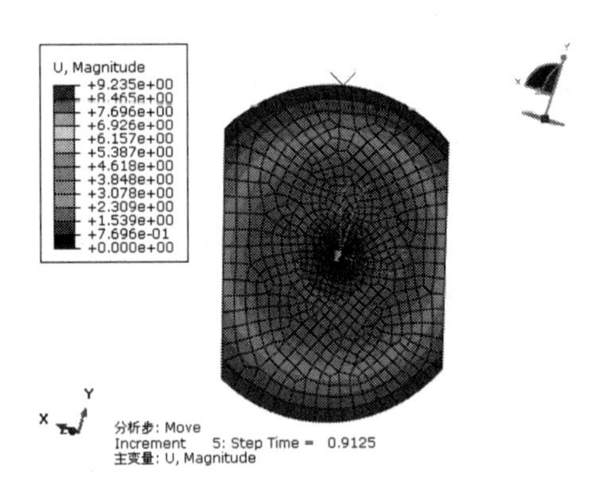

（b）后面

图 11-53　显示出实体单元

11.4 四杆连接机构分析

四杆连接机构用于两轴之间有较大的偏斜角（最大可达到 35°～45°）或在工作中有较大角位移的地方。在机构的设计中，不仅要关心机构的运动分析，还要关心机构的受力分析。

本例将模拟双四杆连接机构传动过程中各零件的受力状况。

11.4.1 问题描述

如图 11-54 所示的四杆连接机构的传动机构，在端点 B 处发生一个大小为 3 的转角，分析机构的运动情况以及主从轴的运动关系。

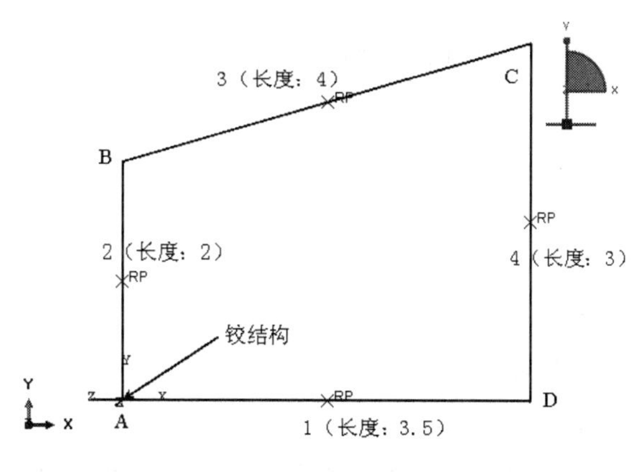

图 11-54　结构示意图

11.4.2　问题分析

本例涉及四杆连接机构的传动分析，使用通常的静力、动力学分析方法进行分析的过程非常烦琐或难以实现，必须使用多体系统分析方法，使用 ABAQUS 提供的铰单元进行分析。

11.4.3　绘制草图

首先绘制整个模型的二维平面图。

具体操作步骤如下：

步骤 01 进入草图功能模块，单击（创建草图）按钮，在弹出的“创建草图”对话框（如图 11-55 所示）中，保持默认的平面图“名称”Sketch-l 不变，单击“继续”按钮，完成该操作。

步骤 02 单击工具箱中的（创建线）按钮，绘制如图 11-56 所示的二维平面图（4 个部件绘制在同一张平面图内）。

图 11-55　“创建草图”对话框

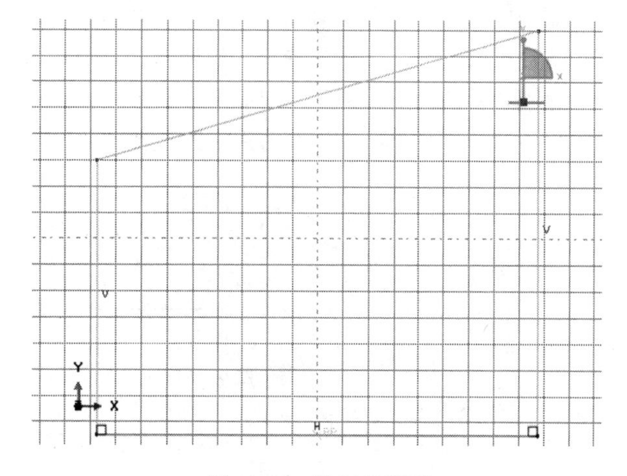

图 11-56　绘制的草图

步骤 03 在视图区中连续单击鼠标中键，完成绘图操作，退出绘图环境。

在草图功能模块中将整个模型的二维平面图绘制在一起，能够保证各部件正确的相对位置，从而在部件功能模块中导入此平面图来逐个生成各部件，接下来在装配模块中就不必再调整部件的相对位置了。

11.4.4　创建部件

运行 ABAQUS/CAE，创建一个新的模型数据库。下面创建部件 Part-1~Part-4。

步骤 01 单击工具箱中的（创建部件）按钮，在“创建部件”对话框（如图 11-57 所示）中设置“名称”为 Part-1、“模型空间”为“三维”、“类型”为“可变形”，设置“基本特征”的“形状”为“线”、“类型”为“平面”，“大约尺寸”设为 20，单击“继续”按钮，进入草图环境。

步骤 02 单击左侧工具箱中的（添加草图）按钮，在弹出的“选择草图”对话框（如图 11-58 所示）中单击“确定”按钮。

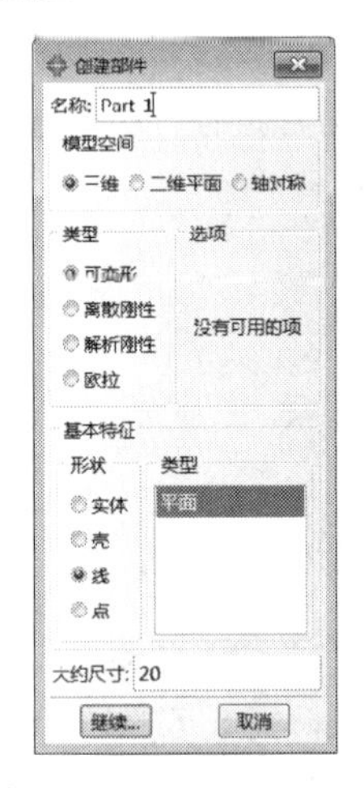

图 11-57　“创建部件”对话框

图 11-58　“选择草图”对话框

步骤 03 使用按钮来删除 Part-2~Part-4 所对应的线段，只保留构成 Part-1 对应的线。在视图区中连续单击鼠标中键，完成该部分操作。视图区中将显示出所创建的 Part-1 部件。

步骤 04 执行“工具”→“参考点”命令，在视图中选择如图 11-59 所示的中点，单击鼠标中键，在图形窗口中选择部件 Part-1 的参考点，完成操作。

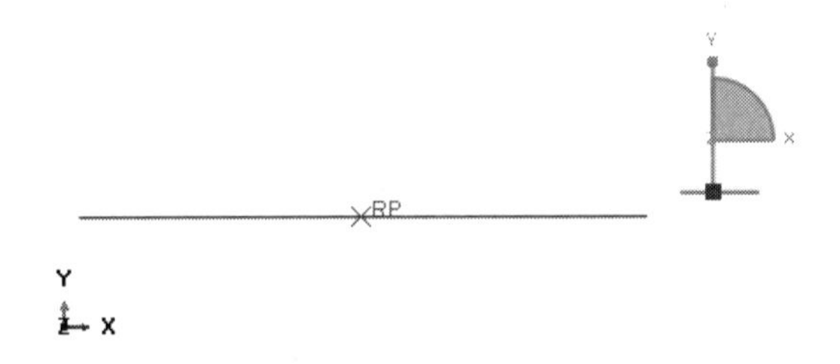

图 11-59　创建参考点

步骤 05 使用同样的方法，创建另外 3 个部件 Part-2~Part-4。选择主菜单中的“工具”→“参考点”命令，在图形窗口中选择部件 Part-2~Part-4 的中点作为参考点，完成操作。

11.4.5 创建材料和截面属性

1. 创建截面形状

进入属性模块，单击工具箱中的（创建剖面）按钮，弹出“创建剖面”对话框（如图 11-60 所示），输入“名称”为 Profile-1，选择剖面“形状”为“矩形”，单击“继续”按钮，进入如图 11-61 所示的对话框，输入六边形的尺寸，单击“确定”按钮，完成梁截面形状的创建。

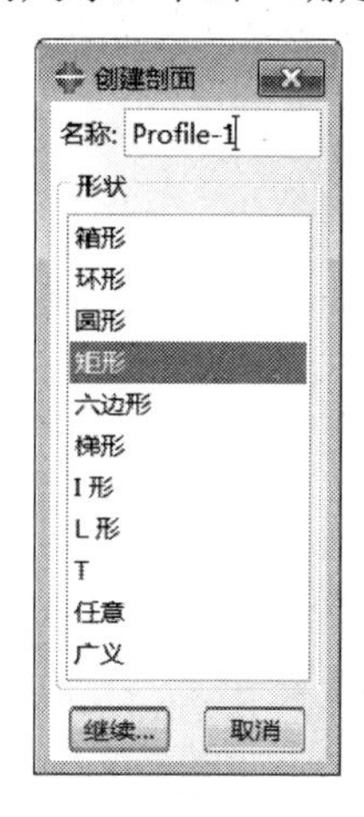

图 11-60 “创建剖面”对话框

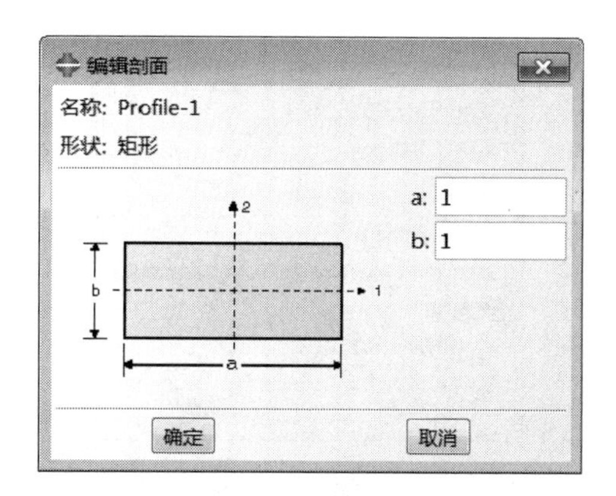

图 11-61 “编辑剖面”对话框

2. 创建截面属性

单击工具箱中的（创建截面）按钮，在“创建截面”对话框（如图 11-62 所示）中，输入截面“名称”为 Section-1，选择“梁：梁”，单击“继续”按钮，进入“编辑梁方向”对话框。

在“编辑梁方向”对话框（如图 11-63 所示）中选择“剖面名称”为 Profile-1，单击“创建材料”按钮，在弹出的“编辑材料”对话框中默认“材料名称”为 Material-1，并设置“杨氏模量”为 2.0E11、“泊松比”为 0.3，单击“确定”按钮，完成截面 Section-1 的定义。

图 11-62 “创建截面”对话框

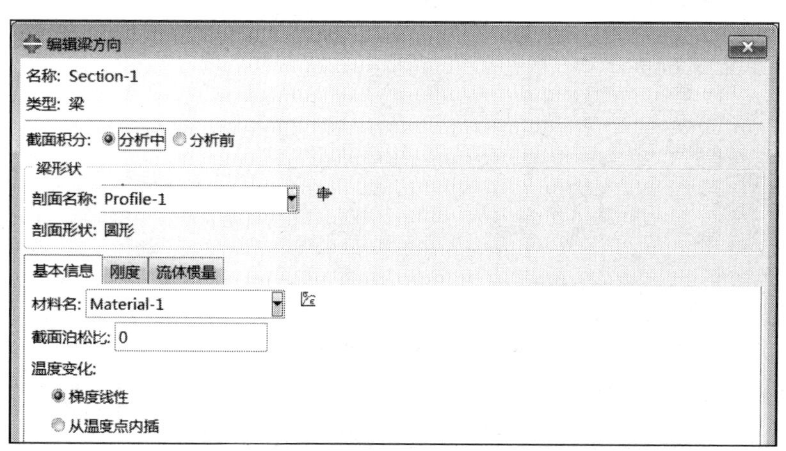

图 11-63 “编辑梁方向”对话框

3. 赋予截面属性

单击工具箱中的 （指派截面）按钮，选择部件 Part-1~Part-4，单击提示区中的“完成”按钮，在弹出的“编辑截面指派”对话框（如图 11-64 所示）中，选择“截面”为 Section-1，单击“确定”按钮，把截面属性 Section-1 赋予部件。

4. 为部件设置方向

单击工具箱中的 （指派梁方向）按钮，选择部件 Part-1，单击提示区中的“完成”按钮，接受默认的梁方向矢量（0.0，0.0，－1.0），按回车键确认，单击“确定”按钮，接着单击“完成”按钮，完成操作。

利用同样的方法，为部件 Part-2~Part-4 设置方向，如图 11-65 所示。

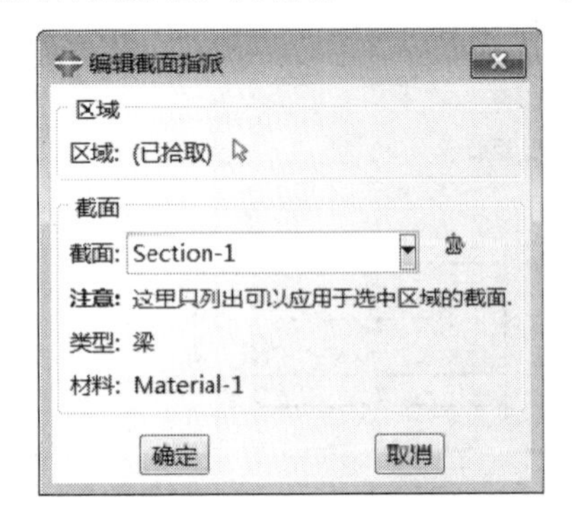

图 11-64 “编辑截面指派”对话框

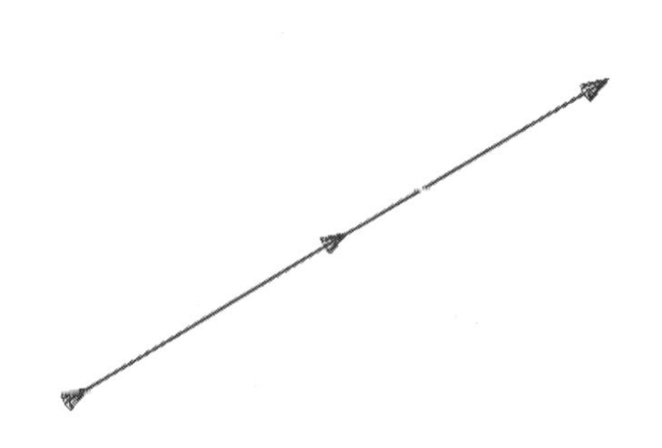

图 11-65 为部件设置方向

11.4.6 定义装配件

进入装配模块，单击工具箱中的 （将部件实例化）按钮，在“创建实例”对话框（如图 11-66 所示）的“部件”选项组中选择 4 个部件，在“实例类型”选项组中选择“独立(网格在实例上)”，单击“确定”按钮，创建 4 个部件实例，如图 11-67 所示。

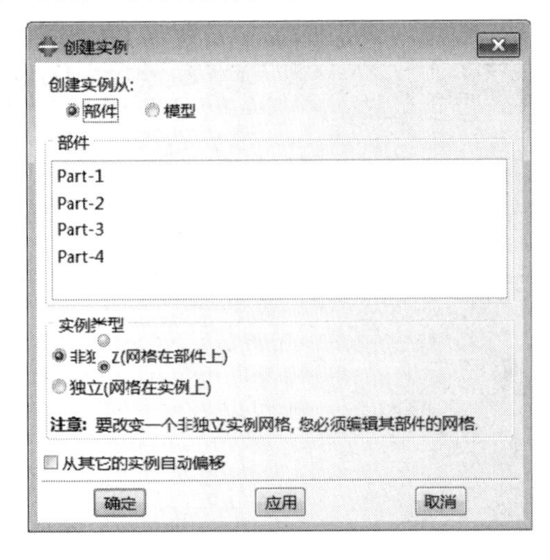

图 11-66 “创建实例”对话框

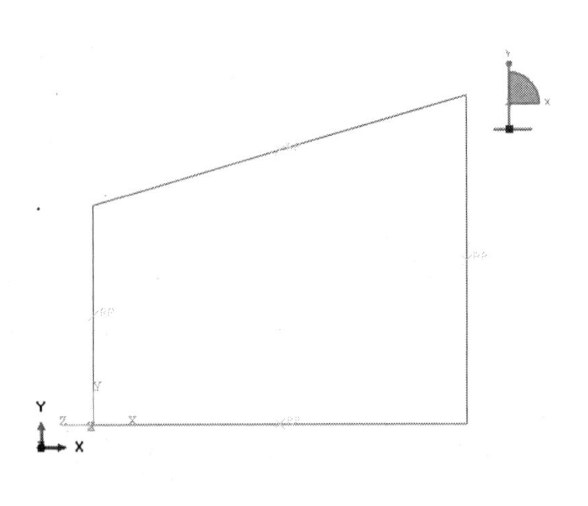

图 11-67 装配模型

由于部件位置已经确定好，因此不需要进行定位了。

11.4.7　设置分析步

步骤 01 进入分析步模块，单击工具箱中的（创建分析步）按钮，在弹出的“创建分析步”对话框（如图 11-68 所示）中选择“静力，通用”，单击“继续”按钮。

步骤 02 在弹出的“编辑分析步”对话框中，打开“基本信息”选项卡，将“几何非线性”设为“开”；切换到“增量”选项卡，将初始“增量步大小”设为 1、“最小”值设为 1E-05，其他接受默认设置，如图 11-69 所示，单击“确定”按钮，完成分析步的定义。

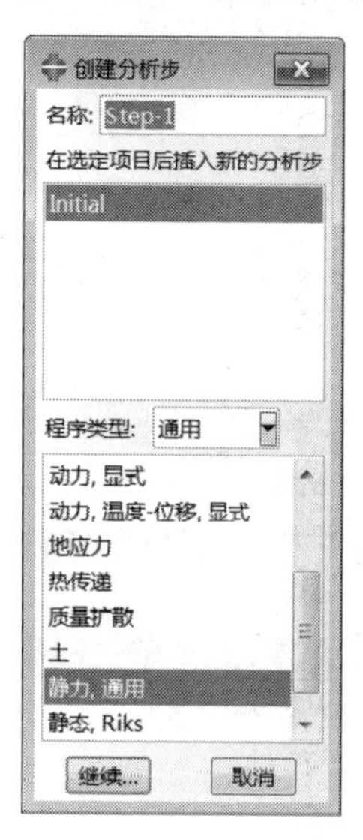

图 11-68　“创建分析步”对话框

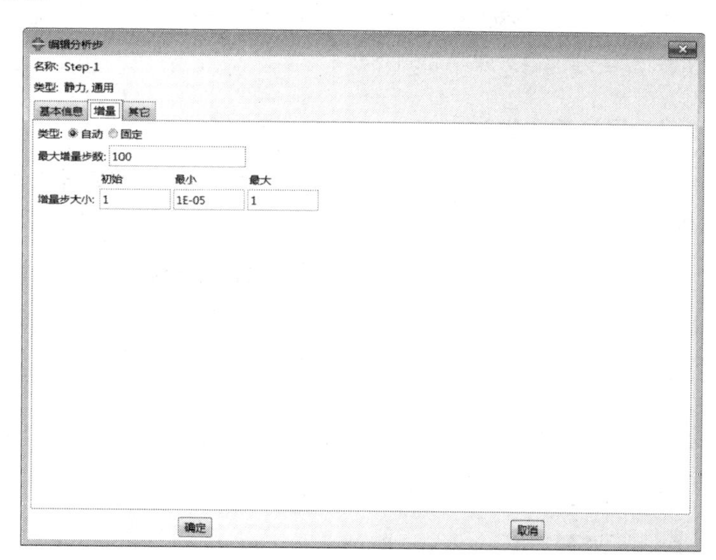

图 11-69　修改增量步

11.4.8　定义连接属性和连接单元

1. 定义连接属性

步骤 01 在相互作用功能模块中，单击工具箱中的（创建连接截面）按钮，弹出“创建连接截面”对话框（如图 11-70 所示），在“名称”中输入 ConnSect-1，设置“已装配/复数类型”为“铰”。

步骤 02 在“创建连接截面”对话框中单击“连接类型图表”后面的按钮，弹出“连接类型提示”对话框（如图 11-71 所示），在该对话框中可以查看选择的连接类型是否正确。

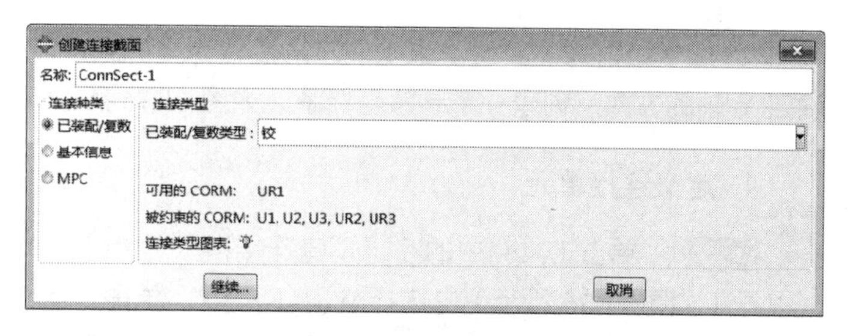

图 11-70　“创建连接截面”对话框

步骤03 在“创建连接截面”对话框中单击“继续”按钮，进入“编辑连接截面”对话框，接受默认设置，单击“确定”按钮完成操作。

2. 创建线条

步骤01 单击工具箱中的（创建线框特征）按钮，弹出“创建线框特征”对话框（如图 11-72 所示），单击“+”按钮，在图形窗口中选择轴的端点 Part-1 的左端点作为第一（第二）点，选择 Part-2 的下端点作为第二（第一）点，单击“完成”按钮，确认选中创建线框集合，单击“确定”按钮。

步骤02 利用同样的方法，选择部件 Part-2 的上端点作为第一（第二）点，选择 Part-3 的左端点作为第二（第一）点创建另一个折线 Wire-1-Set-2。

步骤03 选择部件 Part-3 的右端点作为第一（第二）点，选择 Part-4 的上端点作为第二（第一）点创建另一个折线 Wire-1-Set-3；选择部件 Part-4 的下端点作为第一（第二）点，选择 Part-1 的右端点作为第二（第一）点创建另一个折线 Wire-1-Set-4。

3. 定义参考坐标系

步骤01 执行“工具”→“基准”命令，在“创建基准”对话框（如图 11-73 所示）中选择“坐标系：三个点”，单击“确定”按钮。

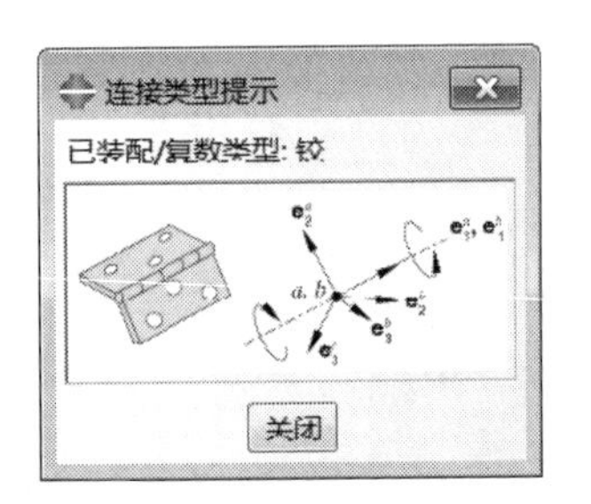

图 11-71 “连接类型提示”对话框

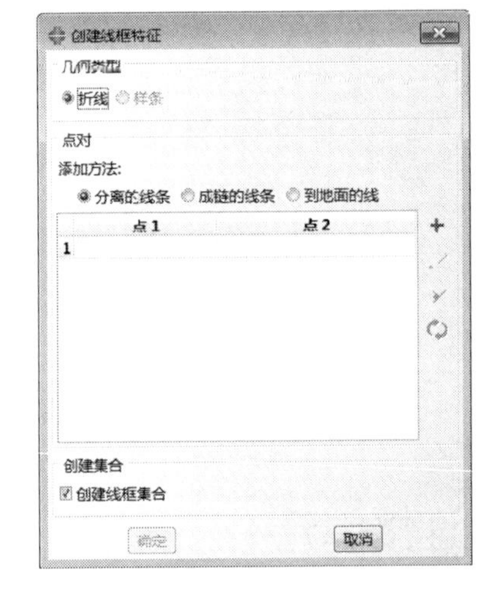

图 11-72 “创建线框特征”对话框

图 11-73 “创建基准”对话框

步骤02 在“创建基准坐标系”对话框（如图 11-74 所示）中，输入坐标系“名称”为 Datum csys-1，单击“继续”按钮，单击部件 Part-1 的左端点作为坐标原点，输入（0.0,0.0,1.0）确定 X 轴方向，输入（1.0,0.0,0.0）确定 Y 轴的方向，创建一个参考坐标系，如图 11-75 所示。

4. 定义连接单元

步骤01 单击工具箱中的（创建连接指派）按钮，单击提示区中的“集”按钮，在弹出的“区域选择”对话框（如图 11-76 所示）中选择 Wire-1-Set-1，单击“继续”按钮。

步骤02 弹出“编辑连接截面指派”对话框（如图 11-77 所示），“截面”选择 ConnSect-1，切换到“方向 1”选项卡，单击“指定坐标系”后面的“编辑”按钮。单击提示区中的“基准坐标系列表”按钮，在“基准坐标系列表”对话框（如图 11-78 所示）中选择已经定义好的基准坐标系 Datum csys-2，单击“确定”按钮。

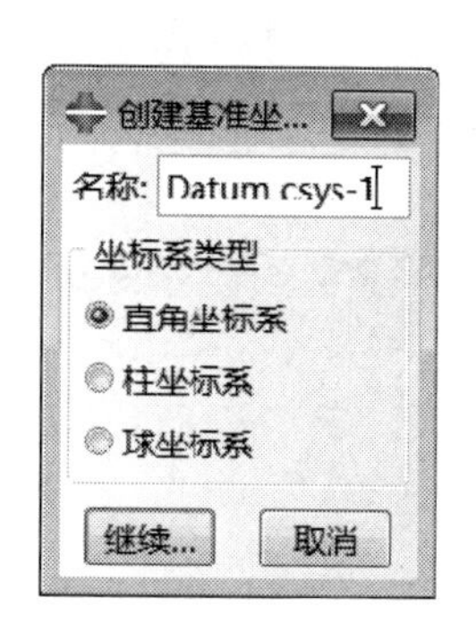

图 11-74 “创建基准坐标系”对话框

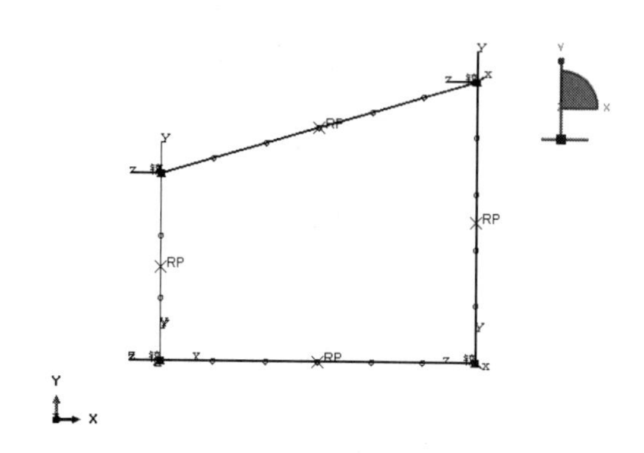

图 11-75 定义局部坐标系

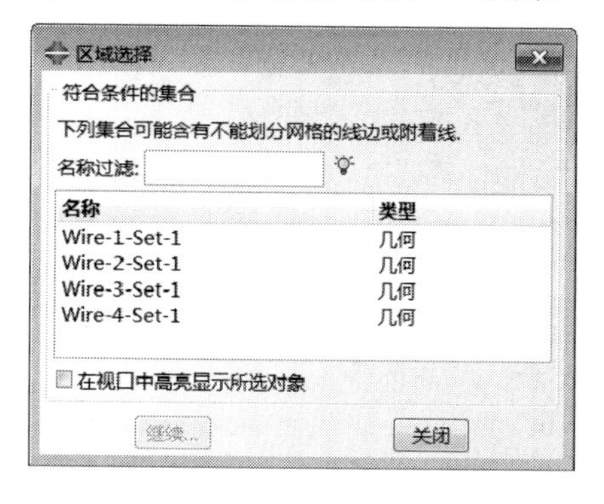

图 11-76 “区域选择”对话框

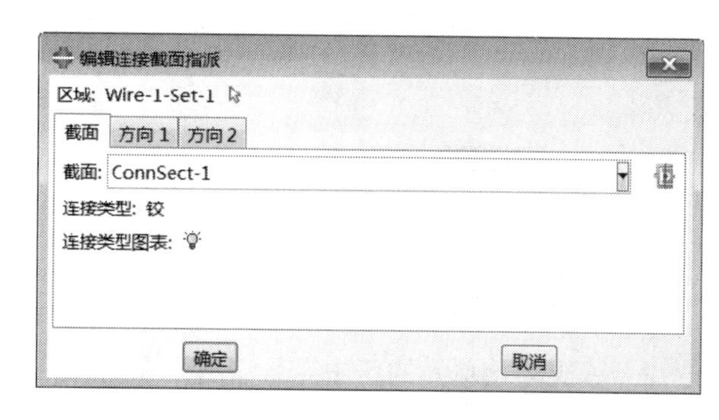

图 11-77 “编辑连接截面指派”对话框

步骤 03 切换到“方向 2”选项卡（如图 11-79 所示），选中“使用方向 1”单选按钮，单击“确定”按钮，完成第一个连接单元的定义。

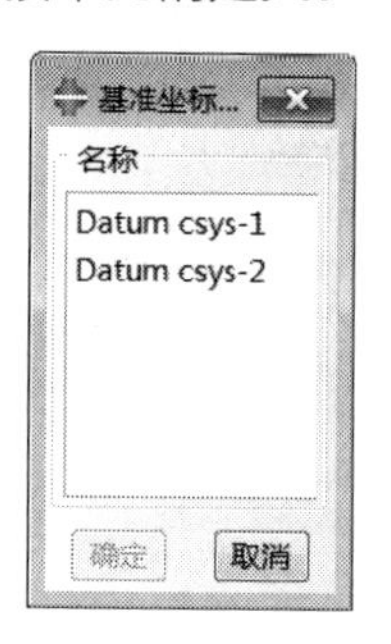

图 11-78 “基准坐标系列表”对话框

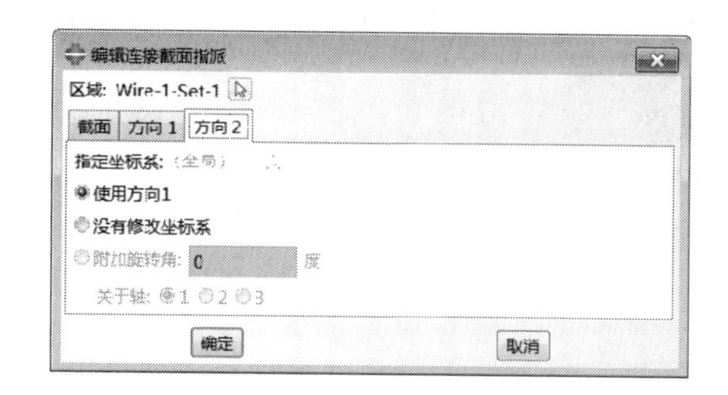

图 11-79 “方向 2”选项卡

步骤 04 利用同样的方法，定义另外 3 个连接单元，分别选择 Wire-2-Set-1~Wire-4-Set-1，选择 ConnSect-1，“方向 1”选择 Datum csys-1，“方向 2”选择“使用方向 1”。

11.4.9 设置历史输出变量

1. 定义分析步

步骤 01 进入分析步模块，单击工具箱中的 （创建分析步）按钮，在弹出的“创建分析步”对话框（如图 11-80 所示）中选择“静力，通用”，单击“继续”按钮。

步骤02 在弹出的“编辑分析步”对话框（如图 11-81 所示）中，打开“基本信息”选项卡，将“几何非线性”设为“开”；切换到“增量”选项卡，将初始“增量步大小”设为 0.1，其他接受默认设置，单击“确定”按钮，完成分析步的定义。

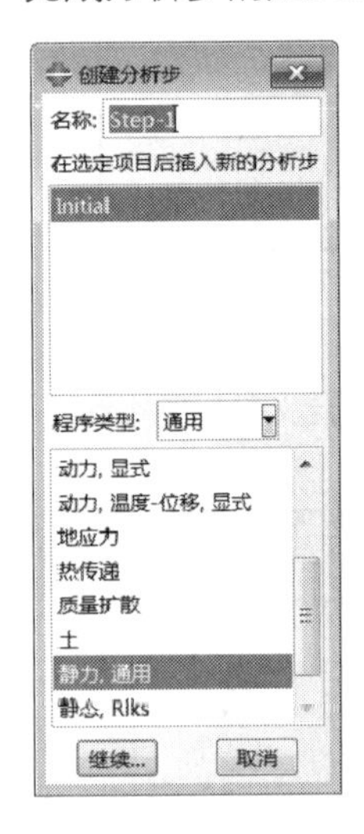

图 11-80 “创建分析步”对话框

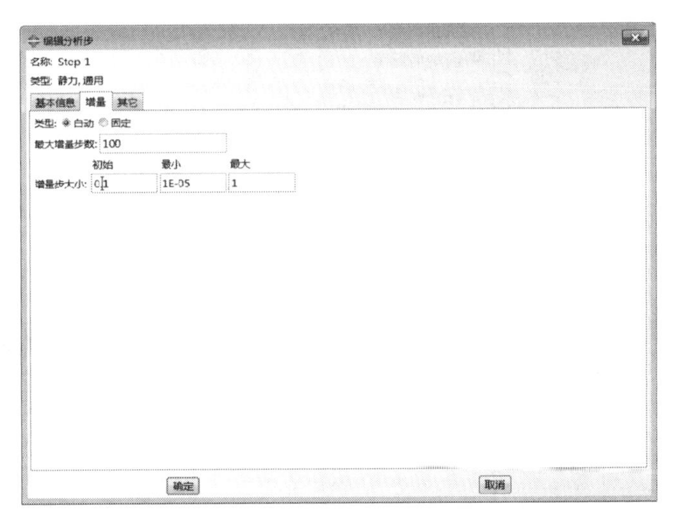

图 11-81 “编辑分析步”对话框

2. 设置连接单元的历史变量输出

步骤01 单击工具箱中的（历程输出管理器）按钮，在弹出的“历程输出请求管理器”对话框（如图 11-82 所示）中可以看到 ABAQUS/CAE 已经自动生成了一个名称为 H-Output-1 的历史输出变量。

步骤02 单击“编辑”按钮，在弹出的“编辑历程输出请求”对话框（如图 11-83 所示）中，将“作用域”设为 Wire-1-Set-1，在“输出变量”选项组中单击“连接”左侧的黑色三角，在展开的列表中选择 CTF、CRF、CU，然后单击“确定”按钮，完成 Wire-1-Set-1 处连接单元输出变量的定义。

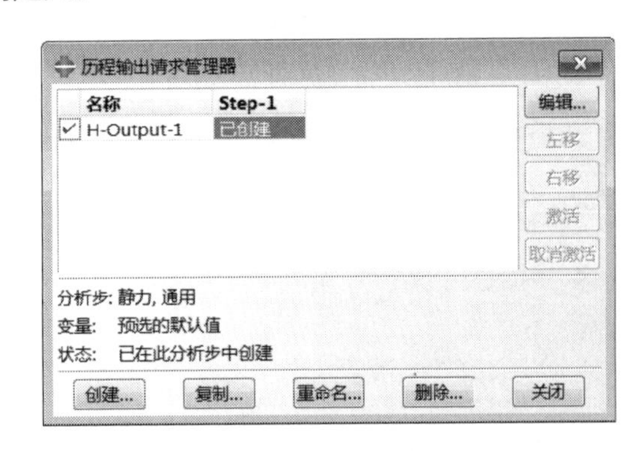

图 11-82 “历程输出请求管理器”对话框

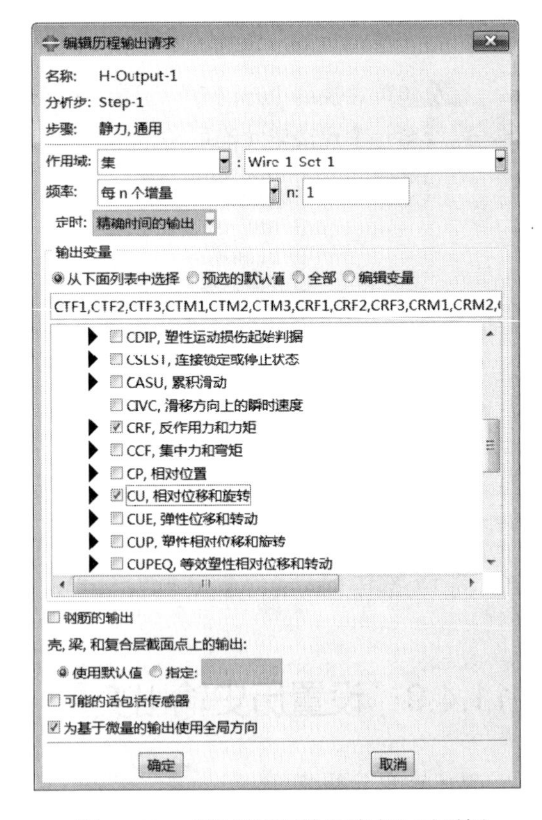

图 11-83 “编辑历程输出请求”对话框

步骤03 利用同样的方法，创建 Wire-2-Set-1~ Wire-4-Set-1 处连接单元的输出设置。

11.4.10 定义载荷和边界条件

步骤 01 定义边界条件。进入载荷功能模块，单击工具箱中的（创建边界条件）按钮，或者单击“边界条件管理器”对话框中的“创建”按钮，在弹出的对话框（如图 11-84 所示）中，“分析步”选择 Step-1，“类别”选择“力学”，“可用于所选分析步的类型”选择“位移/转角”，单击“继续”按钮，选择部件 Part-1 的参考点，单击提示区中的“完成”按钮。

步骤 02 进入“编辑边界条件”对话框（如图 11-85 所示），选中 U1~UR3 复选框，单击“确定”按钮，完成轴的边界条件定义。

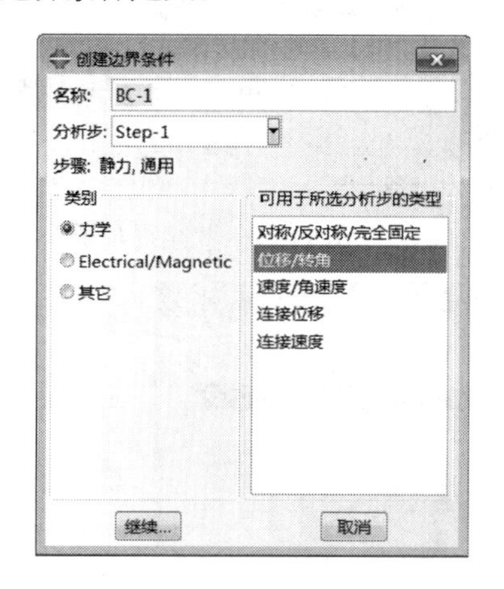

图 11-84 “创建边界条件”对话框

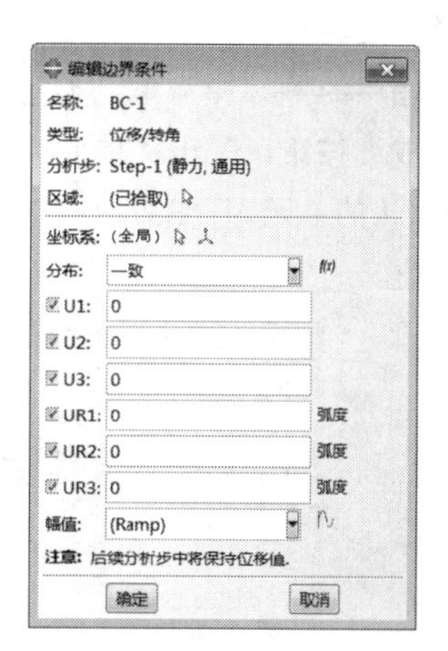

图 11-85 “编辑边界条件”对话框

步骤 03 利用同样的方法，定义边界条件 BC-2，选择部件 Part-2~Part-4 的参考点，约束 U3、UR1、UR2 的自由度。

步骤 04 单击工具箱中的（创建边界条件）按钮，在“创建边界条件”对话框中，“类型”选择“位移/转角”，单击“继续”按钮，选择部件 Part-2 的参考点，单击提示区中的“完成”按钮。

步骤 05 在“编辑边界条件”对话框（如图 11-86 所示）中，设置“UR3”为 3，单击“确定”按钮，完成位移载荷的施加，如图 11-87 所示。

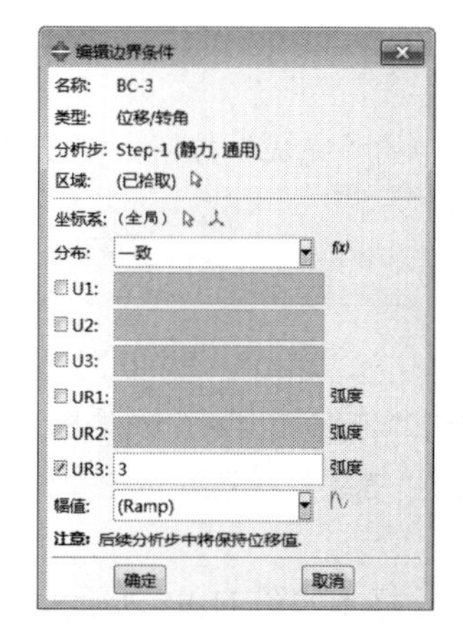

图 11-86 “编辑边界条件”对话框

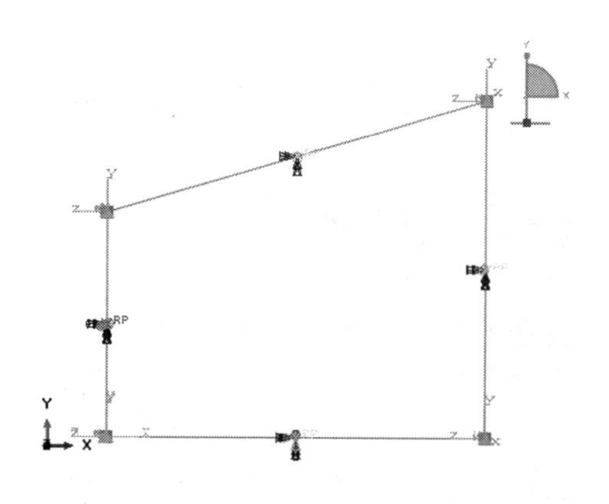

图 11-87 施加边界条件的模型

11.4.11 划分网格

进入网格功能模块，在窗口顶部的环境栏中将对象选项设为“实例”。

（1）设置网格密度

单击工具箱中的（种子部件）按钮，选中部件实例，弹出“全局种子”对话框（如图 11-88 所示），在“近似全局尺寸”中输入 0.3025，然后单击“确定”按钮。

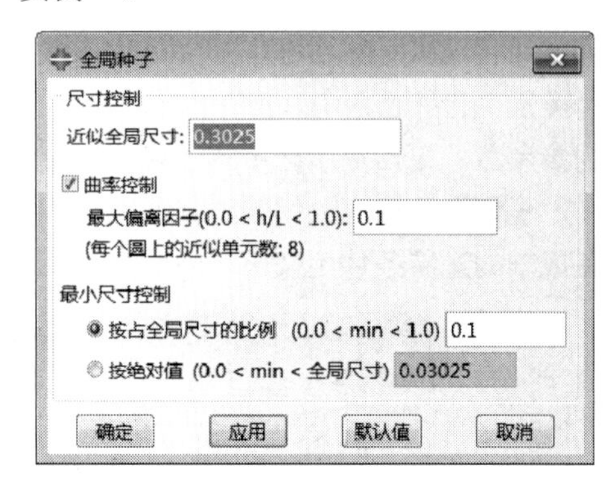

图 11-88 “全局种子”对话框

（2）选择单元类型

单击工具箱中的（指派单元类型）按钮，在视图区选择模型，单击“完成”按钮，弹出“单元类型”对话框（如图 11-89 所示），选择默认的单元为“B31：两结点空间线性梁单元”，单击“确定”按钮。

图 11-89 “单元类型”对话框

（3）划分网格

单击工具箱中的（为部件实例划分网格）按钮，单击提示区中的“完成”按钮，完成网格划分。

11.4.12 提交作业

步骤 01 进入作业模块。执行“作业”→“管理器”命令，单击“作业管理器”对话框（如图 11-90 所示）中的“创建”按钮，定义“作业名称”为 sigan_structure，单击“继续”按钮，单击“确定”按钮，完成作业定义。单击“提交”按钮提交作业。

步骤 02 单击“监控”按钮，弹出“sigan_structure 监控器”对话框（如图 11-91 所示），可以查看到分析过程中出现的警告信息。等分析结束后，单击“结果”按钮，进入可视化模块。

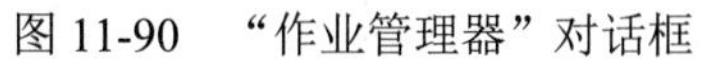

图 11-90 “作业管理器”对话框

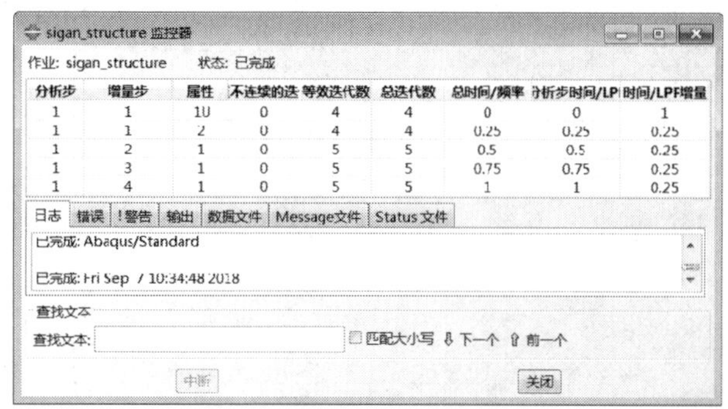

图 11-91 “sigan_structure 监控器”对话框

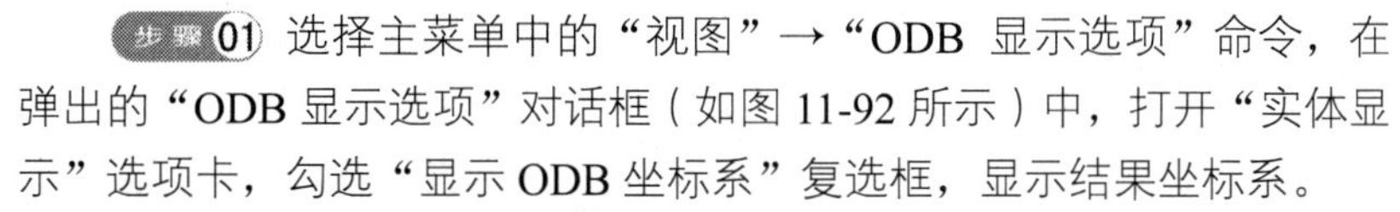

11.4.13 后处理

步骤 01 选择主菜单中的“视图”→“ODB 显示选项”命令，在弹出的“ODB 显示选项”对话框（如图 11-92 所示）中，打开“实体显示”选项卡，勾选“显示 ODB 坐标系”复选框，显示结果坐标系。

步骤 02 查看连接单元的历史输出。执行“结果”→“历程输出”命令，在弹出的“历程输出”对话框（如图 11-93 所示）中，同时选择 Wire-1-Set-1 和 Wire-2-Set-1 连接单元的反作用力 CRF1（连接单元 X 方向的反力），单击“绘制”按钮，输出结果如图 11-94 所示。

步骤 03 同时选中 Wire-1-Set-1 和 Wire-2-Set-1 的输出变量 CRF2（连接单元 Y 方向的反力），单击“绘制”按钮，输出结果如图 11-95 所示。

步骤 04 同时选中 Wire-1-Set-1 和 Wire-2-Set-1 的输出变量 CRF3（连接单元 Z 方向的反力），单击“绘制”按钮，输出结果如图 11-96 所示。

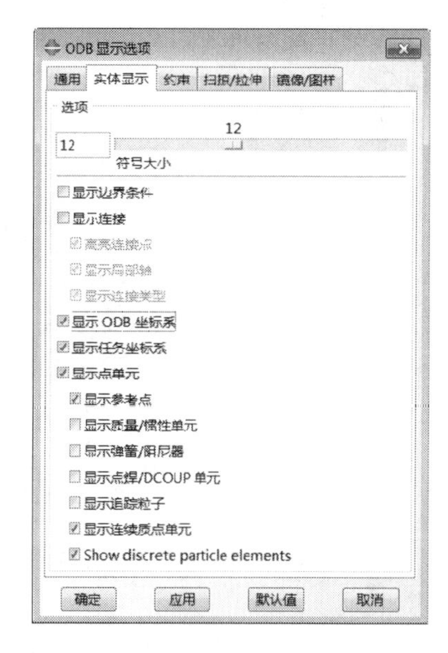

图 11-92 “ODB 显示选项”对话框

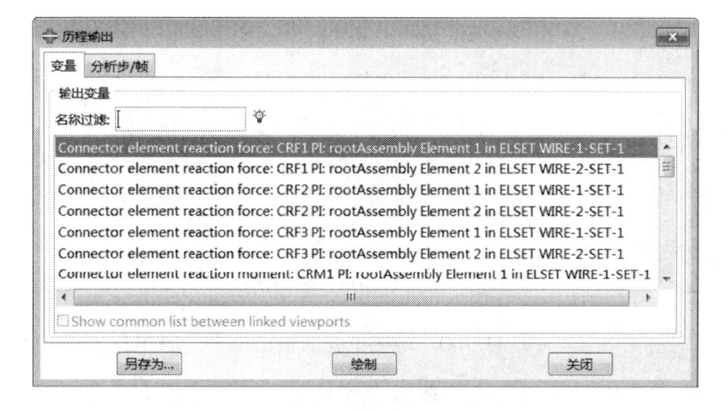

图 11-93 “历程输出”对话框

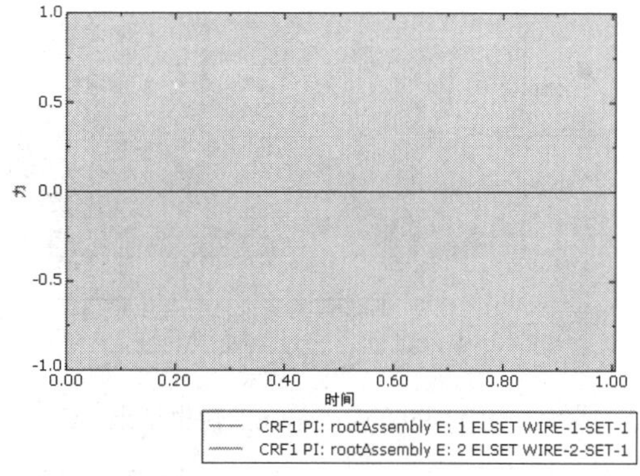

图 11-94 连接单元的输出结果：CRF1

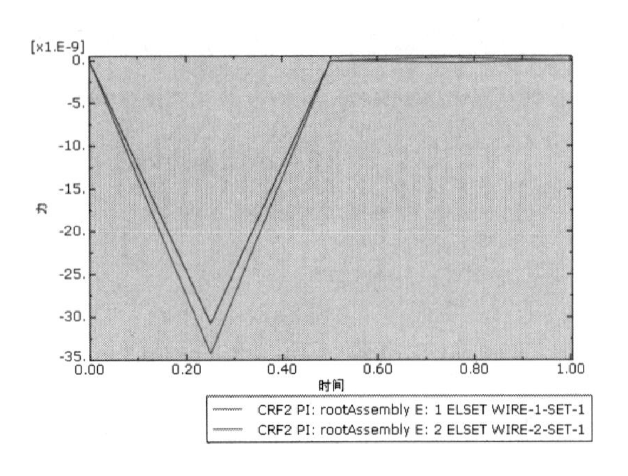

图 11-95　连接单元的输出结果：CRF2

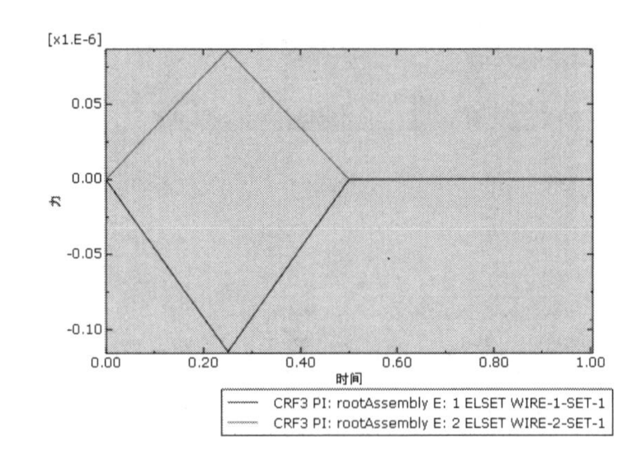

图 11-96　连接单元的输出结果：CRF3

步骤 05 利用同样的方法，绘制两个连接单元处的其他输出变量：CRM2（连接单元 Y 方向的反转矩）、CU2（连接单元的相对位移）、CU3、CUR2（连接单元 Y 方向的相对转动）及 CTF3（连接单元 Z 方向的合力），然后单击“绘制”按钮，得到的曲线如图 11 97~图 11 101 所示。

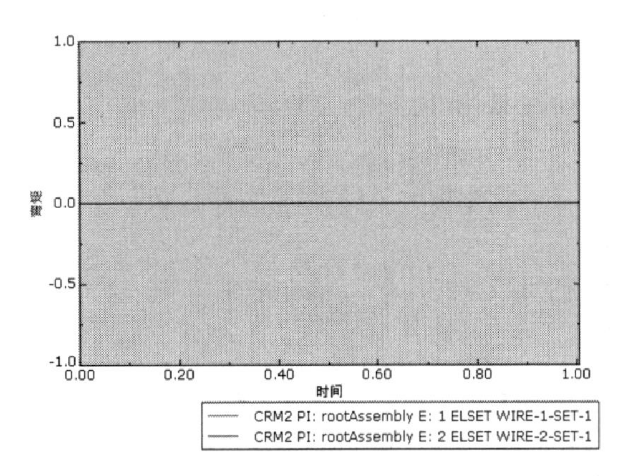

图 11-97　连接单元的输出结果：CRM2

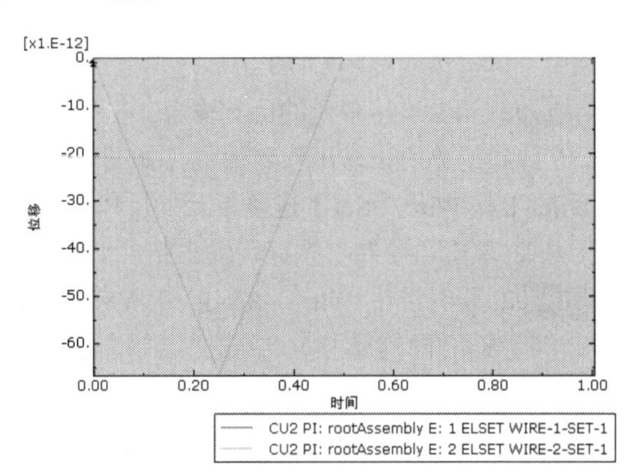

图 11-98　连接单元的输出结果：CU2

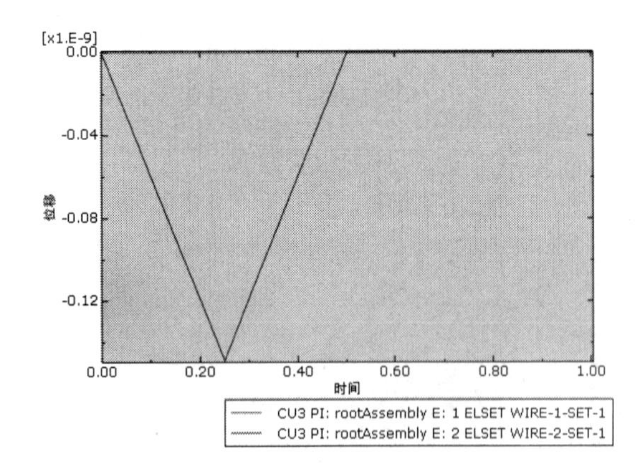

图 11-99　连接单元的输出结果：CU3

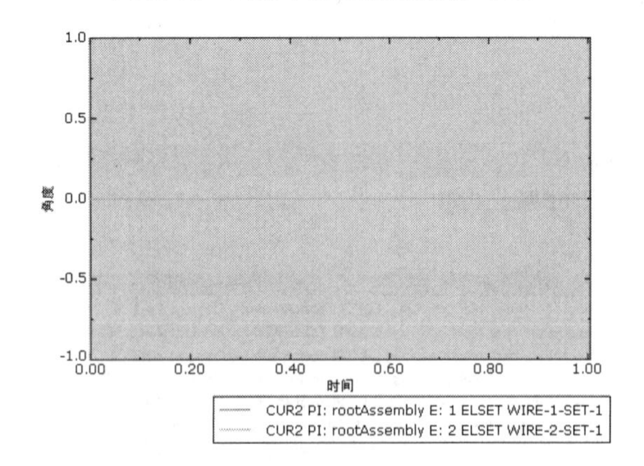

图 11-100　连接单元的输出结果：CUR2

步骤 06 从连接单元的输出结果可以看出，四杆结构的相对运动规律以及连接单元的合力及其力矩等结果的变化情况。

步骤 07 执行“结果”→“分析步/帧”命令，弹出“分析步/帧”对话框，如图 11-102 所示，在“分析步名称”中选择 Step-1，分别在“帧”中选择索引 0~4，单击“应用”按钮，显示位移图如图 11-103 所示，从中可以观察到四杆结构转动的变形情况。

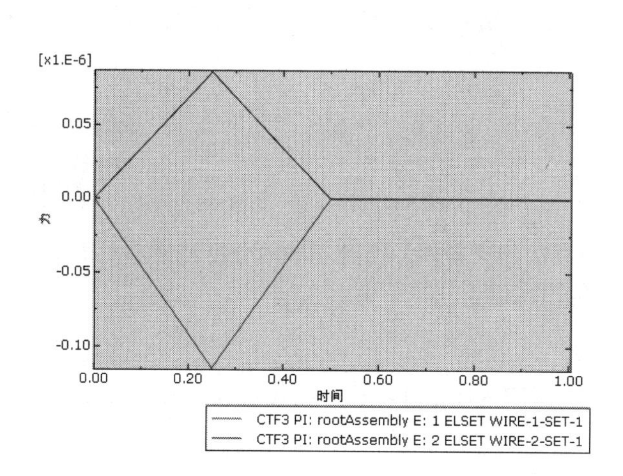

图 11-101 连接单元的输出结果：CTF3

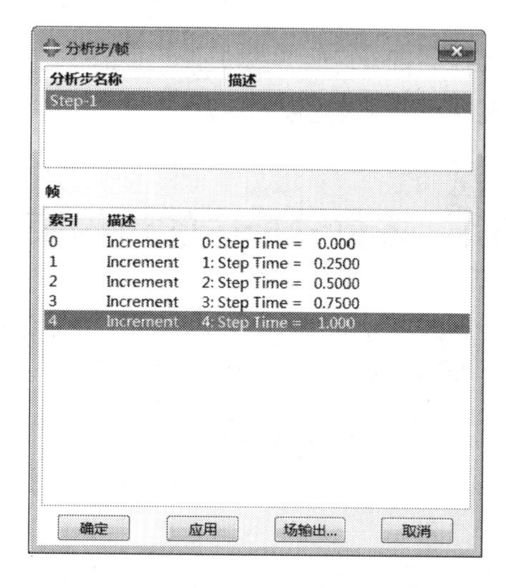

图 11-102 “分析步/帧”对话框

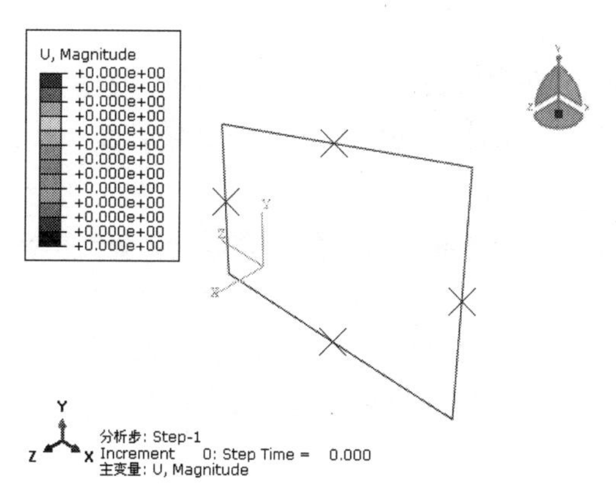

第 0 阶

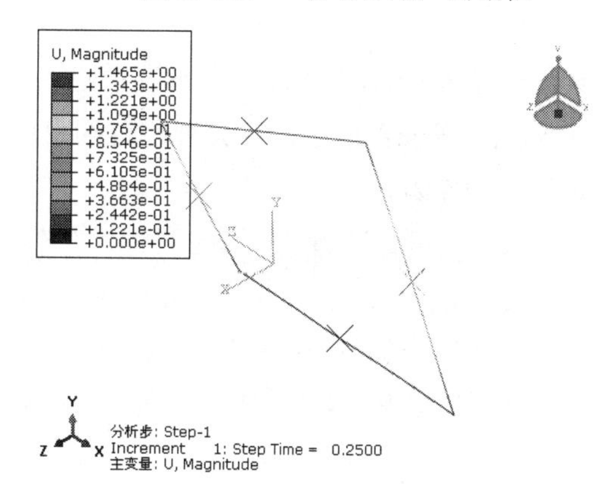

第 1 阶

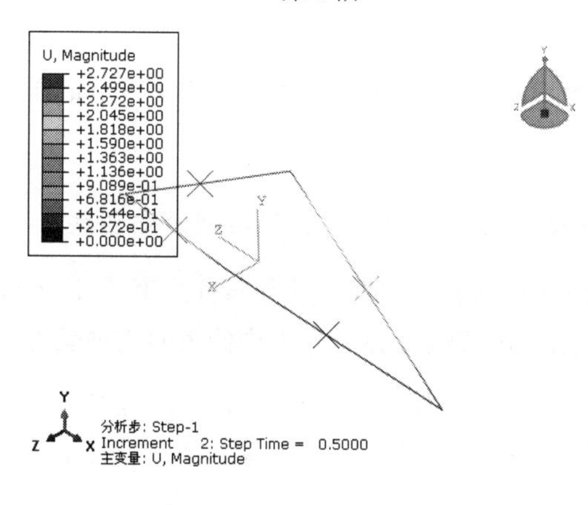

第 2 阶

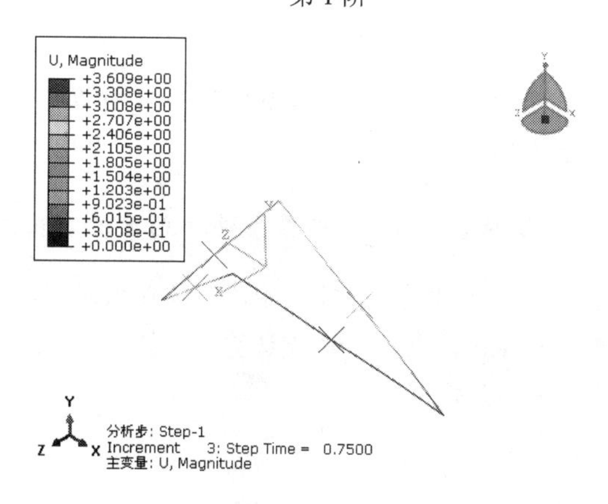

第 3 阶

图 11-103 各阶位移图

11.5 多体分析要注意的问题

在多体分析中，如果连接属性或边界条件的选择不正确、在结点的某个自由度上定义了两个以上的约束关系，很容易出现过约束的问题。

11.5.1 多体分析中的过约束

对于一些常见的过约束，ABAQUS 会自动去除不需要的约束条件，得到正确的分析结果。对于某些过约束，ABAQUS 无法自动找出好的解决方法，这时可能出现以下几种结果。

（1）分析过程无法达到收敛。

（2）虽然能够达到收敛，但是出现远远超过正常数量级的刚体位移，在可视化模块中无法正常显示变形图和云纹图。

（3）能够达到收敛，位移结果也正确，但在历程变量输出中可以看到某个连接单元反作用力或力矩远远大于应有的值。

如果出现了 ABAQUS 无法自动解决的过约束，在 MSG 文件中就会显示 Overconstraint check 和 Zero pivot（零主元）等警告信息，还会列出过约束所涉及的结点、实体、连接单元、约束等信息，可以从中找到过约束的原因。

ABAQUS/Explicit 不会显示 Zero pivot（零主元）警告信息，因此在进行显示分析之前，应该先用 ABAQUS/Standard 来对模型进行分析，以保证模型中不会出现过约束的问题。

建立复杂的分析模型时，不要一次性定义所有的连接单元和约束关系。可以先完成模型的一小部分，并施加适当的边界条件，来验证模型的正确性，然后逐步分析模型的其他部分。

11.5.2 选择连接属性和边界条件

在三维模型中，每个实体都包括 6 个刚体度（3 个平移自由度和 3 个旋转自由度），因此一个正确的模型应满足下列的关系：

实体总数×6=位移边界条件所约束的自由度总数+连接单元中所约束的相对运动分量总数

例如，在叶片的旋转实例中，实体总数是 2，参考点 RP-wing-top 上的位移边界条件约束了 1 个自由度，参考点 RP-shaft 上的固支边界条件约束了 6 个自由度，HINGE 类型的连接单元中约束的相对运动变量为 5，满足该公式。

式中提到的约束并非意味着固定不动，例如，在边界条件中给定某个自由度的位移值，也是对该自由度施加了约束。

需要注意的是，上式只是模型正确的必要条件，而不是充分条件，即仅仅满足了关系式并不能保证模型的约束条件肯定是正确的。例如，虽然模型中约束的总数满足关系式，但是在同一个自由度上施加了重复的约束，就仍然是过约束。

11.6 本章小结

ABAQUS 的一个突出特点就是可以对多体系统进行分析。ABAQUS 提供了多种常见的连接单元和连接属性，使用这些连接单元和连接属性可以对大多数多体系统进行有限元分析。

本章着重介绍了 ABAQUS 定义连接单元和连接属性的方法和步骤，并介绍了风力发电机叶片的旋转过程和双四杆连接机构的模拟分析。通过这两个实例的学习，读者可掌握多体分析的方法。

第 12 章 ABAQUS/Explicit 显式分析

导读

瞬态动力学分析是用于确定承受任意随时间变化荷载的结构动力学响应的一种方法。利用瞬态动力学分析可以确定结构在静荷载、瞬态荷载和简谐荷载的随意组合下随时间变化的位移、应变、应力及力。

荷载和时间的相关性使得惯性力和阻尼力的作用比较重要，如果惯性力和阻尼力不重要，就可以用静力学分析代替瞬态分析。ABAQUS 软件中的显式非线性动态求解方法是应工程实际的需要而产生的，它是一种真正的动态求解方法，在实际工程中非常有用。

教学目标

- 了解动力学显式的有限元方法
- 了解 ABAQUS/Explicit 适用的问题类型
- 熟悉 ABAQUS/Explicit 分析侵彻动力问题的分析
- 掌握 ABAQUS/Explicit 分析圆盘结构动力学分析

12.1 瞬态动力学分析概述

瞬态动力学分析给出的是结构关于时间载荷的响应。不同于刚体动力学分析，在 ABAQUS 中，瞬态动力学的模型既可以是刚体，也可以是柔性体。对于柔性体，可以考虑材料的非线性特征，由此得出柔性体的应力和应变值。

在进行瞬态动力学分析时，需要注意以下几点：

（1）当惯性力和阻尼可以忽略时，可以采用线性或非线性的静态结构分析来代替瞬态动力学分析。

（2）当载荷为正弦形式时，响应是线性的，采用谐响应分析更为有效。

（3）当几何模型简化为刚体且主要关心的是系统的动能时，采用刚体动力学分析更为有效。

除上述 3 种情况外，均可采用瞬态动力学分析，但其所需的计算资源较其他方法要大。

12.2 动力学显式有限元方法

ABAQUS 软件中的显式非线性动态求解方法是应工程实际的需要而产生的，是一种真正的动态求解方法，在实际工程中，当惯性力非常大且随着时间变化较快时，就变成了动力学问题。

ABAQUS/Standard 和 ABAQUS/Explicit 两个分析模块都具有解决各个类型问题的能力，对于一个确定的实际问题，采用哪个分析模块需要综合考虑各种因素。对于采用任何算法都可以求解的问题，求解效率可能起着决定性的作用。

下面将介绍 ABAQUS/Explicit 求解器的算法，比较隐式和显式时间积分，并讨论显式方法的优势。

12.2.1 显式与隐式方法的区别

动态显式算法是采用动力学方程的一些差分格式（如中心差分法、线性加速度法、Newmark 法和 wilson 法等），该算法不用直接求解切线刚度，不需要进行平衡迭代，计算速度快，当时间步长足够小时，一般不存在收敛性问题。

动态显式算法需要的内存也比隐式算法少，同时数值计算过程可以很容易进行并行计算，程序编制也相对简单。

显式算法要求质量矩阵为对角矩阵，且只有在单元级计算尽可能少时速度优势才能发挥，因此往往采用减缩积分方法，容易激发沙漏模式，影响应力和应变的计算精度。

静态显式法基于率形式的平衡方程组与 Euler 向前差分法，不需要迭代求解。由于平衡方程式仅在率形式上得到满足，因此得出的结果会慢慢偏离正确值。为了减少相关误差，必须每步使用很小的增量。

具体来讲，显式动力学与隐式动力学的区别如下：

（1）显式算法基于动力学方程，无须迭代；静态隐式算法基于虚功原理，需要迭代计算。

（2）显式算法最大的优点是具有较好的稳定性。

（3）隐式算法中，在每一增量步内都需要对静态平衡方程进行迭代求解，并且每次迭代都需要求解大型的线性方程组，这个过程需要占用相当数量的计算资源、磁盘空间和内存。该算法中的增量步可以比较大，至少可以比显式算法大得多，但是实际运算中要受到迭代次数及非线性程度的限制，需要取一个合理值。

（4）使用显式方法，计算成本消耗与单元数量成正比，并且与最小单元的尺寸成反比；应用隐式方法，经验表明对于许多问题的计算成本与自由度数目的平方成正比。因此如果网格是相对均匀的，随着模型尺寸的增长，显式方法表明比隐式方法更加节省计算成本。

（5）隐式方法对时间增量步的大小没有内在的限制，增量的大小通常取决于精度和收敛情况。

典型的隐式模拟所采用的增量步数目要比显式模拟小几个数量级。然而，由于在每个增量步中必须求解一套全域的方程组，因此对于每一增量步的成本，隐式方法远高于显式方法。

（6）显式方法需要很小的时间增量步，仅依赖于模型的最高固有频率，而与载荷的类型和持续的时间无关。

通常的模拟需要取 10000 ~ 1000000 个增量步，每个增量步的计算成本相对较低。

12.2.2 显式时间积分

ABAQUS/Explicit 应用中心差分方法对运动方程进行显式的时间积分，应用前一个增量步的动力学条件计算下一个增量步的动力学条件。

在增量步开始时，程序求解动力学平衡方程，表示为用结点质量 M 乘以结点加速度 $\ddot{u}$ 等于结点的合力（所施加的外力 P 与单元内力 I 之差），即：

$$M\ddot{u} = P - I$$

在增量步开始时（t 时刻），计算加速度为：

$$\ddot{u}|_{(t)} = (M)^{-1}(P - I)$$

显式算法总是采用对角的或集中的质量矩阵，所以求解加速度并不复杂，不必同时求解联系方程。任何节点的加速度完全取决于结点的质量和作用于结点上的合力，使得节点的计算成本非常低。

对于加速度在时间上进行积分可采用中心差分方法，在计算速度的变化时假定加速度为常数。应用这个速度的变化值加上前一个增量步中点的速度来确定当前增量步中点的速度：

$$\dot{u}|_{\left(t+\frac{\Delta t}{2}\right)} = \dot{u}|_{\left(t-\frac{\Delta t}{2}\right)} + \frac{\Delta t|_{(t+\Delta t)} + \Delta t|_{(t)}}{2}\ddot{u}|_{(t)}$$

用速度对时间的积分加上在增量步开始时的位移来确定增量步结束时的位移：

$$u|_{(t+\Delta t)} = u|_{(t)} + \Delta t|_{(t+\Delta t)}\dot{u}|_{\left(t+\frac{\Delta t}{2}\right)}$$

至此，在增量步的开始时提供了满足动力学平衡条件的加速度。得到加速度后，在时间上“显式地”得到前推速度和位移。

所谓“显式”，是指在增量步结束时的状态仅依赖于该增量步开始时的位移、速度和加速度，这种方法可以精确地积分常值的加速度。为了使该方法产生精确的结果，要求时间增量要足够小，所以在增量步中的加速度几乎为常数。由于时间增量必须很小，因此一个典型的分析需要成千上万个增量步。

在显式分析过程中，不必同时求解联立方程组，所以每一个增量步的计算成本很低。

下面是显式动力学计算的流程：

（1）结点计算。

动力学平衡方程：

$$\ddot{u}|_{(t)} = (M)^{-1}(P - I)|_{(t)}$$

对时间显式积分：

$$\dot{u}|_{\left(t+\frac{\Delta t}{2}\right)} = \dot{u}|_{\left(t-\frac{\Delta t}{2}\right)} + \frac{\Delta t|_{(t+\Delta t)} + \Delta t|_{(t)}}{2}\ddot{u}|_{(t)}$$

$$u|_{(t+\Delta t)} = u|_{(t)} + \Delta t|_{(t+\Delta t)} \dot{u}|_{\left(t+\frac{\Delta t}{2}\right)}$$

（2）单元计算。

- 根据应变速率 $\dot{\varepsilon}$，计算单元应变增量 $d\varepsilon$。
- 根据本构关系计算应力 σ： $\sigma|_{(t+\Delta t)} = f\left(\sigma_{(t)}, d\varepsilon\right)$。
- 集成单元结点内力 $I_{(t+\Delta t)}$。

（3）设置时间 t 为 $t+\Delta t$，返回步骤（1）。

12.2.3 隐式和显式的比较

对于隐式和显式积分程序，都是以所施加的外力 P、单元内力 I 和结点加速度的形式定义平衡：

$$M\ddot{u} = P - I$$

其中，M 是质量矩阵。两个程序求解结点加速度，并应用同样的单元计算获得单元内力。

两个方法之间最大的不同在于求解结点加速度的方式上。在隐式程序中，通过直接求解的方法求解一组线性方程组。与应用显式方法进行结点计算的成本相比较，求解这组方程组的计算成本要高得多。在完全 Newton 迭代求解方法的基础上，ABAQUS/Standard 使用自动增量步。在时刻 $t+\Delta t$ 增量步结束时，Newton 方法寻求满足动力学平衡方程，并且计算出同一时刻的位移。由于隐式算法是无条件的，因此时间增量 Δt 比应用于显式方法的时间增量相对大一些。

对于非线性问题，每一个典型的增量步都需要经过多次迭代才能满足给定容许误差的解答。对于较大的模型，这是一个昂贵的计算过程。

在隐式分析中，每一次迭代都需要求解大型的线性方程组，这一过程占用相当数量的计算资源、空间和内存。

对于大型问题，对这些求解器的需求优于对材料和单元的计算的需求。

显式方法特别适用于求解高速动力学事件，它需要许多小的时间增量来获得高精度的解答。如果事件持续时间非常短，就可能得到高效率的解答。

在显式分析中，可以轻易模拟接触条件和其他一些极度不连续的情况，并且能够一个结点一个结点地求解，而不必迭代。为了平衡在接触时的外力和内力，可以调节结点的加速度。

此外，显式方法最显著的特点是没有在隐式方法中所需要的整体切向刚度矩阵。由于是显式的前推模型的状态，因此不需要迭代和收敛准则。

12.3 ABAQUS/Explicit解决的问题

了解了两个方法的特性后，能够帮助读者确定哪一种方法更适合自己的问题。在讨论显式动态程序如何工作之前，再来了解一下 ABAQUS/Explicit 适合于求解哪类问题。

1. 复杂的接触问题

应用显式动力学方法建立接触条件的公式要比应用隐式方法容易得多。ABAQUS/Explicit 能够比较容易地分析包括许多独立物体相互作用的复杂接触问题。

ABQUS/Explicit 特别适合分析受冲击载荷并随后在结构内部发生复杂相互接触作用的结构的瞬间动态响应问题。

例如，电路板跌落试验：一块插入在泡沫封装中的电路板从 1m 的高度跌落到地板上。这个问题包括封装与地板之间的冲击以及在电路板和封装之间的接触条件的迅速变化。

2. 高速动力学事件

最初发展显式动力学方法是为了分析用隐式方法（如 ABAQUS/Standard）分析可能极端费时的高速动力学事件。

例如，分析一块钢板在短时爆炸载荷下的响应，因为迅速施加的巨大载荷，结构的响应变化得非常快。对于捕获动力响应，精确地跟踪板内的应力波是非常重要的。

由于应力波与系统的最高阶频率相关，因此为了得到精确解答需要许多小的时间增量。

3. 复杂的后屈曲问题

ABAQUS/Explicit 能够轻易解决不稳定的后屈曲(postbuckling)问题。在此类问题中，随着载荷的施加，结构的刚度会发生剧烈变化。在后屈曲响应中常常包括接触相互作用的影响。

4. 高度非线性的准静态问题

ABAQUS/Explicit 能够有效地解决某些本质上是静态的问题。准静态过程模拟问题包括复杂的接触，如锻造、滚压和薄板成形等过程一般属于这类问题。

薄板成形问题通常包含非常大的膜变形和复杂的摩擦接触条件。块体成型问题的特征有大扭曲、模具之间的相互接触以及瞬间变形。

5. 材料的退化和实效问题

在隐式分析程序中，材料的退化（degradation）和失效（failure）常常导致严重的收敛困难，但是 ABAQUS/Explicit 能够很好地模拟这类材料。

混凝土开裂的模型就是一个材料退化的例子，其拉伸裂纹导致了材料的刚度为负值。金属的延性失效是一个材料失效的例子，其材料刚度能够退化并且一直降低到零，在这段时间中，模型中的单元被完全除掉。

12.4 侵彻动力问题的分析

高速弹丸对结构的侵蚀问题一直受到军事部门的关注，数值模拟因其经济性和高效性日益成为侵彻问题的重要手段，可以节省试验的巨大投入，方便描述和动态显示问题的整个过程。本节将向读者介绍利用显式分析程序 ABAQUS/Explicit 进行侵彻分析的具体实现方法。

12.4.1 问题描述

如图 12-1 所示，钢制圆柱体弹丸横截面直径为 1.5cm，长度为 5.0cm，周边固定的钢板厚度为 3.0cm，尺寸为 30.0cm×30.0cm，弹丸以 1000m/s 的速度垂直射入钢板，试分析这一动力过程。

弹丸和钢板的材料属性：杨氏模量和泊松比分别为 2e11、0.3。

图 12-1 弹丸侵彻模型

12.4.2 问题分析

在这个例子中，可以应用可拉伸实体的基本特征来创建一个三维的可变形物体。

分析模型量纲系统采用 SI 标准，即长度为 mm、质量为 g、时间为 s，其他量纲由此可以推出。本例采用动态、显式分析步。

12.4.3 创建部件

步骤 01 启动 ABAQUS/CAE，创建一个新的模型，命名为 Model-1，保存模型为 Model-1.cae。

步骤 02 单击工具箱中的 （创建部件）按钮，弹出“创建部件”对话框（如图 12-2 所示），在“名称”中输入 Part-1，将“模型空间”设为“三维”、“类型”设为“可变形”，再将“基本特征”中的“形状”设为“实体”、“类型”设为“旋转”，“大约尺寸”设为 20，单击“继续”按钮，进入草图环境。

步骤 03 在中线的右侧绘制一个矩形（如图 12-3 所示），长度和高度分别为 15 和 50，单击提示区中的“完成”按钮。

步骤 04 弹出“编辑基本旋转”对话框，设置拉伸“角度”为 180°，单击“确定”按钮，得到如图 12-4 所示的部件。

步骤 05 再次单击工具箱中的 （创建部件）按钮，打开“创建部件”对话框，在“名称”中输入 Part-2，将“模型空间”设为“三维”、“类型”改为“可变形”，将“基本特征”中的“形状”设为“实体”、“类型”设为“拉伸”，“大约尺寸”设为 200，单击“继续”按钮，进入草图环境。

步骤 06 绘制一个矩形，长度和高度分别为 300 和 30，单击提示区中的“完成”按钮。弹出“编辑基本拉伸”对话框，设置拉伸尺寸为 150，单击“确定”按钮，得到如图 12-5 所示的部件。

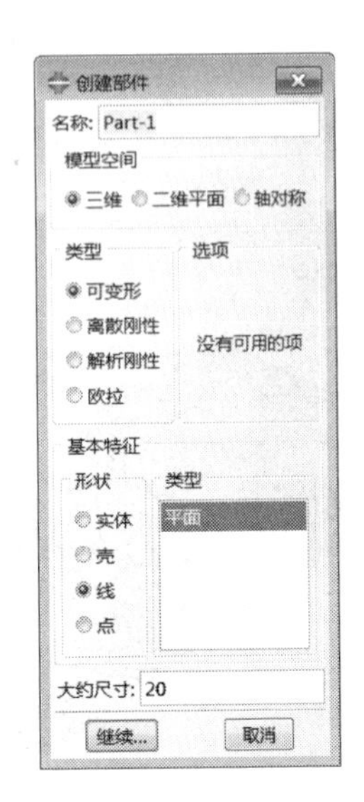

图 12-2 “创建部件”对话框

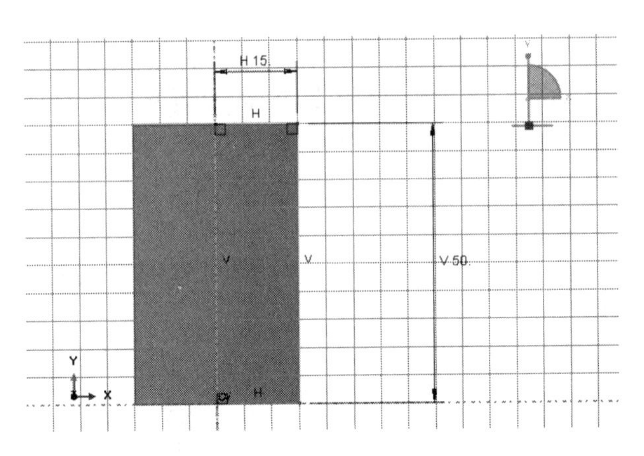

图 12-3 创建的矩形草图

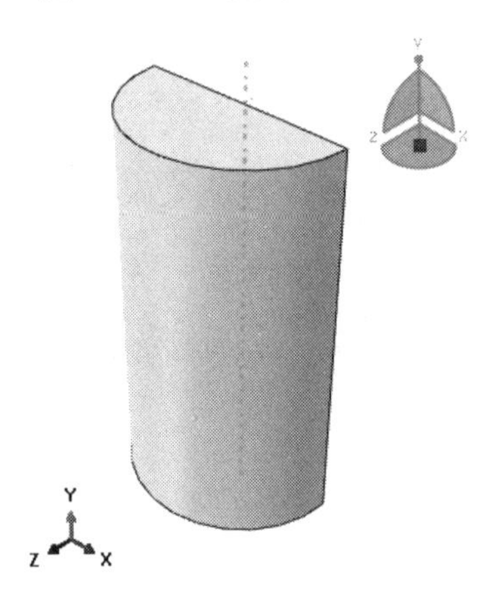

图 12-4 创建后的部件

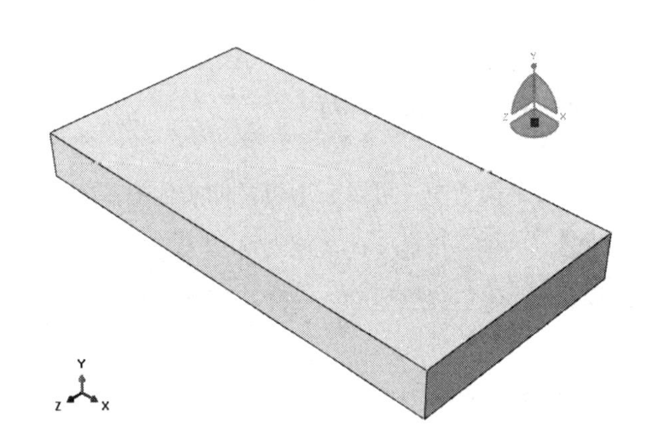

图 12-5 创建后的部件 Part-2

12.4.4 创建材料和截面属性

1. 创建材料

进入属性模块，单击工具箱中的（创建材料）按钮，弹出“编辑材料”对话框，设置材料“名称”为 Material-1，选择“通用”→“密度”选项，设置“质量密度”为 7800；选择“力学”→“弹性”→“弹性”选项，设置“杨氏模量”为 2.0ell、“泊松比”为 0.3，如图 12-6 所示，单击“确定”按钮，完成材料属性的定义。

2. 创建截面属性

单击工具箱中的（创建截面）按钮，在“创建截面”对话框中，将“名称”命名为 Section-1，选择“类型：实体”，单击“继续”按钮，进入“编辑截面”对话框（如图 12-7 所示），“材料”选择 Material-1，单击“确定”按钮，完成截面的定义。

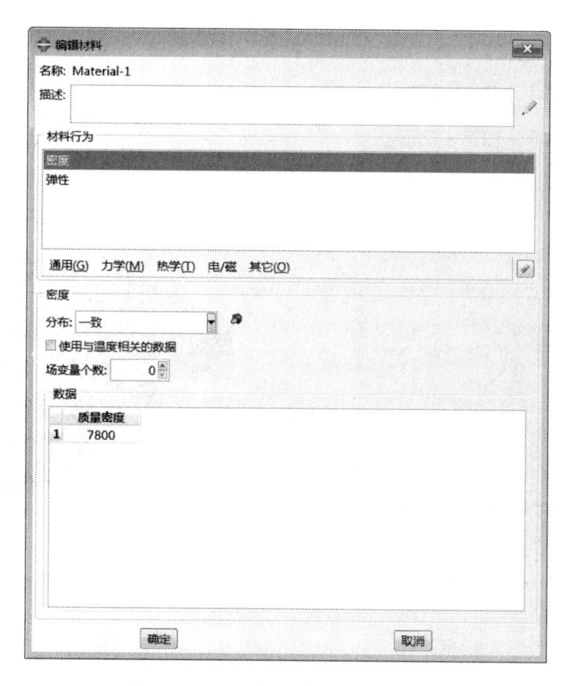

图 12-6 “编辑材料”对话框

3. 赋予截面属性

单击工具箱中的 (指派截面) 按钮，根据提示区中的提示选择部件 Part-1，单击提示区中的“完成”按钮。

在弹出的“编辑截面指派”对话框（如图 12-8 所示）中，选择“截面”为 Section-1，单击“确定”按钮，把截面属性赋予部件 Part-1。

使用同样的方法，将截面信息赋予部件 Part-2。

图 12-7 “编辑截面”对话框

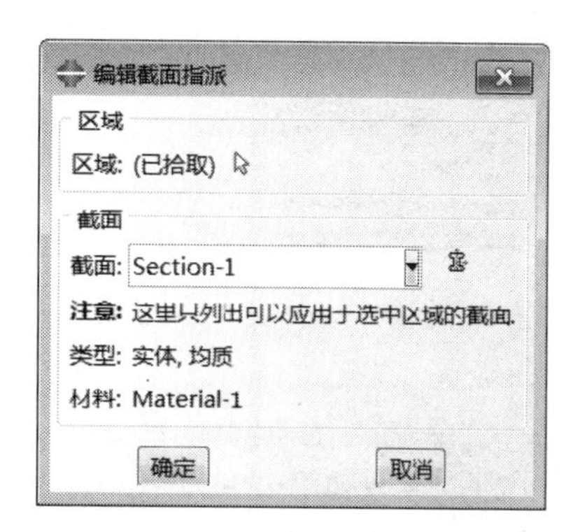

图 12-8 “编辑截面指派”对话框

12.4.5 定义装配件

步骤 01 进入装配模块。单击工具箱中的 (将部件实例化) 按钮，弹出如图 12-9 所示的“创建实例”对话框，选择 Part-1 和 Part-2，单击“确定”按钮，创建部件的实例。

步骤02 在主菜单中选择“工具”→“参考点”命令，根据提示区中的提示选择 Part-1 的顶部圆心作为参考点，此时参考点显示为 RP-1，如图 12-10 所示。

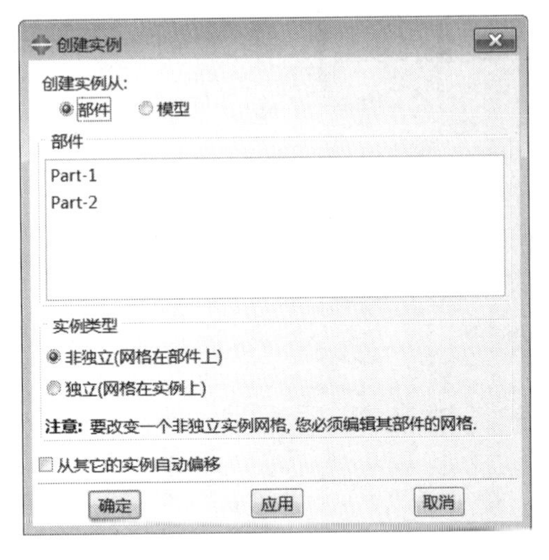

图 12-9 “创建实例”对话框

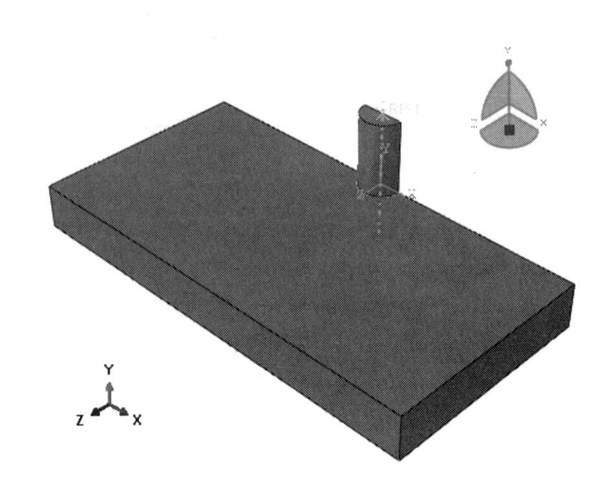

图 12-10 创建参考点 RP-1

12.4.6 设置分析步和历史输出变量

1. 定义分析步

进入分析步模块，单击工具箱中的 (创建分析步)按钮，在弹出的“创建分析步”对话框(如图 12-11 所示) 中选择“通用：动力，显式”，单击“继续”按钮。

在弹出的“编辑分析步”对话框(如图 12-12 所示)中，设置“时间长度”为0.01，打开“其他”选项卡，将“二次体积粘性参数”设置为 0.06，其他参数接受默认设置，单击“确定”按钮，完成分析步的定义。

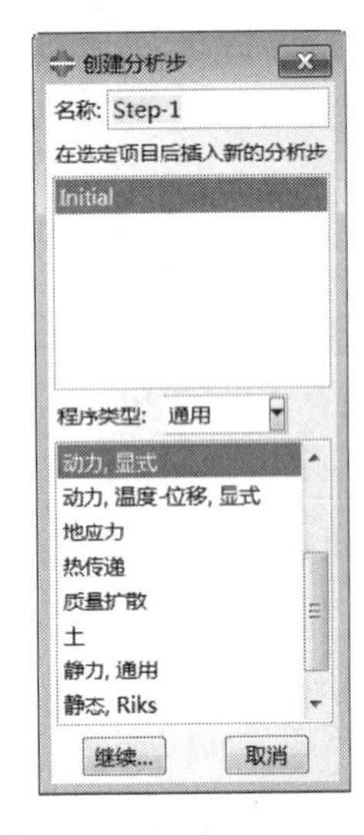

图 12-11 “创建分析步”对话框

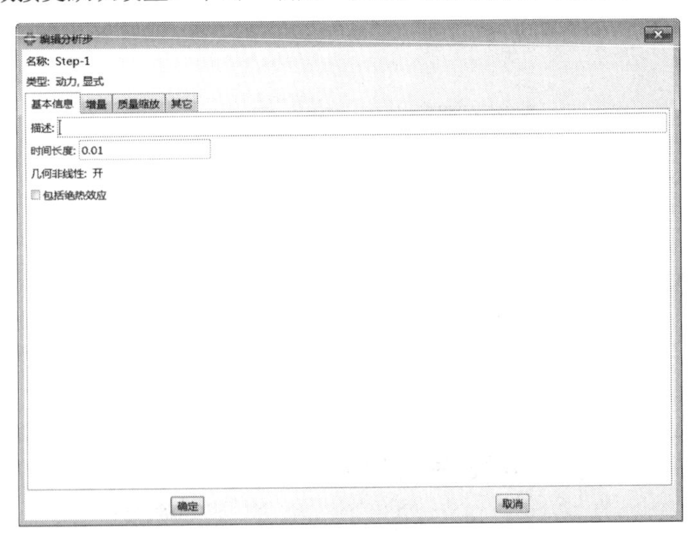

图 12-12 “编辑分析步”对话框

2. 设置场变量输出

单击工具箱中的 （场输出管理器）按钮，在弹出的“场输出请求管理器”对话框（如图 12-13 所示）中可以看到 ABAQUS/CAE 已经自动生成了一个名称为 F-Output-1 的历史输出变量。

单击“编辑”按钮，在弹出的“编辑场输出请求”对话框（如图 12-14 所示）中设置“间隔”为 20，其他参数保持默认不变，然后单击“确定”按钮，完成输出变量的定义。

图 12-13 “场输出请求管理器”对话框

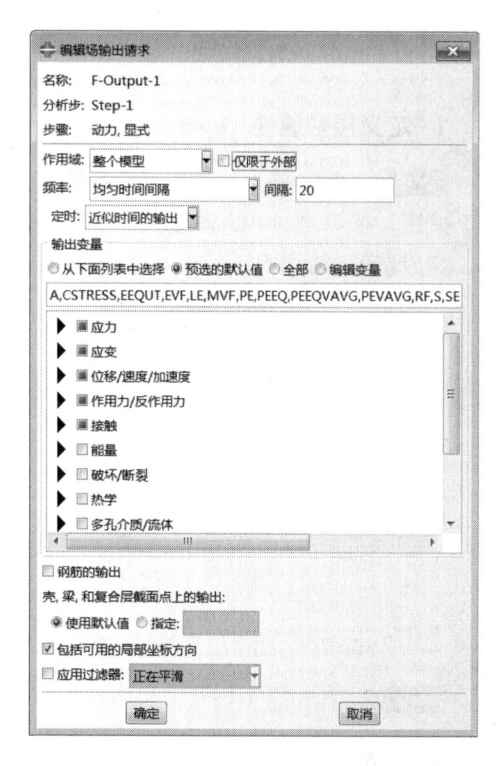

图 12-14 “编辑场输出请求”对话框

3. 设置历史变量输出

单击工具箱中的 （历程输出管理器）按钮，在弹出的对话框（如图 12-15 所示）中可以看到 ABAQUS/CAE 已经自动生成了一个名称为 H-Output-1 的历程输出变量。

单击“编辑”按钮，在“编辑历程输出请求”对话框（如图 12-16 所示）中选择“能量”，设置“间隔”为 200，单击“确定”按钮。

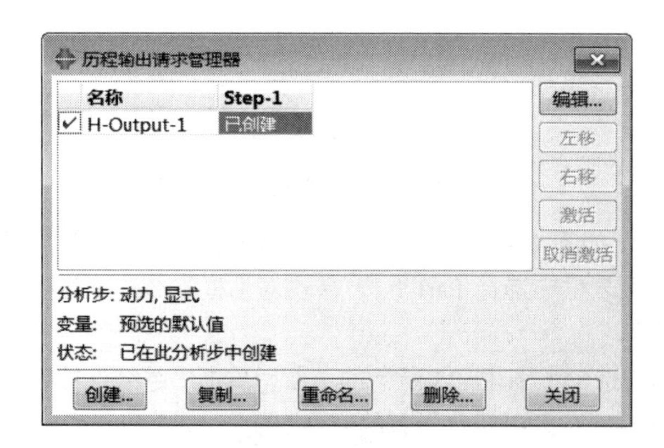

图 12-15 “历程输出请求管理器”对话框

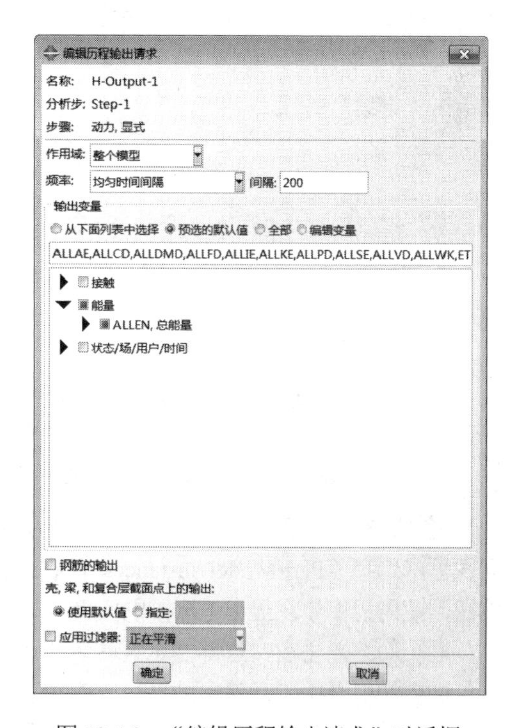

图 12-16 “编辑历程输出请求”对话框

12.4.7 定义接触

1. 定义接触属性

步骤01 单击（创建相互作用属性）按钮，在“名称”中输入IntProp-1（如图12-17所示），单击“继续”按钮。在弹出的“编辑接触属性”对话框（如图12-18所示）中默认已有的选项，然后单击“确定”按钮，完成该部分的操作。

图12-17 “创建相互作用属性”对话框

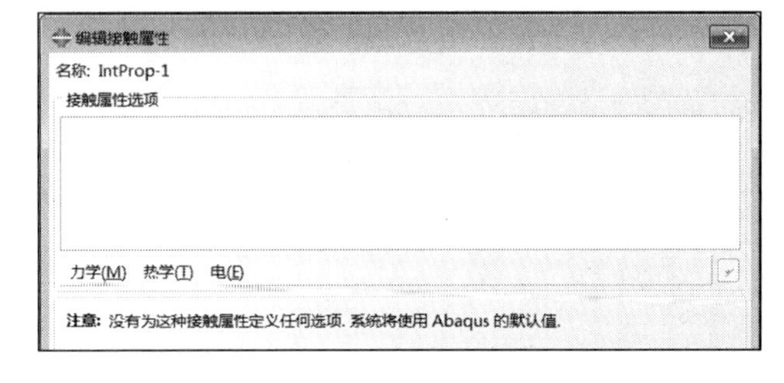

图12-18 “编辑接触属性”对话框

步骤02 单击（相互作用属性管理器）按钮，就可以看到定义好的接触属性，如图12-19所示。

2. 定义接触

步骤01 在主菜单中选择“相互作用”→“管理器”命令，单击“创建”按钮，弹出“创建相互作用”对话框（如图12-20所示），在“名称”中输入Int-1，设置“分析步”为Step-1，然后单击“继续”按钮。

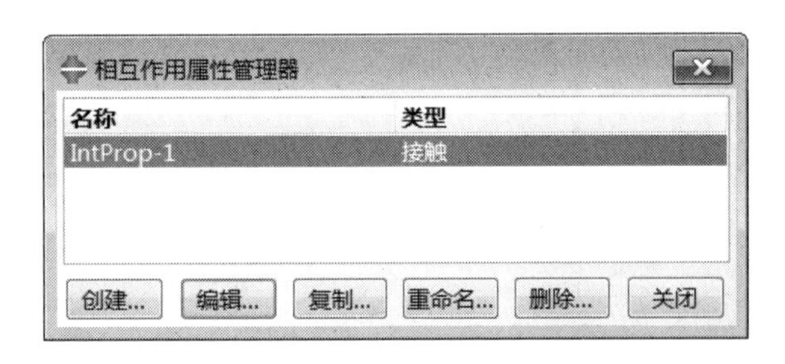

图12-19 查看定义好的接触属性

图12-20 “创建相互作用”对话框

步骤02 单击工具箱中的（创建显示组）按钮，弹出如图12-21所示的“创建显示组”对话框，在“项”列表框中选择“Part/Model instances”，在对话框右侧的列表框中选择Part-1-1，单击对话框下面的“替换”按钮，此时视图中只显示Part-1的实例，如图12-22所示。

步骤03 单击窗口底部提示区右侧的“表面”按钮，选中如图12-23所示的主面，单击“继续”按钮。

步骤04 单击工具箱中的（全部替换）按钮，此时视图区中显示所有的部件实例。

步骤05 再次选中如图12-23所示的面作为从面，单击“继续”按钮。

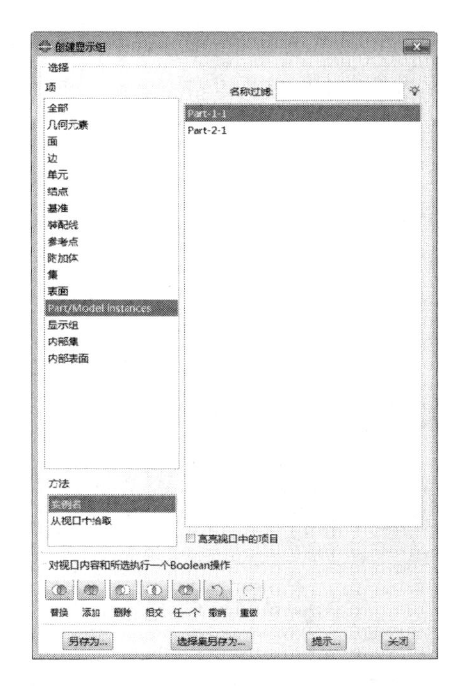

图 12-21　“创建显示组”对话框

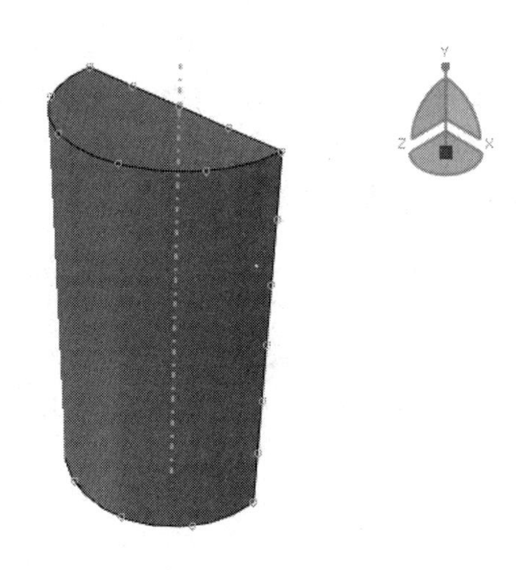

图 12-22　只显示 Part-1-1

步骤 06 在弹出的“编辑相互作用”对话框（如图 12-24 所示）中，保持默认设置，将“接触作用属性”设为 IntProp-1，单击“确定”按钮。

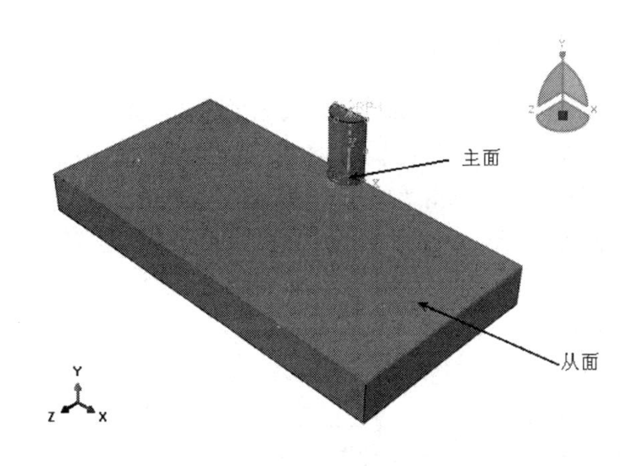

图 12-23　主从面的选择

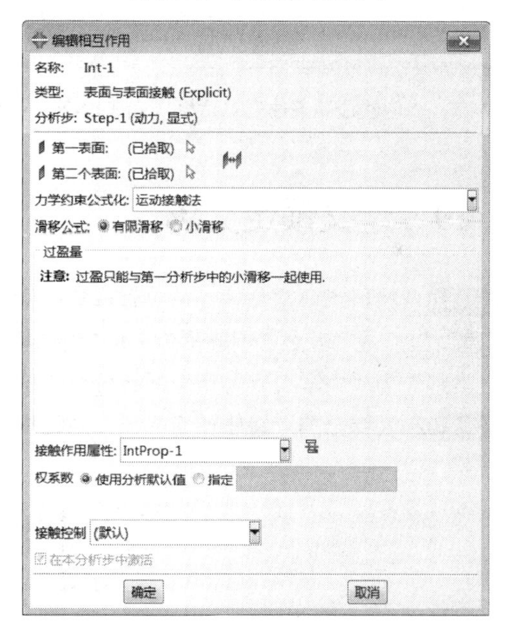

图 12-24　“编辑相互作用”对话框

12.4.8 定义边界条件

步骤 01 进入载荷模块，单击工具箱中的（创建边界条件）按钮，在“创建边界条件”对话框（如图 12-25 所示）中设置边界条件“名称”为 BC-1、“分析步”为 Initial、边界条件“类别”为“力学”、“可用于所选分析步的类型”为“对称/反对称/完全固定”，单击“继续”按钮。

步骤02 根据提示区中的提示，选择下面钢板中除对称面外的其他 3 个周面，单击提示区中的“完成”按钮，在“编辑边界条件”对话框（如图 12-26 所示）中选中“完全固定”单选按钮，单击“确定”按钮，约束所有自由度。

步骤03 单击工具箱中的（创建边界条件）按钮，默认“名称”为 BC-2，在“创建边界条件”对话框中，设置“分析步”为 Initial、边界条件“类型”为“对称/反对称/完全固定”，单击“继续”按钮。

步骤04 选择部件 Part-1 和 Part-2 的对称面，单击提示区中的“完成”按钮，在“编辑边界条件”对话框中选中 ZSYMM（如图 12-27 所示）单选按钮，单击“确定”按钮。

图 12-25 “创建边界条件”对话框

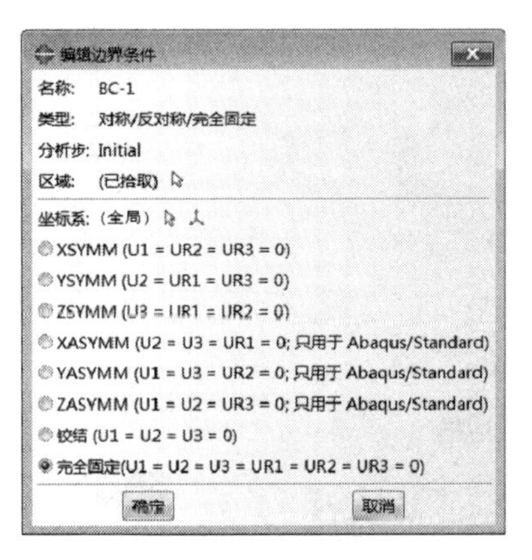

图 12-26 “编辑边界条件”对话框

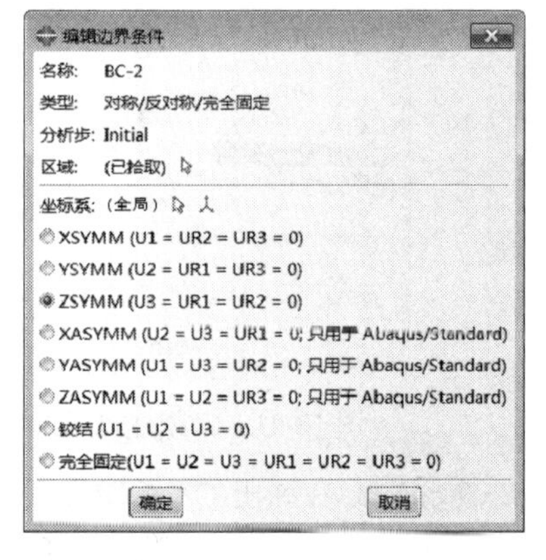

图 12-27 选中 ZSYMM

12.4.9 定义预定义场

步骤01 执行“预定义场”→“管理器”命令，弹出如图 12-28 所示的“预定义场管理器”对话框，单击“创建”按钮，在弹出的“创建预定义场”对话框（如图 12-29 所示）中定义作业“名称”为 Predefined Field-1，设置“类别”为“力学”、“可用于所选分析步的类型”为“速度”，单击“继续”按钮。

步骤02 在弹出的“编辑预定义场”对话框（如图 12-30 所示）中输入相应的速度场，单击“确定”按钮完成操作。

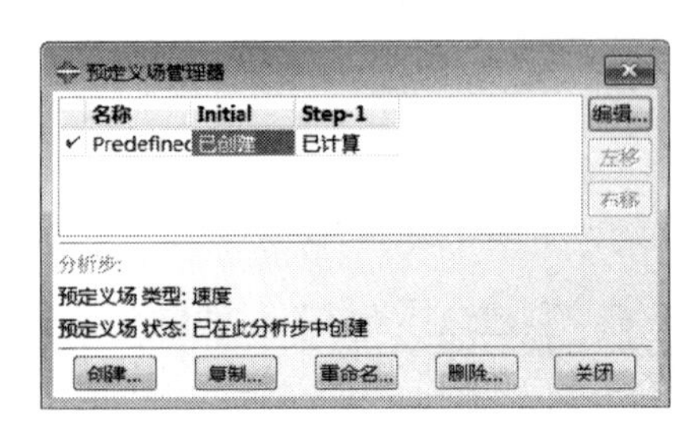

图 12-28 “预定义场管理器”对话框

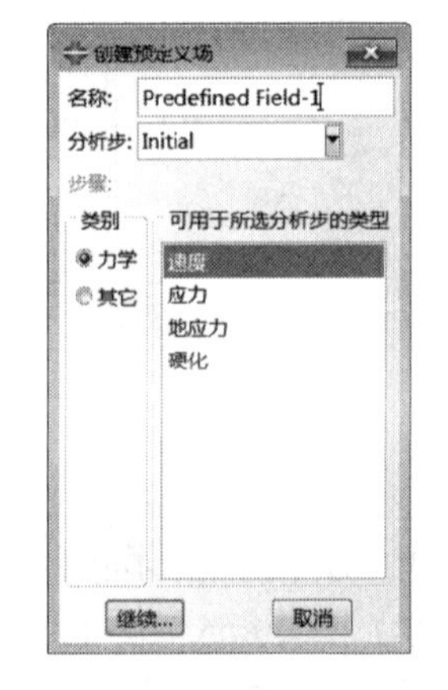

图 12-29 “创建预定义场”对话框

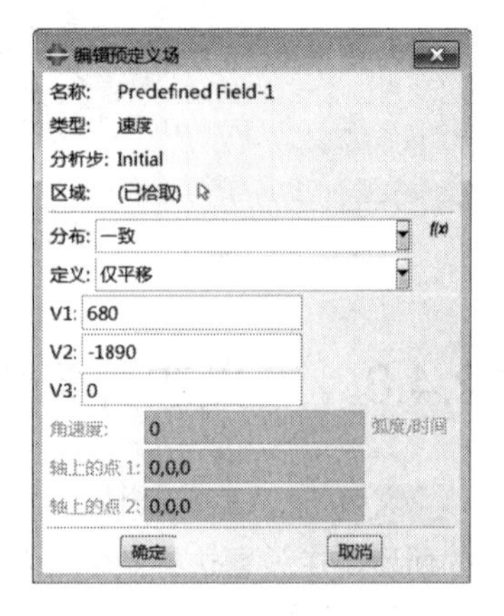

图 12-30 “编辑预定义场”对话框

12.4.10 划分网格

在环境栏的模块列表中选择网格功能模块。

（1）设置网格密度

在模型树下执行“Model-1”→“装配”→“实例”→“Part-l”命令，单击鼠标右键，选择“设为独立”命令。

在主菜单执行“布种”→“为边布种”命令，按住 Shift 键，利用鼠标单击圆弧方向的两条边界线，单击“完成”按钮，在弹出的“局部种子”对话框（如图 12-31 所示）中设置“单元数”为 20，即沿着圆弧方向划分 20 个单元，按回车键。

同理将弹丸的其他边设置种子个数，种子密度分布如图 12-32 所示。

（2）控制网格划分

单击工具箱中的（指派网格控制属性）按钮，弹出“网格控制属性”对话框，如图 12-33 所示，在“单元形状”选项组中选择“六面体”，采用“结构”网格技术，单击“确定”按钮，完成控制网格划分选项的设置。

图 12-31 “局部种子”对话框

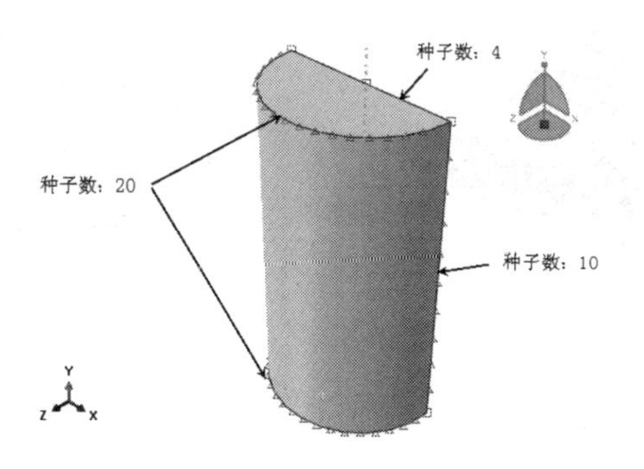

图 12-32 种子密度分布

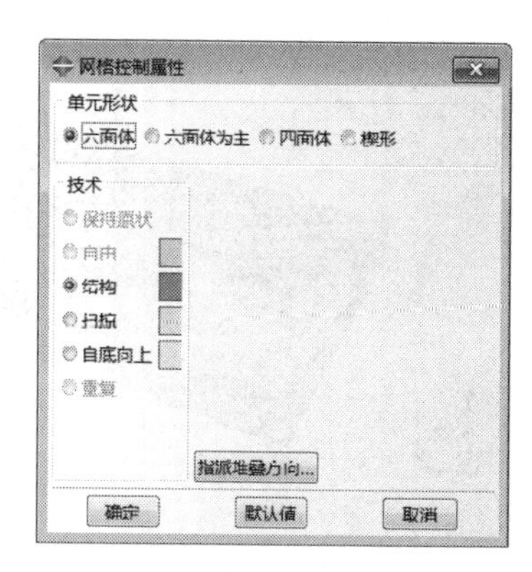

图 12-33 “网格控制属性”对话框

（3）选择单元类型

单击工具箱中的（指派单元类型）按钮，在视图区选择模型，单击“完成”按钮，弹出“单元类型”对话框，如图 12-34 所示。选择四边形杂交轴对称单元 C3D8R，单击“确定”按钮。

（4）划分网格

使用与前面类似的方法完成 Part-2 的网格设定。

单击工具箱中的（为部件划分网格）按钮，单击提示区中的“是”按钮，完成网格划分，如图 12-35 所示。

（5）检查网格

单击工具箱中的（检查网格）按钮，在视图区中选择部件，单击“完成”按钮。

弹出“检查网格”对话框（如图 12-36 所示），打开“形状检查”选项卡，单击“高亮”按钮，在消息栏提示检查信息；再打开“分析检查”选项卡，单击“高亮”按钮，没有显示任何错误或警告信息。

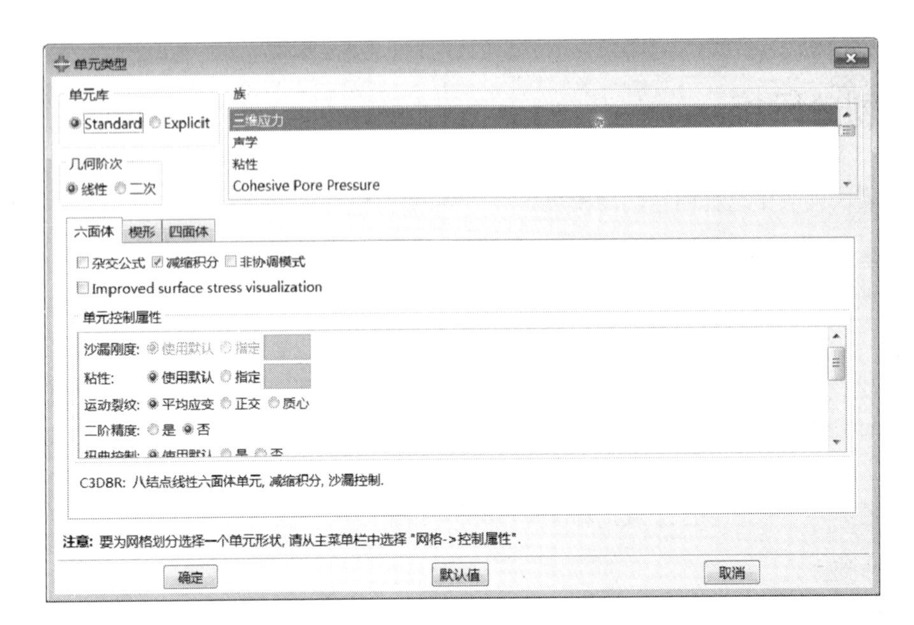

图 12-34 “单元类型”对话框

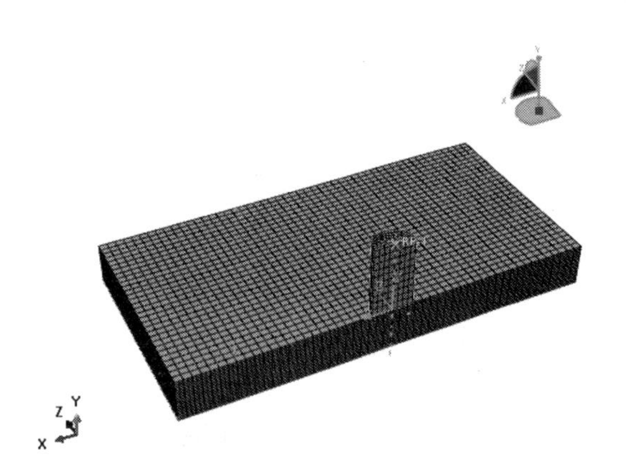

图 12-35 划分网格后的结构图

图 12-36 “检查网格”对话框

12.4.11 提交作业

步骤 01 在环境栏的模块列表中选择作业功能模块。单击工具箱中的 （创建作业）按钮，弹出“创建作业”对话框（如图 12-37 所示），在“名称”中输入 bullet-qinshi，单击“继续”按钮，弹出“编辑作业”（如图 12-38 所示）对话框，参数保持不变，单击“确定”按钮。

步骤 02 单击工具箱中的 （作业管理器）按钮，弹出“作业管理器”对话框（如图 12-39 所示），单击“提交”按钮提交作业。再单击“监控”按钮，弹出“bullet-qinshi 监控器”对话框，运行完毕，在消息栏显示 Completed。最后单击“写入输入文件”按钮提交作业，作业分析完毕。

图 12-37 “创建作业”对话框

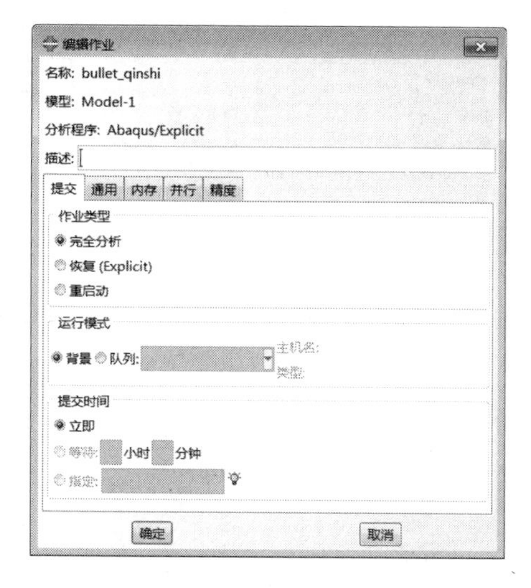

图 12-38 “编辑作业”对话框

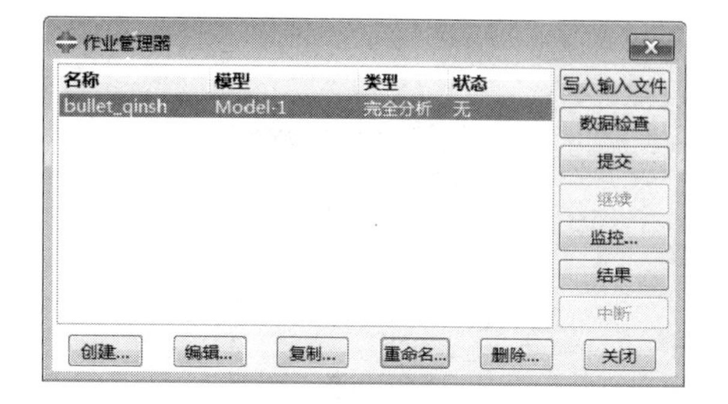

图 12-39 “作业管理器”对话框

12.4.12 后处理

（1）分析完毕后，单击“结果”按钮，ABAQUS/CAE 进入可视化模块。

（2）绘制沿路径的应力。

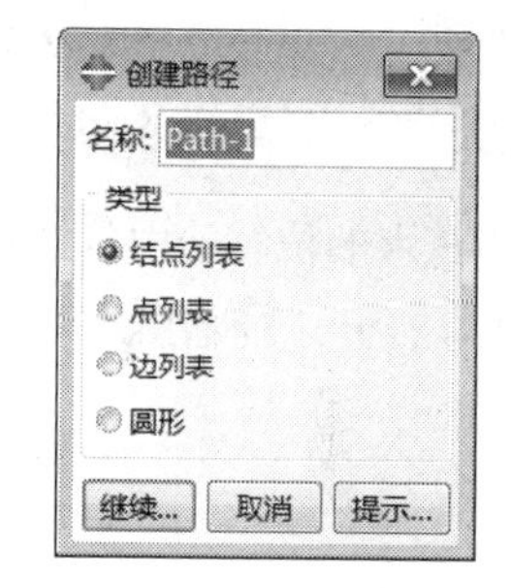

图 12-40 “创建路径”对话框

下面来看如何沿着棒的对称轴线方向创建一条由点构成的路径。

在主菜单中选择“工具”→“路径”→“创建”命令，弹出如图 12-40 所示的对话框，选择“类型：结点列表”作为路径类型，单击“继续”按钮，弹出“编辑结点列表路径”对话框，如图 12-41 所示。

在结点坐标列表中，输入钢板对称轴的两端端面上的坐标，单击“确定”按钮，关闭“编辑结点列表路径”对话框。

下面将保存 4 个不同时刻沿着此路径的应力 X-Y 曲线图。

在主菜单中选择“工具”→“XY 数据”→“管理器”命令，弹出如图 12-42 所示的对话框，单击“创建”按钮，弹出“创建 XY 数据”对话框，如图 12-43 所示。

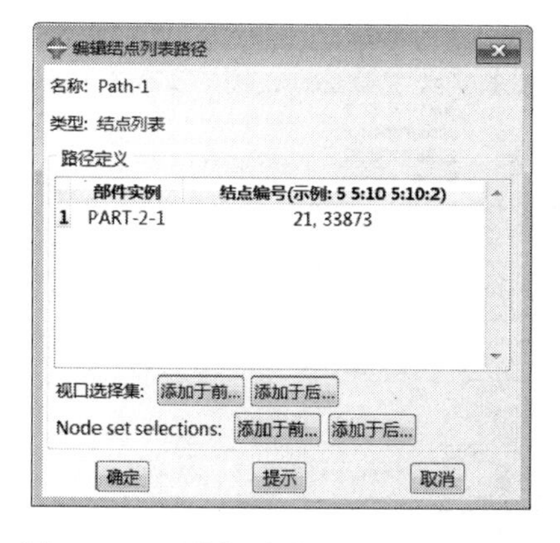

图 12-41 “编辑结点列表路径”对话框

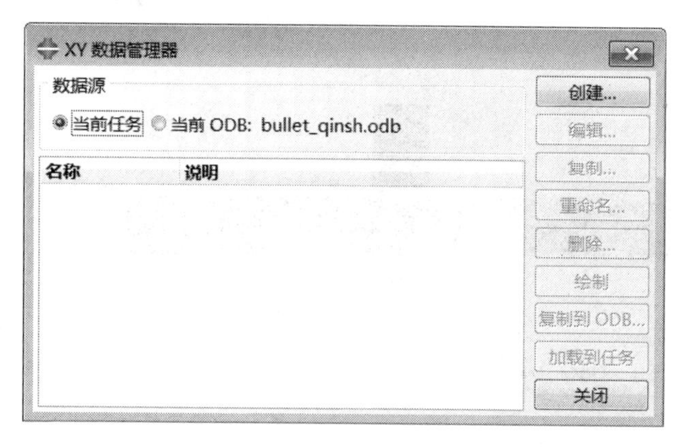

图 12-42 “XY 数据管理器”对话框

在“创建 XY 数据”对话框中，选择“路径”作为 XY 数据的来源，单击“继续”按钮，显示“来自路径的 XY 数据”对话框，如图 12-44 所示。

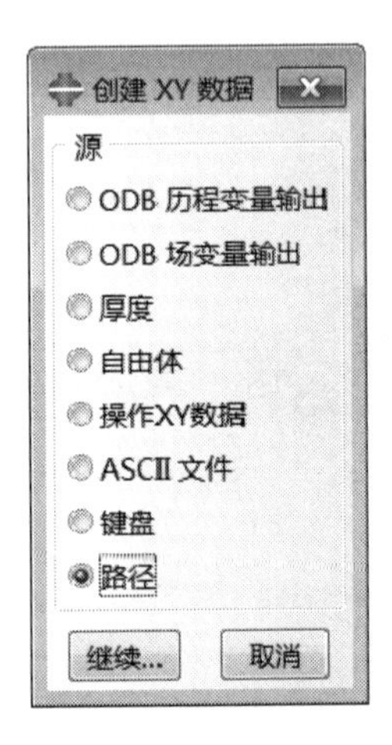

图 12-43 “创建 XY 数据”对话框

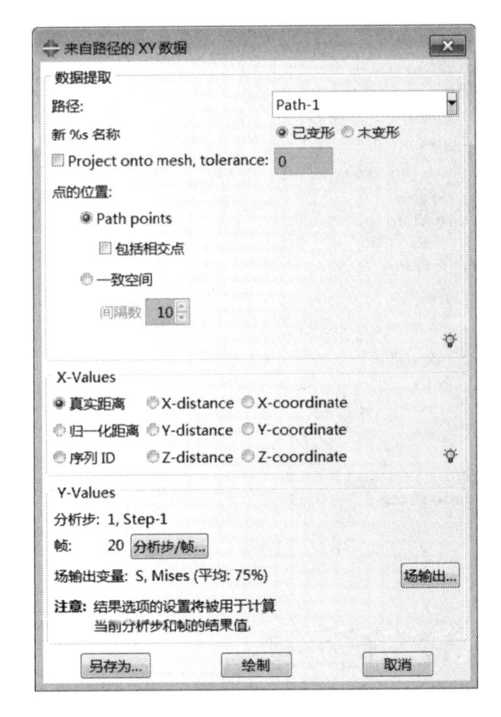

图 12-44 “来自路径的 XY 数据”对话框

此时已经创建好的路径在路径列表中就可以找到。如果当前显示的是未变形的模型形状，那么在视图区中会高亮显示所选的路径。本例显示的路径如图 12-45 所示。

在点的位置选中包括相交点，在对话框的 X-Values 中接受“真实距离”，在 Y-Values 中单击“场输出”按钮，打开“场输出”对话框，如图 12-46 所示，选中 S33 作为输出应力分量，单击“确定”按钮。

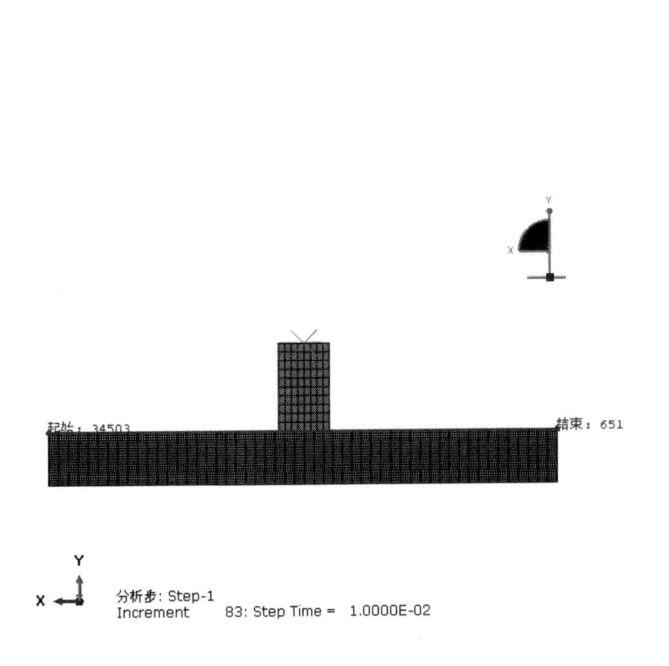

图 12-45 视图区显示已经定义好的路径

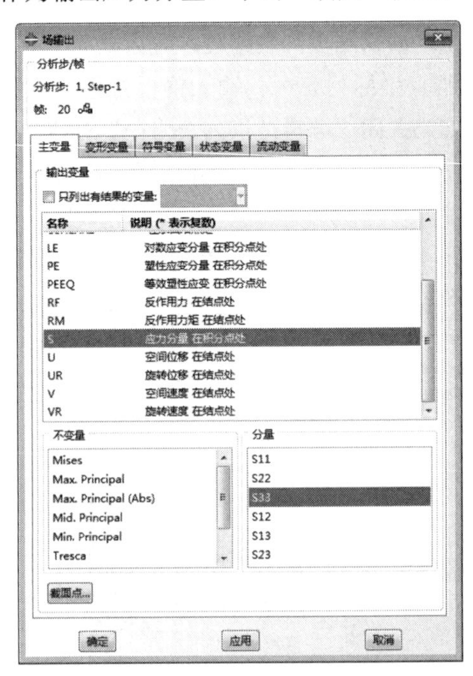

图 12-46 “场输出”对话框

"来自路径的 XY 数据"对话框中的场输出变量的变化，表示将创建在 3 方向的应力数据。ABAQUS/CAE 可能警告读者场变量不会影响当前的图像，保存绘图模式，并单击"确定"按钮。

在"来自路径的 XY 数据"对话框中的"Y 值"选项组中单击"分析步/帧"按钮，在弹出的"分析步/帧"对话框（如图 12-47 所示）中选择"索引：1"，单击"确定"按钮。

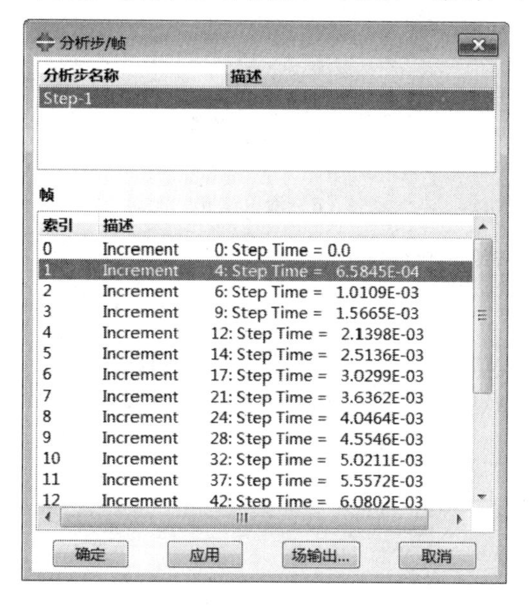

图 12-47 "分析步/帧"对话框

保存 XY 数据。单击"保存为"按钮，显示"XY 数据另存为"对话框（如图 12-48 所示），在对话框中命名为 S33_1，单击"确定"按钮。在"XY 数据管理器"对话框中显示出 S33_1。

图 12-48 "XY 数据另存为"对话框

利用同样的方法，创建"索引：10""索引：15""索引：20"的数据，并分别命名为 S33_10、S33_15 和 S33_20，最后单击"取消"按钮，关闭"来自路径的 XY 数据"对话框。

（3）绘制应力曲线。

在"XY 数据管理器"对话框中单击"绘制"按钮，绘制出路径上的应力分布，分别显示几个时刻的分布图，如图 12-49 所示。

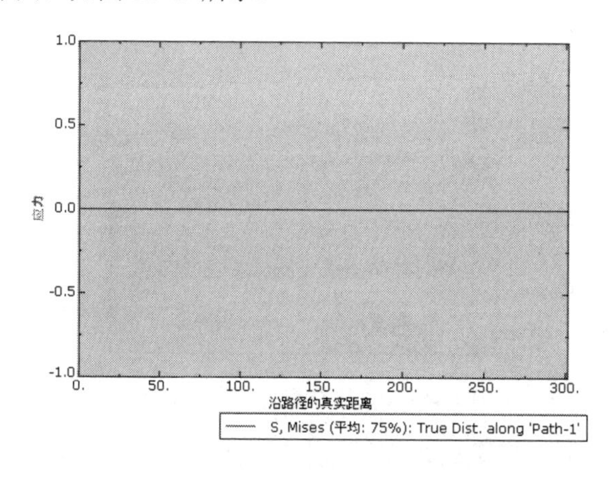

（a）索引：1

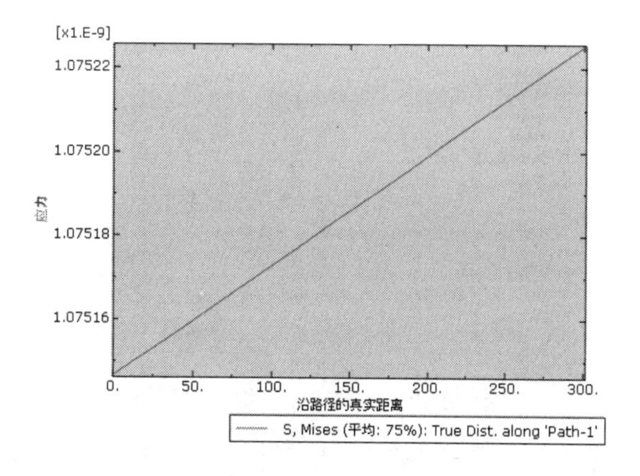

（b）索引：10

图 12-49 在 4 个不同时刻沿着对称轴的应力分布

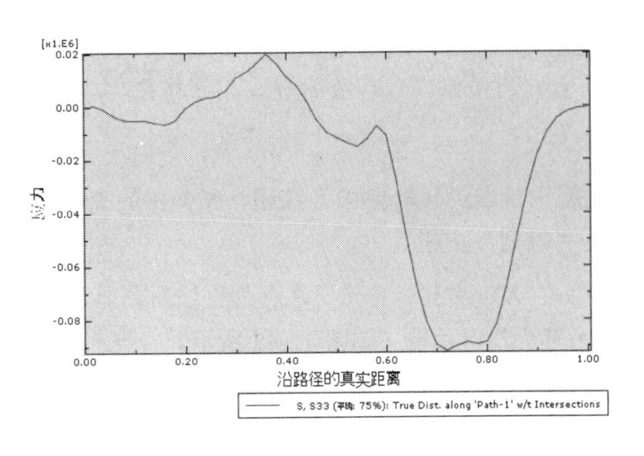

（c）索引：15

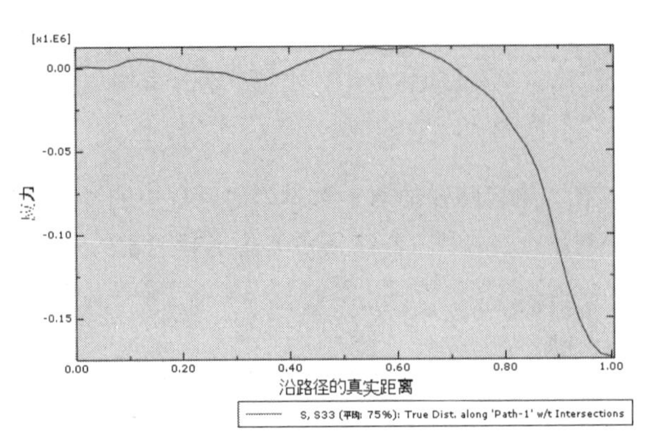

（d）索引：20

图 12-49　在 4 个不同时刻沿着对称轴的应力分布（续）

（4）创建历史曲线。

在主菜单中选择“工具”→“显示组”→“创建”命令，弹出如图 12-50 所示的“创建显示组”对话框，选择“项：单元”，从视图中选择对称轴，单击“选择集另存为”按钮，弹出“选择集另存为”对话框，如图 12-51 所示。

图 12-50　“创建显示组”对话框

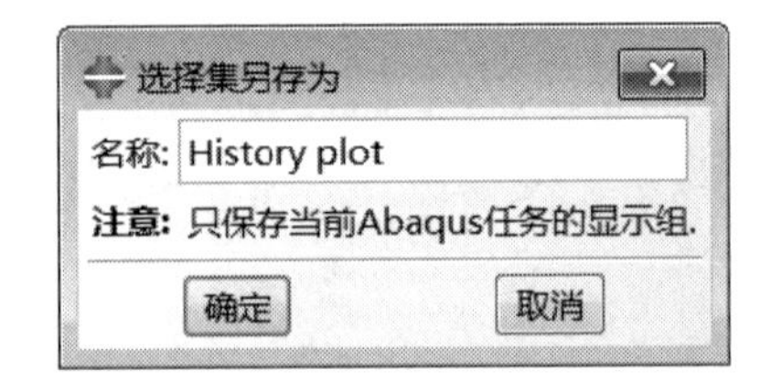

图 12-51　“选择集另存为”对话框

可以在板中选择 3 个不同点分析其应力历史，例如距离边界的加载段为 0.25m、0.50m、0.75m 的 3 个点。为此，必须先确定位于这些位置处的单元编号，创建和绘制出显示组单元并查询单元编号。

在“选择集另存为”对话框中，命名显示组“名称”为 History plot，单击“确定”按钮。单击“关闭”按钮，关闭“创建显示组”对话框。

在主菜单中选择“绘制”→“未变形图”命令，绘制未变形形状。在主菜单中选择“绘制”→“显示组”→“绘制”→“History plot”命令，绘制所创建的显示组。

在主菜单中选择“工具”→“查询”命令，在弹出的“查询”对话框（如图 12-52 所示）中选择“查询值”，弹出“查询值”对话框，如图 12-53 所示。

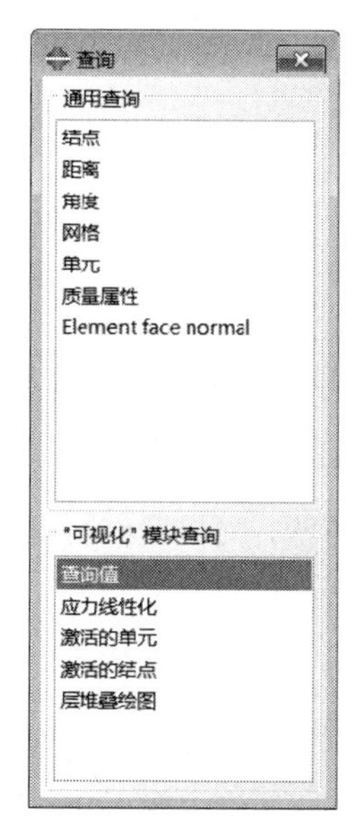

图 12-52 “查询”对话框

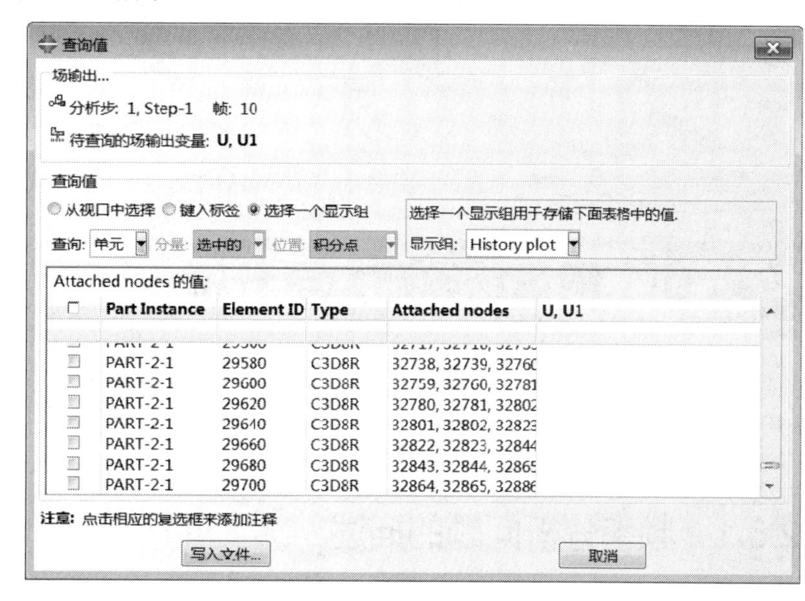

图 12-53 “查询值”对话框

（5）绘制应力历史。

在主菜单中选择“结果”→“历程输出”命令，弹出如图 12-54 所示的对话框。选择 Damage dissipation energy:ALLDMD for Whole Model。

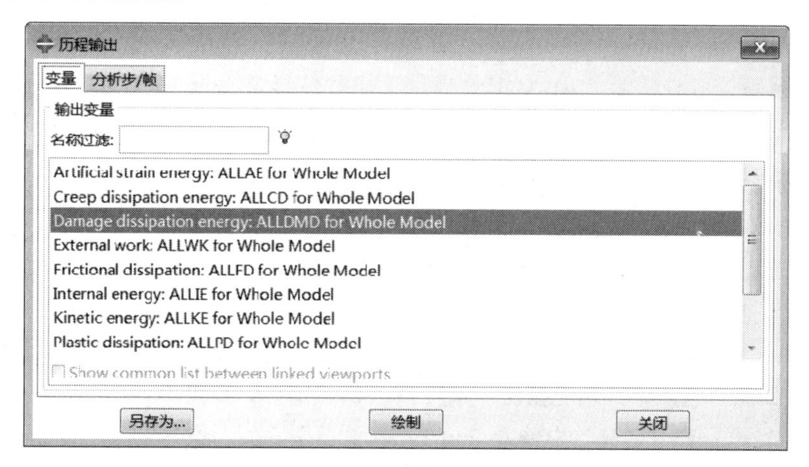

图 12-54 “历程输出”对话框

在“历程输出”对话框的底部单击“绘制”按钮，ABAQUS 会绘制出损伤耗散能随着时间变化的 X-Y 图，如图 12-55 所示。单击“关闭”按钮，关闭对话框。

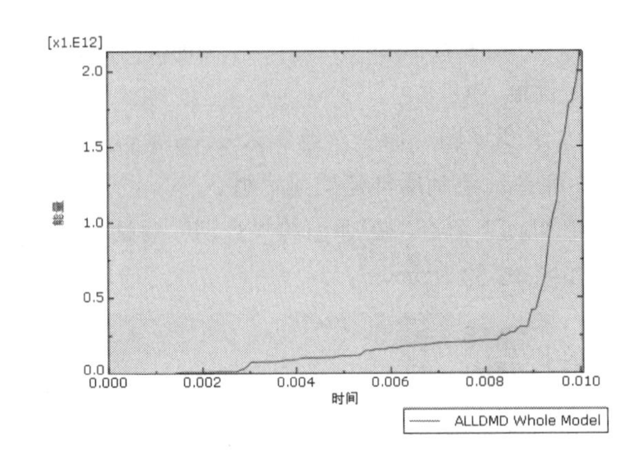

图 12-55　随着时间变化的 X-Y 图

12.5 圆盘结构动力学分析

本节向读者介绍综合利用频率分析、模态动力学分析及显示动力学分析的方法，对圆盘结构动力学进行分析。通过各种分析方法能得到不同的信息，可以根据具体的问题采用不同的分析方法。

12.5.1　频率分析问题的描述

直径为 1000mm、厚度为 0.8mm 的带孔圆盘，中间有一个直径为 140mm 的圆孔，圆孔的边缘固定。材料的弹性模量为 210000MPa，泊松比为 0.3，密度为 7800g/mm^3。要求分析圆盘的前 30 阶固有频率和振型。

12.5.2　频率分析过程

分析步类型为频率提取分析步。ABAQUS 提供了两种特征值提取方法：lanczos 方法和子空间迭代法。

当模型的规模较大，且需要提取多阶振动时，lanczos 方法求解速度较快；当需要提取的振动小于 20 阶时，适合使用子空间迭代法。

1. 创建部件

启动 ABAQUS/CAE，进入部件功能模块。单击（创建部件）按钮，弹出“创建部件”对话框，在“名称”中输入 Part-1，将“模型空间”设为“三维”，保持默认的参数，如图 12-56 所示，然后单击“继续”按钮，完成该部分的操作。

图 12-56　“创建部件”对话框

单击工具箱中的按钮，绘制圆心为（0，0）、半径为 1 的圆。在视图区中单击鼠标中键，完成操作。

使用同样的方法，以（0,0）为圆心、0.14 为半径，创建一个圆，连续单击鼠标中键完成操作，如图 12-57 所示。再次单击鼠标中键，生成的部件如图 12-58 所示。

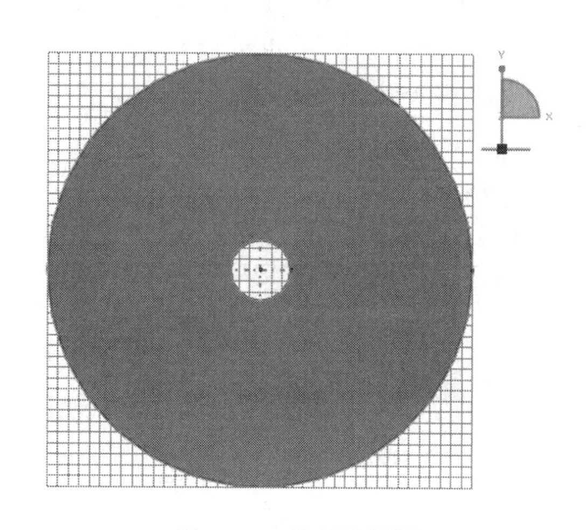

图 12-57　绘制的草图

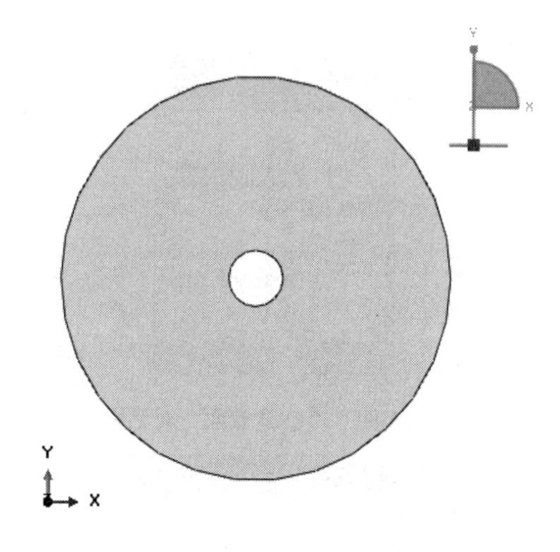

图 12-58　生成的部件

2. 创建材料和截面属性

（1）创建材料

进入属性功能模块，单击按钮，在弹出的“编辑材料”对话框（如图 12-59 所示）中选择“通用”→“密度”选项，将数值 7800 输入到相应的位置；选择“力学”→“弹性”→“弹性”选项，设置“弹性模量”为 2e11、“泊松比”为 0.3，单击“确定”按钮。

（2）创建截面属性

单击（创建截面）按钮，弹出“创建截面”对话框（如图 12-60 所示），选择“类别”为“壳”、“类型”为“均质”，单击“继续”按钮。

在弹出的“编辑截面”对话框（如图 12-61 所示）中，设置“壳的厚度”为 0.0008、“材料”为 Material-1，然后单击“确定”按钮，完成截面属性的操作。

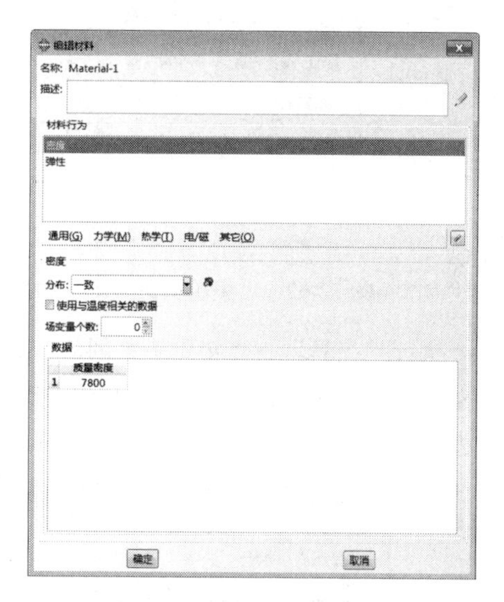

图 12-59　“编辑材料”对话框

（3）赋予截面属性

单击（指派截面属性）按钮，在弹出的“编辑截面指派”对话框（如图 12-62 所示）中选择“截面”为 Section-1，单击“确定”按钮，为柔体部件 Part-1 赋予截面属性。

设置好截面属性的部件如图 12-63 所示。

3. 定义装配件

进入装配功能模块，单击（将部件实例化）按钮，在弹出的“创建实例”对话框（如图 12-64 所示）中选中部件 Part-1，然后单击“确定”按钮。

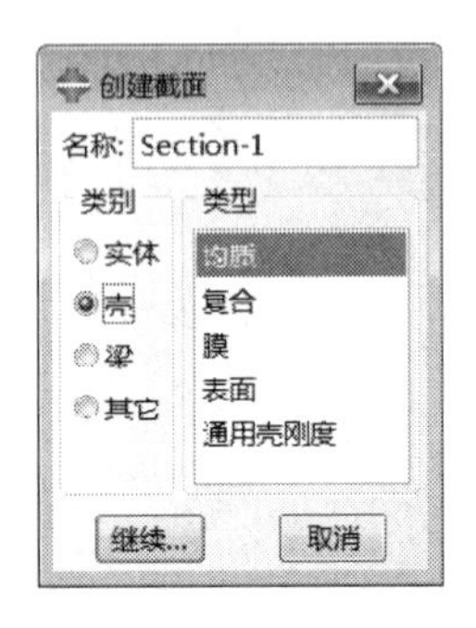

图 12-60 “创建截面”对话框

图 12-61 “编辑截面”对话框

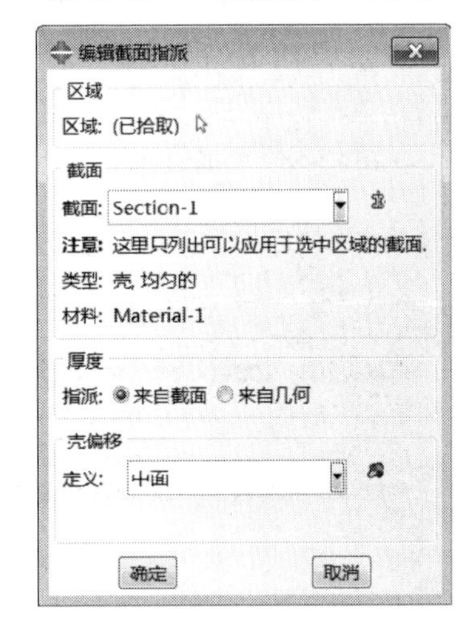

图 12-62 “编辑截面指派”对话框

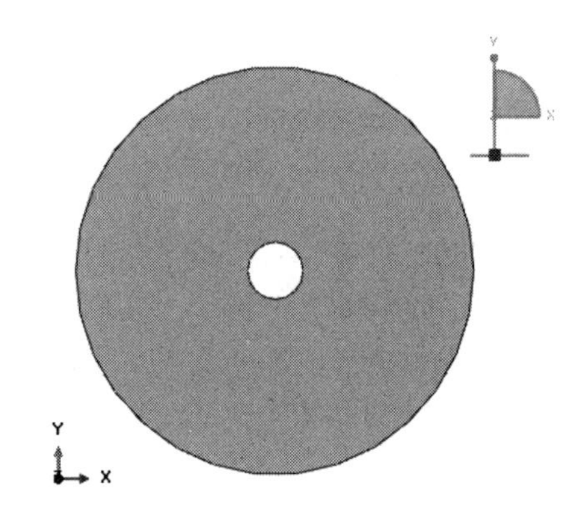

图 12-63 设置好截面属性的部件

执行“工具”→“集”→“创建”命令，在弹出的“创建集”对话框(如图 12-65 所示)中设置“名称”为 Set-shell-hole，在“类型”选项组中选中“几何”单选按钮，单击“继续”按钮，在视图中选择圆环的内孔边缘，单击提示区中的“确定”按钮，完成操作。

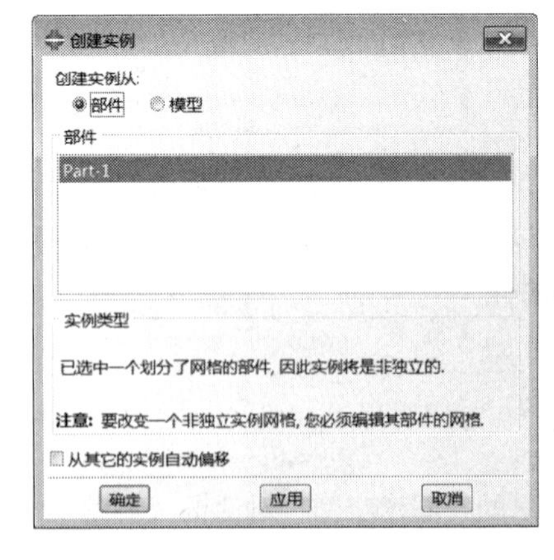

图 12-64 “创建实例”对话框

图 12-65 “创建集”对话框

4. 划分网格

进入网格功能模块。在窗口顶部的环境栏中把“目标”选项设为“部件：Part-1”。

步骤 01 单击（为边布种）按钮，按住 Shift 键，在视图中选择部件中的内圈和外圈，单击“确定”按钮，在弹出的“局部种子”对话框（如图 12-66 所示）中设置“方法”为“按个数”、“单元数”为 15。

步骤 02 单击（指派单元类型）按钮，弹出“单元类型”对话框（如图 12-67 所示），在“单元库”选项组中选中“Standard”，在“族”选项组中选中“壳”，即单元类型为 S4R。

步骤 03 单击（指派网格控制属性）按钮，弹出“网格控制属性”对话框（如图 12-68 所示），在“单元形状”选项组中选中“四边形为主”，在“技术”选项组中选中“扫掠”，单击“确定”按钮。

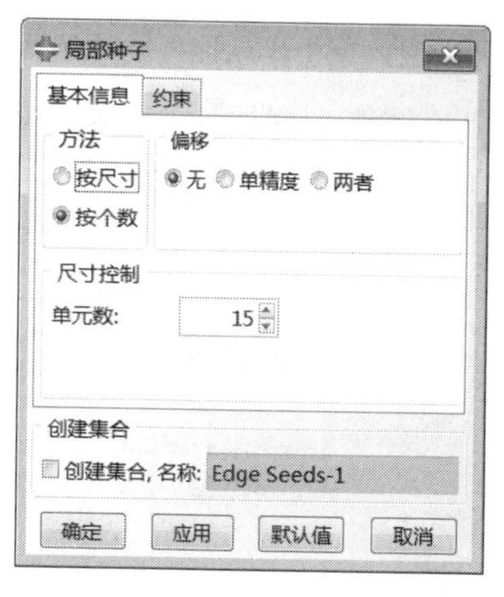

图 12-66 “局部种子”对话框

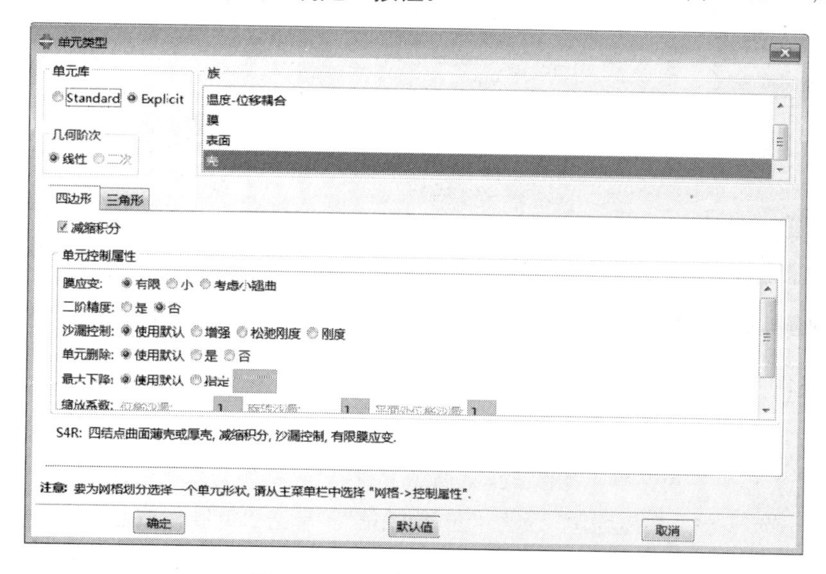

图 12-67 “单元类型”对话框

步骤 04 单击（为部件划分网格）按钮，得到如图 12-69 所示的网格。

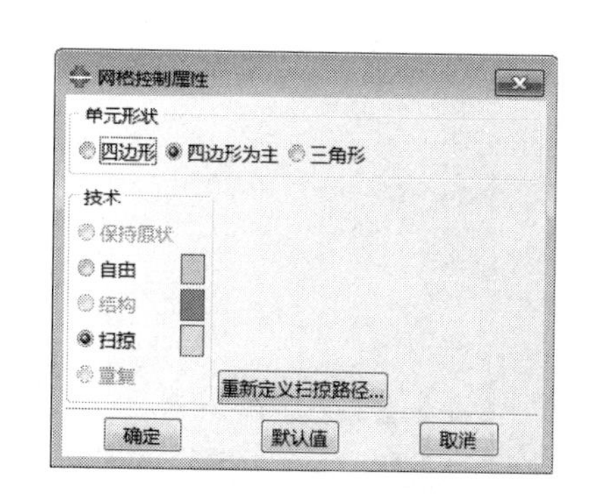

图 12-68 “网格控制属性”对话框

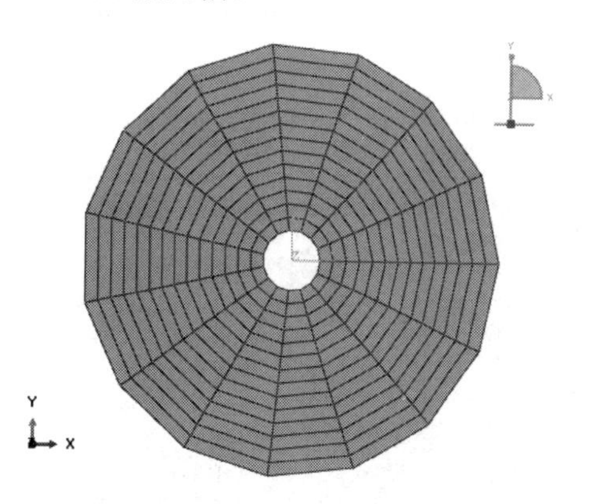

图 12-69 网格划分后的部件

5. 设置分析步

进入分析步功能模块，然后按照以下操作来创建分析步。

步骤01 单击（创建分析步）按钮，弹出“创建分析步”对话框（如图 12-70 所示），在“名称”中输入“fre”，将程序类型设为“线性摄动，频率”，单击“继续”按钮。

步骤02 在弹出的“编辑分析步”对话框（如图 12-71 所示）中设置“请求的特征值个数”为 30，单击“确定”按钮，完成该操作。

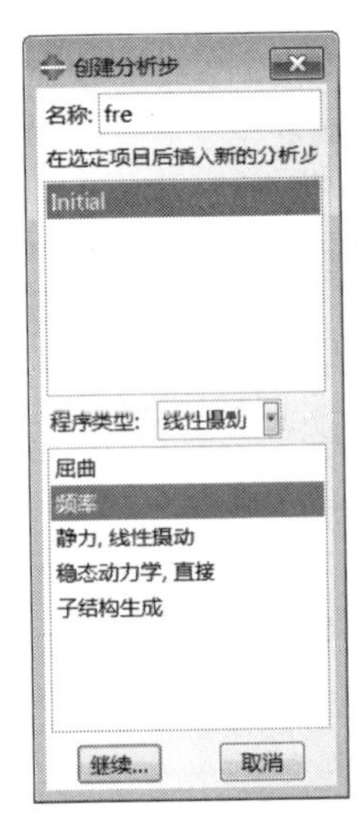

图 12-70 “创建分析步”对话框

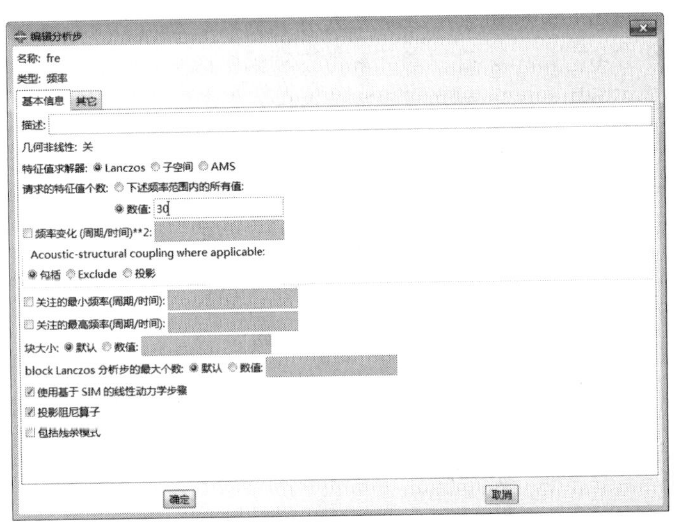

图 12-71 “编辑分析步”对话框

6. 定义边界条件

步骤01 在主菜单中选择“边界条件”→“管理器”命令，在弹出的“边界条件管理器”中单击“创建”按钮，弹出“创建边界条件”对话框（如图 12-72 所示），在“名称”文本框中输入“BC-1”，将“分析步”设为 fre，将“可用于选择分析步的类型”设为“位移/转角”，单击“继续”按钮。

步骤02 在视图中选择圆环的外圈，单击鼠标中键，弹出“编辑边界条件”对话框（如图 12-73 所示），勾选位移 U1~UR3，单击“确定”按钮，然后单击“确定”按钮，完成操作。

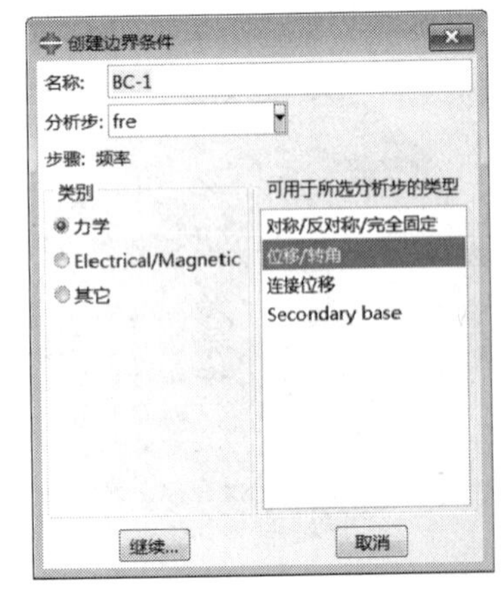

图 12-72 “创建边界条件”对话框

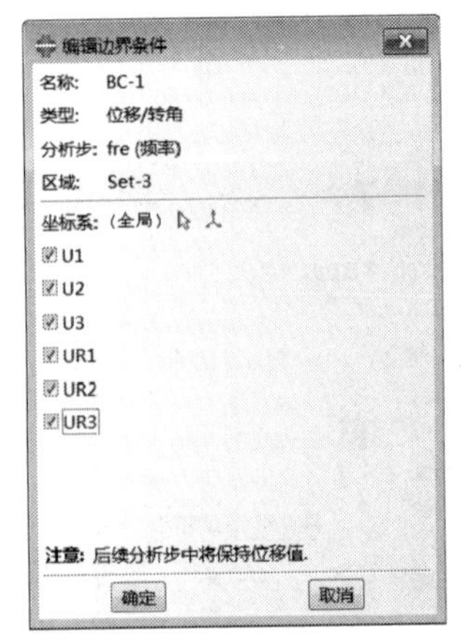

图 12-73 “编辑边界条件”对话框

7. 提交分析作业

步骤 01 单击工具箱中的（作业管理器）按钮，或者在主菜单中选择“作业”→“管理器”命令，弹出“作业管理器”对话框（如图 12-74 所示），单击“创建”按钮。

步骤 02 在“名称”文本框中输入“shell-freq”（如图 12-75 所示），单击“继续”按钮；在“作业管理器”对话框中单击“编辑”按钮，弹出“编辑作业”对话框，单击“确定”按钮，完成定义。

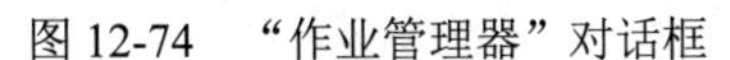
图 12-74 “作业管理器”对话框

图 12-75 “创建作业”对话框

步骤 03 单击窗口顶部工具箱中的按钮，保存所建的模型，然后提交分析。分析完成后，单击“结果”按钮，进入可视化功能模块。

12.5.3 频率分析后处理

步骤 01 显示动画。在可视化模块中打开相应的 odb 文件，选择“云状图”选项，单击按钮，可以显示各个阶段的动画。

步骤 02 执行“结果”→“分析步/帧”命令，弹出“分析步/帧”对话框，如图 12-76 所示，在“分析步名称”中选择 fre，在“帧”中设置“索引”为 1，单击“应用”按钮，显示 1 阶模态；设置“索引”为 10，单击“应用”按钮，显示第 10 阶模态；利用同样的方法显示模态的 20 阶和 30 阶模态振型图，如图 12-77 所示。

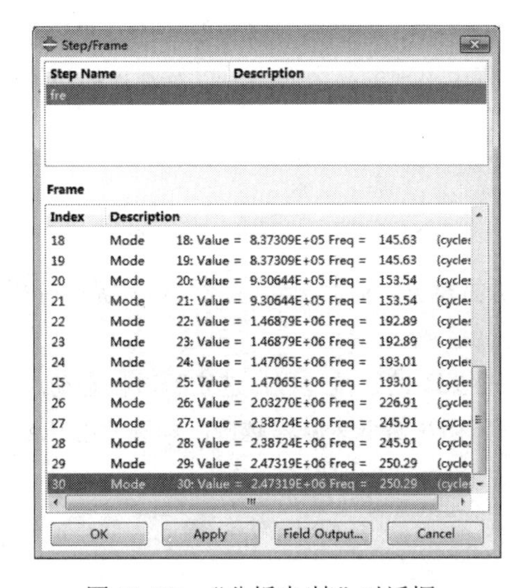

图 12-76 “分析步/帧”对话框

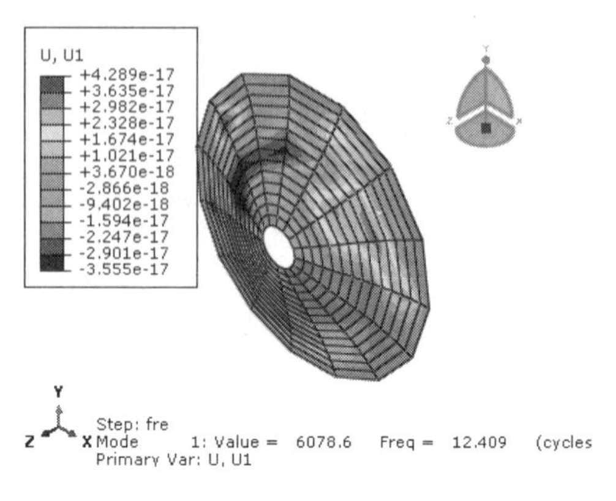

第 1 阶

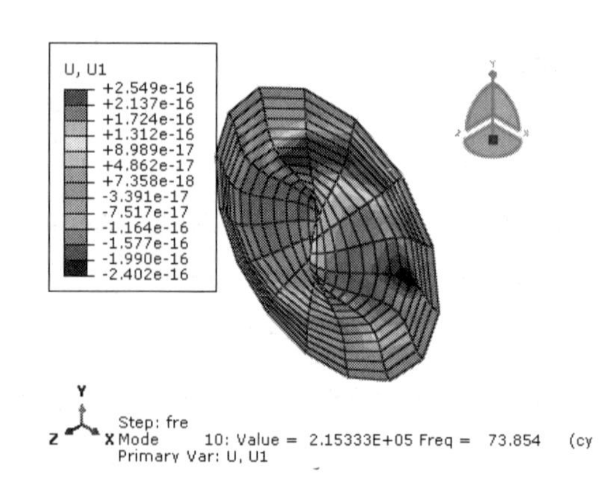

第 10 阶

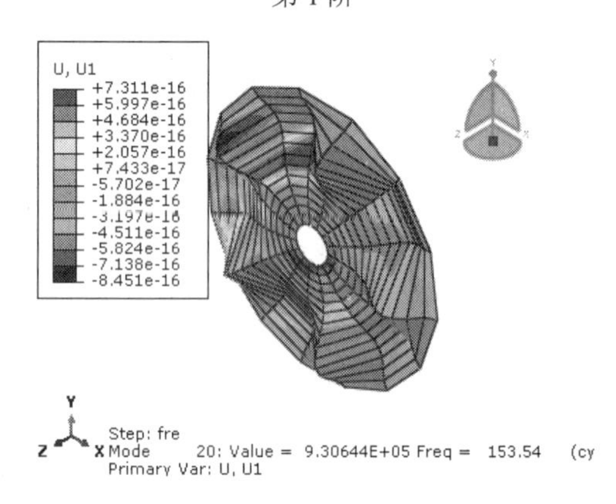

第 20 阶

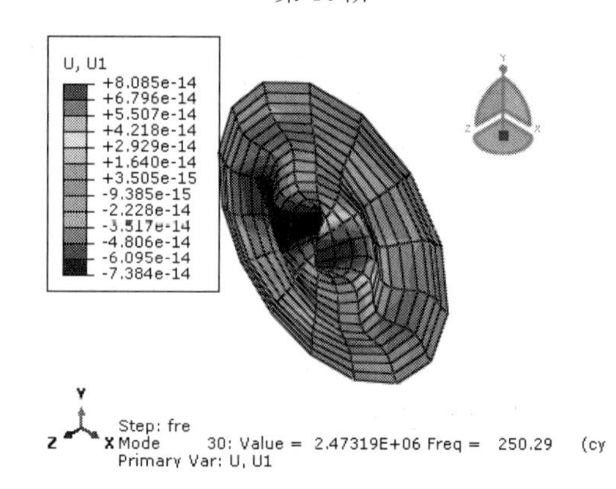

第 30 阶

图 12-77　各阶振型图

12.5.4　瞬时模态动态分析的描述

保持带孔圆盘的材料和边界条件不变，在圆盘顶部施加一个 1.5N 的点载荷，方向垂直于盘面，持续时间为 0.2s。要求分析圆盘在震动过程中出现的最大应力，以及圆盘顶部的位移随时间的变化情况。

12.5.5　建模要点

此问题符合瞬时模态动态分析的要求，前面已经完成了频率提取分析，在此模型上添加一个瞬时模态动态分析步即可。

载荷的持续时间为 0.2s，为观察振动的衰减过程，选定瞬时模态动态分析步的分析步时间为 1.5s。

阻尼的大小会影响振动的过程，阻尼越低衰减得越慢。本例使用 Rayleigh 阻尼，即阻尼矩阵 $\boldsymbol{C}$ 是质量矩阵 $\boldsymbol{M}$ 和刚度矩阵 $\boldsymbol{K}$ 的线性组合：

$$\boldsymbol{C} = \alpha\boldsymbol{M} + \beta\boldsymbol{K}$$

在本例中，α=3，β=0。

在 Standard 和 Explicit 中都可以使用 Rayleigh 阻尼。一般情况下，Rayleigh 阻尼对于大阻尼系统是不可靠的。

12.5.6 模态动态分析过程

1. 创建瞬时模态动态分析步

进入分析步功能模块，然后按照以下操作步骤来创建分析步。

步骤 01 单击（创建分析步）按钮，弹出“创建分析步”对话框（如图 12-78 所示），在“名称”文本框中输入 Step-2，设置程序类型为“线性摄动：模态动力学”，单击“继续”按钮。

步骤 02 在弹出的“编辑分析步”对话框（如图 12-79 所示）中，将“基本信息”选项卡（如图 12-79 所示）中的“时间长度”设为 1.5，将“时间增量”设为 0.005。

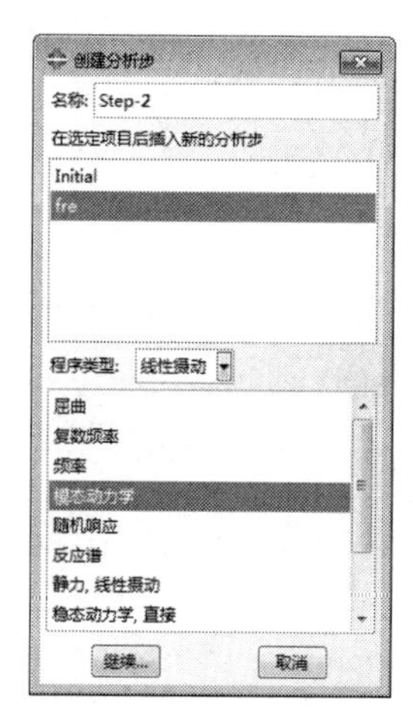

图 12-78 “创建分析步”对话框

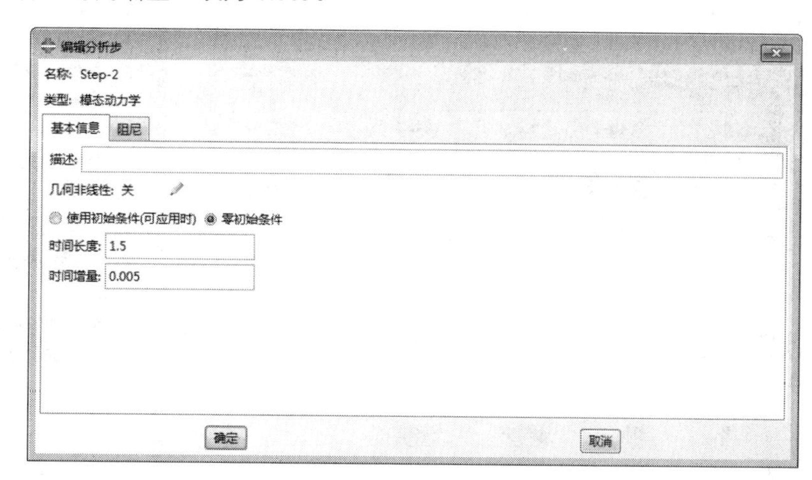

图 12-79 “基本信息”选项卡

步骤 03 在“阻尼”选项卡（如图 12-80 所示）中，选中“使用 Rayleigh 阻尼数据”复选框，将“开始模式”设为 1、“结束模式”设为 30、Alpha 设为 3、Beta 设为 0，然后单击“确定”按钮完成定义。

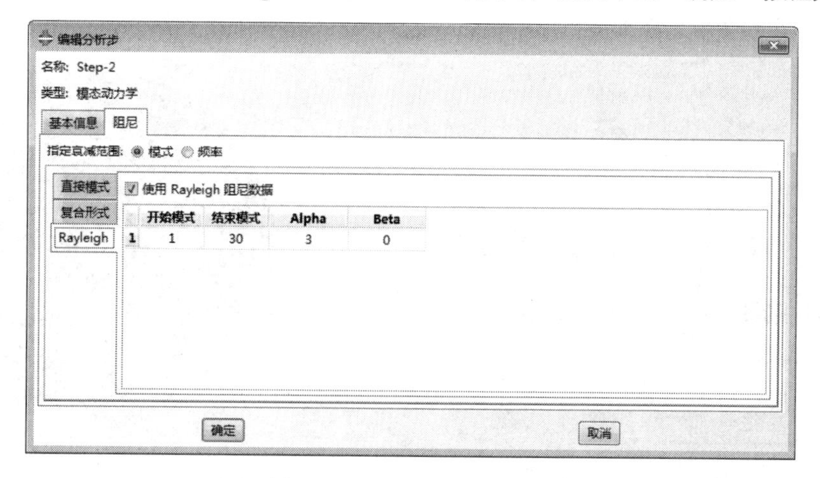

图 12-80 “阻尼”选项卡

2. 设置场变量输出

对于瞬时模态动态分析步，ABAQUS 默认设置是每 10 个时间增量步输出一次场变量。

步骤 01 执行“输出”→“场输出请求”→“场输出请求管理器”命令，在弹出的“场输出请求管理器”对话框（如图 12-81 所示）中，单击分析步 Step-2 下面的“已创建”，然后单击“编辑”按钮。

步骤 02 在弹出的“编辑场输出请求”对话框（如图 12-82 所示）中，将“频率”改为“每 n 个增量，n：10”，在“输出变量”选项组中选中“应力、应变、位移/速度/加速度、作用力/反作用力”，然后单击“确定”按钮。

图 12-81 “场输出请求管理器”对话框

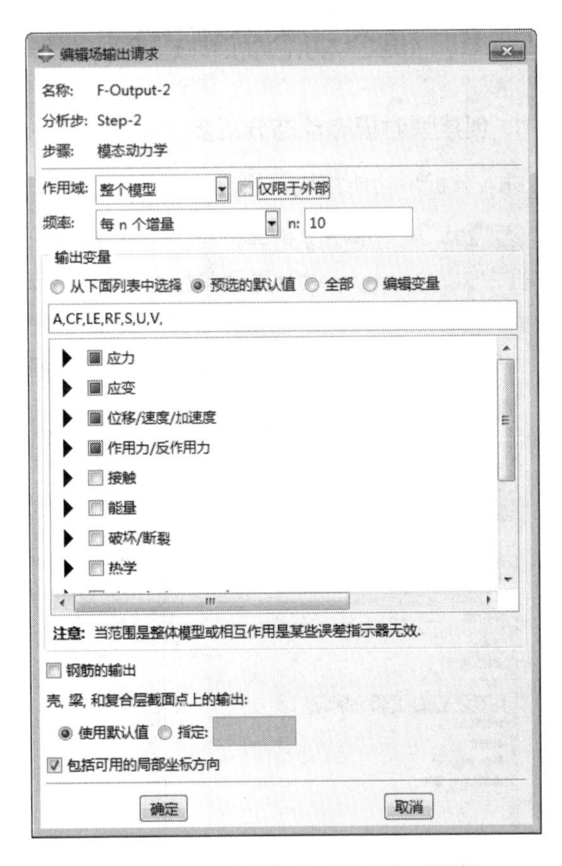

图 12-82 “编辑场输出请求”对话框

步骤 03 定义用于历史变量输出的集合。在主菜单中执行“工具”→“集”→“管理器”命令，在弹出的“设置管理器”对话框（如图 12-83 所示）中单击“创建”按钮，在弹出的“创建集”对话框中设置“名称”为 Set-set-top，在视图中选择圆盘顶部的顶点，定义名为 Set-set-top 的集合，如图 12-84 所示。

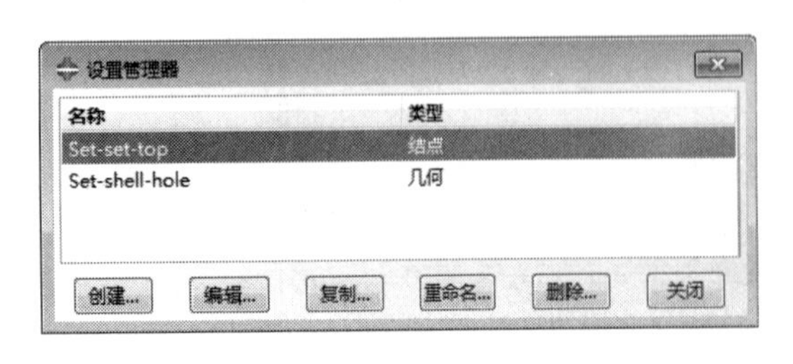

图 12-83 “设置管理器”对话框

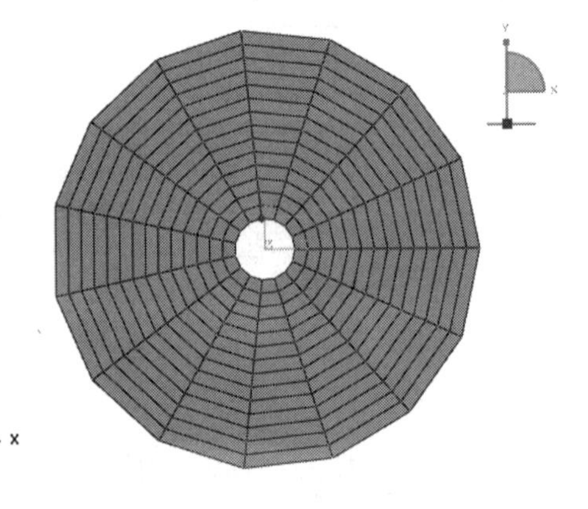

图 12-84 定义集合 Set-set-top

步骤 04 设置历史变量输出。在主菜单中选择“输出”→“历程输出请求”→“历程输出请求管理器”→“创建”命令，在弹出的“创建历程”对话框（如图 12-85 所示）中设置“名称”为 H-Output-U、“分析步”为 Step-2，然后单击“继续”按钮。

步骤 05 在弹出的“编辑历程输出请求”对话框（如图 12-86 所示）中，将“作用域”设为“集：Set-set-top”，将“频率”设为“每 n 个增量，n：1”，单击“位移/速度/加速度”前面的黑色三角按钮，在展开的列表中选择 U，然后单击“确定”按钮。

图 12-85 “创建历程”对话框

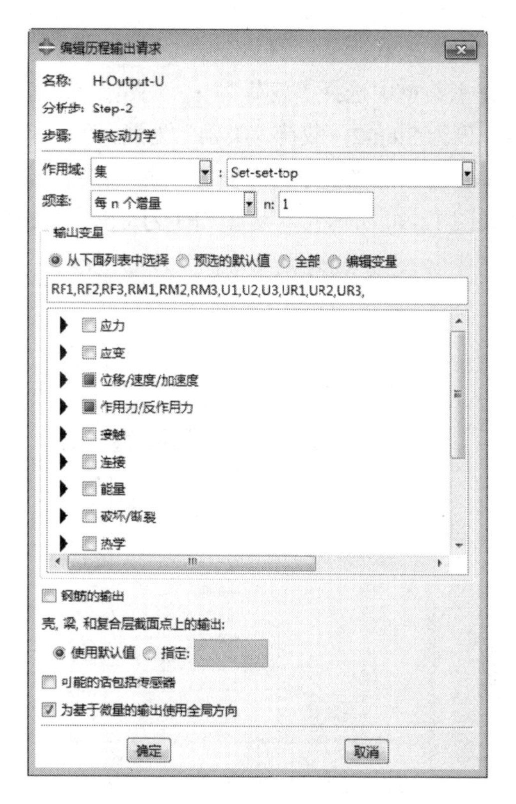

图 12-86 “编辑历程输出请求”对话框

3. 定义载荷

（1）定义幅值

进入载荷模块，执行“工具”→“幅值”→“创建”命令，在弹出的“创建幅值”对话框（如图 12-87 所示）中接受默认值，单击“继续”按钮。

在弹出的“编辑幅值”对话框（如图 12-88 所示）中，输出相应的分析步时间和幅值，然后单击“确定”按钮。

图 12-87 “创建幅值”对话框

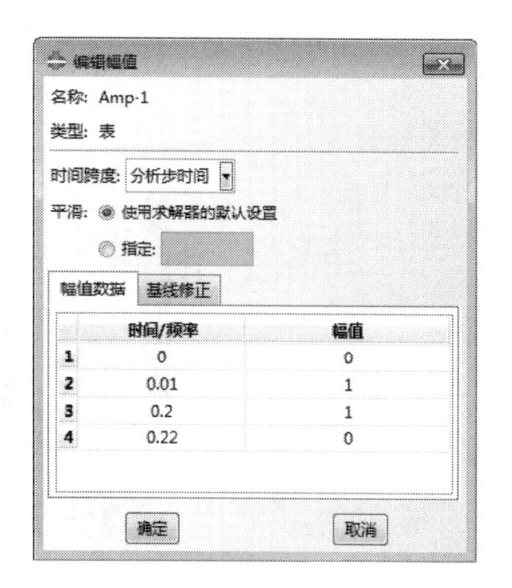

	时间/频率	幅值
1	0	0
2	0.01	1
3	0.2	1
4	0.22	0

图 12-88 “编辑幅值”对话框

（2）定义载荷

在主菜单中选择“载荷”→“创建”命令，在弹出的“创建载荷”对话框（如图12-89所示）中，将“分析步”设为Step-2，载荷“类别”为默认值，单击“继续”按钮。

单击窗口底部提示区右侧的“集”按钮，选中Set-set-top，单击“继续”按钮，弹出“编辑载荷”对话框（如图12-90所示），设置CF3为1.5、“幅值”为Amp-1，然后单击“确定”按钮。

图12-89 “创建载荷”对话框

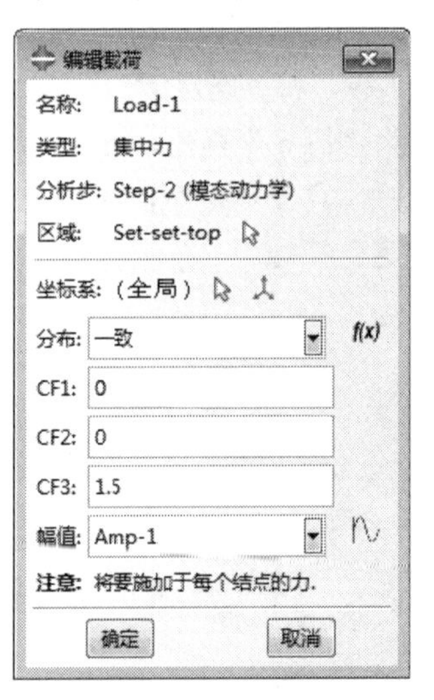

图12-90 “编辑载荷”对话框

4. 提交分析

进入作业功能模块，把分析作业的“名称”改为shell-trans，保存后提交。

12.5.7 模态分析的后处理

1. 绘制云图

在可视化模块中打开结果文件，单击云图，显示各个时间增量步上的“U,Magnitude”云纹图，如图12-91所示。

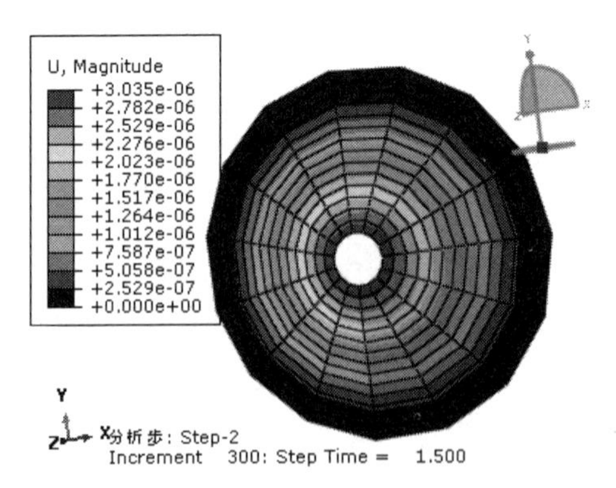

图12-91 分析结束时的Mises应力云纹图

2. 查看圆盘顶部位移的历史输出

在主菜单中执行“结果”→“历程输出”命令，在弹出的如图 12-92 所示的“历程输出”对话框中选中“Spatial displacement：U2 at Node 180 in NSET SET-SET-TOP”，然后单击“绘制”按钮，得到的曲线如图 12-93 所示。

图 12-92 “历程输出”对话框

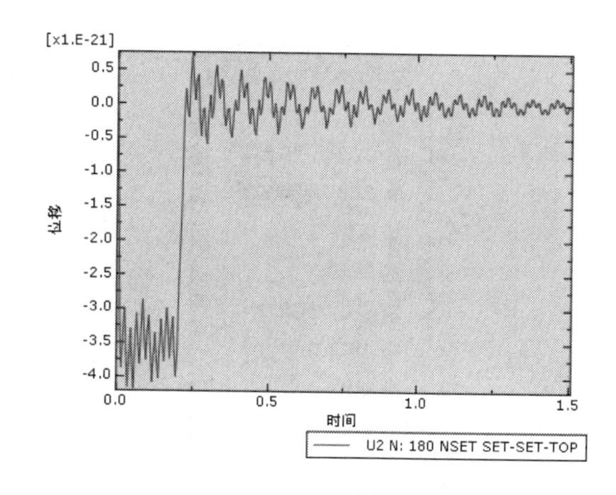

图 12-93 圆盘位移 U2 的历史输出曲线

单击ⓘ按钮，弹出如图 12-94 所示的“查询”对话框，选择“查询值”，在弹出的“查询值”对话框（如图 12-95 所示）中，可以查询各点的应力值。

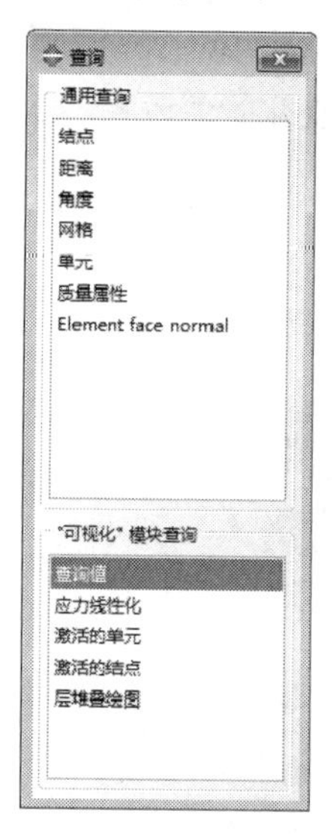

图 12-94 “查询”对话框

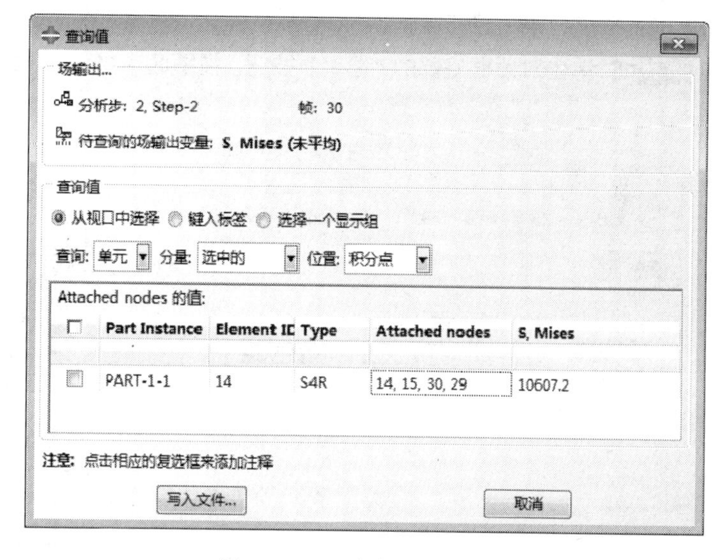

图 12-95 “查询值”对话框

在阻尼的作用下，位移在振荡中慢慢衰减。

3. 查看圆孔顶部应力

步骤 01 单击工具箱中的按钮，显示未变形图。

步骤 02 在主菜单中选择“工具”→“XY 数据”→“创建”命令，在“创建 XY 数据”对话框（如图

12-96 所示）中选中“ODB 场变量输出”单选按钮，然后单击“继续”按钮。

步骤 03 在“来自 ODB 场输出的 XY 数据”对话框（如图 12-97 所示）中，默认的“位置”为“唯一结点的”，单击“S：应力分量”旁边的三角形按钮，然后选中 Mises 选项。

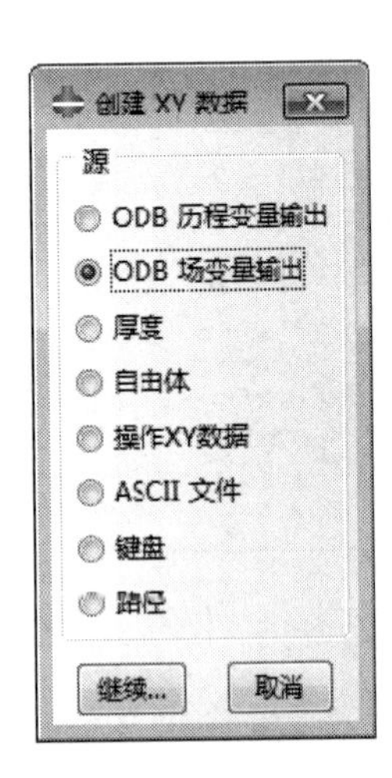

图 12-96 “创建 XY 数据”对话框

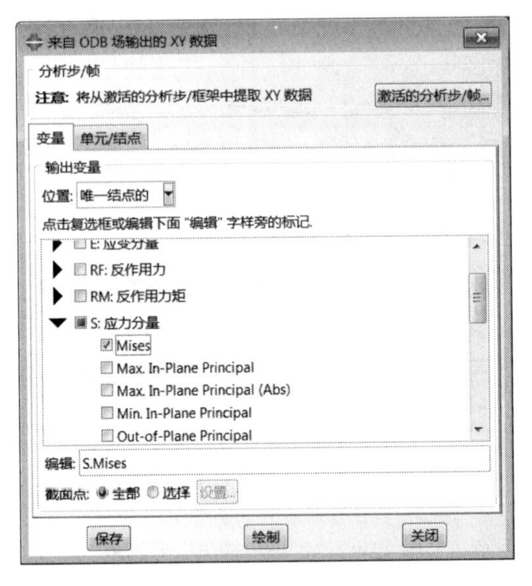

图 12-97 “来自 ODB 场输出的 XY 数据”对话框

步骤 04 切换至“单元/结点”选项卡（如图 12-98 所示），单击“编辑选择集”按钮，在视图区中单击圆孔顶部的单元，单击鼠标中键。

步骤 05 单击对话框底部的“绘制”按钮，视图区中显示出 Mises 应力随时间变化的曲线图，如图 12-99 所示。

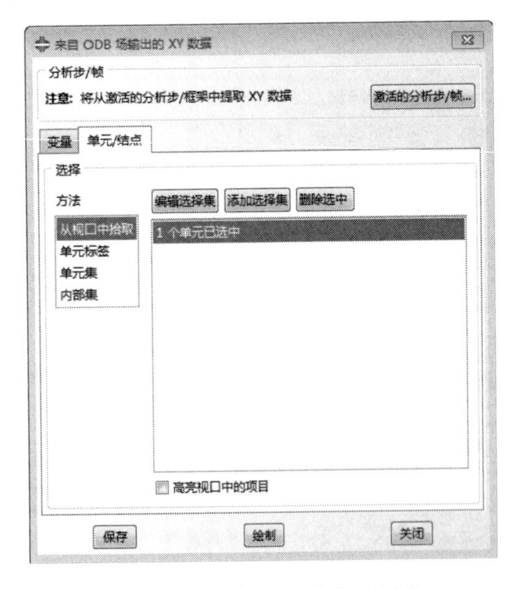

图 12-98 “单元/结点”选项卡

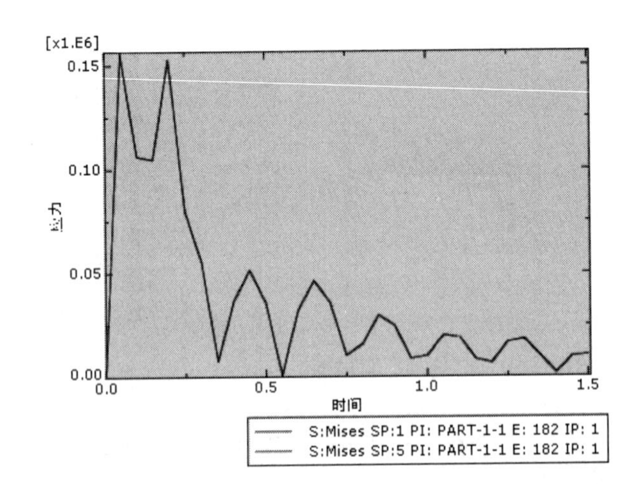

图 12-99 圆孔顶部应力随时间变化的曲线图

步骤 06 单击 按钮，在弹出的“查询”对话框中选择“查询值”，在弹出的“查询值”对话框中可以查询到圆孔顶部的最大 Mises 应力出现在 0.02s 时、应力值为 6.83MPa。

12.5.8 显式动态分析描述和分析

此问题也可以使用直接解法，下面使用显式方法（显式动态分析）完成。

1. 建模要点

步骤 01 在属性模块中，将 Rayleigh 阻尼作为材料参数来定义，阻尼参数值为 α=3、β=0。

步骤 02 删除前面设置的频率提取分析步和瞬时模态动态分析步，设置一个显式动态分析步。在显式动态分析中，默认的“几何非线性”参数为“关”。

本例是一个几何线性问题，因此将其设为“关”。

2. 定义材料阻尼

进入属性模块，在主菜单中执行“材料”→“编辑”→Material-1 命令，在弹出的“编辑材料”对话框中选择“力学”→“阻尼”选项，在alpha中输入3，然后单击“确定”按钮。

3. 定义显式动态分析

步骤 01 创建显式动态分析步：进入分析步模块，将已有的分析步删除，创建显式动力分析步。

步骤 02 设置场变量输出：设置每隔 0.005s 输出一次场变量。场变量输出只保留应力 S 和位移 U，如图 12-100 所示。

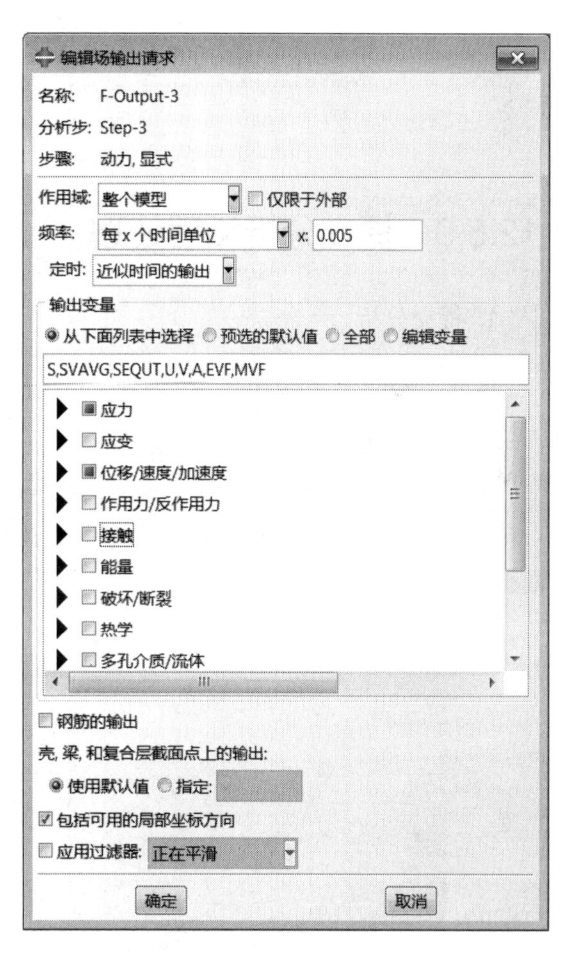

图 12-100 设置场变量输出

4. 设置Explicit单元库

进入网格功能模块，将对象改为“部件：Part-1”。

单击工具箱中的（指派单元类型）按钮，选中部件所有区域。在弹出的“单元类型”对话框中，将“单元库”改为 Explicit、“单元类型”改为 S4R，如图 12-101 所示。

5. 重新定义载荷

因为原有的分析步已经被删除，所以原有的载荷、接触和边界条件都会受到影响，需要在新设置的分析步中定义载荷。

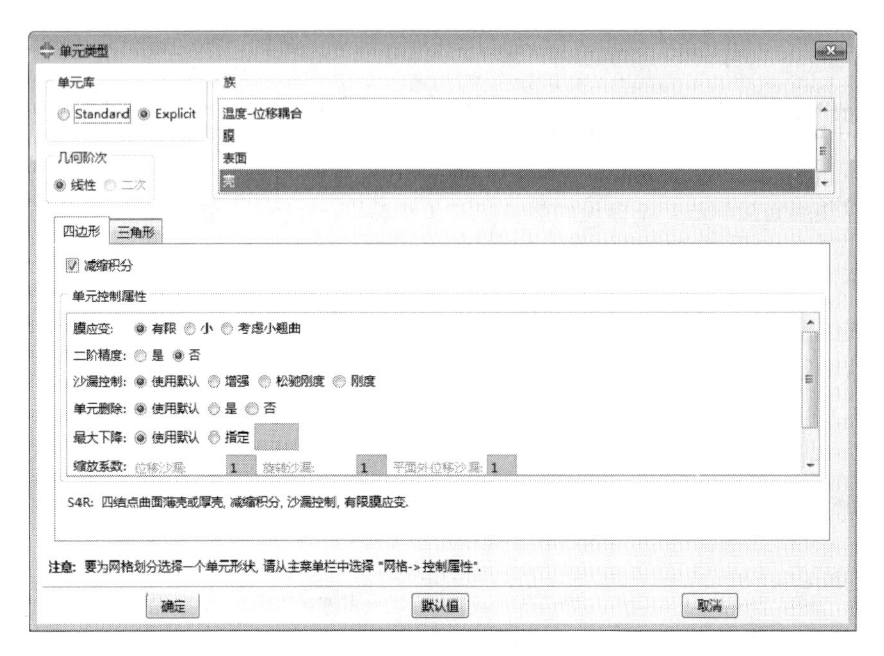

图 12-101　选择 Explicit 单元库

12.5.9　提交分析和后处理

1. 提交分析

进入作业模块，将分析作业“名称”改为 shell-xianshi，保存模型，然后提交作业。

2. 查看圆盘顶部位移的历史输出

步骤 01 在可视化模块中打开结果文件，可以看到显示动态分析的结果如图 12-102 所示。

步骤 02 查看能量平衡情况，在历史输出变量中选择应变能 Strain energy:ALLSE for Whole Model，得到如图 12-103 所示的曲线图。

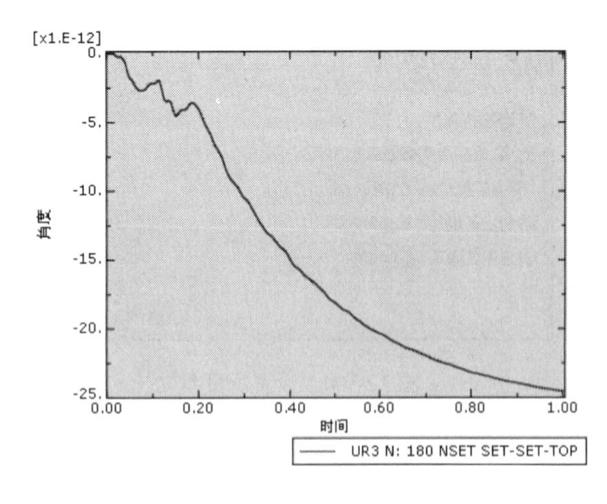

图 12-102　显式动态分析的角位移结果

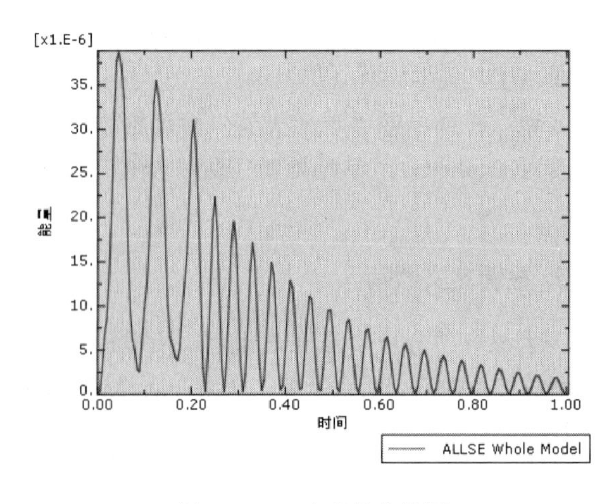

图 12-103　应变能曲线图

12.6 本章小结

因为很多工程和军事中涉及结构受爆炸载荷影响的分析和评估，所以精确地跟踪结构的载荷分析是非常重要的。

本章首先介绍了 ABAQUS/Explicit 进行显式动力学分析的过程和优势，以及 ABAQUS/Explicit 适用的问题类型和动力学显式的有限元方法；然后讲解了显式动力学分析的基本过程；最后给出了显式动力学分析的两个典型实例。

通过本章的学习，读者可以掌握显式动力学分析的基本流程、载荷及约束加载方法、结果后处理方法等相关知识。

第 13 章 ABAQUS 屈曲分析详解

导读

屈曲分析主要用于研究结构在特定载荷下的稳定性以及确定结构失稳的临界载荷，屈曲分析包括线性屈曲和非线性屈曲分析。线弹性失稳分析又称特征值屈曲分析；线性屈曲分析可以考虑固定的预载荷，也可使用惯性释放；非线性屈曲分析包括几何非线性失稳分析、弹塑性失稳分析、非线性后屈曲分析等，本章着重讨论线性屈曲分析。

学习目标

- 了解线性屈曲分析
- 掌握线性屈曲分析过程
- 通过案例掌握线性屈曲问题的分析方法
- 掌握线性屈曲分析的结果检查方法

13.1 屈曲分析概述

线性屈曲分析是以特征值为研究对象的，特征值或线性屈曲分析预测的是理想线弹性结构的理论屈曲强度（分歧点），特征值方程决定了结构的分歧点。然而，非理想和非线性行为阻止许多真实的结构达到它们理论上的弹性屈曲强度。线性屈曲通常产生非保守的结果，应当谨慎使用。

尽管屈曲分析是非保守的，但其也有许多优点：

（1）屈曲分析比非线性屈曲分析计算省时，并且应当做第一步计算来评估临界载荷（屈曲开始时的载荷）。

（2）通过线性屈曲分析可以预知结构的屈曲模型形状，结构可能发生屈曲的方法可以作为设计中的向导。

13.1.1 关于欧拉屈曲

结构的丧失稳定性称作（结构）屈曲或欧拉屈曲。L.Euler 从一端固定另一端自由的受压理想柱出发，给出了压杆的临界载荷。所谓理想柱，是指起初完全平直且承受中心压力的受压杆，如图 13-1 所示。

设此柱是完全弹性的，且应力不超过比例极限，若轴向外载荷 P 小于它的临界值，此杆将保持直的状态且只承受轴向压缩。如果一个扰动(如横向力)作用于杆，使其有一小点挠曲，在这一扰动除去后，挠度就消失，杆又恢复到平衡状态，此时杆保持直立形式的弹性平衡是稳定的。

若轴向外载荷 P 大于它的临界值，柱的直的平衡状态变为不稳定，即任意扰动产生的挠曲在扰动除去后不仅不会消失，还将继续扩大，直至达到远离直立状态的新的平衡位置或弯折为止，此时称此压杆失稳或屈曲（欧拉屈曲）。

图 13-1　受压杆

（1）线性屈曲：是以小位移、小应变的线弹性理论为基础的，分析中不考虑结构在受载变形过程中结构构形的变化，也就是在外力施加的各个阶段，总是在结构初始构形上建立平衡方程。当载荷达到某一临界值时，结构构形将突然跳到另一个随遇的平衡状态，称为屈曲。临界点之前称为前屈曲，临界点之后称为后屈曲。

（2）侧扭屈曲：梁的截面一般都做成窄而高的形式，使得截面两主轴惯性矩相差很大。如梁跨度中部无侧向支承或侧向支承距离较大，在最大刚度主平面内承受横向荷载或弯矩作用时，载荷达一定数值，梁截面可能产生侧向位移和扭转，导致丧失承载能力，这种现象叫作梁的侧向弯扭屈曲，简称侧扭屈曲。

（3）理想轴心受压直杆的弹性弯曲屈曲：即假定压杆屈曲时不发生扭转，只是沿主轴弯曲。但是对开口薄壁截面构件，在压力作用下有可能在扭转变形或弯扭变形的情况下丧失稳定，这种现象称为扭转屈曲或弯扭屈曲。

13.1.2　线性屈曲分析

进行线性屈曲分析的目的是寻找分歧点，评价结构的稳定性。在线性屈曲分析中求解特征值需要用到屈曲载荷因子 λ_1 和屈曲模态 Ψ_1。

线性静力分析中包括了刚度矩阵 $[S]$，它的应力状态函数为：

$$([K]+[S])\{x\}=\{F\}$$

如果分析是线性的，则可以对载荷和应力状态乘上一个常数 λ_i，此时：

$$([K]+\lambda_i[S])\{x\}=\lambda_i\{F\}$$

在一个屈曲模型中，位移可能会大于 $\{x+\psi\}$ 而载荷没有增加，因此下式也是正确的：

$$([K]+\lambda_i[S])\{x+\psi\}=\lambda_i\{F\}$$

通过上面的方程进行求解，可得：

$$([K]+\lambda_i[S])\{\psi_i\}=0$$

上式就是在线性屈曲分析求解中用于求解的方程，这里$[K]$和$[S]$为定值，假定材料为线弹性材料，可以利用小变形理论但不包括非线性理论。

对于上面的求解方程，需要注意如下事项：

- 屈曲载荷乘上λ_i就是将其乘到施加的载荷上，即可得到屈曲的临界载荷。
- 屈曲模态形状系数ψ_i代表了屈曲的形状，但不能得到其幅值，这是因为ψ_i是不确定的。
- 屈曲分析中有许多屈曲载荷乘子和模态，通常情况下只对前几个模态感兴趣，这是因为屈曲是发生在高阶屈曲模态之前的。

对于线性屈曲分析，ABAQUS 内部自动应用两种求解器进行求解：

（1）首先执行线性分析：$[K]\{x_0\}=\{F\}$。

（2）基于静力分析的基础上，计算应力刚度矩阵$[\sigma_0]\rightarrow[S]$。

（3）应用前面的特征值方法求解得到屈曲载荷乘子λ_i和屈曲模态ψ_i。

13.1.3 线性屈曲分析特点

线性屈曲分析比非线性屈曲计算省时，并且可以作为第一步计算来评估临界载荷（屈曲开始时的载荷）。屈曲分析具有以下特点：

（1）通过特征值或线性屈曲分析结果可以预测理想线弹性结构的理论屈曲强度。

（2）该方法相当于线弹性屈曲分析方法。用欧拉行列式求解特征值屈曲与经典的欧拉解一致。

（3）线性屈曲得出的结果通常是不保守的。由于缺陷和非线性行为存在，因此得到的结果无法与实际结构的理论弹性屈曲强度一致。

（4）线性屈曲无法解释非弹性的材料响应、非线性作用、不属于建模的结构缺陷（凹陷等）等问题。

13.2 线性屈曲分析过程

在进行屈曲分析之前需要完成静态结构分析，对于屈曲分析求解步骤如下：

步骤01 建立或导入有限元模型，设置材料特性。

步骤02 定义接触区域。

步骤03 定义网格控制并划分网格。

步骤04 施加载荷及约束。

步骤05 链接到线性屈曲分析。

步骤06 设置线性屈曲分析初始条件。

步骤07 设置求解控制，对模型进行求解。

步骤08 进行结果评价和分析。

13.2.1 几何体和材料属性

与线性静力分析类似，在屈曲分析中可支持的几何体包括实体、壳体（需要给定厚度）、线体（需要定义横截面）。

对于线体只有屈曲模式和位移结果可以使用。模型中可以包含点质量，由于点质量只受惯性载荷的作用，在应用中会受到限制。

在屈曲分析中材料属性要求输入杨氏模量和泊松比。

13.2.2 接触区域

屈曲分析中可以定义接触区域，但由于这是线性分析，因此采用的接触不同于非线性分析中的接触类型。

所有非线性接触类型被简化为“绑定”或“不分离”接触；没有分离的接触在屈曲分析中带有警告，因为它在切向没有刚度，这将产生许多过剩的屈曲模态。如果合适的话，考虑应用绑定接触来代替。

13.2.3 载荷与约束

在线性屈曲分析中，至少需要施加一个能够引起结构屈曲的载荷，以适用于模型求解。屈曲载荷是由结构载荷乘以载荷系数决定的，因此不支持不成比例或常值的载荷。

（1）不推荐只有压缩的载荷。

（2）结构可以是全约束，在模型中没有刚体位移。

当线性屈曲分析中存在接触和比例载荷时，可以对屈曲结果进行迭代，调整可变载荷直到载荷系数变为 1.0 或接近 1.0。

13.2.4 屈曲设置

在分析步模块中，进行屈曲分析步的定义，如图 13-2 所示。在“编辑分析步”对话框（如图 13-3 所示）中设置特征值求解器等参数。

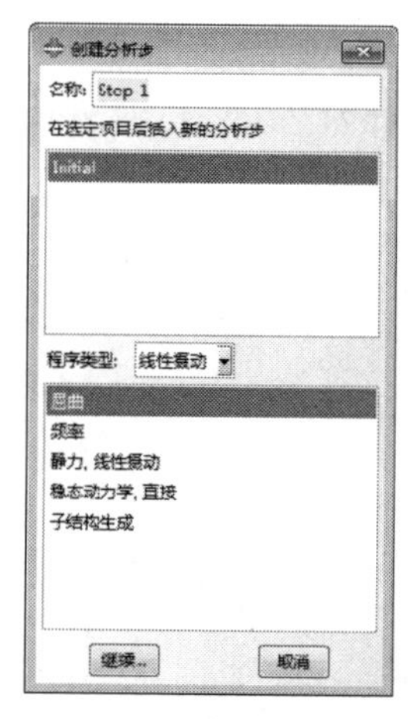

图 13-2 屈曲分析步的定义

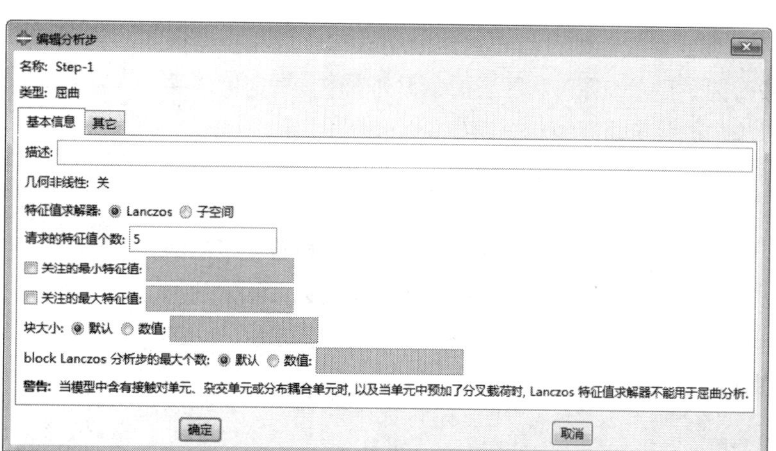

图 13-3 “编辑分析步”对话框

13.2.5 模型求解

屈曲分析模型建立后，即可求解除静力结构分析以外的分析。线性屈曲分析的计算机使用率比相同模型下的静力分析要高。在“编辑场输出请求”对话框中提供了详细的求解输出，如图 13-4 所示。

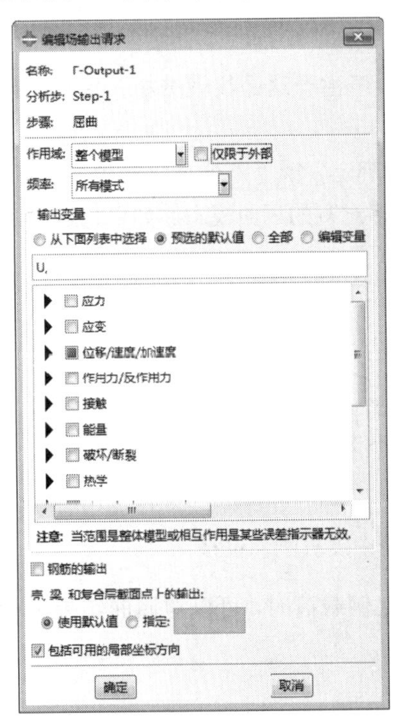

图 13-4　屈曲分析求解输出

13.2.6 结果检查

求解完成后即可检查屈曲模型，每个屈曲模态的载荷因子显示在图形和图表的参数列表中，载荷因子乘以施加的载荷值即为屈曲载荷。

$$F_{屈曲}=\left(F_{施加}\times\lambda\right)$$

屈曲载荷因子（λ）是在线性屈曲分析分支下的结果中进行检查的，可以方便地观察结构屈曲在给定的施加载荷下的各个屈曲模态。图 13-5 所示为求解的一阶屈曲模态。

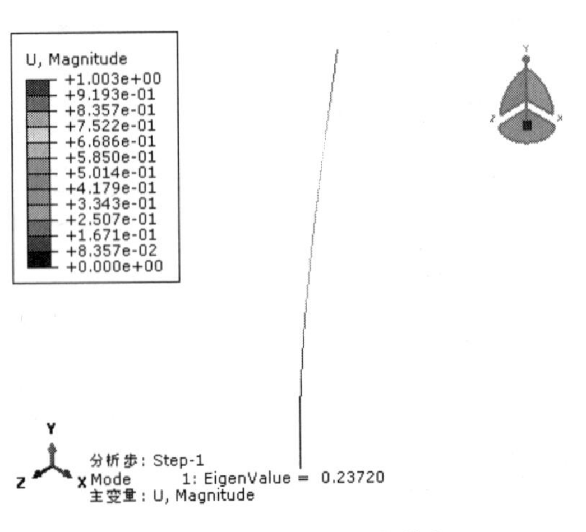

图 13-5　某阶屈曲模态

13.3 各种支承条件下矩形轴压柱屈曲分析

本节应用 ABAQUS 求解各种常用支承条件下矩形轴压柱在单轴压缩情况下的临界压力值和临界弯矩值，通过比较它们的结果来分析ABAQUS在稳定分析上的有效性，结果也表明用ABAQUS计算结构的稳定问题有很高的精度。

13.3.1 问题描述

如图 13-6 所示的矩形轴结构，分别分析上端自由，下端固定；上端简支，下端固定；上端能水平移动，下端固定；上端水平移动但不能转动，下端简支。材料为钢，弹性模量为200GPa，泊松比为0.3，轴高为3m，截面尺寸如图 13-7 所示，求该轴的前 5 阶特征值和屈曲模态。

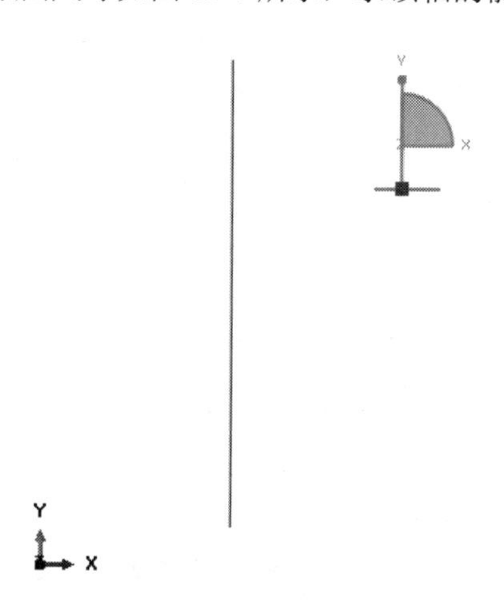

图 13-6　矩形轴结构模型

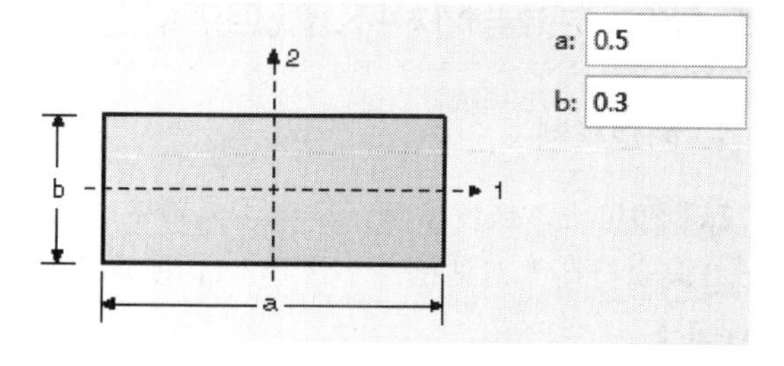

图 13-7　截面尺寸图

13.3.2 问题分析

本例的模型为梁模型，如同静力分析，可以取线模型进行分析。

对于屈曲分析，在 ABAQUS 中必须使用线性摄动分析步，结构部件选择单元类型为 B31。

13.3.3 创建部件

步骤01 启动 ABAQUS/CAE，创建一个新的模型，重命名为 Model-1，保存模型为 Model-1.cae。

步骤02 单击工具箱中的（创建部件）按钮，弹出“创建部件”对话框（如图 13-8 所示），在“名称”中输入 Part-1，将“模型空间”设为“三维”、“类型”设为“可变形”，“基本特征”的“形状”设为“线”、“类型”设为“平面”，单击“继续”按钮，进入草图环境。

步骤03 单击工具箱中的（创建线：首尾相连）按钮，在草图区的右侧绘制一条线段。单击工具箱中的（添加尺寸）按钮，使得其尺寸如图 13-9 所示。

步骤04 单击提示区中的“完成”按钮，然后单击“确定”按钮，这样就得到了部件，如图 13-10 所示。

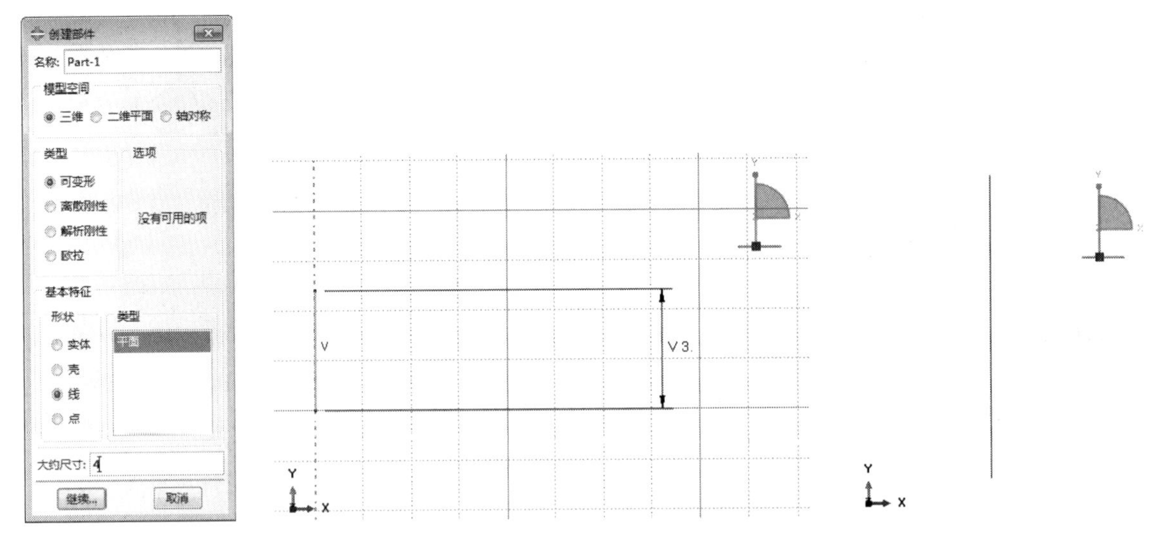

图 13-8 “创建部件”对话框　　图 13-9 草图绘制　　图 13-10 生成的部件

13.3.4 创建材料和截面属性

1. 创建材料

步骤01 进入属性模块，单击工具箱中的（创建材料）按钮，弹出“编辑材料”对话框（如图 13-11 所示），输入材料“名称”为 Material-1。

步骤02 选择“力学”→“弹性”→“弹性”选项，设置“杨氏模量”为 2.0ell、“泊松比”为 0.3，单击“确定”按钮，完成材料属性定义。

2. 创建截面属性

步骤01 单击工具箱中的（创建截面）按钮，在“创建截面”对话框（如图 13-12 所示）中，选择“类别”为“梁”、“类型”为“梁”，单击“继续”按钮，进入“编辑梁方向”对话框，如图 13-13 所示。

步骤02 在“编辑梁方向”对话框中，“材料名”选择 Material-1；单击（创建梁截面剖面）按钮，在弹出的“创建剖面”对话框（如图 13-14 所示）中，默认“名称”为 Profile-1，“形状”选择“矩形”，单击“继续”按钮。

步骤03 在弹出的“编辑剖面”对话框（如图 13-15 所示）中输入“a：0.5，b：0.3”，单击“确定”按钮，完成剖面的定义。

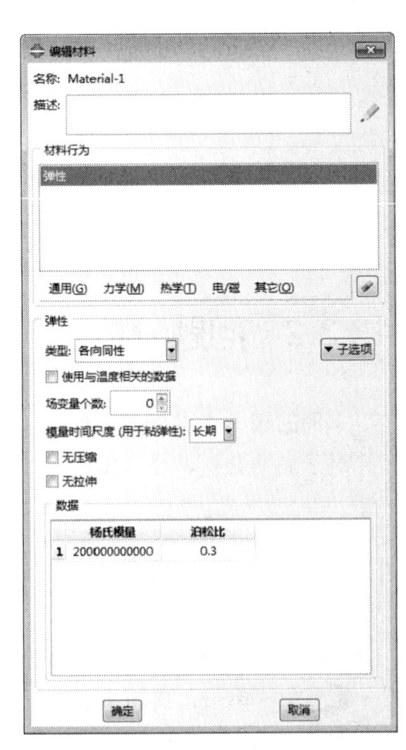

图 13-11 “编辑材料”对话框

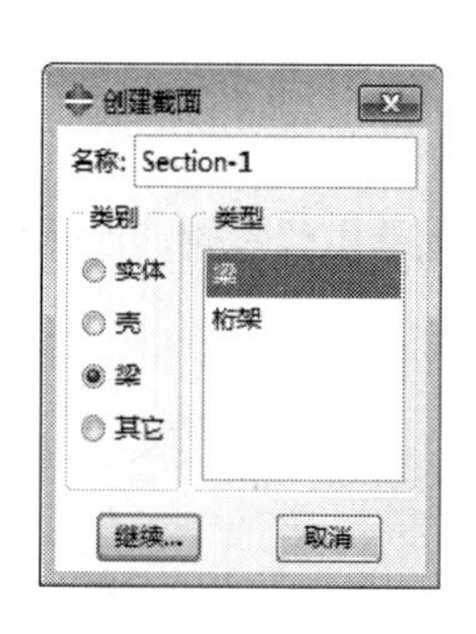

图 13-12　“创建截面”对话框

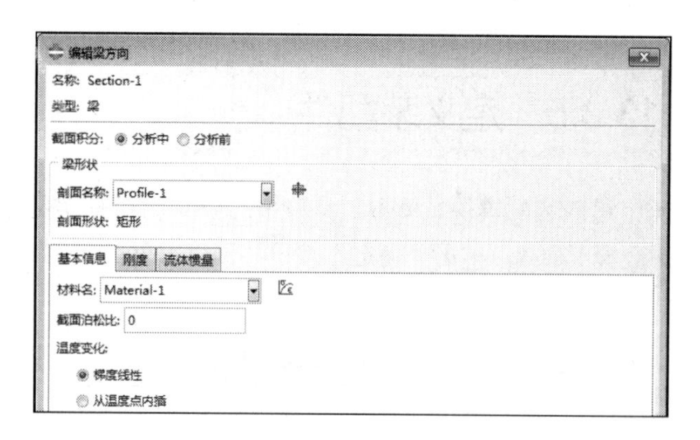

图 13-13　“编辑梁方向”对话框

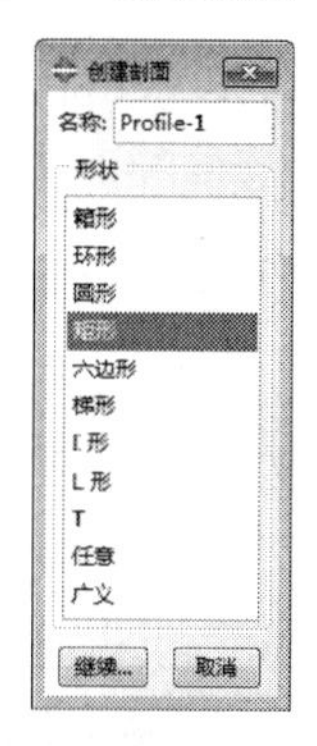

图 13-14　“创建剖面”对话框

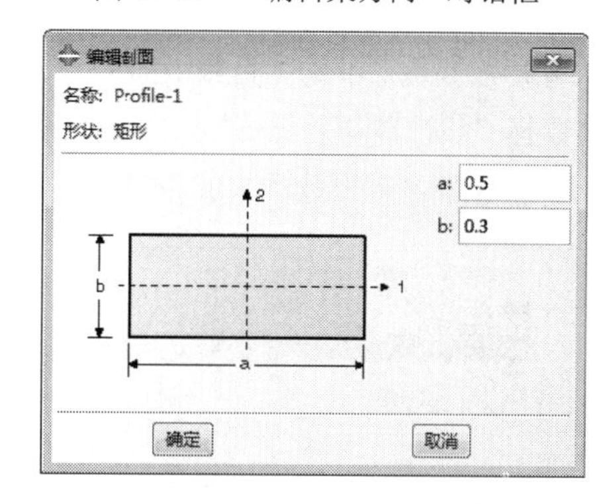

图 13-15　“编辑剖面”对话框

步骤04 返回“编辑梁方向”对话框后，单击“确定”按钮，完成截面的定义。

3. 指派梁方向

单击工具箱中的（指派梁方向）按钮，选择部件 Part-1，单击提示区中的“完成”按钮，在视图中梁方向显示如图 13-16 所示，单击鼠标中键，然后单击提示区中的“确定”按钮，完成方向的定义。

4. 赋予截面属性

单击工具箱中的（指派截面）按钮，选择部件 Part-1，单击提示区中的“完成”按钮，在弹出的“编辑截面指派”对话框（如图 13-17 所示）中选择“截面”为 Section-1，单击“确定”按钮。

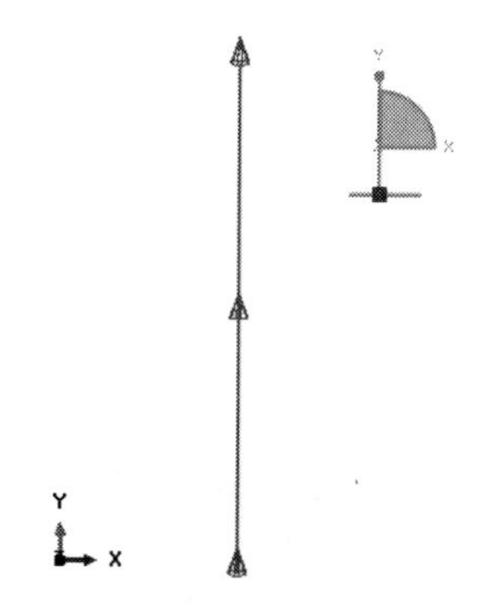

图 13-16　视图中梁方向显示

图 13-17　“编辑截面指派”对话框

13.3.5 定义装配件

进入装配模块，单击工具箱中的（将部件实例化）按钮，在“创建实例”对话框（如图 13-18 所示）中选择 Part-1，单击“确定”按钮，创建部件的实例。

13.3.6 设置分析步和输出变量

1. 定义分析步

进入分析步模块，单击工具箱中的（创建分析步）按钮，在弹出的“创建分析步”对话框（如图 13-19 所示）中选择“线性摄动：屈曲”，单击“继续”按钮。

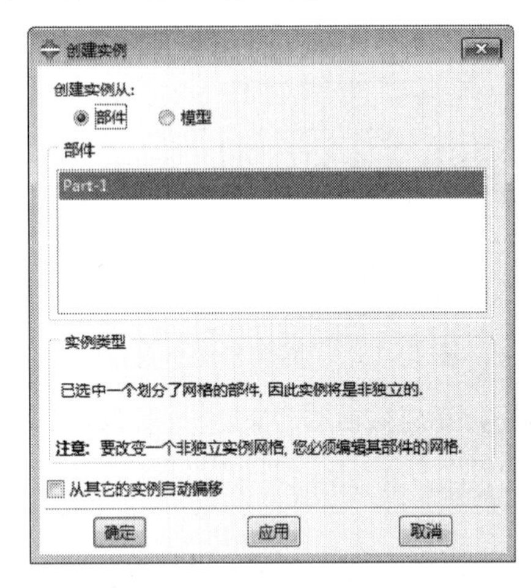

图 13-18 “创建实例”对话框

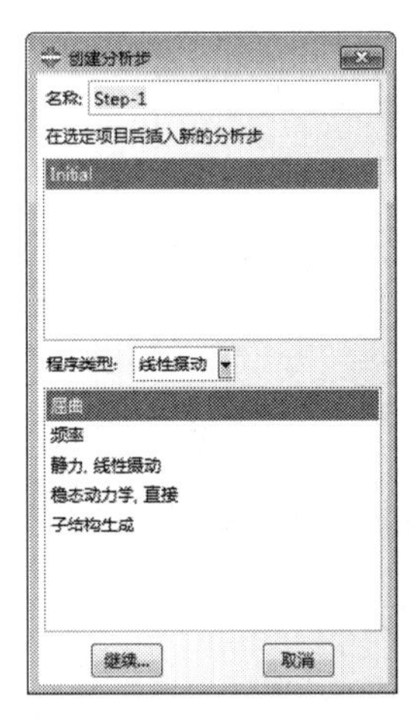

图 13-19 “创建分析步”对话框

在弹出的“编辑分析步”对话框（如图 13-20 所示）中选择求解器 Lanczos，在“请求的特征值个数”中输入 5，即需要的特征值数目是 5，其他接受默认设置，单击“确定”按钮，完成分析步的定义。

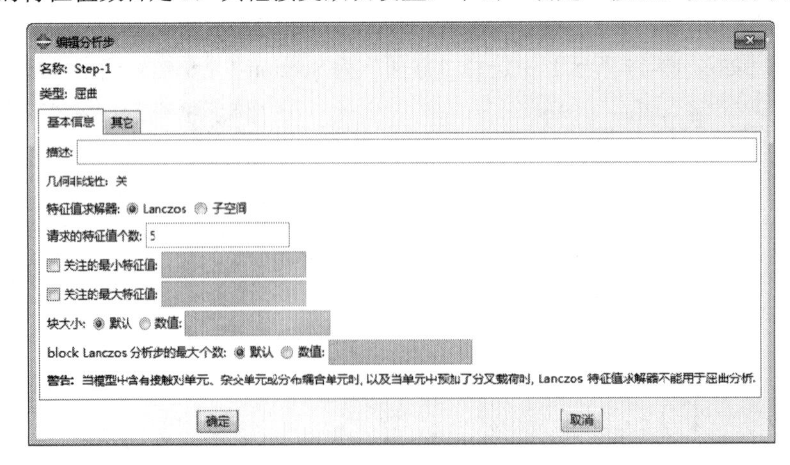

图 13-20 “编辑分析步”对话框

2. 设置连接单元的变量输出

单击工具箱中的（场输出管理器）按钮，在弹出的“场输出请求管理器”对话框（如图 13-21 所示）中可以看到，ABAQUS/CAE 已经自动生成了一个名称为 F-Output-1 的历史输出变量。

单击“编辑”按钮，弹出“编辑场输出请求”对话框（如图 13-22 所示），确认“作用域”选择的是“整个模型”，确认“输出变量”为“预选的默认值：U”，单击“确定”按钮，返回“场输出请求管理器”对话框，然后单击“关闭”按钮，完成输出变量的定义。

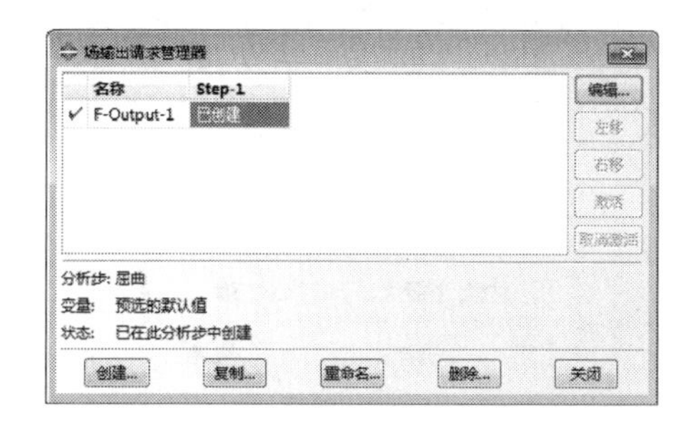

图 13-21 “场输出请求管理器”对话框

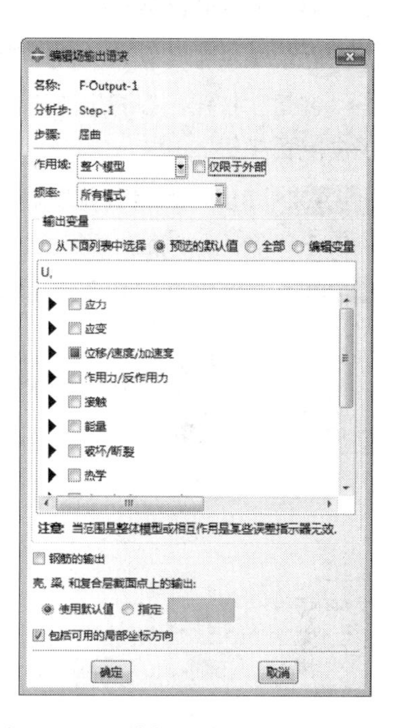

图 13-22 “编辑场输出请求”对话框

13.3.7 定义载荷和边界条件

1. 定义边界条件

进入载荷功能模块，单击工具箱中的（边界条件管理器）按钮，单击“边界条件管理器”对话框中的“创建”按钮，在弹出的对话框（如图 13-23 所示）中设置“分析步”为 Step-1、“可用于所选分析步的类型”为“位移/转角”，选择部件的底部点，选中“完全固定（U1=U2=U3=UR1=UR2=UR3=0）”单选按钮，如图 13-24 所示。

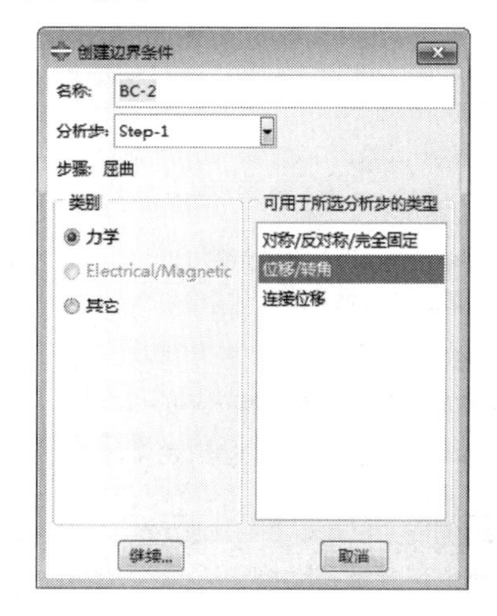

图 13-23 “创建边界条件”对话框

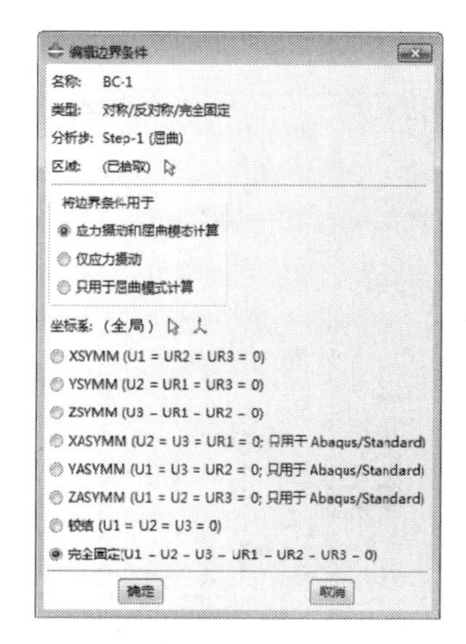

图 13-24 “编辑边界条件”对话框

2. 在柱顶上施加压力

步骤01 单击工具箱中的 （载荷管理器）按钮，在打开的“载荷管理器”对话框（如图13-25所示）中单击“创建”按钮，在弹出的对话框中设置“分析步”为Step-1、“类型”为“集中力”，选择杆件的上部点，单击鼠标中键。

步骤02 弹出“编辑载荷”对话框，参数设置如图13-26所示，单击“确定”按钮，完成定义。

步骤03 定义好的结构如图13-27所示。

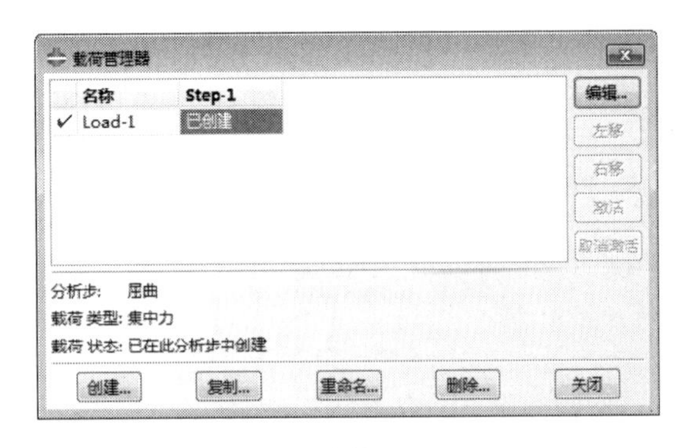

图13-25 “载荷管理器”对话框

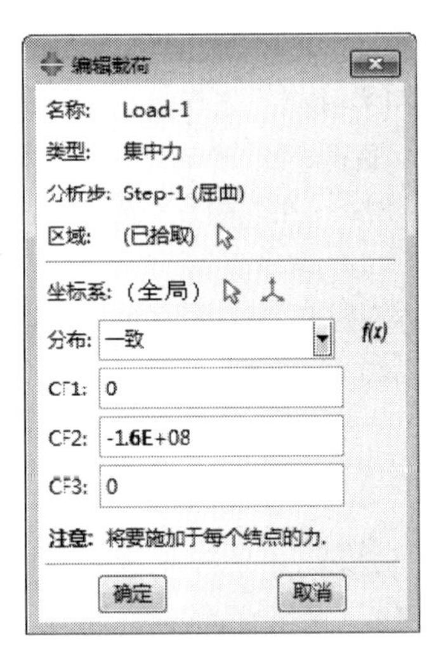

图13-26 “编辑载荷”对话框

13.3.8 划分网格

进入网格功能模块，将窗口顶部的环境栏对象选项设为“部件：Part-1”。

1. 设置网格密度

单击工具箱中的 （部件种子）按钮，弹出“全局种子”对话框（如图13-28所示），在“近似全局尺寸”中输入0.3，然后单击“确定”按钮。

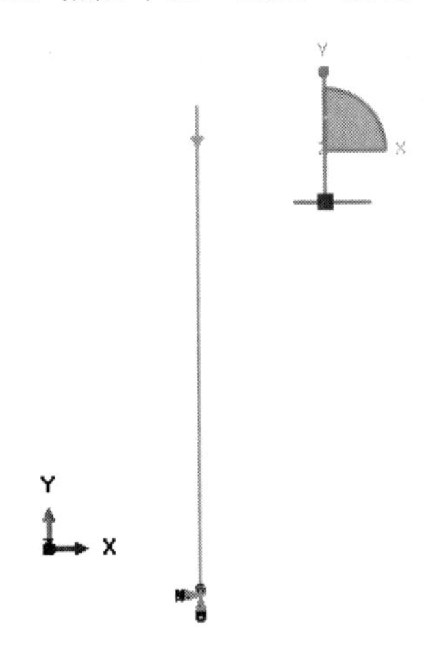

图13-27 施加位移约束后的结构图

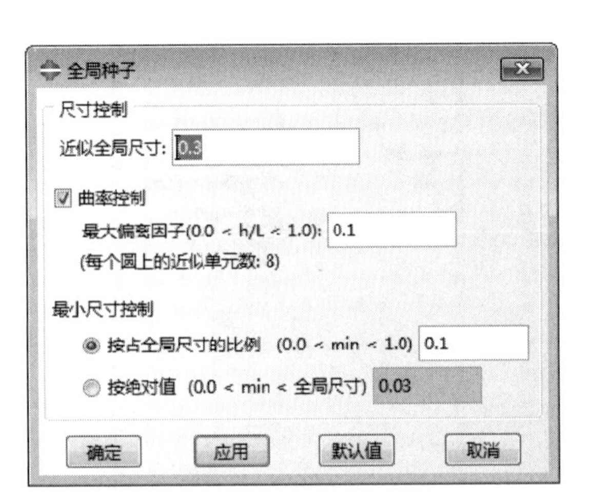

图13-28 “全局种子”对话框

对于一维结构不需要定义网格控制属性，否则会出现如图 13-29 所示的错误提示。

Abaqus/CAE
不可为一维区域指定网格控制
关闭

图 13-29　错误提示

2. 选择单元类型

单击工具箱中的 （指派单元类型）按钮，在视图区中选择模型实体部分，单击“完成”按钮，弹出“单元类型”对话框（如图 13-30 所示），选择默认的单元类型 B31，单击“确定”按钮。

图 13-30　“单元类型”对话框

3. 划分网格

单击工具箱中的 （为部件划分网格）按钮，单击提示区中的“是”按钮，完成网格划分。

13.3.9　结果分析

步骤 01 进入作业模块。执行“作业”→“管理器”命令，单击“作业管理器”对话框（如图 13-31 所示）中的“创建”按钮，定义作业“名称”为 ququ_liang，单击“继续”按钮，单击“确定”按钮，完成作业定义。

步骤 02 单击“作业管理器”对话框中的“监控”按钮，可以对求解过程进行监视（如图 13-32 所示），单击“提交”按钮提交作业。

步骤 03 计算完成后，可以修改载荷模块中的载荷和边界条件设置，对不同情况下的问题进行分析。

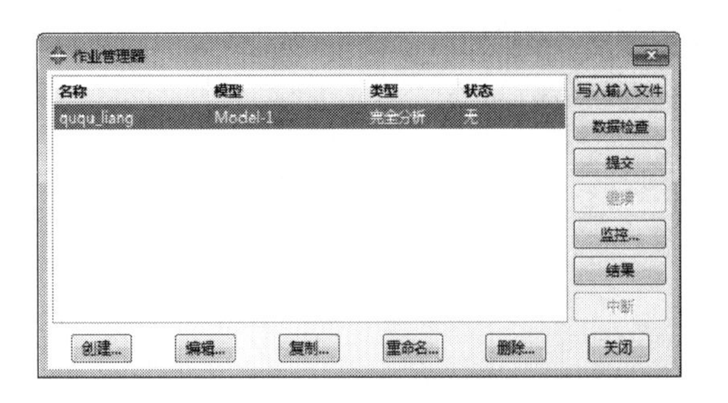

图 13-31 “作业管理器”对话框

图 13-32 对求解过程进行监视

13.3.10 后处理

步骤 01 当分析完毕后，单击“结果”按钮，ABAQUS/CAE 进入可视化模块。单击按钮，可以显示 Mises 应力云图，单击按钮，可以显示变形过程的动画。

步骤 02 执行“结果”→“分析步/帧”命令，弹出“分析步/帧”对话框，如图 13-33 所示，在“分析步名称”中选择 Step-1，在“帧”中选择“索引”为 1，单击“应用”按钮，显示一阶模态；选择“索引”为 2，单击“应用”按钮，显示二阶模态；同样地显示模态的第 3 阶和第 5 阶振型图，如图 13-34 所示。

步骤 03 执行“动画”→“时间历程”命令，可以动画显示各模型振动情况。

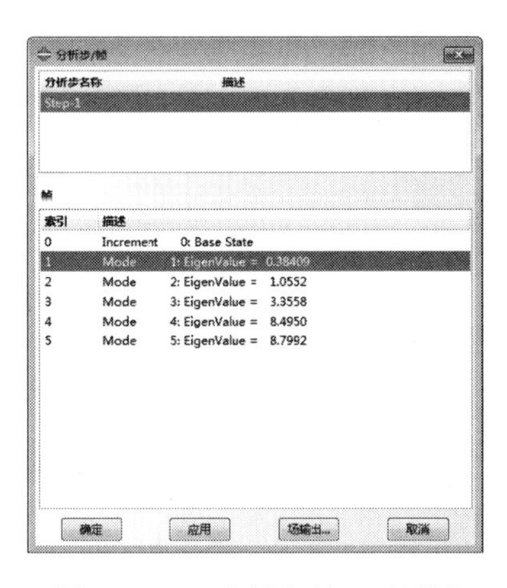

图 13-33 “分析步/帧”对话框

步骤 04 执行“动画”→“另存为”命令，弹出“保存图像动画”对话框（如图 13-35 所示），输入“文件名”为 Frequency，单击 AVI 格式选项按钮，弹出“AVI 选项”对话框（如图 13-36 所示），可以对动画选项进行设置，此处接受默认设置，单击“确定”按钮，返回“保存图像动画”对话框，单击“确定”按钮，保存 AVI 动画到 Frequency 文件中。

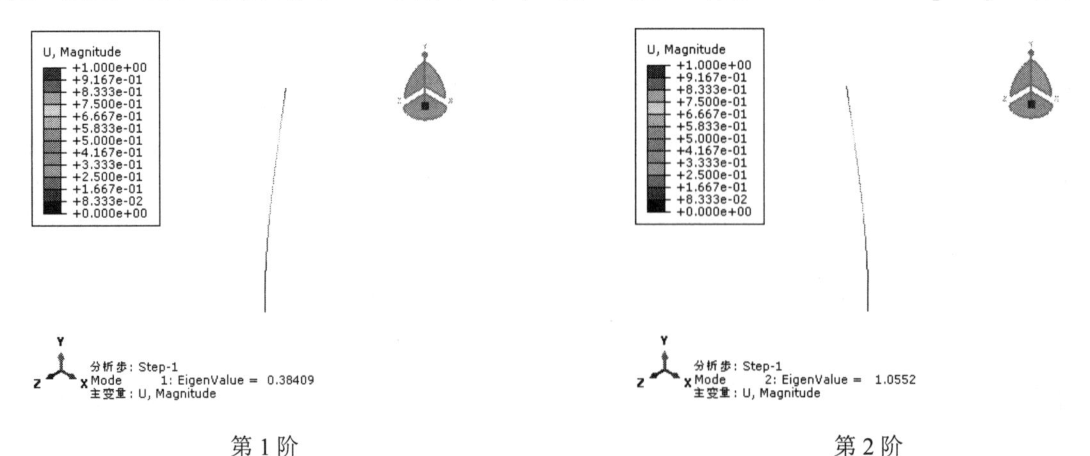

图 13-34 各阶振型图

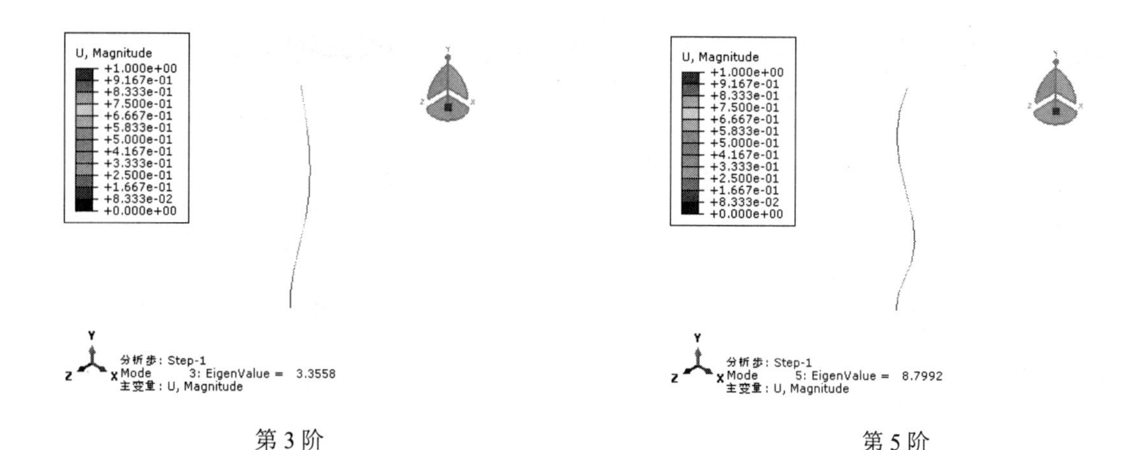

图 13-34　各阶振型图（续）

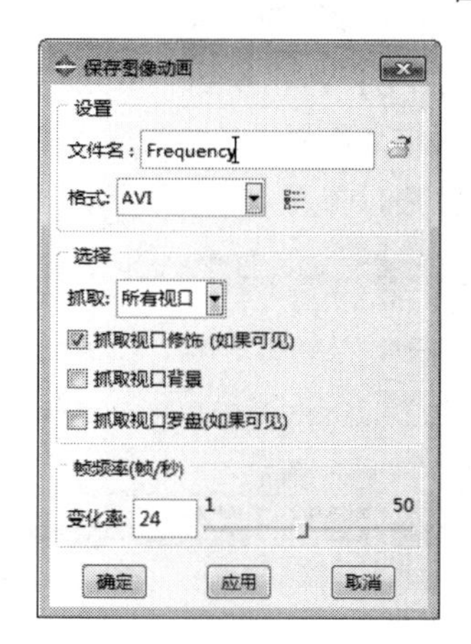

图 13-35　“保存图像动画”对话框

图 13-36　“AVI 选项”对话框

步骤 05 执行“选项”→“通用”命令，弹出“通用绘图选项”对话框，如图 13-37 所示，切换到“标签”选项卡（如图 13-38 所示），选中“显示结点编号”复选框，单击“颜色”按钮，弹出“选择颜色”对话框（如图 13-39 所示），选择黑色颜色框（读者可以自己调色），单击“确定”按钮，返回“通用绘图选项”对话框，单击“应用”按钮，显示结点编号。

图 13-37　“通用绘图选项”对话框

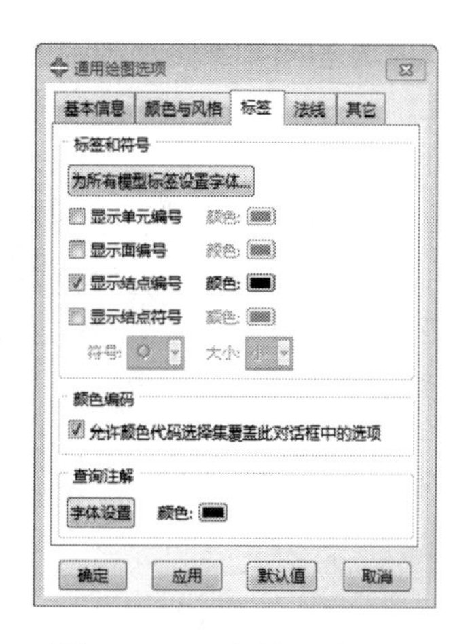

图 13-38　“标签”选项卡

步骤 06 执行“工具”→“XY 数据”→“创建”命令，在“创建 XY 数据”对话框（如图 13-40 所示）中选中“ODB 场变量输出”单选按钮，单击“继续”按钮。

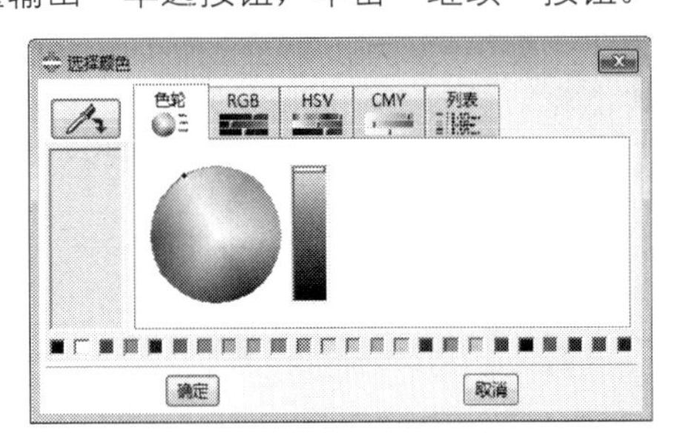

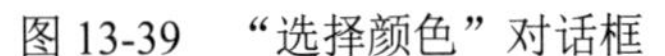

图 13-39 “选择颜色”对话框

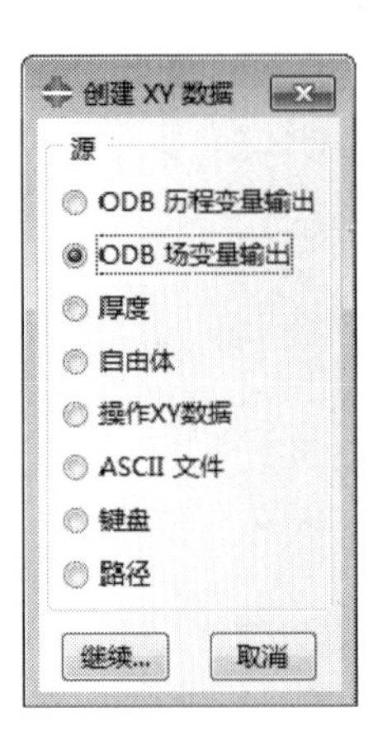

图 13-40 “创建 XY 数据”对话框

步骤 07 弹出“来自 ODB 场输出的 XY 数据”对话框，在“输出变量”选项组的“位置”下拉列表中选择“唯一结点的”选项（如图 13-41 所示），“输出变量”选择“U：U1”；切换到“单元/结点”选项卡，如图 13-42 所示，“方法”选择“结点编号”，在右边的输入框中输入结点编号 6，并勾选“高亮视口中的项目”复选框，单击“绘制”按钮，绘制出结点随着模态变化的位移曲线，如图 13-43 所示。

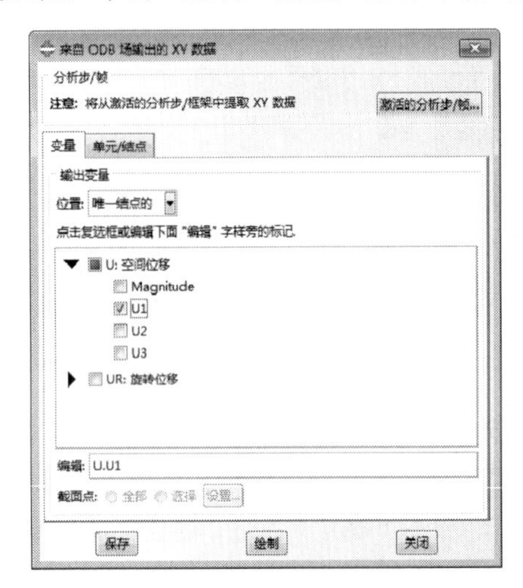

图 13-41 “来自 ODB 场输出的 XY 数据”对话框

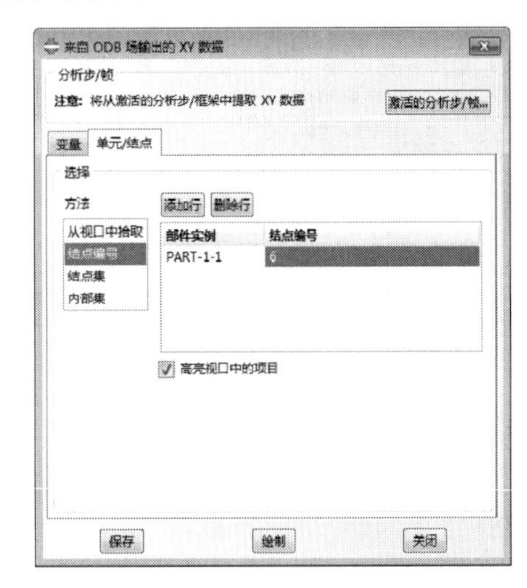

图 13-42 “单元/结点”选项卡

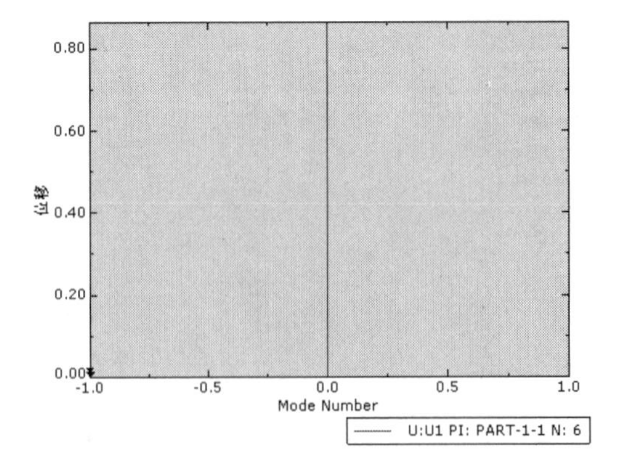

图 13-43 结点 6 随着模态变化的位移曲线

步骤08 修改载荷模块中的载荷和边界条件设置，对不同情况下的问题进行分析。显示一阶模态图，如图 13-44 所示（图 13-44（a）为上端简支，下端固定；图 13-44（b）为上端能水平移动，下端固定；图 13-44（c）为上端水平移动但不能转动，下端简支）。

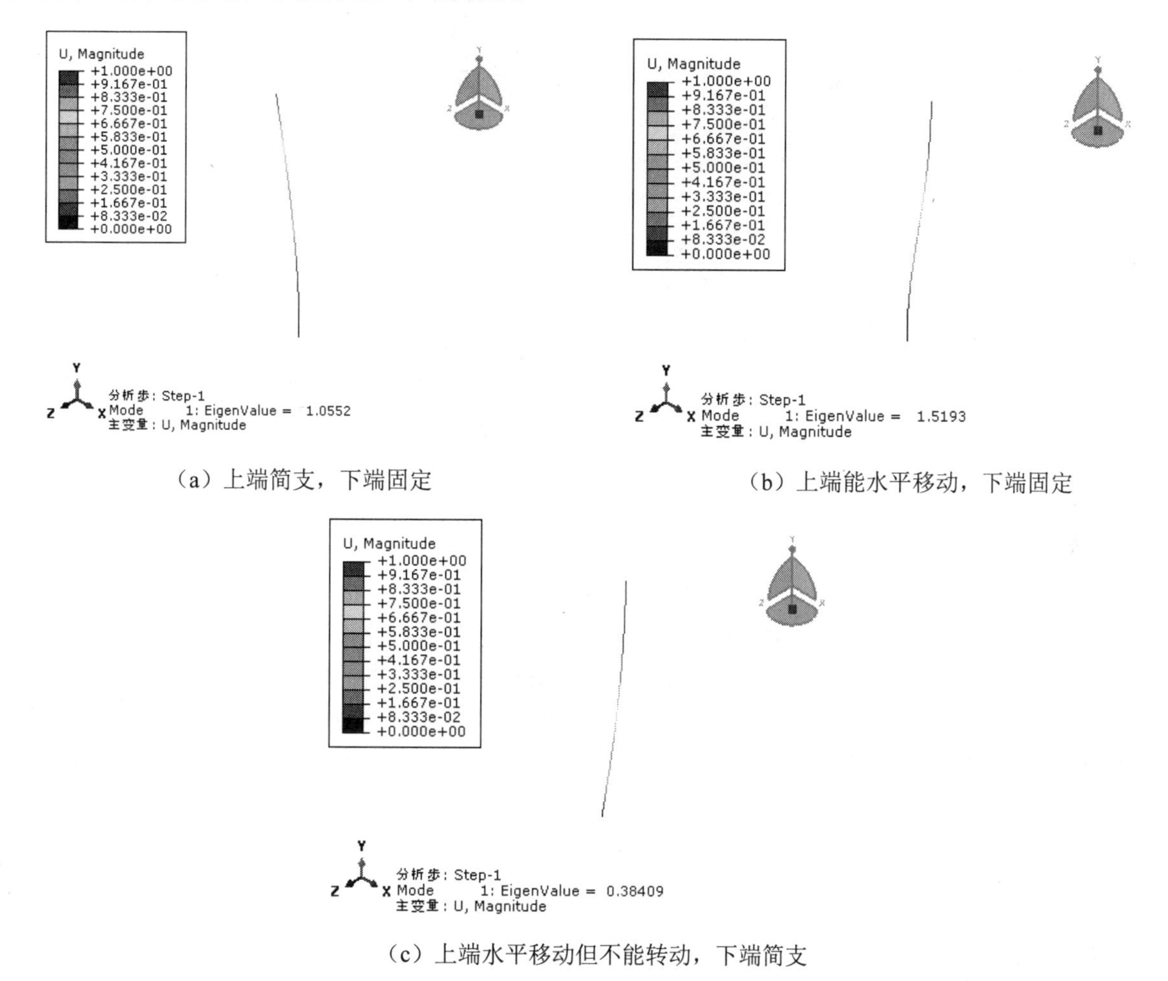

（a）上端简支，下端固定

（b）上端能水平移动，下端固定

（c）上端水平移动但不能转动，下端简支

图 13-44　显示一阶模态图

13.4 薄壁钢管在轴向压力作用下的屈曲

本节应用 ABAQUS 求解薄壁钢管在轴向压力作用下的屈曲，通过比较它们的结果来分析 ABAQUS 在稳定分析上的有效性。

13.4.1 问题描述

如图 13-45 所示的圆钢管的直径为 30mm，壁厚为 0.01mm，长度为 100mm，一端完全固定，另一端强制性位移进行加载，使端截面上受到 500N 的集中压力作用，分析钢管在整个过程中的变形和应力分布。

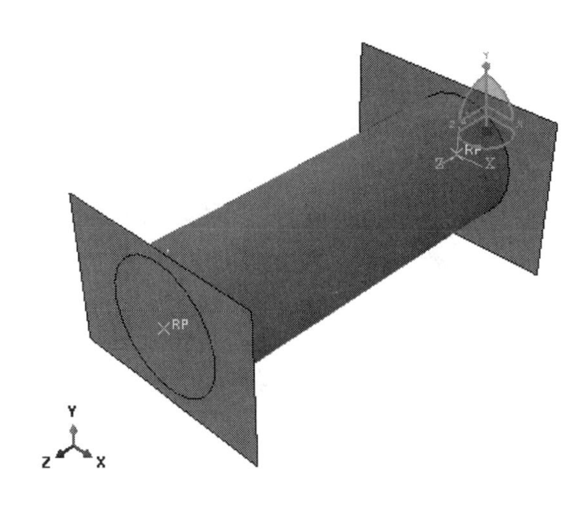

图 13-45　矩形轴结构模型

材料参数：密度为7800kg/m^3，弹性模量为2.00GPa，泊松系数为0.3。

13.4.2　问题分析

（1）本例的模型为壳模型，如同静力分析，可以取三维壳模型进行分析。

（2）对于屈曲分析，在 ABAQUS 中必须使用线性摄动分析步，结构部件选择单元类型为 S4R。

（3）施加载荷的物体和固定端连接的物体定义成刚体，其中固定物体与壳体之间建立绑定约束，施加载荷的物体与壳体之间定义接触。

13.4.3　创建部件

步骤01 启动 ABAQUS/CAE，创建一个新的模型，重命名为 Model-1，保存模型为 Model-1.cae。

步骤02 单击工具箱中的（创建部件）按钮，弹出“创建部件”对话框（如图 13-46 所示），在“名称”中输入 Part-1，将“模型空间”设为“三维”、“类型”设为“可变形”，将“基本特征”中的“形状”设为“壳”、“类型”设为“拉伸”，单击“继续”按钮，进入草图环境。

步骤03 单击工具箱中的（创建圆：圆心和圆周）按钮，在草图区的右侧绘制一个以（0,0）为圆心的圆，如图 13-47 所示。单击工具箱中的（添加尺寸）按钮，使得其半径为 15。

步骤04 单击提示区中的“完成”按钮，即弹出“编辑基本拉伸”对话框，如图 13-48 所示，设置“深度”为 100，单击“确定”按钮，这样就得到了圆柱壳部件，如图 13-49 所示。

步骤05 单击工具箱中的（创建部件）按钮，弹出“创建部件”对话框，在“名称”中输入 Part-2（如图 13-50 所示），将“模型空间”设为“三维”、“类型”设为“离散刚体”，将“基本特征”中的“形状”设为“壳”、“类型”设为“平面”，单击“继续”按钮，进入草图环境。

步骤06 单击工具箱中的（创建矩形）按钮，依次输入坐标（-30,20）和（30,-20），按回车键完成操作，如图 10-51 所示。

单击鼠标中键，形成的长方形部件如图 13-52 所示。

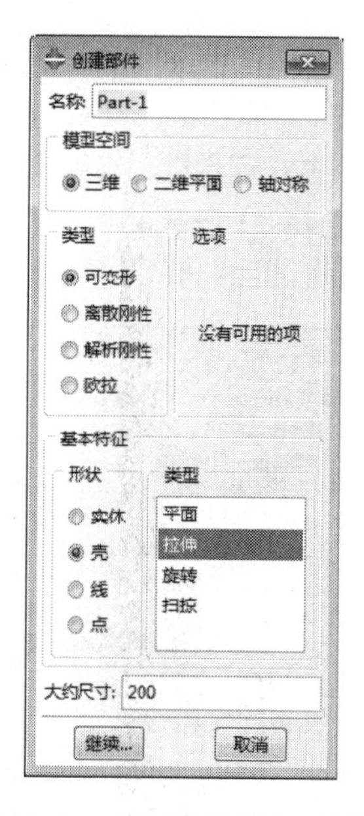

图 13-46 “创建部件”对话框

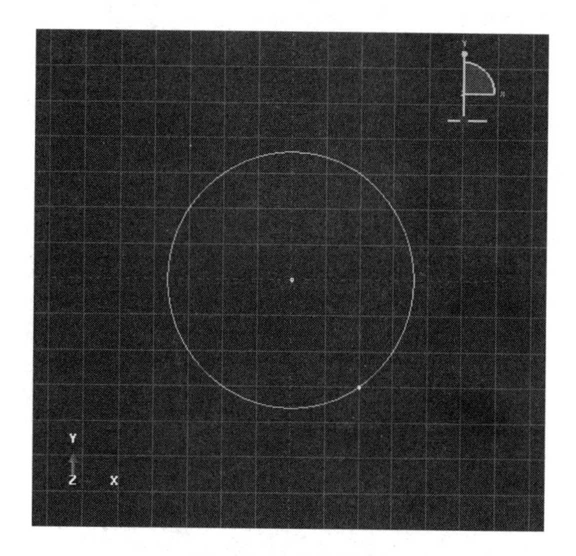

图 13-47 草图绘制

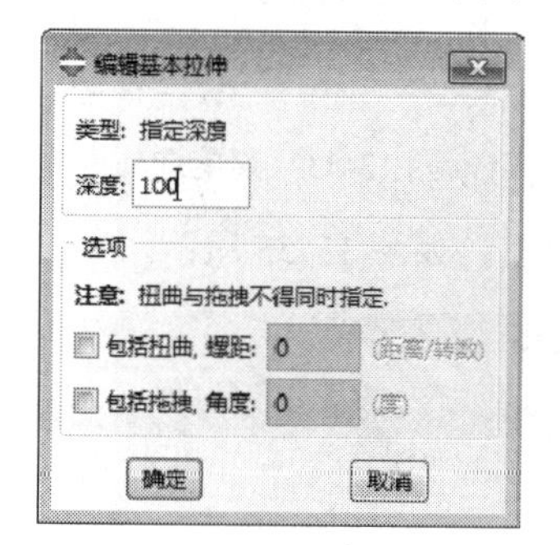

图 13-48 “编辑基本拉伸”对话框

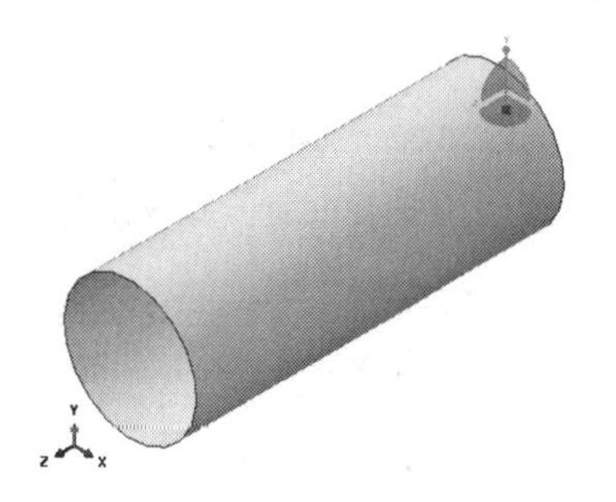

图 13-49 圆柱壳部件

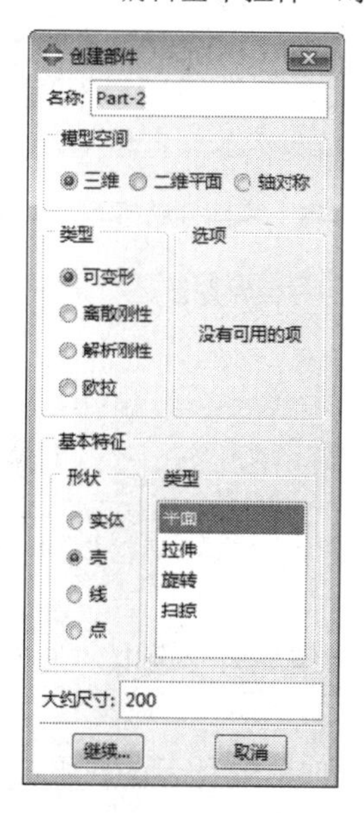

图 13-50 “创建部件”对话框

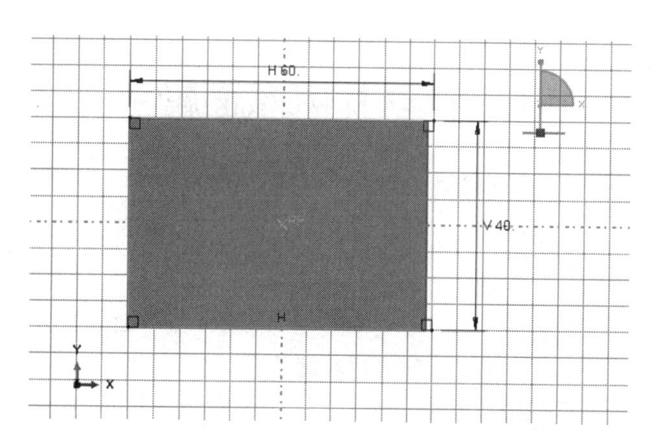

图 13-51 形成的长方形部件

步骤07 在主菜单中执行“工具”→“参考点”命令，在视图中选择矩形的中心，创建参考点 RP，如图 13-52 所示。

步骤08 在模型树的部件列表中，选择刚刚定义好的“Part-2”，单击鼠标右键，在弹出的快捷菜单中选择“复制”命令，如图 13-53 所示，在弹出的“部件复制”对话框（如图 13-54 所示）中，将名称改为 Part-3，单击“确定”按钮，完成部件的复制。

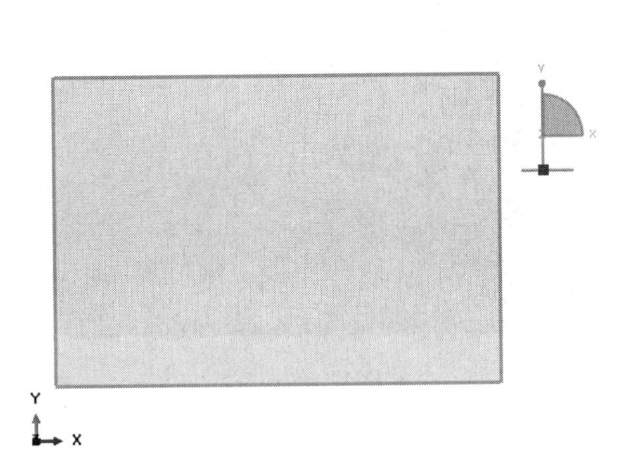

图 13-52 创建参考点 RP

图 13 53 菜单选项

步骤09 定义好的部件可以在“部件管理器”对话框中进行查看，如图 13-55 所示。

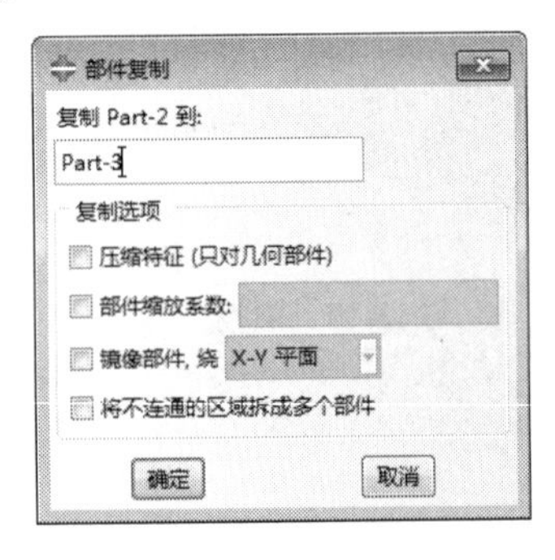

图 13-54 “部件复制”对话框

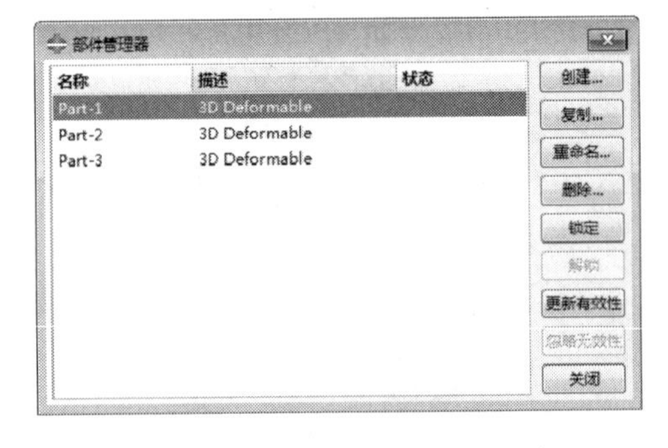

图 13-55 “部件管理器”对话框

13.4.4 创建材料和截面属性

1. 创建材料

步骤01 进入属性模块，单击工具箱中的（创建材料）按钮，弹出“编辑材料”对话框，如图 13-56 所示，设置材料“名称”为 steel。

步骤02 选择“力学”→“弹性”→“弹性”选项，设置“杨氏模量”为 2.0ell、“泊松比”为 0.3，单击“确定”按钮，完成材料属性定义。

步骤03 再次选择“力学”→“塑性”→“塑性”选项，设置如图 13-57 所示的屈服应力和塑性应变，单击“确定”按钮，完成材料属性定义。

2. 创建截面属性

步骤 01 单击工具箱中的（创建截面）按钮，在“创建截面”对话框（如图 13-58 所示）中设置“类别”为“壳”、“类型”为“均质”，单击“继续”按钮，进入“编辑截面”对话框。

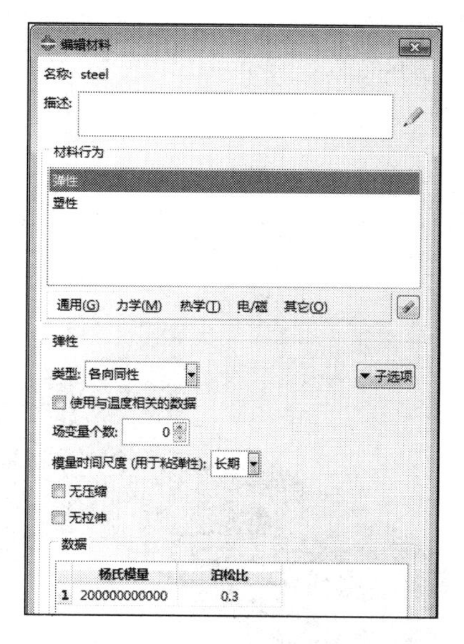

图 13-56 “编辑材料”对话框

	屈服应力	塑性应变
1	158	0
2	164	0.015
3	186	0.03
4	194	0.04
5	203	0.06
6	208	1.5

图 13-57 屈服应力和塑性应变

步骤 02 在“编辑截面”对话框（如图 13-59 所示）中，“材料”选择 steel，设置“壳的厚度：数量”为 0.01、“厚度积分点”为 3，单击“继续”按钮。

在 ABAQUS 中，壳的“厚度积分点”3 是最小值。

3. 赋予截面属性

单击工具箱中的（指派截面）按钮，选择部件 Part-1，单击提示区中的“完成”按钮，在弹出的“编辑截面指派”对话框（如图 13-60 所示）中，设置“截面”为 Section-1，单击“确定”按钮。

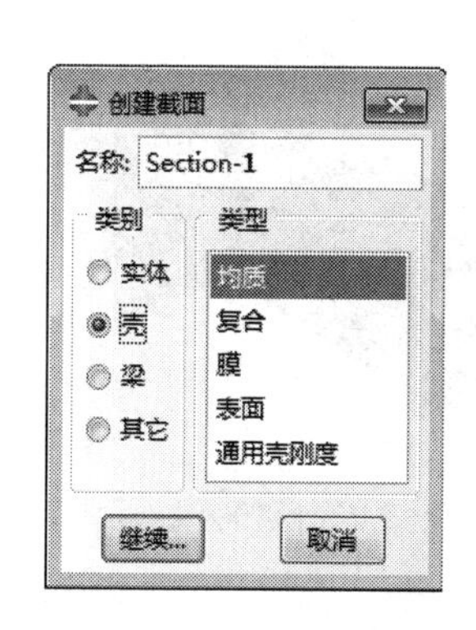

图 13-58 “创建截面”对话框

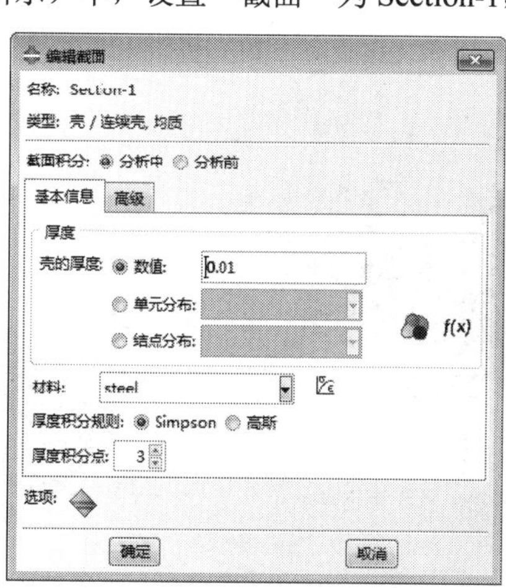

图 13-59 “编辑截面”对话框

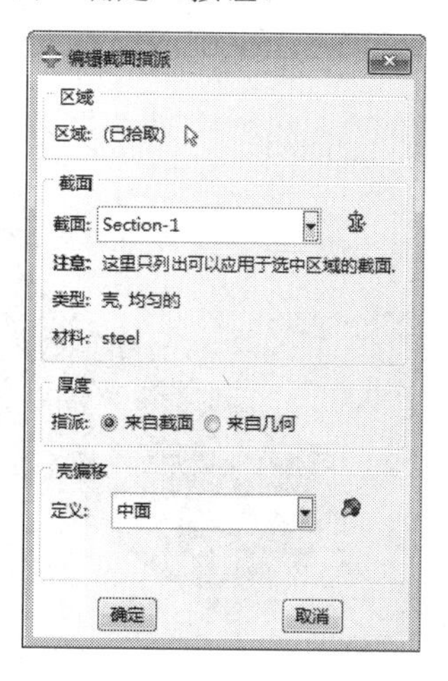

图 13-60 “编辑截面指派”对话框

13.4.5 定义装配件

步骤01 进入装配模块，单击工具箱中的（将部件实例化）按钮，弹出“创建实例”对话框（如图13-61所示），设置“创建实例从:”为“部件”，接着在按住Ctrl键的同时选择Part-1~Part-3，单击“确定”按钮，创建如图13-62所示的部件实例。

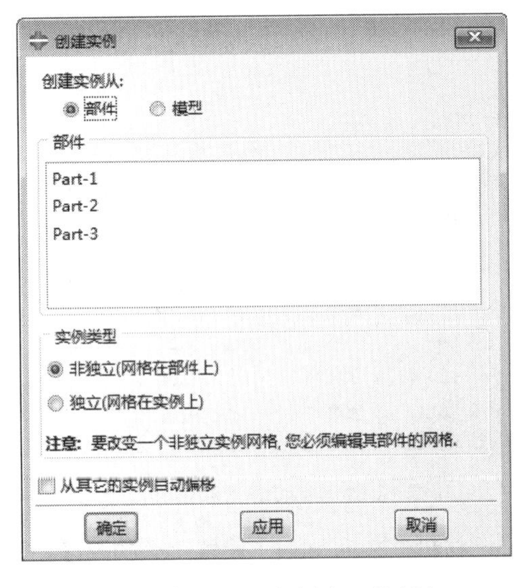

图13-61　“创建实例”对话框

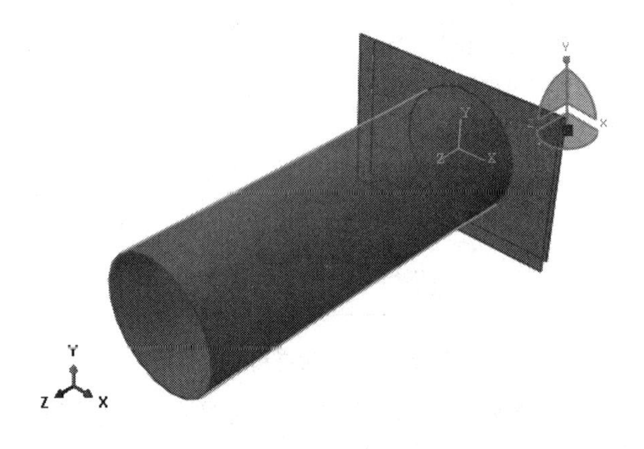

图13-62　部件实例

步骤02 单击工具箱中的（平移实例）按钮，单击提示区中的“实例”按钮，在弹出的“实例选择”对话框（如图13-63所示）中选中Part-2-1实例，单击“确定”按钮。

步骤03 选中实例的中心点作为平移的起点（如图13-64所示），然后选中圆筒另一端的圆心作为终点（如图13-65所示），视图中Part-2-1就移动到了确定的位置，单击提示区中的“确定”按钮，完成位置的定位。

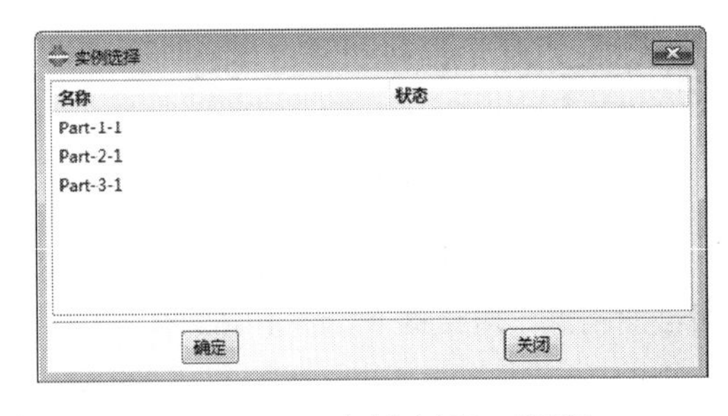

图13-63　“实例选择”对话框

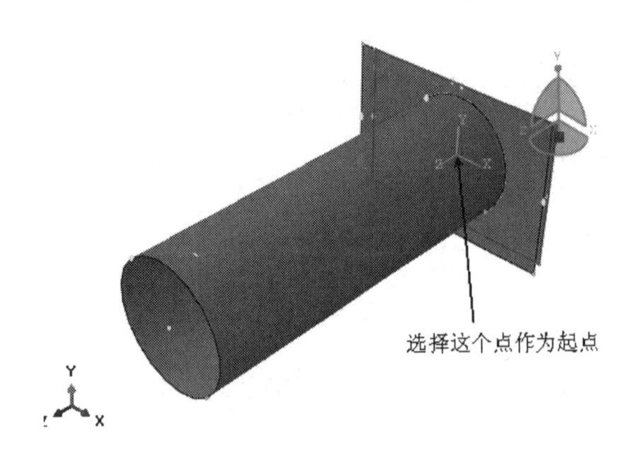

图13-64　平移的起点

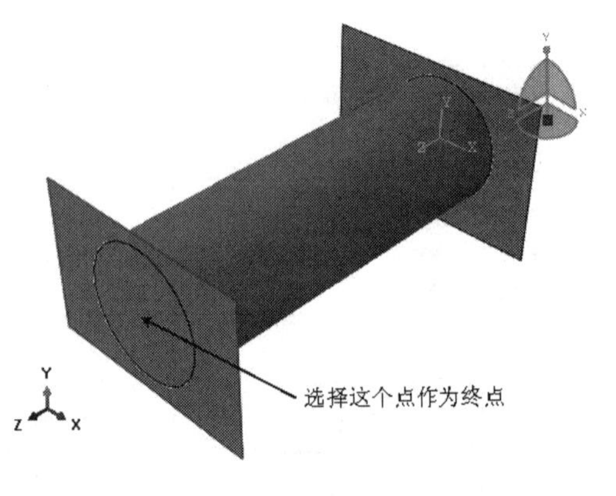

图13-65　平移的终点

13.4.6 设置分析步和输出变量

1. 定义分析步

步骤 01 进入分析步模块，单击工具箱中的 (创建分析步) 按钮，在弹出的“创建分析步”对话框(如图 13-66 所示)中选择“线性摄动：屈曲”，单击“继续”按钮。

步骤 02 在弹出的“编辑分析步”对话框(如图 13-67 所示)中选择“特征值求解器”为“子空间”，在“请求的特征值个数”后面输入 8，即需要的特征值数目是 8，其他接受默认设置，单击“确定”按钮，完成分析步的定义。

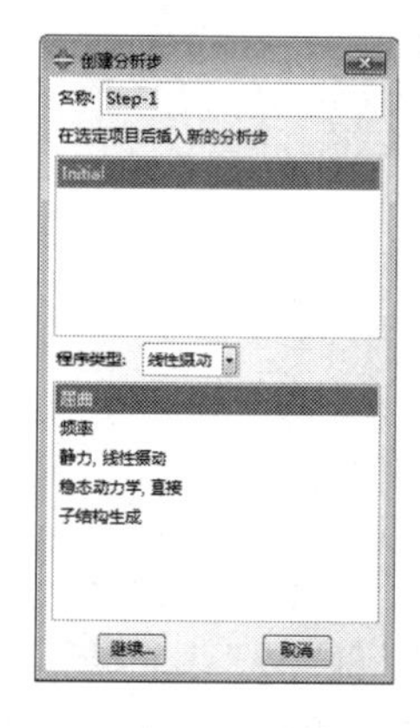

图 13-66 “创建分析步”对话框

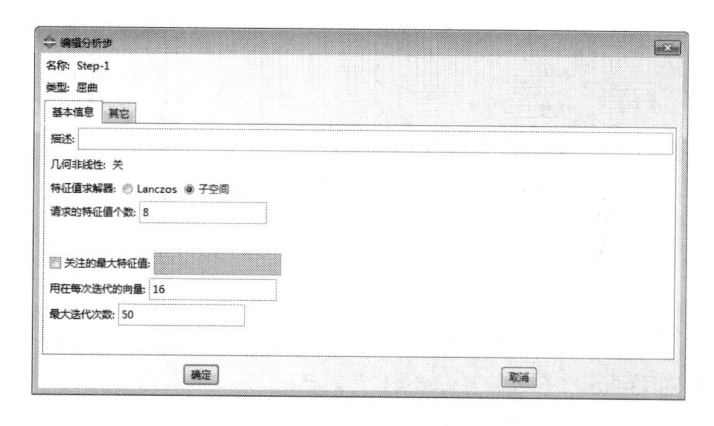

图 13-67 “编辑分析步”对话框

2. 设置连接单元的变量输出

步骤 01 单击工具箱中的 (场输出管理器) 按钮，在弹出的“场输出请求管理器”对话框(如图 13-68 所示)中可以看到 ABAQUS/CAE 已经自动生成了一个名称为 F-Output-1 的历史输出变量。

步骤 02 单击“编辑”按钮，在弹出的“编辑场输出请求”对话框(如图 13-69 所示)中确认“作用域”是“整个模型”，确认“输出变量”为“预选的默认值：U”，单击“确定”按钮，返回“场输出请求管理器”对话框，然后单击“关闭”按钮，完成输出变量的定义。

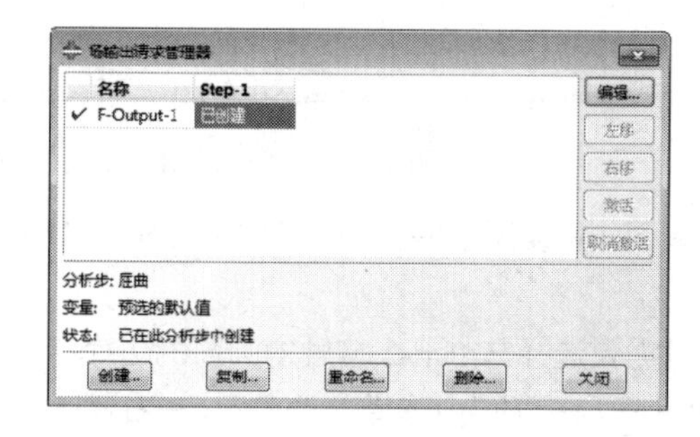

图 13-68 “场输出请求管理器”对话框

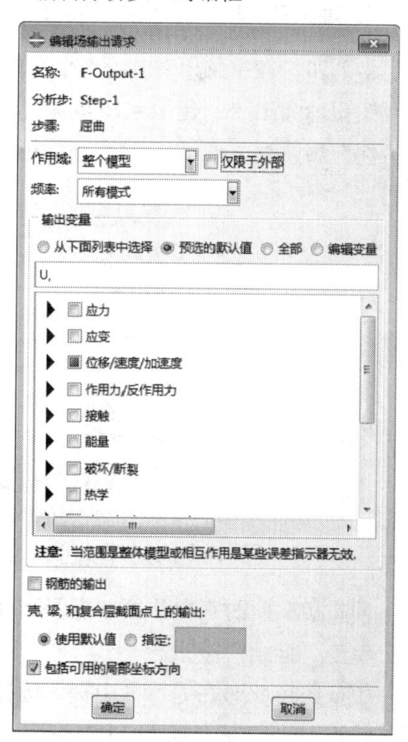

图 13-69 “编辑场输出请求”对话框

13.4.7 定义接触和约束

1. 定义接触属性

步骤01 单击 （创建相互作用属性）按钮，弹出“创建相互作用属性”对话框（如图 13-70 所示），在“名称”后面输入 IntProp-1，单击“继续”按钮。在弹出的“编辑接触属性”对话框（如图 13-71 所示）中选择“力学”→“切向行为”选项，将“摩擦公式”改为“拉格朗日乘子”，在“摩擦系数”下面输入 0.0，然后单击“确定”按钮，完成该部分的操作。

步骤02 单击 （相互作用属性管理器）按钮，就可以看到定义好的接触属性，如图 13-72 所示。

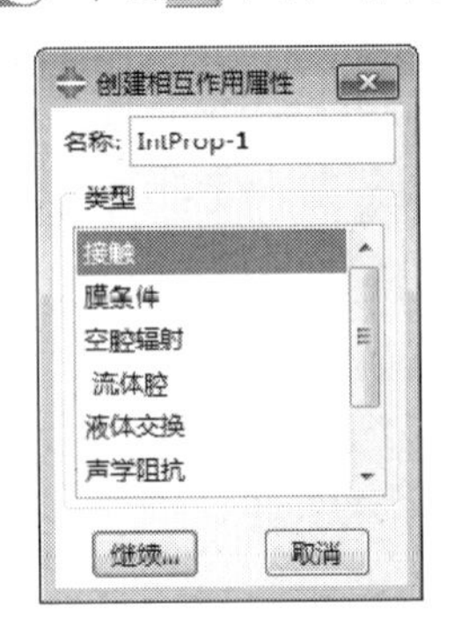

图 13-70 “创建相互作用属性”对话框

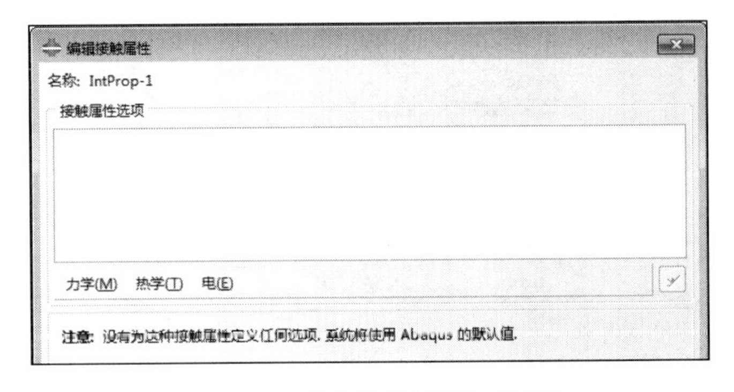

图 13-71 “编辑接触属性”对话框

2. 定义接触

步骤01 在主菜单中执行“相互作用”→“管理器”命令，单击“创建”按钮，弹出“创建相互作用属性”对话框（如图 13-73 所示），在“名称”后面输入 Int-1，设置“分析步”为 Initial，然后单击“继续”按钮。

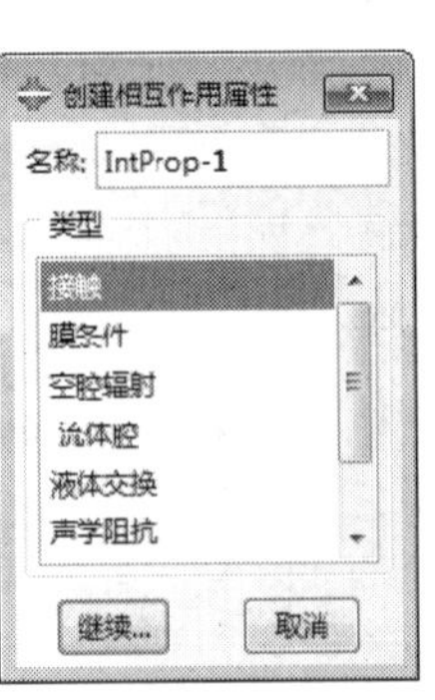

图 13-72 查看定义好的接触属性

图 13-73 “创建相互作用”对话框

步骤02 此时在提示区中提示选择接触的主面，在如图 13-74 所示的视图区中选中 Part-2 的表面作为主面，单击“继续”按钮。

步骤03 此时在提示区中提示选择接触的从面，此时需要选择与 Part-2 接触的圆筒的边缘。单击 （创建显示组）按钮，弹出如图 13-75 所示的“创建显示组”对话框，在“项”中选择部件实例，在右侧选择 Part-2-1，单击“删除”按钮。

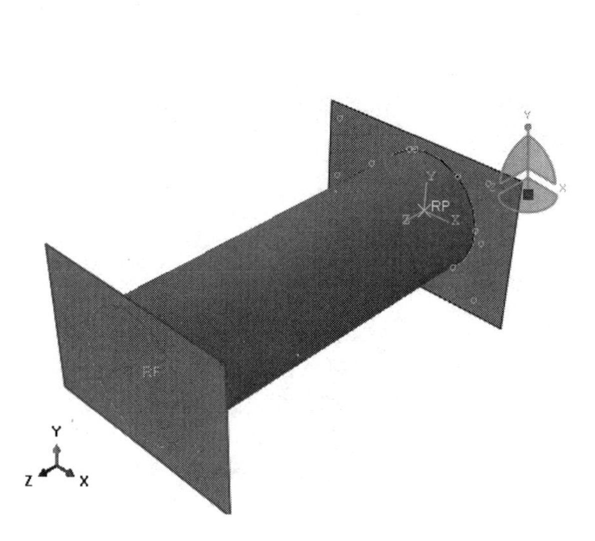

图 13-74　选择接触的主面

图 13-75　“创建显示组”对话框

步骤 04 在视图中选择如图 13-76 所示的圆筒边缘作为从面，单击“确定”按钮，在弹出的“编辑相互作用”对话框（如图 13-77 所示）中，将“接触作用属性”设为 IntProp-1，单击“确定”按钮，完成接触 Int-1 的定义。

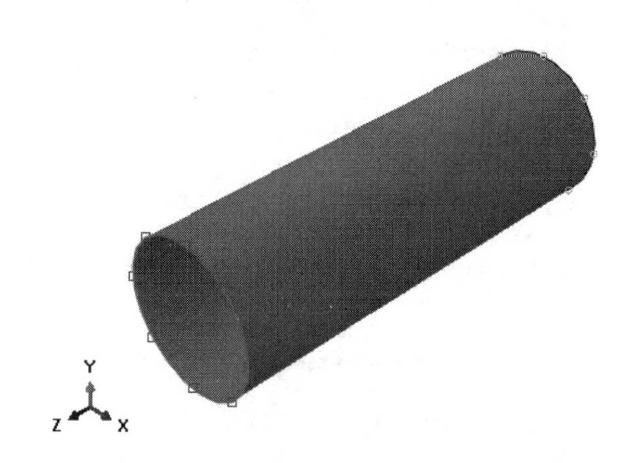

图 13-76　圆筒边缘作为从面

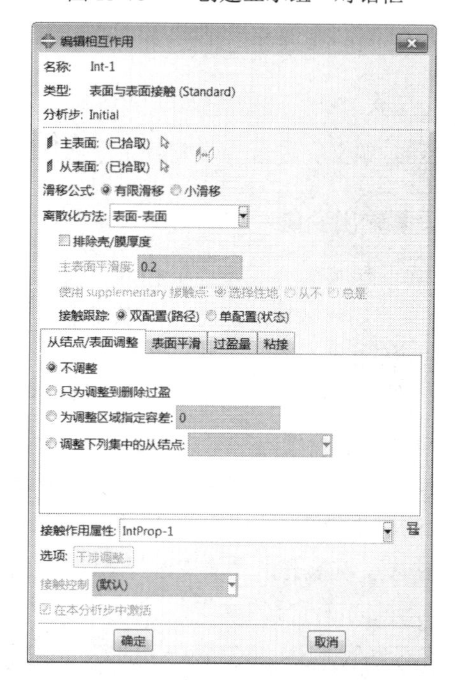

图 13-77　“编辑相互作用”对话框

步骤 05 定义完成后，单击（全部替换）按钮，显示所有的部件实例。

3. 定义约束

步骤 01 单击（创建约束）按钮，弹出“创建约束”对话框（如图 13-78 所示），在“名称”后面输入 Constraint-1，在“类型”中选择“绑定”选项，单击“继续”按钮。

步骤 02 此时在提示区中提示选择约束的主面，在视图区中选中 Part-3 的表面作为主面，单击“继续”按钮。

步骤03 在提示区中提示选择接触的从面，此时需要选择与 Part-3 接触的圆筒的边缘。单击（创建显示组）按钮，弹出“创建显示组”对话框，在“项”中选择部件实例，在右侧选择 Part-3-1，单击对话框中的“删除”按钮。

步骤04 在视图中选择圆筒边缘作为从面，单击“确定”按钮，弹出“编辑约束”对话框（如图 13-79 所示），不改变默认的参数，单击“确定”按钮，完成绑定约束 Constraint-1 的定义。

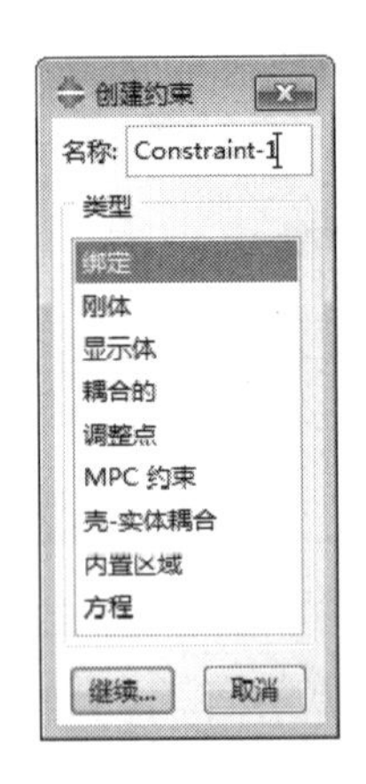

图 13-78 “创建约束”对话框

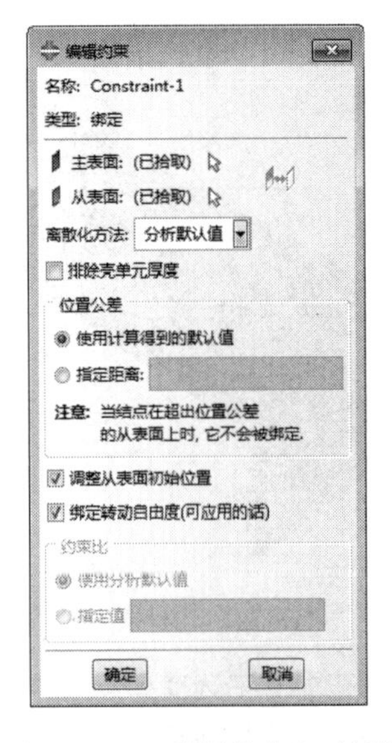

图 13-79 “编辑约束”对话框

步骤05 定义完成后，单击（全部替换）按钮，显示所有的部件实例。

4. 设置输出变量

步骤01 切换到分析步功能模块，执行主菜单中的“输出”→“历程输出请求”→“管理器”命令，在弹出的“历程输出请求管理器”对话框（如图 13-80 所示）中可以看到 ABAQUS/CAE 已经自动创建了一个名称为 H-Output-1 的场变量输出控制。

步骤02 单击“编辑”按钮，弹出“编辑历程输出请求”对话框（如图 13-81 所示），单击“接触”前面的黑色三角按钮，在展开的列表中选择 CFN，然后单击“确定”按钮，完成该部分的操作。

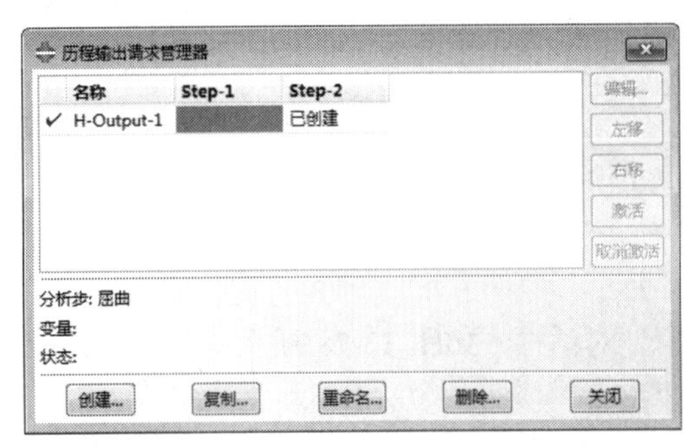

图 13-80 “历程输出请求管理器”对话框

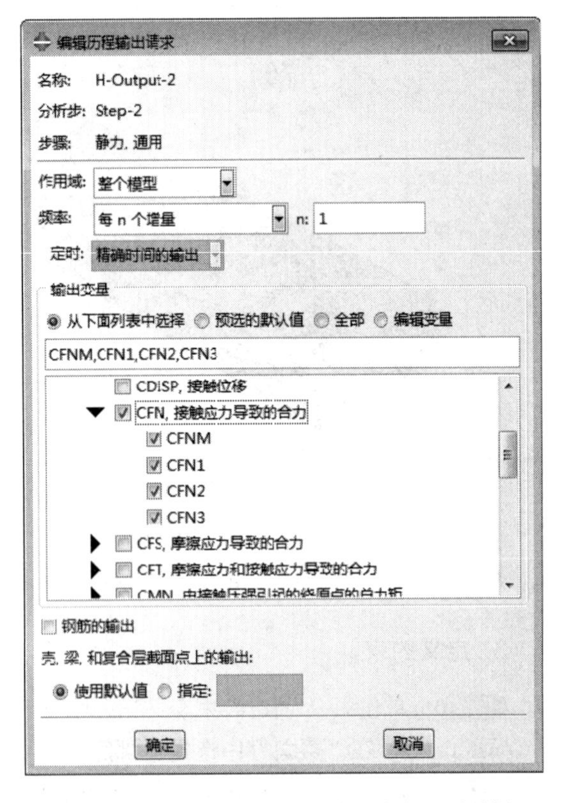

图 13-81 “编辑历程输出请求”对话框

13.4.8 定义载荷和边界条件

1. 定义边界条件

步骤 01 进入载荷功能模块，单击工具箱中的（边界条件管理器）按钮，单击“边界条件管理器”对话框中的“创建”按钮，在弹出的对话框（如图 13-82 所示）中设置“分析步”为 Initial、“可用于所选分析步的类型”为“位移/转角”，选择部件的内部参考点，单击鼠标中键。

步骤 02 在弹出的“编辑边界条件”对话框中选中“U1、U2、UR1、UR2、UR3”复选框，如图 13-83 所示。

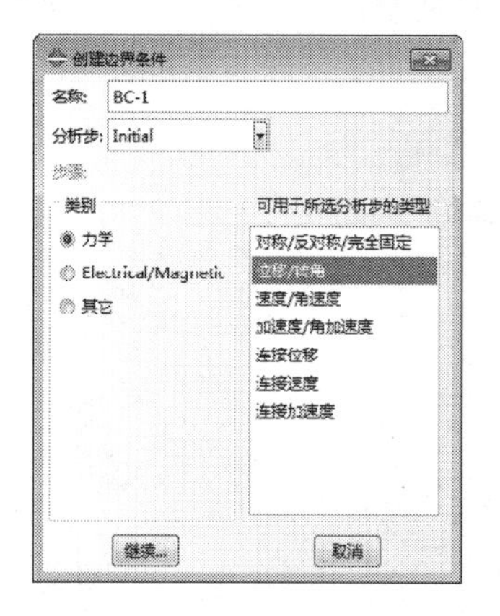

图 13-82 “创建边界条件”对话框

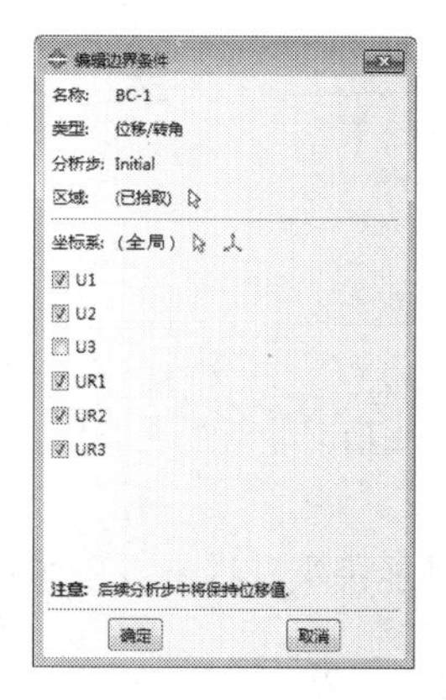

图 13-83 选中“U1、U2、UR1、UR2、UR3”复选框

步骤 03 再次单击“边界条件管理器”对话框中的“创建”按钮，在弹出的对话框中创建 BC-2，设置“分析步”为 Initial、“类型”为“位移/转角”，选择部件的外部参考点，单击鼠标中键。

步骤 04 在弹出的“编辑边界条件”对话框中选中“U1、U2、UR1、UR2、UR3”复选框。

2. 在柱顶上施加压力

步骤 01 单击工具箱中的（载荷管理器）按钮，再单击“载荷管理器”对话框（如图 13-84 所示）中的“创建”按钮，在弹出的对话框中设置“分析步”为 Step-1、“类型”为“集中力”，选择杆件的内部参考点，单击鼠标中键。

步骤 02 在弹出的“编辑载荷”对话框中，参数设置如图 13-85 所示，单击“确定”按钮，完成定义。

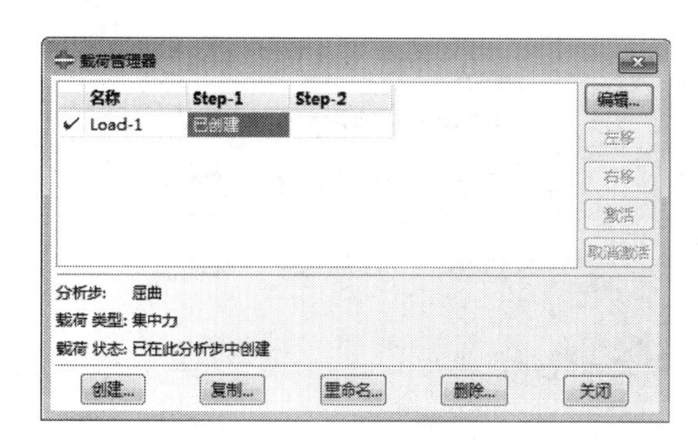

图 13-84 “载荷管理器”对话框

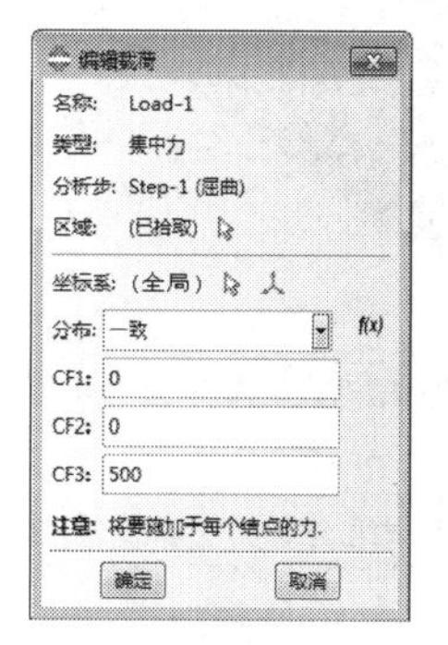

图 13-85 “编辑载荷”对话框

定义好的结构如图 13-86 所示。

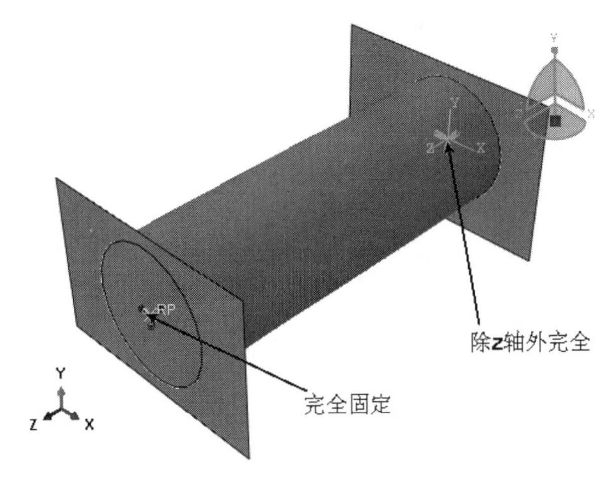

图 13-86　施加位移约束后的结构图

13.4.9　划分网格

进入网格功能模块，将窗口顶部的环境栏对象选项设为“部件：Part-1”。

1. 设置网格密度

单击工具箱中的 (为边布种) 按钮，在视图中选择如图 13-87 所示的圆筒边缘，单击鼠标中键，在弹出的“局部种子”对话框(如图 13-88 所示)中设置“方法”为“按个数”、“单元数”为 22，然后单击“确定”按钮。

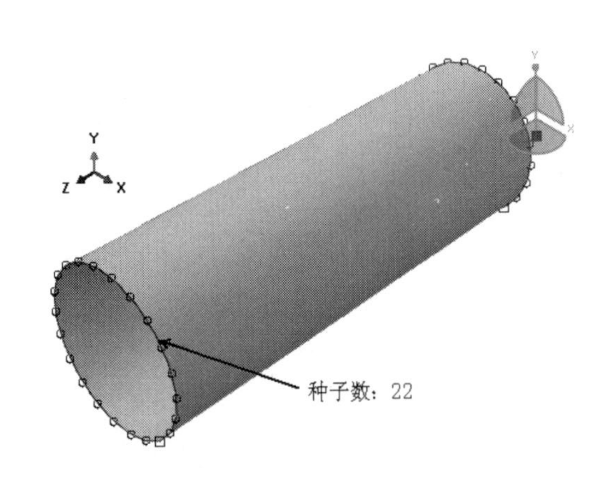

图 13-87　选择圆筒的边缘

图 13-88　“局部种子”对话框

技巧提示

对于一维结构，不需要定义网格控制属性，否则会出现错误提示。

利用同样的方法选择 Part-2 和 Part-3，设置种子数如图 13-89 所示。

2. 控制网格划分

单击工具箱中的 （指派网格控制属性）按钮，弹出“网格控制属性”对话框（如图 13-90 所示），在“单元形状”中选择“四边形为主”，采用“自由”网格技术，单击“确定”按钮，完成控制网格划分选项的设置。

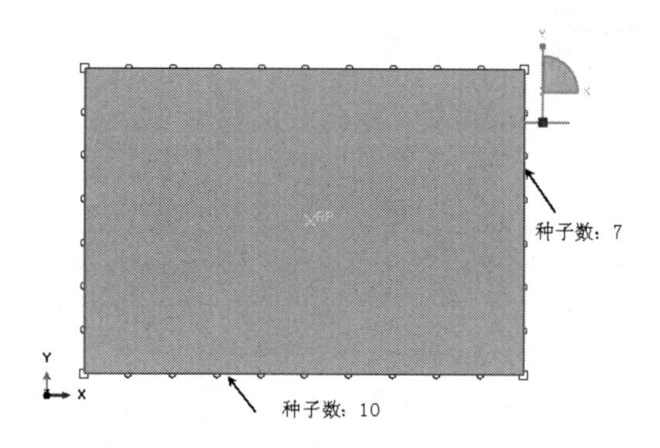

图 13-89 设置种子数

图 13-90 “网格控制属性”对话框

利用同样的方法，选择 Part-2 和 Part-3，设置网格控制属性。

3. 选择单元类型

单击工具箱中的 （指派单元类型）按钮，在视图区中选择模型实体部分，单击“完成”按钮，弹出“单元类型”对话框（如图 13-91 所示），选择默认的单元类型 S4R，单击“确定”按钮。

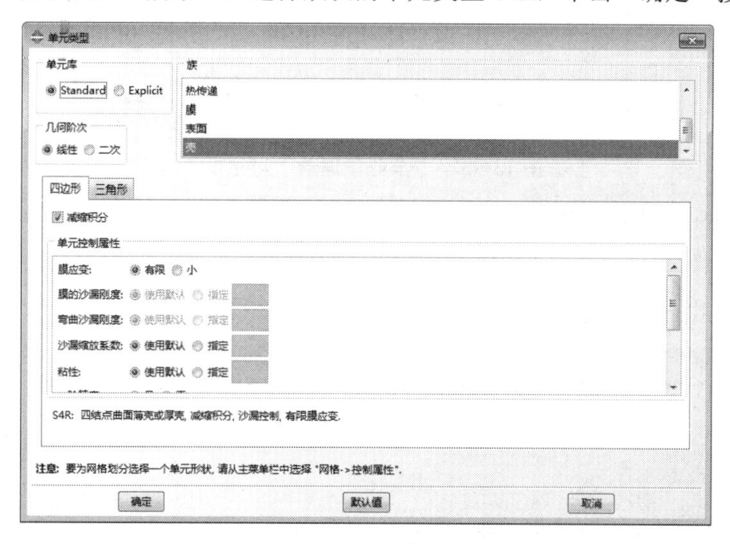

图 13-91 “单元类型”对话框

利用同样的方法，选择 Part-2 和 Part-3，设置单元类型。

4. 划分网格

单击工具箱中的 （为部件划分网格）按钮，单击提示区中的“是”按钮，完成网格划分，如图 13-92 所示。

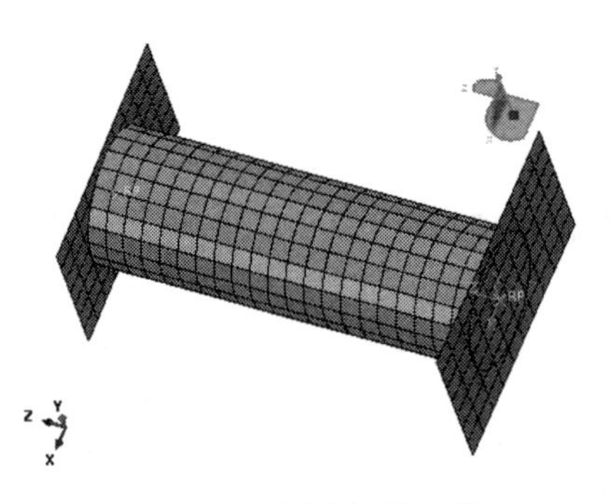

图 13-92　划分好的网格

13.4.10　结果分析

步骤 01 进入作业模块。执行“作业”→“管理器”命令，单击“作业管理器”对话框（如图 13-93 所示）中的“创建”按钮，定义作业“名称”为 buckling，再单击“继续”按钮，最后单击“确定”按钮，完成作业定义。

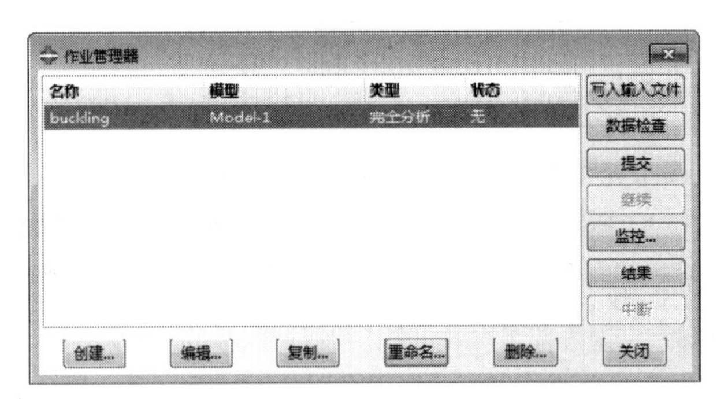

图 13-93　“作业管理器”对话框

步骤 02 单击“作业管理器”对话框中的“监控”按钮，可以对求解过程进行监视（如图 13-94 所示），单击“提交”按钮提交作业。

图 13-94　对求解过程进行监视

13.4.11 后处理

步骤 01 分析完毕后，单击“结果”按钮，ABAQUS/CAE 进入可视化模块。单击按钮，可以显示 Mises 应力云图，单击按钮，可以显示变形过程的动画。

步骤 02 执行“结果”→“分析步/帧”命令，弹出“分析步/帧”对话框，如图 13-95 所示，在“分析步名称”中选择 Step-1，在“帧”中选择“索引”为 1，单击“应用”按钮，显示一阶模态；选择“索引”为 3，单击“应用”按钮，显示三阶模态；利用类似的方法显示模态的六阶和八阶振型图，如图 13-96 所示。

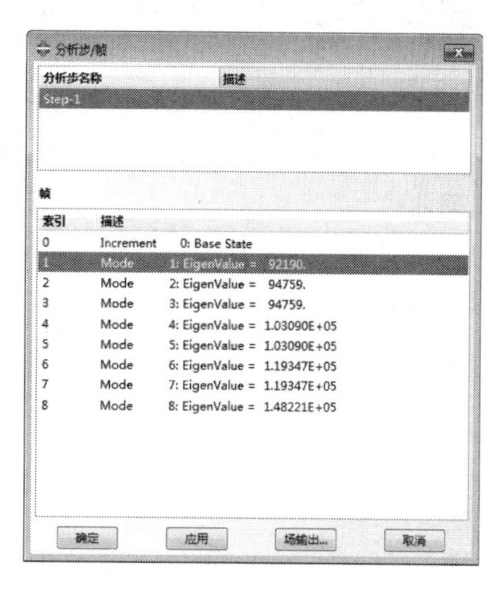

图 13-95 “分析步/帧”对话框

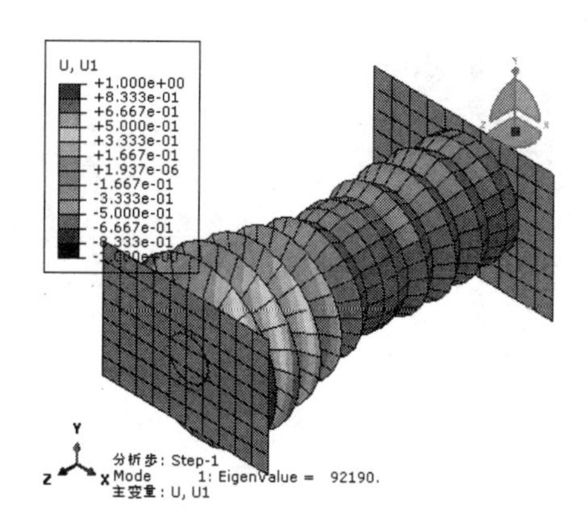

第 1 阶

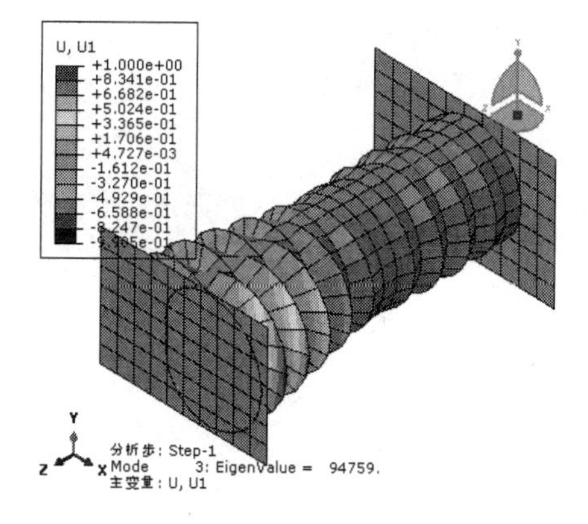

第 3 阶

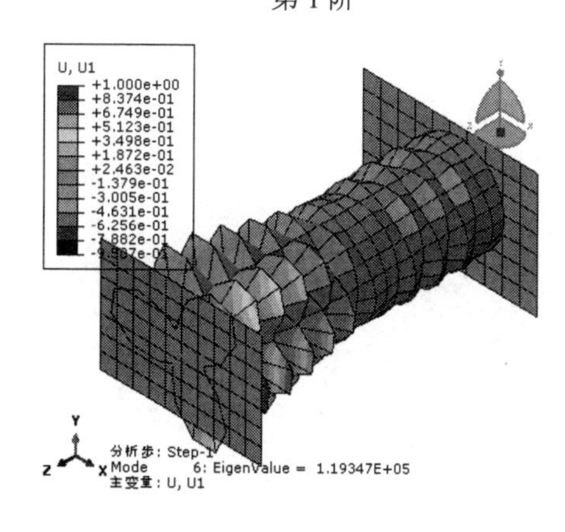

第 6 阶

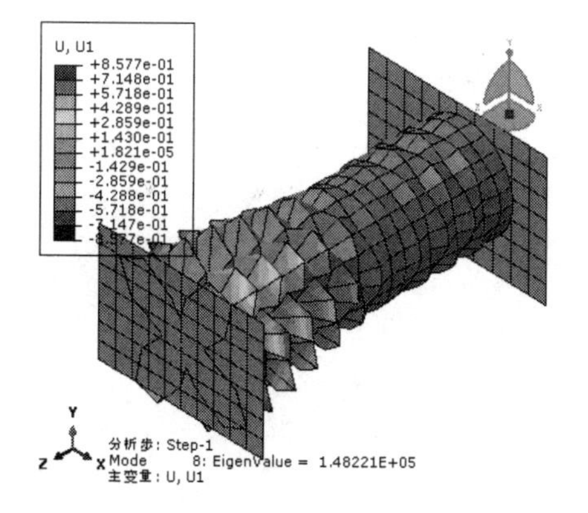

第 8 阶

图 13-96 各阶振型图

步骤03 执行“动画”→“时间历程”命令，可以动画显示各模型振动情况。

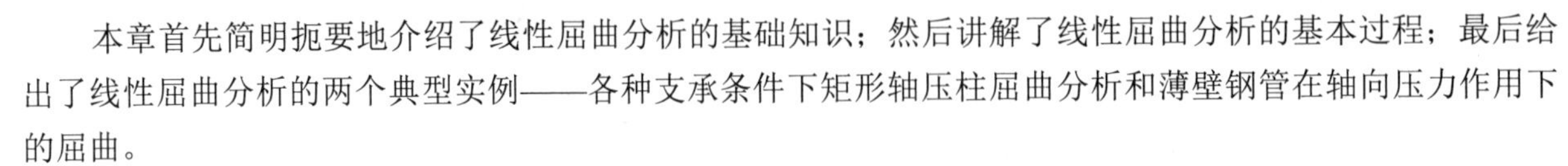

13.5 本章小结

本章首先简明扼要地介绍了线性屈曲分析的基础知识；然后讲解了线性屈曲分析的基本过程；最后给出了线性屈曲分析的两个典型实例——各种支承条件下矩形轴压柱屈曲分析和薄壁钢管在轴向压力作用下的屈曲。

通过本章的学习，读者可以掌握线性屈曲分析的基本流程、载荷和约束加载方法，以及结果后处理方法等相关知识。

第 14 章 ABAQUS 用户子程序分析详解

导读

虽然ABAQUS为用户提供了大量的单元库和求解模型，使用户能够利用这些模型处理绝大多数的问题，但是实际问题毕竟非常复杂，ABAQUS 不可能直接求解所有可能出现的问题，所以，ABAQUS 提供了大量的用户自定义子程序（User Subroutine），允许用户在找不到合适模型的情况下自行定义符合自己要求的模型。这些用户子程序涵盖了建模、载荷到单元的各个部分。

在本章中，将讲解用户子程序的应用和优势，进一步扩展 ABAQUS 的应用空间。

教学目标

- 掌握用户子程序的基本概念
- 熟悉常用的用户子程序接口
- 了解使用用户子程序进行分析

14.1 用户子程序简介

用户子程序具有以下功能和优点。

（1）ABAQUS 的一些固有选项模型功能有限，用户子程序可以提高 ABAQUS 中这些选项的功能。
（2）它可以以几种不同的方式包含在模型中。
（3）它没有存储在 restart 文件中，可以在重新开始运行时修改。
（4）在某些情况下，它可以利用 ABAQUS 允许的已有程序。
（5）通常用户子程序是用 FORTRAN 语言的代码写成的。

ABAQUS 如果需要用 User Subroutine 就必须有 Intel Fortran，而 Intel Fortran 又必须在 Visual Studio 的环境下运行。三者之间存在两两兼容问题，读者在安装时必须引起注意。

要在模型中使用用户子程序，可以利用执行程序。在 ABAQUS 执行程序中应用 USER 选项指明包含这些子程序的 FORTRAN 源程序或目标程序的名称。

ABAQUS 的输入文件除了可以通过 ABAQUS/CAE 的作业模块提交运行外，还可以在 ABAQUS Command 窗口中输入 ABAQUS 执行程序直接运行，如图 14-1 所示。

其中，ABAQUS job=输入文件名，user=用户子程序的 FORTRAN 文件名。

此外，ABAQUS/Standard 和 ABAQUS/Explicit 都支持用户子程序功能，但是它们所支持的用户子程序种类不尽相同，读者在需要使用时请注意查询手册。

图 14-1　ABAQUS Command 窗口

14.2　用户子程序接口概述

ABAQUS 为用户提供了强大而又灵活的用户子程序接口（USER SUBROUTINE）和应用程序接口（UTILITY ROUTINE）。

ABAQUS 2018 一共有 42 个用户子程序接口、13 个应用程序接口，用户可以定义边界条件、荷载条件、接触条件、材料特性以及利用用户子程序和其他应用软件进行数据交换等。这些用户子程序接口使用户在解决一些问题时有很大的灵活性，同时大大扩充了 ABAQUS 的功能。

如果荷载条件是时间的函数，那么这在 ABAQUS/CAE 和 INPUT 文件中是难以实现的，但在用户子程序 DLOAD 中就很容易实现。

14.2.1　在 ABAQUS 中使用用户子程序

ABAQUS 的用户子程序是用户根据 ABAQUS 提供的相应接口按照 FORTRAN 语法编写的代码。在一个算例中，用户可以用到多个用户子程序，但必须将它们放在一个以.FOR 为扩展名的文件中。

运行带有用户子程序的算例时有以下两种方法。

（1）在“编辑作业”对话框（如图 14-2 所示）的“通用”选项卡中单击“用户子程序文件”按钮，选择用户子程序所在的文件（如图 14-3 所示）即可。

（2）在 ABAQUS COMMAND 中运行，语法如下：

```
ABAQUS JOB=[JOB] USER=[.FOR]
```

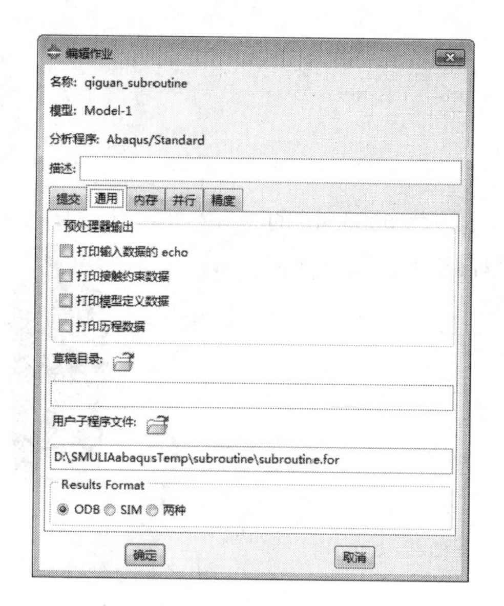

图 14-2 “编辑作业”对话框

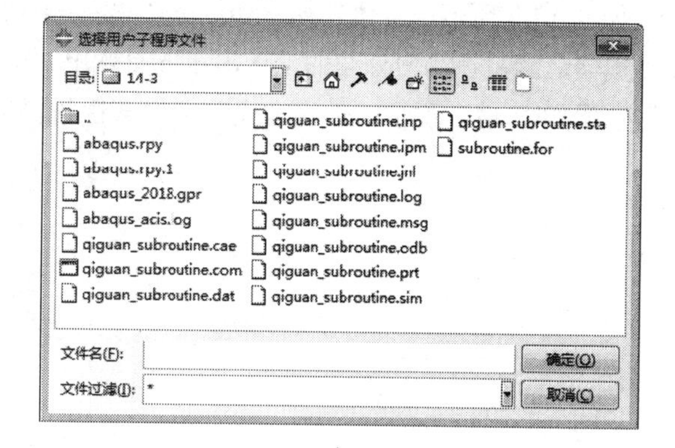

图 14-3 选择用户子程序所在的文件

14.2.2 编写用户子程序的条件

（1）用户子程序不能嵌套，即任何用户子程序都不能调用任何其他用户子程序，但可以调用用户自己编写的 FORTRAN 子程序和 ABAQUS 应用程序。当用户编写 FORTRAN 子程序时，建议子程序名以 K 开头，以免和 ABAQUS 内部程序冲突。

（2）ABAQUS 应用程序必须由用户子程序调用。

（3）当用户在用户子程序中利用 OPEN 打开外部文件时，要注意两点：一是设备号的选择是有限制的，只能取 15~18 和大于 100 的设备号，其余的都已被 ABAQUS 占用；二是用户需提供外部文件的绝对路径，而不是相对路径。

用到某个用户子程序时，主要注意以下两点：
（1）ABAQUS 提供的用户子程序的接口参数。有些参数是 ABAQUS 传到用户子程序中的，如 SUBROUTINE DLOAD 中的 KSTEP、KINC、COORDS；有些是需要用户自己定义的，如 F。
（2）ABAQUS 何时调用该用户子程序。对于不同的用户子程序，ABAQUS 调用的时间是不同的。有的是在每个 STEP 开始，有的是在 STEP 结尾，有的是在每个 INCREMENT 开始……ABAQUS 调用用户子程序时，都会把当前的 STEP 和 INCREMENT 利用用户子程序的两个实参 KSTEP 和 KINC 传给用户子程序，读者可以编一个小程序将它们输出到外部文件中，这样对 ABAQUS 何时调用该用户子程序就会有更深的了解。

14.3 壳结构受内压作用的有限元模拟

在前面章节中已经分析了长柱形天然气罐在内压作用下的静力分析模拟，本节将利用文献中提到的新型材料信息来进一步分析该问题。

14.3.1 问题描述

如图 14-4 所示，主体外径 d=406mm、壁厚 t=18mm、总长度为 6000mm 的天然气储运罐，在均匀分布的设计内压 p=23MPa 作用下，单向压缩试验得到试样的数据如表 14-1 所示，作为本模型中的塑性材料数据。

图 14-4 壳结构分析模型

表 14-1 试样的材料定义

性质	杨氏模量[MPa]	泊松比	Johnson-Cook 模型参数				
			A[MPa]	B[MPa]	n	C	M
数值	5.0×10^5	0.3	60	100	0.23	0.03	0.5

下面将进行试样壳结构受内压的模拟，查看和分析结果中的应力-应变等信息。

14.3.2 创建模型

步骤 01 运行 ABAQUS/CAE，修改模型名称 Model-1 为 qiguan_subroutine，保存模型为 qiguan_subroutine.cae。

步骤 02 单击工具箱中的（创建部件）按钮，在弹出的“创建部件”对话框（如图 14-5 所示）中，默认“名称”为 Part-1，将“模型空间”设为“三维”、“类型”设为“可变形”，将“基本特征”中的“形状”设为“壳”、“类型”设为“旋转”，“大约尺寸”设为 1000，单击“继续”按钮，进入草图环境。提示区提示如图 14-6 所示。

步骤 03 单击工具箱中的（创建孤立点）按钮，在提示区中依次输入下列坐标值：1.（44.5, 298.5）、2.（67.5, 298.5）、3.（44.5, 179.6）、4.（67.5, 191.4）、5.（185,0.0）、6.（203, 0.0）、7.（0.0, 0.0）、8.（185,−701.5）、9.（203,−701.5）、10.（0, 298.5），创建 10 个点。

步骤 04 单击工具箱中的（创建线：首尾相连）按钮，在视图区中连接刚刚定义好的 1 点和 2 点、1 点和 3 点、2 点和 4 点、5 点和 8 点、8 点和 9 点、6 点和 9 点，单击提示区中的“完成”按钮。

步骤 05 单击工具箱中的（创建圆弧：圆心和两端点）按钮，选择点 7（0.0,0.0）为圆心、以点 5（185,0.0）为起点、点 3（44.5, 179.6）为终点绘制一个圆弧。

步骤 06 使用同样的方法，选择点 7（0.0,0.0）为圆心，以点 6（203, 0.0）为起点、点 4（67.5,191.4）为终点绘制一个圆弧。

步骤 07 单击工具箱中的（删除）按钮，选择前面创建的 10 个点（选择多个点的时候按住 Shift 键），单击鼠标中键，删除这 10 个点。

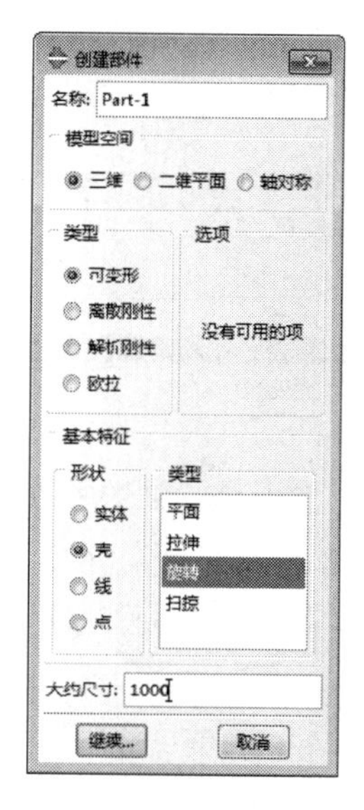

图 14-5　“创建部件”对话框

图 14-6　提示区提示

步骤 08 单击工具箱中的 （创建倒角：两条曲线）按钮，在提示区中输入倒角的半径 63，然后在视图区中分别拾取 1-3 线和 3-5 弧，按回车键，完成倒角的定义。

步骤 09 使用同样的方法，在提示区中输入倒角的半径 40，然后在视图区中分别拾取 2-4 线和 6-4 弧，按回车键，完成倒角的定义。最后形成如图 14-7 所示的结构。

步骤 10 单击鼠标中键后，在弹出的如图 14-8 所示的“编辑旋转”对话框中设置“角度”为 360，单击“确定”按钮。

步骤 11 最后形成轴对称模型（如图 14-9 所示），保存模型。

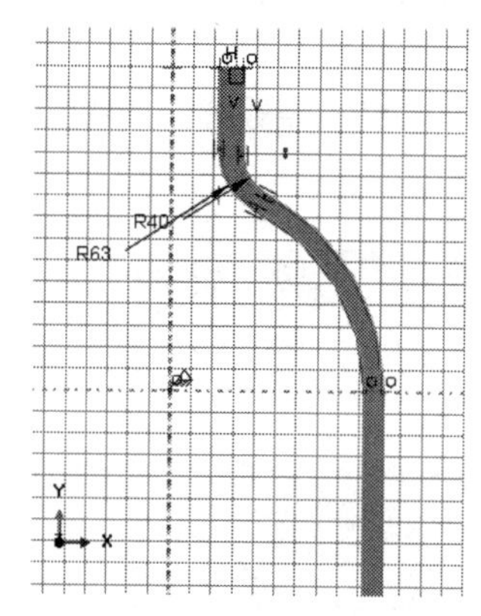

图 14-7　最后形成的结构

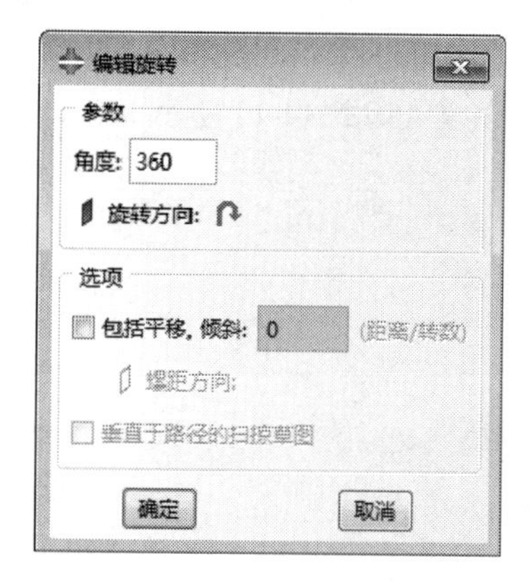

图 14-8　“编辑旋转”对话框

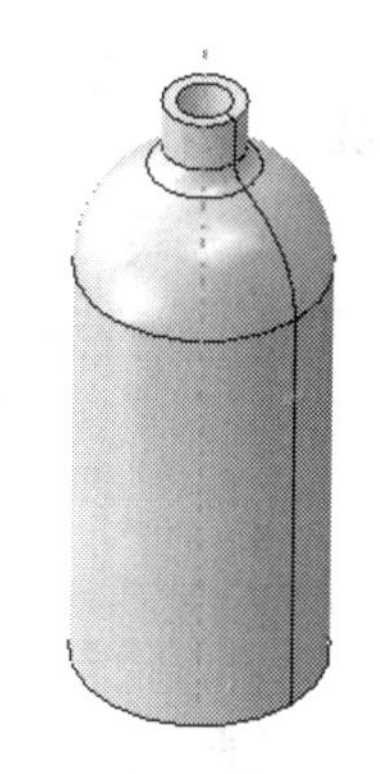

图 14-9　形成的轴对称模型

14.3.3　定义材料和截面属性

1. 创建材料

进入属性功能模块，单击 按钮，在弹出的“编辑材料”对话框（如图 14-10 所示）中，选择“力学”→“用户材料”选项，将表 14-1 所示的材料信息输入数据表中。

步骤 02 选择“通用”→“非独立变量”选项，在“非独立变量”选项组中设置“依赖于解的状态变量的个数”为 1（如图 14-11 所示），单击“确定”按钮。

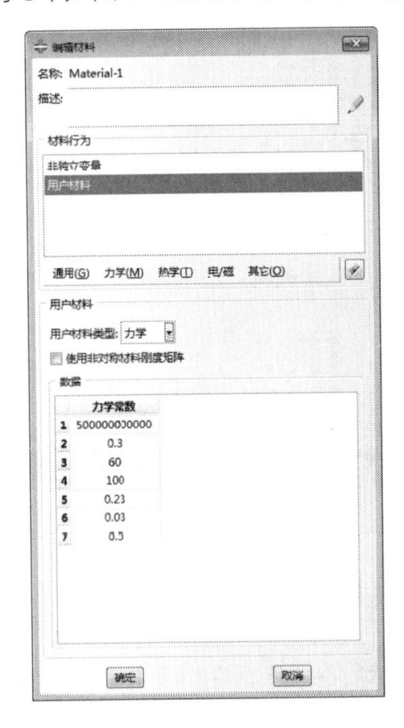

图 14-10 “编辑材料”对话框

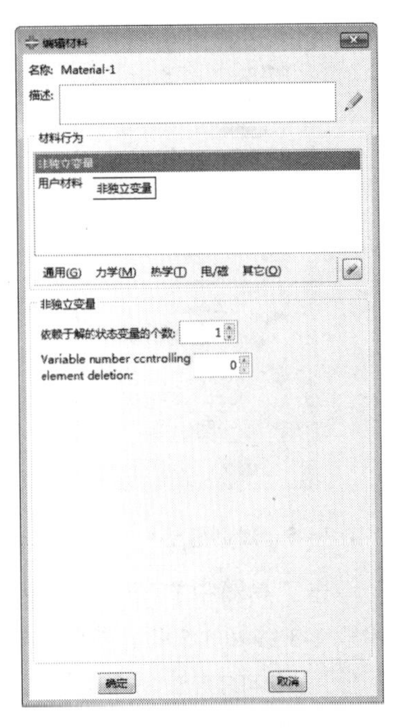

图 14-11 设置“依赖于解的状态变量的个数”

2. 创建截面属性

步骤 01 单击（创建截面）按钮，弹出“创建截面”对话框（如图 14-12 所示），设置“类别”为“实体”、“类型”为“均质”，单击“继续”按钮。

步骤 02 在弹出的“编辑截面”对话框（如图 14-13 所示）中单击“确定”按钮，完成截面属性的操作。

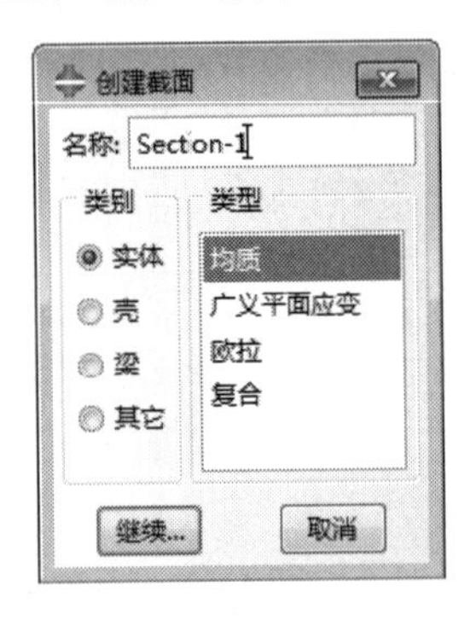

图 14-12 “创建截面”对话框

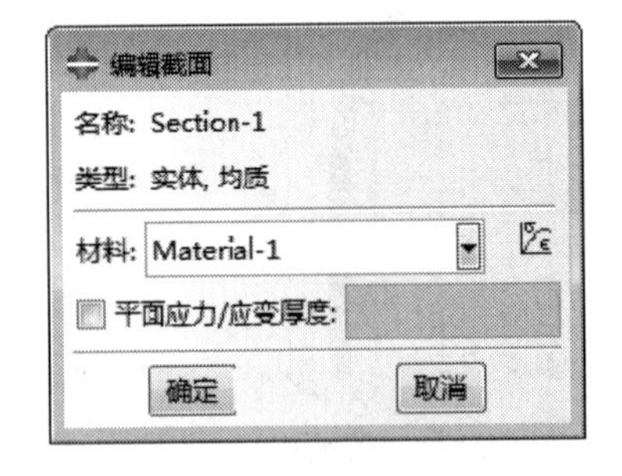

图 14-13 “编辑截面”对话框

对于三维模型旋转壳问题，其截面属性应该是实体而不是壳。

3. 赋予截面属性

单击（指派截面属性）按钮，选中部件后，在弹出的“编辑截面指派”对话框（如图 14-14 所示）中选择“截面”为 Section-1，单击“确定”按钮，为部件赋予截面属性。

14.3.4　定义装配件

进入装配模块，单击工具箱中的（将部件实例化）按钮，在“创建实例”对话框（如图 14-15 所示）中选择 Part-1，单击“确定”按钮，创建部件的实例。

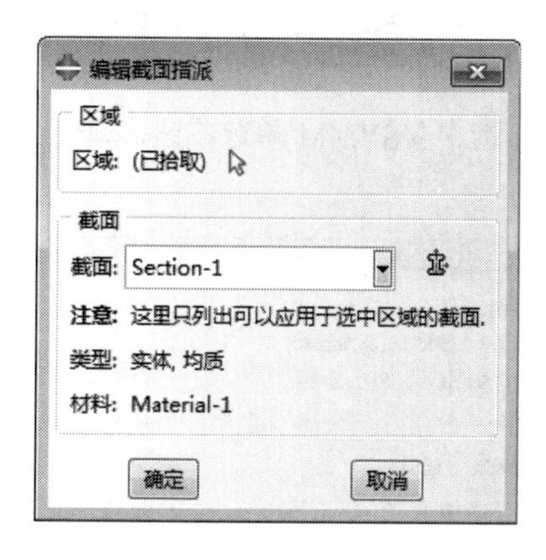

图 14-14　“编辑截面指派”对话框

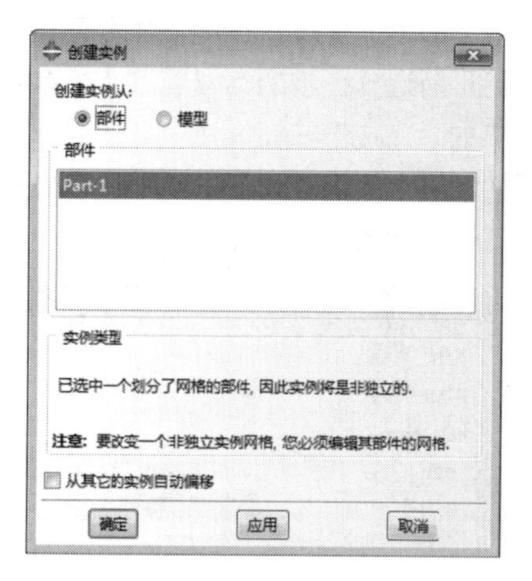

图 14-15　“创建实例”对话框

14.3.5　设置分析步

步骤 01 进入分析步模块，单击工具箱中的（创建分析步）按钮，在弹出的“创建分析步”对话框（如图 14-16 所示）中选择“静力，通用”，单击“继续”按钮。

步骤 02 在弹出的“编辑分析步”对话框（如图 14-17 所示）中接受默认设置，单击“确定”按钮，完成分析步的定义。

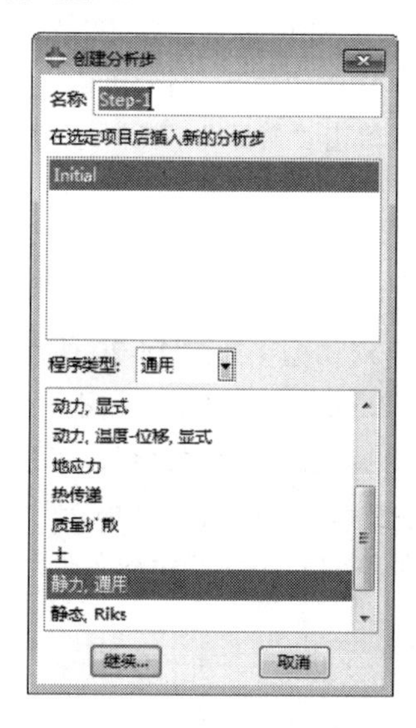

图 14-16　“创建分析步”对话框

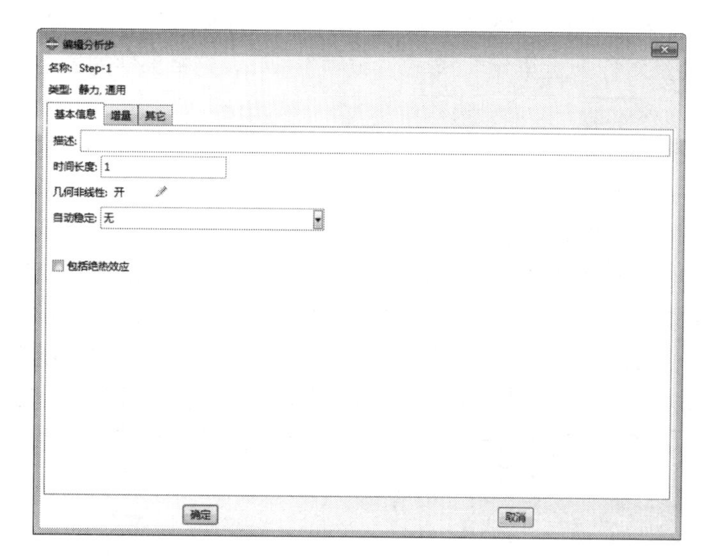

图 14-17　“编辑分析步”对话框

14.3.6 定义载荷和边界条件

1. 定义边界条件

步骤01 进入载荷功能模块，单击工具箱中的（创建边界条件）按钮，创建“名称”为 BC-1 的边界条件，在弹出的“创建边界条件”对话框（如图 14-18 所示）中，设置“分析步”为 Step-1、“类别”为“力学”、“可用于所选分析步的类型”为“对称/反对称/完全固定”，单击“继续”按钮，选择部件的最下面，单击提示区中的“完成”按钮。

步骤02 进入“编辑边界条件”对话框（如图 14-19 所示），选中 YSYMM 单选按钮，单击“确定”按钮，完成底部边界条件的施加。

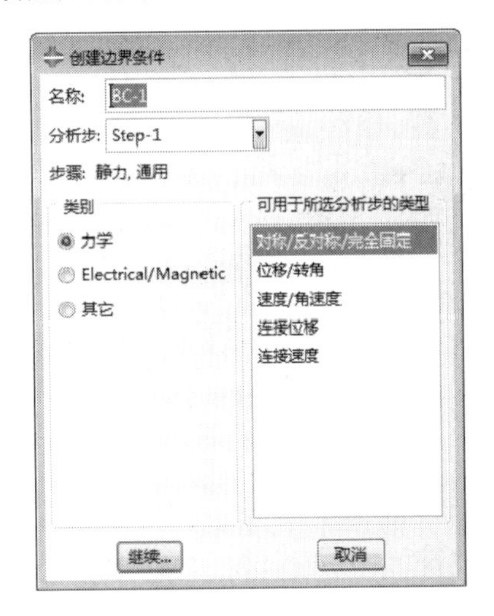

图 14-18 “创建边界条件”对话框

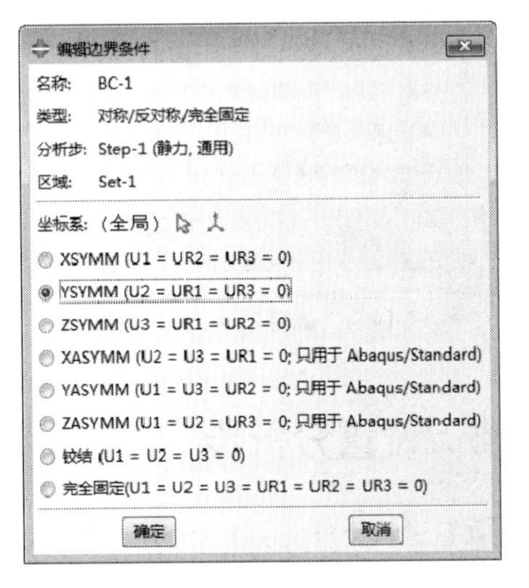

图 14-19 “编辑边界条件”对话框

步骤03 单击工具箱中的（创建边界条件）按钮，创建“名称”为 BC-2 的边界条件，在弹出的“创建边界条件”对话框中，设置“分析步”为 Step-1、“类别”为“力学”、“可用于所选分析步的类型”为“对称/反对称/完全固定”，单击“继续”按钮，选择部件的最上面，单击提示区中的“完成”按钮。

步骤04 进入“编辑边界条件”对话框，选中“完全固定”单选按钮，单击“确定”按钮，完成上部边界条件的施加。

2. 施加载荷

步骤01 单击工具箱中的（创建载荷）按钮，在弹出的“创建载荷”对话框（如图 14-20 所示）中设置载荷“名称”为 Load-1、“分析步”为 Step-1、载荷类型为“力学：压强”，单击“继续”按钮。

步骤02 选择部件最上侧的面，单击提示区中的“完成”按钮，弹出“编辑载荷”对话框，如图 14-21 所示，“大小”为-1.768E6，单击“确定”按钮，完成内压的施加。完成后的模型如图 14-22 所示。

步骤03 使用同样的方法，将部件内部的各面施加“大小”为 2.3E7 的压强，定义好边界条件和载荷。

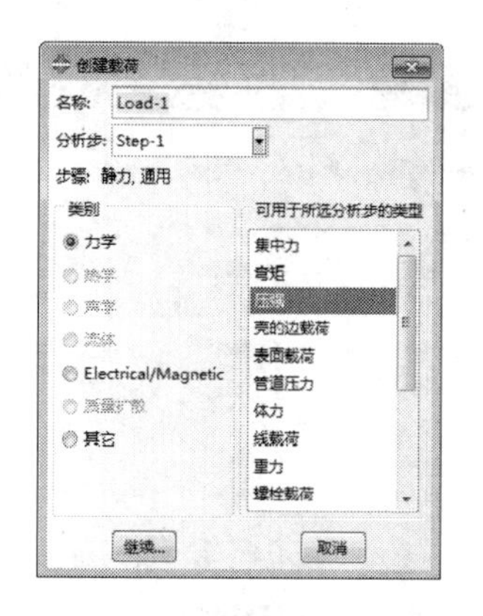
图 14-20 “创建载荷”对话框

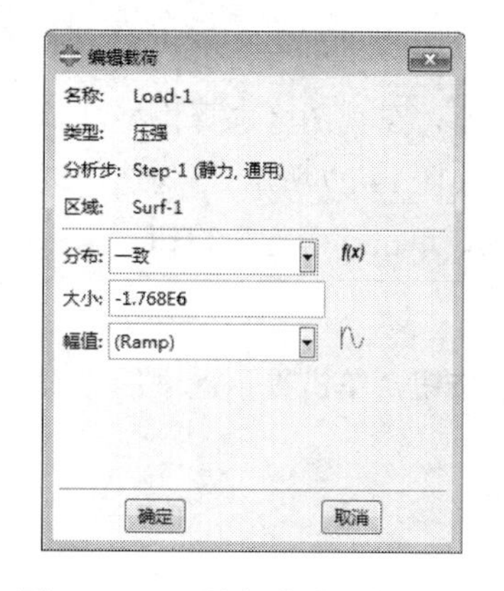
图 14-21 “编辑载荷”对话框

图 14-22 施加压力载荷和边界后的模型

14.3.7 划分网格

进入网格功能模块，在窗口顶部的环境栏将目标选项设为“部件：Part-1”。

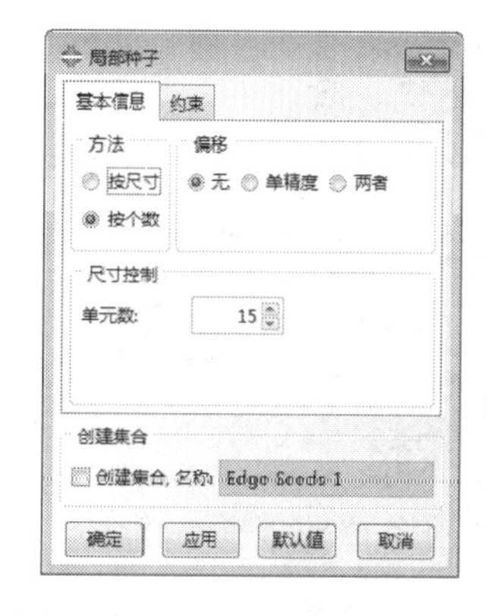
图 14-23 “局部种子”对话框

（1）设置网格密度

单击 （为边布种）按钮，在图形窗口中选择母线上的线段，单击提示区中的“完成”按钮，弹出“局部种子”对话框，在对话框中选择“方法”→“按个数”选项，在“单元数”后面输入种子数目15，如图14-23所示，单击“确定”按钮，单击鼠标中键，在这条边上出现15个方格形的种子标记。

使用同样的方法，按照图14-24和图14-25所示的种子数目给其他边布置种子。

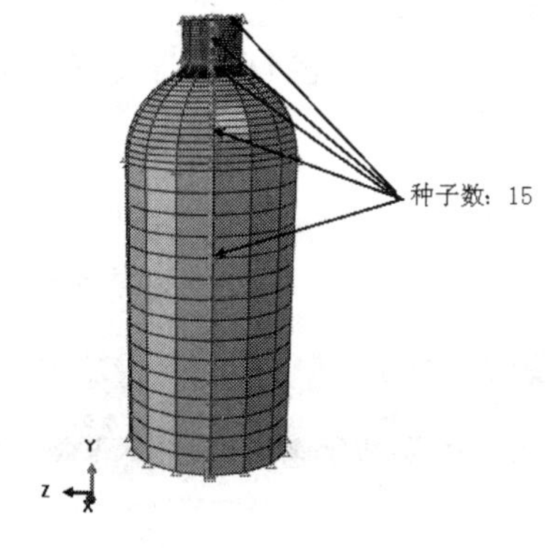

图 14-24 边上的种子数目

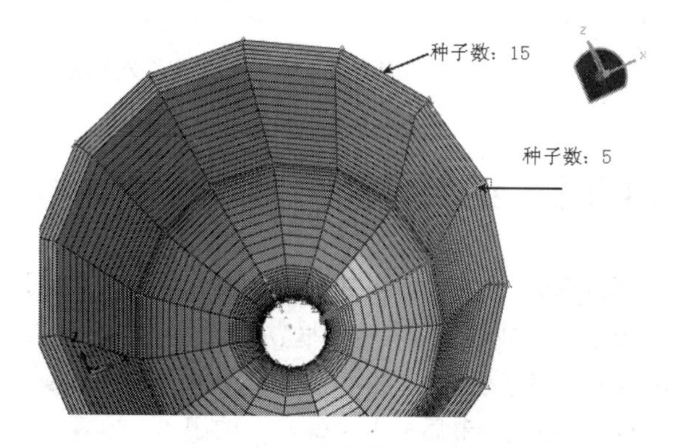

图 14-25 边上的种子数目

（2）控制网格划分

单击工具箱中的 （指派网格控制）按钮，弹出“网格控制属性”对话框（如图14-26所示），将“单元形状”设为“六面体”、“技术”设为“扫掠”、“算法”设为“中性轴算法”，单击“确定”按钮，完成控制网格划分选项的设置。

（3）选择单元类型

单击工具箱中的（指派单元类型）按钮，在视图区选择模型，单击“完成”按钮，弹出“单元类型”对话框（如图14-27所示），勾选“减缩积分”复选框，选择默认的单元类型C3D8，单击“确定”按钮。

（4）划分网格

单击工具箱中的（为部件划分网格）按钮，单击提示区中的“确定”按钮，完成如图14-28所示的网格划分。

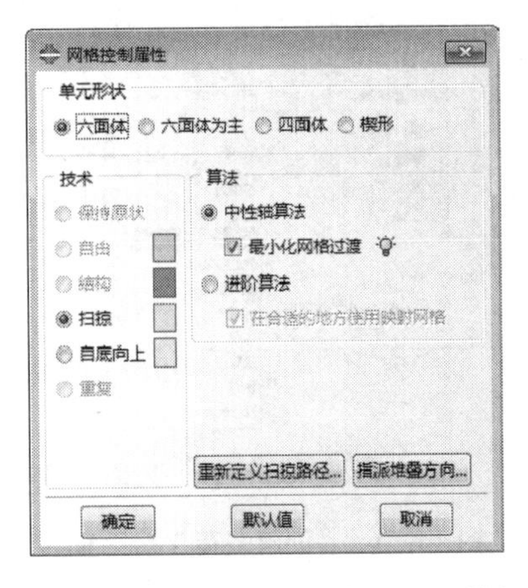

图14-26 “网格控制属性”对话框

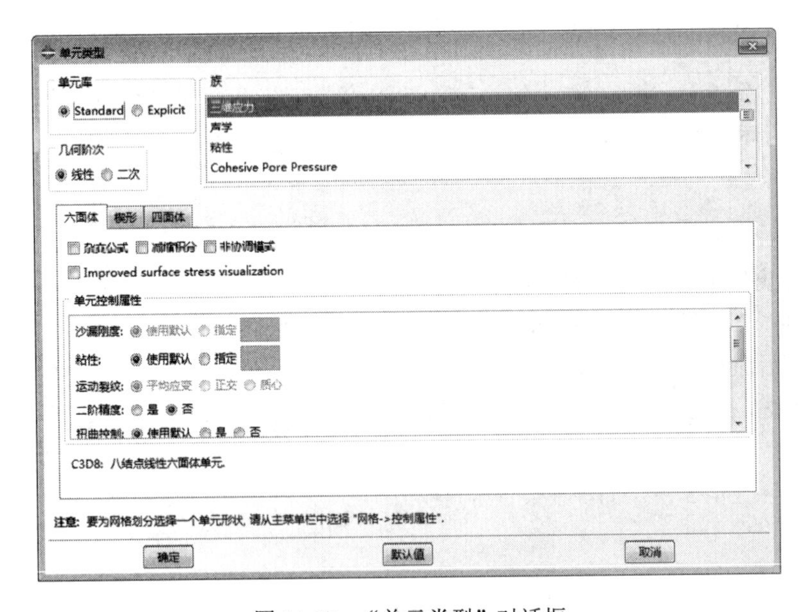

图14-27 “单元类型”对话框

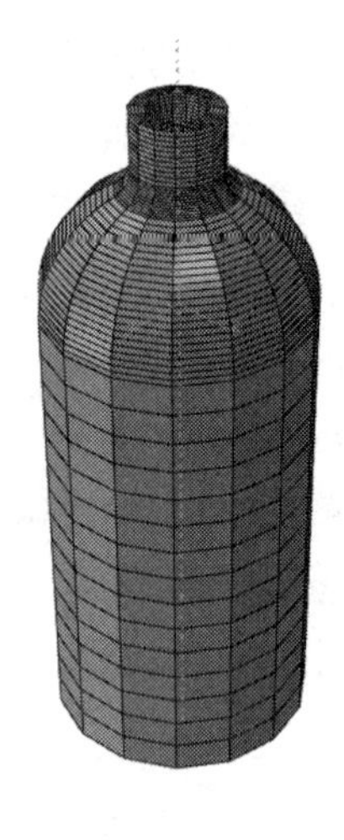

图14-28 有限元网格模型

14.3.8 结果分析

步骤01 进入作业模块。执行“作业”→“管理器”命令，单击“作业管理器”对话框（如图14-29所示）中的“创建”按钮，定义作业“名称”为qiguan_subroutine，再单击“继续”按钮，最后单击“确定”按钮。

步骤02 进入“编辑作业”对话框，接受默认值，单击“确定”按钮，完成作业qiguan_subroutine的定义。

步骤03 单击工具箱中的“作业管理器”按钮，弹出“作业管理器”对话框。单击“写入输入文件”按钮，在工作目录下面创建一个与作业名称相同的文件。

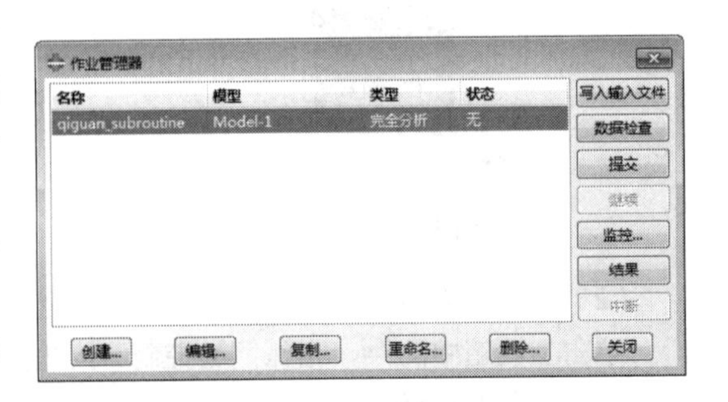

图14-29 “作业管理器”对话框

单击“监控”按钮，打开“qiguan_subroutine 监控器”对话框（如图 14-30 所示），可以从中查看作业的运行状态。如果出现错误就按照提示进行更改，并注意警告信息的内容。

步骤 04 作业完成之后，单击“作业管理器”对话框中的“结果”按钮，进入可视化模块。

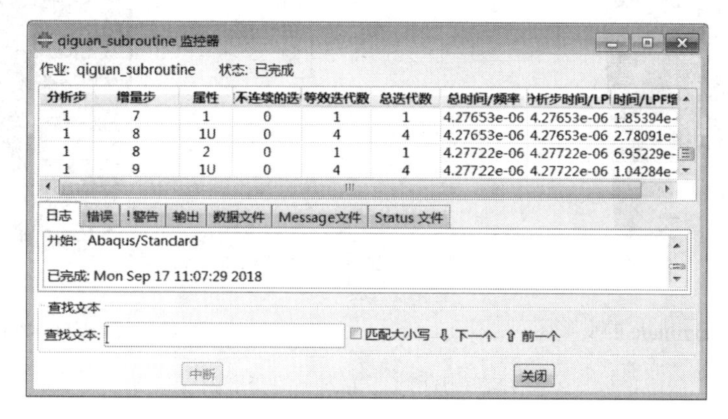

图 14-30 “qiguan_subroutine 监控器”对话框

14.3.9 后处理

步骤 01 进入可视化模块后，执行“绘制”→“云图”→“在变形图上”命令，显示模型变形后的云图，如图 14-31 所示。

步骤 02 执行“结果”→“场输出”命令，弹出“场输出”对话框（如图 14-32 所示），在“输出变量”选项组中选择“U”（空间位移，在结点处），在“不变量”选项组中选择 Magnitude，单击“应用”按钮，显示 U 方向的变形图，如图 14-33（a）所示；在“分量”选项组中选择 U1，单击“应用”按钮显示 U1 方向的变形图，如图 14-33（b）所示。

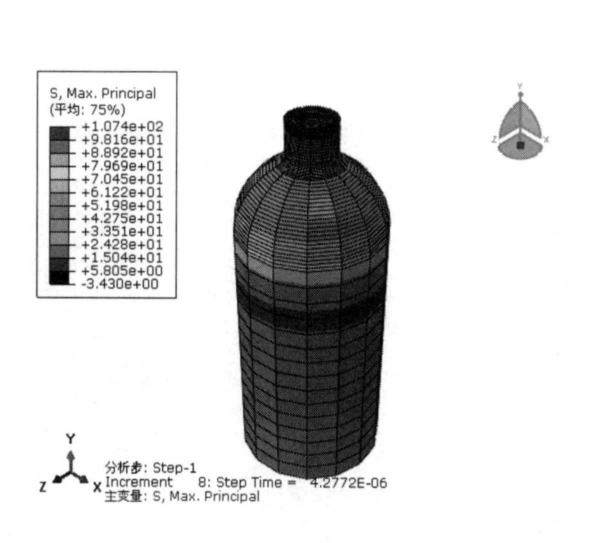

图 14-31 云图显示

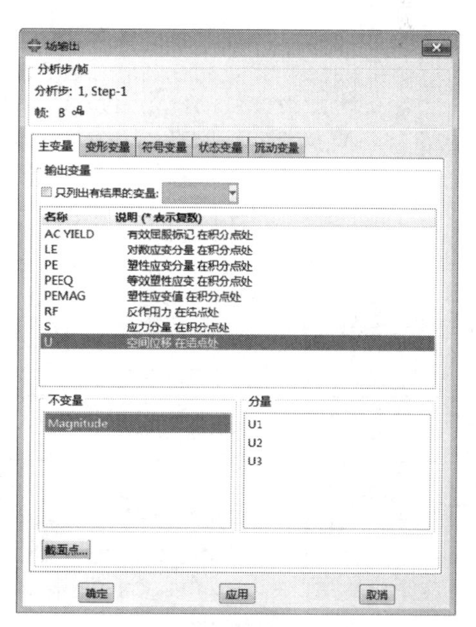

图 14-32 “场输出”对话框

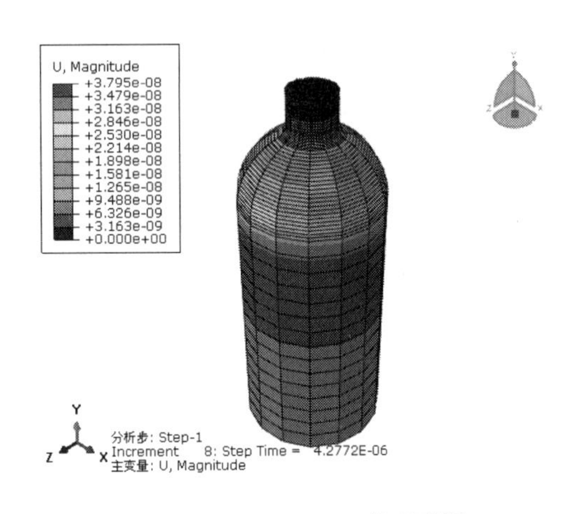

（a）U,Magnitude 的变形图

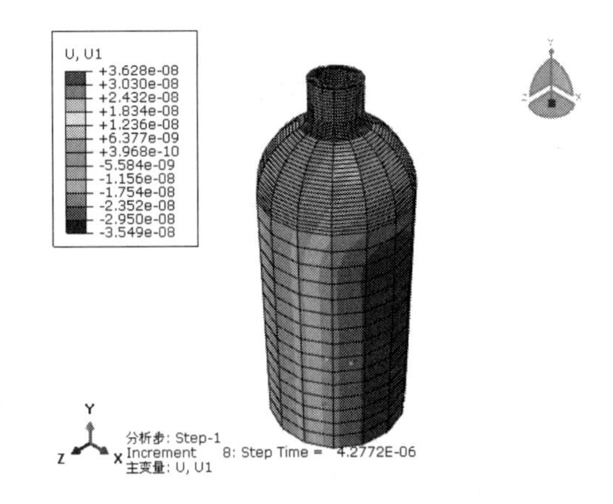

（b）U1 方向上的变形图

图 14-33　U、U1 方向上的变形图

步骤 03 最后，执行“文件”→“退出”命令，退出 ABAQUS/CAE。

14.3.10　UMAT 的 FORTRAN 程序

```
      SUBROUTINE UMAT(STRESS,STATEV,DDSDDE,SSE,SPD,SCD,
     1 RPL,DDSDDT,DRPLDE,DRPLDT,STRAN,DSTRAN,
     2 TIME,DTIME,TEMP,DTEMP,PREDEF,DPRED,MATERL,NDI,NSHR,NTENS,
     3 NSTATV,PROPS,NPROPS,COORDS,DROT,PNEWDT,CELENT,
     4 DFGRD0,DFGRD1,NOEL,NPT,KSLAY,KSPT,KSTEP,KINC)
C
       INCLUDE 'ABA_PARAM.INC'
C
       CHARACTER*80 MATERL
       DIMENSION STRESS(NTENS),STATEV(NSTATV),
     1 DDSDDE(NTENS,NTENS),DDSDDT(NTENS),DRPLDE(NTENS),
     2 STRAN(NTENS),DSTRAN(NTENS),TIME(2),PREDEF(1),DPRED(1),
     3 PROPS(NPROPS),COORDS(3),DROT(3,3),
     4 DFGRD0(3,3),DFGRD1(3,3)
C
      DIMENSION EELAS(6),EPLAS(6),FLOW(6)
      PARAMETER (ONE=1.0D0,TWO=2.0D0,THREE=3.0D0,SIX=6.0D0, HALF =0.5d0)
      DATA NEWTON,TOLER/40,1.D-6/
C
C -----------------------------------------------------------
C     UMAT FOR JOHNSON-COOK MODEL
C -----------------------------------------------------------
C     PROPS(1) - YANG'S MODULUS
C     PROPS(2) - POISSON RATIO
C     PROPS(3) - INELASTIC HEAT FRACTION
C     PARAMETERS OF JOHNSON-COOK MODEL:
C        PROPS(4) - A
C        PROPS(5) - B
```

```
C        PROPS(6) - n
C        PROPS(7) - C
C        PROPS(8) - m
C -----------------------------------------------------------
C
      IF (NDI.NE.3) THEN
        WRITE(6,1)
 1      FORMAT(//,30X,'***ERROR - THIS UMAT MAY ONLY BE USED FOR ',
     1          'ELEMENTS WITH THREE DIRECT STRESS COMPONENTS')
      ENDIF
C
C     ELASTIC PROPERTIES
C
      EMOD=PROPS(1)
      ENU=PROPS(2)
      IF(ENU.GT.0.4999.AND.ENU.LT.0.5001) ENU=0.499
      EBULK3=EMOD/(ONE-TWO*ENU)
      EG2=EMOD/(ONE+ENU)
      EG=EG2/TWO
      EG3=THREE*EG
      ELAM=(EBULK3-EG2)/THREE
C
C     ELASTIC STIFFNESS
C
      DO 20 K1=1,NTENS
        DO 10 K2=1,NTENS
          DDSDDE(K2,K1)=0.0
 10     CONTINUE
 20   CONTINUE
C
      DO 40 K1=1,NDI
        DO 30 K2=1,NDI
          DDSDDE(K2,K1)=ELAM
 30     CONTINUE
        DDSDDE(K1,K1)=EG2+ELAM
 40   CONTINUE
      DO 50 K1=NDI+1,NTENS
        DDSDDE(K1,K1)=EG
 50   CONTINUE
C
C    CALCULATE STRESS FROM ELASTIC STRAINS
C
      DO 70 K1=1,NTENS
        DO 60 K2=1,NTENS
          STRESS(K2)=STRESS(K2)+DDSDDE(K2,K1)*DSTRAN(K1)
 60     CONTINUE
 70   CONTINUE
C
C    RECOVER ELASTIC AND PLASTIC STRAINS
C
      DO 80 K1=1,NTENS
```

```
        EELAS(K1)=STATEV(K1)+DSTRAN(K1)
        EPLAS(K1)=STATEV(K1+NTENS)
 80   CONTINUE
      EQPLAS=STATEV(1+2*NTENS)
C
C    CALCULATE MISES STRESS
C
      IF(NPROPS.GT.5.AND.PROPS(4).GT.0.0) THEN
        SMISES=(STRESS(1)-STRESS(2))*(STRESS(1)-STRESS(2)) +
     1         (STRESS(2)-STRESS(3))*(STRESS(2)-STRESS(3)) +
     1         (STRESS(3)-STRESS(1))*(STRESS(3)-STRESS(1))
        DO 90 K1=NDI+1,NTENS
            SMISES=SMISES+SIX*STRESS(K1)*STRESS(K1)
 90     CONTINUE
        SMISES=SQRT(SMISES/TWO)
C
C     CALL USERHARD SUBROUTINE, GET HARDENING RATE AND YIELD STRESS
C
C
        CALL USERHARD(SYIEL0,HARD,EQPLAS,PROPS(4))
C     DETERMINE IF ACTIVELY YIELDING
C
        IF (SMISES.GT.(1.0+TOLER)*SYIEL0) THEN
C
C     MATERIAL RESPONSE IS PLASTIC, DETERMINE FLOW DIRECTION
C
          SHYDRO=(STRESS(1)+STRESS(2)+STRESS(3))/THREE
          ONESY=ONE/SMISES
          DO 110 K1=1,NDI
             FLOW(K1)=ONESY*(STRESS(K1)-SHYDRO)
 110      CONTINUE
          DO 120 K1=NDI+1,NTENS
             FLOW(K1)=STRESS(K1)*ONESY
 120      CONTINUE
C
C    READ PARAMETERS OF JOHNSON-COOK MODEL
C
          A=PROPS(4)
          B=PROPS(5)
          EN=PROPS(6)
          C=PROPS(7)
          EM=PROPS(8)
C
C     NEWTON ITERATION
C
          SYIELD=SYIEL0
          DEQPL=(SMISES-SYIELD)/EG3
          DSTRES=TOLER*SYIEL0/EG3
          DEQMIN=HALF*DTIME*EXP(1.0D-4/C)
          DO 130 KEWTON=1,NEWTON
             DEQPL=MAX(DEQPL,DEQMIN)
```

```
            CALL USERHARD(SYIELD,HARD,EQPLAS+DEQPL,PROPS(4))
            TVP=C*LOG(DEQPL/DTIME)
            TVP1=TVP+ONE
            HARD1=HARD*TVP1+SYIELD*C/DEQPL
            SYIELD=SYIELD*TVP1
            RHS=SMISES-EG3*DEQPL-SYIELD
            DEQPL=DEQPL+RHS/(EG3+HARD1)
        IF(ABS(RHS/EG3) .LE. DSTRES ) GOTO 140
 130    CONTINUE
        WRITE(6,2) NEWTON
 2      FORMAT(//,30X,'***WARNING - PLASTICITY ALGORITHM DID NOT ',
     1     'CONVERGE AFTER ',I3,' ITERATIONS')
 140    CONTINUE
        EFFHRD=EG3*HARD1/(EG3+HARD1)
C
C    CALCULATE STRESS AND UPDATE STRAINS
C
        DO 150 K1=1,NDI
          STRESS(K1)=FLOW(K1)*SYIELD+SHYDRO
          EPLAS(K1)=EPLAS(K1)+THREE*FLOW(K1)*DEQPL/TWO
          EELAS(K1)=EELAS(K1)-THREE*FLOW(K1)*DEQPL/TWO
 150    CONTINUE
        DO 160 K1=NDI+1,NTENS
          STRESS(K1)=FLOW(K1)*SYIELD
          EPLAS(K1)=EPLAS(K1)+THREE*FLOW(K1)*DEQPL
          EELAS(K1)=EELAS(K1)-THREE*FLOW(K1)*DEQPL
 160    CONTINUE
        EQPLAS=EQPLAS+DEQPL
        SPD=DEQPL*(SYIEL0+SYIELD)/TWO
        RPL = PROPS(3)*SPD/DTIME
C
C    JACOBIAN
C
        EFFG=EG*SYIELD/SMISES
        EFFG2=TWO*EFFG
        EFFG3=THREE*EFFG2/TWO
        EFFLAM=(EBULK3-EFFG2)/THREE
        DO 220 K1=1,NDI
          DO 210 K2=1,NDI
            DDSDDE(K2,K1)=EFFLAM
 210      CONTINUE
          DDSDDE(K1,K1)=EFFG2+EFFLAM
 220    CONTINUE
        DO 230 K1=NDI+1,NTENS
          DDSDDE(K1,K1)=EFFG
 230    CONTINUE
        DO 250 K1=1,NTENS
          DO 240 K2=1,NTENS
            DDSDDE(K2,K1)=DDSDDE(K2,K1)+FLOW(K2)*FLOW(K1)
     1                                   *(EFFHRD-EFFG3)
 240      CONTINUE
```

```
 250      CONTINUE
        ENDIF
      ENDIF
C
C     STORE STRAINS IN STATE VARIABLE ARRAY
C
      DO 310 K1=1,NTENS
        STATEV(K1)=EELAS(K1)
        STATEV(K1+NTENS)=EPLAS(K1)
 310  CONTINUE
      STATEV(1+2*NTENS)=EQPLAS
C
      RETURN
      END
C
C
C
      SUBROUTINE USERHARD(SYIELD,HARD,EQPLAS,TABLE)
C
      INCLUDE 'ABA_PARAM.INC'
C
      DIMENSION TABLE(3)
C
C     GET PARAMETERS, SET HARDENING TO ZERO
C
      A=TABLE(1)
      B=TABLE(2)
      EN=TABLE(3)
      HARD=0.0
C
C     CALSULATE CURRENT YIELD STRESS AND HARDENING RATE
C
      IF(EQPLAS.EQ.0.0) THEN
        SYIELD=A
     ELSE
        HARD=EN*B*EQPLAS**(EN-1)
        SYIELD=A+B*EQPLAS**EN
     END IF
      RETURN
      END
```

14.4 拉索构件的承载分析

本节以拉索构件受单轴拉伸为例，介绍在 ABAQUS 中调用用户子程序进行计算的步骤。

14.4.1 问题描述

一个构件左端受固定约束、右端受均布拉伸，结构示意图如图 14-34 所示，求杆件受载后的 Mises 应力、位移分布。

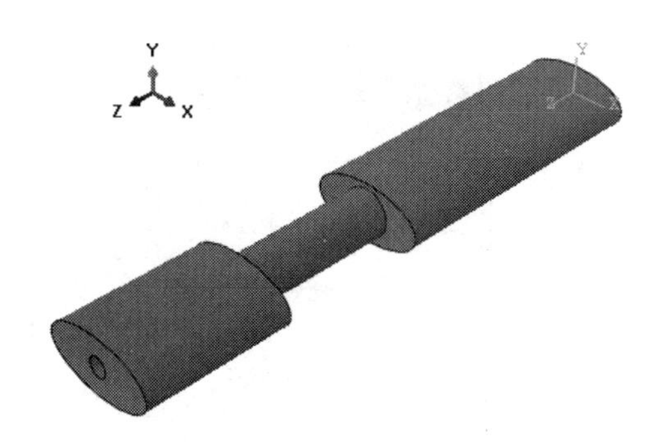

图 14-34　拉索构件受均布载荷图

材料性质：弹性模量 $E = 206000$，泊松比 $\nu = 0.3$（使用 Umat 定义），均布载荷 $p = 0.6\text{MPa}$。

14.4.2 启动 ABAQUS

启动 ABAQUS/CAE 后，在出现的“开始任务”对话框（如图 14-35 所示）中选择创建模型数据库。

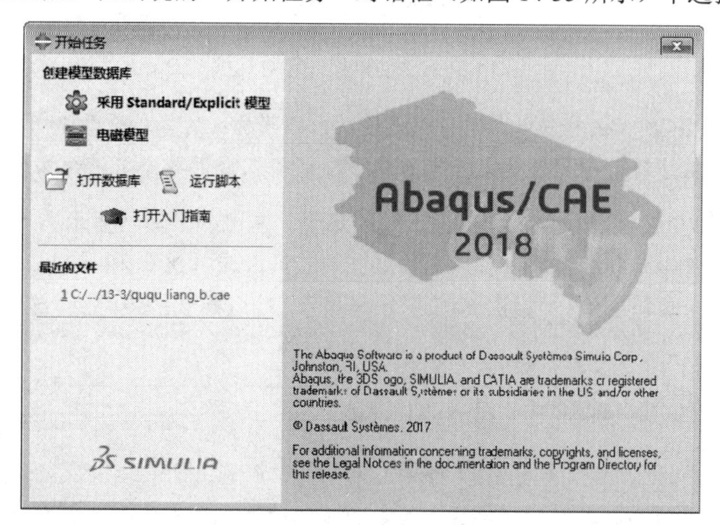

图 14-35　“开始任务”对话框

14.4.3 创建部件

在 ABAQUS/CAE 顶部的环境栏中可以看到模块列表：部件。

这表示当前处在部件模块，在这个模块中，可以定义模型各部分的几何形体。可参照下面的步骤创建拉索构件的几何模型。

步骤01 创建部件。单击工具箱中的（创建部件）按钮，或者在主菜单中执行“部件”→“创建”命令，弹出如图 14-36 所示的“创建部件”对话框。在“名称”文本框中输入“Part-1”，将“模型空间”设为“三维”，将“基本特征”中的“形状”设为“实体”、“类型”采用默认的“拉伸”，在“大约尺寸”文本框中输入“200”，单击“继续”按钮。

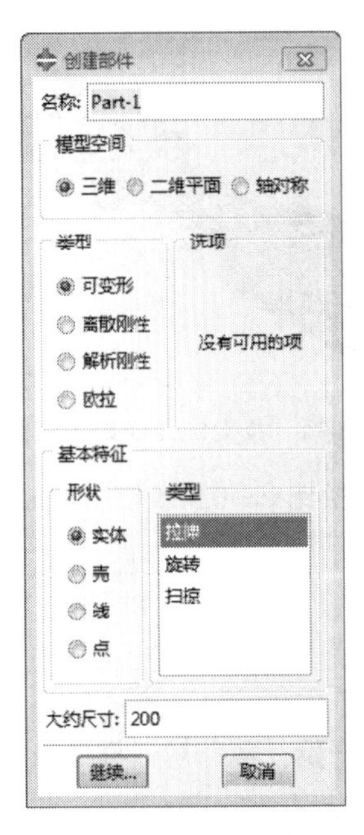

图 14-36 “创建部件”对话框

对于如图 14-34 所示的杆件结构，可以先绘制出椭圆构件的二维截面（椭圆），再通过拉伸得到。如果无法输入字符，原因可能是当前正处于中文输入法的状态，应切换到英文输入法。

步骤02 绘制椭圆。ABAQUS/CAE 自动进入绘图环境，左侧的工具箱显示出“绘图工具”按钮，视图区内显示栅格，视图区正中两条相互垂直的点画线即当前二维区域的 X 轴和 Y 轴，二者相交于坐标原点。

步骤03 单击绘图工具箱中的按钮，窗口提示区显示“拾取椭圆的中心点--或输入 X, Y:”，如图 14-37 所示。

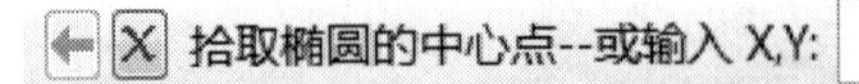

图 14-37 输入点坐标

步骤04 在视图区中移动鼠标时，鼠标就会自动对齐栅格点，视图区的左上角会显示当前位置的坐标。设置矩形第一个点的坐标为（0,0），移动光标选择与该点相对的点的坐标为（-20,0）和（0,10），单击鼠标左键，椭圆就绘制出来了。

步骤05 由于前面操作中选择了“拉伸”类型，因此在上一步退出后，ABAQUS 会弹出“编辑基本拉伸”对话框，如图 14-38 所示。设置“深度”为 100，单击“确定”按钮，视图区就出现了杆件的结构图，如图 14-39 所示。

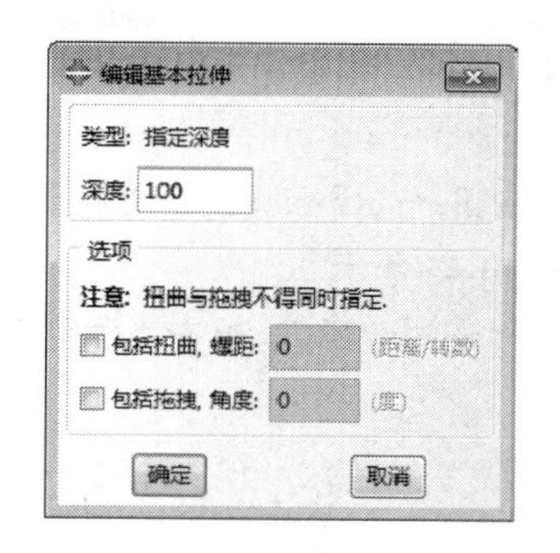

图 14-38 “编辑基本拉伸”对话框

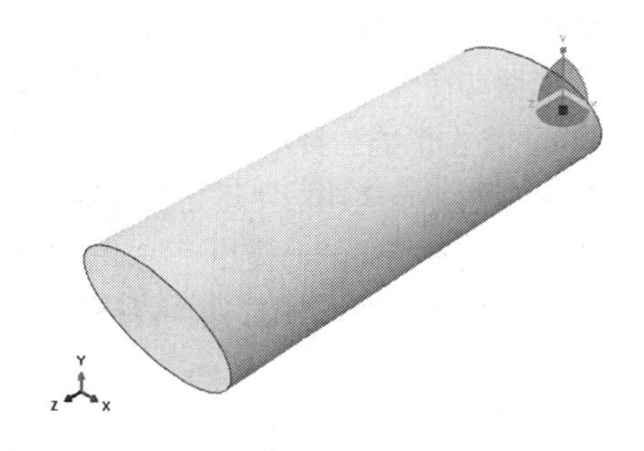

图 14-39 形成的结构图

步骤 06 返回部件模块，单击工具箱中的（创建实体：拉伸）按钮，根据提示区提示选择刚才创建的结构的端面和椭圆包络线，单击鼠标中键，再次进入草图模块。

步骤 07 在左侧的工具箱中单击（创建圆：圆心和圆周）按钮，选择椭圆的中心为圆心，输入“8”作为圆的半径，单击提示区中的“确定”按钮，完成圆的定义，如图 14-40 所示。

步骤 08 由于前面操作中选择了“拉伸”类型，因此在上一步退出后，ABAQUS 会弹出“编辑基本拉伸”对话框，如图 14-41 所示。设置“深度”为 50，单击“确定”按钮，视图区就出现了杆件的结构图，如图 14-42 所示。

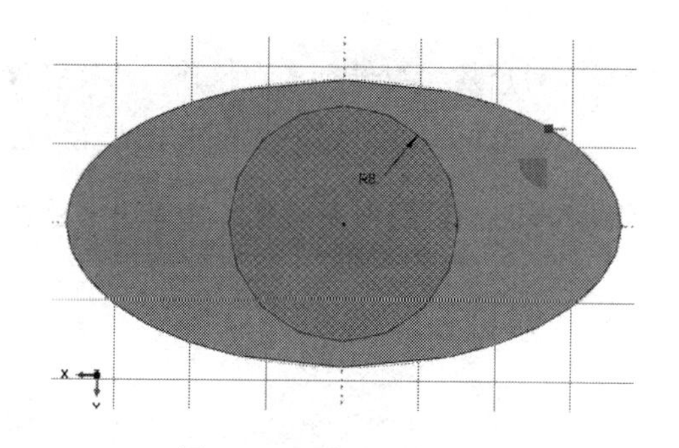

图 14-40 完成圆的定义

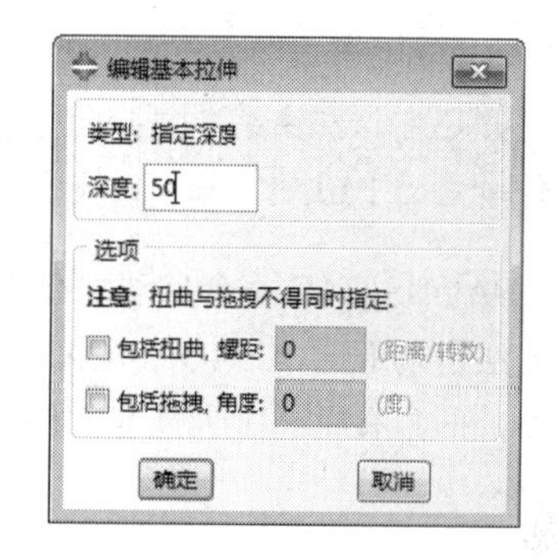

图 14-41 “编辑基本拉伸”对话框

步骤 09 单击工具箱中的（创建实体：拉伸）按钮，根据提示区中的提示选择刚才创建的结构的端面和圆周，单击鼠标中键，再次进入草图模块。

步骤 10 在左侧的工具箱中单击按钮，选择圆心为椭圆的中心，设置 20 为长轴的半径、10 为短轴的半径，单击提示区中的“确定”按钮，完成椭圆的定义，如图 14-43 所示。然后单击鼠标中键，视图区就出现了杆件的结构图，如图 14-44 所示。

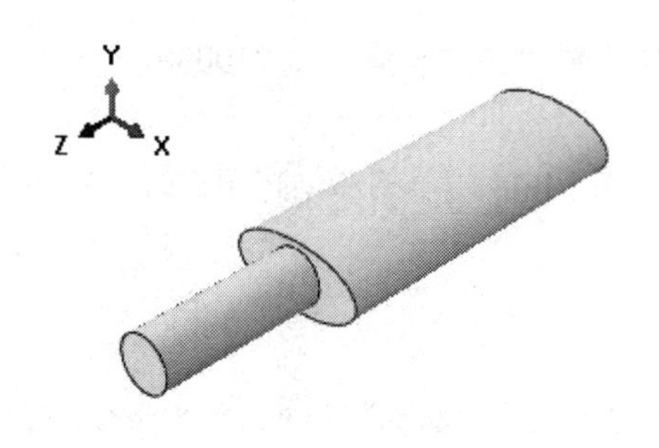

图 14-42 形成的构件

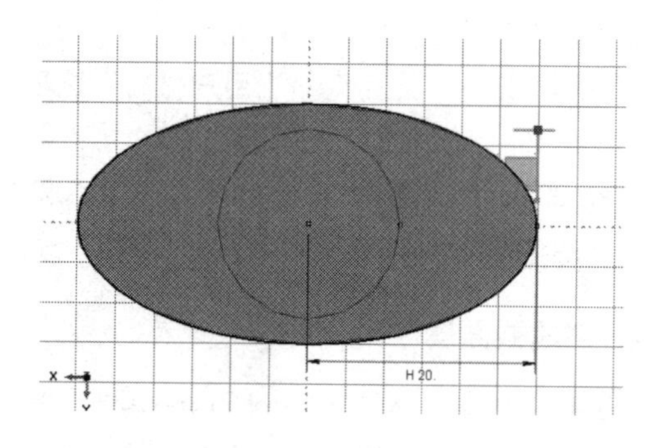

图 14-43 绘制椭圆

步骤11 返回部件模块，单击工具箱中的（创建切削：拉伸）按钮，根据提示区中的提示选择刚才创建的结构的端面和椭圆包络线，单击鼠标中键，再次进入草图模块。

步骤12 在左侧的工具箱中单击（创建圆：圆心和圆周）按钮，选择椭圆的中心为圆心，设置 3.4 为圆的半径，单击提示区中的“确定”按钮，完成圆的定义，如图 14-45 所示。

步骤13 单击鼠标中键，弹出“编辑基本拉伸”对话框，选择“通过全部”，单击“确定”按钮，视图区就出现了杆件的结构图，如图 14-46 所示。

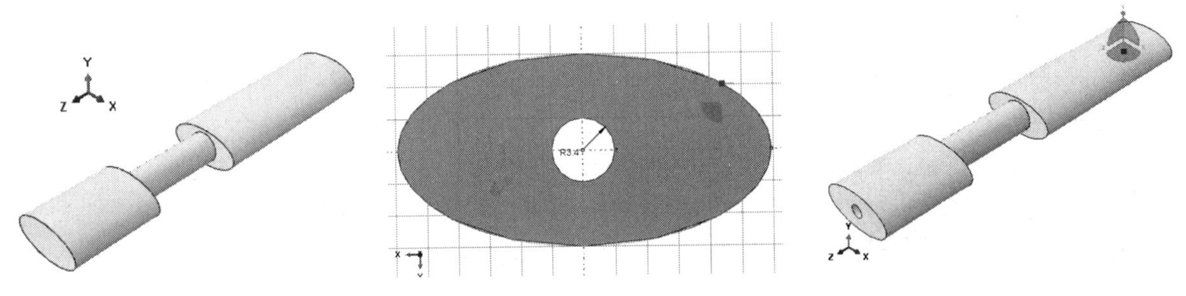

图 14-44　形成的构件　　图 14-45　绘制圆　　图 14-46　最终形成的构件

步骤14 保存模型。单击窗口顶部工具箱中的按钮，保存所建立的模型。输入希望保存的文件名，ABAQUS/CAE 会自动加上后缀.cae。

用户还可以在主菜单中执行“文件”→“保存”命令，对所建模型进行保存操作。此处将该部件命名为 Part-1。

说明：ABAQUS/CAE 不会自动保存模型的数据，用户每隔一段时间自己保存模型。如果由于意外造成系统死机或无法自动退出 ABAQUS/CAE，下次启动时就会显示自动恢复的对话框，选择时可以自动恢复尚未保存的文件，但是有时会因为恢复文件中存在错误而使自动恢复失败。

14.4.4　创建材料和截面属性

在窗口左上角模块列表中选择属性功能模块，按照以下操作步骤来定义材料。

1. 创建材料

步骤01 单击工具箱中的（创建材料）按钮，或者在主菜单中执行“材料”→“创建”命令，弹出“编辑材料”对话框，如图 14-47 所示。

步骤02 选择“通用”→“用户材料”选项，在“数据”中设置“弹性模量”为 210000、“泊松比”为 0.33。

步骤03 选择“通用”→“非独立变量”选项，在弹出的如图 14-48 所示的对话框中设置“依赖于解的状态变量的个数”为 1，单击“确定”按钮，完成操作。

2. 创建截面属性

步骤01 单击工具箱中的（创建截面）按钮，或者在主菜单中执行“截面”→“创建”命令，弹出“创建截面”对话框，保持默认参数不变，单击“继续”按钮。

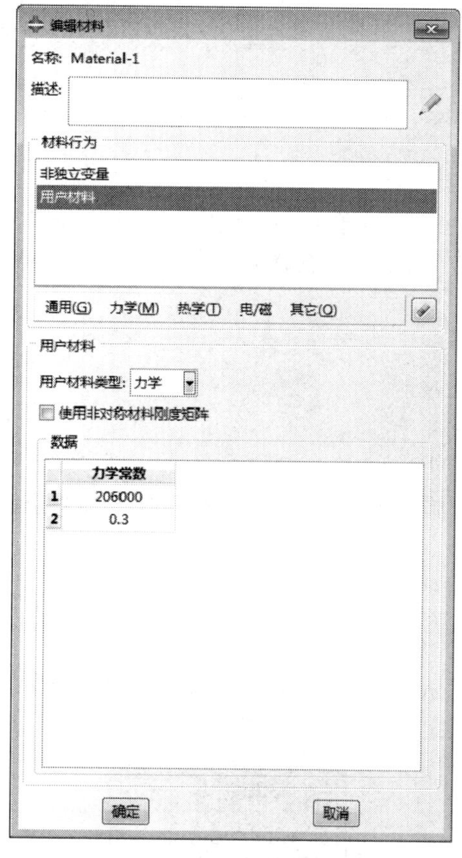

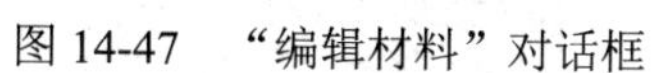
图 14-47 “编辑材料”对话框

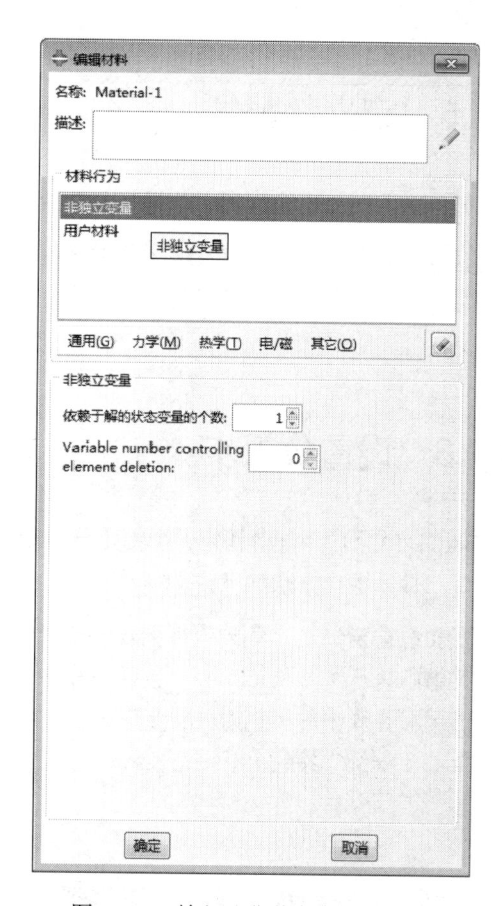

图 14-48 输入“非独立变量”的值

步骤 02 在弹出的“编辑截面”对话框（如图 14-49 所示）中，保持参数默认值不变，单击“确定”按钮。

3. 给部件赋予截面属性

单击工具箱中的 （指派截面）按钮，或者在主菜单中执行“指派”→“截面”命令，单击视图区中的拉索构件模型，以红色高亮度显示被选中，在视图区中单击鼠标中键，弹出“编辑截面指派”对话框，如图 14-50 所示，单击“确定”按钮。

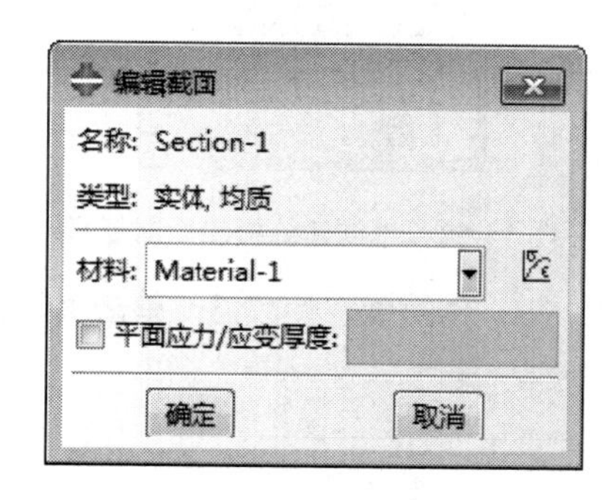

图 14-49 “编辑截面”对话框

图 14-50 “编辑截面指派”对话框

14.4.5 定义装配件

在窗口左上角的模块列表中选择装配功能模块。

步骤01 单击工具箱中的 （将部件实例化）按钮，或者在主菜单中执行“实例”→“创建”命令。

步骤02 在弹出的“创建实例”对话框（如图 14-51 所示）中，前面创建的部件自动被选中，单击“确定”按钮。

14.4.6 设置分析步

ABAQUS/CAE 会自动创建一个初始分析步，可以在其中施加边界条件，用户必须自己创建后续分析步施加载荷，具体操作方法如下：

步骤01 在窗口左上角的模板列表中选择分析步功能模块。单击工具箱中的 （创建分析步）按钮，或者在主菜单中执行“分析步”→“创建”命令。

步骤02 在弹出的“创建分析步”对话框中，继续使用默认的“名称”Step-1，其余参数设置如图 15-52 所示，单击“继续”按钮。

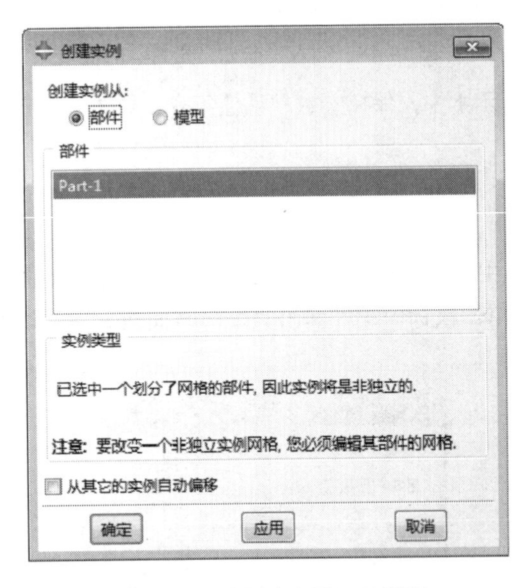

图 14-51 “创建实例”对话框

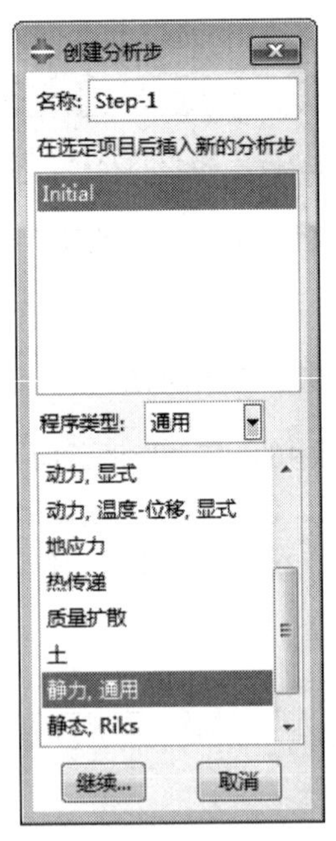

图 14-52 “创建分析步”对话框

步骤03 在弹出的“编辑分析步”对话框（如图 14-53 所示）中，保持默认参数值，单击“确定”按钮完成设置。

图 14-53 “编辑分析步”对话框

14.4.7 定义边界条件和载荷

在窗口左上角的模板列表中选择载荷功能模块，定义边界条件和载荷。

1. 施加载荷

步骤01 单击工具箱中的 （创建载荷）按钮，或者在主菜单中执行“载荷”→“创建”命令。

步骤02 在弹出的“创建载荷”对话框（如图 14-54 所示）中，将“可用于所选分析步的类型”设为“压强”（单位面积上的压力）、“分析步”设为 Setp-1，单击“继续”按钮。

步骤03 此时窗口底部的提示区信息变为“选择施加载荷的面”，单击杆件的右端，会以红色高亮度显示被选中的表面，然后在视图区中单击鼠标中键。

步骤04 弹出“编辑载荷”对话框（如图 14-55 所示），在“大小”后面输入-1E+06，然后单击“确定”按钮。

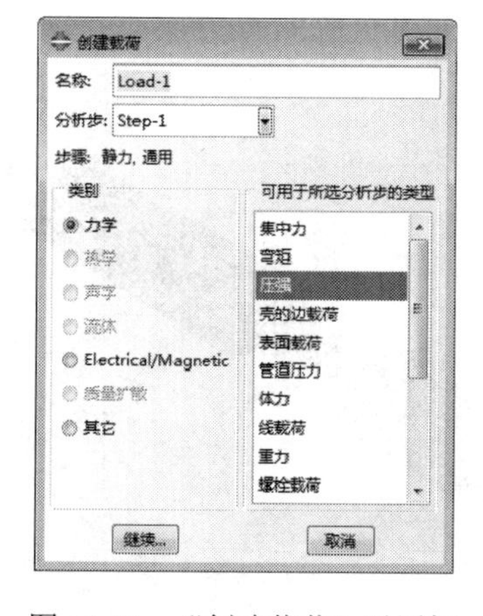

图 14-54 “创建载荷”对话框

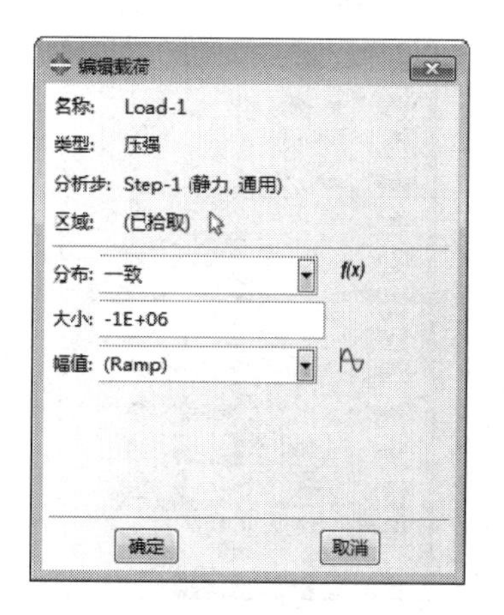

图 14-55 “编辑载荷”对话框

2. 定义杆件左侧的固支约束

步骤01 单击工具箱中的 （创建边界条件）按钮，或者在主菜单中执行“边界条件”→“创建”命令。

步骤02 在弹出的“创建边界条件”对话框（如图 14-56 所示）中，将“分析步”设为 Step-1、“可用于所选分析步的类型”设为“位移/转角”，单击“继续”按钮。

步骤03 此时窗口底部的提示区信息变为“选择施加边界条件的面”，选择拉索构件左侧的面，以红色高亮度显示选中的平面（如图 14-57 所示），在视图区中单击鼠标中键。

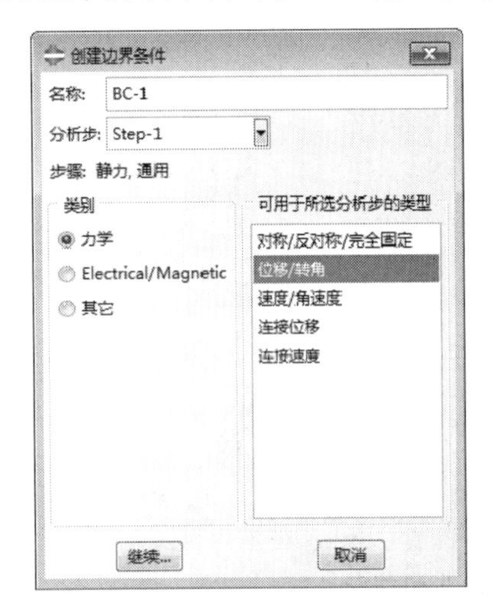

图 14-56 “创建边界条件”对话框

图 14-57 选择施加边界条件的杆件模型

说明：施加边界条件时，要准确地选中要选择的边界面。如果发现单击后拉索构件其他部分的面被 ABAQUS/CAE 红色高亮度显示，说明刚才选中了显示的位置，这时应重新单击正确的位置。为了更好地选中位置，可以借助工具箱中的 按钮将拉索构件旋转到合适的位置，单击鼠标中键。再根据窗口下面提示区的提示，在旋转后的模型中选择需要施加边界条件的面。

步骤04 在弹出的“编辑边界条件”对话框（如图 14-58 所示）中，选中 U1、U2、U3 复选框，单击“确定”按钮。完成边界条件的施加后，杆件模型如图 14-59 所示。

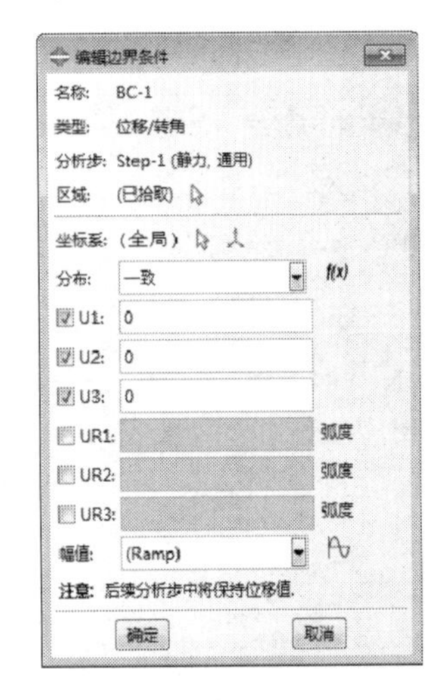

图 14-58 “编辑边界条件”对话框

图 14-59 创建边界条件后的杆件模型

14.4.8 划分网格

在窗口左上角的模板列表中选择网格功能模块，在窗口顶部的环境栏中把“对象”选项设为“部件：Part-1”（如图 14-60 所示），即为部件划分网格，而不是为整个装配件划分网格。

说明：如果没有选择对部件划分网格，而是按照默认选项来对整个装配件划分网格，在接下来的操作中就会出现错误信息。

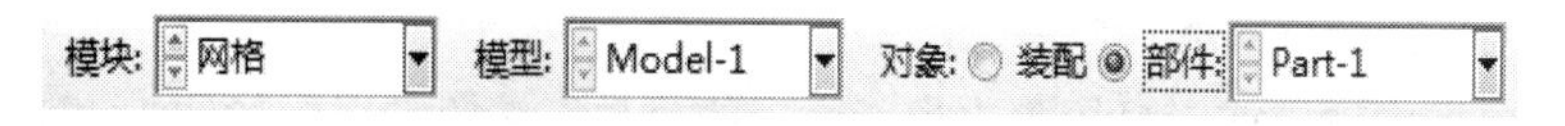

图 14-60 “对象”设置为“部件”

（1）设置网格控制参数

在主菜单中执行“网格”→“控制属性”命令，或者单击工具箱中的（指派网格控制属性），弹出“网格控制属性”对话框（如图 14-61 所示），将“单元形状”设为“六面体”、“技术”设为“扫掠”，单击“确定”按钮。

（2）设置单元类型

单击工具箱中的（指派单元类型）按钮，或者在主菜单中执行“网格”→“单元类型”命令，弹出“单元类型”对话框，如图 14-62 所示。

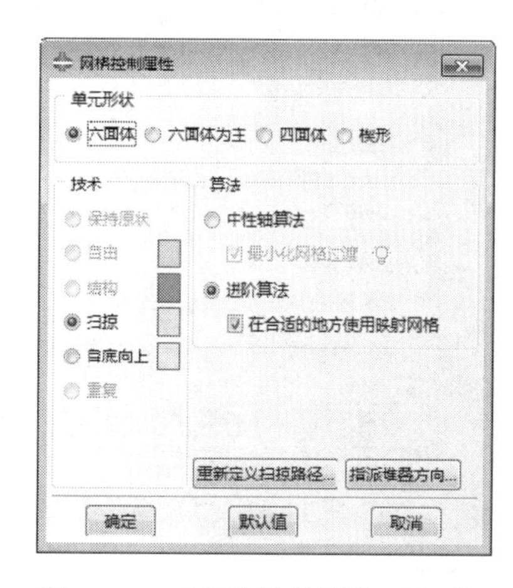

图 14-61 “网格控制属性”对话框

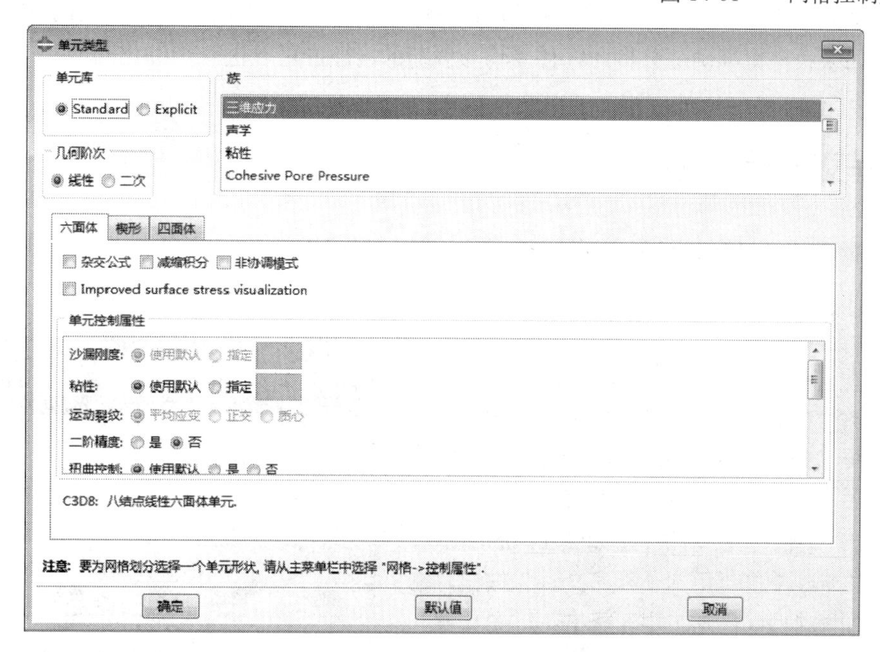

图 14-62 “单元类型”对话框

打开“六面体”选项卡，选中“非协调模式”单选按钮，对话框中就出现了 C3D8I 单元类型的信息提示，其余参数采用默认值，单击“确定”按钮。

（3）设置种子

单击工具箱中的（种子部件）按钮，或者直接在主菜单中执行“布种”→“部件”命令，弹出“全局种子”对话框（如图 14-63 所示），“近似全局尺寸”默认值为 10，单击“确定”按钮。

（4）划分网格

单击工具箱中的（为部件划分网格）按钮，或者在主菜单中执行“网格”→“部件”命令，窗口底部的提示区中显示“为部件划分网格？”信息。

在视图区中单击鼠标中键，或者直接单击提示区中的“是”按钮，得到如图 14-64 所示的网格。

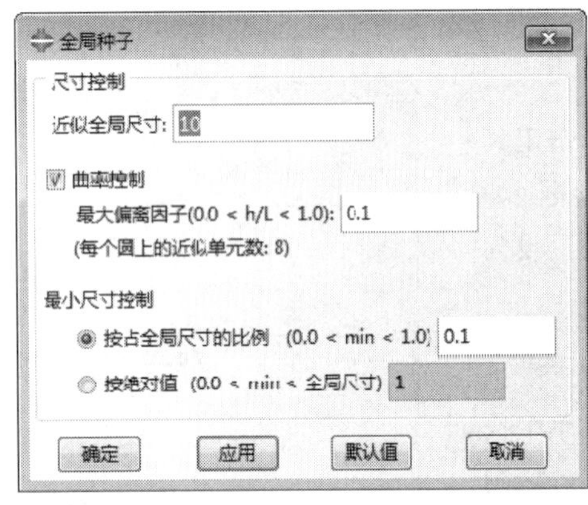

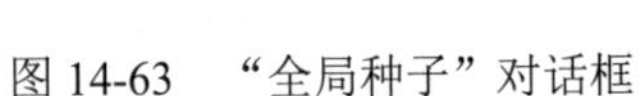

图 14-63 “全局种子”对话框

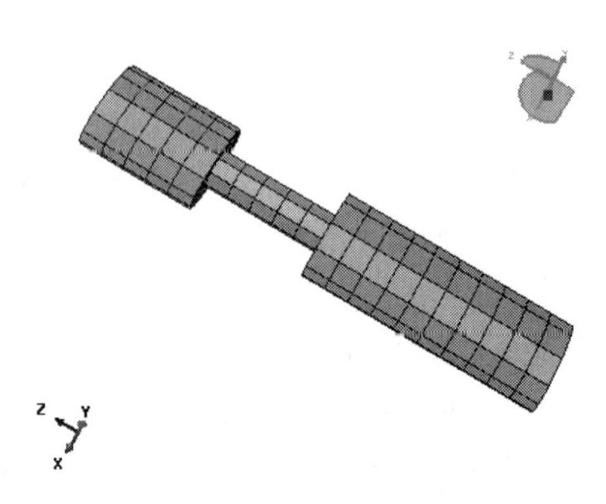

图 14-64 生成的网格

说明：本例的目的是通过一个简单的模型，让读者初步了解 ABAQUS/CAE 中调用用户子程序的建模方法，因此使用了比较简单的网格划分方法，得到的网格较粗糙，计算得出的拉索构件固定端处的应力结果将不会太精确。如果希望更准确地分析此杆件受均布载荷的问题，可以进一步细化网格。

14.4.9 提交分析作业

在窗口左上角的模板列表中选择作业功能模块。

1. 创建分析作业

步骤 01 单击工具箱中的（作业管理器）按钮，或者在主菜单中执行“作业”→“管理器”命令，弹出“作业管理器”对话框（如图 14-65 所示），单击“创建”按钮，在“名称”后面输入 User，单击“编辑”按钮。

步骤 02 弹出“编辑作业”对话框（如图 14-66 所示），打开“通用”选项卡，单击“用户子程序文件”按钮，在弹出的对话框（如图 14-67 所示）中选择 fixed.for 文件，其他参数保持默认值，单击“确定”按钮。

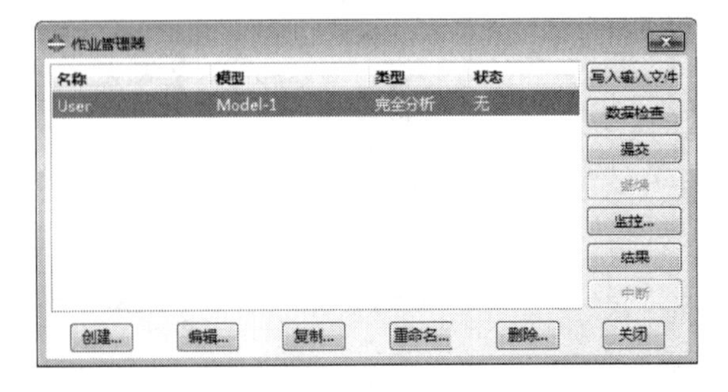

图 14-65 “作业管理器”对话框

图 14-66 “编辑作业”对话框

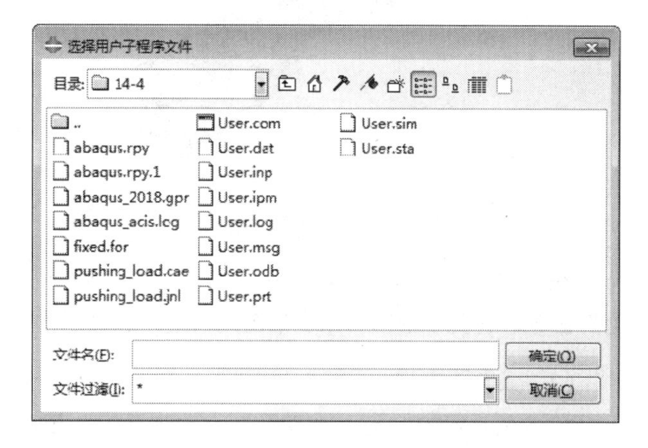

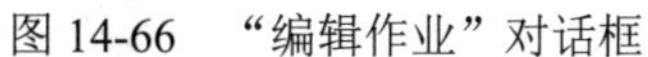

图 14-67 “选择用户子程序文件”对话框

2. 提交分析

步骤01 在“作业管理器”对话框中单击“提交”按钮，看到对话框中的状态提示依次变为 Submitted、Running 和 Completed，这表明对模型的分析已经完成。

步骤02 单击该对话框中的“结果”按钮，自动进入可视化模块。

如果状态提示变为 Aborted（分析失败），说明模型存在问题，分析已经终止。可以单击对话框中的“监控”按钮来检查错误信息，然后检查前面各个建模步骤是否都已经准确完成，更正错误后，再重新提交分析。

说明：在 ABAQUS/CAE 对话框的底部常常可以看到两个按钮：取消步骤和取消。二者的区别在于：“取消步骤”按钮出现在包含只读数据的对话框中；“取消”按钮出现在允许做出修改的对话框中，单击“取消”按钮可以关闭对话框，而不保存所修改的内容。

14.4.10 后处理

看到窗口左上角的模板列表已经自动变成可视化功能模块，在视图区显示出模型未变形时的轮廓图。

（1）显示未变形图

单击工具箱中的 （绘制未变形图）按钮，或者在主菜单中执行“绘制”→“未变形图”命令，显示出未变形的网格模型，如图 14-68 所示。

（2）显示变形图

单击工具箱中的 （绘制变形图）按钮，或者在主菜单中执行“绘制”→“变形图”命令，显示出变形后的网格模型，如图 14-69 所示。

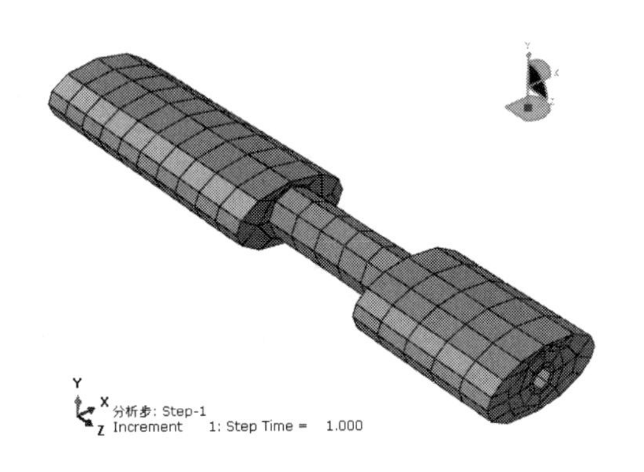

图 14-68 未变形的网格模型

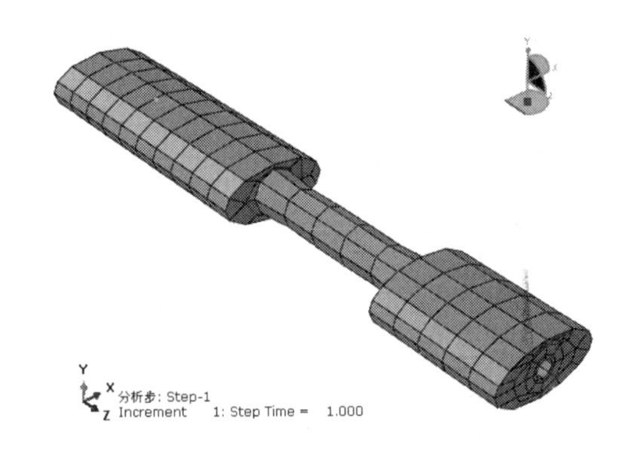

图 14-69 变形后的网格模型

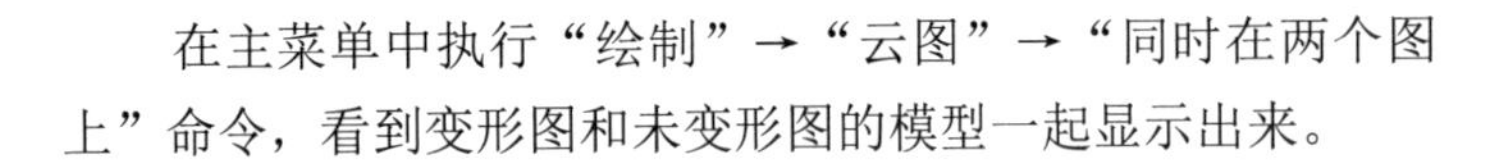

在主菜单中执行“绘制”→“云图”→“同时在两个图上”命令，看到变形图和未变形图的模型一起显示出来。

（3）显示云纹图

单击工具箱中的（在变形图上绘制云图）按钮，或者在主菜单中执行“绘制”→“云图”命令，显示Mises应力的云纹图，如图14-70所示。

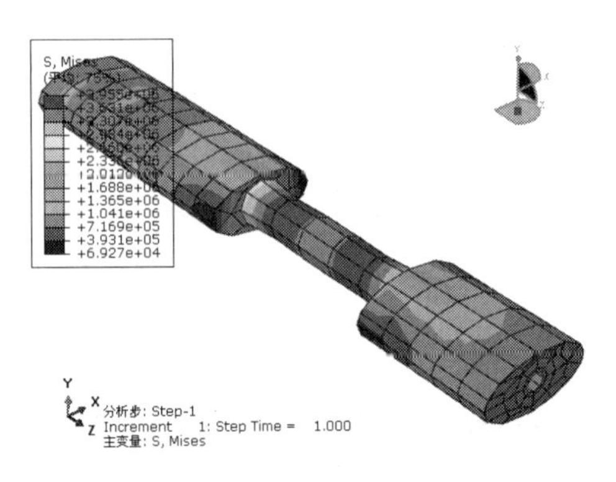

图 14-70 变形后的 Mises 应力分布

（4）显示动画

单击工具箱中的（动画：缩放系数）按钮，可以显示缩放系数变化时的动画，再次单击该按钮，即可停止动画。

（5）显示结点的 Mises 应力值

单击窗口顶部工具箱中的（查询信息）按钮，或者在主菜单中执行“工具”→“查询”命令，在弹出的“查询”对话框（如图14-71所示）中选择“查询值”，然后单击“确定”按钮。

在弹出的“查询值”对话框（如图14-72所示）中，选中“S, Mises”，然后将鼠标移至杆件的任意位置处，此结点的Mises应力就会在“查询值”对话框中显示出来。

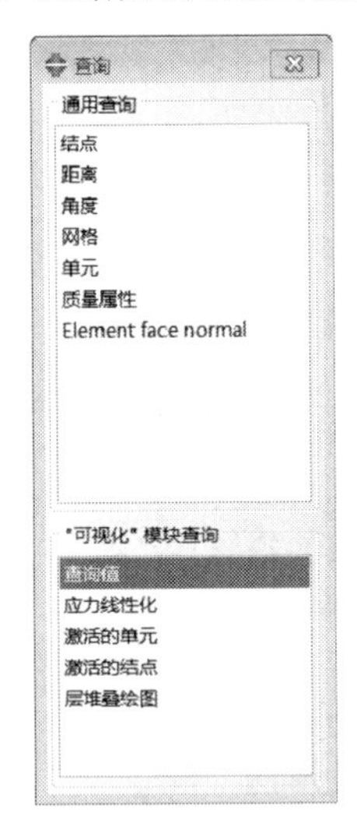

图 14-71 “查询”对话框

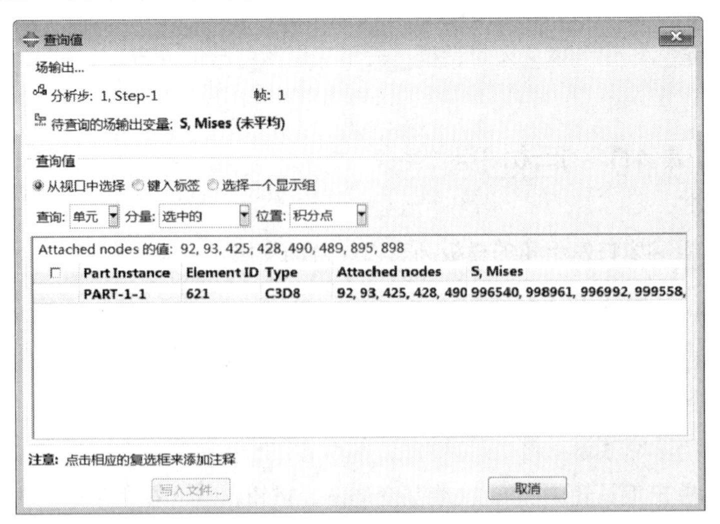

图 14-72 “查询值”对话框

（6）查询结点的位移

在“查询值”对话框中单击上方的“场输出”，弹出“场输出”对话框（如图 14-73 所示），当前的默认输出变量“名称”为 S（名称：应力），“变量”为 Mises 应力。将输出变量“名称”改为 S（名称：应力）、“分量”改为 S11，单击“确定”按钮。

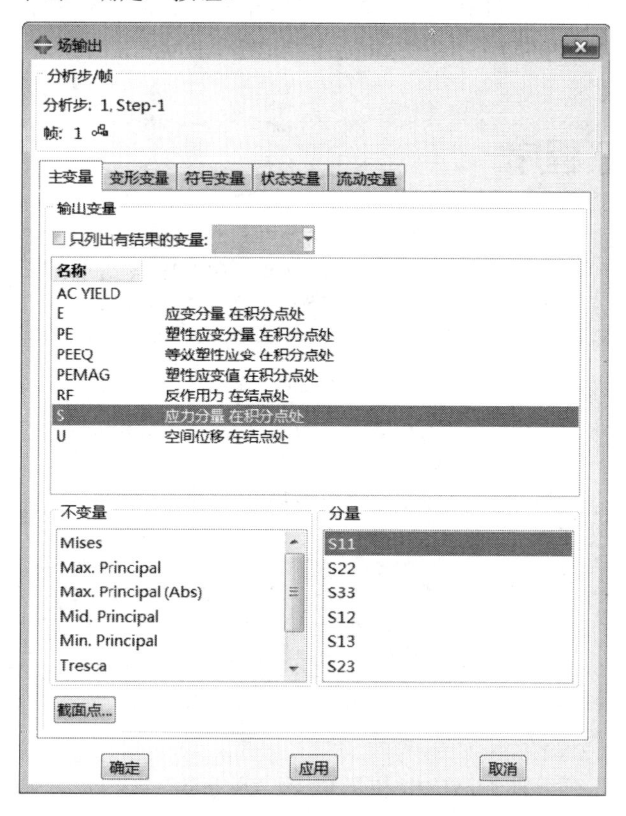

图 14-73　“场输出”对话框

此时云纹图变成对 U3 的结果显示，如图 14-74 所示。将鼠标移至所关心的结点处，此处的 U3 就会在“查询值”对话框中显示出来，如图 14-75 所示，单击“取消”按钮，关闭该对话框。

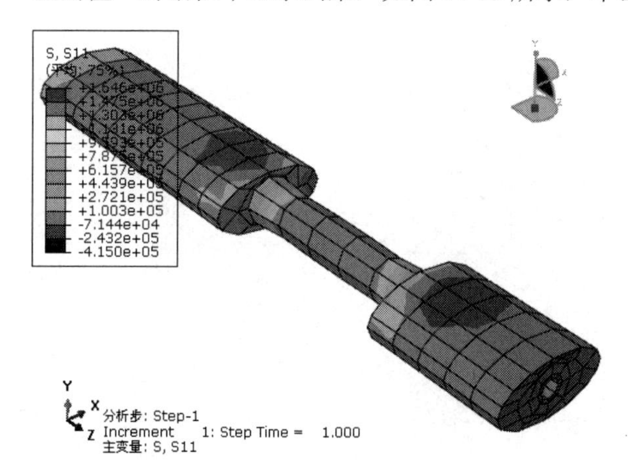

图 14-74　云纹图变成对 U3 的结果显示

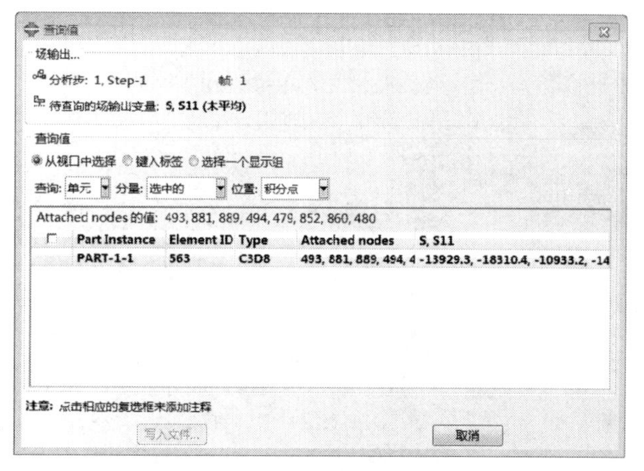

图 14-75　选择方向 3 上的变形 U3 作为当前的显示结果

14.4.11 退出 ABAQUS/CAE

至此，对此例的完整分析过程已经完成。单击窗口顶部工具箱中的按钮保存模型，然后单击窗口右上方的按钮，或者在主菜单中执行 File→Exit 命令，退出 ABAQUS/CAE。

14.4.12 UMAT 子程序

```
SUBROUTINE UMAT(STRESS,STATEV,DDSDDE,SSE,SPD,SCD,RPL,DDSDDT,
    1 DRPLDE,DRPLDT,STRAN,DSTRAN,TIME,DTIME,TEMP,DTEMP,PREDEF,DPRED,
    2 CMNAME,NDI,NSHR,NTENS,NSTATV,PROPS,NPROPS,COORDS,DROT,
    3 PNEWDT,CELENT,DFGRD0,DFGRD1,NOEL,NPT,LAYER,KSPT,KSTEP,KINC)
      include 'aba_param.inc'
       CHARACTER*8 CMNAME
        DIMENSION STRESS(NTENS),STATEV(NSTATV),DDSDDE(NTENS,NTENS),
    1 DDSDDT(NTENS),DRPLDE(NTENS),STRAN(NTENS),DSTRAN(NTENS),
    2 TIME(2),PREDEF(1),DPRED(1),PROPS(NPROPS),COORDS(3),DROT(3,3),
    3 DFGRD0(3,3),DFGRD1(3,3)
C UMAT FOR ISOTROPIC ELASTICITY
C CANNOT BE USED FOR PLANE STRESS
C -  ------ -
C PROPS(1) - E
C PROPS(2) - NU
CC
        IF (NDI.NE.3) THEN
          WRITE (6,*) 'THIS UMAT MAY ONLY BE USED FOR ELEMENTS
    1 WITH THREE DIRECT STRESS COMPONENTS'
          CALL XIT
        ENDIF
C
C ELASTIC PROPERTIES
       EMOD=PROPS(1)
       ENU=PROPS(2)
       EBULK3=EMOD/(1-2*ENU)
       EG2=EMOD/(1+ENU)
       EG=EG2/2
       EG3=3*EG
       ELAM=(EBULK3-EG2)/3
C
C ELASTIC STIFFNESS
C
          DO K1=1, NDI
            DO K2=1, NDI
          DDSDDE(K2, K1)=ELAM
        END DO
          DDSDDE(K1, K1)=EG2+ELAM
        END DO
```

```
          DO K1=NDI+1, NTENS
           DDSDDE(K1 ,K1)=EG
         END DO
C
C CALCULATE STRESS
C
           DO K1=1, NTENS
           DO K2=1, NTENS
          STRESS(K2)=STRESS(K2)+DDSDDE(K2, K1)*DSTRAN(K1)
          END DO
         END DO
C
         RETURN
        END
```

14.5 本章小结

子程序种类不尽相同。本章给出了两个典型实例——壳结构受内压作用的有限元模拟和拉索构件的承载分析。通过这些实例，可以了解 ABAQUS 中调用用户子程序进行计算的步骤和方法。

参 考 文 献

[1] 杜其奎，陈金如．有限元方法的数学理论[M]．北京：科学出版社，2012.

[2] 庄茁，由小川，廖剑晖，等．基于 ABAQUS 的有限元分析和应用[M]．北京：清华大学出版社，2009.

[3] 刘展．ABAQUS 6.6 基础教程与实例详解[M]．北京：水利水电出版社，2008.

[4] 石亦平，周玉蓉．ABAQUS 有限元分析实例详解[M]．北京：机械工业出版社，2006.

[5] 王勖成．有限元方法[M]．北京：清华大学出版社，2003.

[6] 石钟慈，王鸣．有限元方法[M]．北京：科学出版社，2010.

[7] （英）监凯维奇（Zienkiewicz,O.C.），（美）泰勒（Taylor,R.L）．有限元方法[M]．庄茁，岑松，译．北京：清华大学出版社，2006.

[8] 曾攀．工程有限元方法[M]．北京：科学出版社，2010.

[9] 赵经文，王宏钰．结构有限元分析[M]．北京：科学出版社，2001.

[10] 邢静忠，王永岗，等．ANSYS 7.0 分析实例与工程应用[M]．北京：机械工业出版社，2003.

[11] 邵蕴秋．ANSYS 8.0 有限元分析与实例导航[M]．北京：中国铁道出版社，2004.

[12] 博弈创作室．ANSYS 9.0 经典产品基础教程与案例详解[M]．北京：中国水利水电出版社，2006.

[13] 赵腾伦．ABAQUS 6.6 在机械工程中的应用[M]．北京：中国水利水电出版社，2007.

[14] 尚晓江．ANSYS LS-DYNA 动力分析方法与工程实例[M]. 2 版. 北京：中国水利水电出版社，2008.

相关阅读推荐

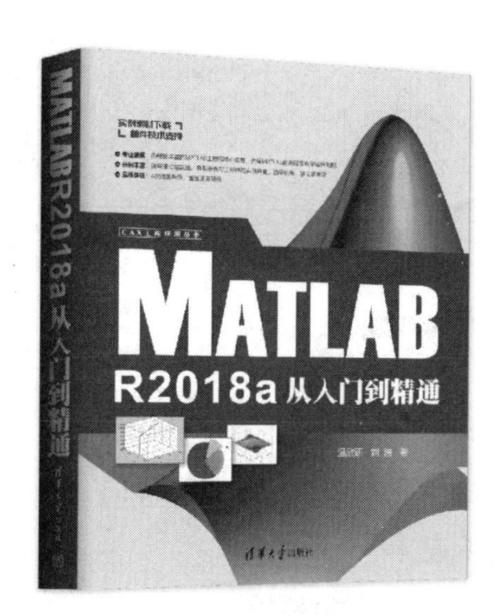

实例素材下载
邮件技术支持

- **专业讲解**：由经验丰富的MATLAB工程师精心编写，详解MATLAB的编程及数学运算功能
- **示例丰富**：兼具理论与实践，典型示例与工程应用实例并重，边学边练，学习更有效
- **品质保证**：4次改版升级，备受读者赞誉

实例素材下载
邮件技术支持

- 一线工程师精心打造，广受读者赞誉的Fluent经典著作，历经4次改版，内容更精彩
- 从基础到实践，通过9个不同领域的工程案例教学，快速掌握实用技能
- 提供本书所有实例的源代码与素材文件下载，以便读者上机演练